개정판 과년도 출제문제 분석

전기기능사
필기 특강

김평식 · 박왕서 공저

Craftsman Electricity

일진사

| CBT 안내 |

한국산업인력공단에서 시행하는 국가기술자격검정 기능사 필기시험이 CBT 방식으로 달라졌습니다. CBT란 컴퓨터 기반 시험(Computer-Based Testing)의 약자로, 종이 시험지 없이 컴퓨터상에서 시험을 본다는 의미입니다. CBT 시험은 답안이 제출된 뒤 현장에서 바로 본인의 점수와 합격 여부를 확인할 수 있습니다.

Q-net에서 안내하는 CBT 시험 진행 절차는 다음과 같습니다.

⊙ 신분 확인

시험 시작 전 수험자에게 배정된 좌석에 앉아 있으면 신분 확인 절차가 진행됩니다. 시험장 감독위원이 컴퓨터에 나온 수험자 정보와 신분증이 일치하는지를 확인하는 단계입니다.

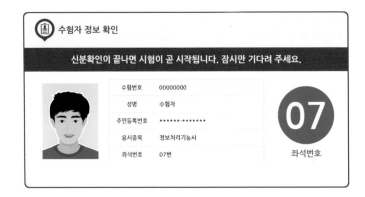

⊙ 시험 준비

1. 안내사항

시험 안내사항을 확인합니다. 확인을 다하신 후 아래의 [다음] 버튼을 클릭합니다.

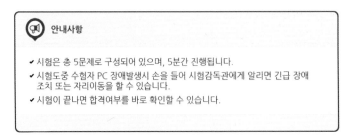

2. 유의사항

시험 유의사항을 확인합니다. 다음 유의사항 보기▶ 버튼을 클릭하여 유의사항 3쪽을 모두 확인합니다.

유의사항 - [1/3]

• 다음과 같은 부정행위가 발각될 경우 감독관의 지시에 따라 퇴실 조치되고, 시험은 무효로 처리되며, 3년간 국가기술자격검정에 응시할 자격이 정지됩니다.

  ✔ 시험 중 다른 수험자와 시험에 관련한 대화를 하는 행위
  ✔ 시험 중에 다른 수험자의 문제 및 답안을 엿보고 답안지를 작성하는 행위
  ✔ 다른 수험자를 위하여 답안을 알려주거나, 엿보게 하는 행위
  ✔ 시험 중 시험문제 내용과 관련된 물건을 휴대하여 사용하거나 이를 주고받는 행위

    다음 유의사항 보기 ▶

3. 메뉴 설명

문제풀이 메뉴 설명을 확인하고 기능을 숙지합니다. 각 메뉴에 관한 모든 설명을 확인하신 후 아래의 [다음] 버튼을 클릭해 주세요.

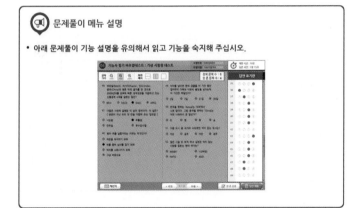

문제풀이 메뉴 설명

• 아래 문제풀이 기능 설명을 유의해서 읽고 기능을 숙지해 주십시오.

4. 문제풀이

자격검정 CBT 문제풀이 연습 버튼을 클릭하여 실제 시험과 동일한 방식의 문제풀이 연습을 준비합니다.

자격검정 CBT 문제풀이 연습

  ✔ 실제 시험과 동일한 방식의 문제풀이 연습을 통해 CBT 시험을 준비합니다.
  ✔ 하단의 버튼을 클릭하시면 문제풀이 연습 화면으로 넘어갑니다.

    자격검정 CBT 문제풀이 연습

※ 조금 복잡한 자격검정 CBT 프로그램 사용법을 충분히 배웠습니다. [확인] 버튼을 클릭하세요.

| CBT 안내 |

한국산업인력공단에서 운영하는 큐넷(www.q-net.or.kr)의 'CBT 체험하기'를 참고하시기 바랍니다.

5. 시험 준비 완료

시험 안내사항 및 문제풀이 연습까지 모두 마친 수험자는 시험 준비 완료 버튼을 클릭한 후 잠시 대기 합니다.

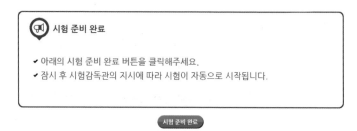

➡ 시험 시작

문제를 꼼꼼히 읽어보신 후 답안을 작성하시기 바랍니다. 시험을 다 보신 후 답안 제출 버튼을 클릭하세요.

➡ 시험 종료

본인의 득점 및 합격 여부를 확인할 수 있습니다.

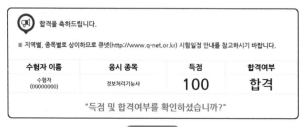

머리말

모든 산업사회의 원동력인 전기를 다루는 기술, 즉 전기 기술자는 산업 발전과 더불어 수요가 날로 급증하고 있으며, 다른 분야와는 달리 기술 자격을 갖춘 소정의 인원이 더욱 필요한 실정이다.

따라서 장차 산업 역군이 될 전기공학도는 물론, 현장 실무자들도 국가기술 자격증을 취득한다는 것은 사회보장을 확실하게 받게 된다는 의미이다.

이 책은 전기기능사 자격을 인정받고자 하는 기능인들에게 길잡이가 되고자, 수년간 출제되었던 모든 문제를 분석하여 다음 사항에 중점을 두어 편집하였다.

첫째, CBT 방식의 출제문제 유형에 따라 과목별, 단원별로 세분하여 16년간의 과년도 출제 문제 위주로 단원 예상문제를 구성하였다.

둘째, 이론을 학습하고 이어서 연관성 있는 문제를 풀어 확인할 수 있도록 체계화하였으며, 과거 출제 문제의 완전 분석을 통한 문제 위주로 구성하였다.

셋째, 부록으로 2014년부터 출제된 과년도 문제를 자세한 해설과 함께 수록하여 출제 경향을 파악함은 물론, 전체 내용을 복습할 수 있게 구성하였다.

아무쪼록 수험자 여러분이 열심히 노력하여 목적한 바를 꼭 이루길 바라며, 본서가 많은 참고가 된다면 저자로서는 더 이상 바랄 것이 없겠다. 그리고 혹시 미흡한 부분이 있다면 앞으로 계속해서 보완해 나갈 것이다.

끝으로, 이 책을 출판하기까지 도움을 주신 여러분과 도서출판 **일진사**에 진심으로 감사드린다.

저자 씀

출제기준

시험 과목	출 제 문제수	출 제 기 준	
		주 요 항 목	세 부 항 목
전기이론	20	1. 정전기와 콘덴서	(1) 전기의 본질　　　　　　(2) 정전기의 성질 및 특수현상 (3) 콘덴서　　　　　　　　　(4) 전기장과 전위
		2. 자기의 성질과 전류 　 에 의한 자기장	(1) 자석에 의한 자기현상　　(2) 전류에 의한 자기현상 (3) 자기회로
		3. 전자력과 전자유도	(1) 전자력　　　　　　　　　(2) 전자유도
		4. 직류회로	(1) 전압과 전류　　　　　　　(2) 전기저항
		5. 교류회로	(1) 정현파 교류회로　　　　　(2) 3상 교류회로 (3) 비정현파 교류회로
		6. 전류의 열작용과 화 　 학작용	(1) 전류의 열작용　　　　　　(2) 전류의 화학작용
전기기기	20	7. 변압기	(1) 변압기의 구조와 원리　　(2) 변압기 이론 및 특성 (3) 변압기 결선　　　　　　　(4) 변압기 병렬운전 (5) 변압기 시험 및 보수
		8. 직류기	(1) 직류기의 원리와 구조　　(2) 직류발전기의 이론 및 특성 (3) 직류전동기의 이론 및 특성 (4) 직류전동기의 특성 및 용도 (5) 직류기의 시험법
		9. 유도전동기	(1) 유도전동기의 원리와 구조　(2) 유도전동기의 이론 및 특성 (3) 유도전동기의 속도제어 및 용도 (4) 단상 유도전동기
		10. 동기기	(1) 동기기의 원리와 구조　　(2) 동기발전기의 이론 및 특성 (3) 동기발전기의 병렬운전　　(4) 동기발전기의 운전
		11. 정류기 및 제어기기	(1) 정류용 반도체 소자　　　(2) 각종 정류회로 및 특성 (3) 제어 정류기　　　　　　　(4) 다이리스터의 응용회로 (5) 제어기 및 제어장치
		12. 보호계전기	(1) 보호기의 종류　　　　　　(2) 보호기기의 구조 및 원리 (3) 보호계전기 특성 및 시험
전기설비	20	13. 배선재료 및 공구	(1) 전선 및 케이블　　　　　(2) 배선재료 (3) 전기설비에 관련된 공구
		14. 전선접속	(1) 전선의 피복 벗기기　　　(2) 전선의 각종 접속방법 (3) 전선과 기구단자와의 접속
		15. 옥내 배선공사	(1) 애자사용 배선　　　　　　(2) 금속몰드 배선 (3) 합성수지 몰드 배선　　　(4) 합성수지관 배선 (5) 금속 전선관 배선　　　　(6) 가요 전선관 배선 (7) 덕트 배선　　　　　　　　(8) 케이블 배선 (9) 저압 옥내 배선　　　　　(10) 특고압 옥내 배선
		16. 전선 및 기계기구의 　　보안공사	(1) 전선 및 전선로의 보안　　(2) 과전류 차단기 설치공사 (3) 각종 전기기기 설치 및 보안공사 (4) 접지공사　　　　　　　　(5) 피뢰기 설치공사
		17. 가공인입선 및 배전 　　선 공사	(1) 가공인입선 공사　　　　　(2) 배전선로용 재료와 기구 (3) 장주, 건주 및 가선　　　(4) 주상기기의 설치
		18. 고압 및 저압 배전 　　반 공사	(1) 배전반 공사　　　　　　　(2) 분전반 공사
		19. 특수장소 공사	(1) 먼지가 많은 장소의 공사　(2) 위험물이 있는 곳의 공사 (3) 가연성 가스가 있는 곳의 공사 (4) 부식성 가스가 있는 곳의 공사 (5) 흥행장, 광산, 기타 위험 장소의 공사
		20. 전기응용시설 공사	(1) 조명배선　　　　　　　　(2) 동력배선 (3) 제어배선　　　　　　　　(4) 신호배선 (5) 전기응용기기 설치공사

차 례

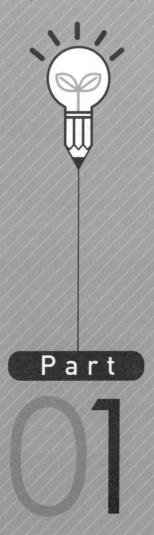

Part

01

전기 이론

Chapter 01

정전기 회로

1-1 전기의 본질과 정전기 현상 및 콘덴서

1 원자와 분자

(1) 원자 (atom)

① 모든 물질은 원자라는 소립자로 구성되어 있다.

② 원자는 원소의 화학적 상태를 특징짓는 최소 기본 단위이다.

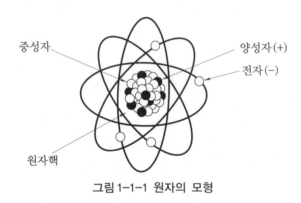

그림 1-1-1 원자의 모형

(2) 분자 (molecule)

① 분자는 물질의 성질을 가진 최소 단위이다.

② 서로 다른 종류 또는 같은 종류의 원자가 결합하여, 이것이 하나의 단위가 되어 분자를 구성한다.

표 1-1-1 양성자, 중성자, 전자의 성질

입자	전하량 (C)	질량 (kg)
양성자	$+1.60219 \times 10^{-19}$	1.67261×10^{-27}
중성자	0	1.67491×10^{-27}
전 자	-1.60219×10^{-19}	9.10956×10^{-31}

(3) 자유전자 (free electron)

① 원자핵의 구속에서 이탈하여 자유로이 이동할 수 있는 전자이다.

② 일반적으로 전기현상들은 자유전자의 이동 또는 증감에 의한 것이다.

(4) 전자의 운동에너지

① e[C]의 전하가 V[V]의 전위차를 가진 두 점 사이를 이동할 때, 전자가 얻는 에너지
   $W = eV$[J]

② 전위차의 값 V만으로 표시한 에너지를 V전자 볼트(electron volt, eV)의 에너지라 한다.

알아 두기 : 국제단위계 (SI)

1. 국제단위계(SI)의 기본단위

물리량	단위	단위의 약자
길 이	미터 (meter)	m
시 간	초 (second)	s
전 류	암페어 (ampere)	A
열역학적 온도	켈빈 온도 (kelvin)	K
물질량	몰 (mol)	mol
광 도	칸델라 (candela)	cd
질 량	킬로그램 (kilogram)	kg

2. 국제단위계(SI)의 유도단위

물리량	명칭	기초	기본단위나 보조단위 또는 다른 유도단위로 표시
진동수, 주파수	헤르츠 (hertz)	Hz	s^{-1}
힘	뉴턴 (newton)	N	$kg \cdot m/s^2$
압력, 응력	파스칼 (pascal)	Pa	N/m^2
에너지, 일, 열량	줄 (joule)	J	$N \cdot m$
일률, 전력	와트 (watt)	W	J/s
전하	쿨롬 (coulomb)	C	$A \cdot s$
전위, 전압, 기전력	볼트 (volt)	V	J/C, W/A
전기용량	패럿 (farad)	F	C/V
전기저항	옴 (ohm)	Ω	V/A
전기전도도	지멘스 (siemens)	S	A/V
자기력선속(자속)	웨버 (weber)	Wb	$V \cdot s$
자속밀도	테슬라 (tesla)	T	Wb/m^2
인덕턴스	헨리 (henry)	H	Wb/A
온도	섭씨도 (degree)	℃	$K - 273.15$
광선속	루멘 (lumen)	lm	$cd \cdot sr$
조명도	럭스 (lux)	lx	$1m/m^2$
방사능	베크렐 (becquerel)	Bq	S^{-1}

1. 정상상태에서의 원자를 설명한 것으로 틀린 것은? [16]

① 양성자와 전자의 극성은 같다.
② 원자는 전체적으로 보면 전기적으로 중성이다.
③ 원자를 이루고 있는 양성자의 수는 전자의 수와 같다.
④ 양성자 1개가 지니는 전기량은 전자 1개가 지니는 전기량과 크기가 같다.

해설 양성자(+), 전자(−)

2. 전자의 전하량(C)은? [98, 01]

① 약 9.109×10^{-31}
② 약 1.672×10^{-27}
③ 약 1.602×10^{-19}
④ 약 6.24×10^{-18}

3. 1개의 전자질량은 약 몇 kg인가? [98, 09, 13]

① 1.679×10^{-31}
② 9.109×10^{-31}
③ 1.67×10^{-27}
④ 9.109×10^{-27}

4. 원자핵의 구속력을 벗어나서 물질 내에서 자유로이 이동할 수 있는 것은? [00, 02, 07, 15]

① 중성자
② 양자
③ 분자
④ 자유전자

5. 다음 중 가장 무거운 것은? [13]

① 양성자의 질량과 중성자의 질량의 합
② 양성자의 질량과 전자의 질량의 합
③ 원자핵의 질량과 전자의 질량의 합
④ 중성자의 질량과 전자의 질량의 합

해설 원자핵＝양성자＋중성자

6. 1 eV는 몇 J인가? [10, 15]

① 1
② 1×10^{-10}
③ 1.16×10^{4}
④ 1.602×10^{-19}

해설 전자의 전하 $e = 1.60219 \times 10^{-19}$ [C]
∴ $1 \text{ eV} = 1.60219 \times 10^{-19} \times 1 ≒ 1.602 \times 10^{-19}$ [J]

7. 100 V의 전위차로 가속된 전자의 운동에너지는 몇 J인가? [13]

① 1.6×10^{-20} [J]
② 1.6×10^{-19} [J]
③ 1.6×10^{-18} [J]
④ 1.6×10^{-17} [J]

해설 $W = eV ≒ 1.6 \times 10^{-19} \times 100 ≒ 1.6 \times 10^{-17}$ [J]

정답 **1.** ① **2.** ③ **3.** ② **4.** ④ **5.** ③ **6.** ④ **7.** ④

2 정전기 현상

(1) 대전과 전하

① 대전(electrification) : 어떤 물질이 정상상태보다 전자의 수가 많거나 적어졌을 때 양전
기나 음전기를 가지게 되는데, 이를 대전이라 한다.

(가) 양전기 (+) : 전자 부족 상태

(나) 음전기 (−) : 전자 과잉 상태

② 전하(electric charge) : 대전에 의해서 물체가 띠고 있는 전기

(가) 물체가 띠고 있는 정전기의 양으로, 모든 전기현상의 근원이 되는 실체이다.

(나) 물체가 대전되어 전기적 성질을 띠거나 전류가 흘러 전구에 빛이 나는 현상은 전하
라는 실체로 설명할 수 있다.

(다) 양전하와 음전하가 있고 전하가 이동하는 것이 전류이다.

(2) 전하의 성질과 정전유도

① 전하의 성질과 접지

(가) 같은 종류의 전하는 서로 반발하고, 다른 종류의 전하는 서로 흡인한다.

(나) 전하는 가장 안정한 상태를 유지하려는 성질이 있다.

(다) 대전체의 영향으로 비대전체에 전기가 유도된다.

(라) 접지 (earth) : 어떤 대전체에 들어 있는 전하를 없애려고 할 때에는 대전체와 지구
(대지)를 도선으로 연결하면 되는데, 이것을 어스 또는 접지한다고 말한다.

② 정전유도 (electrostatic induction) 현상

(가) 대전체 A 근처에 대전되지 않은 도체 B를 가져오면 대전체 가까운 쪽에는 다른
종류의 전하가, 먼 쪽에는 같은 종류의 전하가 나타나는 현상으로, 전기량은 대전체
의 전기량과 같고 유도된 양전하와 음전하의 양은 같다.

(나) 대전체 A 와 도체 B 사이에는 흡인력이 작용한다.

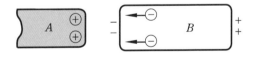

그림 1-1-2 정전유도

단원 예상문제

1. 어떤 물질이 정상상태보다 전자 수가 많아져 전기를 띠게 되는 현상을 무엇이라 하는가? [14]

① 충전　　　　　② 방전　　　　　③ 대전　　　　　④ 분극

2. 물질이 자유전자의 이동으로 양전기나 음전기를 띠게 되는 것은? [99, 09]

① 대전　　　　　② 전하　　　　　③ 전기량　　　　④ 중성자

3. "물질 중의 자유전자가 과잉된 상태"란? [10, 12]

① (−)대전 상태　② 발열 상태　　③ 중성 상태　　④ (+)대전 상태

4. 일반적으로 절연체를 서로 마찰시키면 이들 물체는 전기를 띠게 된다. 이와 같은 현상은? [14]

① 분극　　　　　② 정전　　　　　③ 대전　　　　　④ 코로나

5. 전하의 성질에 대한 설명 중 옳지 않은 것은? [11]

① 같은 종류의 전하는 흡인하고, 다른 종류의 전하끼리는 반발한다.
② 대전체에 들어 있는 전하를 없애려면 접지시킨다.
③ 대전체의 영향으로 비대전체에 전기가 유도된다.
④ 전하는 가장 안정한 상태를 유지하려는 성질이 있다.

6. 다음 설명 중 틀린 것은? [16]

① 같은 부호의 전하끼리는 반발력이 생긴다.
② 정전유도에 의하여 작용하는 힘은 반발력이다.
③ 정전용량이란 콘덴서가 전하를 축적하는 능력을 말한다.
④ 콘덴서에 전압을 가하는 순간은 콘덴서는 단락 상태가 된다.

해설 정전유도 현상 : 정전유도에 의하여 작용하는 힘은 흡인력이다.

정답　1. ③　　2. ①　　3. ①　　4. ③　　5. ①　　6. ②

(3) 쿨롱의 법칙과 유전율

① 쿨롱의 법칙 (Coulomb's law)

(가) 두 전하 사이에 작용하는 정전력 (전기력)은 두 전하
　　의 곱에 비례하고, 두 전하 사이의 거리의 제곱에 반
　　비례한다.

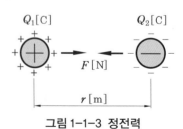

그림 1-1-3 정전력

$$F = k \frac{Q_1 \cdot Q_2}{r^2} \ [\text{N}] \qquad \text{여기서, } k = \frac{1}{4\pi\epsilon_0} = \frac{1}{4\pi \times 8.855 \times 10^{-12}} \fallingdotseq 9 \times 10^9$$

(ᄂ) 정전력 (electrostatic force) : 양전하와 음전하 사이에 작용하는 흡인력, 같은 부호 의 전하 사이에 작용하는 반발력을 총칭하여 정전력이라 한다.

② 유전율

(ᄀ) 진공의 유전율 ϵ_0는 farad/meter[F/m]의 단위를 갖는다.

$$\epsilon_0 = \frac{10^7}{4\pi C^2} = 8.855 \times 10^{-12} \ [\text{F/m}] \qquad (\text{빛의 속도 } C \fallingdotseq 3 \times 10^8 \ [\text{m/s}])$$

(ᄂ) 비유전율 ϵ_s는 진공의 유전율에 대해 매질의 유전율이 가지는 상대적인 비를 그 물 질 (유전체)의 비유전율이라 한다.

$$\epsilon_s = \frac{\epsilon}{\epsilon_o} \ (\text{공기 중의 } \epsilon_s \fallingdotseq 1)$$

(ᄃ) 진공 중에서의 정전력 : $F = 9 \times 10^9 \times \dfrac{Q_1 \cdot Q_2}{r^2} \ [\text{N}]$

(ᄅ) ϵ_s인 매질 중에서의 정전력 : $F = 9 \times 10^9 \times \dfrac{Q_1 \cdot Q_2}{\epsilon_s r^2} \ [\text{N}]$

(ᄆ) 비유전율의 비교
  • 절연종이 : 1.2~2.5 • 염화비닐 : 5~9 • 운모 : 5~9 • 산화티탄 자기 : 60~100

단원 예상문제

1. 두 점전하 사이에 작용하는 정전력의 크기는 두 전하의 곱에 비례하고 전하 사이의 거리의 제 곱에 반비례하는 법칙은? [02, 05]
  ① 쿨롱의 법칙   ② 옴 법칙   ③ 키르히호프법칙   ④ 줄의 법칙

2. 쿨롱의 법칙에서 2개의 점전하 사이에 작용하는 정전력의 크기는? [15]
  ① 두 전하의 곱에 비례하고 거리에 반비례한다.
  ② 두 전하의 곱에 반비례하고 거리에 비례한다.
  ③ 두 전하의 곱에 비례하고 거리의 제곱에 비례한다.
  ④ 두 전하의 곱에 비례하고 거리의 제곱에 반비례한다.

3. 진공 중에서 비유전율 ϵ_s의 값은? [10]
  ① 1   ② 6.33×10^4 ③ 8.855×10^{-12} ④ 9×10^9

4. $+Q_1$[C]와 $-Q_2$[C]의 전하가 진공 중에서 r[m]의 거리에 있을 때 이들 사이에 작용하는 정전기력 F[N]는? [11, 14, 16]

① $F = 9 \times 10^{-7} \times \dfrac{Q_1 Q_2}{r^2}$　　　　　② $F = 9 \times 10^{-9} \times \dfrac{Q_1 Q_2}{r^2}$

③ $F = 9 \times 10^{9} \times \dfrac{Q_1 Q_2}{r^2}$　　　　　④ $F = 9 \times 10^{10} \times \dfrac{Q_1 Q_2}{r^2}$

5. 4×10^{-5} C과 6×10^{-5} C의 두 전하가 자유공간에 2 m의 거리에 있을 때 그 사이에 작용하는 힘은? [14, 17]

① 5.4 N, 흡인력이 작용한다.　　　② 5.4 N, 반발력이 작용한다.

③ $\dfrac{7}{9}$ N, 흡인력이 작용한다.　　　④ $\dfrac{7}{9}$ N, 반발력이 작용한다.

[해설] $F = 9 \times 10^{9} \times \dfrac{Q_1 \cdot Q_2}{r^2} = 9 \times 10^{9} \times \dfrac{4 \times 10^{-5} \times 6 \times 10^{-5}}{2^2} = \dfrac{21.6}{4} = 5.4$ N → 반발력 작용

6. 절연체 중에서 플라스틱, 고무, 종이, 운모 등과 같이 전기적으로 분극 현상이 일어나는 물체를 특히 무엇이라 하는가? [13]

① 도체　　　　　② 유전체　　　　　③ 도전체　　　　　④ 반도체

7. 다음 중 비유전율이 가장 큰 것은? [08, 14]

① 종이　　　　② 염화비닐　　　　③ 운모　　　　④ 산화티탄 자기

[해설] 비유전율의 비교 참조

[정답] **1.** ①　**2.** ④　**3.** ①　**4.** ③　**5.** ②　**6.** ②　**7.** ④

③ 콘덴서와 정전용량

(1) 정전용량 (electrostatic capacity)

① 전극이 전하를 축적하는 능력의 정도를 나타내는 상수이다.

② 콘덴서에 가해지는 전압 V[V]와 충전되는 전기량 Q[C]의 비를 표시한다.

$$정전용량\ C = \frac{Q}{V}\ [\text{F}]$$

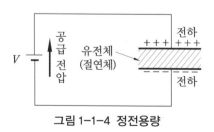

그림 1-1-4 정전용량

③ 정전용량의 단위

　㈎ 단위 : Farad [F] → $1F = 10^3 mF = 10^6 \mu F = 10^9 nF = 10^{12} pF$

　㈏ 1 F : 1 V의 전위차에 의하여 1 C의 전기량을 축적할 수 있는 용량이다.

단원 예상문제 🎯

---

1. 정전용량(electrostatic capacity)의 단위를 나타낸 것으로 틀린 것은? [10, 17]

　① $1 \, pF = 10^{-12} \, F$　　② $1 \, nF = 10^{-7} \, F$　　③ $1 \, \mu F = 10^{-6} \, F$　　④ $1 \, mF = 10^{-3} \, F$

　[해설] $1 nF = 10^{-9} F$

2. 콘덴서 용량 0.001F과 같은 것은? [11]

　① $10 \, \mu F$　　　　② $1000 \, \mu F$　　　　③ $10000 \, \mu F$　　　　④ $100000 \, \mu F$

　[해설] $1 \, F = 10^6 \mu F$ ∴ $0.001 \, F = 0.001 \times 10^6 = 1000 \, \mu F$

3. $1 \, \mu F$의 콘덴서에 100 V의 전압을 가할 때 충전 전하량(C)은? [00, 04, 07]

　① 10^{-4}　　　　②$10^{-5}$　　　　③ 10^{-8}　　　　④ 10^{-10}

　[해설] $Q = CV = 1 \times 10^{-6} \times 100 = 1 \times 10^{-4} [C]$

4. 4 F와 6 F의 콘덴서를 병렬접속하고 10 V의 전압을 가했을 때 축적되는 전하량 $Q[C]$는? [15]

　① 19　　　　② 50　　　　③ 80　　　　④ 100

　[해설] $Q = (C_1 + C_2)V = (4+6) \times 10 = 100 \, C$

5. 어떤 콘덴서에 1000 V의 전압을 가하였더니 5×10^{-3} C의 전하가 축적되었다. 이 콘덴서의 용량은? [11]

　① $2.5 \mu F$　　　　② $5 \mu F$　　　　③ $250 \mu F$　　　　④ $5000 \mu F$

　[해설] $C = \dfrac{Q}{V} = \dfrac{5 \times 10^{-3}}{1000} = 5 \times 10^{-6} = 5 \, \mu F$

6. $0.02 \, \mu F$의 콘덴서에 $12 \, \mu C$의 전하를 공급하면 몇 V의 전위차를 나타내는가? [03, 05, 17]

　① 600　　　　② 900　　　　③ 1200　　　　④ 2400

　[해설] $V = \dfrac{Q}{C} = \dfrac{12}{0.02} = 600 \, V$

7. $V = 200$ V, $C_1 = 10 \, \mu F$, $C_2 = 5 \, \mu F$인 2개의 콘덴서가 병렬로 접속되어 있다. 콘덴서 C_1에 축적되는 전하(μC)는? [13]

　① 100　　　　② 200　　　　③ 1000　　　　④ 2000

　[해설] $Q_1 = C_1 \cdot V = 10 \times 200 = 2000 \, \mu C$

정답 　1. ②　 2. ②　 3. ①　 4. ④　 5. ②　 6. ①　 7. ④

(2) 콘덴서 (condenser)의 용량

① 평행판 콘덴서에 있어서 전극의 면적을 $A[\text{m}^2]$, 극판 사이의 거리를 $l[\text{m}]$, 극판 사이에 채워진 절연체의 유전율을 ϵ 이라고 하면, 콘덴서의 용량 $C[\text{F}]$는

$$C = \epsilon \frac{A}{l} [\text{F}]$$

② 콘덴서의 정전용량을 크게 하는 방법

  (개) 극판의 면적을 넓게 하는 방법

  (내) 극판 간의 간격을 좁게 하는 방법

  (대) 극판 간의 절연물을 비유전율(ϵ_s)이 큰 것으로 사용하는 방법

(3) 콘덴서의 종류

① 전해콘덴서 (electrolytic condenser)

  (개) 케미콘 (chemical condenser)이라고도 부르는 이 콘덴서는 얇은 산화막을 유전체로 사용하고, 전극으로는 알루미늄을 사용하고 있다.

  (내) 전원의 평활회로, 저주파 바이패스 등에 주로 사용된다. 그러나 주파수 특성이 나쁜 코일 성분이 많아 고주파에는 적합하지 않다.

  (대) 극성을 가지므로 직류회로에 사용된다.

② 마일러 콘덴서 (mylar condenser)

  (개) 얇은 폴리에스테르 (polyester) 필름의 양면에 금속박을 대고 원통형으로 감은 것이다.

  (내) 극성이 없으며 가격이 싸지만, 높은 정밀도는 기대할 수 없다.

③ 세라믹 콘덴서 (ceramic condenser)

  (개) 세라믹 콘덴서는 전극 간의 유전체로, 티탄산바륨과 같은 유전율이 큰 재료를 사용하며 극성은 없다.

  (내) 이 콘덴서는 인덕턴스 (코일의 성질)가 적어 고주파 특성이 양호하여 바이패스에 흔히 사용된다.

④ 탄탈 콘덴서 (tantal condenser)

  (개) 전극에 탄탈륨이라는 재료를 사용하는 전해콘덴서의 일종이다.

  (내) 알루미늄 전해콘덴서와 마찬가지로 비교적 큰 용량을 얻을 수 있으며, 온도가 변화해도 용량이 변화하지 않고 주파수 특성도 전해콘덴서보다 우수하다.

  (대) 극성이 있으며, 콘덴서 자체에 (+)의 기호로 전극을 표시한다.

⑤ 마이카콘덴서 (mica condenser)

  (개) 운모 (mica)와 금속 박막으로 되어 있거나 운모 위에 은을 발라서 전극으로 만든다.

  (내) 온도 변화에 의한 용량 변화가 적고 절연저항이 높은 우수한 특성을 가지므로, 표준 콘덴서로도 이용된다.

알아 두기 : **가변콘덴서와 고정 콘덴서**

1. **가변콘덴서**
   ㈎ 바리콘이나 트리머 콘덴서는 축을 회전시킴으로써 마주 보고 있는 극판 면적을 바꾸어 용량을 변화시킨다.
   ㈏ 바리콘 (varicon)은 variable condenser의 줄임말이다.
2. **고정 콘덴서** : 전해, 마일러, 세라믹, 탄탈, 마이카콘덴서 등

단원 예상문제

1. 용량이 큰 콘덴서를 만들기 위한 방법이 아닌 것은?
   ① 극판의 면적을 작게 한다.
   ② 극판 간의 간격을 좁게 한다.
   ③ 극판 간에 넣는 유전체를 비유전율이 큰 것으로 사용한다.
   ④ 극판의 면적을 크게 한다.

2. 콘덴서의 정전용량에 대한 설명으로 틀린 것은? [15]
   ① 전압에 반비례한다.   ② 이동 전하량에 비례한다.
   ③ 극판의 넓이에 비례한다.   ④ 극판의 간격에 비례한다.
   해설 $C = \dfrac{Q}{V}$ [F], $C = \epsilon \dfrac{A}{l}$ [F]   ∴ 극판의 간격에 반비례한다.

3. 온도 변화에 의한 용량 변화가 적고 절연저항이 높은 우수한 특성을 갖고 있어 표준 콘덴서로도 이용하는 콘덴서는? [03, 05]
   ① 전해콘덴서   ② 마이카콘덴서   ③ 세라믹 콘덴서   ④ 마일러 콘덴서

4. 콘덴서 중 극성을 가지고 있는 콘덴서로서 교류회로에 사용할 수 없는 것은? [03, 06, 17]
   ① 마일러 콘덴서   ② 마이카콘덴서   ③ 세라믹 콘덴서   ④ 전해콘덴서

5. 비유전율이 큰 산화티탄 등을 유전체로 사용한 것으로 극성이 없으며, 가격에 비해 성능이 우수하여 널리 사용되고 있는 콘덴서의 종류는? [15, 17]
   ① 전해콘덴서   ② 세라믹 콘덴서   ③ 마일러 콘덴서   ④ 마이카콘덴서

6. 용량을 변화시킬 수 있는 콘덴서는? [11, 12, 17]
   ① 바리콘   ② 마일러 콘덴서   ③ 전해콘덴서   ④ 세라믹 콘덴서
   해설 바리콘 (varicon)은 variable condenser (가변콘덴서)의 줄임말이다.

정답 1. ①   2. ④   3. ②   4. ④   5. ②   6. ①

(4) 콘덴서의 연결 방법과 용량 계산

① 병렬연결

   (가) 합성 정전용량＝각 콘덴서의 정전용량의 합

$$C_p = C_1 + C_2 + C_3 + \ldots C_n \, [\text{F}]$$

   (나) 축적되는 전기량 $Q[\text{C}]$는 정전용량 $C[\text{F}]$에 비례한다.

$$Q_1 = C_1\, V\,[\text{C}]$$

$$Q_2 = C_2\, V\,[\text{C}]$$

$$Q_3 = C_3\, V\,[\text{C}]$$

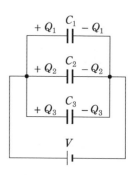

그림 1-1-5 병렬연결

   (다) 각 콘덴서 양단 전압은 전원의 단자전압과 같다.

② 직렬연결

   (가) 합성 정전용량의 역수＝각 정전용량 역수의 합

$$\frac{1}{C_s} = \frac{1}{C_1} + \frac{1}{C_2} + \frac{1}{C_3} + \ldots \frac{1}{C_n}\,[\text{F}]$$

   (나) C_1과 C_2가 직렬인 경우의 합성 용량

$$C_s = \frac{\text{두 정전용량의 곱}}{\text{두 정전용량의 합}} = \frac{C_1\, C_2}{C_1 + C_2}\,[\text{F}]$$

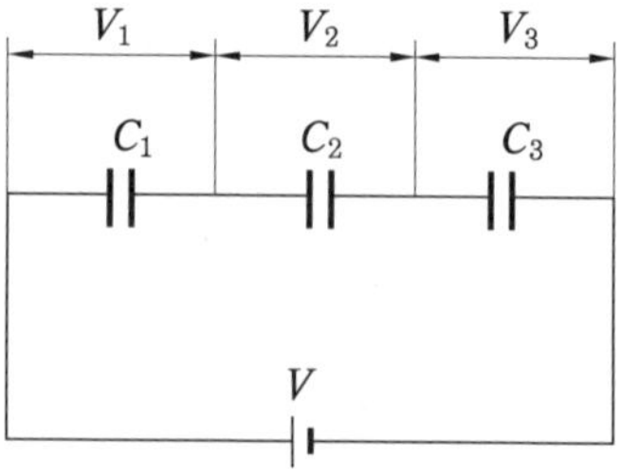

그림 1-1-6 직렬연결

   (다) C_1, C_2, C_3가 직렬인 경우의 합성 용량

$$C_s = \frac{\text{세 정전용량의 곱}}{\text{두 정전용량의 곱들의 합}} = \frac{C_1 \cdot C_2 \cdot C_3}{C_1 \cdot C_2 + C_2 \cdot C_3 + C_3 \cdot C_1}\,[\text{F}]$$

   (라) 각 콘덴서 양단의 전압은 콘덴서의 정전용량에 반비례한다.

$$V_1 = \frac{Q}{C_1}\,[\text{V}], \quad V_2 = \frac{Q}{C_2}\,[\text{V}], \quad V_3 = \frac{Q}{C_3}\,[\text{V}]$$

$$\therefore V = V_1 + V_2 + V_3$$

   (마) 전압의 분배

$$V_1 = \frac{C_2}{C_1 + C_2} \cdot V\,[\text{V}]$$

$$V_2 = \frac{C_1}{C_1 + C_2}\, V\,[\text{V}]$$

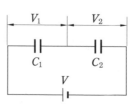

그림 1-1-7 전압의 분배

1. 2 F, 4 F, 6 F의 콘덴서 3개를 병렬로 접속했을 때의 합성 정전용량은 몇 F인가?

① 1.5　　　　　　　　　② 4　　　　　　　[11, 10, 14, 16, 17]

③ 8　　　　　　　　　　④ 12

2. 그림과 같이 접속된 회로에서 콘덴서의 합성 용량은? [96, 05]

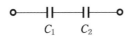

C_1　　C_2

① $C_1 + C_2$　　② $C_1 C_2$　　③ $\dfrac{1}{C_1 + C_2}$　　④ $\dfrac{C_1 C_2}{C_1 + C_2}$

3. 그림에서 a-b 간의 합성 정전용량은? [97, 00, 04, 13]

① C

② $2C$

③ $3C$

④ $4C$

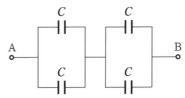

[해설] 정전용량의 합성

㉠ 병렬접속 : $C_p = C + C = 2C$　　㉡ 직렬접속 : $C_{ab} = \dfrac{2C \times C_p}{2C + C_p} = \dfrac{2C \times 2C}{2C + 2C} = \dfrac{4C^2}{4C} = C$

4. 그림과 같이 $C = 2\,\mu\mathrm{F}$의 콘덴서가 연결되어 있다. A점과 B점 사이의 합성 정전용량은 얼마인가? [12]

① $1\,\mu\mathrm{F}$

② $2\,\mu\mathrm{F}$

③ $4\,\mu\mathrm{F}$

④ $8\,\mu\mathrm{F}$

[해설] $C_{AB} = \dfrac{2C \times 2C}{2C + 2C} = \dfrac{4C^2}{4C} = C = 2\,\mu\mathrm{F}$

5. 정전용량이 같은 콘덴서 2개를 병렬로 연결하였을 때의 합성 정전용량은 직렬로 접속하였을 때의 몇 배인가? [99, 03, 14]

① $\dfrac{1}{4}$　　　　② $\dfrac{1}{2}$　　　　③ 2　　　　④ 4

[해설] ㉠ 병렬접속 시 : $C_p = C_1 + C_2 = 2C$　　㉡ 직렬접속 시 : $C_s = \dfrac{C_1 \cdot C_2}{C_1 + C_2} = \dfrac{C^2}{2C} = \dfrac{C}{2}$

㉢ $\dfrac{C_p}{C_s} = \dfrac{2C}{\dfrac{C}{2}} = \dfrac{4C}{C} = 4$　　∴ $C_p = 4 \cdot C_s$

※ N일 때 N^2배가 된다.

6. 정전용량이 같은 콘덴서 10개가 있다. 이것을 병렬접속할 때의 값은 직렬접속할 때의 값보다 어떻게 되는가? [13]

① $\dfrac{1}{10}$로 감소한다.

② $\dfrac{1}{100}$로 감소한다.

③ 10배로 증가한다.

④ 100배로 증가한다.

[해설] 문제 5. 해설에서 $N^2 = 10^2 = 100$로 증가한다.

7. 두 콘덴서 C_1, C_2를 직렬접속하고 양단에 V [V]의 전압을 가할 때 C_1에 걸리는 전압은 얼마인가? [05, 17]

① $\dfrac{C_1}{C_1 + C_2} V$

② $\dfrac{C_2}{C_1 + C_2} V$

③ $\dfrac{C_1 + C_2}{C_1} V$

④ $\dfrac{C_1 + C_2}{C_2} V$

[해설] 전압의 분배 : 각 콘덴서에 분배되는 전압은 정전용량의 크기에 반비례한다.

8. $C_1 = 5\,\mu F$, $C_2 = 10\,\mu F$의 콘덴서를 직렬로 접속하고 직류 30 V를 가했을 때 C_1의 양단의 전압(V)은? [16]

① 5

② 10

③ 20

④ 30

[해설] $V_1 = \dfrac{C_2}{C_1 + C_2} V = \dfrac{10}{5 + 10} \times 30 = 20\,V$ $V_2 = \dfrac{C_1}{C_1 + C_2} V = \dfrac{5}{5 + 10} \times 30 = 10\,V$

9. 재질과 두께가 같은 1, 2, 3 μF 콘덴서 3개를 직렬접속하고, 전압을 가하여 증가시킬 때 먼저 절연이 파괴되는 콘덴서는? [05]

① 1 μF

② 2 μF

③ 3 μF

④ 동시

[해설] 콘덴서의 직렬접속 시 각 콘덴서 양단에 걸리는 전압은 정전용량에 반비례하므로, 가장 용량이 작은 1 μF 콘덴서가 가장 먼저 절연파괴된다.

[정답] 1. ④ 2. ④ 3. ① 4. ② 5. ④ 6. ④ 7. ② 8. ③ 9. ①

4 정전 에너지 (electrostatic energy)

(1) 콘덴서에 축적되는 정전 에너지

① 콘덴서에 직류전원을 가하면, 충전할 때 에너지가 주입된다.

② 그림과 같은 회로에서 전압 V를 가하면 저항 R을 통하여 서서히 충전할 때 C에 축적되는 정전 에너지 W는

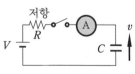

그림 1-1-8 충전 회로

$$W = \frac{1}{2} VQ = \frac{1}{2} CV^2 [\text{J}]$$

(2) 유전체 내의 전기장 에너지

① 유전체 내의 전기장 에너지 : $W = \dfrac{1}{2} CV^2 = \dfrac{1}{2} CV \cdot V = \dfrac{1}{2} QEl = \dfrac{1}{2} DA \cdot El \,[\text{J}]$

② 유전체의 단위 체적 에너지 : $W_0 = \dfrac{1}{2} DE = \dfrac{1}{2} \epsilon E^2 = \dfrac{1}{2} \epsilon \left(\dfrac{D}{\epsilon}\right)^2 = \dfrac{1}{2} \cdot \dfrac{D^2}{\epsilon} \,[\text{J/m}^3]$

(3) 정전 흡인력

① 콘덴서가 충전되면 양 극판 사이의 양·음전하에 의해 흡인력이 발생한다.

② 단위면적당 정전 흡인력 : $F_0 = \dfrac{1}{2} \epsilon_0 V^2 \,[\text{N/m}^2]$

③ 이 원리는 정전전압계, 정전 집진 장치 (먼지 등의 작은 입자를 제거하는 장치), 정전기 록 및 자동차 등의 정전도장에 이용되고 있다.

단원 예상문제

1. 어떤 콘덴서에 전압 20 V를 가할 때 전하 800 μC이 축적되었다면 이때 축적되는 에너지 (J)는? [04, 12]

① 0.008　　　　② 0.16　　　　③ 0.8　　　　④ 160

해설 $W = \dfrac{1}{2} QV = \dfrac{1}{2} \times 800 \times 10^{-6} \times 20 = 8 \times 10^3 \times 10^{-6} = 0.008 \,\text{J}$

2. 정전 에너지 $W\,[\text{J}]$를 구하는 식으로 옳은 것은? [단, C는 콘덴서 용량(μF), V는 공급 전압(V)이다.] [15]

① $W = \dfrac{1}{2} CV^2$　　② $W = \dfrac{1}{2} CV$　　③ $W = \dfrac{1}{2} C^2 V$　　④ $W = 2CV^2$

3. 정전용량이 5 μF인 콘덴서 양단에 100 V의 전압을 가했을 때 콘덴서에 축적되는 에너지(J) 는 얼마인가? [03, 08, 17]

① 2.5　　　　② 2.0×10^2　　　　③ 25　　　　④ 2.5×10^{-2}

해설 $W = \dfrac{1}{2} CV^2 = \dfrac{1}{2} \times 5 \times 10^{-6} \times 100^2 = 2.5 \times 10^{-2} \,[\text{J}]$

4. 2 kV의 전압으로 충전하여 2 J의 에너지를 축적하는 콘덴서의 정전용량은? [96, 01, 10]

① 0.5 μF　　　　② 1 μF　　　　③ 2 μF　　　　④ 4 μF

해설 $C = 2 \dfrac{W}{V^2} = 2 \times \dfrac{2}{(2 \times 10^2)^2} = 1 \times 10^{-6} = 1 \mu\text{F}$

5. 10 μF의 콘덴서에 45 J의 에너지를 축적하기 위하여 필요한 충전 전압(V)은? [05, 06]

① 3×10^2 ② 3×10^3 ③ 3×10^4 ④ 3×10^5

[해설] $W = \dfrac{1}{2} CV^2$ [J]에서, $V^2 = \dfrac{2W}{C} = \dfrac{2 \times 45}{10 \times 10^{-6}} = 9 \times 10^6 [V]$ $\therefore V = \sqrt{9 \times 10^6} = 3 \times 10^3 [V]$

6. 전기장의 세기 50 V/m, 전속밀도 100 C/m²인 유전체의 단위 체적에 축적되는 에너지는 얼마인가? [12, 17]

① 2 J/m^3 ② 250 J/m^3 ③ 2500 J/m^3 ④ 5000 J/m^3

[해설] $W_0 = \dfrac{1}{2} DE = \dfrac{1}{2} \times 100 \times 50 = 2500 \text{ J/m}^3$

7. 다음은 정전 흡인력에 대한 설명이다. 옳은 것은? [10, 12]

① 정전 흡인력은 전압의 제곱에 비례한다.
② 정전 흡인력은 극판 간격에 비례한다.
③ 정전 흡인력은 극판 면적의 제곱에 비례한다.
④ 정전 흡인력은 쿨롱의 법칙으로 직접 계산한다.

[해설] 정전 흡인력 : $F = \dfrac{1}{2} \epsilon V^2 [\text{N/m}^2]$

[정답] 1. ①   2. ①   3. ④   4. ②   5. ②   6. ③   7. ①

1-2 전기장과 전위

- 전기장(electric field) : 정전력이 작용하는 공간
- 전기력선(line of electric field) : 전기장에서 전기력을 나타내는 가상적인 선
- 전속(dielectric flux) : 유전체 내의 전하의 연결을 가상하여 나타내는 선

1 전기장과 전기력선

(1) 전기력선의 성질

① 전기력선의 방향은 전기장의 방향과 같으며, 전기력선의 밀도는 전기장의 크기와 같도록 정의한다.

② 전기력선은 양전하(+)에서 시작하여 음전하(-)에서 끝난다.

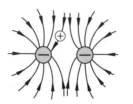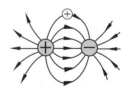

그림 1-1-9 전기력선의 성질

③ 전하가 없는 곳에서는 전기력선의 발생·소멸이 없다. 즉, 연속적이다.

④ 단위 전하(± 1 C)에서는 $1/\varepsilon_0$개의 전기력선이 출입한다.

⑤ 전기력선은 전위가 높은 점에서 낮은 점으로 향한다.

⑥ 전기력선은 도체 표면(등전위면)에 수직으로 출입한다.

⑦ 도체 내부에는 전기력선이 존재하지 않는다.

⑧ 전기력선 중에는 무한 원점에서 끝나거나 또는 무한 원점에서 오는 것이 있을 수 있다.

⑨ 전기력선은 전기장에 가상적으로 그어진 선으로, 전기장의 방향은 그 선상의 접선 방향이다.

⑩ 전기력선은 당기고 있는 고무줄과 같이 언제나 수축하려고 하며, 전기장이 0이 아닌 곳에서는 두 개의 전기력선이 교차하지 않는다.

알아두기 : 등전위면 (equipotential)

1. 전기장 내에서 전위가 같은 점을 연결시켜 이은 선을 등전위선 또는 등전위면이라고 한다.
2. 등전위면 위의 모든 점에서는 전위가 같으므로 전위차는 0도이다 ($V = 0$).

단원 예상문제

1. 전기력선의 성질을 설명한 것으로 옳지 않은 것은? [11]

　① 전기력선의 방향은 전기장의 방향과 같으며, 전기력선의 밀도는 전기장의 크기와 같다.
　② 전기력선은 도체 내부에 존재한다.
　③ 전기력선은 등전위면에 수직으로 출입한다.
　④ 전기력선은 양전하에서 음전하로 이동한다.

2. 전기력선의 성질 중 맞지 않는 것은? [01, 17]

　① 양전하에서 나와 음전하에서 끝난다.
　② 전기력선의 접선 방향이 전장의 방향이다.
　③ 전기력선에 수직한 단면적 1 m^2 당 전기력선의 수가 그곳의 전장의 세기와 같다.
　④ 등전위면과 전기력선은 교차하지 않는다.
　[해설] 전기력선은 등전위면과 수직으로 교차한다.

3. 등전위면과 전기력선의 교차 관계는? [10, 15]

　① 직각으로 교차한다.　　　　　② 30°로 교차한다.
　③ 45°로 교차한다.　　　　　④ 교차하지 않는다.

---

4. 다음은 전기력선의 성질이다. 틀린 것은? [00, 05, 08, 01, 11]

① 전기력선은 서로 교차하지 않는다.
② 전기력선은 도체의 표면에 수직이다.
③ 전기력선의 밀도는 전기장의 크기를 나타낸다.
④ 같은 전기력선은 서로 끌어당긴다.

[해설] 전기력선의 성질 중에서 같은 전기력선은 서로 반발하는 성질이 있다.

5. 전하 및 전기력에 대한 설명으로 틀린 것은? [10]

① 전하에는 양(+)전하와 음(−)전하가 있다.
② 비유전율이 큰 물질일수록 전기력은 커진다.
③ 대전체의 전하를 없애려면 대전체와 대지를 도선으로 연결하면 된다.
④ 두 전하 사이에 작용하는 전기력은 전하의 크기에 비례하고 두 전하 사이의 거리의 제곱에 반비례한다.

[해설] 비유전율이 큰 물질일수록 전기력은 작아진다.

[참고] 비유전율(ϵ_s)은 진공의 유전율을 1로 놓고 그것의 몇 배만큼 전기장의 세기를 약하게 하는지를 나타낸다.

전기력 $F = 9 \times 10^9 \times \dfrac{Q_1 \cdot Q_2}{\epsilon_s r^2}$ [N], 즉 전기력 F는 비유전율 ϵ_s에 반비례한다.

[정답] **1.** ② **2.** ④ **3.** ① **4.** ④ **5.** ②

---

(2) 전기장의 방향과 세기

① 전기장의 방향은 전기장 속에 양전하가 있을 때 받는 방향이다.

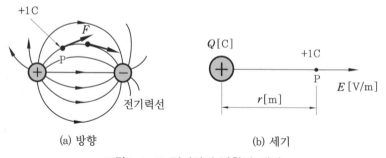

(a) 방향 (b) 세기

그림 1-1-10 전기장의 방향과 세기

② 전기장의 세기(E)는 전기장 중에 단위 전하인 +1C의 전하를 놓을 때, 여기에 작용하는 전기력의 크기(F)를 나타낸다.

③ 비유전율 ϵ_s의 매질 내에서 Q[C]의 전하로부터 r[m]의 거리에 있는 점 P에서의 전기

장의 세기 E는

$$E = 9 \times 10^2 \times \frac{Q}{\epsilon_s r^2} \, [\text{V/m}]$$

④ Q_1 [C]과 $+1$ C 사이에 작용하는 전기력 (정전력) F[N]와의 관계 : $E = \dfrac{F}{Q} \, [\text{V/m}]$

⑤ 1 V/m는 전기장 중에 놓인 $+1$ C의 전하에 작용하는 힘이 1 N인 경우의 전기장 세기를 의미한다.

(3) 전기장의 세기 E와 전속밀도 D와의 관계

$$E = \frac{1}{4\pi\epsilon} \cdot \frac{Q}{r^2} \, [\text{V/m}]$$

$$D = \frac{Q}{A} = \frac{Q}{4\pi r^2} \, [\text{C/m}^2] \quad \therefore D = \epsilon E \, [\text{C/m}^2]$$

$$D = \frac{Q}{4\pi r^2} = \frac{\epsilon}{\epsilon} \cdot \frac{Q}{4\pi r^2} = \epsilon \cdot \frac{1}{4\pi\epsilon} \cdot \frac{Q}{r^2} = \epsilon E$$
($4\pi r^2$: 반지름 r인 구의 표면적)

단원 예상문제

1. 전기장 중에 단위 전하를 놓았을 때 그것에 작용하는 힘은 어느 값과 같은가? [04, 11, 14]
① 전장의 세기　　② 전하　　③ 전위　　④ 전위차

2. 전기장의 세기 단위로 옳은 것은? [13, 15, 17]
① H/m　　② F/m　　③ AT/m　　④ V/m
해설 ① : 투자율, ② : 유전율, ③ : 자기장의 세기, ④ : 전기장의 세기

3. 공기 중에 놓여 있는 2×10^{-7} C의 점전하로부터 50 cm의 거리에 있는 점의 전장의 세기는 몇 V/m인가? [97]
① 0.9×10^3　　② 1.8×10^3　　③ 7.2×10^3　　④ 9.0×10^3
해설 $E = 9 \times 10^9 \times \dfrac{Q}{r^2 \cdot \epsilon_s} = 9 \times 10^9 \times \dfrac{2 \times 10^{-7}}{(50 \times 10^{-2})^2 \times 1} = 7.2 \times 10^3 \, [\text{V/m}]$
여기서, 공기 중 $\epsilon_s \fallingdotseq 1$

4. 똑같은 2개의 점전하 4.5×10^{-9} C가 20 cm만큼 떨어져 있을 때의 중점에서 전기장의 세기는 얼마인가? [97]
① 2.25×10^{-10}　　② 4.5×10^{-10}　　③ 6.75×10^{-10}　　④ 0
해설 똑같은 2개의 점전하 사이의 중심점에서 벡터적인 합의 전기장 세기는 0이다.

5. 표면 전하밀도 σ [C/m²]로 대전된 도체 내부의 전속밀도는 몇 C/m²인가? [11]

① $\epsilon_0 E$　　　② 0　　　③ σ　　　④ $\dfrac{E}{\epsilon_0}$

해설 도체에 전하를 주었을 때, 도체 내부에는 전하가 존재하지 않는다. 따라서 도체 내부에서는 전계 $E=0$이다.
∴ 전속밀도 $D=\epsilon E=0$

6. 비유전율 2.5의 유전체 내부의 전속밀도가 2×10^{-6} C/m² 되는 점의 전기장의 세기는 어느 것인가? [01, 10, 16]

① 18×10^4 V/m　② 9×10^4 V/m　③ 6×10^4 V/m　④ 3.6×10^4 V/m

해설 $D=\epsilon E$ [C/m²]에서, $E=\dfrac{D}{\epsilon_0\cdot\epsilon_s}=\dfrac{2\times10^{-6}}{8.855\times10^{-12}\times2.5}=9\times10^4$ V/m

정답　1. ①　2. ④　3. ③　4. ④　5. ②　6. ②

2 전위와 전위의 기울기

(1) 전위 (electric potential)

① 전기장 속에 놓인 전하는 전기적인 위치에너지를 가지게 되는데, 한 점에서 단위 전하가 가지는 전기적인 위치에너지를 전위라 한다.

② 일반적으로 전위의 기준점은 무한원점으로 선택하나, 실제 전위 측정에서는 지구를 전위의 기준점, 즉 지구의 전위를 '0'으로 한다.

③ 전위차 (potential difference)

㈎ 임의의 두 점 간의 에너지의 차를 전위차라 한다.

㈏ 단위로는 전하가 한 일의 의미로 [J/C] 또는 볼트 (volt[V])를 사용한다.

㈐ 1 V란, 1 C의 전하가 이동하여 한 일이 1 J일 때의 전위차이다. ∴ 1 V=1 J/C

㈑ 유전율 ϵ인 매질 내에서 Q[C]의 단일점 전하로부터 r[m]의 거리에 있는 임의의 점의 전위 크기 V는

$$V=\frac{Q}{C_0}=\frac{Q}{4\pi\epsilon r}=9\times10^9\times\frac{Q}{\epsilon_s r}\,[\mathrm{V}]\quad 여기서,\ C_0=4\pi\epsilon r\,[\mathrm{F}]:구의 정전용량$$

㈒ Q[C]의 전하가 전위차가 일정한 두 점 사이를 이동할 때 얻거나 잃는 에너지를 W[J]라고 하면, 그 두 점 사이의 전위차 V는

$$V=\frac{W}{Q}=\frac{F\cdot l}{Q}=E\cdot l\,[\mathrm{V}]:[\mathrm{N\cdot m/C}]\quad 여기서,\ E=\frac{F}{Q}\,[\mathrm{V/m}]$$

㈐ E[V/m]의 전기장 중에 Q[C]의 전하를 놓으면 전하에 작용하는 정전력 :

$$F = QE \text{ [N]}$$

(2) 전위의 기울기 (potenial gradient)

① 유전체 내에서 $+1\,\mathrm{C}$의 전하에 작용하는 전기력 (전기장의 세기)은 몇 V/m의 기울기
인가에 의해 정해진다.

② 유전체 내의 전기력선을 따라 Δl [m]의 거리에 ΔV[V]의 전압 (전위차)이 걸려 있다
면, 전위의 기울기 G는

$$G = \frac{\Delta V}{\Delta l} \text{ [V/m] : [N/C]}$$

(3) 전위의 기울기와 전기장의 세기

① 전기장의 세기 E[V/m] = 전위의 기울기 G[V/m]

② 전기장의 방향은 **전위가 감소하는 방향**이다.

단원 예상문제 🎯

1. Q[C]의 전기량이 도체를 이동하면서 한 일을 W[J]이라 했을 때 전위차 V[V]를 나타내는 관
계식으로 옳은 것은? [15]

① $V = QW$ ② $V = \dfrac{W}{Q}$ ③ $V = \dfrac{Q}{W}$ ④ $V = \dfrac{1}{QW}$

2. 그림과 같이 공기 중에 놓인 2×10^{-8}[C]의 전하에서 2 m 떨어진 P와 1 m 떨어진 점 Q와의 전
위차는 몇 V인가? [13, 14, 17]

① 80 V

② 90 V

③ 100 V

④ 110 V

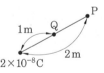

해설 $V = \dfrac{Q}{4\pi\epsilon r} = 9 \times 10^9 \times \dfrac{Q}{\epsilon_s r}$ [V]

$\therefore V = 9 \times 10^9 \times Q\left(\dfrac{1}{\gamma_1} - \dfrac{1}{\gamma_2}\right) = 9 \times 10^9 \times 2 \times 10^{-8}\left(\dfrac{1}{1} - \dfrac{1}{2}\right) = 90 \text{ V}$

3. 다음 중 1 V와 같은 값을 갖는 것은? [15, 17]

① 1 J/C   ② 1 Wb/m   ③ 1 Ω/m   ④ 1 A・s

해설 1 V란, 1 C의 전하가 이동하여 한 일이 1 J일 때의 전위차이다 $\therefore$ 1 J/C

※ 전위의 단위 : [V], [J/C], [N・m/c]

4. 3 V의 기전력으로 300 C의 전기량이 이동할 때 몇 J의 일을 하게 되는가? [16]

① 1200   ② 900   ③ 600   ④ 100

해설 $W = V \cdot Q = 3 \times 300 = 900 \text{J}$

5. 24 C의 전기량이 이동해서 144 J의 일을 했을 때 기전력은 얼마인가? [12, 14]

① 2 V   ② 4 V   ③ 6 V   ④ 8 V

해설 $V = \dfrac{W}{Q} = \dfrac{144}{24} = 6 \text{V}$

6. 10 V/m의 전장에 어떤 전하를 놓으면 0.1 N의 힘이 작용한다고 한다. 이때 전하의 양(C)은 얼마인가? [00, 03, 05, 07]

① 10^{-5} ② 10^{-4} ③ 10^{-3} ④ 10^{-2}

해설 전하에 작용하는 정전력 : $E\,[\text{V/m}]$의 전기장 중에 $Q\,[\text{C}]$의 전하를 놓으면 전하에 작용하는 정전력 $F = QE\,[\text{N}]$

$$Q = \frac{F}{E} = \frac{0.1}{10} = 0.01 \text{ C} \quad \therefore 10^{-2} \text{ C}$$

7. 10 cm 떨어진 2장의 금속 평행판 사이의 전위차가 500 V일 때 이 평행판 안에서 전위의 기울기는? [01, 02, 03]

① 5 V/m   ② 50 V/m   ③ 500 V/m   ④ 5000 V/m

해설 전위의 기울기 : $G = \dfrac{\Delta V}{\Delta l}\,[\text{V/m}] \quad \therefore G = \dfrac{V}{l} = \dfrac{500}{10 \times 10^{-2}} = 5000 \text{ V/m}$

8. 전기장(電氣場)에 대한 설명으로 옳지 않은 것은? [12]

① 대전된 무한장 원통의 내부 전기장은 0이다.
② 대전된 구(球)의 내부 전기장은 0이다.
③ 대전된 도체 내부의 전하 및 전기장은 모두 0이다.
④ 도체 표면의 전기장은 그 표면에 평행이다.

해설 대전 도체의 전하는 전부 표면에만 존재하며, 도체 표면은 등전위면이다. 따라서, 도체 표면의 전기장(전기력선)은 도체 표면에 수직이 되며, 도체 내부의 전계는 0이다.

9. 충전된 대전체를 대지(大地)에 연결하면 대전체는 어떻게 되는가? [16]

① 방전한다.   ② 반발한다.
③ 충전이 계속된다.   ④ 반발과 흡인을 반복한다.

해설 대지전위(大地電位 : earth potential) : 대지가 가지고 있는 전위는 보통 0전위로 간주되고 있으므로 충전된 대전체를 대지에 연결하면 방전하게 되며, 그 대전체의 전위는 대지와 같게 된다.

참고 접지(earth) : 어떤 대전체에 들어 있는 전하를 없애려고 할 때에는 대전체와 지구(대지)를 도선으로 연결하면 되는데, 이것을 어스 또는 접지한다고 말한다.

정답   **1.** ②   **2.** ②   **3.** ①   **4.** ②   **5.** ③   **6.** ④   **7.** ④   **8.** ④   **9.** ①

Chapter 02 자기회로

2-1 자석에 의한 자기 현상

1 영구자석과 전자석

(1) 자석 (磁石 : magnet) : 천연 영구자석

① 자기적으로 분극된 강자성체, 즉 자기적 성질을 갖는 물체를 말한다.

② 자석은 철가루와 철 조각 등을 끌어당기는 성질이 있다. 또한 자석으로 강철을 문지르면 강철도 역시 철 조각을 끌어당기는 성질을 가지게 된다.

(2) 전자석 (electromagnet)

① 전선을 여러 번 감은 원형 코일 속에 철심을 넣고, 코일에 전류를 흘리면 철심은 강한 자석이 된다.

② 전자석은 전류가 많이 흐를수록, 그리고 감은 수가 많을수록 강한 자석이 되며, 전류의 방향이 바뀌면 전자석의 극도 바뀐다.

③ 전자석은 영구자석과 달리 전류가 흐르는 동안만 자석이 되며, 각종 릴레이, 차단기, 전동기뿐만 아니라 스피커나 자기부상열차에서도 활용되고 있다.

(3) 영구자석 재료의 구비 조건

① 잔류자속밀도와 보자력이 클 것　　② 재료가 안정할 것

③ 전기적·기계적 성질이 양호할 것　　④ 열처리가 용이할 것

⑤ 가격이 쌀 것

2 자석의 성질

(1) 자석과 자극의 성질

① 자석은 쇠붙이를 끌어당기는 힘이 있으며, 남북을 가리키는 성질이 있다.

② 자석의 양 끝은 자기력이 가장 강하게 작용하는데, 이것을 자극이라 한다.

③ 자석에는 언제나 N, S 두 극성이 존재하며 자기량은 같다.

④ 같은 극성의 자석은 서로 반발하고, 다른 극성은 서로 흡인한다.

⑤ 자극의 세기 단위로는 Weber [Wb]가 사용된다.

⑥ 진공 중에 2개의 같은 크기를 갖는 자극을 $1\,\mathrm{m}$의 거리로 유지할 때, 상호 간에 $6.33 \times 10^4\,\mathrm{N}$의 힘이 작용하는 자극의 세기를 $1\,\mathrm{Wb}$라 한다.

⑦ 자석은 고온이 되면 자력이 감소한다 (저온이 되면 자력이 증가한다).

⑧ 자석은 임계온도 이상으로 가열하면 자석의 성질이 없어진다.

(2) 자력선(line of magnetic force)의 성질

① 자력선은 N극에서 나와 S극으로 향한다 (자석 내부에서는 S극에서 N극으로 이동한다).

② 자력이 강할수록 자력선의 수가 많다.

③ 발생되는 자력선은 아무리 사용해도 기본적으로는 감소하지 않는다.

④ 자력선은 비자성체를 투과한다. 자력선은 자기장의 상태를 표시하는 선을 가상하여 자기장의 크기와 방향을 표시한다.

⑤ 자력선은 잡아당긴 고무줄과 같이 그 자신이 줄어들려고 하는 장력이 있으며, 같은 방향으로 향하는 자력선은 서로 반발한다.

⑥ 자력선은 서로 교차하지 않는다.

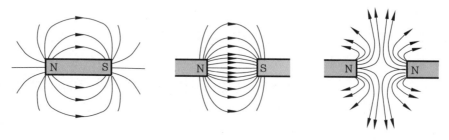

그림 1-2-1 자력선

단원 예상문제

1. 다음 자석의 성질 중 틀린 것은? [03, 13]

① 자석의 양 끝에서 가장 강하다.

② 자석에는 언제나 두 종류의 극성이 있다.

③ 자극이 가지는 자기량은 항상 N극이 강하다.

④ 같은 극성의 자석은 서로 반발하고, 다른 극성은 서로 흡인한다.

해설 자석에는 언제나 N, S 두 극성이 존재하며 자기량은 같다.

2. 자석의 성질로 옳은 것은? [13, 17]

① 자석은 고온이 되면 자력이 증가한다.
② 자기력선에는 고무줄과 같은 장력이 존재한다.
③ 자력선은 자석 내부에서도 N극에서 S극으로 이동한다.
④ 자력선은 자성체는 투과하고, 비자성체는 투과하지 못한다.

해설 자기력선은 그 자신이 줄어들려고 하는 장력이 있다.

3. 영구자석의 재료로서 적당한 것은? [99, 05, 16]

① 잔류자기가 적고 보자력이 큰 것
② 잔류자기와 보자력이 모두 큰 것
③ 잔류자기와 보자력이 모두 작은 것
④ 잔류자기가 크고 보자력이 작은 것

4. 전자석의 특징으로 옳지 않은 것은? [14]

① 전류의 방향이 바뀌면 전자석의 극도 바뀐다.
② 코일을 감은 횟수가 많을수록 강한 전자석이 된다.
③ 전류를 많이 공급하면 무한정 자력이 강해진다.
④ 같은 전류라도 코일 속에 철심을 넣으면 더 강한 전자석이 된다.

해설 전자석은 전류에 비례하여 자력이 강해지지만 철심의 자기포화 현상 때문에 무한정 강해지
는 않는다.

5. 자력선은 다음과 같은 성질을 가지고 있다. 잘못된 것은? [98, 12]

① N극에서 나와서 S극에서 끝난다.
② 자력선에 그은 접선은 그 접점에서의 자장 방향을 나타낸다.
③ 자력선은 상호 간에 서로 교차한다.
④ 한 점의 자력선 밀도는 그 점의 자장 세기를 나타낸다.

6. 자기력선에 대한 설명으로 옳지 않은 것은? [14]

① 자기장의 모양을 나타낸 선이다.
② 자기력선이 조밀할수록 자기력이 세다.
③ 자석의 N극에서 나와 S극으로 들어간다.
④ 자기력선이 교차된 곳에서 자기력이 세다.

해설 자기력선은 서로 교차하지 않는다.

---

7. 자력선의 성질을 설명한 것이다. 옳지 않은 것은? [13]

① 자력선은 서로 교차하지 않는다.

② 자력선은 N극에서 나와 S극으로 향한다.

③ 진공 중에서 나오는 자력선의 수는 m개다.

④ 한 점의 자력선 밀도는 그 점의 자장의 세기를 나타낸다.

해설 총 자력선 수 : $N = H \times 4\pi r^2 = \dfrac{1}{4\pi\mu_0} \cdot \dfrac{m}{r^2} \times 4\pi r^2 = \dfrac{m}{\mu_0}$ 개

정답 **1.** ③ **2.** ② **3.** ② **4.** ③ **5.** ③ **6.** ④ **7.** ③

(3) 자기유도

① 자성체를 자석 가까이 놓으면 자화되는 현상을 말한다.

② 자화(magnetization) : 쇳조각 등 자성체를 자석으로 만드는 것을 말한다.

(4) 자성체 (magnetic material)

① 상자성체와 강자성체 : 자석에 자화되어 끌리는 물체

㈎ 상자성체 : $\mu_s > 1$인 물체로서 알루미늄(Al), 백금(Pt), 산소(O), 공기, 텅스텐

㈏ 강자성체 : $\mu_s \gg 1$인 물체로서 철(Fe), 니켈(Ni), 코발트(Co), 망간(Mn)

② 반자성체 : 자석에 반발하는 물체

$\mu_s < 1$인 물체로서 금(Au), 은(Ag), 구리(Cu), 아연(Zn), 안티몬(Sb), 납(Pb)

단원 예상문제

1. 다음 중 상자성체는 어느 것인가? [04, 13]

① 철　　　　② 코발트　　　　③ 니켈　　　　④ 텅스텐

2. 다음 물질 중 강자성체로만 짝지어진 것은 어느 것인가? [14]

① 철, 니켈, 아연, 망간　　　　② 구리, 비스무트, 코발트, 망간

③ 철, 구리, 니켈, 아연　　　　④ 철, 니켈, 코발트

3. 물질에 따라 자석에 반발하는 물체를 무엇이라 하는가? [15, 17]

① 비자성체　　　② 상자성체　　　③ 반자성체　　　④ 가역성체

4. 다음 중에서 반자성체는? [02, 05, 16]

① 니켈　　　　② 은　　　　③ 망간　　　　④ 철

5. 다음 중 반자성체 물질의 특색을 나타낸 것은 어느 것인가? [96, 16]

① $\mu_s > 1$　　　　② $\mu_s \gg 1$　　　　③ $\mu_s = 1$　　　　④ $\mu_s < 1$

6. 다음 중 자기차폐와 가장 관계가 깊은 것은 어느 것인가? [01, 02, 03, 07]

① 상자성체　　　　　　　　　② 강자성체
③ 비투자율이 1인 자성체　　　④ 반자성체

해설 자기차폐(magnetic shielding) : 자계 중 어느 장소를 투자율이 충분히 큰 강자성체로, 그 내부가 자계의 영향을 받지 않게 하는 것이다.

7. 자기회로에 강자성체를 사용하는 이유는? [15]

① 자기저항을 감소시키기 위하여　　② 자기저항을 증가시키기 위하여
③ 공극을 크게 하기 위하여　　　　　④ 주자속을 감소시키기 위하여

해설 ㉠ 강자성체는 투자율이 매우 큰 것이 특징인 자성 물질로 철, 코발트, 니켈 등이 있다.
　　㉡ 자기저항은 투자율에 반비례한다.
　　∴ 자기회로는 자기저항을 감소시키기 위하여 강자성체를 사용한다.

8. 다음 중 투자율이 가장 작은 것은? [00]

① 공기　　　　② 강철　　　　③ 주철　　　　④ 페라이트

해설 공기의 비투자율은 비자성체와 비슷한 약 1의 값을 가지며, 강철·주철·페라이트는 강자성체로서 비투자율이 대단히 크다.

정답 1. ④　2. ④　3. ③　4. ②　5. ④　6. ②　7. ①　8. ①

2-2　자기에 관한 쿨롱의 법칙

1 쿨롱의 법칙과 투자율

(1) 쿨롱의 법칙(Coulomb's law)

① 두 자극 사이에 작용하는 자력의 크기는 양 자극의 세기의 곱에 비례하고, 자극 간의 거리의 제곱에 반비례한다.

② 진공 중에서의 자기력

$$F = \frac{1}{4\pi\mu_0} \cdot \frac{m_1 \cdot m_2}{r^2} = 6.33 \times 10^4 \cdot \frac{m_1 \cdot m_2}{r^2} \, [\text{N}]$$

여기서, m_1, m_2 : 자극의 세기 (Wb), r : 자극 간의 거리 (m), μ_0 : 진공 투자율

③ MKS 단위계에서는 진공 중에서 같은 크기의 두 자극을 1 m 거리에 놓았을 때, 그 작용 하는 힘이 6.33×10^4 N이 되는 자극의 세기를 단위로 하여 1 Wb라고 한다.

(2) 투자율과 비투자율

① 투자율 (permeability)

㈎ 강자성체의 투자율은 상수가 아니고, 외부 자기장의 세기 (자화력)에 따라 변화한다.

㈏ 투자율은 매질의 두께에 반비례하고, 자속밀도에 비례한다.

㈐ 자속은 투자율이 클수록 잘 통과한다.

• 진공의 투자율 : $\mu_0 = 4\pi \times 10^{-7} = 1.257 \times 10^{-6} [\text{H/m}]$

• 매질의 투자율 : $\mu = \mu_s \cdot \mu_0 = 4\pi \times 10^{-7} \times \mu_s [\text{H/m}]$

② 비투자율 : 진공 투자율에 대한 매질 투자율의 비를 나타낸다.

$$\mu_s = \frac{\mu}{\mu_0} \quad (공기의 \ \mu_s \fallingdotseq 1)$$

③ 매질 중에서의 자기력

$$F = 6.33 \times 10^4 \cdot \frac{m_1 \cdot m_2}{\mu_s \, r^2} [\text{N}]$$

여기서, m_1, m_2 : 자극의 세기 (Wb), r : 자극 간의 거리 (m), μ_s : 비투자율

단원 예상문제

1. 진공 중에서 같은 크기의 두 자극을 1 m 거리에 놓았을 때, 그 작용하는 힘(N)은? (단, 자극 의 세기는 1 Wb이다.) [12]

① 6.33×10^4 ② 8.33×10^4 ③ 9.33×10^5 ④ 9.09×10^9

해설 $F = 6.33 \times 10^4 \times \dfrac{m_1 \cdot m_2}{r^2} = 6.33 \times 10^4 \times \dfrac{1 \times 1}{1^2} = 6.33 \times 10^4$ N

2. 자기력의 크기는 양 자극 세기의 곱에 (㉠)하고, 자극 간의 거리의 제곱에 (㉡)한다. ( ) 안 에 들어갈 말은? [03]

① ㉠ 비례, ㉡ 비례 ② ㉠ 비례, ㉡ 반비례
③ ㉠ 반비례, ㉡ 비례 ④ ㉠ 반비례, ㉡ 반비례

3. 진공의 투자율 μ_0 [H/m]는? [99, 04, 05, 08, 17]

① 6.33×10^4 ② 8.85×10^{-12} ③ $4\pi \times 10^{-7}$ ④ 9×10^9

---

4. 다음 중 공기의 비투자율은? [05]

① 0.1   ② 1   ③ 103   ④ 104

해설 공기의 비투자율＝1.0000004≒1

정답 **1.** ①   **2.** ②   **3.** ③   **4.** ②

2 자기장의 성질

(1) 자기장(magnetic field)의 크기와 방향

① 자기장 중의 어느 점에 단위 정 자하(+1 Wb)를 놓고, 이 자하에 작용하는 자력의 방향과 크기를 그 점에서의 자기장의 방향·크기로 나타낸다.

② m_1 [Wb] 자극으로부터 r [m] 거리에 있는 점에서의 자기장 세기 H [AT/m]는

$$H = \frac{1}{4\pi\mu_0\mu_s} \cdot \frac{m_1}{r^2} = 6.33\times10^4 \times \frac{m_1}{r^2\mu_s} \text{ [AT/m]}$$

③ 자기장의 세기가 H [AT/m]되는 자기장 안에 m_2 [Wb]의 자극이 있을 때, 작용하는 힘 F [N]는

$$F = m_2 H \text{ [N]}$$

④ 1 AT/m의 자기장 크기는 1 Wb의 자하에 1 N의 자력이 작용하는 자기장의 크기를 나타낸다.

(2) 자기장의 세기

① 자기장의 세기가 H [A/m]라면 자기력선의 수는 자기장의 방향으로 $1\,\text{m}^2$ 당 H [개]가 지나가는 것을 의미한다.

② 진공 중에서 $+m$ [Wb]의 자극으로부터 나오는 총 자력선 수

$$N = H\times4\pi r^2 = \frac{1}{4\pi\mu_0} \cdot \frac{m}{r^2}\times4\pi r^2 = \frac{m}{\mu_0} = \frac{m}{4\pi\times10^{-7}} \doteqdot 7.958\times10^5\times m \text{ [개]}$$

③ 자속(magnetic flux) : $+m$ [Wb]의 자극에서는 매질에 관계없이 항상 m개의 자력선 묶음이 나온다고 가정하여 이것을 자속이라 하며, 단위는 [Wb], 기호는 ϕ 를 사용한다.

1개의 자속 ＝ 7.958×10^5개의 자력선

④ +1 [Wb]에서는 1개의 자속이, +m [Wb]의 자극에서는 m [개]의 자속이 나온다.

(3) 자속밀도 (magnetic flux density)

① 자속의 방향에 수직인 단위면적 $1\,\mathrm{m}^2$를 통과하는 자속 수를 나타내며, 단위는 $[\mathrm{Wb/m}^2]$, 기호는 B를 사용한다.

$$B = \frac{\Phi}{A}\ [\mathrm{Wb/m}^2]$$

② 자기장과의 관계

$$B = \mu H = \mu_0 \mu_s H\,[\mathrm{Wb/m}^2]$$

③ 자속의 밀도로 자기장의 크기를 표시한다.

단원 예상문제

1. 다음 중 자기장의 크기를 나타내는 단위는 어느 것인가? [96, 05, 17]
  ① [A/Wb] ② [Wb/A] ③ [A/C] ④ [AT/m]

2. 자기장의 세기가 H [AT/m]인 곳에 m [Wb]의 자극을 놓았을 때 작용하는 힘이 F [N]라 하면 어떤 식이 성립되겠는가? [96, 98]

  ① $F = mH$ 　　　　　　　　② $F = \dfrac{H}{m}$

  ③ $F = 6.33 \times 10^4 mH$ 　　④ $F = \dfrac{m}{H}$

  해설 H [AT/m]의 자기장 내에 m [Wb]의 자하를 두었을 때 작용하는 자기력 : $F = mH$ [N]

3. 공기 중에서 자기장의 세기가 100 A/m인 점에 8×10^{-2} Wb의 자극을 놓을 때 이 자극에 작용하는 기자력 (N)은? [10]
  ① 8×10^{-4} ② 8 ③ 125 ④ 1250

  해설 기자력 $F = mH = 8 \times 10^{-2} \times 100 = 8\mathrm{N}$

4. 진공 중에서 $+m$ [Wb]의 자극으로부터 나오는 자력선의 총수를 나타낸 것은? [14, 16, 17]

  ① m 　　② $\dfrac{\mu_0}{m}$ 　　③ $\mu_0 m$ 　　④ $\dfrac{m}{\mu_0}$

  해설 $N = H \times 4\pi r^2 = \dfrac{1}{4\pi \mu_0} \cdot \dfrac{m}{r^2} \times 4\pi r^2 = \dfrac{m}{\mu_0}$ 개

5. 다음 중 자장의 세기에 대한 설명이 잘못된 것은? [96, 04, 08, 13]
  ① 단위 자극에 작용하는 힘과 같다.　② 자속밀도에 투자율을 곱한 것과 같다.
  ③ 수직 단면의 자력선 밀도와 같다.　④ 단위길이당 기자력과 같다.

  해설 자기장의 세기 : $H = \dfrac{B}{\mu}$ [A/m] ∴ 자기장의 세기는 자속밀도를 투자율로 나눈 것과 같다.

6. 비투자율이 1인 환상 철심 중의 자장의 세기가 H [AT/m]이었다. 이때 비투자율이 10인 물질로 바꾸면 철심의 자속밀도(Wb/m²)는? [10]

① $\dfrac{1}{10}$ 로 줄어든다.　　　　　　② 10배 커진다.

③ 50배 커진다.　　　　　　　　　　④ 100배 커진다.

해설 $B = \mu H = \mu_0 \mu_s H$ [Wb/m²]에서, μ_0 와 H가 일정하면 자속밀도는 비투자율에 비례한다.

　　∴ 비투자율이 10배가 되면 자속밀도도 10배가 된다.

정답 **1.** ④　**2.** ①　**3.** ②　**4.** ④　**5.** ②　**6.** ②

2-3　전류에 의한 자기 현상과 자기회로

1 전류에 의한 자기장과 자기력선의 방향

(1) 앙페르의 오른나사의 법칙 (Ampere's right - handed screw rule)

① 전류에 의해서 생기는 자기장의 방향은 전류 방향에 따라 결정된다.

② 전류의 방향을 오른나사가 진행하는 방향으로 하면, 자기장의 방향은 오른나사의 회전 방향이 된다.

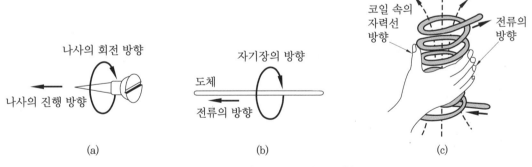

(a)　　　　　　　　　　(b)　　　　　　　　　　(c)

그림 1-2-2 전류와 자기장의 방향

(2) 비오 - 사바르의 법칙 (Biot - Savart's law)

① 도체의 미소 부분 전류에 의해 발생되는 자기장의 크기를 알아내는 법칙이다.

② I [A]의 전류가 흐르고 있는 도체의 미소 부분 Δl 의 전류에 의해 이 부분에서 r [m] 떨어진 P점의 자기장의 세기 ΔH는

$$\Delta H = \frac{I \Delta l}{4 \pi r^2} \sin\theta \, [\text{AT/m}]$$

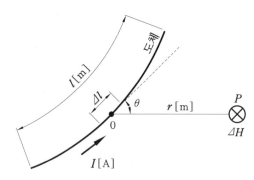

그림 1-2-3 비오 – 사바르의 법칙

(3) 앙페르의 주회 적분의 법칙 (Ampere's circular law)

① 대칭적인 전류 분포에 대한 자기장의 세기를 매우 편리하게 구할 수 있으며, 비오–사바르의 법칙을 이용하여 유도된다.

② 한 폐곡선에 대한 H 의 선적분이 이 폐곡선으로 둘러싸이는 전류, 즉 이 폐곡선을 주변으로 하는 임의의 단면을 통과해서 흐르는 전류와 같다는 것이다.

$$\Sigma H \Delta l = NI$$

③ +1 Wb의 자극을 전류 도선과 쇄교하는 경로를 따라 일주시킬 때의 일 (J)은 전류 I 와 코일 권수 N 을 곱한 암페어 횟수 (AT)와 같다.

(4) 직선상 전류에 의한 자기장

① 무한장 직선 전류에 의한 자기장의 세기 : 직선상 도체에 전류 I 가 흐를 때, 거리 r 인 점 P 의 자기장의 세기는 주회 적분의 법칙에 의하면 다음과 같다.

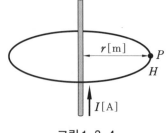

그림 1-2-4
직선 도체에 의한 자기장

(가) $\Sigma Hl = H \times$ (반지름 r 의 원주)$= H \cdot 2\pi r$

   $\therefore \ H \cdot 2\pi r = I$

(나) $H = \dfrac{I}{2\pi r} \ [\text{AT/m}]$

(다) 자기장의 방향은 이 원의 접선 방향이 된다.

② 유한장 직선 전류에 의한 자기장의 세기 :

$$H = \frac{I}{4 \pi r} (\sin\theta_2 - \sin\theta_1)$$

단원 예상문제

1. 전류에 의해 만들어지는 자기장의 자기력선 방향을 간단하게 알아내는 방법은? [12, 13, 15]

① 플레밍의 왼손 법칙　　　　　② 렌츠의 자기유도 법칙

③ 앙페르의 오른나사 법칙　　　④ 패러데이의 전자유도 법칙

2. 다음 식은 전류에 의한 자기장의 세기에 관한 법칙을 설명한 것이다. 어떤 법칙인가? [98, 05]

$$\Delta H = \frac{I \Delta l}{4 \pi r^2} \sin\theta \ [\text{AT/m}]$$

① 렌츠의 법칙　　　　　　　　② 가우스의 법칙

③ 스타인 메츠의 실험식　　　　④ 비오 – 사바르의 법칙

3. 비오–사바르의 법칙(Biot–Savart's law)은 무엇과 관계가 있는가? [06, 09, 13, 16, 17]

① 전류와 자장의 세기　　　　　② 기자력과 자속밀도

③ 전위와 자장의 세기　　　　　④ 자속과 자장의 세기

4. 무한히 긴 직선 도선에 20 A의 전류가 흐를 때, 이 도선에서 15 cm 떨어진 점의 자장의 세기는? [00, 05, 16]

① 4 AT/m　　　　② 6 AT/m　　　　③ 21.2 AT/m　　　　④ 31.2 AT/m

해설 직선 전류에 의한 자기장 세기 $H = \dfrac{I}{2\pi r} = \dfrac{20}{2 \times 3.14 \times 15 \times 10^{-2}} \fallingdotseq 21.2\,\text{AT/m}$

정답 **1.** ③　**2.** ④　**3.** ①　**4.** ③

(5) 원형 코일의 자기장

① 원형 도체의 미소 부분 Δl 에 의해 원의 중심에 발생하는
  자기장 ΔH_0 는

$$\Delta H_0 = \frac{I}{4 \pi r^2} \Delta l \ [\text{A/m}]$$

② 원형 도체가 1개인 경우, $H_0 = \dfrac{I}{2r}$ [AT/m]

③ 도체가 N회 감겨 있는 경우, $H = N \cdot \dfrac{I}{2r}$ [AT/m]

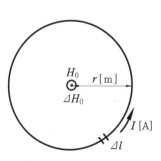

그림 1-2-5
원형 코일의 자기장

(6) 솔레노이드(solenoid) 내부의 자기장

① 평균 반지름이 r [m]이고, 권수가 N인 환상 솔레노이드에 전류 I가 흐를 때 솔레노이드 내부의 자기장은

$$H = \frac{NI}{2\pi r} \text{ [AT/m]}$$

여기서, $\Sigma Hl = H2\pi r$, $F = NI$[AT], $H \cdot 2\pi r = NI$

② 무한장 솔레노이드 내부의 자기장 세기는

$$H_0 = N_o I \text{ [AT/m]}$$

여기서, N_o : 단위길이당 권수

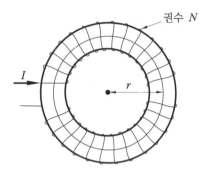

권수 N

그림 1-2-6 환상 솔레노이드

단원 예상문제

1. 권수 N 회, 전류 I[A]이고 반지름 r [m]인 원형 코일에서 자장의 세기(AT/m) 식은? [05, 17]

① $H = \dfrac{I}{2r}$　　　② $H = \dfrac{NI}{2r}$　　　③ $H = \dfrac{N}{2r}$　　　④ $H = \dfrac{NI}{r}$

해설 원형 코일의 자기장 세기 : $H = \dfrac{NI}{2r}$ [AT/m]

2. 평균 반지름이 10 cm이고 감은 횟수 10회의 원형 코일에 5 A의 전류를 흐르게 하면 코일 중심의 자장의 세기(AT/m)는? [04, 11, 13, 16, 17]

① 250　　　② 500　　　③ 750　　　④ 1000

해설 $H = \dfrac{NI}{2r} = \dfrac{10 \times 5}{2 \times 10 \times 10^{-2}} = \dfrac{50}{20} \times 10^2 = 250 \text{ AT/m}$

3. 평균 길이 10 cm, 권수 10회인 환상 솔레노이드에 3 A의 전류가 흐르면 그 내부의 자장 세기(AT/m)는? [02, 06]

① 300　　　② 30　　　③ 3　　　④ 0.3

해설 $H = \dfrac{NI}{2\pi r} = \dfrac{NI}{l} = \dfrac{10 \times 3}{10 \times 10^{-2}} = 300 \text{ AT/m}$

4. 평균 반지름 r [m]의 환상 솔레노이드에 I[A]의 전류가 흐를 때, 내부 자계가 H [AT/m]이었다. 권수 N은? [11]

① $\dfrac{HI}{2\pi r}$　　　② $\dfrac{2\pi r}{HI}$　　　③ $\dfrac{2\pi rH}{I}$　　　④ $\dfrac{I}{2\pi rH}$

5. 단위길이당 권수 100회인 무한장 솔레노이드에 10 A의 전류가 흐를 때 솔레노이드 내부의 자장(AT/m)은? [99, 13]

① 10　　　　　② 100　　　　　③ 1000　　　　　④ 10000

해설 $H_0 = N_0 I = 100 \times 10 = 1000$ AT/m. 여기서, N_0 : 단위길이당 권수

6. 1 cm 당 권선 수가 10인 무한 길이 솔레노이드에 1 A 의 전류가 흐르고 있을 때 솔레노이드 외부 자계의 세기 (AT/m)는? [12, 15]

① 0　　　　　② 5　　　　　③ 10　　　　　④ 20

해설 무한장 솔레노이드 (solenoid) 외부의 자계의 세기는 '0'이다.

참고 무한원점의 자계의 세기는 '0'으로 볼 수 있다.

정답　**1.** ②　**2.** ①　**3.** ①　**4.** ③　**5.** ③　**6.** ①

2 자기회로와 자기회로의 옴 법칙

(1) 자기회로 (magnetic circuit)

① 그림과 같이 환상 코일에 전류 I [A]를 흘리면 자속 ϕ [Wb]가 생기는 통로를 자기회로라 한다.

② 자로의 평균 길이가 l [m]일 때, 전류에 의한 자기장의 세기 H는

$$H = \frac{NI}{l} [\text{AT/m}]$$

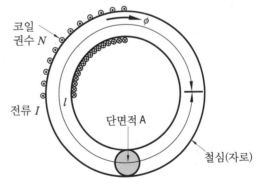

그림 1-2-7 환상 코일에 의한 자기회로

(2) 자기회로의 옴 (Ohm) 법칙

① 자속 (magnetic flux) : ϕ

그림에서 철심의 단면적을 $A [\text{m}^2]$, 철심 내부에 발생하는 자속밀도 $B = \mu H$ 이므로 철심 내부를 통과하는 전자속 ϕ 는

$$\phi = BA = \mu HA = \mu \frac{NI}{l} A = \frac{NI}{\left(\dfrac{l}{\mu A} \right)} [\text{Wb}]$$

② 기자력 (magnetic motive force)

(개) N회 감긴 코일에 전류 I [A] 가 흐를 때 기자력 : $F = NI$ [AT, ampere turn]

(내) 기자력은 자속을 만드는 원동력으로 전류 (A) 와 코일의 감긴 횟수 (turns) 의 곱으로

정의한다.

③ 자기저항(reluctance) : 자속의 발생을 방해하는 성질의 정도로, 자로의 길이 l [m]에 비례하고 단면적 A [m²]에 반비례한다.

$$R = \frac{l}{\mu A} = \frac{NI}{\phi} [\text{AT/Wb}]$$

④ 자기회로의 옴 법칙 : 자기회로를 통하는 자속 ϕ 는 기자력 F에 비례하고, 자기저항 R에 반비례한다.

$$\phi = \frac{F}{R} [\text{Wb}]$$

단원 예상문제

1. 다음 중 자기회로에서 사용되는 단위가 아닌 것은? [04]

① [AT/Wb] ② [Wb] ③ [AT] ④ [kW]

해설 ① 자기저항 R : [AT/Wb], ② 자속 ϕ : [Wb], ③ 기자력 F : [AT], ④ 전력 : [kW]

2. 단면적 5 cm², 길이 1 m, 비투자율 10^3인 환상 철심에 600회의 권선을 행하고 이것에 0.5 A의 전류를 흐르게 한 경우의 기자력은 다음 중 어느 것인가? [01, 14]

① 100 AT ② 200 AT ③ 300 AT ④ 400 AT

해설 $F = NI = 600 \times 0.5 = 300$ AT

3. 자기회로의 길이 l [m], 단면적 A [m²], 투자율 μ [H/m]일 때 자기저항 R [AT/Wb]을 나타낸 것은? [12]

① $R = \frac{\mu l}{A}$ ② $R = \frac{A}{\mu l}$ ③ $R = \frac{\mu A}{l}$ ④ $R = \frac{l}{\mu A}$

4. 다음 중 자기저항의 단위에 해당하는 것은? [04, 07, 08, 10, 11, 13, 17]

① [Ω] ② [Wb/AT] ③ [H/m] ④ [AT/Wb]

5. 자기저항 1000 AT/Wb의 자로에 40000 AT의 기자력을 가할 때 생기는 자속(Wb)은 다음 중 어느 것인가? [96, 01, 03]

① 40 ② 30 ③ 20 ④ 10

해설 $\phi = \frac{F}{R} = \frac{40000}{1000} = 40$ Wb

6. 다음 중 전류와 자속에 관한 설명으로 옳은 것은? [02, 11]

① 전류와 자속은 항상 폐회로를 이룬다.
② 전류와 자속은 항상 폐회로를 이루지 않는다.
③ 전류는 폐회로이나 자속은 아니다.
④ 자속은 폐회로이나 전류는 아니다.

[해설] 전기회로의 전류와 자기회로의 자속은 항상 폐회로를 이룬다.

7. 전기와 자기의 요소를 서로 대칭되게 나타내지 않는 것은? [07, 17]

① 전계 – 자계
② 전속 – 자속
③ 유전율 – 투자율
④ 전속밀도 – 자기량

[해설] 전속밀도 $D\,[\mathrm{C/m^2}]$ – 자속밀도 $B\,[\mathrm{Wb/m^2}]$

8. 다음 중 자기작용에 관한 설명으로 틀린 것은 어느 것인가? [14, 17]

① 기자력의 단위는 [AT]를 사용한다.
② 자기회로의 자기저항이 작은 경우는 누설자속이 거의 발생되지 않는다.
③ 자기장 내에 있는 도체에 전류를 흘리면 힘이 작용하는데, 이 힘을 기전력이라 한다.
④ 평행한 두 도체 사이에 전류가 동일한 방향으로 흐르면 흡인력이 작용한다.

[해설] 전자력 : 자기장 내에 있는 도체에 전류를 흘리면 도체에는 플레밍의 왼손 법칙에서 정의하는 엄지손가락 방향으로 힘, 즉 전자력이 발생한다.

9. 자기회로에 기자력을 주면 자로에 자속이 흐른다. 그러나 기자력에 의해 발생되는 자속 전부가 자기회로 내를 통과하는 것이 아니라, 자로 이외의 부분을 통과하는 자속도 있다. 이와 같이 자기회로 이외 부분을 통과하는 자속을 무엇이라 하는가? [14]

① 종속자속
② 누설자속
③ 주자속
④ 반사자속

[해설] 누설자속 (leakage flux) : 자기회로 이외의 부분을 통과하는 자속

※ 누설 계수 $= \dfrac{\text{누설자속} + \text{유효자속}}{\text{유효자속}}$

10. 누설자속이 발생되기 어려운 경우는 어느 것인가? [11]

① 자로에 공극이 있는 경우
② 자로의 자속밀도가 높은 경우
③ 철심이 자기포화되어 있는 경우
④ 자기회로의 자기저항이 작은 경우

[해설] 누설자속 (leakage flux)은 자기회로 이외의 부분을 통과하는 자속을 말한다.
∴ 자기저항이 작다는 것은 자속을 잘 통과시킨다는 의미이므로 누설자속이 발생하기 어려운 경우이다.
※ 누설자속은 공극 (air gap)이 있는 경우 자기저항이 커지므로 증가하게 된다.

2-4 전자력과 전자유도

전자력 (electromagnetic force)
- 자기장 내에서 도선에 전류를 흐르게 하면 도선에는 전류에 의한 자기장이 형성되어 최초의 자기장과 상호작용을 일으켜 힘, 즉 전자력이 발생된다.
- 이 원리를 이용하여 회전력을 만들어 내는 것이 전동기이다.

1 전자력의 방향과 크기

(1) 플레밍의 왼손 법칙 (Fleming's left – hand rule)
① 자기장 내의 도선에 전류가 흐를 때 도선이 받는 힘의 방향을 나타낸다.

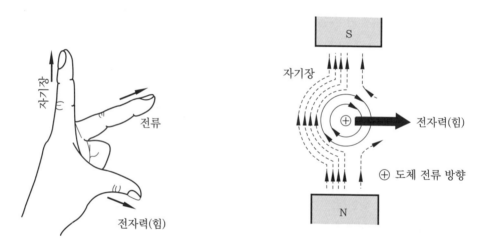

그림 1-2-8 플레밍의 왼손 법칙·전자력의 방향

② 전동기의 회전 방향을 결정한다.
  ㈎ 엄지손가락 : 전자력 (힘)의 방향
  ㈏ 집게손가락 : 자장의 방향
  ㈐ 가운뎃손가락 : 전류의 방향
③ 전류의 방향 표시
  ㈎ ⊙ : 전류가 정면으로 흘러나옴 (화살촉)
  ㈏ ⊗ : 전류가 정면에서 흘러들어 감 (화살 날개)

(2) 직선 도체에 작용하는 전자력
평등 자기장 내에서 직선 도체가 받는 전자력 F는

$$F = BIl \sin\theta \, [\text{N}]$$

여기서, B : 자속밀도 (Wb/m^2), I : 도체에 흐르는 전류 (A), l : 도체의 길이 (m),
　　　θ : 자장과 도체가 이루는 각

(3) 코일에 작용하는 전자력

① 코일 변 $\overline{12}$, $\overline{34}$ 에 작용하는 힘

$$F = IBaN \, [\text{N}]$$

여기서, N : 코일 권수 (회)

② 코일에 작용하는 토크

$$T = Fb = IBabN \, [\text{N} \cdot \text{m}]$$

$$T' = Fb\cos\theta = IBabN\cos\theta \, [\text{N} \cdot \text{m}]$$

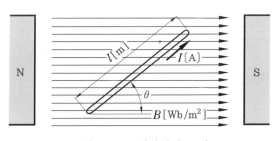

그림 1-2-9 전자력의 크기

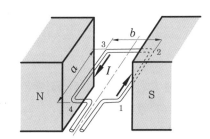

그림 1-2-10 코일에 작용하는 전자력

(4) 평행 도체 사이에 작용하는 전자력

① 전자력의 작용 (힘의 방향)

　㈎ 반대 방향일 때 : 반발력

　㈏ 동일 방향일 때 : 흡인력

② 전자력의 크기

　㈎ 전선 $1\,\text{m}$ 당 작용하는 힘 : $F = \dfrac{2I_1 I_2}{r} \times 10^{-7} [\text{N}]$

　㈏ 1A 의 정의 : 무한히 긴 두 개의 도체를 진공 중에서 $1\,\text{m}$의 간격으로 놓고 전류를 흘렸
　　을 때, 그 길이 $1\,\text{m}$마다 $2 \times 10^{-7} \, [\text{N}]$의 힘을 생기게 하는 전류를 1A라 한다.

그림 1-2-11 평행 도체 사이의 전자력

단원 예상문제

1. 다음 중 전동기의 원리에 적용되는 법칙은? [06, 12, 15, 17]
  ① 렌츠의 법칙
  ② 플레밍의 오른손 법칙
  ③ 플레밍의 왼손 법칙
  ④ 옴의 법칙

2. 플레밍의 왼손 법칙에서 전류의 방향을 나타내는 손가락은? [10, 12, 16, 17]
  ① 엄지
  ② 검지
  ③ 중지
  ④ 약지

3. 그림과 같이 자극 사이에 있는 도체에 전류 I가 흐를 때 힘은 어느 방향으로 작용하는가?
[99, 02, 14]

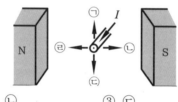

  ① ㉠
  ② ㉡
  ③ ㉢
  ④ ㉣

4. 전류에 의한 자기장과 직접적으로 관련이 없는 것은? [16]
  ① 줄의 법칙
  ② 플레밍의 왼손 법칙
  ③ 비오 – 사바르의 법칙
  ④ 앙페르의 오른나사의 법칙
  해설 ① : 전류에 의한 발열 작용
        ② : 전류에 의한 전자력의 방향
      ③ : 전류에 의한 자기장의 크기
        ④ : 전류에 의한 자기장의 방향

5. 도체가 자기장에서 받는 힘의 관계 중 틀린 것은? [13]
  ① 자기력선속 밀도에 비례
  ② 도체의 길이에 반비례
  ③ 흐르는 전류에 비례
  ④ 도체가 자기장과 이루는 각도에 비례 (0~90°)
  해설 직선 도체가 받는 전자력 : $F = BIl\sin\theta$ [N] ∴ 도체의 길이에 비례한다.

6. 평등 자장 내에 있는 도선에 전류가 흐를 때 자장의 방향과 어떤 각도로 되어 있으면 작용하는 힘이 최대가 되는가? [13]
  ① 30°
  ② 45°
  ③ 60°
  ④ 90°
  해설 $F = BlI\sin\theta$ [N]에서, $\theta = 90°$일 때 전자력 F는 최대가 된다.

7. 공기 중에서 자속밀도 3 Wb/m² 의 평등 자장 중에 길이 50 cm의 도선을 자장의 방향과 60°의 각도로 놓고 이 도체에 10 A의 전류가 흐르면 도선에 작용하는 힘(N)은? [05, 10, 16, 17]
  ① 약 3
  ② 약 13
  ③ 약 30
  ④ 약 300
  해설 $F = BlI\sin\theta = 3 \times 50 \times 10^{-2} \times 10 \times \dfrac{\sqrt{3}}{2} ≒ 13$ N

8. 평행한 두 도체에 같은 방향의 전류를 흘렸을 때, 두 도체 사이에 작용하는 힘은 다음 중 어느 것인가? [99, 02, 05, 07]

① 반발력

② 힘이 작용하지 않는다.

③ 흡인력

④ $\dfrac{I}{2\pi r}$ 의 힘

9. 서로 가까이 나란히 있는 두 도체에 전류가 반대 방향으로 흐를 때 각 도체 간에 작용하는 힘은? [11]

① 흡인한다.

② 반발한다.

③ 흡인과 반발을 되풀이한다.

④ 처음에는 흡인하다가 나중에는 반발한다.

10. 평행한 왕복 도체에 흐르는 전류에 의한 작용력은? [03, 15]

① 흡인력   ② 반발력   ③ 회전력   ④ 작용력이 없다.

해설 왕복 도체에 흐르는 전류에 의한 작용력은, 전류의 방향이 서로 반대이므로 반발력이 작용한다.

11. 그림과 같이 직사각형의 코일에 큰 전류를 흐르게 하면 코일의 모양은 어떻게 변하겠는가? [04]

① 직사각형
② 정사각형
③ 삼각형
④ 원형

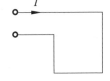

해설 평행 도체 간에 작용하는 힘 (전자력)이 반발력이므로, 원형으로 변화한다.

12. 평행한 두 도선 간의 전자력은? [04, 14]

① 거리 r 에 비례한다.

② 거리 r 에 반비례한다.

③ 거리 r^2 에 비례한다.

④ 거리 r^2 에 반비례한다.

13. 공기 중에서 5 cm 간격을 유지하고 있는 2개의 평행 도선에 각각 10 A의 전류가 동일한 방향으로 흐를 때 도선 1 m당 발생하는 힘의 크기(N)는? [14, 17]

① 4×10^{-4} ② 2×10^{-5} ③ 4×10^{-5} ④ 2×10^{-4}

해설 $F = \dfrac{2I_1 I_2}{r}\times10^{-7} = \dfrac{2\times10\times10}{5\times10^{-2}}\times10^{-7}$

$\qquad = \dfrac{20\times10^1}{5\times10^{-2}}\times10^{-7} = 4\times10^1\times10^2\times10^{-7} = 4\times10^{-4}\ [\mathrm{N}]$

정답 **1.** ③   **2.** ③   **3.** ①   **4.** ①   **5.** ②   **6.** ④   **7.** ②   **8.** ③   **9.** ②   **10.** ②   **11.** ④
12. ②   **13.** ①

2 전자유도 작용

전자유도(electromagnetic induction) : 도체와 자속이 쇄교하거나 또는 자장 중에 도체를 움직일 때 도체에 기전력이 유도되는 현상이다.

(1) 자속의 변화에 의한 유도기전력

① 렌츠의 법칙(Lenz's law) : 전자유도에 의하여 생긴 기전력의 방향은 그 유도전류가 만드는 자속이 항상 원래 자속의 증가 또는 감소를 방해하는 방향이다.

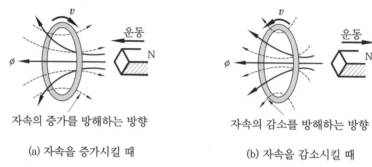

(a) 자속을 증가시킬 때   (b) 자속을 감소시킬 때

그림 1-2-12 렌츠의 법칙

② 패러데이의 법칙(Faraday's law) : 유도기전력의 크기 v[V]는 코일을 지나는 자속의 매초 변화량과 코일의 권수에 비례한다.

$$v = -N\frac{\Delta\phi}{\Delta t}[\text{V}] \qquad 여기서, \ \frac{\Delta\phi}{\Delta t} : 자속의 변화율$$

③ 1 Wb의 자속은 1권선의 코일과 쇄교하여 1초간에 일정한 비율로 감소하여 0으로 될 때, 1 V의 기전력을 유도하는 자속의 크기로 정의한다.

(2) 도체 운동에 의한 유도기전력

① 유도기전력의 크기

㉮ 자속밀도 B [Wb/m²]인 평등 자기장 속에서 길이 l [m]의 도체가 자속과 직각 방향으로 속도 u [m/s]로 운동했을 때 도체에 유도되는 기전력 e는

$$e = N\frac{\Delta\phi}{\Delta t} = 1 \times \left(\frac{Blu\Delta t}{\Delta t}\right) = Blu[\text{V}]$$

㉯ 자기장과 θ의 각을 이루면서 운동했을 때
$$e' = Blu \cdot \sin\theta[\text{V}]$$

② 유도기전력의 방향 : 플레밍의 오른손 법칙

㉮ 엄지손가락 : 운동의 방향   ㉯ 집게손가락 : 자속의 방향

㉰ 가운뎃손가락 : 기전력의 방향

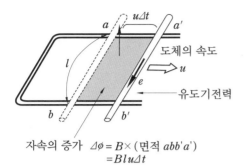

그림 1-2-13 도체의 운동과 유도기전력

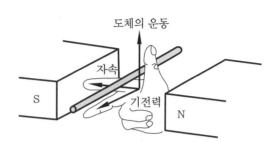

그림 1-2-14 플레밍의 오른손 법칙

단원 예상문제

1. "전자유도에 의해 생긴 기전력의 방향은 그 유도전류가 만드는 자속이 항상 원래 자속의 증가 또는 감속을 방해하는 방향이다." 라고 하는 법칙은? [00, 01, 02, 03, 05, 08, 11, 17]

① 옴 (Ohm)의 법칙   ② 렌츠 (Lenz)의 법칙

③ 쿨롱 (Coulomb)의 법칙   ④ 암페어 (Ampere)의 법칙

2. 도체가 운동하는 경우 유도기전력의 방향을 알고자 할 때 유용한 법칙은? [96, 00, 01, 05, 10]

① 렌츠의 법칙   ② 플레밍의 오른손 법칙

③ 플레밍의 왼손 법칙   ④ 비오 – 사바르 법칙

3. 다음 그림과 같이 코일 근방에서 자석을 운동시켰더니 코일에는 화살표 방향의 전류가 흘렀다. 자석을 움직인 방향은? [00, 01, 04, 17]

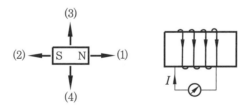

① (1)의 방향   ② (2)의 방향

③ (3)의 방향   ④ (4)의 방향

해설 렌츠의 법칙 (Lenz's law)

4. 전자유도 현상에 의하여 생기는 유도기전력의 크기를 정의하는 법칙은? [97, 98, 03, 17]

① 렌츠의 법칙   ② 패러데이 법칙

③ 앙페르의 법칙   ④ 플레밍의 오른손 법칙

5. 패러데이의 전자유도 법칙에서 유도기전력의 크기는 코일을 지나는 (㉠)의 매초 변화량과 코일의 (㉡)에 비례한다. ( ) 안에 알맞은 말은? [11, 17]

① ㉠ 자속, ㉡ 굵기 ② ㉠ 자속, ㉡ 권수
③ ㉠ 전류, ㉡ 권수 ④ ㉠ 전류, ㉡ 굵기

6. 1 Wb의 자속을 맞게 설명한 것은? [04]

① 1권선의 코일과 쇄교하여 1초간의 일정한 비율로 증가하여 1 V의 기전력을 유도하는 자속이다.
② 1권선의 코일과 쇄교하여 1초간의 일정한 비율로 감소하여 1로 될 때 1 A의 기전력을 유도하는 자속이다.
③ 1권선의 코일과 쇄교하여 1초간의 일정한 비율로 감소하여 0으로 될 때 1 A의 기전력을 유도하는 자속이다.
④ 1권선의 코일과 쇄교하여 1초간의 일정한 비율로 감소하여 0으로 될 때 1 V의 기전력을 유도하는 자속이다.

7. 50회 감은 코일과 쇄교하는 자속이 0.5 s 동안 0.1 Wb에서 0.2 Wb로 변화하였다면 기전력의 크기는 몇 V인가? [13, 17]

① 5 ② 10 ③ 12 ④ 15

해설 $\Delta\phi = 0.2 - 0.1 = 0.1$ Wb $\therefore v = N \cdot \dfrac{\Delta\phi}{\Delta t} = 50 \times \dfrac{0.1}{0.5} = 10$ V

8. 발전기의 유도전압의 방향을 나타내는 법칙은? [99, 03, 04 09, 13]

① 패러데이의 법칙 ② 렌츠의 법칙
③ 오른나사 법칙 ④ 플레밍의 오른손 법칙

9. 플레밍의 오른손 법칙에서 셋째 손가락의 방향은? [12]

① 운동 방향 ② 자속밀도의 방향
③ 유도기전력의 방향 ④ 자력선의 방향

정답 **1.** ② **2.** ① **3.** ② **4.** ② **5.** ② **6.** ④ **7.** ② **8.** ④ **9.** ③

❸ 자기유도 작용

자기유도(self-induction) : 코일에 흐르는 전류가 변화하면 코일을 지나는 자속도 변화하므로, 전자유도에 의해서 코일 자신에 이 자속의 변화를 방해하려는 방향으로 기전력이 유도되는 현상이다.

(1) 자기인덕턴스 (self – inductance)

① 코일의 자체유도 능력 정도를 나타내는 값으로 단위는 henry [H]이다.

② 코일에 발생되는 유도기전력

㈎ 유도기전력 v 는 자속의 변화율$(\Delta\phi/\Delta t)$에 비례한다.

$$v = -N\frac{\Delta\phi}{\Delta t}\,[\text{V}]$$ 　　여기서, N : 코일의 권수

㈏ 유도기전력 v 는 전류의 변화율$(\Delta I/\Delta t)$에 비례한다.

$$v = -L\frac{\Delta I}{\Delta t}\,[\text{V}]$$ 　　여기서, L : 비례상수 – 자기인덕턴스

㈐ 자기인덕턴스

$$L = \frac{N\phi}{I}\,[\text{H}]$$

위 식에서, $\Delta\phi$ 는 ΔI 에 의하여 발생하므로 $N \cdot \Delta\phi = L \cdot \Delta I$이다.

㈑ 1 H 란, 1 S 동안에 1 A의 전류 변화에 의하여 1 V의 유도기전력을 발생시키는 코일의 자기인덕턴스 용량을 나타낸다.

(2) 환상 코일의 자기인덕턴스

① 자속

$$\phi = \mu_0 HA = \mu_0 \cdot \frac{NI}{l} \cdot A\,[\text{Wb}]$$

② 자기인덕턴스

$$L = \frac{N\phi}{I} = \mu_0 \cdot \frac{A}{l} N^2\,[\text{H}]$$

③ 비투자율 μ_s 인 철심이 있을 때

$$L_s = \mu_s L = \mu_0 \mu_s \frac{A}{l} N^2\,[\text{H}]$$

④ 자기인덕턴스는 코일의 권수 N 의 제곱에 비례하고 있다.

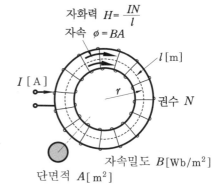

자화력 $H = \dfrac{IN}{l}$

자속 $\phi = BA$

$l\,[\text{m}]$

$I\,[\text{A}]$

r

권수 N

자속밀도 $B\,[\text{Wb/m}^2]$

단면적 $A\,[\text{m}^2]$

그림 1-2-15 환상 코일의 자기인덕턴스

(3) 무한장 코일의 자기인덕턴스

① 코일의 단위길이당 자기인덕턴스 : $L_0 = \dfrac{N\phi}{I} = \mu_0\,A N_0^{\,2}\,[\text{H}]$

여기서, N_0 : 단위길이당 코일의 권수

② 철심이 있는 경우 자기인덕턴스 : $L_s = \mu_s L = \mu_0 \mu_s\,A N_0^{\,2}\,[\text{H}]$

1. L = 0.05 H의 코일에 흐르는 전류가 0.05 s 동안에 2 A가 변했다. 코일에 유도되는 기전력 (V)은? [98, 05, 12]

① 0.5　　　　　　② 2　　　　　　③ 10　　　　　　④ 25

해설 $v = L\dfrac{\Delta I}{\Delta t} = 0.05 \times \dfrac{2}{0.05} = 2\ \text{V}$

2. 다음 ( ) 안에 들어갈 알맞은 내용은? [15]

> 자기인덕턴스 1 H는 전류의 변화율이 1 A/s일 때, (　　　)가(이) 발생할 때의 값이다.

① 1 N의 힘　　② 1 J의 에너지　　③ 1 V의 기전력　　④ 1 Hz의 주파수

해설 1 H는 1 s 동안에 1 A의 전류 변화에 의하여 코일에 1 V의 유도기전력을 발생시키는 용량이다.

3. 어떤 코일에 5 A의 직류전류를 1초 동안에 2 A로 변화시키니 코일 양단에 40 V의 기전력이 유기했다. 이 코일의 인덕턴스 (H)는? [05]

① 5.7　　　　　　② 8　　　　　　③ 13.3　　　　　　④ 20

해설 $L = \dfrac{v \cdot \Delta t}{\Delta I} = \dfrac{40 \times 1}{5 - 2} = \dfrac{40}{3} = 13.3\ \text{H}$

4. 권수 N 회인 코일(coil)에 I [A]의 전류가 흘러 자속 ϕ [Wb]가 생겼다면 인덕턴스 (H)는? [05, 06, 16]

① $L = \dfrac{N\phi}{I}$　　　② $L = \dfrac{I\phi}{N}$　　　③ $L = \dfrac{NI}{\phi}$　　　④ $L = \dfrac{\phi}{NI}$

5. 권선 수 100회 감은 코일에 2 A의 전류가 흘렀을 때 50×10^{-3} Wb의 자속이 코일에 쇄교되었다면 자기인덕턴스는 몇 H인가? [14]

① 1.0　　　　　　② 1.5　　　　　　③ 2.0　　　　　　④ 2.5

해설 $L = \dfrac{N\phi}{I} = \dfrac{100 \times 50 \times 10^{-3}}{2} = 2.5\ \text{H}$

6. 코일의 자기인덕턴스는 권수 N의 몇 제곱에 비례하는가? [98, 14, 17]

① $N^{\frac{1}{2}}$　　　　　② N^2　　　　　③ N^3　　　　　④ $N^{\frac{1}{3}}$

해설 ㉠ $\phi = BA = \mu HA = \mu \cdot \dfrac{NI}{l} A\ [\text{wb}]$

　　 ㉡ $L = \dfrac{N\phi}{I} = \dfrac{N}{I} \cdot \mu \dfrac{NI}{l} A = \mu \dfrac{AN^2}{l}\ [\text{H}]$　∴ $L \propto N^2$

7. 환상 솔레노이드에 감긴 코일의 권회 수를 3배로 늘리면 자체 인덕턴스는 몇 배로 되는가? [16]

① 3   ② 9   ③ $\frac{1}{3}$ ④ $\frac{1}{9}$

[해설] $L_s = \frac{\mu A}{l} \cdot N^2$ [H] → $L_s \propto N^2$ ∴ 권회 수 N을 3배로 늘리면 자체 인덕턴스 L_s는 9배가 된다.

8. 환상 솔레노이드에 10회를 감았을 때의 자기인덕턴스는 100회 감았을 때의 몇 배가 되는가? [99, 01, 05]

① 10   ② 100   ③ $\frac{1}{10}$ ④ $\frac{1}{100}$

[해설] 자기인덕턴스 L_s는 코일의 권수 (감는 수) N의 제곱에 비례한다.

∴ 코일의 감긴 수가 10회 : 100회 = 1 : 10이므로 자기인덕턴스는 $\left(\frac{1}{10}\right)^2$, 즉 $\frac{1}{100}$ 배가 된다.

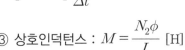
정답 **1.** ② **2.** ③ **3.** ③ **4.** ① **5.** ④ **6.** ② **7.** ② **8.** ④

4 상호인덕턴스 작용

상호유도 (mutual induction) : 두 코일을 가까이 놓고 한쪽 코일의 전류가 변화할 때, 다른 쪽 코일에 유도기전력이 발생하는 현상이다.

(1) 상호인덕턴스

① 두 코일의 상호유도 능력 정도를 나타내는 값으로 단위는 Henry[H]를 사용한다.

② 권수 N_2의 2차 코일에 발생하는 기전력 :

$$v_2 = -N_2 \frac{\Delta \phi}{\Delta t} \text{ [V]}$$

③ 상호인덕턴스 : $M = \frac{N_2 \phi}{I_1}$ [H]

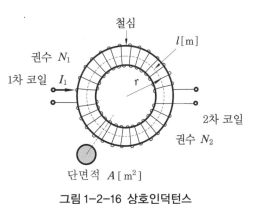
그림 1-2-16 상호인덕턴스

(2) 환상 코일의 상호인덕턴스

① 1차 코일에 의한 자속 : $\phi = \mu_0 \cdot \mu_s \frac{I_1 N_1}{l} A$ [Wb]

② 상호인덕턴스 : $M = \dfrac{N_2 \phi}{I_1} = \mu_0 \mu_s \dfrac{A}{l} N_1 N_2 \,[\mathrm{H}]$

5 인덕턴스의 결합

(1) 결합 계수 (coupling coefficient)

① 자기인덕턴스와 상호인덕턴스와의 관계 : $M = k\sqrt{L_1 L_2}\,[\mathrm{H}]$

② 코일 간의 결합 계수 : $k = \dfrac{M}{\sqrt{L_1 L_2}}$

※ 누설자속이 없는 이상적인 결합일 때 $k = 1$이다.

(2) 인덕턴스의 접속

① 차동 접속 : $L_{ab} = L_1 + L_2 - 2M\,[\mathrm{H}]$

② 가동 접속 : $L_{ab} = L_1 + L_2 + 2M\,[\mathrm{H}]$

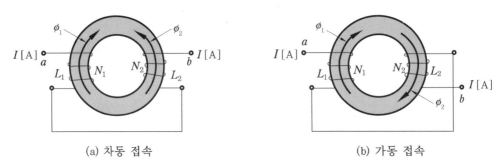

(a) 차동 접속   (b) 가동 접속

그림 1-2-17 인덕턴스의 결합

단원 예상문제

1. 2개의 코일을 서로 근접시켰을 때 한쪽 코일의 전류가 변화하면 다른 쪽 코일에 유도기전력이 발생하는 현상을 무엇이라고 하는가? [12]

① 상호 결합   ② 자체유도   ③ 상호유도   ④ 자체 결합

2. 자기인덕턴스 L_1, L_2 상호인덕턴스 M인 두 코일의 결합 계수가 k이면, 다음 중 어떤 관계인가? [03, 17]

① $M = \sqrt{L_1 L_2}\,[\mathrm{H}]$ ② $M = k\sqrt{L_1 L_2}\,[\mathrm{H}]$

③ $M = k^2\sqrt{L_1 L_2}\,[\mathrm{H}]$ ④ $M = k^3\sqrt{L_1 L_2}\,[\mathrm{H}]$

3. 코일이 접속되어 있을 때, 누설자속이 없는 이상적인 코일 간의 상호인덕턴스는 다음 중 어느 것인가? [03, 04, 05, 06, 13, 15]

① $M = \sqrt{L_1 + L_2}$ ② $M = \sqrt{L_1 - L_2}$ ③ $M = \sqrt{L_1 L_2}$ ④ $M = \sqrt{\dfrac{L_1}{L_2}}$

해설 ㉠ 결합 계수 $k = \dfrac{M}{\sqrt{L_1 \times L_2}}$ ㉡ 누설자속이 없는 이상적인 경우 : $k = 1$

∴ $M = \sqrt{L_1 \times L_2}$

4. 자기인덕턴스 40 mH와 90 mH인 2개의 코일이 있다. 양 코일 사이에 누설자속이 없다고 하면 상호인덕턴스는 몇 mH인가? [99, 02, 03, 08, 10]

① 20 ② 40 ③ 50 ④ 60

해설 $M = \sqrt{L_1 \cdot L_2} = \sqrt{40 \times 90} = \sqrt{3600} = 60 \text{ mH}$

5. 자기인덕턴스가 각각 100 mH, 400 mH인 두 코일이 있다. 두 코일 사이의 상호인덕턴스가 70 mH이면 결합 계수는? [01]

① 0.0035 ② 0.035 ③ 0.35 ④ 3.5

해설 $k = \dfrac{M}{\sqrt{L_1 L_2}} = \dfrac{70}{\sqrt{100 \times 400}} = 0.35$

6. 0.25 H와 0.23 H의 자기인덕턴스를 직렬로 접속할 때 합성 인덕턴스의 최댓값은? [01, 02, 09]

① 0.24 ② 0.48 ③ 0.96 ④ 1.2

해설 $L = L_1 + L_2 + 2M = L_1 + L_2 + 2\sqrt{L_1 L_2} = 0.25 + 0.23 + 2\sqrt{0.25 \times 0.23} ≒ 0.96$

7. 두 코일의 자체 인덕턴스를 L_1[H], L_2[H]라 하고 상호인덕턴스를 M이라 할 때, 두 코일을 자속이 동일한 방향과 역방향이 되도록 하여 직렬로 각각 연결하였을 경우, 합성 인덕턴스의 큰 쪽과 작은 쪽의 차는? [03, 14]

① M ② $2M$ ③ $4M$ ④ $8M$

해설 ㉠ 가동 접속 : $L_1 + L_2 + 2M$ ㉡ 차동 접속 : $L_1 + L_2 - 2M$

∴ ㉠-㉡ → $4M$

8. 두 개의 자체 인덕턴스를 직렬로 접속하여 합성 인덕턴스를 측정하였더니 95 mH이었다. 한 쪽 인덕턴스를 반대로 접속하여 측정하였더니 합성 인덕턴스가 15 mH로 되었다. 두 코일의 상호인덕턴스는? [10]

① 20 mH ② 40 mH ③ 80 mH ④ 160 mH

해설 합성 인덕턴스의 차이 : $4M = 95 - 15 = 80 \text{ mH}$

∴ $M = \dfrac{80}{4} = 20 \text{ mH}$

정답 **1.** ③ **2.** ② **3.** ③ **4.** ④ **5.** ③ **6.** ③ **7.** ③ **8.** ①

2-5 자기에너지와 자화곡선

1 자기에너지

(1) 자기인덕턴스에 축적되는 에너지

인덕턴스 L [H]의 코일에 그림과 같이 전류가 0에서 I[A]까지 증가될 때 코일에 저장되는 전자에너지 W는

$$W = \frac{1}{2} L I^2 [\text{J}]$$

(2) 자기장 중에 축적되는 에너지

자속밀도 B [Wb/m²]와 자기장 H [AT/m]가 비례하는 공간에서의 단위 부피당 축적되는 에너지 W_0는

$$W_0 = \frac{1}{2} \mu H^2 = \frac{1}{2} HB = \frac{1}{2} \frac{B^2}{\mu} \ [\text{J/m}^3]$$

2 자화곡선과 히스테리시스곡선

(1) 자화곡선

자기장의 세기 (H)와 자속밀도 (B)와의 관계를 나타내는 것이 $B - H$ 곡선이다.

(2) 히스테리시스곡선 (hysteresis loop)

① 잔류자기 (residual magnetism) : 그림에서, 자기장의 세기 H가 0인 경우에도, 남아 있는 자속의 크기를 잔류자기라 한다.

잔류자기의 크기 : $\overline{0b} = B_r$

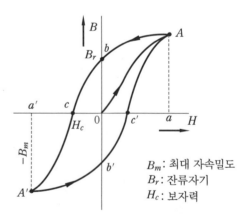

② 보자력 (coercive force) : 그림에서, 잔류자기를 없애는 데 필요한 $-H$ 방향의 자기장 세기이다.

B_m : 최대 자속밀도
B_r : 잔류자기
H_c : 보자력

보자력의 크기 : $\overline{0c} = H_c$

그림 1-2-18 히스테리시스곡선

③ 히스테리시스손실 (hysteresis loss) : 히스테리시스곡선으로 둘러싸인 면적은 단위 체적당의 에너지 손실을 나타낸다.

$$P_h = \eta f B_m^{\ 1.6} \ [\text{W/m}^3]$$

여기서, η : 히스테리시스 상수, f : 주파수 (Hz), B_m : 최대 자속밀도

④ 히스테리시스손실을 줄이기 위하여 전기기기에 사용되는 철심에는 규소 (Si)가 함유된 철심을 성층으로 하여 사용한다.

단원 예상문제 🎯

1. 자기인덕턴스에 축적되는 에너지에 대한 설명으로 가장 옳은 것은? [11, 16]

① 자기인덕턴스 및 전류에 비례한다.
② 자기인덕턴스 및 전류에 반비례한다.
③ 자기인덕턴스와 전류의 제곱에 반비례한다.
④ 자기인덕턴스에 비례하고 전류의 제곱에 비례한다.

해설 $W = \dfrac{1}{2} L I^2$ [J]

2. 자체인덕턴스 20 mH의 코일에 30 A의 전류를 흘릴 때 저축되는 에너지 (J)는? [05, 10, 15]

① 1.5 ② 3 ③ 9 ④ 18

해설 $W = \dfrac{1}{2} L I^2 = \dfrac{1}{2} \times 20 \times 10^{-3} \times 30^2 = 9$ J

3. 0.5 A의 전류가 흐르는 코일에 저축된 전자에너지를 0.2 J 이하로 하기 위한 인덕턴스 (H)는 얼마인가? [98, 04]

① 0.8 ② 1.2 ③ 1.6 ④ 2.2

해설 $W = \dfrac{1}{2} L I^2$ [J] $\therefore L = \dfrac{2W}{I^2} = \dfrac{2 \times 0.2}{0.5^2} = \dfrac{0.4}{0.25} = 1.6$ H

4. 자체 인덕턴스 2 H의 코일에 25 J의 에너지가 저장되어 있다면 코일에 흐르는 전류 (A)는 얼마인가? [12]

① 2 ② 3 ③ 4 ④ 5

해설 $W = \dfrac{1}{2} L I^2$ [J] $\therefore I = \sqrt{\dfrac{2W}{L}} = \sqrt{\dfrac{2 \times 25}{2}} = \sqrt{25} = 5$ A

5. 자기 분자 간의 마찰로 주어진 에너지의 일부는 마찰로 인하여 발생하는 열로 소비되는 술어는 다음 중 어느 것인가? [97]

① 분자 자석실 ② 자기모멘트
③ B − H 곡선 ④ 히스테리시스 손

해설 히스테리시스 손 (hysteresis loss) : 철과 같은 강자성체를 교류로 자화시키면, 매초 교류의 주파수 배만큼 자기 분자 간의 마찰로 열이 일어난다. 이를 히스테리시스 손이라 한다.

6. 히스테리시스 손은 최대 자속밀도의 (㉠)승에 비례하고 주파수에 (㉡)한다. ( ) 안에 들어갈 적당한 말은? [03, 04]

① ㉠ : 1.6, ㉡ : 비례   ② ㉠ : 1.2, ㉡ : 비례

③ ㉠ : 1.2, ㉡ : 반비례   ④ ㉠ : 1.6, ㉡ : 반비례

해설 $P_n = nfB_m^{1.6}[\text{w}/\text{m}^3]$

7. 다음 설명의 ( ) 안에 들어갈 내용으로 옳은 것은? [10, 11, 17]

> 히스테리시스곡선에서 종축과 만나는 점은 (㉠)이고, 횡축과 만나는 점은 (㉡)이다.

① ㉠ 보자력, ㉡ 잔류자기   ② ㉠ 잔류자기, ㉡ 보자력

③ ㉠ 자속밀도, ㉡ 자기저항   ④ ㉠ 자기저항, ㉡ 자속밀도

8. 금속 내부를 지나는 자속의 변화로 금속 내부에 생기는 맴돌이전류를 작게 하려면 어떻게 하여야 하는가? [11]

① 두꺼운 철판을 사용한다.

② 높은 전류를 가한다.

③ 얇은 철판을 성층하여 사용한다.

④ 철판 양면에 절연지를 부착한다.

해설 맴돌이전류(와류)는 철심의 온도를 상승시키는 요인이 되므로 철심은 얇은 철판을 성층하여 사용하여 이전류를 작게 한다.

9. 코일의 성질에 대한 설명으로 틀린 것은? [14]

① 공진하는 성질이 있다.

② 상호유도 작용이 있다.

③ 전원 노이즈 차단 기능이 있다.

④ 전류의 변화를 확대시키려는 성질이 있다.

해설 코일의 성질
  ㉠ 전류의 변화를 안정시키려는 성질이 있다.
    ㈎ 렌츠의 법칙 : 전류가 흐르려고 하면 코일은 전류를 흘리지 않으려고 하며, 전류가 감소하면 계속 흘리려고 하는 성질이다.
    ㈏ 전자유도 작용에 의해 회로에 발생하는 유도전류는 항상 유도 작용을 일으키는 자속의 변화를 방해하는 방향으로 흐른다는 것이다.
  ㉡ 상호유도 작용이 있다.
  ㉢ 전자석의 성질이 있다.
  ㉣ 공진하는 성질이 있다.
  ㉤ 전원 노이즈 차단 기능이 있다.

정답 1. ④ 2. ③ 3. ③ 4. ④ 5. ④ 6. ① 7. ② 8. ③ 9. ④

Chapter

03

직류회로

3-1 전류와 전압 및 전압강하

1 전기회로의 전류와 전압

전기회로(electric circuit) : 전원과 부하 등이 도선으로 접속되어 전기적인 현상을 나타내
도록 한 상태를 말한다.

(1) 전류 (electrical current)

① 전류의 크기 : $I = \dfrac{Q}{t}$ [A] (Ampere [A])

t [s] 동안에 Q [C]의 전하가 이동했다면 1 s 동안에는 Q/t 의 전하가 이동하고 있다.

② 전류의 방향 : 전류는 전자의 이동이지만, 그 방향은 전자의 이동 방향과 반대로 양극에
서 음극으로 흐른다고 정의한다.

(2) 전위차와 전압 (voltage)

① 회로 내에서 전류를 흐르게 하는 전기적인 에너지의 차이를 두 점 사이의 전위차라
한다.

② 1 V는 1 C의 전하가 두 점 사이를 이동할 때 얻거나 또는 잃는 에너지가 1 J일 때의 전위
차이다.

③ 전원으로부터 어떤 전하량 Q [C]를 이동시키는 데 W [J]의 에너지를 소비하였다면, 전
원 두 단자 사이의 전위차, 즉 전압 V 는

$$V = \frac{W}{Q} \text{ [V]}$$

알아두기 : 기전력 (electromotive force, e.m.f.)

전류를 계속 흐르게 하려면 전압을 연속적으로 만들어 주는 어떤 힘이 필요하게 되는데, 이 힘을 기전
력이라 하며, 단위는 전압과 마찬가지로 [V]를 사용한다.

(3) 직류전압과 전류의 측정

① 전압과 계기의 극성은 반드시 맞추어 접속해야 하며, 전류계는 부하와 직렬로, 전압계는 부하와 병렬로 접속해야 한다.

② 배율기(multiplier)

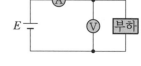

그림 1-3-1
전압·전류계의 접속

(개) 배율기는 전압계의 측정 범위를 넓히기 위한 목적으로, 전압계에 직렬로 접속한다.

(내) 배율기의 배율 : $m = 1 + \dfrac{R_m}{R_v}$

③ 분류기(shunt)

(개) 분류기는 전류계의 측정 범위를 넓히기 위한 목적으로, 전류계에 병렬로 접속한다.

(내) 분류기의 배율 : $m = 1 + \dfrac{R_A}{R_S}$

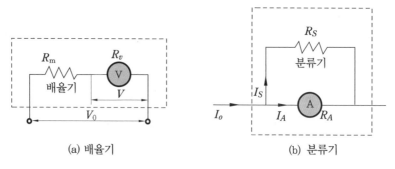

(a) 배율기   (b) 분류기

여기서, R_m : 배율기의 저항, R_v : 전압계의 내부저항, V : 전압계의 지시값, V_o : 피측정 전압
R_A : 전류계의 내부저항, R_S : 분류기의 저항, I_A : 전류계의 지시값, I_o : 피측정 전류

그림 1-3-2 배율기와 분류기

단원 예상문제

1. 1 Ah는 몇 C인가? [11, 13, 17]

① 1200   ② 2400   ③ 3600   ④ 4800

해설 $Q = I \cdot t = 1 \times 60 \times 60 = 3600 \, \text{C}$

2. 어떤 도체에 5초간 4 C의 전하가 이동했다면 이 도체에 흐르는 전류는? [12]

① 0.12×10^3 mA   ② 0.8×10^3 mA   ③ 1.25×10^3 mA   ④ 8×10^3 mA

해설 $I = \dfrac{Q}{t} = \dfrac{4}{5} = 0.8 \, \text{A} \rightarrow 0.8 \times 10^3 \, \text{mA}$

3. 1.5 V의 전위차로 3 A의 전류가 2분 동안 흐를 때 한 일(J)은? [05]

① 180　　　　② 250　　　　③ 540　　　　④ 590

해설 $W = VQ = VIt = 1.5 \times 3 \times 2 \times 60 = 540\,J$

4. 부하의 전압과 전류를 측정하기 위한 전압계와 전류계의 접속 방법으로 옳은 것은? [05, 11]

① 전압계 : 직렬, 전류계 : 병렬　　　② 접압계 : 직렬, 전류계 : 직렬
③ 전압계 : 병렬, 전류계 : 직렬　　　④ 전압계 : 병렬, 전류계 : 병렬

5. 전압계의 측정 범위를 넓히는 데 사용되는 기기는? [12]

① 배율기　　　② 분류기　　　③ 정압기　　　④ 정류기

6. 전류계의 측정 범위를 확대하기 위하여 전류계와 병렬로 접속하는 것은? [13]

① 분류기　　　② 배율기　　　③ 검류계　　　④ 전위차계

7. 전압계 및 전류계의 측정 범위를 넓히기 위하여 사용하는 배율기와 분류기의 접속 방법은 어느 것인가? [11]

① 배율기는 전압계와 병렬접속, 분류기는 전류계와 직렬접속
② 배율기는 전압계와 직렬접속, 분류기는 전류계와 병렬접속
③ 배율기 및 분류기 모두 전압계와 전류계에 직렬접속
④ 배율기 및 분류기 모두 전압계와 전류계에 병렬접속

8. 100 V의 전압계가 있다. 이 전압계를 써서 200 V의 전압을 측정하려면 최소 몇 Ω의 저항을 외부에 접속해야 하겠는가? (단, 전압계의 내부저항은 5000 Ω이라 한다.) [04, 13]

① 10000　　　② 5000　　　③ 2500　　　④ 1000

해설 배율기 : $R_m = (m-1) \cdot R_v = (2-1) \times 5000 = 5000\,\Omega$　• 배율 $m = \dfrac{200}{100} = 2$

9. 최대 눈금 1 A, 내부저항 10 Ω의 전류계로 최대 101 A 까지 측정하려면 몇 Ω의 분류기가 필요한가? [16]

① 0.01　　　② 0.02　　　③ 0.05　　　④ 0.1

해설 배율 $m = \dfrac{최대\ 측정\ 전류}{최대\ 눈금} = \dfrac{101}{1} = 101$

$$\therefore R_s = \frac{R_a}{(m-1)} = \frac{10}{(101-1)} = 0.1\,\Omega$$

정답　1. ③　2. ②　3. ③　4. ③　5. ①　6. ①　7. ②　8. ②　9. ④

❷ 옴 (Ohm)의 법칙과 전압강하

(1) 옴의 법칙 (Ohm's law)

전류 I 는 전압 V 에 비례하고, 저항 R 에 반비례한다.

$$I = \frac{V}{R} \ [\text{A}]$$

① 전기저항 : R

　㈎ 전류의 흐름을 방해하는 정도를 나타내는 상수이다.

　㈏ 기호는 R, 단위는 [Ω (Ohm)]을 사용한다.

　㈐ 1Ω은 전기회로에 1V의 전압을 가했을 때 1A의 전류가 흐르는 회로의 저항이다.

② 컨덕턴스 (conductance) : G

　전류가 흐르기 쉬운 정도를 나타내는 상수로 저항의 역수이다.

$$G = \frac{1}{R} \ [\mho]$$

(2) 전압강하 (voltage drop)

① 저항에 전류가 흐를 때 저항에 생기는 전위차를 전압강하라 한다.

② R_1 [Ω]의 저항에 I[A]의 전류가 흐르면, 저항의 양 끝 a, b 사이에 IR_1 [V]의 전위차가 생긴다.

$$V = IR_1 + IR_2$$
$$V_1 = IR_1 = V - IR_2 \ [\text{V}]$$

V_2 는 V 보다 IR_1 [V]만큼 전압이 낮아진다.

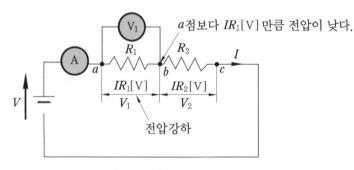

그림 1-3-3 저항에 의한 전압강하

1. 다음 ( ) 안에 알맞은 내용으로 옳은 것은? [12, 16]

> 회로에 흐르는 전류의 크기는 저항에 (㉠)하고, 가해진 전압에 (㉡)한다.

① ㉠ : 비례   ㉡ : 비례   ② ㉠ : 비례   ㉡ : 반비례
③ ㉠ : 반비례   ㉡ : 비례   ④ ㉠ : 반비례   ㉡ : 반비례

2. 6 Ω, 8 Ω, 9 Ω 저항 3개를 직렬로 접속한 회로에 5 A의 전류를 흘릴 때 회로에 공급한 전압 (V)은? [96, 01, 04]

① 125   ② 115   ③ 100   ④ 85

해설 $V = I(R_1 + R_2 + R_3) = 5(6 + 8 + 9) = 115$

3. 어떤 저항(R)에 전압(V)를 가하니 전류(I)가 흘렀다. 이 회로의 저항(R)을 20 % 줄이면 전류(I)는 처음의 몇 배가 되는가? [14]

① 0.8   ② 0.88   ③ 1.25   ④ 2.04

해설 $I' = \dfrac{V}{R'} = \dfrac{V}{0.8R} = 1.25I$ ∴ 1.25배

4. 2 ℧의 컨덕턴스에 50 V의 전압을 가하면 흐르는 전류(A)는? [01]

① 100 A   ② 50 A   ③ 25 A   ④ 0.02 A

해설 $I = GV = 2 \times 50 = 100$ A

5. 24 V의 전원 전압에 의하여 6 A의 전류가 흐르는 전기회로의 컨덕턴스(℧)는? [99, 03, 06]

① 0.25   ② 0.4   ③ 2.5   ④ 4

해설 $G = \dfrac{I}{V} = \dfrac{6}{24} = 0.25$ ℧

6. 0.2 ℧의 컨덕턴스 2개를 직렬로 접속하여 3 A의 전류를 흘리려면 몇 V의 전압을 공급하면 되는가? [16]

① 12   ② 15   ③ 30   ④ 45

해설 ㉠ $R = \dfrac{1}{G} = \dfrac{1}{0.2} = 5$ Ω   ㉡ $R_0 = 2 \times 5 = 10$ Ω

∴ $V = I \cdot R_0 = 3 \times 10 = 30$ V

※ $G_0 = \dfrac{G}{2} = \dfrac{0.2}{2} = 0.1$ ℧   ∴ $V = \dfrac{I}{G_0} = \dfrac{3}{0.1} = 30$ V

3 저항의 접속과 전압의 분배 및 전류의 분배

(1) 직렬접속과 전압의 분배

① 합성저항 : $R_s = R_1 + R_2 + R_3 + \dots R_n$ [Ω]

② 전압강하 : $V_1 = IR_1$ [V], $V_2 = IR_2$ [V], $V_3 = IR_3$ [V]

③ 전압 분배

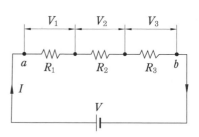

- $V_1 = \dfrac{R_1}{R_1 + R_2 + R_3} \times V$ [V]

- $V_2 = \dfrac{R_2}{R_1 + R_2 + R_3} \times V$ [V]

- $V_3 = \dfrac{R_3}{R_1 + R_2 + R_3} \times V$ [V]

$\therefore\ V = V_1 + V_2 + V_3$ [V]

그림 1-3-4 저항의 직렬접속

④ 전압강하는 저항에 비례하여 분배된다.

$R_1 : R_2 : R_3 = V_1 : V_2 : V_3$

단원 예상문제

1. 3 Ω의 저항이 5개, 7 Ω의 저항이 3개, 114 Ω의 저항이 1개 있다. 이들을 모두 직렬로 접속할 때의 합성저항(Ω)은? [02]

① 120　　　② 130　　　③ 150　　　④ 160

해설 $R = R_1 \cdot n_1 + R_2 \cdot n_2 + R_3 \cdot n_3 = 3 \times 5 + 7 \times 3 + 114 \times 1 = 150$ Ω

2. 서로 같은 저항 n개를 직렬로 연결한 회로의 한 저항에 나타나는 전압은? [98]

① nV　　　② $\dfrac{V}{n}$　　　③ $\dfrac{1}{nV}$　　　④ $n + V$

해설 전압 분배 : 서로 같은 저항이므로 동일한 전압, 즉 $\dfrac{V}{n}$ [V]가 나타난다.

3. 5 Ω, 10 Ω, 15 Ω의 저항을 직렬로 접속하고 전압을 가하였더니 10 Ω의 저항 양단에 30 V의 전압이 측정되었다. 이 회로에 공급되는 전전압은 몇 V인가? [12]

① 30　　　② 60　　　③ 90　　　④ 120

해설 ㉠ 저항 직렬접속 회로이므로 각 저항에 흐르는 전류는 같다. $I = \dfrac{V_2}{R_2} = \dfrac{30}{10} = 3$ A

㉡ 각 저항 양단 전압의 합은 회로에 공급되는 전전압과 같다.

$E = E_1 + E_2 + E_3 = IR_1 + IR_2 + IR_3 = 3 \times 5 + 3 \times 10 + 3 \times 15 = 15 + 30 + 45 = 90\,\text{V}$

정답 **1.** ③ **2.** ② **3.** ③

(2) 병렬접속과 전류의 분배

① 합성저항

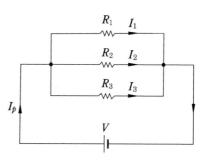

(가) 서로 다른 두 개의 저항이 병렬로 접속된 경우

$$R_p = \frac{R_1 \cdot R_2}{R_1 + R_2} = \frac{두\ 저항의\ 곱}{두\ 저항의\ 합}$$

(나) 서로 다른 세 개의 저항이 병렬로 접속된 경우

$$R_p = \frac{R_1 R_2 R_3}{R_1 R_2 + R_2 R_3 + R_3 R_1} = \frac{세\ 저항의\ 곱}{두\ 저항들의\ 곱의\ 합}$$

그림 1-3-5 저항의 병렬접속

(다) 동일한 N개의 저항이 모두 병렬로 접속된 경우 : $R_p = \dfrac{R}{N}$ [Ω]

- 합성저항＝1개 저항의 $1/N$배

(라) 합성저항의 역수＝각 저항의 역수의 합 : $\dfrac{1}{R_p} = \dfrac{1}{R_1} + \dfrac{1}{R_2} + \dfrac{1}{R_3} + \cdots \dfrac{1}{R_n}$ [Ω]

② 전류의 분배

(가) 각 저항에 흐르는 전류

$$I_1 = \frac{V}{R_1}\ [\text{A}],\ \ I_2 = \frac{V}{R_2}\ [\text{A}],\ \ I_3 = \frac{V}{R_3}\ [\text{A}]$$

$$\therefore\ I_p = I_1 + I_2 + I_3\ [\text{A}]$$

(나) 전류는 각 저항의 크기에 반비례하여 흐른다.

$$I_1 : I_2 : I_3 = \frac{1}{R_1} : \frac{1}{R_2} : \frac{1}{R_3}$$

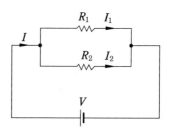

(다) 병렬회로의 전류 분배

$$I_1 = \frac{R_2}{R_1 + R_2} I\,[\text{A}],\ \ I_2 = \frac{R_1}{R_1 + R_2} I\,[\text{A}]$$

그림 1-3-6 전류 분배

단원 예상문제

1. 저항 $R_1,\,R_2$를 병렬로 접속하면 합성저항은? [04, 07]

   ① $R_1 + R_2$ ② $\dfrac{1}{R_1 + R_2}$ ③ $\dfrac{R_1 R_2}{R_1 + R_2}$ ④ $\dfrac{R_1 + R_2}{R_1 R_2}$

2. 120 Ω의 저항 4개를 접속하여 얻을 수 있는 합성저항 중 가장 작은 값(Ω)은? [96, 00]

① 23   ② 30   ③ 46   ④ 59

해설 모두 병렬접속 시 최소 합성저항을 얻을 수 있다.

$$\therefore R_o = \frac{R}{n} = \frac{120}{4} = 30 \,\Omega$$

3. 다음의 그림에서 2 Ω의 저항에 흐르는 전류는? [97, 98, 07]

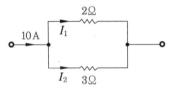

① 6 A   ② 4 A   ③ 5 A   ④ 3 A

해설 ㉠ $I_1 = \dfrac{R_2}{R_1 + R_2} \cdot I = \dfrac{3}{2+3} \times 10 = 6 \text{ A}$

㉡ $I_2 = \dfrac{R_1}{R_1 + R_2} \cdot I = \dfrac{2}{2+3} \times 10 = 4 \text{ A}$

4. 10 Ω과 20 Ω의 병렬회로에 20 V의 전압을 걸면 10 Ω에 흐르는 전류는 몇 A인가? [04]

① 1 A   ② 2 A   ③ 3 A   ④ 약 6.7 A

해설 병렬회로이므로, 각 저항에 걸리는 전압은 전원 전압과 같다.

㉠ $I_1 = \dfrac{V}{R_1} = \dfrac{20}{10} = 2 \text{ A}$ ㉡ $I_2 = \dfrac{V}{R_2} = \dfrac{20}{20} = 1 \text{ A}$

5. 그림의 회로에서 모든 저항값은 2 Ω이고, 전체 전류 I는 6 A이다. I_1에 흐르는 전류는? [12]

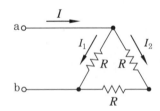

① 1 A   ② 2 A   ③ 3 A   ④ 4 A

해설 등가 회로에서 저항비가 2 : 1이므로 전류비는 1 : 2이 된다.

$$\therefore I_1 = 4 \text{ A}, \ I_2 = 2 \text{ A}$$

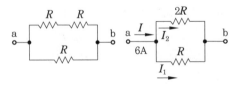

6. 그림과 같은 회로에 저항이 $R_1 > R_2 > R_3 > R_4$일 때 전류가 최소로 흐르는 저항은 다음 중
어느 것인가? [04, 15]

① R_1
② R_2
③ R_3
④ R_4

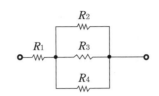

해설 ㉠ 병렬연결된 각 저항에 흐르는 전류는 저항의 크기에 반비례하므로, $R_2 > R_3 > R_4$일 때
　　　$I_2 < I_3 < I_4$가 된다.
　　㉡ R_1에 흐르는 전류 $I_1 = I_2 + I_3 + I_4$
　　　∴ R_2에 흐르는 전류 I_2가 최소가 된다.

7. 저항 10 Ω과 20 Ω의 병렬회로에서 10 Ω의 저항에 3 A의 전류가 흐른다면 전전류 I[A]는? [00]

① 10　　　　② 4.5　　　　③ 30　　　　④ 1.5

해설 $I_1 = \dfrac{R_2}{R_1 + R_2} \cdot I$ [A]에서, $I = \dfrac{R_1 + R_2}{R_2} \cdot I_1 = \dfrac{10+20}{20} \times 3 = 4.5$ A

　　※ 두 저항의 비가 10 : 20 = 1 : 2이므로, 전류의 비는 반대로 2 : 1이 된다.
　　　$I_1 : I_2 = 2 : 1 = 3 : 1.5$
　　　∴ $I = I_1 + I_2 = 3 + 1.5 = 4.5$ A

8. 10 Ω의 저항과 R [Ω]의 저항이 병렬로 접속되고 10 Ω의 전류가 5 A, R [Ω]의 전류가 2 A
이면 저항 R [Ω]은? [15]

① 10　　　　② 20　　　　③ 25　　　　④ 3

해설 ㉠ 등가회로에서
　　　$E_{ab} = I_1 \cdot r_1$
　　　　　$= 5 \times 10 = 50$ V
　　㉡ $r_2 = \dfrac{E_{ab}}{I_2} = \dfrac{50}{2} = 25$

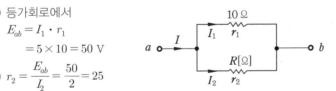

9. 동일한 저항 4개를 접속하여 얻을 수 있는 최대 저항값은 최소 저항값의 몇 배인가? [16]

① 2　　　　② 4　　　　③ 8　　　　④ 16

해설 ㉠ 최대 저항 : $R_m = 4R$　　㉡ 최소 저항 : $R_S = \dfrac{R}{4}$

　　∴ $\dfrac{R_m}{R_s} = \dfrac{4R}{\dfrac{R}{4}} = 16$

　　※ 동일한 저항 N개를 접속 시 : N^2배

정답 1. ③　2. ②　3. ①　4. ②　5. ④　6. ②　7. ②　8. ③　9. ④

3-2 전기저항과 저항기

1 고유저항과 전기저항

저항(resistance) : 도체의 전기저항은 그 재료의 종류, 모양, 온도, 압력, 자기장 등의 영향에 따라 변화한다.

(1) 고유저항 : 저항률(resistivity)

① 단면적 $1\,\text{m}^2$, 길이 $1\,\text{m}$의 임의의 도체 양면 사이의 저항값을 그 물체의 고유저항이라 한다.

② 기호는 ρ, 단위는 $[\Omega \cdot \text{m}]$를 사용한다.

$$1\,\Omega \cdot \text{m} = 10^2\,\Omega \cdot \text{cm} = 10^6\,\Omega \cdot \text{mm}^2/\text{m}$$

③ 모든 물질의 고유저항은 다르며, 전기회로에 사용되는 도체는 고유저항이 작을수록 전기저항이 작으므로 유리하다.

(2) 전기저항(electric resistance)

저항은 그 도체의 길이에 비례하고 단면적에 반비례한다.

$$R = \rho \frac{l}{A} \ [\Omega]$$

여기서, ρ : 도체의 고유저항 $(\Omega \cdot \text{m})$, A : 도체의 단면적 (m^2), l : 길이 (m)

(3) 전도율(conductivity)

① 고유저항의 역수로, 물질 내 전류 흐름의 정도를 나타낸다.

② 기호는 σ, 단위는 $[\mho/\text{m}]$를 사용한다.

$$\sigma = \frac{1}{\rho} = \frac{1}{\dfrac{RA}{l}} = \frac{l}{RA} \ [\mho/\text{m}], \ [\Omega^{-1}/\text{m}]$$

단원 예상문제 🎯

1. 도체의 전기저항에 대한 설명으로 옳은 것은 어느 것인가? [04, 10]

   ① 길이와 단면적에 비례한다.
   ② 길이와 단면적에 반비례한다.
   ③ 길이에 비례하고 단면적에 반비례한다.
   ④ 길이에 반비례하고 단면적에 비례한다.

   해설 $R = \rho \dfrac{l}{A} \ [\Omega]$

2. 어떤 도체의 길이를 n배로 하고 단면적을 $\frac{1}{n}$로 하였을 때의 저항은 원래 저항보다 어떻게 되는가? [12]

① n배로 된다.　　② n^2배로 된다.　　③ $\sqrt{n}$배로 된다.　　④ $\frac{1}{n}$로 된다.

[해설] $R = \rho \dfrac{l}{A}$ 에서, $R' = \rho \dfrac{nl}{\frac{A}{n}} = n^2 \cdot \rho \dfrac{l}{A} = n^2 R$

∴ n^2배로 된다.

3. 주어진 구리선을 단면적이 균일하게 4배의 길이로 늘리면 저항은 몇 배가 되는가? (단, 체적은 일정하다.) [05]

① 4배　　② $\frac{1}{4}$배　　③ 16배　　④ $\frac{1}{16}$배

[해설] $R = \rho \dfrac{l}{A} = \rho \dfrac{4l}{\frac{1}{4}A} = 16 \rho \dfrac{l}{A}$ [Ω]

∴ 길이는 4배, 단면적은 $\frac{1}{4}$배가 되므로 저항은 16배가 된다.

4. 주어진 전선의 지름을 균일하게 2배로 줄였다면 저항값은 몇 배인가? [02]

① 2배　　② 3배　　③ 4배　　④ 1/2배

[해설] $R = \rho \dfrac{l}{A} = \rho \cdot \dfrac{4l}{\pi D^2} = k \dfrac{1}{D^2}$　　여기서, D : 전선의 지름, k : 비례상수

∴ 저항 R은 지름 D의 제곱에 반비례하므로, 지름을 1/2배 하면 저항은 4배가 된다.

[정답] 1. ③　2. ②　3. ③　4. ③

2 도체의 저항 온도계수

(1) 정(+)저항 온도계수

① 온도가 상승하면 저항값이 증가하는 특성을 나타낸다.
② t_1 [℃]에 있어서 도체의 저항 R_1, 온도계수 α_1일 때 온도 t_2 [℃]에 있어서의 저항 R_2 [Ω]의 값은

$$R_2 = R_1[1 + \alpha_t(t_2 - t_1)] \text{ [Ω]}$$

(2) 부(-)저항 온도계수

① 온도가 상승하면 저항값이 감소하는 특성을 나타낸다.

② 반도체, 탄소, 절연체, 전해액, 서미스터(thermistor) 등이 있다.

③ 서미스터는 온도 검출용으로 사용한다.

④ 전해액과 진해질의 종류 및 농도에 따라 저항이 다르지만, 1℃의 온도 상승에 대하여 대개 2%의 저항 감소가 생긴다.

단원 예상문제

1. 전구를 점등하기 전의 저항과 점등한 후의 저항을 비교하면 어떻게 되는가? [14]

① 점등 후의 저항이 크다.　　② 점등 전의 저항이 크다.

③ 변동 없다.　　④ 경우에 따라 다르다.

해설 (+)저항 온도계수 : 전구를 점등하면 온도가 상승하므로 저항이 비례하여 상승하게 된다.
∴ 점등 후의 저항이 크다.

2. 주위 온도 0℃에서의 저항이 20 Ω인 연동선이 있다. 주위 온도가 50℃로 되는 경우 저항은? (단, 0℃에서 연동선의 온도계수는 $\alpha_0 = 4.3 \times 10^{-3}$이다.) [10]

① 약 22.3 Ω　　　　　② 약 23.3 Ω

③ 약 24.3 Ω　　　　　④ 약 25.3 Ω

해설 $R_t = R_o(1 + \alpha_0 t) = 20(1 + 4.3 \times 10^{-3} \times 50) = 20 + 4.3 = 24.3$ Ω

3. 일반적으로 온도가 높아지게 되면 전도율이 커져서 온도계수가 부(-)의 값을 가지는 것이 아닌 것은? [14]

① 구리　　　　② 반도체　　　　③ 탄소　　　　④ 전해액

해설 부(-)저항 온도계수
㉠ 온도가 상승하면 저항값이 감소하는 특성을 나타낸다.
㉡ 반도체, 탄소, 절연체, 전해액, 서미스터(thermistor) 등이 있다.

4. 온도 변화에 따라 저항값이 부(-)의 온도계수를 갖는 열민감성 소자로 온도의 자동제어에 사용되는 반도체는? [05, 11]

① 다이오드　　② Cds　　③ 배리스터　　④ 서미스터

해설 서미스터(thermistor) : 온도에 민감한 저항체(thermally sensitive resistor)의 약자이다.

정답 1. ①　2. ③　3. ①　4. ④

3 전위의 평형과 키르히호프의 법칙

(1) 휘트스톤 브리지(wheatstone bridge)

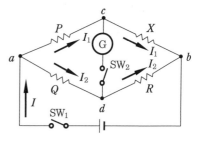

① 각 저항을 조정하여 검류계 G에 전류가 흐르지 않도록 되었을 때 브리지가 평형되었다고 한다.

② P, Q, R의 값을 알고 있는 저항이라 하면,

미지 저항 : $X = \dfrac{P}{Q} R$

③ 중저항($0.5 \sim 10^5 \, \Omega$) 측정에 이용되고 있다.

그림 1-3-7 휘트스톤 브리지

(2) 키르히호프의 법칙(Kirchhoff's law)

① 제1법칙(전류 법칙) : 회로망 중 임의의 점에 흘러들어 오는 전류의 대수합과 흘러 나가는 전류의 대수합은 같다.

㈎ Σ유입 전류 $= \Sigma$유출 전류

$\therefore \ I_1 + I_3 + I_4 = I_2 + I_5$

㈏ $\Sigma I = 0$

$\therefore \ I_1 + I_3 + I_4 - (I_2 + I_5) = 0$

② 제2법칙(전압강하의 법칙) : 회로망에서 임의의 한 폐회로의 기전력 대수합과 전압강하의 대수합은 같다.

$\Sigma V = \Sigma I R$

$\therefore \ V_1 + V_2 - V_3 = I(R_1 + R_2 + R_3 + R_4)$

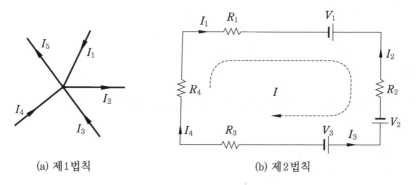

(a) 제1법칙   (b) 제2법칙

그림 1-3-8 키르히호프의 법칙

단원 예상문제 ◎

1. 회로에서 검류계의 지시가 0일 때 저항 X 는 몇 Ω인가? [05, 12]

① 10 Ω

② 40 Ω

③ 100 Ω

④ 400 Ω

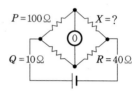

해설 $X = \dfrac{P}{Q} R$ ∴ $X = \dfrac{100}{10} \times 40 = 400$ Ω

2. 그림에서 a–b 단자 간의 합성저항(Ω) 값은 얼마인가? [14]

① 1.5

② 2

③ 2.5

④ 4

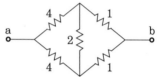

해설 브리지회로가 평형이므로 2Ω는 소거된다.

∴ $R_{ab} = \dfrac{5}{2} = 2.5$ Ω

3. 그림에서 평형 조건이 맞는 식은? [03, 14]

① $C_1 R_1 = C_2 R_2$

② $C_1 R_2 = C_2 R_1$

③ $C_1 C_2 = R_1 R_2$

④ $\dfrac{1}{C_1 C_2} = R_1 R_2$

해설 교류브리지의 평형 조건

$Z_1 \cdot Z_4 = Z_2 \cdot Z_3$에서,

$\left(-j \dfrac{1}{\omega C_2}\right) \times R_1 = \left(-j \dfrac{1}{\omega C_1}\right) \times R_2$ ∴ $C_1 R_1 = C_2 R_2$

4. "회로의 접속점에서 볼 때, 접속점에 흘러들어 오는 전류의 합은 흘러 나가는 전류의 합과 같다."라고 정의되는 법칙은? [97, 16]

① 키르히호프의 제1법칙

② 키르히호프의 제2법칙

③ 플레밍의 오른손 법칙

④ 앙페르의 오른나사 법칙

해설 제1법칙 : $\Sigma I = 0$

5. 임의의 폐회로에서 키르히호프의 제2법칙을 가장 잘 나타낸 것은? [14]

① 기전력의 합＝합성저항의 합

② 기전력의 합＝전압강하의 합

③ 전압강하의 합＝합성저항의 합

④ 합성저항의 합＝회로 전류의 합

해설 제2법칙 : $\Sigma V = \Sigma IR$

6. 키르히호프의 법칙을 이용하여 방정식을 세우는 방법으로 잘못된 것은? [13]

① 키르히호프의 제1법칙을 회로망의 임의의 한 점에 적용한다.

② 각 폐회로에서 키르히호프의 제2법칙을 적용한다.

③ 각 회로의 전류를 문자로 나타내고 방향을 가정한다.

④ 계산 결과 전류가 ＋로 표시된 것은 처음에 정한 방향과 반대 방향임을 나타낸다.

해설 키르히호프의 법칙 : 계산 결과 전류가 ＋로 표시된 것은 처음에 정한 방향과 같은 방향임을 나타낸다.

7. 키르히호프의 법칙으로 바른 것은? [96, 09]

① $V_1 + V_2 - R_1 I - R_2 I = 0$

② $V_1 + V_2 - R_1 I + R_2 I = 0$

③ $V_1 - V_2 + R_1 I - R_2 I = 0$

④ $V_1 + V_2 + R_1 I - R_2 I = 0$

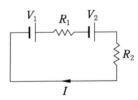

해설 키르히호프의 법칙 (Kirchhoff's law)

$$V_1 + V_2 = IR_1 + IR_2$$

$$\therefore \ V_1 + V_2 - IR_1 - IR_2 = 0$$

8. 그림에서 폐회로에 흐르는 전류는 몇 A인가? [14]

① 1

② 1.25

③ 2

④ 2.5

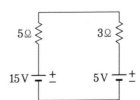

해설 $\Sigma V = \Sigma IR$

$$\therefore \ I = \frac{\Sigma V}{\Sigma R} = \frac{15-5}{5+3} = 1.25 \ \text{A}$$

정답 **1.** ④ **2.** ③ **3.** ① **4.** ① **5.** ② **6.** ④ **7.** ① **8.** ②

Chapter

04 교류회로

4-1 단상 정현파 교류회로

 알아두기 : 교류, 파형, 정현파

1. **교류**(Alternating Current : AC) : 시간에 따라서 크기와 방향이 변화하는 전압 또는 전류를 말한다.
2. **파형**(waveform) : 교류의 크기와 방향이 시간에 따라 어떻게 변화하는가를 나타내는 곡선을 말한다.
3. **정현파**(正弦波, sinusoidal wave) : 파형이 정현곡선을 이루는 파(wave), 즉 사인함수를 나타내는 곡선과 같은 형태를 가지기 때문에 사인파(sine wave)라 한다.

1 교류회로의 기초

(1) 사인파교류의 발생

① 교류발전기의 코일에 생기는 기전력

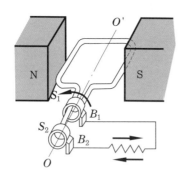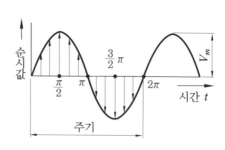

그림 1-4-1 교류발전기와 기전력의 파형

$$v = 2Blu\sin\theta = V_m\sin\theta \text{ [V]}$$

여기서, l [m] : 코일의 유효 길이, u [m/s] : 코일의 이동속도, B [Wb/m^2] : 자속밀도
θ [rad] : 자기장에 직각인 자기 중심축과 코일 면이 이루는 각
V_m [V] : 유도기전력의 최댓값 (진폭)

(2) 사인파교류의 표현 방법

① 라디안 각 (전기각, electrical angle)

(가) 호도법에서는 그림에서와 같이 원의 반지름 r 과 같은 길이의
원호 $\widehat{AB}$의 양 끝점과 원의 중심을 이은 두 직선이 이루는 각
을 1라디안 (radian[rad]) 으로 한다. $\theta = \dfrac{l}{r}$ [rad]

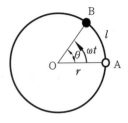

그림 1-4-2 전기각

(나) 선분 $\overline{OA}$ 가 1회전하면 360°이고, 호도법으로 표시하면

$$360° = \frac{2\pi r}{r} = 2\pi[\text{rad}]$$

(다) 라디안 [rad] = 각도$\times \dfrac{2\pi}{360}$ = 각도$\times \dfrac{\pi}{180}$

표 1-4-1 각도와 라디안 표시

도	1	30	45	$\dfrac{180}{\pi}$	60	90	180	360	720
라디안	$\dfrac{\pi}{180}$	$\dfrac{\pi}{6}$	$\dfrac{\pi}{4}$	1	$\dfrac{\pi}{3}$	$\dfrac{\pi}{2}$	π	2π	4π

② 각속도 (angular velocity)

(가) 그림 1-4-2에서 ω로 표시한 것은 선분 $\overline{OA}$가 1초 동안에 회전한 각도를 나타내며,
단위로는 [rad/s] 가 쓰인다.

(나) t초 동안 선분 $\overline{OA}$가 θ [rad] 만큼 회전하였다면, 이때의 각속도 ω는

$$\omega = \frac{\theta}{t} \text{[rad/s]} \quad \text{여기서, } \theta = \omega t \quad \therefore \ v = 2Blu\sin\theta = V_m\sin\omega t \text{ [V]}$$

(3) 주기와 주파수

① 교류 1회의 변화를 1사이클 (cycle)이라 하며, 1사이클 변화하는 데 걸리는 시간을 주기
(period) $T[\text{s}]$라 한다.

② 주파수 (frequency) $f[\text{Hz}]$는 1 s 동안에 반복되는 사이클의 수를 나타내며, 단위로는
헤르츠 (hertz[Hz]) 를 사용한다.

③ 주기와 주파수 및 각속도와의 관계

$$\bullet \ f = \frac{1}{T} = \frac{1}{\dfrac{2\pi}{\omega}} = \frac{\omega}{2\pi} \text{ [Hz]} \qquad \bullet \ T = \frac{1}{f} \text{ [s]} \quad \therefore \ \omega = 2\pi f[\text{rad/s}]$$

알아두기 : **사인파교류 표시**

$$v = V_m \sin\theta = V_m\sin\omega t = V_m\sin 2\pi f t = V_m\sin\frac{2\pi}{T}t\ [\text{V}]$$

(4) 위상과 위상차 (phase difference)

① 위상차 : 주파수가 동일한 2개 이상의 교류 사이의 시간적인 차이를 나타낸다.

   ㈎ 앞선다 (lead)   ㈏ 뒤진다 (lag)

② 위상차의 표시

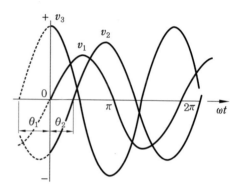

$$v_1 = V_{m_1}\sin\omega t \quad\cdots\cdots\cdots\cdots\text{기준}$$

$$v_2 = V_{m_2}\sin(\omega t - \theta_2) \quad\cdots\cdots\cdots\theta_2\ \text{뒤짐}$$

$$v_3 = V_{m_3}\sin(\omega t + \theta_1) \quad\cdots\cdots\cdots\theta_1\ \text{앞섬}$$

그림 1-4-3 위상차의 표시

③ 동상 (in phase) : 주파수가 동일한 2개 이상의 교류 사이의 시간적인 차이가 없이 동일한 경우의 위상이다.

단원 예상문제

1. 어떤 사인파교류가 0.05 s 동안에 3 Hz였다. 이 교류의 주파수 (Hz)는 얼마인가? [96, 05]

  ① 3   ② 6   ③ 30   ④ 60

해설 $f = \dfrac{1}{T} = \dfrac{1}{\dfrac{0.05}{3}} = 60\ \text{Hz}$

2. 주파수 100 Hz의 주기는? [10, 17]

  ① 0.01 s   ② 0.6 s   ③ 1.7 s   ④ 6000 s

해설 $T = \dfrac{1}{f} = \dfrac{1}{100} = 0.01\ \text{s}$

3. $\dfrac{\pi}{6}$ [rad]는 몇 도인가? [14, 17]

  ① 30°   ② 45°   ③ 60°   ④ 90°

해설 $\pi[\text{rad}] = 180°\quad \therefore\ \dfrac{\pi}{6} = \dfrac{180°}{6} = 30°$

4. 회전자가 1초에 30회전을 하면 각속도는? [04, 11]

① 30π [rad/s]　　② 60π [rad/s]　　③ 90π [rad/s]　　④ 120π [rad/s]

해설 $\omega = 2\pi n = 2\pi \times 30 = 60\pi$ [rad/s]

5. 각속도 $\omega = 100\pi$ [rad/s]일 때 주파수 f [Hz]는 얼마인가? [10]

① 50　　　　　　② 60　　　　　　③ 300　　　　　　④ 360

해설 $\omega = 2\pi f = 100\pi$ [rad/s] $\therefore f = \dfrac{100\pi}{2\pi} = 50$ Hz

6. $e = 100\sin\left(314t - \dfrac{\pi}{6}\right)$ [V]인 주파수는 약 몇 Hz인가? [07, 12, 14, 15]

① 40　　　　　　② 50　　　　　　③ 60　　　　　　④ 80

해설 $f = \dfrac{\omega}{2\pi} = \dfrac{314}{2\pi} = 50$ Hz

7. $v = V_m \sin(\omega t + 30°)$ [V], $i = I_m \sin(\omega t - 30°)$ [A]일 때 전압을 기준으로 할 때 전류의 위상차는? [11]

① 60° 뒤진다.　　② 60° 앞선다.　　③ 30° 뒤진다.　　④ 30° 앞선다.

해설 위상차 $\theta = \theta_1 - \theta_2 = 30° - (-30°) = 60°$
　　 $\therefore$ 전류 i 는 전압 e 보다 60° 뒤진다.

정답　1. ④　2. ①　3. ①　4. ②　5. ①　6. ②　7. ①

2 교류의 표시

(1) 순싯값 (instantaneous value) : v

순간순간 변하는 교류의 임의의 순간 크기이다.

$$v = V_m \sin\omega t \text{ [V]}$$

(2) 최댓값 (maximum value) : V_m

순싯값 중에서 가장 큰 값으로 진폭 (amplitude)이다.

(3) 평균값 (average value) : V_a

순싯값의 반주기에 대해 평균한 값이다.

$$V_a = \frac{2}{\pi} V_m \fallingdotseq 0.637 V_m \text{ [V]}$$

(4) 실횻값 (effective value) : V

① 직류의 크기와 같은 일을 하는 교류의 크기 값이다.

㈎ 1주기에서 순싯값의 제곱의 평균을 평방근으로 표시한다.

㈏ $V = \sqrt{(순싯값)^2 의 합의 평균}$ [V]

② 실횻값 V와 최댓값 V_m의 관계

- $V = \dfrac{V_m}{\sqrt{2}} = 0.707\,V_m$

- $V_m = \sqrt{2}\,V \fallingdotseq 1.414\,V$

③ 실횻값 V와 평균값 V_a의 관계

- $V = \dfrac{\pi}{2\sqrt{2}} \fallingdotseq 1.111\,V_a$

- $V_a = \dfrac{2\sqrt{2}}{\pi} \fallingdotseq 0.90\,V$

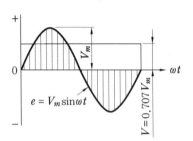

그림 1-4-4 실횻값과 최댓값의 관계

단원 예상문제

1. 사인파 교류전압을 표시한 것으로 잘못된 것은? (단, θ는 회전각이며, ω는 각속도이다.) [15]

① $v = V_m \sin\theta$

② $v = V_m \sin\omega t$

③ $v = V_m \sin 2\pi t$

④ $v = V_m \sin\dfrac{2\pi}{T} t$

해설 $\theta = \omega t = 2\pi f t = \dfrac{2\pi}{T} t$

$\therefore v = V_m \sin\theta = V_m \sin\omega t = V_m \sin 2\pi f t = V_m \sin\dfrac{2\pi}{T} t$

2. 실횻값 5 A, 주파수 f [Hz], 위상 60°인 전류의 순싯값 i [A]를 수식으로 옳게 표현한 것은 어느 것인가? [15]

① $i = 5\sqrt{2}\sin\left(2\pi f t + \dfrac{\pi}{2}\right)$

② $i = 5\sqrt{2}\sin\left(2\pi f t + \dfrac{\pi}{3}\right)$

③ $i = 5\sin\left(2\pi f t + \dfrac{\pi}{2}\right)$

④ $i = 5\sin\left(2\pi f t + \dfrac{\pi}{3}\right)$

해설 $i = I_m \sin(\omega t + \theta) = \sqrt{2}\,I\sin(2\pi f t + 60°) = 5\sqrt{2}\sin\left(2\pi f t + \dfrac{\pi}{3}\right)$ [A]

3. 10 Ω의 저항 회로에 $e = 100\sin\left(377t + \dfrac{\pi}{3}\right)$[V]의 전압을 가했을 때 $t = 0$에서의 순시 전류는? [10]

① 5 A   ② $5\sqrt{3}$ A   ③ 10 A   ④ $10\sqrt{3}$ A

해설 $t = 0$에서, $e = 100\sin\left(377t + \dfrac{\pi}{3}\right) = 100\sin\dfrac{\pi}{3} = 100 \times \dfrac{\sqrt{3}}{2} = 50\sqrt{3}$ V

$\therefore i = \dfrac{e}{R} = \dfrac{50\sqrt{3}}{10} = 5\sqrt{3}$ A

4. $e = 200\sin(100\pi t)$[V]의 교류전압에서 $t = \dfrac{1}{600}$ 초일 때, 순싯값은? [14]

① 100 V   ② 173 V   ③ 200 V   ④ 346 V

해설 $e = 200\sin(100\pi t) = 200\sin\left(100\pi \times \dfrac{1}{600}\right) = 200\sin\dfrac{\pi}{6} = 200\sin 30° = 200 \times \dfrac{1}{2} = 100$ V

5. 일반적으로 교류전압계의 지시값은? [11]

① 최댓값   ② 순싯값   ③ 평균값   ④ 실횻값

해설 일반적으로 상용 주파수의 교류전압계로는 가동 철편형이 주로 사용되며 지시값은 실횻값이다.

6. 교류는 시간에 따라 그 크기가 변하므로 교류의 크기를 일반적으로 나타내는 값은? [01, 17]

① 순싯값   ② 최솟값   ③ 실횻값   ④ 평균값

7. $e = 141.4\sin(100\pi t)$ [V]의 교류전압이 있다. 이 교류의 실횻값은? [99, 01, 06]

① 40 V   ② 70 V   ③ 100 V   ④ 141.4 V

해설 ㉠ $e = 141.4\sin(100\pi t) = \sqrt{2} \times 100\sin(100\pi t)$

㉡ $E_m = 141.4 = \sqrt{2} \times 100 = \sqrt{2}E$

$\therefore$ 실횻값 $E = 100$ V, 최댓값 $E_m = 141.4$ V

8. 어떤 교류회로의 순싯값이 $v = \sqrt{2}\,V\sin\omega t$ [V]인 전압에서 $\omega t = \dfrac{\pi}{6}$ [rad]일 때 $100\sqrt{2}$ [V]이면 이 전압의 실횻값(V)은? [16]

① 100   ② $100\sqrt{2}$ ③ 200   ④ $200\sqrt{2}$

해설 ㉠ $v = \sqrt{2}\,V\sin\omega t = \sqrt{2}\,V\sin\dfrac{\pi}{6} = \sqrt{2}\,V \times \dfrac{1}{2} = \dfrac{V}{\sqrt{2}}$ [V]

㉡ $\dfrac{\sqrt{2}}{2} = 100\sqrt{2}$ 에서, $V = 200$ V

$\therefore$ 순싯값 $v = 100\sqrt{2}$ [V]가 되려면 실횻값 $V = 200$ V가 되어야 한다.

9. 가정용 전등 전압이 200 V이다. 이 교류의 최댓값은 몇 V인가? [15]

① 70.7   ② 86.7   ③ 141.4   ④ 282.8

[해설] $V_m = \sqrt{2} \times V = 1.414 \times 200 = 282.8$ V

10. 어떤 교류전압의 평균값이 382 V일 때 실횻값은 약 얼마인가? [01, 03]

① 164   ② 240   ③ 365   ④ 424

[해설] $V = 1.111 \times V_a = 1.111 \times 382 ≒ 424$ V

11. 어떤 정현파교류의 최댓값이 $V_m = 220$ V이면 평균값 V_a [V]는? [10, 12]

① 약 120.4 V   ② 약 125.4 V   ③ 약 127.3 V   ④ 약 140.1 V

[해설] $V_a = \dfrac{2}{\pi} V_m ≒ 0.637 V_m = 0.637 \times 220 ≒ 140.1$ V

12. 어떤 사인파 교류전압의 평균값이 191 V이면 최댓값은? [04, 13, 17]

① 150 V   ② 250 V   ③ 300 V   ④ 400 V

[해설] $V_m = \dfrac{\pi}{2} V_a ≒ 1.57 V_a = 1.57 \times 191 = 300$ V

정답   1. ③   2. ②   3. ②   4. ①   5. ④   6. ③   7. ③   8. ③   9. ④   10. ④   11. ④   12. ③

3 기본 회로소자의 특성과 작용

기본 소자 : 저항 (R : Resistance), 인덕턴스 (L : Inductance), 정전용량 (C : Capacitance)

(1) 저항의 특성

① 저항 회로의 전압과 전류

• $i = \sqrt{2} I \sin\omega t = I_m \sin\omega t$ [A]

• $v = Ri = RI_m \sin\omega t = V_m \sin\omega t$ [V]

② 실횻값으로 표시 : $V = RI$ [V], $R = \dfrac{V}{I}$ [Ω]

③ 저항만의 교류회로

(개) 전압과 전류는 동일 주파수의 사인파이다.

(내) 전압과 전류는 동상이다.

(대) 전압과 전류의 실횻값 (또는 최댓값)의 비는 R 이다.

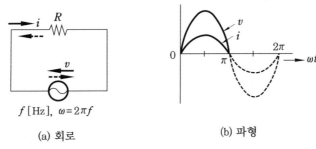

(a) 회로 (b) 파형

그림 1-4-5 저항의 특성

(2) 인덕턴스의 특성

① 인덕턴스 회로의 전압과 전류

- $i = I_m \sin\omega t \,[\text{A}]$
- $v = V_m \sin(\omega t + 90°)\,[\text{V}]$

② 실횻값으로 표시 : $V = \omega L \cdot I\,[\text{V}]$

③ 유도 리액턴스(inductive reactance) $X_L = \omega L = 2\pi f L\,[\Omega]$

④ 인덕턴스만의 교류회로

㈎ 전압과 전류는 동일 주파수의 사인파이다.

㈏ 전압은 전류보다 위상이 90° 앞선다.

㈐ 전압과 전류의 실횻값(또는 최댓값)의 비는 ωL이다.

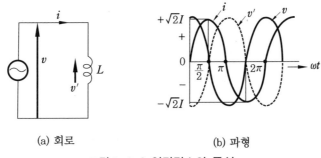

(a) 회로 (b) 파형

그림 1-4-6 인덕턴스의 특성

(3) 정전용량의 특성

① 정전용량 회로의 전압과 전류

- $v = V_m \sin\omega t\,[\text{V}]$
- $i = I_m \sin(\omega t + 90°)\,[\text{A}]$

② 회로에 축적되는 전하

$q = C \cdot v = C V_m \sin\omega t\,[\text{C}]$

③ 전압과 전류의 관계

- $V = \dfrac{1}{\omega C} \cdot I\,[\text{V}]$
- $I = \omega C \cdot V = 2\pi f C \cdot V\,[\text{A}]$

④ 용량 리액턴스 (capacitive reactance)

$$X_c = \frac{1}{\omega C} = \frac{1}{2\pi f C} \; [\Omega]$$

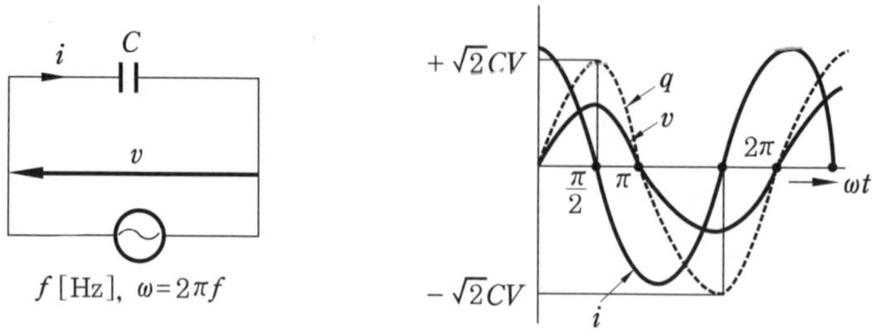

(a) 회로   (b) 파형

그림 1-4-7 정전용량의 특성

⑤ 콘덴서만의 교류회로

　(가) 정전기에서 콘덴서의 전하는 전압에 비례한다.

　(나) 전압과 전류는 동일 주파수의 사인파이다.

　(다) 전류는 전압보다 위상이 90° 앞선다.

　(라) 전압과 전류의 실횻값 (또는 최댓값)의 비는

　　$\dfrac{1}{\omega C}$이다.

⑥ 용량 리액턴스의 주파수 특성

그림 1-4-8 주파수의 특성

$$X_c = \frac{1}{2\pi C} \cdot \frac{1}{f} \; [\Omega] \text{에서}, \quad X_c = k \frac{1}{f}$$

단원 예상문제

1. 교류전압을 사용하는 전기난로의 경우 전압과 전류의 위상은? [04, 07]

　① 동상이다.

　② 전압이 전류보다 90° 앞선다.

　③ 전류가 전압보다 90° 앞선다.

　④ 처음에는 전압이 빠르고 갈수록 전류가 빨라진다.

　해설 백열전구, 전기난로, 전기다리미 등은 무유도성 저항 (전열)선이므로, 전압과 전류의 위상은 동상이다.

2. 자체 인덕턴스가 0.01 H인 코일에 100 V, 60 Hz의 사인파 전압을 가할 때 유도 리액턴스는 약 몇 Ω인가? [11]

　① 3.77　　　　　② 6.28　　　　　③ 12.28　　　　　④ 37.68

　해설 $X_L = \omega L = 2\pi f L = 2\pi \times 60 \times 0.01 \fallingdotseq 3.77 \; \Omega$

3. 전기저항 25 Ω 에 50 V의 사인파 전압을 가할 때 전류의 순싯값은? (단, 각속도 $\omega = 377$ rad/s이다.) [10]

① $2\sin377t$ [A]

② $2\sqrt{2}\sin377t$ [A]

③ $4\sin377t$ [A]

④ $4\sqrt{2}\sin377t$ [A]

해설 ㉠ $v = E_m\sin\omega t = \sqrt{2}\,V\sin377t = 50\sqrt{2}\sin377t$ [V]

㉡ $R = 25\ \Omega$

∴ $i = \dfrac{v}{R} = \dfrac{50\sqrt{2}}{25}\cdot\sin377t = 2\sqrt{2}\sin377t$ [A]

4. 교류회로에서 유도 리액턴스는 어떤 역할을 하는가? [02, 03]

① 전류를 잘 흐르게 한다.

② 전류의 위상을 90° 빠르게 한다.

③ 전류의 위상을 전압보다 $\dfrac{\pi}{2}$ [rad]만큼 뒤지게 한다.

④ 전압의 위상을 45° 늦게 한다.

해설 전압을 기준 벡터로 했을 때, 전류는 그 위상이 전압보다 90°, 즉 $\dfrac{\pi}{2}$ [rad]만큼 뒤진다.

5. 인덕턴스 0.5 H에 주파수가 60 Hz이고 전압이 220 V인 교류전압이 가해질 때 흐르는 전류는 약 몇 A인가? [14]

① 0.59

② 0.87

③ 0.97

④ 1.17

해설 $I = \dfrac{V}{X_L} = \dfrac{V}{2\pi fL} = \dfrac{220}{2\pi\times60\times0.5} = \dfrac{220}{188.4} ≒ 1.17$ A

6. 어떤 회로의 소자에 일정한 크기의 전압으로 주파수를 2배로 증가시켰더니 흐르는 전류의 크기가 $\dfrac{1}{2}$ 로 되었다. 이 소자의 종류는? [14]

① 저항

② 코일

③ 콘덴서

④ 다이오드

해설 ㉠ 유도 리액턴스 : $X_L = 2\pi f\cdot L$ [Ω]에서, 주파수 f를 2배로 증가시키면 X_L는 2배가 된다.

㉡ 전류 : $I_L' = \dfrac{V}{2X_L} = \dfrac{1}{2}\cdot I_L$

∴ 주파수를 2배로 하면 전류의 크기가 $\dfrac{1}{2}$ 로 되는 회로소자는 코일(coil)이다.

7. 10 μF의 콘덴서에 60 Hz, 100 V의 교류전압을 가하면 흐르는 전류(A)는? [98, 01]

① 약 0.16

② 약 0.38

③ 약 2.1

④ 약 4.8

해설 $I = \omega CV = 2\pi fCV = 2\pi\times60\times10\times10^{-6}\times100 ≒ 0.38$ A

8. 용량 리액턴스와 반비례하는 것은 어느 것인가? [97, 02, 06]

① 전압
② 저항
③ 임피던스
④ 주파수

9. 어떤 회로에 $v = 200\sin\omega t$ 의 전압을 가했더니 $i = 50\sin\left(\omega t + \dfrac{\pi}{2}\right)$ 의 전류가 흘렀다. 이 회로는? [10]

① 저항 회로
② 유도성 회로
③ 용량성 회로
④ 임피던스 회로

해설 용량성 회로의 전압, 전류의 순싯값 표시

㉠ 전압 $v = V_m\sin\omega t$ [V]　　㉡ 전류 $i = I_m\sin\left(\omega t + \dfrac{\pi}{2}\right)$ [A]

10. 다음 설명 중에서 틀린 것은? [11, 15]

① 코일은 직렬로 연결할수록 인덕턴스가 커진다.
② 콘덴서는 직렬로 연결할수록 용량이 커진다.
③ 저항은 병렬로 연결할수록 저항치가 작아진다.
④ 리액턴스는 주파수의 함수이다.

해설 콘덴서는 직렬로 연결할수록 용량이 작아진다.

예 $C_{ab} = \dfrac{C \cdot C}{C + C} = \dfrac{C^2}{2C} = \dfrac{1}{2}C$

※ 리액턴스는 주파수(f)의 함수이다.

• $X_L = 2\pi f L$　　• $X_C = \dfrac{1}{2\pi f C}$

11. 어느 회로소자에 일정한 크기의 전압으로 주파수를 증가시키면서 흐르는 전류를 관찰하였다. 주파수를 2배로 하였더니 전류의 크기가 2배로 되었다. 이 회로소자는? [10]

① 저항
② 코일
③ 콘덴서
④ 다이오드

해설 콘덴서에 흐르는 전류 : $I = \dfrac{V}{X_C} = \dfrac{V}{1/\omega c} = \omega CV = 2\pi f CV$ [A]에서,

$I = k'f$ [A]

∴ 주파수를 2배로 하는 경우 전류의 크기가 2배로 되는 회로소자는 콘덴서이다.

정답　1. ①　2. ①　3. ②　4. ③　5. ④　6. ②　7. ②　8. ④　9. ③　10. ②　11. ③

4 RLC의 직렬접속 회로

(1) RL 직렬회로

① $Z = \sqrt{R^2 + X_L^2}$ [Ω] ② $\theta = \tan^{-1} \dfrac{X_L}{R} = \tan^{-1} \dfrac{\omega L}{R}$ [rad] ③ $\cos \theta = \dfrac{R}{Z}$

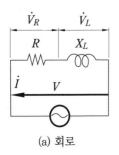
(a) 회로

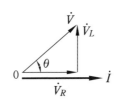
(b) 벡터도

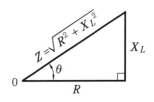
(c) 임피던스 삼각형

그림 1-4-9 RL 직렬회로

(2) RC 직렬회로

① $Z = \sqrt{R^2 + X_C^2}$ [Ω] ② $\theta = \tan^{-1} \dfrac{X_C}{R} = \tan^{-1} \dfrac{1}{\omega CR}$ [rad] ③ $\cos \theta = \dfrac{R}{Z}$

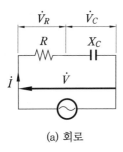
(a) 회로

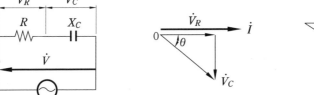
(b) 벡터도

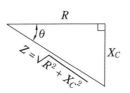
(c) 임피던스 삼각형

그림 1-4-10 RC 직렬회로

(3) RLC 직렬회로

① $Z = \sqrt{R^2 + (X_L - X_C)^2}$ [Ω] ② $\theta = \tan^{-1} \dfrac{X_L - X_C}{R}$ [rad] ③ $\cos \theta = \dfrac{R}{Z}$

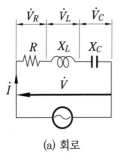
(a) 회로

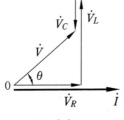
(b) 벡터도

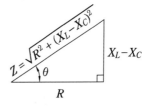
(c) 임피던스 삼각형

그림 1-4-11 RLC 직렬회로

(4) 직렬 공진회로의 특성

① 공진 조건

$$X_L = X_c \rightarrow \omega_0 L = \frac{1}{\omega_0 C} \rightarrow \omega_0^2 LC = 1$$

② 공진주파수

$$f_0 = \frac{1}{2\pi\sqrt{LC}} \text{ [Hz]}$$

③ 공진 임피던스와 전류

$$Z_0 = R\,[\Omega] \rightarrow X_L - X_c = 0 \rightarrow I_0 = \frac{V}{R}\,[\text{A}]$$

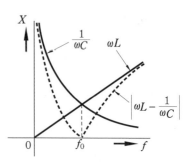

그림 1-4-12 직렬 공진 특성

④ 선택도 (selectivity)

(가) 첨예도 (sharpness) = 전압 확대율

$$Q = \frac{\omega_o L}{R} = \frac{1}{\omega_o RC} = \frac{1}{\frac{1}{\sqrt{LC}}RC} = \frac{1}{R}\sqrt{\frac{L}{C}}$$

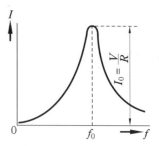

그림 1-4-13 직렬 공진 곡선

(나) R이 작으며 공진 곡선이 날카롭게 되어 회로의 공진 주파수에 대한 응답이 예민하게 되므로 Q를 첨예도 또는 선택도라 한다.

단원 예상문제

1. 저항 R과 유도 리액턴스 X_L이 직렬로 연결되었을 때 임피던스 Z의 크기를 나타내는 식은 다음 중 어느 것인가? [00, 01, 02, 05, 14]

① $R + X_L$　　　② $\sqrt{R^2 - X_L^2}$　　　③ $\sqrt{R^2 + X_L^2}$　　　④ $R^2 + X_L^2$

2. RL 직렬회로에 교류전압 $v = V_m \sin\theta$ [V]를 가했을 때 회로의 위상각 θ를 나타낸 것은 다음 중 어느 것인가? [03, 04, 05, 15]

① $\theta = \tan^{-1}\frac{R}{\omega L}$　　　　　　　　② $\theta = \tan^{-1}\frac{\omega L}{R}$

③ $\theta = \tan^{-1}\frac{1}{R\omega L}$　　　　　　　④ $\theta = \tan^{-1}\frac{R}{\sqrt{R^2 + (\omega L)^2}}$

해설 $\tan\theta = \frac{\omega L}{R}$ 이므로, $\theta = \tan^{-1}\frac{\omega L}{R}$

3. 그림과 같은 회로에서 전류 I와 유효 전류 I_a 는 각각 몇 A인가? [01, 09]

① 4, 6

② 6, 8

③ 8, 10

④ 10, 8

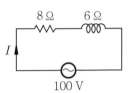

해설 ㉠ $Z = \sqrt{R^2 + X^2} = \sqrt{8^2 + 6^2} = 10 \ \Omega$

㉡ $I = \dfrac{V}{Z} = \dfrac{100}{10} = 10 \text{A}$

㉢ $I_a = I \times \cos\theta = I \times \dfrac{R}{Z} = 10 \times \dfrac{8}{10} = 8 \text{ A}$

4. 저항 8 Ω과 코일이 직렬로 접속된 회로에 200 V의 교류전압을 가하면 20 A의 전류가 흐른다. 코일의 리액턴스는 몇 Ω인가? [15, 17]

① 2 　　　　　② 4 　　　　　③ 6 　　　　　④ 8

해설 ㉠ $Z = \dfrac{V}{I} = \dfrac{200}{20} = 10 \ \Omega$ 　　　㉡ $Z = \sqrt{R^2 + X_L^{\ 2}}$

∴ $X_L = \sqrt{Z^2 - R^2} = \sqrt{10^2 - 8^2} = \sqrt{36} = 6 \ \Omega$

5. $R = 5 \ \Omega$, $L = 30 \text{ mH}$ 의 RL 직렬회로에 $V = 200 \text{ V}$, $f = 60 \text{ Hz}$의 교류전압을 가할 때 전류의 크기는 약 몇 A인가? [00, 03, 05, 15]

① 8.67 　　　　　② 11.42 　　　　　③ 16.17 　　　　　④ 21.25

해설 ㉠ $X_L = 2\pi f L = 2 \times 3.14 \times 60 \times 30 \times 10^{-3} \fallingdotseq 11.31 \ \Omega$

㉡ $Z = \sqrt{R^2 + X_L^{\ 2}} = \sqrt{5^2 + 11.31^2} \fallingdotseq 12.36 \ \Omega$

∴ $I = \dfrac{V}{Z} = \dfrac{200}{12.36} \fallingdotseq 16.18 \text{ A}$

6. $R = 8 \ \Omega$, $L = 19.1 \text{ mH}$의 직렬회로에 5 A가 흐르고 있을 때 인덕턴스(L)에 걸리는 단자전압의 크기는 약 몇 V인가? (단, 주파수는 60 Hz이다.) [15]

① 12 　　　　　② 25 　　　　　③ 29 　　　　　④ 36

해설 $X_L = 2\pi f L = 2\pi \times 60 \times 19.1 \times 10^{-3} \fallingdotseq 7.2 \ \Omega$

∴ $V_L = I \cdot X_L = 5 \times 7.2 = 36 \text{ V}$

7. 저항이 9 Ω이고, 용량 리액턴스가 12 Ω인 직렬회로의 임피던스(Ω)는? [13]

① 3 Ω 　　　　　② 15 Ω 　　　　　③ 21 Ω 　　　　　④ 108 Ω

해설 $Z = \sqrt{R^2 + X_c^{\ 2}} = \sqrt{9^2 + 12^2} = \sqrt{225} = 15$

8. $R = 15\ \Omega$인 RC 직렬회로에 60 Hz, 100 V의 전압을 가하니 4 A의 전류가 흘렀다면 용량 리액턴스(Ω)는? [13]

① 10　　　　　　② 15　　　　　　③ 20　　　　　　④ 25

해설　$Z = \dfrac{V}{I} = \dfrac{100}{4} = 25\ \Omega$. $Z = \sqrt{R^2 + X_c^{\,2}}\ [\Omega]$에서, $X_c = \sqrt{Z^2 - R^2} = \sqrt{25^2 - 15^2} = 20\ \Omega$

9. $R = 3\ \Omega$, $\omega L = 8\ \Omega$, $\dfrac{1}{\omega C} = 4\ \Omega$의 RLC 직렬회로의 임피던스(Ω)는? [05, 07, 17]

① 5　　　　　　② 8.5　　　　　　③ 12.4　　　　　　④ 15

해설　$Z = \sqrt{R^2 + (X_L - X_C)^2} = \sqrt{R^2 + \left(\omega L - \dfrac{1}{\omega C}\right)^2} = \sqrt{3^2 + (8-4)^2} = 5\ \Omega$

10. $R = 4\ \Omega$, $X_L = 8\ \Omega$, $X_C = 5\ \Omega$가 직렬로 연결된 회로에 100 V의 교류를 가했을 때 흐르는 ㉠전류와 ㉡임피던스는? [10]

① ㉠ 5.9 A, ㉡ 용량성　　　　　　② ㉠ 5.9 A, ㉡ 유도성
③ ㉠ 20 A, ㉡ 용량성　　　　　　④ ㉠ 20 A, ㉡ 유도성

해설　㉠ $Z = \sqrt{R^2 + (X_L - X_C)^2} = \sqrt{4^2 + (8-5)^2} = \sqrt{4^2 + 3^2} = 5\ \Omega$

　　　㉡ $I = \dfrac{V}{Z} = \dfrac{100}{5} = 20\ A$

　　　㉢ $X_L > X_C$ 이므로 임피던스는 유도성이다.

11. $R = 4\ \Omega$, $X_L = 15\ \Omega$, $X_C = 12\ \Omega$의 RLC 직렬회로에 100 V의 교류전압을 가할 때 전류와 전압의 위상차는 약 얼마인가? [13]

① 0°　　　　　　② 37°　　　　　　③ 53°　　　　　　④ 90°

해설　$\theta = \tan^{-1}\dfrac{X_L - X_C}{R} = \tan^{-1}\dfrac{15-12}{4} = \tan^{-1}\dfrac{3}{4} = \tan^{-1}0.75 \fallingdotseq 37°$

12. 다음 중 직렬 공진 시 최대가 되는 것은 어느 것인가? [99, 00, 06, 11]

① 전류　　　　　　② 임피던스　　　　　　③ 리액턴스　　　　　　④ 저항

해설　직렬 공진 시 임피던스가 최소가 되므로, 전류는 최대가 된다.

13. $R - L - C$ 직렬회로에서 전압과 전류가 동상이 되기 위한 조건은? [13]

① $L = C$　　　　　② $\omega LC = 1$　　　　　③ $\omega^2 LC = 1$　　　　　④ $(\omega LC)^2 = 1$

해설　동상의 조건 = 공진 조건 : $X_L = X_C$에서,

　　　$\omega L = \dfrac{1}{\omega C}$　　$\therefore\ \omega^2 LC = 1$

14. 저항 $R=15\ \Omega$, 자체 인덕턴스 $L=35$ mH, 정전용량 $C=300\ \mu F$ 의 직렬회로에서 공진주파수 f_0 는 약 몇 Hz인가? [11]

① 40   ② 50   ③ 60   ④ 70

[해설] $f_0 = \dfrac{1}{2\pi \sqrt{LC}} = \dfrac{1}{2\pi \sqrt{35\times 10^{-3}\times 300\times 10^{-6}}} \fallingdotseq 50$ Hz

15. $R-L-C$ 직렬회로에서 직렬 공진인 경우 전압과 전류의 위상 관계는? [04]

① 전류가 전압보다 $\dfrac{\pi}{2}$[rad] 앞선다.   ② 전류가 전압보다 $\dfrac{\pi}{2}$[rad] 뒤진다.

③ 전류가 전압보다 π[rad] 앞선다.   ④ 전류와 전압은 동상이다.

[해설] 공진 조건 $X_L = X_C$일 때, $Z_0 = R$ 이므로 전압과 전류의 위상은 동상이다.

16. $R=2\ \Omega$, $L=10$ mn, $C=4\ \mu$F 으로 구성되는 직렬 공진회로의 L과 C 에서의 전압 확대율은? [16]

① 3   ② 6   ③ 16   ④ 25

[해설] $Q = \dfrac{1}{R}\sqrt{\dfrac{L}{C}} = \dfrac{1}{2}\sqrt{\dfrac{10\times 10^{-3}}{4\times 10^{-6}}} = 0.5\times \sqrt{2.5\times 10^{-3}\times 10^{6}} = 0.5\times \sqrt{2500} = 25$

[정답] **1.** ③ **2.** ② **3.** ④ **4.** ③ **5.** ③ **6.** ④ **7.** ② **8.** ③ **9.** ① **10.** ④ **11.** ② **12.** ①
13. ③ **14.** ② **15.** ④ **16.** ④

⑤ RLC의 병렬접속 회로

(1) RL 병렬회로

① $Z = \dfrac{1}{\sqrt{\left(\dfrac{1}{R}\right)^2 + \left(\dfrac{1}{X_L}\right)^2}} = \dfrac{R\cdot X_L}{\sqrt{R^2 + X_L^2}}$ $[\Omega]$

② $\theta = \tan^{-1}\dfrac{R}{X_L}$

③ $\cos\theta = \dfrac{X_L}{\sqrt{R^2 + X_L^2}}$

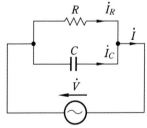

그림 1-4-14 RL 병렬회로

(2) RC 병렬회로

① $Z = \dfrac{1}{\sqrt{\left(\dfrac{1}{R}\right)^2 + \left(\dfrac{1}{X_C}\right)^2}} = \dfrac{R \cdot X_C}{\sqrt{R^2 + X_C^2}}$

② $\theta = \tan^{-1}\dfrac{R}{X_C} = \tan^{-1}\omega CR$

③ $\cos\theta = \dfrac{X_C}{\sqrt{R^2 + X_C^{\,2}}} = \dfrac{1}{\sqrt{1 + (\omega RC)^2}}$

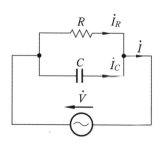

그림 1-4-15 RC 병렬회로

(3) 병렬 공진회로의 특성

① 공진 조건 : $\omega_0 C = \dfrac{\omega_0 L}{R^2 + \omega_0^2 L^2}$

② 공진 주파수 : $f_0 = \dfrac{1}{2\pi\sqrt{LC}}$ [Hz]

③ 병렬 공진 회로에서는 공진 시에 어드미턴스가 최소, 임피던스는 최대가 된다.

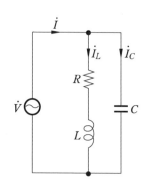

그림 1-4-16 LC 병렬회로
(R = 코일의 저항)

단원 예상문제

1. $R = 20\ \Omega$, $X_L = 15\ \Omega$의 유도 리액턴스를 병렬로 연결하고 120 V의 교류전압을 가할 때 이 회로에 흐르는 전전류 (A)는? [02]

① 6 ② 8 ③ 10 ④ 14

[해설] $Z = \dfrac{R \cdot X_L}{\sqrt{R^2 + X_L^{\,2}}} = \dfrac{20 \times 15}{\sqrt{20^2 + 15^2}} = 12\ \Omega$

$\therefore\ I = \dfrac{V}{Z} = \dfrac{120}{12} = 10\ \text{A}$

2. $R = 3\,\Omega$, $X_L = 4\,\Omega$의 병렬회로의 역률은 얼마인가? [98, 00, 03, 05]

① 0.4 ② 0.6 ③ 0.8 ④ 1.0

[해설] $\cos\theta = \dfrac{X_L}{\sqrt{R^2 + X_L^2}} = \dfrac{4}{\sqrt{3^2 + 4^2}} = \dfrac{4}{5} = 0.8$

3. RL 병렬회로에서 $R = 25\,\Omega$, $\omega L = \dfrac{100}{3}\,\Omega$ 일 때, 200 V의 전압을 가하면 코일에 흐르는 전류 $I_L[\mathrm{A}]$은? [15]

① 3.0 ② 4.8 ③ 6.0 ④ 8.2

해설 $I_L = \dfrac{V}{\omega L} = \dfrac{200}{\frac{100}{3}} \fallingdotseq 6\,\mathrm{A}$ ※ $I_R = \dfrac{V}{R} = \dfrac{200}{25} = 8\,\mathrm{A}$

4. 6 Ω 의 저항과 8 Ω 의 용량성 리액턴스의 병렬회로가 있다. 이 병렬회로의 임피던스는 몇 Ω 인가? [15]

① 1.5 ② 2.6 ③ 3.8 ④ 4.8

해설 $Z = \dfrac{R \cdot X_C}{\sqrt{R^2 + X_C^2}} = \dfrac{6 \times 8}{\sqrt{6^2 + 8^2}} = 4.8\,\Omega$

5. 그림과 같은 RC 병렬회로의 위상각 θ는? [00, 01, 02, 16, 17]

① $\tan^{-1}\dfrac{\omega C}{R}$ ② $\tan^{-1}\omega CR$

③ $\tan^{-1}\dfrac{R}{\omega C}$ ④ $\tan^{-1}\dfrac{1}{\omega CR}$

해설 $\theta = \tan^{-1}\dfrac{I_C}{I_R} = \tan^{-1}\dfrac{\omega CV}{V/R} = \tan^{-1}\omega CR$

6. 교류회로에서 코일과 콘덴서를 병렬로 연결한 상태에서 주파수가 증가하면 어느 쪽이 전류가 잘 흐르는가? [11]

① 코일 ② 콘덴서
③ 코일과 콘덴서에 같이 흐른다. ④ 모두 흐르지 않는다.

해설 리액턴스 (reactance)와 주파수 관계
ⓐ $X_L = 2\pi f \cdot L\,[\Omega]$: 주파수의 f 가 증가하면 X_L은 비례하여 증가한다.
ⓑ $X_c = \dfrac{1}{2\pi f \cdot c}\,[\Omega]$: 주파수의 f 가 증가하면 X_c은 반비례하여 감소한다.
∴ 용량성 리액턴스 X_c가 감소하므로 콘덴서 쪽이 전류가 잘 흐르게 된다.

7. RLC 병렬 공진회로에서 공진주파수는? [99, 03, 06]

① $\dfrac{1}{\pi\sqrt{LC}}$ ② $\dfrac{1}{\sqrt{LC}}$ ③ $\dfrac{2\pi}{\sqrt{LC}}$ ④ $\dfrac{1}{2\pi\sqrt{LC}}$

정답 1. ③ 2. ③ 3. ③ 4. ④ 5. ② 6. ② 7. ④

6 복소수 표시와 교류회로 계산

(1) 복소수(complex number)의 정의

① 복소수는 실수부와 허수부로 구성된 벡터양이다.

　(가) 허수는 제곱하면 음수기 되는 수이다. (허수)^2 = 음수

　(나) 허수 단위 : $j = \sqrt{-1}$

　　• $j^2 = -1$　• $j^3 = j^2 \times j = -j$　• $j^4 = j^3 \times j = -j \times j = -j^2 = 1$

② 복소수 $\dot{A} = a \pm jb \rightarrow$ • 실수부 : $\pm a$　• 허수부 : $\pm jb$ (b 는 실수)

③ 공액(conjugate) 복소수 : $\dot{A}_1 = a + jb \leftarrow$ 공액 $\rightarrow \dot{A}_2 = a - jb$

(2) 벡터 표시

① 직각좌표에 의한 표시 : $\dot{A} = a \pm jb$

　(가) 절댓값 : $|A| = \sqrt{a^2 + b^2}$

　(나) 편각 : $\theta = \tan^{-1} \dfrac{b}{a}$

② 삼각함수에 의한 표시 : $\dot{A} = A(\cos\theta + j\sin\theta)$

　(가) 실수부 : $a = A\cos\theta$

　(나) 허수부 : $b = A\sin\theta$

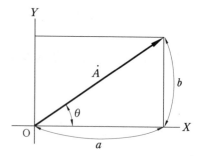

그림 1-4-17 복소수와 벡터

단원 예상문제 🎯

1. 복소수에 대한 설명으로 틀린 것은? [15]

　① 실수부와 허수부로 구성된다.

　② 허수를 제곱하면 음수가 된다.

　③ 복소수는 $A = a + jb$의 형태로 표시한다.

　④ 거리와 방향을 나타내는 스칼라양으로 표시한다.

　해설 복소수는 거리와 방향을 나타내는 벡터양으로 표시한다.

2. 다음 중 벡터인 $\dot{A}_1$을 $\dot{A}_2$로 나눈 벡터 $\dot{A}$는? (단, $\dot{A}_1 = 6 + j8$, $\dot{A}_2 = 3 + j4$이다.) [01]

　① $2 + j2$　　　② $18 + j32$　　　③ 18　　　④ 2

　해설 $\dot{A} = \dfrac{\dot{A}_1}{\dot{A}_2} = \dfrac{6 + j8}{3 + j4} = \dfrac{(6 + j8)(3 - j4)}{(3 + j4)(3 - j4)} = \dfrac{18 + 32}{3^2 + 4^2} = 2$

3. $\dot{I} = 8 + j6$ A로 표시되는 전류의 크기 I는 몇 A인가? [03, 15]

① 6   ② 8   ③ 10   ④ 12

해설 $I = \sqrt{8^2 + 6^2} = \sqrt{100} = 10$ A

4. 어떤 회로에 50 V의 전압을 가하니 $8 + j6$ [A]의 전류가 흘렀다면 이 회로의 임피던스 (Ω)는? [01, 07, 11]

① $3 - j4$ ② $3 + j4$ ③ $4 - j3$ ④ $4 + j3$

해설 $\dot{Z} = \dfrac{\dot{V}}{I} = \dfrac{50}{8 + j6} = \dfrac{50(8 - j6)}{(8 + j6)(8 - j6)} = \dfrac{400 - j300}{8^2 + 6^2} = 4 - j3 \,[\Omega]$

정답 1. ④   2. ④   3. ③   4. ③

(4) 기본 회로의 기호법 표시

표 1-4-2 기본 회로의 기호법 표시

① 저항 R 만의 회로	② 인덕턴스 L 만의 회로	③ 정전용량 C 만의 회로
$R = \dfrac{\dot{V}}{\dot{I}}$ [Ω]	$jX_L = j\omega L$ • 유도 리액턴스 (양의 허수)	$-jX_C = -j\dfrac{1}{\omega C}$ • 용량 리액턴스 (음의 허수)
$\dot{I} = \dfrac{\dot{V}}{R}$ [A]	$\dot{I} = -j\dfrac{\dot{V}}{\omega L} = \dfrac{\dot{V}}{j\omega L}$ [A]	$\dot{I} = j\omega C\dot{V}$ [V]

(5) RL 직렬회로

① $\dot{Z} = R + j\omega L$ [Ω] $\rightarrow |Z| = \sqrt{R^2 + X_L^2}$ [Ω]

② $\theta = \tan^{-1}\dfrac{X_L}{R} = \tan^{-1}\dfrac{\omega L}{R}$ [rad]

(6) RC 직렬회로

① $\dot{Z} = R - j\dfrac{1}{\omega C}$ [Ω] $\rightarrow |Z| = \sqrt{R^2 + X_C^2}$ [Ω]

② $\theta = \tan^{-1}\dfrac{X_C}{R} = \tan^{-1}\dfrac{1}{\omega CR}$ [rad]

(7) RLC 직렬회로

① $\dot{Z} = R + j\left(\omega L - \dfrac{1}{\omega C}\right)$ [Ω] $\rightarrow |Z| = \sqrt{R^2 + (X_L - X_C)^2}$ [Ω]

② 리액턴스 성분의 주파수특성

표 1-4-3 리액턴스 성분의 주파수특성

리액턴스 성분	$\omega L > \dfrac{1}{\omega C}$	$\omega L < \dfrac{1}{\omega C}$	$\omega L = \dfrac{1}{\omega C}$
특성	+ j 로 표시 • 유도 리액턴스가 된다.	− j 로 표시 • 용량 리액턴스가 된다.	$\dot{X}$값이 0이 됨 • 공진 상태가 된다.

단원 예상문제

1. $R = 6\ \Omega$, $X_C = 8\ \Omega$일 때 임피던스 $\dot{Z} = 6 - j8\ \Omega$으로 표시되는 것은 일반적으로 어떤 회로인가? [03, 05, 15]

① RC 직렬회로   ② RL 직렬회로   ③ RC 병렬회로   ④ RL 병렬회로

해설 임피던스의 복소수 표시

　㉠ RC 직렬회로 $\dot{Z} = R - jX_c = 6 - j8\ \Omega$　㉡ RL 직렬회로 $\dot{Z} = R + jX_L = 6 + j8\ \Omega$

2. $R = 6\ \Omega$, $X_C = 8\ \Omega$ 이 직렬로 접속된 회로에 $\dot{I} = 10\ A$의 전류를 통할 때의 전압 (V)은 얼마인가? [02, 12]

① $60 + j80$ ② $60 - j80$ ③ $100 + j150$ ④ $100 - j150$

해설 $\dot{V} = \dot{Z}\dot{I} = (R - jX_C)\dot{I} = (6 - j8)10 = 60 - j80\ V$

3. $R = 10\ \Omega$, $X_L = 15\ \Omega$, $X_c = 15\ \Omega$ 의 직렬회로에 100 V의 교류전압을 인가할 때 흐르는 전류 (A)는? [11]

① 6   ② 8   ③ 10   ④ 12

해설 $\dot{Z} = R + j(X_L - X_c) = 10 + j(15 - 15) = 10\ \Omega$ ∴ $I = \dfrac{E}{Z} = \dfrac{100}{10} = 10\ A$

4. 임피던스 $Z_1 = 12 + j16\ [\Omega]$과 $Z_2 = 8 + j24\ [\Omega]$이 직렬로 접속된 회로에 전압 $V = 200$ V를 가할 때 이 회로에 흐르는 전류 (A)는? [13]

① 2.35 A   ② 4.47 A   ③ 6.02 A   ④ 10.25 A

해설 $\dot{Z} = \dot{Z_1} + \dot{Z_2} = 12 + j16 + 8 + j24 = 20 + j40\ \Omega$

　∴ $I = \dfrac{V}{|Z|} = \dfrac{200}{\sqrt{20^2 + 40^2}} \fallingdotseq 4.47\ A$

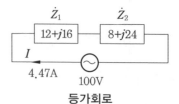

등가회로

5. $\dot{Z} = 2 + j11\,[\Omega]$, $\dot{Z} = 4 - j3\,[\Omega]$의 직렬회로에서 교류전압 100 V를 가할 때 합성 임피던스는? [10, 17]

① 6 Ω   ② 8 Ω   ③ 10 Ω   ④ 14 Ω

[해설] $\dot{Z} = \dot{Z_1} + \dot{Z_2} = 2 + j11 + 4 - j3 = 6 + j8$ $\therefore |Z| = \sqrt{6^2 + 8^2} = 10\,\Omega$

6. $\omega L = 5\,\Omega$, $\dfrac{1}{\omega C} = 25\,\Omega$의 LC 직렬회로에 100 V의 교류를 가할 때 전류(A)는? [14]

① 3.3 A, 유도성   ② 5 A, 유도성   ③ 3.3 A, 용량성   ④ 5 A, 용량성

[해설] ㉠ $\dot{Z} = j\left(\omega L - \dfrac{1}{\omega C}\right) = j(5 - 25) = -j20\,\Omega$

ㄴ $\dot{I} = \dfrac{\dot{V}}{\dot{Z}} = \dfrac{100}{-j20} = j5\,\text{A}$ $\therefore$ 5 A, 용량성$\left(\omega L < \dfrac{1}{\omega C}\right)$

※ $j \rightarrow$ 위상이 90° 앞섬을 의미한다. $\therefore$ 용량성

정답 1. ①   2. ②   3. ③   4. ②   5. ③   6. ④

7 복소 어드미턴스와 시상수 (time constant)

(1) 어드미턴스 (admittance)

① 어드미턴스는 임피던스의 역수로 기호는 Y, 단위는 [℧]을 사용한다.

$$\dot{Y} = \frac{R}{R^2 + X^2} + j\frac{-X}{R^2 + X^2} = G + jB\,[\text{℧}]$$

(개) 실수부 : 컨덕턴스 (conductance) : $G = \dfrac{R}{R^2 + X^2}$

(내) 허수부 : 서셉턴스 (susceptance) : $B = \dfrac{-X}{R^2 + X^2}$

(2) 시상수 (time constant)

① 정상값의 63.2 %에 도달할 때까지 시간을 [s]로 표시한다.

② 회로의 시상수가 클수록 정상값에 도달하는 시간이 길어지며 과도현상이 오래 지속된다.

(개) $R - L$ 직렬회로의 시상수 : $\tau = \dfrac{L}{R}$ [s]

(내) $R - C$ 직렬회로의 시상수 : $\tau = RC$ [s]

단원 예상문제

1. 어드미턴스의 실수부는 다음 중 무엇을 나타내는가? [01, 03]

① 임피던스　　　　② 리액턴스　　　　③ 컨덕턴스　　　　④ 서셉턴스

해설 $\dot{Y} = G + jB$

　　실수부 G : 컨덕턴스 (conductance)　　허수부 B : 서셉턴스 (susceptance)

2. 임피던스 $\dot{Z} = 6 + j8\ [\Omega]$에서 컨덕턴스는? [10]

① $0.06\ \mho$　　　　② $0.08\ \mho$　　　　③ $0.1\ \mho$　　　　④ $1.0\ \mho$

해설 $G = \dfrac{R}{R^2 + X^2} = \dfrac{6}{6^2 + 8^2} = 0.06\ \mho$

3. 임피던스 $Z = 6 + j8\ \Omega$ 에서 서셉턴스 $(\mho)$는? [16]

① 0.06　　　　② 0.08　　　　③ 0.6　　　　④ 0.8

해설 $B = \dfrac{X}{R^2 + X^2} = \dfrac{8}{6^2 + 8^2} = 0.08$　 ※ 컨덕턴스 $G = \dfrac{R}{R^2 + X^2} = 0.06$

4. $R - L$ 직렬회로에서 $R = 20\ \Omega$, $L = 10$ H인 경우 시상수 τ 는? [07, 10]

① 0.005 s　　　　② 0.5 s　　　　③ 2 s　　　　④ 200 s

해설 $\tau = \dfrac{L}{R} = \dfrac{10}{20} = 0.5$ s

5. $R = 10$ kΩ , $C = 5\ \mu$F의 직렬회로에 110 V의 직류전압을 인가했을 때 시상수 (T)는? [07]

① 5 ms　　　　② 50 ms　　　　③ 1 s　　　　④ 2 s

해설 $T = RC = 10 \times 10^3 \times 5 \times 10^{-6} = 50 \times 10^{-3} = 50$ ms

정답 1. ③　2. ①　3. ②　4. ②　5. ②

8 단상 교류전력

(1) 전력의 표시

① 피상전력 (apparent power) : $P_a = VI$ [VA]

　일반적으로 전기 기기의 용량은 피상전력의 단위인 [VA], [kVA]로 표시한다.

② 유효전력 (effective power) : $P = VI\cos\theta$ [W]

③ 무효전력 (reactive power) : $P_r = VI\sin\theta$ [Var]

④ 피상전력 P_a, 유효전력 P, 무효전력 P_r 의 관계

$$P_a^{\,2} = P^2 + P_r^{\,2} \;\rightarrow\; P_a = \sqrt{P^2 + P_r^{\,2}}$$

(2) 역률과 무효율의 관계

① 역률 : $\cos\theta = \sqrt{1 - \sin^2\theta} \;\rightarrow\; \cos\theta = \dfrac{P}{P_a}$

② 무효율 : $\sin\theta = \sqrt{1 - \cos^2\theta} \;\rightarrow\; \sin\theta = \dfrac{P_r}{P_a}$

※ $\sin^2\theta + \cos^2\theta = 1$

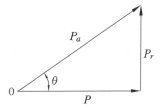

그림 1-4-18 전력의 벡터도

단원 예상문제 🎯

1. 교류전력에서 일반적으로 전기 기기의 용량을 표시하는 데 쓰이는 전력은? [00, 14]

① 피상전력　　　　② 유효전력　　　　③ 무효전력　　　　④ 기전력

해설 피상전력은 교류 기기나 교류 전원의 용량을 나타낼 때 사용되며, 단위는 [VA], [kVA], [MVA]가 사용된다.

2. 교류 기기나 교류 전원의 용량을 나타낼 때 사용되는 것과 그 단위가 바르게 나열된 것은? [11]

① 유효전력 – [VAh]　　　　　　② 무효전력 – [W]
③ 피상전력 – [VA]　　　　　　④ 최대전력 – [Wh]

해설 ㉠ 피상전력 : VA (volt-ampere), kVA, MVA
　　 ㉡ 무효전력 : Var, kvar, Mvar
　　 ㉢ 유효전력 : W, kW, MW

3. 교류회로에서 전압과 전류의 위상차를 θ [rad]라 할 때 $\cos\theta$ 는? [10]

① 전압변동률　　　② 왜곡률　　　③ 효율　　　④ 역률

해설 역률 (power-factor : $P.f$) : $\cos\theta$
　　 ㉠ $P = VI\cos\theta$[W]에서, θ는 전압 v와 i의 위상차이다.
　　 ㉡ $\cos\theta$ 는 전원에서 공급된 전력이 부하에서 유효하게 이용되는 비율이라는 의미에서 역률이라고 부르며, θ 값은 역률각이라 한다.

4. 200 V의 교류전원에 선풍기를 접속하고 전력과 전류를 측정하였더니 600 W, 5 A이었다. 이 선풍기의 역률은? [02, 12, 13, 14, 17]

① 0.5　　　　　　② 0.6　　　　　　③ 0.7　　　　　　④ 0.8

해설 $\cos\theta = \dfrac{P}{VI} = \dfrac{600}{200 \times 5} = 0.6$　　 ※ 무효율 : $\sin\theta = \sqrt{1 - 0.6^2} = 0.8$

5. 전압 100 V, 전류 5 A, 역률 0.8인 어떤 회로가 있다. 이 회로의 전력(W)은 얼마인가? [04, 05]

① 200   ② 400   ③ 500   ④ 650

해설 $P = VI\cos\theta = 100 \times 5 \times 0.8 = 400\ \text{W}$

6. 무효전력에 대한 설명으로 틀린 것은? [15]

① $P = VI\cos\theta$로 계산된다.
② 부하에서 소모되지 않는다.
③ 단위로는 [Var]를 사용한다.
④ 전원과 부하 사이를 왕복하기만 하고 부하에 유효하게 사용되지 않는 에너지이다.

해설 무효전력 : $P_r = VI\sin\theta$ [Var]   ※ $\sin\theta$: 무효율

7. 역률 80 % 부하의 유효전력이 80 kW이면 무효전력(kVar)은? [01]

① 20   ② 40   ③ 60   ④ 80

해설 $P_a = \dfrac{P}{\cos\theta} = \dfrac{80}{0.8} = 100\ \text{kVA}$ ∴ $P_r = \sqrt{P_a^{\,2} - P^2} = \sqrt{100^2 - 80^2} = 60\ \text{kVar}$

8. 그림과 같은 회로의 소비 전력(W)은? (단, 그림에서 단위는 [Ω]이다.) [05]

① 300
② 600
③ 500
④ 1300

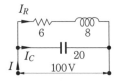

해설 ㉠ $R-L$ 직렬회로에서, $Z = 6 + j8 = 10\ \Omega$
    ㉡ $I_R = \dfrac{V}{Z} = \dfrac{100}{10} = 10\ \text{A}$ ∴ $P = I^2 \cdot R = 10^2 \times 6 = 600\ \text{W}$

    ※ 소비 (유효) 전력은 저항 R에서만 발생한다.

9. 어느 가정집이 40 W LED등 10개, 1 kW 전자레인지 1개, 100 W 컴퓨터 세트 2대, 1 kW 세탁기 1대를 사용하고, 하루 평균 사용 시간이 LED등은 5시간, 전자레인지 30분, 컴퓨터 5시간, 세탁기 1시간이라면 1개월(30일)간의 사용 전력량(kWh)은? [16]

① 115   ② 135   ③ 155   ④ 175

해설 사용 전력량
    ㉠ LED등 $= 40\ \text{W} \times 10\text{개} \times 5\text{시간} \times 30\text{일} \times 10^{-3} = 60\ \text{kWh}$
    ㉡ 전자레인지 $= 1\ \text{kW} \times 1\text{개} \times 0.5\text{시간} \times 30\text{일} = 15\ \text{kWh}$
    ㉢ 컴퓨터 $= 100\ \text{W} \times 2\text{대} \times 5\text{시간} \times 30\text{일} \times 10^{-3} = 30\ \text{kWh}$
    ㉣ 세탁기 $= 1\ \text{kW} \times 1\text{대} \times 1\text{시간} \times 30\text{일} = 30\ \text{kWh}$
    ∴ $W = 60 + 15 + 30 + 30 = 135\ \text{kWh}$

정답 1. ① 2. ③ 3. ④ 4. ② 5. ② 6. ① 7. ③ 8. ② 9. ②

3상 교류는 크기와 주파수가 같고 위상만 120° 씩 서로 다른 3개의 단상교류로 구성되며, 대칭 3상 교류와 비대칭 3상 교류로 구분된다.

1 3상 교류의 발생과 표시법

(1) 대칭 3상 교류(symmetrical three phase AC)

① 대칭 3상 교류는 크기가 같고 $\dfrac{2}{3}\pi$ [rad] 위상차를 갖는 3상 교류이다.

② 3상 교류는 자기장 내에 3개의 코일을 120° 간격으로 배치하여 회전시키면 3개의 사인 파 전압이 발생한다.

③ 대칭 3상 교류의 조건
  ㈎ 기전력의 크기가 같을 것
  ㈏ 주파수가 같을 것
  ㈐ 파형이 같을 것
  ㈑ 위상차가 각각 $\dfrac{2}{3}\pi$ [rad]일 것

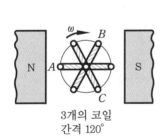 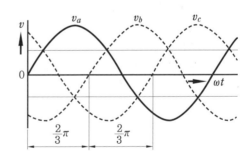

그림 1-4-19 3상 교류의 발생

(2) 3상 교류의 순싯값 표시

① $v_a = \sqrt{2}\, V\sin\omega t$ [V]

② $v_b = \sqrt{2}\, V\sin\left(\omega t - \dfrac{2}{3}\pi\right)$ [V]

③ $v_c = \sqrt{2}\, V\sin\left(\omega t - \dfrac{4}{3}\pi\right)$ [V]

2 3상 교류의 결선

(1) Y결선의 상전압과 선간전압의 관계

① 상전압(V_p) : $\dot{V}_a$, $\dot{V}_b$, $\dot{V}_c$

② 선간전압(V_l) : $\dot{V}_{ab}$, $\dot{V}_{bc}$, $\dot{V}_{ca}$

    (개) $V_l = \sqrt{3}\, V_p$ [V]

    (내) 선간전압은 상전압보다 위상이 $\dfrac{\pi}{6}$ [rad] 앞선다.

③ 선전류(I_l) = 상전류(I_p)

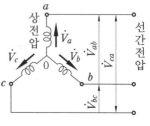

그림 1-4-20 Y 결선

단원 예상문제

1. 다음 중 대칭 3상 교류의 조건에 해당되지 않는 것은? [02]

  ① 기전력의 크기가 같을 것   ② 주파수가 같을 것

  ③ 위상차가 각각 $\dfrac{4\pi}{3}$ [rad]일 것   ④ 파형이 같을 것

  [해설] 위상차가 각각 $\dfrac{2}{3}\pi$ [rad]일 것

2. 대칭 3상 교류를 바르게 설명한 것은? [03, 10]

  ① 3상의 크기 및 주파수가 같고 상차가 60°의 간격을 가진 교류

  ② 3상의 크기 및 주파수가 각각 다르고 상차가 60°의 간격을 가진 교류

  ③ 동시에 존재하는 3상의 크기 및 주파수가 같고 상차가 120°의 간격을 가진 교류

  ④ 동시에 존재하는 3상의 크기 및 주파수가 같고 상차가 90°의 간격을 가진 교류

  [해설] 3상 교류는 자기장 내에 3개의 코일을 120° 간격으로 배치하여 반시계 방향으로 회전시키면 3개의 사인파 전압이 발생한다.

3. 평형 3상 Y 결선의 상전압 V_p 와 선간전압 V_l 과의 관계는? [99, 01, 03, 09, 14, 15]

  ① $V_p = V_l$ ② $V_l = 3V_p$ ③ $V_l = \sqrt{3}\, V_p$ ④ $V_p = \sqrt{3}\, V_l$

  [해설] ㉠ Y 결선의 경우 : $V_l = \sqrt{3}\, V_p$ ㉡ Δ 결선의 경우 : $V_l = V_p$

4. $Y-Y$ 결선 회로에서 선간전압이 220 V일 때 상전압은 얼마인가? [03, 04, 05, 07, 13, 17]

  ① 60 V   ② 100 V   ③ 115 V   ④ 127 V

  [해설] $V_p = \dfrac{V_l}{\sqrt{3}} = \dfrac{220}{1.732} ≒ 127$ V

5. 정격전압 13.2 kV의 전원 3개를 Y 결선하여 3상 전원으로 할 때, 이 전원의 정격전압(kV)은 얼마인가? [01]

① 22.9　　　　　　② 13.2　　　　　　③ 7.6　　　　　　④ 3.0

해설 $V_l = \sqrt{3}\, V_p = 1.732 \times 13.2 \fallingdotseq 22.9$ kV

6. 평형 3상 Y 결선에서 상전류 I_p와 선전류 I_l의 관계는? [12, 17]

① $I_l = 3I_p$　　② $I_l = \sqrt{3}\, I_p$　　③ $I_l = I_p$　　④ $I_l = \dfrac{1}{3} I_p$

해설 ㉠ 평형 3상 Y 결선 : $I_l = I_P$　　㉡ 평형 3상 Δ결선 : $I_l = \sqrt{3}\, I_P$

7. 각상의 임피던스가 $\dot{Z} = 6 + j\,8$인 평형 Y 부하에 선간전압 220 V인 대칭 3상 전압이 가하여 졌을 때 선전류(A)는? [03]

① 10.7　　　　　　② 11.7　　　　　　③ 12.7　　　　　　④ 13.7

해설 $I_p = \dfrac{V_p}{\dot{Z}} = \dfrac{220/\sqrt{3}}{8 + j\,6} = \dfrac{127}{10} \fallingdotseq 12.7$ A

8. 선간전압 210 V, 선전류 10 A의 Y 결선 회로가 있다. 상전압과 상전류는 각각 약 얼마인가? [14]

① 121 V, 5.77 A　　② 121 V, 10 A　　③ 210 V, 5.77 A　　④ 210 V, 10 A

해설 ㉠ 상전압 $= \dfrac{선간전압}{\sqrt{3}} = \dfrac{210}{\sqrt{3}} \fallingdotseq 121$ V　　㉡ 상전류 = 선전류 = 10 A

정답 1. ③　2. ③　3. ③　4. ④　5. ①　6. ③　7. ③　8. ②

(2) Δ 결선의 상전류와 선전류의 관계

① 상전류(I_p) : $\dot{I}_{ab}$, $\dot{I}_{bc}$, $\dot{I}_{ca}$

② 선전류(I_l) : $\dot{I}_a$, $\dot{I}_b$, $\dot{I}_c$

　(개) $I_l = \sqrt{3}\, I_p$ [A]

　(내) 선전류는 상전류보다 위상이 $\dfrac{\pi}{6}$ [rad] 뒤진다.

③ 선간전압(V_l) = 상전압(V_p)

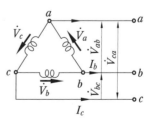

그림 1-4-21 Δ 결선

단원 예상문제 ⊙

1. Δ 결선 시 V_l (선간전압), V_p (상전압), I_l (선전류), I_p (상전류)의 관계식으로 옳은 것은? [02, 07, 13]

① $V_l = \sqrt{3} V_p$, $I_l = I_p$ ② $V_l = V_p$, $I_l = \sqrt{3} I_p$

③ $V_l = \dfrac{1}{\sqrt{3}} V_p$, $I_l = I_p$ ④ $V_l = V_p$, $I_l = \dfrac{1}{\sqrt{3}} I_p$

2. Δ 결선의 전원에서 선전류가 40 A이고 선간전압이 220 V일 때의 상전류는? [10]

① 13 A   ② 23 A   ③ 69 A   ④ 120 A

해설 $I_l = \sqrt{3} I_s$ $\therefore I_s = \dfrac{I_l}{\sqrt{3}} = \dfrac{40}{\sqrt{3}} \fallingdotseq 23$ A

3. Δ 결선인 3상 유도전동기의 상전압(V_p)과 상전류(I_p)를 측정하였더니 각각 200 V, 30 A였다. 이 3상 유도전동기의 선간전압(V_L)과 선전류(I_L)의 크기는 각각 얼마인가? [12]

① $V_L = 200$ [V], $I_L = 30$ [A]   ② $V_L = 200\sqrt{3}$ [V], $I_L = 30$ [A]

③ $V_L = 200\sqrt{3}$ [V], $I_L = 30\sqrt{3}$ [A]   ④ $V_L = 200$ [V], $I_L = 30\sqrt{3}$ [A]

해설 ㉠ 선간전압 : $V_L = 200$ V   ㉡ 선전류 : $I_L = \sqrt{3} I_p = \sqrt{3} \times 30 = 30\sqrt{3}$ A

4. 3상 220 V, Δ 결선에서 1상의 부하가 $Z = 8 + j6$ [Ω]이면 선전류(A)는? [00, 01, 04, 08, 16]

① 11   ② $22\sqrt{3}$ ③ 22   ④ $\dfrac{22}{\sqrt{3}}$

해설 $|Z| = \sqrt{R^2 + X^2} = \sqrt{8^2 + 6^2} = 10$ Ω

$\therefore I_l = \sqrt{3} \cdot I_p = \sqrt{3} \times \dfrac{V}{Z} = \sqrt{3} \times \dfrac{220}{10} = 22\sqrt{3}$ A

5. 3상 회로의 Δ 결선에서 선전류와 상전류의 위상 관계는? [98, 11, 15]

① 상전류가 60° 앞선다.   ② 상전류가 30° 앞선다.
③ 상전류가 60° 뒤진다.   ④ 상전류가 30° 뒤진다.

해설 대칭 3상 Δ 결선에서 상전류 I_p 는 선전류 I_l 보다

위상이 $\dfrac{\pi}{6}$ [rad]만큼 앞선다.

→ $\dfrac{\pi}{6}$ [rad] = 30°

※ 대칭 3상 Y 결선의 경우 : 선간전압은 상전압
보다 위상이 $\dfrac{\pi}{6}$ [rad] 앞선다.

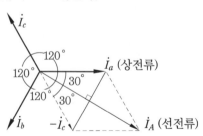

상전류와 선전류의 벡터도

정답   **1.** ②   **2.** ②   **3.** ④   **4.** ②   **5.** ②

(3) Y 회로와 Δ 회로의 임피던스 변환(평형부하인 경우)

① Y 회로를 Δ 회로로 변환 : 각 상의 임피던스를 3배로 해야 한다.

② Δ 회로를 Y 회로로 변환 : 각 상의 임피던스를 1/3배로 해야 한다.

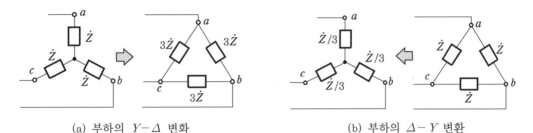

(a) 부하의 $Y-\Delta$ 변화   (b) 부하의 $\Delta-Y$ 변환

그림 1-4-22 부하의 $Y-\Delta$, $\Delta-Y$ 변환

단원 예상문제

1. R [Ω]인 저항 3개가 Δ 결선으로 되어 있는 것을 Y 결선으로 환산하면 1상의 저항(Ω)은? [14, 17]

① $\dfrac{1}{3}R$ ② R ③ $3R$ ④ $\dfrac{1}{R}$

2. 그림과 같은 평형 3상 Δ 회로를 등가 Y 결선으로 환산하면 각 상의 임피던스는 몇 Ω이 되는가? (단, $Z = 12$ Ω이다.) [12]

① 48 Ω
② 36 Ω
③ 4 Ω
④ 3 Ω

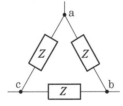

해설 $Z_Y = \dfrac{1}{3} Z_\Delta = \dfrac{12}{3} = 4$ Ω

3. 부하의 결선 방식에서 Y 결선에서 Δ 으로 변환하였을 때의 임피던스는? [11]

① $Z_\Delta = \sqrt{3}\, Z_Y$ ② $Z_\Delta = \dfrac{1}{\sqrt{3}} Z_Y$ ③ $Z_\Delta = 3 Z_Y$ ④ $Z_\Delta = \dfrac{1}{3} Z_Y$

4. 세 변의 저항 $R_a = R_b = R_c = 15$ Ω인 Y 결선 회로가 있다. 이것과 등가인 Δ 결선 회로의 각 변의 저항은? [10, 17]

① $\dfrac{15}{\sqrt{3}}$ Ω   ② $\dfrac{15}{3}$ Ω   ③ $15\sqrt{3}$ Ω   ④ 45 Ω

해설 $\Delta R_\Delta = 3 R_Y = 3 \times 15 = 45$ Ω

5. 같은 정전용량의 콘덴서 3개를 Δ 결선으로 하면 Y 결선으로 한 경우의 몇 배 3상 용량으로 되는가? [04, 17]

① $\dfrac{1}{\sqrt{3}}$ ② $\dfrac{1}{3}$ ③ 3   ④ $\sqrt{3}$

해설 $\Delta - Y$ 결선의 합성 용량 비교

같은 정전용량의 콘덴서 3개를 Δ 결선으로 하면, Y 결선으로 하는 경우보다 그 3상 합성 정전용량이 3배가 된다.

※ 저항의 결선일 때는 반대로 Y 결선의 합성 용량이 3배가 된다.

정답   **1.** ①   **2.** ③   **3.** ③   **4.** ④   **5.** ③

(4) V 결선 (V connection)

단상변압기 $V-V$ 결선은 $\Delta - \Delta$ 결선에 의해 3상 변압을 하는 경우 1대의 변압기가 고장이 나면 이를 제거하고, 남은 2대의 변압기를 이용하여 3상 변압을 계속하는 3상 결선 방식이다.

① V 결선의 총 출력 (단상변압기 출력이 P_1[kVA]일 때)

$$P_V = VI\cos(30+\theta) + VI\cos(30-\theta) = \sqrt{3}\,VI\cos\theta = \sqrt{3}\,P_1[\text{kVA}]$$

② 출력비 $= \dfrac{V\text{결선 출력}}{\Delta\text{결선 출력}} = \dfrac{\sqrt{3}\,V_p I_p\cos\theta}{3\,V_p I_p\cos\theta} = \dfrac{1}{\sqrt{3}} = 0.577 \rightarrow 57.7\%$

③ 이용률 $= \dfrac{\text{출력}}{\text{용량}} = \dfrac{\sqrt{3}\,V_p I_p\cos\theta}{2\,V_p I_p\cos\theta} = \dfrac{\sqrt{3}}{2} = 0.866 \rightarrow 86.6\%$

단원 예상문제

1. 출력 P[kVA]의 단상변압기 2대를 V 결선한 때의 3상 출력 (kVA)은? [14]

① P ② $\sqrt{3}\,P$ ③ $2P$ ④ $3P$

해설 $P_v = \sqrt{3}\,P$[kVA]

2. 100 kVA 단상변압기 2대를 V 결선하여 3상 전력을 공급할 때의 출력은? [12]

① 17.3 kVA   ② 86.6 kVA

③ 173.2 kVA   ④ 346.8 kVA

해설 $P_v = \sqrt{3}\,P_1 = \sqrt{3} \times 100 \fallingdotseq 173.2$ kVA

3. 단상변압기의 3상 결선 중 단상변압기 한 대가 고장일 때 $V-V$ 결선으로 전환할 수 있는 결선 방식은? [05]

① $Y-Y$ 결선   ② $Y-\Delta$ 결선   ③ $\Delta-Y$ 결선   ④ $\Delta-\Delta$ 결선

4. 용량이 250 kVA인 단상변압기 3대를 Δ 결선으로 운전 중 1대가 고장 나서 V 결선으로 운전하는 경우 출력은 약 몇 kVA인가? [10]

① 144 kVA   ② 353 kVA   ③ 433 kVA   ④ 525 kVA

해설 출력비$=0.577$ ∴ V 결선 시 출력 $P_v=3\times250\times0.577≒433$ kVA

5. Δ 결선 전압기 1개가 고장으로 V 결선으로 바꾸었을 때 변압기의 이용률은 얼마인가? [97, 13]

① 1/2   ② $\sqrt{3}/3$ ③ 2/3   ④ $\sqrt{3}/2$

해설 이용률$=\dfrac{\sqrt{3}}{2}=0.866\rightarrow$ 약 86.6 %

정답 **1.** ② **2.** ③ **3.** ④ **4.** ③ **5.** ④

3 평형 3상 회로의 전력

(1) 3상 회로의 전력 표시

① 유효전력 : $P=\sqrt{3}\,V_l\cdot I_l\cos\theta$ [W]

② 무효전력 : $P_r=\sqrt{3}\,V_l\cdot I_l\sin\theta$ [Var]

③ 피상전력 : $P_a=\sqrt{P^2+P_r^2}$ [VA]

(2) 3상 교류전력의 측정 (2, 3전력계법)

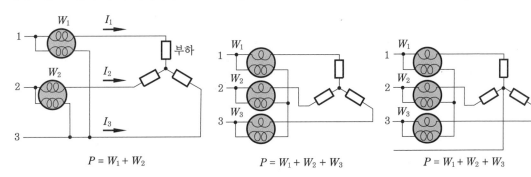

(a) 2전력계법   (b) 3전력계법

그림 1-4-23 2, 3전력계의 접속도

단원 예상문제

1. 3상 교류회로의 선간전압이 13200 V, 선전류가 800 A, 역률 80 % 부하의 소비 전력은 약 몇 MW인가? [10, 16]

① 4.88 ② 8.45 ③ 14.63 ④ 25.34

해설 $P = \sqrt{3}\,VI\cos\theta = \sqrt{3} \times 13200 \times 800 \times 0.8 ≒ 14.632 \times 10^6$ W

∴ 약 14.63 MW

2. 어떤 3상 회로에서 선간전압이 200 V, 선전류 25 A, 3상 전력이 7 kW였다. 이때 역률은 얼마인가? [11, 16]

① 약 60 % ② 약 70 % ③ 약 80 % ④ 약 90 %

해설 $\cos\theta = \dfrac{P}{\sqrt{3}\,VI} \times 100 = \dfrac{7 \times 10^3}{\sqrt{3} \times 200 \times 25} \times 100 ≒ 80$ %

3. 1상의 $R = 12$ Ω, $X_L = 16$ Ω을 직렬로 접속하여 선간전압 200 V의 대칭 3상 교류전압을 가할 때의 역률은? [12]

① 60 % ② 70 % ③ 80 % ④ 90 %

해설 $Z = \sqrt{R^2 + X_L{}^2} = \sqrt{12^2 \times 16^2} = 20$ Ω

∴ $\cos\theta = \dfrac{R}{Z} \times 100 = \dfrac{12}{20} \times 100 = 60$ %

4. 평형 3상 회로에서 1상의 소비 전력이 P [W]라면, 3상 회로 전체 소비 전력(W)은 얼마인가? [11, 16, 17]

① $2P$ ② $\sqrt{2}\,P$ ③ $3P$ ④ $\sqrt{3}\,P$

해설 각 상에서 소비되는 전력은 평형 회로이므로 $P_a = P_b = P_c$

∴ 3상의 전 소비 전력 $P_0 = P_a + P_b + P_c = 3P$ [W]

5. 2전력계법으로 3상 전력을 측정할 때 지시값이 $P_1 = 200$ W, $P_2 = 200$ W이었다. 부하 전력(W)은? [11, 13, 15, 16]

① 600 ② 500 ③ 400 ④ 300

해설 부하 전력 = $P_1 + P_2 = 200 + 200 = 400$ W

정답 1. ③ 2. ③ 3. ① 4. ③ 5. ③

4-3 비정현파 교류회로

비사인파(nonsinusoidal : AC) : 실제 교류회로의 전압이나 전류의 파형은 반드시 사인파라고 할 수 없는데, 이와 같이 순수한 사인파형이 아닌 것을 비사인파-왜형파 교류(distorted : AC) 라 한다.

1 비사인파 교류의 구성

(1) 비사인파의 분류

① 파형이 사인파와 상당히 달라도 규칙적으로 반복하는 교류이며, 파형의 지속 시간의 차이에 따라 연속파와 불연속파로 구분된다.

② 비사인파 교류의 파형은 대칭파, 비대칭파, 펄스 등 종류가 많다.

(2) 비사인파의 분해와 분석

① 비사인파 전압 v 는 여러 개의 직류·교류전압으로 분해할 수 있다.

• 푸리에 급수(Fourier series)

$$v = V_o + V_{m1}\sin(\omega t + \theta_1) + V_{m2}\sin(2\omega t + \theta_2) + \cdots + V_{mn}\sin(n\omega t + \theta_n)$$

$$= V_0 + \sum_{n=1}^{\infty} V_{mn}\sin(n\omega t + \theta_n) \text{ [V]}$$

→ •1항 : 직류분   •2항 : 기본파   •3항 이하 : 고조파

② 비사인파＝직류분＋기본파＋고조파

비사인파의 실횻값은 직류 성분 및 각 고조파 실횻값 제곱의 합의 제곱근과 같다.

$$V_s = \sqrt{V_0{}^2 + V_1{}^2 + V_2{}^2 + \cdots} \text{ [V]}$$

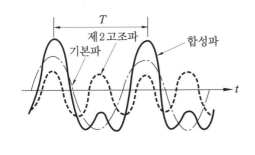

(a) 기본파와 제2고조파의 합

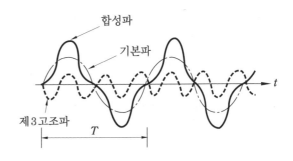

(b) 기본파와 제3고조파의 합

그림 1-4-24 기본파와 고조파의 합

단원 예상문제

1. 비사인파의 일반적인 구성이 아닌 것은? [05, 07, 09, 10, 11, 14, 17]

① 순시파   ② 고조파   ③ 기본파   ④ 직류분

[해설] 비사인파 = 직류분＋기본파＋고조파

2. 비정현파의 실횻값을 나타낸 것은? [12, 15]

① 최대파의 실횻값   ② 각 고조파의 실횻값의 합
③ 각 고조파의 실횻값의 합의 제곱근   ④ 각 고조파의 실횻값의 제곱의 합의 제곱근

[해설] 비사인파의 실횻값은 직류 성분 및 각 고조파 실횻값 제곱의 합의 제곱근과 같다.

3. 어느 회로의 전류가 다음과 같을 때 이 회로에 대한 전류의 실횻값은? [13, 16]

$$i = 3 + 10\sqrt{2}\sin\left(\omega t - \frac{\pi}{6}\right) + 5\sqrt{2}\sin\left(3\omega t - \frac{\pi}{3}\right)[\text{A}]$$

① 11.6 A   ② 23.2 A   ③ 32.2 A   ④ 48.3 A

[해설] $I = \sqrt{3^2 + 10^2 + 5^2} = \sqrt{134} ≒ 11.6\,\text{A}$

4. $i_1 = 8\sqrt{2}\sin\omega t[\text{A}]$, $i_2 = 4\sqrt{2}\sin(\omega t + 180°)[\text{A}]$과의 차에 상당한 전류의 실횻값은 얼마인가? [13]

① 4 A   ② 6 A   ③ 8 A   ④ 12 A

[해설] 두 전류의 위상차는 180°이므로 $I_1 = 8\,\text{A}$, $I_2 = -4\,\text{A}$ ∴ $I_1 - I_2 = 8 - (-4) = 12\,\text{A}$

정답 1. ①   2. ④   3. ①   4. ④

2 비선형 회로

- 선형 회로(linear circuit) : 회로에 입력이 가해졌을 때 그 출력이 입력에 비례하는 회로
- 비선형 회로(nonlinear circuit) : 출력이 입력에 비례하지 않는 회로

(1) 일그러짐률(distortion factor)

비사인파에서 기본파에 의해 고조파 성분이 어느 정도 포함되어 있는가는 다음 식으로 정의할 수 있다.

$$R = \frac{\text{고조파의 실횻값}}{\text{기본파의 실횻값}} = \frac{\sqrt{V_2^2 + V_3^3 + \cdots}}{V_1}$$

표 1-4-4 파형의 일그러짐률

파형	사인파	사각형파	삼각형파	반파정류파	전파정류파
일그러짐률	0	0.4834	0.1212	0.4352	0.2273

(2) 파형률과 파고율

① 파형률(form factor) : 평균값과 실횻값의 비
② 파고율(crest factor) : 실횻값과 최댓값의 비

표 1-4-5 파형률과 파고율

파형	최댓값	실횻값	평균값	파형률	파고율
직사각형파	V	V	V	1	1
사인파	V	$\dfrac{V}{\sqrt{2}}$	$\dfrac{2V}{\pi}$	1.11	1.414
전파 정류파	V	$\dfrac{V}{\sqrt{2}}$	$\dfrac{2V}{\pi}$	1.11	1.414
삼각파	V	$\dfrac{V}{\sqrt{3}}$	$\dfrac{V}{2}$	1.155	1.732

(3) 비사인파 교류회로의 전력

① 비사인파 교류회로의 소비 전력 발생

(개) 회로의 소비 전력은 순시 전력의 1주기에 대한 평균으로 구해진다.

(내) 주파수가 다른 전압, 전류의 곱으로 표시되는 순시 전력, 그 평균값은 '0'이 된다.

② 평균 전력 : 순시 전력 p의 한 주기 동안의 평균값

$$P = \frac{1}{T}\int_{T}^{0} p\,dt \ [\text{W}]$$

③ 전력의 성분

(개) 직류 성분 : $V_0,\ I_0$

(내) 직류 성분($V_0,\ I_0$)과 사인파와의 곱

(대) 주파수가 같은 두 사인파의 곱

(래) 주파수가 다른 두 사인파의 곱

④ 소비 전력 표시

$$P = V_1 I_1 \cos\theta_1 + V_2 I_2 \cos_2 + \cdots \ [\text{W}]$$

단원 예상문제 🎯

1. 정현파 교류의 왜형률(distortion factor)은? [11]

① 0   ② 0.1212   ③ 0.2273   ④ 0.4834

해설 표 1-4-4 참조

2. 기본파의 3 %인 제3 고조파와 4 %인 제5 고조파, 1 %인 제7 고조파를 포함하는 전압파의 왜율은? [11]

① 약 2.7 %   ② 약 5.1 %   ③ 약 7.7 %   ④ 약 14.1 %

해설 비사인파 교류의 일그러짐률(왜율)

$$K = \frac{\text{고조파의 실횻값}}{\text{기본파의 실횻값}} = \frac{\sqrt{V_3{}^2 + V_5{}^2 + V_7{}^2}}{V_1} = \frac{\sqrt{3^2 + 4^2 + 1}}{100} = \frac{\sqrt{26}}{100} = \frac{5.1}{100} = 0.051$$

∴ 약 5.1 %

3. 다음 중 파형률을 나타낸 것은? [04, 12, 13]

① $\dfrac{\text{실효값}}{\text{평균값}}$ ② $\dfrac{\text{최댓값}}{\text{실효값}}$ ③ $\dfrac{\text{평균값}}{\text{실효값}}$ ④ $\dfrac{\text{실효값}}{\text{최댓값}}$

해설 ㉠ 파형률 = $\dfrac{\text{실횻값}}{\text{평균값}}$ ㉡ 파고율 = $\dfrac{\text{최댓값}}{\text{실횻값}}$

4. 파고율, 파형률이 모두 1인 파형은? [16, 17]

① 사인파   ② 고조파   ③ 구형파   ④ 삼각파

해설 구형파는 실횻값 = 평균값 = 최댓값이므로 모두 1이다.

5. 비사인파 교류회로의 전력에 대한 설명으로 옳은 것은? [16, 17]

① 전압의 제3고조파와 전류의 제3고조파 성분 사이에서 소비 전력이 발생한다.
② 전압의 제2고조파와 전류의 제3고조파 성분 사이에서 소비 전력이 발생한다.
③ 전압의 제3고조파와 전류의 제5고조파 성분 사이에서 소비 전력이 발생한다.
④ 전압의 제5고조파와 전류의 제7고조파 성분 사이에서 소비 전력이 발생한다.

해설 비사인파 교류회로의 소비 전력 발생 : 전압과 전류의 고조파 차수가 같을 때 발생한다.

6. 비사인파 교류회로의 전력 성분과 거리가 먼 것은? [14]

① 맥류 성분과 사인파와의 곱   ② 직류 성분과 사인파와의 곱
③ 직류 성분   ④ 주파수가 같은 두 사인파의 곱

해설 비사인파 교류회로의 전력 성분
㉠ 전압과 전류의 성분 중 주파수가 같은 성분 사이에서만 소비 전력이 발생한다.
㉡ 전압의 기본파와 전류의 기본파
㉢ 직류 성분

정답   **1.** ①   **2.** ②   **3.** ①   **4.** ③   **5.** ①   **6.** ①

Chapter
05

전류의 열작용과 화학작용

5-1 전류의 열작용과 전력

전류의 3대 작용 : 발열작용, 자기작용, 화학작용

1 전류의 발열작용

(1) 줄의 법칙 (Joule's law)

① 저항 $R[\Omega]$에 전류 $I[A]$가 $t[s]$ 동안 흘렀을 때 발생한 열 에너지

$H = I^2 \cdot R \cdot t \, [J] \rightarrow 1J = 0.24cal \rightarrow H = 0.24I^2Rt \, [cal]$

② 열량은 전류 세기의 제곱에 비례한다.

(2) 열에너지와 전기에너지의 단위

① $1cal = 4.186 \, J$ ② $1 \, J = 1 \, W \cdot s = 0.24cal$ ③ $1 \, kWh = 860kcal = 3.6 \times 10^6 \, J$

단원 예상문제

1. 저항이 있는 도선에 전류가 흐르면 열이 발생한다. 이와 같이 전류의 열작용과 가장 관계가 깊은 법칙은? [10, 14, 15]

① 패러데이의 법칙 ② 키르히호프의 법칙
③ 줄의 법칙 ④ 옴의 법칙

2. 줄의 법칙에서 발열량 계산식을 옳게 표시한 것은? [12]

① $H = I^2R \, [J]$ ② $H = I^2R^2t \, [J]$ ③ $H = I^2R^2 \, [J]$ ④ $H = I^2Rt \, [J]$

3. 1.5 V의 전위차로 3 A의 전류가 3분 동안 흘렀을 때 한 일은? [10]

① 1.5 J ② 13.5 J ③ 810 J ④ 2430 J

[해설] $H = I^2Rt = VIt = 1.5 \times 3 \times 3 \times 60 = 810 \, J$

4. 저항이 10 Ω인 도체에 1 A의 전류를 10분간 흘렸다면 발생하는 열량은 몇 kcal인가? [12, 15]

① 0.62   ② 1.44   ③ 4.46   ④ 6.24

해설 $H = 0.24I^2Rt = 0.24 \times 1^2 \times 10 \times 10 \times 60 = 1440$ cal ∴ 1.44 kcal

5. 3 kW의 전열기를 정격 상태에서 20분간 사용하였을 때의 열량은 몇 kcal인가? [03, 15]

① 430   ② 520   ③ 610   ④ 860

해설 열량 $H = 0.24Pt = 0.24 \times 3 \times 20 \times 60 ≒ 860$ kcal

6. 열량을 표시하는 1cal는 몇 J인가? [04, 05]

① 0.4186J   ② 4.186J   ③ 0.24J   ④ 1.24J

해설 ㉠ 1cal = 4.186 J   ㉡ 1J = 0.24 cal

7. 1 kWh는 몇 kcal인가? [96, 03, 04, 09]

① 8600   ② 4200   ③ 2400   ④ 860

해설 1 kWh $= 0.24 \times 1 \times 10^3 \times 60 \times 60 ≒ 860 \times 10^3$ cal $= 860$ kcal

정답 1. ③   2. ④   3. ③   4. ②   5. ④   6. ②   7. ④

2 전력량과 전력

(1) 전력량

① $R[Ω]$의 저항에 전류 $I[A]$의 전류가 $t[s]$ 동안 흐를 때의 열에너지 : $H = I^2Rt$ [J]

② 저항 $R[Ω]$에 $V[V]$의 전압을 가하여 $I[A]$의 전류가 t [s] 동안 흘렀을 때 공급된 전기적인 에너지는

$$W = VIt = I^2Rt \text{ [J]} \rightarrow W = V \cdot Q \text{ [J]}$$

③ 전기적 에너지 $W[J]$를 t [s] 동안에 전기가 한 일 또는 t [s] 동안의 전력량이라고도 하며, 단위는 [W·s], [Wh], [kWh]로 표시한다.

- $1W \cdot s = 1J$
- $1 Wh = 3600 W \cdot s = 3600 J$
- $1 kWh = 10^3 Wh = 3.6 \times 10^6 J = 860$ kcal

(2) 전력 (electric power)

① 단위시간당에 전기에너지가 소비되어 한 일의 비율을 나타낸다.

② 기호는 P, 단위는 [W] → $1\,\mathrm{W} = 1\mathrm{J/s}$

③ 전기가 t [s] 동안에 W[J]의 일을 했다면, 전력 P는

$$P = \frac{W}{t} = \frac{VIt}{t} = VI = V\left(\frac{V}{R}\right) = \frac{V^2}{R} = I^2 R\,[\mathrm{W}]$$

단원 예상문제 ⊚

1. 1 W·S와 같은 것은? [03, 06, 17]

① 1 J　　　　② 1 kg·m　　　　③ 1 kcal　　　　④ 860 kWh

2. 1 J과 같은 것은? [01, 09, 12]

① 1 cal　　　　② 1 W·s　　　　③ 1 kg·m　　　　④ 1 N·m

3. 1 kWh는 몇 J인가? [04, 12]

① 3.6×10^6　　　② 860　　　③ 10^3　　　④ 10^6

[해설] $1\mathrm{h} = 1 \times 60 \times 60 = 3600 = 3.6 \times 10^3\,\mathrm{s}$　∴　$1\,\mathrm{kWh} = 1 \times 10^3 \times 60 \times 60 = 3.6 \times 10^6\,\mathrm{J}$

4. 20분간에 876000 J의 일을 할 때 전력은 몇 kW인가? [15]

① 0.73　　　　② 7.3　　　　③ 73　　　　④ 730

[해설] $P = \dfrac{W}{t} = \dfrac{876000}{20 \times 60} = 0.73 \times 10^3\,\mathrm{W}$　∴　$0.73\,\mathrm{kW}$

5. 전력과 전력량에 관한 설명으로 틀린 것은? [05, 16]

① 전력은 전력량과 다르다.　　　　② 전력량은 와트로 환산된다.
③ 전력량은 칼로리 단위로 환산된다.　　　④ 전력은 칼로리 단위로 환산할 수 없다.

[해설] 전력과 전력량의 표시
　　㉠ 전력은 전력량과 다르다.
　　　 • 전력 P[W]를 t [s] 동안 사용 시 전력량 → $W = P \cdot t$ [W·s]
　　㉡ 전력량은 와트[W]로, 또는 마력 [HP]으로 환산할 수 없다.
　　㉢ 전력량은 칼로리 단위로 환산된다. → $1\,\mathrm{W \cdot s} = 1\,\mathrm{J} = 0.24\,\mathrm{cal}$
　　㉣ 전력은 칼로리 단위로 환산할 수 없다.
　　㉤ 전력은 마력으로 환산된다. → $746\,\mathrm{W} = 1\,\mathrm{HP}$

6. 20 A의 전류를 흘렸을 때 전력이 60 W인 저항에 30 A를 흘리면 전력은 몇 W가 되겠는가? [11]

① 80　　　　② 90　　　　③ 120　　　　④ 135

[해설] $P = I^2 R$ [W]　∴　$P' = \left(\dfrac{I'}{I}\right)^2 \times P = \left(\dfrac{30}{20}\right)^2 \times 60 = 135\,\mathrm{W}$

　　※ 전력 P는 저항 R이 일정할 때 전류 I의 제곱에 비례한다.

7. 200 V, 2 kW의 전열선 2개를 같은 전압에서 직렬로 접속한 경우의 전력은 병렬로 접속한 경우의 전력보다 어떻게 되는가? [05, 16]

① $\dfrac{1}{2}$로 줄어든다.　　　　　　　② $\dfrac{1}{4}$로 줄어든다.

③ 2배로 증가된다.　　　　　　　　④ 4배로 증가된다.

해설 ㉠ 전열선의 저항이 R일 때

(가) 직렬접속 시 $R_s = 2R$　(나) 병렬접속 시 $R_p = \dfrac{1}{2}R$　∴ $\dfrac{R_s}{R_p} = \dfrac{2R}{\dfrac{R}{2}} = 4$

㉡ $P = \dfrac{V^2}{R}$ [W]에서, 전력은 저항 (R)에 반비례하므로 직렬접속 시 전력은 $\dfrac{1}{4}$로 줄어든다.

※ 전열선의 저항 $R = \dfrac{V^2}{P} = \dfrac{200^2}{2 \times 10^3} = 20 \ \Omega$

8. 정격전압에서 1 kW의 전력을 소비하는 저항에 정격의 90 % 전압을 가했을 때, 전력은 몇 W가 되는가? [14]

① 630 W　　　　② 780 W　　　　③ 810 W　　　　④ 900 W

해설 소비 전력은 전압의 제곱에 비례한다.

∴ $P' = P \times \left(\dfrac{90}{100}\right)^2 = 1 \times 10^3 \times 0.9^2 = 810$ W

9. 200 V, 500 W의 전열기를 220 V 전원에 사용하였다면 이때의 전력은? [04, 14]

① 400 W　　　　② 500 W　　　　③ 550 W　　　　④ 605 W

해설 전열기의 저항 $R = \dfrac{V_1{}^2}{P} = \dfrac{200^2}{500} = 80 \ \Omega$　∴ $P_2 = \dfrac{V_2{}^2}{R} = \dfrac{220^2}{80} = 605$ W

※ 전열기의 소비 전력은 전열기의 저항이 일정할 때 사용 전압의 제곱에 비례한다.

∴ $P' = P \times \left(\dfrac{V'}{V}\right)^2 = 500 \times \left(\dfrac{220}{200}\right)^2 = 500 \times 1.21 = 605$ W

10. 전선에 일정량 이상의 전류가 흘러서 온도가 높아지면 절연물을 열화하여 절연성을 극도로 악화시킨다. 그러므로 도체에는 안전하게 흘릴 수 있는 최대 전류가 있다. 이 전류를 무엇이라 하는가? [13]

① 줄 전류　　② 불평형 전류　　③ 평형 전류　　④ 허용전류

해설 허용전류 (allowable current)

㉠ 전선에 안전하게 흘릴 수 있는 최대 전류를 허용전류라 한다.

㉡ 허용 전력이 P [W], 저항이 R [Ω]인 도체의 허용전류 : $I_a = \sqrt{\dfrac{P}{R}}$ [A]

11. 5마력을 와트 (W) 단위로 환산하면? [10]

① 4300 W　　　　② 3730 W　　　　③ 1317 W　　　　④ 17 W

해설 HP = 5×746 = 3730 W

정답　1. ①　2. ②　3. ①　4. ①　5. ②　6. ④　7. ②　8. ③　9. ④　10. ④　11. ②

3 열전효과 (thermoelectric effect)

열과 전기 관계의 각종 효과를 총칭하는 것

- 제베크 (Seebeck) 효과
- 펠티에 (Peltier) 효과
- 톰슨 (Thomson) 효과

(1) 제베크 효과 (Seebeck effect)

① 두 종류의 금속을 접속하여 폐회로를 만들고, 두 접속점에 온도의 차이를 주면 기전력이 발생하여 전류가 흐른다.
② 열전쌍 (열전대) 은 두 종류의 금속을 조합한 장치이다.
③ 열기전력의 크기와 방향은 두 금속점의 온도 차에 따라서 정해진다.
④ 열전온도계, 열전 계기 등에 응용된다.

(2) 펠티에 효과 (Peltier effect)

① 두 종류의 금속 접속점에 전류를 흘리면 전류의 방향에 따라 줄열 (Joule heat) 이외의 열의 흡수 또는 발생 현상이 생기는 것이다.
② 응용
　(가) 흡열 : 전자 냉동기　(나) 발열 : 전자 온풍기

(3) 톰슨 효과 (Thomson effect)

온도 차가 있는 한 물체에 전류를 흘릴 때, 이 물체 내에 줄열 (Joule heat) 또는 열전도에 의한 열 이외의 열 발생·열 흡수가 일어난다.

알아 두기 : 제3금속의 법칙

열전쌍 사이에 제3의 금속을 연결해도 열기전력은 변화하지 않는다.

단원 예상문제

1. 종류가 다른 두 금속을 접합하여 폐회로를 만들고 두 접합점의 온도를 다르게 하면 이 폐회로에 기전력이 발생하여 전류가 흐르게 되는 현상을 지칭하는 것은? [10, 17]
　① 줄의 법칙 (Joule's law)　　　　② 톰슨 효과 (Thomson effect)
　③ 펠티에 효과 (Peltier effect)　　④ 제베크 효과 (Seebeck effect)

2. 제베크 효과에 대한 설명으로 틀린 것은? [13]

① 두 종류의 금속을 접속하여 폐회로를 만들고, 두 접속점에 온도의 차이를 주면 기전력
이 발생하여 전류가 흐른다.
② 열기전력의 크기와 방향은 두 금속점의 온도 차에 따라서 정해진다.
③ 열전쌍(열전대)은 두 종류의 금속을 조합한 장치이다.
④ 전자 냉동기, 전자 온풍기에 응용된다.

해설 열전온도계, 열전 계기 등에 응용된다.

3. 서로 다른 종류의 안티몬과 비스무트의 두 금속을 접속하여 여기에 전류를 통하면, 그 접점에
서 열의 발생 또는 흡수가 일어난다. 줄열과 달리 전류의 방향에 따라 열의 흡수와 발생이 다
르게 나타나는 이 현상을 무엇이라 하는가? [10, 11, 14, 17]

① 펠티에 효과　　② 제베크 효과　　③ 제3금속의 법칙　　④ 열전 효과

4. 전자 냉동기는 어떤 효과를 응용한 것인가? [16]

① 제베크 효과　　② 톰슨 효과　　③ 펠티에 효과　　④ 줄 효과

5. 다음이 설명하는 것은? [13]

> 금속 A와 B로 만든 열전쌍과 접점 사이에 임의의 금속 C를 연결해도 C의 양 끝의 접점
> 의 온도를 똑같이 유지하면 회로의 열기전력은 변화하지 않는다.

① 제베크 효과　　② 톰슨 효과　　③ 제3금속의 법칙　　④ 펠티에 법칙

정답 1. ④　2. ④　3. ①　4. ③　5. ③

5-2 전류의 화학작용과 전지

전지(battery) : 화학변화에 의해서 생기는 에너지 또는 빛, 열 등의 물리적인 에너지를 전
기에너지로 변화시키는 장치

1 전류의 화학작용

(1) 전기분해(electrolysis)

① 전해액 : 전류가 흐르면 화학적 변화가 나타나 양이온과 음이온으로 전리되는 수용액
이다.

② 전기분해

  (가) 전해액에 전류를 흘려 화학적으로 변화를 일으키는 현상이다.

  (나) 황산구리의 전해액에 2개의 구리판을 넣어 전극으로 하고 전기분해하면,

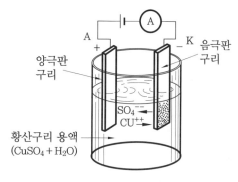

그림 1-5-1 구리의 전기분해

    • 점차로 양극 (anode) A의 구리판은 얇아지고

    • 반대로 음극 (cathode) K의 구리판은 새롭게 구리가 되어 두터워진다.

      (음극 측) Cu^{++} → 음극판에서 전자를 받아들여 Cu로 된다.

      (양극 측) SO_4^{--} → 양극판에 전자를 내주고 SO_4로 된다.

③ 전리 (ionization) : 황산구리 ($CuSO_4$)처럼 물에 녹아 양이온 (+ion)과 음이온 (−ion)으로 분리되는 현상이다.

④ 전해질 (electrolyte) : 황산구리와 같이 물에 녹아 전해액을 만드는 물질이다.

단원 예상문제

1. 전해액에 전류가 흘러 화학변화를 일으키는 현상을 무엇이라 하는가? [03, 05]

  ① 전리   ② 전기분해   ③ 화학 분해   ④ 전기변화

2. 전기분해에 가장 적합한 전기는? [01]

  ① 교류 100 V   ② 직류전압   ③ 60 Hz의 교류   ④ 고압의 교류

3. 황산구리가 물에 녹아 양이온과 음이온으로 분리되는 현상을 무엇이라 하는가? [04, 05]

  ① 전리   ② 분해   ③ 전해   ④ 석출

  해설 전리 : 중성 분자 또는 원자가 에너지를 받아서 음·양이온 (ion)으로 분리하는 현상이다.

4. 황산구리 ($CuSO_4$) 전해액에 2개의 구리판을 넣고 전원을 연결하였을 때 음극에서 나타나는 현상으로 옳은 것은? [16]

  ① 변화가 없다.   ② 구리판이 두터워진다.

  ③ 구리판이 얇아진다.   ④ 수소 가스가 발생한다.

정답   1. ②   2. ②   3. ①   4. ②

(2) 패러데이의 법칙 (Faraday's law)

① 전기분해 시 전극에 석출되는 물질의 양은 전해액을 통한 전기량에 비례한다.

② 전기량이 같을 때 석출되는 물질의 양은 그 물질의 화학당량에 비례한다.

$$화학당량 = \frac{원자량}{원자가}$$

③ 화학당량 e 의 물질에 Q[C]의 전기량을 흐르게 했을 때 석출되는 물질의 양은 다음 과 같다.

$$W = keQ = KIt\,[\text{g}] \quad \text{여기서, } K : 전기화학당량$$

④ 전기화학당량 (electrochemical equivalent) : K[g/C]

　(가) 전기분해에 있어서 단위 전기량 (1c)에 의하여 전극에서 석출되는 물질의 이론적 질 량이다.

　(나) 1g 당량의 물질을 석출하는 데 필요한 전기량은 물질 종류에 관계없이 일정한 값을 지닌다.

　(다) 즉, 전기분해에 의해 분해되는 물질의 양은 전극의 형태나 물질의 종류, 농도 등과 는 관계없이 그 물질의 원자론적 성질인 원자량과 원자가만으로 결정된다.

단원 예상문제 ⊙

1. "같은 전기량에 의해서 여러 가지 화합물이 전해될 때 석출되는 물질의 양은 그 물질의 화학 당량에 비례한다."는 법칙은? [02, 06, 11, 17]

　① 렌츠의 법칙　　　　　　　　　② 패러데이의 법칙
　③ 앙페르의 법칙　　　　　　　　④ 줄의 법칙

2. 전기분해를 통하여 석출된 물질의 양은 통과한 전기량 및 화학당량과 어떤 관계인가? [15, 17]

　① 전기량과 화학당량에 비례한다.
　② 전기량과 화학당량에 반비례한다.
　③ 전기량에 비례하고 화학당량에 반비례한다.
　④ 전기량에 반비례하고 화학당량에 비례한다.

3. 니켈의 원자가는 2.0이고 원자량은 58.70이다. 화학당량의 값은? [11]

　① 117.4　　　　　② 60.70　　　　　③ 56.70　　　　　④ 29.35

　해설 $화학당량 = \dfrac{원자량}{원자가} = \dfrac{58.7}{2} = 29.35$

4. 패러데이 법칙과 관계없는 것은? [11, 17]

① 전극에서 석출되는 물질의 양은 통과한 전기량에 비례한다.
② 전해질이나 전극이 어떤 것이라도 같은 전기량이면 항상 같은 화학당량의 물질을 석출한다.
③ 화학당량이란 $\dfrac{원자량}{원자가}$ 을 말한다.
④ 석출되는 물질의 양은 전류의 세기와 전기량의 곱으로 나타낸다.

[해설] 석출된 물질의 양은 전류의 세기 I[A]와 시간 t [s]의 곱으로 나타낸다.
$$W = keQ = KIt[g]$$

5. 다음 중 전기화학당량에 대한 설명으로 옳지 않은 것은? [04, 05, 07]

① 전기화학당량의 단위는 [g/c]이다.
② 화학당량은 원자량을 원자가로 나눈 값이다.
③ 전기화학당량은 화학당량에 비례한다.
④ 1 g 당량을 석출하는 데 필요한 전기량은 물질에 따라 다르다.

[해설] 1 g 당량의 물질을 석출하는 데 필요한 전기량은 물질 종류에 관계없이 일정한 값을 지닌다.

6. 초산은 ($AgNO_3$) 용액에 1 A의 전류를 2시간 동안 흘렸다. 이때 은의 석출량 (g)은? (단, 은의 전기화학당량은 1.1×10^{-3} g/C이다.) [16]

① 5.44   ② 6.08   ③ 7.92   ④ 9.84

[해설] $W = KIt = 1.1 \times 10^{-3} \times 1 \times 2 \times 60 \times 60 = 7.92\,g$

[정답] 1. ②   2. ①   3. ④   4. ④   5. ④   6. ③

2 전지 (battery)의 종류

• 1차 전지 (primary cell) : 재충전이 불가능한 건전지
• 2차 전지 (secondary cell) : 재충전하여 다시 사용할 수 있는 축전지

(1) 전지의 원리와 볼타전지 (voltaic cell)

① 묽은황산 용액에 구리 (Cu)와 아연 (Zn) 전극을 넣으면, 두 전극 사이에 기전력이 생겨 약 1V의 전압이 나타난다.
② 그림과 같이 외부에 저항 R 을 연결하면 화살표 방향으로 전류가 흐른다.
③ 분극 작용 (polarization effect) : 성극 작용
볼타전지로부터 전류를 얻게 되면 양극의 표면이 수소 기체에 의해 둘러싸이게 되는 현상으로, 전지의 기전력을 저하시키는 요인이 된다.

④ 감극제(depolarizer) : 분극(성극) 작용에 의한 기체를 제거하여 전극의 작용을 활발하게 유지시키는 산화물을 말한다.

⑤ 국부 작용(local action)

    ㉮ 전지의 전극에 불순물이 포함되어 있는 경우, 불순물과 전극이 국부적인 하나의 전지를 이루어 전지 내부에서 순환하는 전류가 생겨 화학변화가 일어나 기전력을 감소시키는 현상이다.

    ㉯ 전지의 수명을 짧게 하므로 아연에 수은 도금을 하여 방지한다.

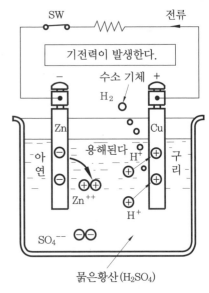

그림 1-5-2 볼타전지

⑥ 전지의 전압강하 원인

    ㉮ 국부 작용(local action) : 전극의 불순물로 인하여 기전력이 감소하는 현상

    ㉯ 분극(성극) 작용 : 전지에 부하를 걸면 양극 표면에 수소 가스가 생겨 전류의 흐름을 방해하는 현상으로, 일정한 전압을 가진 전지에 부하를 걸면 단자전압이 저하한다.

    ㉰ 자기 방전(self-discharge) : 축전지가 전기부하에 연결되지 않아도 방전을 일으키는 화학작용을 말한다.

⑦ 전지의 용량

    ㉮ 일정 전류 I [A]로 t 시간 [h] 방전시켜 한계(방전 한계 전압)에 도달했다고 하면,

$$전지의 \ 용량 = I \times t \ [Ah]$$

    ㉯ 단위는 암페어시(ampere-hour[Ah])를 사용한다.

⑧ 전지의 분류

    ㉮ 1차 전지 : 망간건전지, 산화은전지, 수은전지, 연료전지 등이 있으며, 이 중에서 가장 많이 사용되는 것은 망간건전지이다.

    ㉯ 2차 전지 : 니켈-카드뮴전지, 납축전지, 니켈-수소전지 등이 있으며, 이 중에서 가장 많이 사용되는 것은 납축전지이다.

(2) 표준전지(standard cell)

① 전위차를 측정할 때, 표준으로 사용되는 전지이다.

② 온도가 일정하면 일정한 기전력을 가지게 만들었으며, 전류를 흘리는 것을 목적으로 하지 않고, 전압의 기준으로 사용되는 전지를 말한다.

③ 구성은 양극에 수은, 음극에는 카드뮴 아말감, 전해액으로 황산카드뮴을 사용하며, 이 것을 웨스턴 또는 카드뮴 표준전지라고 한다.

(3) 망간건전지(dry cell)

① 1차 전지로 가장 많이 사용된다.
② 양극 : 탄소 막대
③ 음극 : 아연 원통
④ 전해액 : 염화암모늄 용액(NH_4Cl+H_2O)
⑤ 감극제 : 이산화망간(MnO_2)

(4) 산화은전지(silver oxide cell)

① 1차 전지와 2차 전지가 있으며, 단추형의 1차 전지가 에너지밀도가 높아 많이 사용된다.
② 양극 : 산화은
③ 음극 : 아연
④ 전해액 : 수산화나트륨이나 수산화칼륨
⑤ 기전력 : 약 1.57~1.8 V

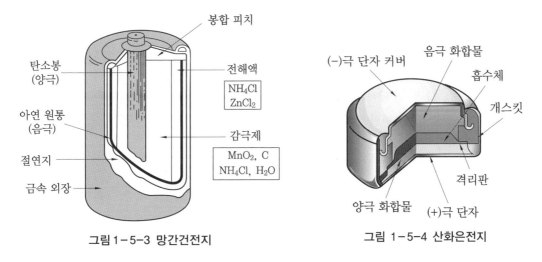

그림 1-5-3 망간건전지　　　　그림 1-5-4 산화은전지

(5) 연료전지(fuel cell)

① 연료의 산화에 의해서 생기는 화학에너지를 직접 전기에너지로 변환시키는 전지로, 일종의 발전장치라 할 수 있다.
② 가장 전형적인 것에 수소-산소 연료전지가 있으며, 1960~1970년대에 걸쳐 제미니 및 아폴로 우주선에 연료전지가 탑재되었다.
③ 알칼리 수용액을 전해질로 하며, 순수한 수소와 산소를 사용한다.

(6) 니켈·카드뮴 축전지 (nickel-cadmium cell)

① 알칼리성 전해액을 사용하는 알칼리축전지의 대표적인 축전지이다.

② 양극 : 니켈 산화물

③ 음극 : 카드뮴

④ 기전력 : 1.2 V

⑤ 납축전지와의 비교

　㈎ 납축전지에 비해 고가이지만, 전기·기계적으로 우수하고 수명이 길기 때문에 갱내 안전등, 전기차 동력원, 각종 예비 전원 등으로 사용된다.

　㈏ 소형의 것은 휴대용 통신기, 전기면도기, AV 기기 등의 전원으로 널리 사용된다.

(7) 납축전지 (lead storage battery)

① 납축전지는 2차 전지의 대표적인 것이다.

② 양극 : 이산화납(PbO_2)

③ 음극 : 납 (Pb)

④ 전해액 : 묽은황산 (비중 1.23~1.26)을 사용한다.

⑤ 납축전지의 기전력

　㈎ 방전 초기의 기전력은 약 2 V이지만, 방전함에 따라 점차로 기전력이 떨어져 약 1.8 V가 되면 급격히 하락하기 시작한다.

　　　방전의 한계 전압 : 1.8 V

　㈏ 방전에 따라 전해액 농도가 묽어지면 전지의 기전력은 떨어진다.

　　　충전 증기 전압 : 2.7~2.8 V

⑥ 방전과 충전 시의 화학반응

표 1-5-1 방전과 충전 시의 화학반응

양극		전해액		음극
PbO_2	+	$2H_2SO_4$	+	Pb
(이산화납)		(황산)		(납)

방전 ↓　　　　　　　　　　충전 ↑

양극		물		음극
$PbSO_4$	+	$2H_2O$	+	$PbSO_4$
(황산납)		(물)		(황산납)

단원 예상문제

1. 묽은황산(H_2SO_4) 용액에 구리(Cu)와 아연(Zn)판을 넣으면 전지가 된다. 이때 양극(+)에 대한 설명으로 옳은 것은? [13]
  ① 구리판이며 수소 기체가 발생한다.   ② 구리판이며 산소 기체가 발생한다.
  ③ 아연판이며 산소 기체가 발생한다.   ④ 아연판이며 수소 기체가 발생한다.
  해설 볼타전지(voltaic cell) : 그림 1-5-2 참조

2. 묽은황산(H_2SO_4) 용액에 구리(Cu)와 아연(Zn)판을 넣었을 때 아연판은? [14]
  ① 수소 기체를 발생한다.   ② 음극이 된다.
  ③ 양극이 된다.   ④ 황산아연으로 변한다.

3. 전지 내부에서 순환하는 전류가 생겨 화학변화가 일어나 기전력을 감소시키는 작용은 어느 것인가? [03, 06]
  ① 성극 작용   ② 분극 작용   ③ 국부 작용   ④ 전해 작용

4. 전지의 전압강하 원인으로 틀린 것은? [15]
  ① 국부 작용   ② 산화 작용   ③ 성극 작용   ④ 자기 방전
  해설 전지의 전압강하 원인
     ㉠ 국부 작용   ㉡ 성극 작용   ㉢ 자기 방전

5. 다음 중 표준전지의 음극 재료는 어느 것인가? [05, 07]
  ① 은   ② 카드뮴 아말감   ③ 수은   ④ 구리
  해설 표준전지(standard cell)
     ㉠ 양극 : 수은   ㉡ 음극 : 카드뮴 아말감(cadmium amalgam)

6. 1차 전지로 가장 많이 사용되는 것은? [13, 16]
  ① 니켈·카드뮴 전지   ② 연료전지
  ③ 망간건전지   ④ 납축전지
  해설 1차 전지로 가장 많이 보급되어 있는 것은 망간건전지이다.
     ※ ①, ②, ④는 2차 전지이다.

7. 다음 중 1차 전지에 해당하는 것은? [12, 17]
  ① 망간건전지   ② 납축전지
  ③ 니켈·카드뮴 전지   ④ 리튬이온전지

8. 납축전지의 전해액은? [00, 01, 04, 10, 17]
  ① 이산화납   ② 묽은황산   ③ 수산화칼륨   ④ 염화나트륨
  해설 전해액 : 묽은황산($2H_2SO_4$)

9. 알칼리 축전지의 대표적인 축전지로 널리 사용되고 있는 2차 전지는? [16]

① 망간전지   ② 산화은전지

③ 페이퍼전지   ④ 니켈·카드뮴 전지

[해설] 니켈·카드뮴 축전지 : 알칼리성 전해액을 사용하는 알칼리 축전지의 대표적인 축전지이다.

10. 납축전지가 완전히 방전되면 음극과 양극은 무엇으로 변하는가? [14]

① $PbSO_4$ ② PbO_2 ③ H_2SO_4 ④ Pb

[해설] 표 1-5-1 방전과 충전 시의 화학반응 참조

11. 다음은 연축전지에 대한 설명이다. 옳지 않은 것은? [05, 07]

① 전해액은 황산을 물에 섞어서 비중을 1.2~1.3 정도로 하여 사용한다.

② 충전 시 양극은 PbO로, 음극은 $PbSO_4$로 된다.

③ 방전 전압의 한계는 1.8 V로 하고 있다.

④ 용량은 방전 전류×방전 시간으로 표시하고 있다.

[해설] 표 1-5-1 방전과 충전 시의 화학반응 참조

12. 10 A의 방전 전류로 6시간 방전하였다면 축전지의 방전용량(Ah)은? [97, 98, 02, 12]

① 30   ② 40   ③ 50   ④ 60

[해설] 축전지의 방전용량＝전류 × 방전 시간＝10×6＝60 Ah

[정답] 1. ①   2. ②   3. ③   4. ②   5. ②   6. ③   7. ①   8. ②   9. ④   10. ①   11. ②   12. ④

3 전지의 내부저항과 접속

(1) 내부저항 (terminal voltage)

① 이상적인 전압원의 내부저항은 0이지만 실제의 전원, 즉 발전기나 전지에는 내부에 약간의 저항을 포함하게 된다.

② 단자전압＝전지의 기전력－내부저항에 의한 전압 강하

$$V = E_0 - Ir \ [V]$$

$$\therefore I = \frac{전지의\ 기전력}{회로의\ 전저항} = \frac{E_0}{R+r} \ [A]$$

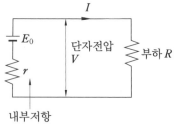

그림 1-5-5 전지의 내부저항

(2) 전지의 접속

① 직렬접속 : 기전력 E[V], 내부저항 r[Ω]인 전지 n개를 직렬접속하고, 여기에 부하저 항 R[Ω]을 연결했을 때, 부하에 흐르는 전류는

$$I = \frac{nE}{R+nr} \text{ [A]} \qquad \text{여기서, } nE : \text{합성 기전력, } nr : \text{합성 내부저항}$$

② 병렬접속 : 기전력 E[V], 내부저항 r[Ω]인 전지 n개를 병렬접속하고, 여기에 부하저 항 R[Ω]를 연결했을 때, 부하에 흐르는 전류는

$$I = \frac{E}{\dfrac{r}{n}+R} \text{ [A]} \qquad \text{여기서, } E : \text{합성 기전력 (1개의 기전력), } \dfrac{r}{n} : \text{합성 내부저항}$$

③ 직·병렬접속 : 기전력 E[V], 내부저항 r[Ω]의 전지 n개를 직렬로 접속하고, 이것을 다시 병렬로 m줄을 접속했을 때의 전류는

$$I = \frac{nE}{\dfrac{rn}{m}+R} = \frac{E}{\dfrac{r}{m}+\dfrac{R}{n}} \text{ [A]}$$

여기서, nE : 합성 기전력, $\dfrac{rn}{m}$: 합성 내부저항

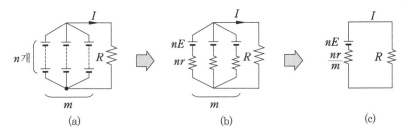

(a)   (b)   (c)

그림 1-5-6 전자의 직·병렬접속

④ 최대 전류를 얻는 전지의 접속

$$I = \frac{E}{\dfrac{r}{m}+\dfrac{R}{n}} \text{ [A]}$$

㈎ 분모 $\dfrac{r}{m}+\dfrac{R}{n}$가 최소가 되어야 하므로, 최소 조건 $\dfrac{r}{m}=\left(\dfrac{R}{n}\right)$을 만족시키도록 접속 한다.

㈏ 최대 전류의 조건 : $\dfrac{r}{m}=\dfrac{R}{n}$

단원 예상문제 ◎

1. 전지를 직렬로 접속하면? [97]

① 출력전압의 증가   ② 전류용량의 증가

③ 내부저항의 감소   ④ 소요되는 충전 전압의 감소

해설 ㉠ 직렬접속 : 출력전압 증가, 내부저항 증가
　　 ㉡ 병렬접속 : 전류용량 증가, 내부저항 감소

2. 기전력이 V_0, 내부저항이 r [Ω]인 n개의 전지를 직렬연결하였다. 전체 내부저항은 얼마인가? [12, 15]

① $\dfrac{r}{n}$ ② nr ③ $\dfrac{r}{n^2}$ ④ nr^2

해설 전체 내부저항 : ㉠ 직렬일 때 : nr　㉡ 병렬일 때 : $\dfrac{r}{n}$

3. 기전력 1.5 V, 내부저항 0.1 Ω인 전지 4개를 직렬로 연결하고 이를 단락했을 때의 단락전류 (A)는? [12, 14]

① 10   ② 12.5   ③ 15   ④ 17.5

해설 $I_s = \dfrac{nE}{nr} = \dfrac{4 \times 1.5}{4 \times 0.1} = \dfrac{6}{0.4} = 15\,\mathrm{A}$

4. 기전력 1.5 V, 내부저항 0.1 Ω 인 전지 10개를 직렬로 연결하고 2 Ω 의 저항을 가진 전구에 연결할 때, 전구에 흐르는 전류 (A)는? [96, 03, 07]

① 2   ② 3   ③ 4   ④ 5

해설 $I = \dfrac{nE}{nr+R} = \dfrac{10 \times 1.5}{(10 \times 0.1)+2} = \dfrac{15}{3} = 5\,\mathrm{A}$

5. 동일 규격의 축전지 2개를 병렬로 접속하면 어떻게 되는가? [01, 09]

① 전압과 용량이 같이 2배가 된다.

② 전압과 용량이 같이 $\dfrac{1}{2}$ 이 된다.

③ 전압은 2배가 되고 용량은 변하지 않는다.

④ 전압은 변하지 않고 용량은 2배가 된다.

해설 ㉠ 병렬연결 시 : 기전력은 변함이 없고, 용량은 n 배가 된다.
　　 ㉡ 직렬연결 시 : 기전력은 n 배가 되고, 용량은 변하지 않는다.

6. 동일 전압의 전지 3개를 접속하여 각각 다른 전압을 얻고자 한다. 접속 방법에 따라 몇 가지의 전압을 얻을 수 있는가? (단, 극성은 같은 방향으로 설정한다.) [14]

① 1가지 전압   ② 2가지 전압   ③ 3가지 전압   ④ 4가지 전압

해설 3가지 전압 : ㉠ 모두 직렬접속 : $3E$　㉡ 모두 병렬접속 : E　㉢ 직·병렬접속 : $2E$

정답 1. ①   2. ②   3. ③   4. ④   5. ④   6. ③

전기기능사 – 필기
Craftsman Electricity

Part

02

전기 기기

직류기

1-1 직류발전기의 원리와 구조

1 직류의 발생

① 그림 2-1-1의 (a)와 같이 코일 a, b, c, d를 자극 N, S 사이에 놓는다. 이 코일의 양
끝을 서로 절연한 2개의 금속편 C_1, C_2에 각각 접속하고, xx'를 축으로 하여 일정한
방향으로 회전시키면 코일에 반회전할 때마다 방향이 바뀌는 교류 기전력이 유도된다.

② 기전력은 정류자편 C_1, C_2와 이것에 접촉되고 있는 브러시 (brush) B_1, B_2의 작용에
의하여 직류전압으로 바뀌고, 단자 A, B 사이에는 그림 (b)의 e와 같은 직류전압이 생
긴다.

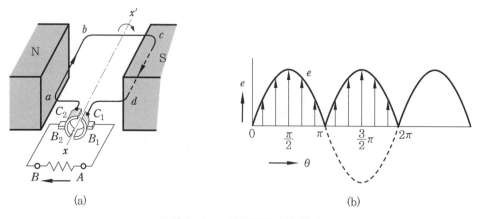

그림 2-1-1 직류발전기의 원리

2 직류발전기의 구조

(1) 직류발전기의 3요소

① 자속을 만드는 계자 (field)

② 기전력을 발생 (유도)하는 전기자 (armature)

③ 교류를 직류로 변환하는 정류자 (commutator)

※ 브러시 (brush) : 회전자(전기자 권선)와 외부 회로를 접속하는 역할을 한다.

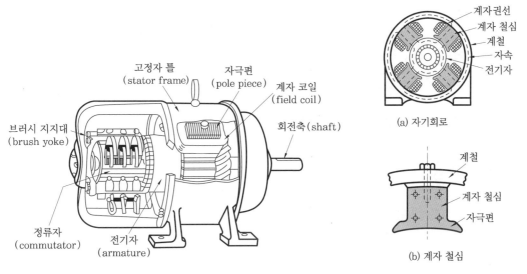

그림 2-1-2 4극 직류발전기의 내부 구조

그림 2-1-3 4극 직류발전기의 계자

3 전기자 권선법

(1) 중권과 파권의 비교

표 2-1-1 중권과 파권의 비교

비교 항목	중권 (병렬권)	파권 (직렬권)
전기자 병렬회로 수	극수 p와 같다.	항상 2
브러시 수	극수와 같다.	2개 또는 극수만큼 둘 수 있다.
적요	저전압 대전류용	고전압 소전류용

(2) 균압 고리 (equalizing ring)

① 대형 직류기에서는 전기자권선 중 같은 전위의 점
을 구리 고리로 묶는다.

② 브러시 불꽃 방지 목적으로 사용된다.

③ 기전력 차이에 의한 브러시를 통한 순환 전류를 균
압 고리에서 흐르게 한다.

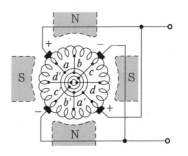

그림 2-1-4 균압 고리

4 전기 기기의 철심 재료와 철손

(1) 철손을 줄이기 위하여, 규소를 함유한 연강판을 성층으로 하여 사용한다.
   ① 히스테리시스 손 (histeresis loss)을 감소시키기 위하여 철심에 약 3~4 %의 규소를 함유시켜 투자율을 크게 한다.
   ② 맴돌이전류 손 (eddy current loss)을 감소시키기 위하여 철심을 얇게, 표면을 절연 처리하여 성층으로 사용한다.

(2) 철손 = 히스테리시스 손 + 맴돌이전류 손

단원 예상문제

1. 직류발전기 전기자의 주된 역할은? [13]
   ① 기전력을 유도한다.   ② 자속을 만든다.
   ③ 정류작용을 한다.   ④ 회전자와 외부 회로를 접속한다.

2. 직류발전기 전기자의 구성으로 옳은 것은? [12]
   ① 전기자철심, 정류자   ② 전기자권선, 전기자철심
   ③ 전기자권선, 계자   ④ 전기자철심, 브러시
   해설 전기자 (armature) : 자기회로를 만드는 전기자철심과 기전력을 유도하는 전기자권선으로 되어 있다.

3. 직류발전기에서 계자의 주된 역할은 무엇인가? [14]
   ① 기전력을 유도한다.   ② 자속을 만든다.
   ③ 정류작용을 한다.   ④ 정류자면에 접촉한다.

4. 직류발전기에서 브러시와 접촉하여 전기자권선에 유도되는 교류 기전력을 정류해서 직류로 만드는 부분은? [12]
   ① 계자   ② 정류자   ③ 슬립 링   ④ 전기자
   해설 정류자 (commutator)는 직류기에서 가장 중요한 부분이며, 브러시와 접촉하여 유도기전력을 정류, 즉 교류를 직류로 바꾸어 브러시를 통하여 외부 회로와 연결시켜 주는 역할을 한다.

5. 직류발전기를 구성하는 부분 중 정류자란? [12]
   ① 전기자와 쇄교하는 자속을 만들어 주는 부분
   ② 자속을 끊어서 기전력을 유기하는 부분
   ③ 전기자권선에서 생긴 교류를 직류로 바꾸어 주는 부분
   ④ 계자권선과 외부 회로를 연결시켜 주는 부분

6. 정류자와 접촉하여 전기자권선과 외부 회로를 연결하는 역할을 하는 것은? [15]

① 계자   ② 전기자   ③ 브러시   ④ 계자 철심

7. 직류기의 파권에서 극수에 관계없이 전기자권선의 병렬회로 수 a는 얼마인가? [16]

① 1   ② 2   ③ 4   ④ 6

8. 8극 파권 직류발전기의 전기자권선의 병렬회로 수 a는 얼마로 하고 있는가? [15]

① 1   ② 2   ③ 6   ④ 8

9. 8극 100 V, 200 A의 직류발전기가 있다. 전기자권선이 중권으로 되어 있는 것을 파권으로 바꾸면 전압은 몇 V로 되겠는가?

① 400   ② 200   ③ 100   ④ 50

해설 중권을 파권으로 바꾸면 병렬회로 수가 8에서 2로 되므로 전압은 4배, 전류는 $\dfrac{1}{4}$배가 된다.

10. 직류발전기에서 균압 환(고리)을 설치하는 목적은 무엇인가? [06]

① 전압을 높인다.   ② 전압강하 방지
③ 저항 감소   ④ 브러시 불꽃 방지

11. 직류발전기의 철심을 규소강판으로 성층하여 사용하는 주된 이유는? [11, 17]

① 브러시에서의 불꽃 방지 및 정류 개선 ② 맴돌이전류 손과 히스테리시스 손의 감소
③ 전기자반작용의 감소   ④ 기계적 강도 개선

해설 ※ 와류손(eddy current loss) : 맴돌이전류 손

12. 전기기계의 철심을 성층하는 가장 적절한 이유는? [10, 17]

① 기계 손을 적게 하기 위하여   ② 표유 부하 손을 적게 하기 위하여
③ 히스테리시스 손을 적게 하기 위하여   ④ 와류손을 적게 하기 위하여

13. 측정이나 계산으로 구할 수 없는 손실로 부하 전류가 흐를 때 도체 또는 철심 내부에서 생기는 손실을 무엇이라 하는가? [11]

① 구리 손   ② 히스테리시스 손 ③ 맴돌이전류 손   ④ 표유 부하 손

해설 표유 부하 손(stray load loss)
　　㉠ 측정이나 계산에 의하여 구할 수 있는 손실 이외에 부하가 걸렸을 때에 도체 또는 금속 내부에 생기는 손실이다.
　　㉡ 전기자 도체 손, 정류자편의 와류손, 단락 코일 손, 바인드선의 철손 등이 있다.

정답 **1.** ① **2.** ② **3.** ② **4.** ② **5.** ③ **6.** ③ **7.** ② **8.** ② **9.** ① **10.** ④ **11.** ② **12.** ④
13. ④

1-2 직류발전기의 이론

1 전자유도 작용과 유도기전력

(1) 전자유도(electromagnetic induction) 작용

① 도체가 자속을 끊거나 쇄교하거나 또는 도체 주위의 자기장이 변화하면 도체에는 기전력(전력)이 유기되는데, 이러한 현상을 전자유도 작용이라 한다.

② 이때 기전력의 방향은 플레밍의 오른손 법칙에 따른다.

(2) 유도기전력

① 1개의 전기자 도선에 유도하는 평균 기전력

$$e = Blv = Bl \cdot \frac{2\pi rN}{60} \ [\text{V}]$$

여기서, B : 자속밀도 (wb/m^2), l : 도선의 유효 길이 (m), N : 회전속도 (rpm),
r : 평균 반지름 (m), v : 도선이 자속을 수직으로 끊는 속도 (m/s)

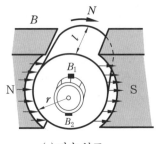

(a) 자속 분포

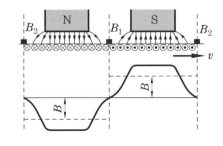

(b) 공극의 평균 자속밀도

그림 2-1-5 자속 분포

② 브러시 사이의 유도기전력

$$E = e \cdot \frac{z}{a} = Bl \cdot \frac{2\pi rN}{60} \cdot \frac{z}{a} \ [\text{V}]$$

여기서, z : 전기자 도선의 수, p : 극수, a : 전기자권선의 병렬회로 수

$$E = \frac{pz}{60a}\phi N = K_1 \phi N\,[\text{V}] \qquad \text{여기서, } \phi : 1\text{극당 자속 (wb), } K_1 = \frac{pz}{60a}$$

※ 직류발전기의 유도기전력은 회전수와 자속의 곱에 비례한다.

③ 전기자의 주변 속도

$$v = \pi D \frac{N}{60} \ [\text{m/s}] \qquad \text{여기서, } D : \text{전기자 지름 (m), } N : \text{전기자 회전속도 (rpm)}$$

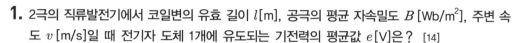
단원 예상문제

1. 2극의 직류발전기에서 코일변의 유효 길이 l[m], 공극의 평균 자속밀도 B[Wb/m²], 주변 속도 v[m/s]일 때 전기자 도체 1개에 유도되는 기전력의 평균값 e[V]은? [14]

① $e = Blv$[V]

② $e = \sin\omega t$[V]

③ $e = B\sin\omega t$[V]

④ $e = v^2 Bl$[V]

2. 자속밀도 0.8 Wb/m²인 자계에서 길이 50 cm인 도체가 30 m/s로 회전할 때 유기되는 기전력(V)은? [14]

① 8

② 12

③ 15

④ 24

해설 $e = Blv = 0.8 \times 50 \times 10^{-2} \times 30 = 12$ V

3. 직류 분권 발전기가 있다. 전기자 총 도체 수 220, 매극의 자속 수 0.01 Wb, 극수 6, 회전수 1500 rmp일 때 유기 기전력은 몇 V인가? (단, 전기자권선은 파권이다.) [11, 17]

① 60

② 120

③ 165

④ 240

해설 $E = p\phi \dfrac{N}{60} \cdot \dfrac{Z}{a} = 6 \times 0.01 \times \dfrac{1500}{60} \times \dfrac{220}{2} = 165$ V

4. 직류발전기에서 유기 기전력 E를 바르게 나타낸 것은? (단, 자속은 ϕ, 회전속도는 n이다.) [11]

① $E \propto \phi n$

② $E \propto \phi n^2$

③ $E \propto \dfrac{\phi}{n}$

④ $E \propto \dfrac{n}{\phi}$

5. 전기자 지름 0.2 m의 직류발전기가 1.5 kW의 출력에서 1800 rpm으로 회전하고 있을 때 전기자 주변 속도는 약 몇 m/s인가? [11, 17]

① 9.42

② 18.84

③ 21.43

④ 42.86

해설 전기자 주변 속도 : $v = \pi D \dfrac{N}{60} = 3.14 \times 0.2 \times \dfrac{1800}{60} ≒ 18.84$ m/s

정답 **1.** ① **2.** ② **3.** ③ **4.** ① **5.** ②

2 전기자반작용 (armature reaction)

(1) 전기자반작용과 편자 작용

① 전기자반작용 : 전기자 전류에 의한 기자력의 영향으로 주자극의 자속 분포와 크기를 변화시키는 작용을 말한다.

② 편자 작용 : 회전자의 회전 방향에 대하여 자극의 끝부분에서는 자속이 증가하고, 앞부분에서는 자속이 감소하여 자속 분포가 회전 방향으로 이동하는 모양이 되는 작용을 말한다.

(2) 전기자반작용이 직류발전기에 주는 현상

① 전기적 중성축이 이동된다.

㉮ 발전기 : 회전 방향

㉯ 전동기 : 회전 방향과 반대 방향

② 주 자속이 감소하여 기전력이 감소된다.

③ 정류자편 사이의 전압이 고르지 못하게 되어, 부분적으로 전압이 높아지고 불꽃 섬락이 일어난다.

(3) 전기자반작용을 감소시키는 방법

① 자기회로의 자기저항을 크게 한다.

② 계자 기자력을 크게 한다.

③ 큰 기계는 보상 권선을 설치하여, 그 기자력으로 전기자 기자력을 상쇄시킨다.

④ 보극을 설치하여 중성점의 이동을 막는다.

⑤ 보극과 보상 권선은 전기자반작용을 없애 주는 작용과 정류를 양호하게 하는 작용을 한다.

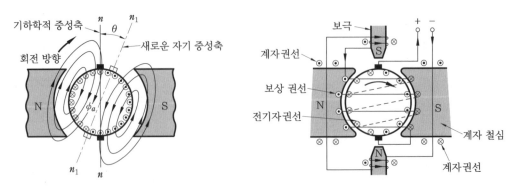

그림 2-1-6 전기자반작용에 의한 중성축의 위치   그림 2-1-7 보상 권선과 보극

단원 예상문제

1. 직류발전기에 있어서 전기자반작용이 생기는 요인이 되는 전류는? [10]

① 동선에 의한 전류
② 전기자권선에 의한 전류
③ 계자권선의 전류
④ 규소강판에 의한 전류

2. 직류발전기의 전기자반작용의 영향이 아닌 것은? [10]

① 절연내력의 저하
② 유도기전력의 저하
③ 중성축의 이동
④ 자속의 감소

3. 직류발전기의 전기자반작용에 의하여 나타나는 현상은? [13]

① 코일이 자극의 중성축에 있을 때도 브러시 사이에 전압을 유기시켜 불꽃을 발생시킨다.
② 주 자속 분포를 찌그러뜨려 중성축을 고정시킨다.
③ 주 자속을 감소시켜 유도전압을 증가시킨다.
④ 직류전압이 증가한다.

4. 직류발전기 전기자반작용의 영향에 대한 설명으로 틀린 것은? [15]

① 브러시 사이에 불꽃을 발생시킨다.
② 주 자속이 찌그러지거나 감소된다.
③ 전기자 전류에 의한 자속이 주 자속에 영향을 준다.
④ 회전 방향과 반대 방향으로 자기적 중성축이 이동된다.

[해설] 자기적 중성축의 이동
• 발전기 – 회전 방향으로 이동
• 전동기 – 회전 방향과 반대 방향으로 이동

5. 직류발전기에서 전기자반작용을 없애는 방법으로 옳은 것은? [14]

① 브러시 위치를 전기적 중성점이 아닌 곳으로 이동시킨다.
② 보극과 보상 권선을 설치한다.
③ 브러시의 압력을 조정한다.
④ 보극은 설치하되 보상 권선은 설치하지 않는다.

[해설] 전기자반작용을 감소시키는 방법
㉠ 보상 권선, 보극을 설치하여 반작용을 감소시키고 정류를 양호하게 한다.
㉡ 보극이 없는 경우에는 브러시 위치를 전기적 중성점으로 이동시킨다.

정답 1. ② 2. ① 3. ① 4. ④ 5. ②

3 정류작용

(1) 정류 (commutation)

① 전기자가 회전할 때 브러시에 의하여 단락되는 코일의 전류 방향이 다음 순간 반대로 바뀌는 것을 이용하여 교류를 직류로 바꾸는 작용을 말한다.

② 전기자 도체가 브러시를 통과하는 사이에 전류의 방향이 반전하는 작용이다.

(2) 정류 곡선 (commutation curve)

정류 중인 단락 코일 (또는 정류 코일) 내의 전류의 변화를 나타내는 곡선이다.

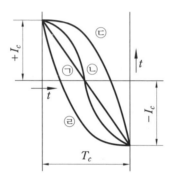

그림 2-1-8 정류 곡선

① 직선 정류 : 이상적인 정류 → ㉠ 코일의 인덕턴스를 무시하는 경우

② 사인파 정류 : 불꽃 없다 → ㉡ 보극 설치

③ 부족 정류 : 브러시 후단 (말기) 불꽃 발생 → ㉢ 코일의 인덕턴스 때문

④ 과 정류 : 브러시 전단 (초기) 불꽃 발생 → ㉣ 보극이 강할 경우

(3) 양호한 정류를 얻는 방법

① 전압 정류 : 보극 (정류극)을 설치하여, 정류 코일 내에 유기되는 리액턴스 전압과 반대 방향으로 정류 전압을 유기시켜 양호한 정류를 얻는다. [그림 2-1-7 보상 권선과 보극 참조]

② 저항 정류 : 브러시의 접촉저항이 큰 것을 사용하여, 정류 코일의 단락전류를 억제하여 양호한 정류를 얻는다 (탄소질 및 금속 흑연질의 브러시).

③ 정류 주기를 크게 한다.

④ 계자극 철심의 모양을 좋게 하여 자속 분포의 변화를 줄이고 자기적으로 포화시킨다.

⑤ 전기자 교차 기자력에 대한 자기저항을 크게 하고, 보상 권선을 설치한다.

⑥ 단일권을 사용하고, 인덕턴스를 적게 한다.

⑦ 브러시를 전기적 중성축을 지나서 회전 방향으로 약간 이동시킨다.

단원 예상문제 🎯

1. 다음 직류발전기의 정류 곡선 중 브러시의 후단에서 불꽃이 발생하기 쉬운 것은? [15]
① 직선 정류　　　② 정현파 정류　　　③ 과 정류　　　④ 부족 정류

2. 다음은 정류 곡선이다. 이 중에서 정류 말기에 정류 상태가 좋지 않은 것은?
① ㉠
② ㉡
③ ㉢
④ ㉣

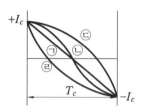

3. 직류발전기의 정류를 개선하는 방법 중 틀린 것은? [13]
① 코일의 자기인덕턴스가 원인이므로 접촉저항이 작은 브러시를 사용한다.
② 보극을 설치하여 리액턴스 전압을 감소시킨다.
③ 보극 권선은 전기자권선과 직렬로 접속한다.
④ 브러시를 전기적 중성축을 지나서 회전 방향으로 약간 이동시킨다.

4. 직류발전기에서 전압 정류의 역할을 하는 것은? [13]
① 보극　　　　② 탄소 브러시　　③ 전기자　　　④ 리액턴스 코일
해설 보극(inter pole)
　　㉠ 보극 권선은 전기자권선과 직렬로 접속하고, 전기자 자속을 상쇄할 수 있는 극성이 되도록 한다.
　　㉡ 정류작용을 돕고, 전기자반작용을 약화시킨다.　　∴ 전압 정류의 역할을 한다.

5. 직류기에 있어서 불꽃 없는 정류를 얻는 데 가장 유효한 방법은? [10]
① 보극과 탄소 브러시　　　　　　② 탄소 브러시와 보상 권선
③ 보극과 보상 권선　　　　　　　④ 자기포화와 브러시 이동

정답 **1.** ④　**2.** ③　**3.** ①　**4.** ①　**5.** ③

1-3 직류발전기의 종류 · 용도 · 특성

1 직류발전기의 종류 · 구조

(1) 자석발전기(magneto generator)
영구자석을 계자로 한 것으로, 특수한 소형 발전기에 쓰인다.

(2) 타여자 발전기 (separately excited generator)

계자 전류를 다른 직류 전원에서 얻는다.

(3) 자여자 발전기 (self-excited generator)

① 계자 철심에 잔류자기가 있어야 발전이 가능하다.

② 분류 : 분권, 직권, 복권 발전기

　㈎ 분권 발전기 (shunt generator) : 전기자 A와 계자권선 F를 병렬로 접속한다.

　㈏ 직권 발전기 (series generator)

　　• 전기와 A와 계자권선 F_s를 직렬로 접속한다.

　　• 부하 전류에 의하여 여자된다.

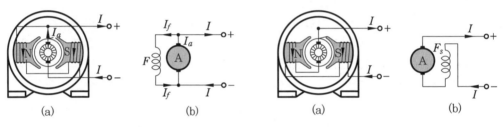

그림 2-1-9 분권 발전기 　　　　　　 그림 2-1-10 직권 발전기

　㈐ 복권 발전기 (compound generator)

　　• 분권, 직권의 두 계자권선을 감는다.

　　　– 가동 복권 (cumulative compound) : 두 권선의 자속이 합하여지도록 접속한 것

　　　– 차동 복권 (differential compound) : 두 권선의 자속이 서로 지워지도록 접속한 것

　　• 분권 권선의 접속 방법에 따른 분류

　　　– 내분권 (short shunt) : 복권 발전기의 표준

　　　– 외분권 (long shunt)

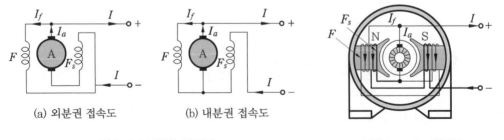

(a) 외분권 접속도 　　　 (b) 내분권 접속도

그림 2-1-11 복권 발전기 　　　　　　 그림 2-1-12 내분권

단원 예상문제 ◎

1. 계자권선이 전기자와 접속되어 있지 않은 직류기는? [12, 16]

① 직권기   ② 분권기   ③ 복권기   ④ 타여자기

2. 계자 철심에 잔류자기가 없어도 발전되는 직류기는? [11]

① 분권기   ② 직권기   ③ 복권기   ④ 타여자기

해설 타여자 발전기 : 계자(여자) 전류를 다른 직류전원에서 얻기 때문에 계자 철심에 잔류자기가 없어도 발전을 할 수 있다.

3. 계자권선이 전기자에 병렬로만 접속된 직류기는? [12]

① 타여자기   ② 직권기   ③ 분권기   ④ 복권기

4. 직류 복권 발전기의 직권 계자권선은 어디에 설치되어 있는가? [13]

① 주 자극 사이에 설치   ② 분권 계자권선과 같은 철심에 설치
③ 주 자극 표면에 홈을 파고 설치   ④ 보극 표면에 홈을 파고 설치

해설 직류 복권 발전기의 직권 계자권선(F_s)은 분권 계자권선(F)과 같은 철심에 설치한다.

5. 다음 그림은 직류발전기의 분류 중 어느 것에 해당되는가? [15]

① 분권 발전기
② 자석 발전기
③ 직권 발전기
④ 복권 발전기

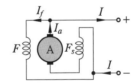

해설 외분권 복권 발전기

정답   **1.** ④   **2.** ④   **3.** ③   **4.** ②   **5.** ④

2 직류발전기의 용도

(1) 분권

① 계자 저항기를 사용하여 어느 범위의 전압 조정도 안정하게 할 수 있다.
② 전기화학 공업용 전원 : 축전지의 충전용, 동기기의 여자용 및 일반 직류전원용에 적당하다.

(2) 직권

① 선로의 전압강하를 보상하는 목적으로 장거리 급전선에 직렬로 연결해서 승압기(booster)로 사용한다.
② 부하 변동에 따라 단자전압의 변화가 심하다.

(3) 복권

① 평복권 발전기 : 부하에 관계없이 거의 일정한 전압이 얻어지므로, 일반적인 직류전원 및 여자기 등에 사용된다.

② 과복권 발전기 : 급전선의 전압강하 보상용으로 사용된다.

③ 차동 복권 발전기 : 수하 특성을 가지므로, 용접기용 전원으로 사용된다.

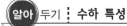 **두기 ┊ 수하 특성**

외부 특성곡선에서와 같이 단자전압이 부하 전류가 늘어남에 따라 심하게 떨어지는 현상을 말하며, 아크 용접기는 이러한 특성을 가진 전원을 필요로 한다. (그림 2-1-14 외부 특성곡선)

단원 예상문제 🎯

1. 전압변동률이 적고 자여자이므로 다른 전원이 필요 없으며, 계자 저항기를 사용한 전압 조정이 가능하므로 전기화학용, 전지의 충전용 발전기로 가장 적합한 것은? [14]

① 타여자 발전기 ② 직류 복권 발전기
③ 직류 분권 발전기 ④ 직류 직권 발전기

2. 직류발전기에서 급전선의 전압강하 보상용으로 사용되는 것은? [14]

① 분권기 ② 직권기
③ 과복권기 ④ 차동 복권기

3. 부하의 저항을 어느 정도 감소시켜도 전류는 일정하게 되는 수하 특성을 이용하여 정전류를 만드는 곳이나 아크용접 등에 사용되는 직류발전기는? [15]

① 직권 발전기 ② 분권 발전기
③ 가동 복권 발전기 ④ 차동 복권 발전기

4. 전기용접기용 발전기로 가장 적합한 것은? [10, 17]

① 분권형 발전기 ② 차동 복권형 발전기
③ 가동 복권형 발전기 ④ 타여자식 발전기

정답 1. ③ 2. ③ 3. ④ 4. ②

3 직류발전기의 특성

(1) 무부하 특성곡선 ($V-I_f$ 곡선)

정격속도, 무부하로 운전하였을 때 계자 전류(X축)와 단자전압(Y축)과의 관계를 나타내는 곡선이다.

(2) 외부 특성곡선 ($V-I$ 곡선)

① 분권 발전기

- $V = E - R_a\,I_a$
- $I_a = I + I_f$
- $E = V + R_a\,I_a$
- $I_f = \dfrac{V}{R_f}$

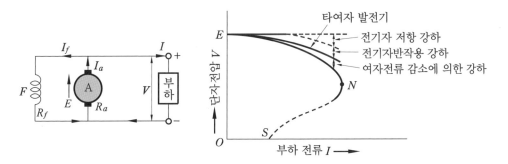

그림 2-1-13 분권 발전기의 외부 특성

② 직권 발전기

(가) 직권 발전기는 부하 전류로 여자된다.

- $E = V + (R_a + R_s)\,I$
- $I_a = I = I_f$

(나) 직권은 무부하에서 발전이 되지 않는다.

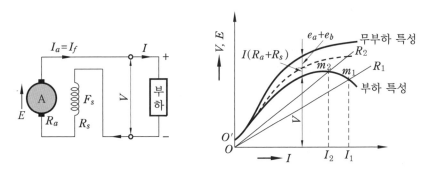

그림 2-1-14 직권 발전기의 외부 특성

③ 복권 발전기

㉮ 분권 발전기와 직권 발전기의 특성을 합한 것이 된다.

- 내분권기
$$E = V + R_a\,I_a + R_s\,I$$

- $I_a = I + I_f$

- 외분권기
$$E = V + (R_a + R_s)\,I_a$$

- $I_f = \dfrac{V}{R_f}$

㉯ 평복권 발전기 : 무부하 전압과 전부하 전압의 특성이 같은 것

㉰ 과복권 발전기 : 전부하 전압이 무부하 전압보다 특성이 높은 것

㉱ 차동 복권 발전기의 수하 특성 : 부하 전류가 늘어남에 따라 단자전압이 심하게 떨어진다. (전기용접기용)

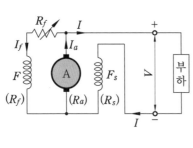

(a) 내분권

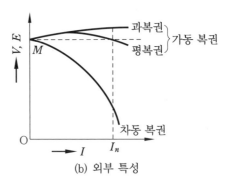

(b) 외부 특성

그림 2-1-15 복권 발전기의 외부 특성

단원 예상문제

1. 전기자 저항 0.1 Ω, 전기자 전류 104 A, 유도기전력 110.4 V인 직류 분권 발전기의 단자전압 (V)은? [12]

① 110 ② 106 ③ 102 ④ 100

해설 직류 분권 발전기의 단자전압 $V = E - R_a I_a = 110.4 - 0.1 \times 104 = 100$ V

2. 정격속도로 운전하는 무부하 분권 발전기의 계자 저항이 60 Ω, 계자 전류가 1 A, 전기자 저항이 0.5 Ω라 하면 유도기전력은 약 몇 V인가? [15]

① 30.5 ② 50.5 ③ 60.5 ④ 80.5

해설 분권 발전기의 유도기전력 (무부하 시)

㉠ 단자전압 : $V = I_f R_f = 1 \times 60 = 60$ V

㉡ 유도기전력 : $E = V + I_f R_a = 60 + 1 \times 0.5 = 60.5$ V

　※ $I_a = I_f + I$ 에서 무부하일 때 : $I_a = I_f$

3. 정격전압 250 V, 정격출력 50 kW의 외분권 복권 발전기가 있다. 분권 계자 저항이 25 Ω일 때 전기자 전류는? [10, 12]

① 100 A　　　　　② 210 A　　　　　③ 2000 A　　　　　④ 2010 A

해설 외분권 복권 발전기

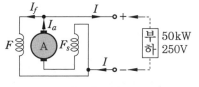

　㉠ 부하 전류 $I = \dfrac{P_n}{V_n} = \dfrac{50 \times 10^3}{250} = 200$ A

　㉡ 계자 전류 $I_f = \dfrac{V_n}{R_f} = \dfrac{250}{25} = 10$ A

　∴ 전기자 전류 $I_a = I + I_f = 200 + 10 = 210$ A

외분권 접속도

4. 직류발전기 중 무부하 전압과 전부하 전압이 같은 값을 가지는 특성의 발전기는? [12, 13]

① 직권 발전기　　　　　　　② 차동 복권 발전기
③ 평복권 발전기　　　　　　　④ 과복권 발전기

5. 직류발전기의 무부하 특성곡선은? [12]

① 부하 전류와 무부하 단자전압과의 관계이다.
② 계자 전류와 부하 전류와의 관계이다.
③ 계자 전류와 무부하 단자전압과의 관계이다.
④ 계자 전류와 회전력과의 관계이다.

해설 무부하 특성곡선 : 계자 전류와 무부하 단자전압과의 관계를 나타내는 곡선이다.

정답　**1.** ④　**2.** ③　**3.** ②　**4.** ③　**5.** ③

1-4 직류발전기 운전

(1) 직류발전기의 기동, 운전 및 정지

① 기동 : 부하 회로의 개폐기를 열어 두고, 계자 저항기의 손잡이를 돌려 저항이 최대가 되는 위치에 두고 원동기를 회전시킨다.

② 운전 : 이상이 없으면 전압계를 보면서 계자 저항을 줄여 전압을 정격전압까지 올린다.
　→ 개폐기 on 운전

③ 정지 : 정지시킬 때에는 계자 저항기로 전압을 낮춘 다음, 부하 개폐기를 열고 정지시킨다. 정지한 다음에는 반드시 계자 저항기를 최대로 하여 둔다.

(2) 직류발전기의 병렬 운전

① 병렬 운전의 목적

(개) 1대의 발전기로 용량이 부족할 때

(내) 부하 변동의 폭이 클 때에는 경 부하에 효율이 좋게 운전하기 위하여

(대) 예비기 또는 점검, 수리의 면에 유리

② 병렬 운전 조건

(개) 정격전압(단자전압) 및 극성이 같을 것

(내) 외부 특성곡선이 어느 정도 수하 특성일 것

(대) 용량이 다를 경우 % 부하 전류로 나타낸 외부

특성곡선이 거의 일치할 것

③ 직권, 과복권 발전기의 병렬 운전과 균압 모선

(개) 균압 모선(equalizer) : 2대의 발전기의 직권

계자권선의 한 끝을 연결하는 굵은 도선이다.

(내) 직권 및 복권 발전기에서는 직권 계자 코일에

흐르는 전류에 의하여 병렬 운전이 불안정하게

되므로, 균압선을 설치하여 직권 계자 코일에

흐르는 전류를 분류(등분)하게 하여 병렬 운전이 안전하도록 한다.

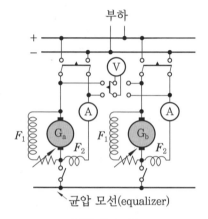

그림 2-1-16
복권 발전기의 병렬 운전 결선도

※ 분권, 차동 및 부족 복권은 수하 특성을 가지므로 균압 모선이 없어도 병렬 운전이

가능하다.

(3) 계자 방전 저항(field discharge resistor)

① 분권 계자권선과 병렬로 접속시킨 저항기이다.

② 계자 개폐기를 이용하여 계자 회로를 여는(off) 것과 동시에 분권 계자권선에 병렬로

계자 방전 저항이 접속하도록 한다.

② 계자 회로를 끊어도 유도기전력은 저항을 통하여 방전하기 때문에, 단자전압이 올라

가는 것을 막을 수 있다.

단원 예상문제

1. 직류 분권 발전기의 병렬 운전의 조건에 해당되지 않는 것은? [13]

① 극성이 같을 것 　　　　　② 단자전압이 같을 것

③ 외부 특성곡선이 수하 특성일 것 　　④ 균압 모선을 접속할 것

해설 균압 모선(equalizer)은 직권 및 과복권 발전기 병렬 운전 시 적용된다.

2. 직류 직권 및 과복권 발전기를 병렬 운전할 때 반드시 필요한 것은? [12]

① 과부하계전기   ② 균압선

③ 용량이 같을 것   ④ 외부 특성곡선이 일치할 것

3. 직류발전기의 병렬 운전 중 한쪽 발전기의 여자를 늘리면 그 발전기는 어떻게 되는가? [16]

① 부하 전류는 불변, 전압은 증가   ② 부하 전류는 줄고, 전압은 증가

③ 부하 전류는 늘고, 전압은 증가   ④ 부하 전류는 늘고, 전압은 불변

[해설] 직류발전기의 병렬 운전
      ㉠ 여자를 늘린다는 것은 계자 전류의 증가를 말한다.
      ㉡ 여자 자속이 늘면 유기 기전력이 증가하게 되어, 전류는 증가하고 전압도 약간 오른다.

4. 직류 분권 발전기를 동일 극성의 전압을 단자에 인가하여 전동기로 사용하면? [14]

① 동일 방향으로 회전한다.
② 반대 방향으로 회전한다.
③ 회전하지 않는다.
④ 소손된다.

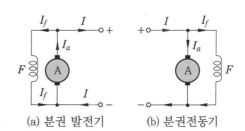

(a) 분권 발전기   (b) 분권전동기

[해설] 전기자 전류 I_a의 방향이 반대가 되며, 전동기로 사용 시 플레밍의 왼손 법칙이 적용되므로 회전 방향은 동일하다.

5. 직류발전기의 단자전압을 조정하려면 다음 중 어느 저항을 가변시키는가?

① 계자 저항   ② 방전 저항   ③ 전기자 저항   ④ 기동 저항

[해설] 직류발전기의 단자전압 조정 : 계자 저항의 가변으로 주 자속을 변화시켜 단자전압을 조정할 수 있다.

6. 직류발전기를 정지시킨 후 계자 저항기의 위치는?

① 0으로 놓는다.   ② 중간 위치에 놓는다.

③ 최소가 되도록 놓는다.   ④ 최대가 되도록 놓는다.

[해설] 계자 저항기 : 기동 시 계자 저항의 조정으로 전압을 조정하므로, 계자 저항이 작으면 높은 전압이 되기 때문에 위험하다. 그러므로 정지 시는 반드시 최대 위치로 둔다.

7. 직류 분권 발전기의 계자 회로의 개폐기를 운전 중 갑자기 열면 어떻게 되는가?

① 과속도가 된다.   ② 고전압이 유기된다.

③ 속도가 감소된다.   ④ 정류자가 파손된다.

[해설] 분권 발전기의 운전 : 계자권선은 권수가 많기 때문에 운전 중 계자 회로를 갑자기 열면 고전압이 유기되어 절연파괴의 원인이 되므로 유의하여야 한다. $\left(e = L \dfrac{di}{dt} \, [\text{V}] \right)$

[정답] 1. ④   2. ②   3. ③   4. ①   5. ①   6. ④   7. ②

1-5 직류전동기의 원리 · 용도 및 이론

1 원 리

① 그림 2-1-17의 a, b, c, d와 같이 직류전원 B_1, B_2를 거쳐서 코일 a, b, c, d에 전류 를 흘려 주면, 코일 변 ab 및 cd에는 전자력이 발생하여 화살표 방향으로 회전한다.

② 회전 방향은 플레밍의 왼손 법칙에 의하여 결정된다.

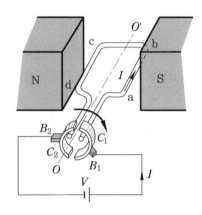

그림 2-1-17 직류전동기의 원리

2 종류에 따른 접속도 및 용도

① 종류에 따른 접속도

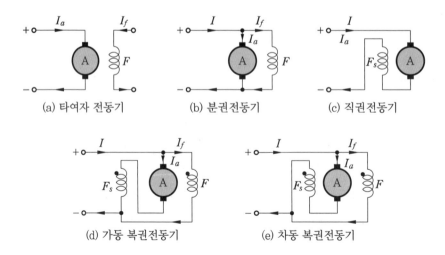

(a) 타여자 전동기   (b) 분권전동기   (c) 직권전동기

(d) 가동 복권전동기   (e) 차동 복권전동기

그림 2-1-18 직류전동기의 종류와 접속도

② 직류전동기의 용도 : 직류 차동 복권 전동기는 과부하에서 과속이 될 염려가 있고 기동 시 직권이 강하면 역회전할 염려가 있다. (거의 사용하지 않는다.)

표 2-1-2 직류전동기의 용도

종류	용도
타여자	압연기, 권상기, 크레인, 엘리베이터
분권	직류전원 선박의 펌프, 환기용 송풍기 ※정속도
직권	전차, 전기자동차, 크레인 ※가동 횟수가 빈번하고 토크의 변동도 심한 부하
가동 복권	크레인, 엘리베이터, 공작기계, 공기압축기

단원 예상문제

1. 그림에서와 같이 ㉠, ㉡의 양 자극 사이에 정류자를 가진 코일을 두고 ㉢, ㉣에 직류를 공급하여 X, X'를 축으로 하여 코일을 시계 방향으로 회전시키고자 한다. ㉠, ㉡의 자극 극성과 ㉢, ㉣의 전원 극성을 어떻게 해야 하는가? [15]

① ㉠ N, ㉡ S, ㉢ +, ㉣ −
② ㉠ N, ㉡ S, ㉢ −, ㉣ +
③ ㉠ S, ㉡ N, ㉢ −, ㉣ +
④ ㉠ S, ㉡ N, ㉢ ㉣ 극성에 무관

해설 직류전동기의 원리 : 회전 방향을 시계 방향으로 하기 위해서, 플레밍의 왼손 법칙을 적용하면 그림 2-1-17과 같이 ㉠ N, ㉡ S, ㉢ −, ㉣ + 극성으로 해야 한다. (단, ㉠ S, ㉡ N일 때, ㉢ +, ㉣ −)

2. 직류전동기는 무슨 법칙에 의하여 회전 방향이 정의되는가?

① 오른나사 법칙
② 렌츠의 법칙
③ 플레밍의 오른손 법칙
④ 플레밍의 왼손 법칙

3. 다음 그림의 직류전동기는 어떤 전동기인가? [15]

① 직권전동기
② 타여자 전동기
③ 분권전동기
④ 복권전동기

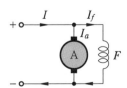

4. 속도를 광범위하게 조정할 수 있으므로 압연기나 엘리베이터 등에 사용되는 직류전동기는?
[12]

① 직권전동기   ② 분권전동기

③ 타여자 전동기   ④ 가동 복권전동기

5. 다음 중 타여자 직류전동기의 용도에 가장 적합한 것은?

① 펌프   ② 전차   ③ 크레인   ④ 송풍기

6. 정속도 전동기로 공작기계 등에 주로 사용되는 전동기는? [11]

① 직류 분권전동기   ② 직류 직권전동기

③ 직류 차동 복권전동기   ④ 단상 유도전동기

7. 다음 중 직류 분권전동기의 부하로 알맞은 것은?

① 전차   ② 크레인   ③ 권상기   ④ 환기용 송풍기

8. 기중기, 전기 자동차, 전기철도와 같은 곳에 가장 많이 사용되는 전동기는? [14]

① 가동 복권전동기   ② 차동 복권전동기

③ 분권전동기   ④ 직권전동기

정답   1. ②   2. ④   3. ③   4. ③   5. ③   6. ①   7. ④   8. ④

---

3 직류전동기의 이론

(1) 역기전력 : E

전동기가 회전하면 도체는 자속을 끊고 있기 때문에 단자전압 V와 반대 방향의 역기전력이 발생한다.

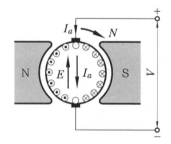

그림 2-1-19 역기전력

$$E = \frac{p}{a} z \phi \cdot \frac{N}{60} = K\phi N \text{ [V]} \quad \left(K = \frac{pz}{60a} \right)$$

$$E = V - I_a R_a$$

여기서, p : 자극 수, a : 병렬회로 수, z : 도체 수, ϕ : 1극당 자속 (Wb), N : 회전 수 (rpm)

(2) 전기자 전류

$$I_a = \frac{V - E}{R_a} \text{ [A]}$$

(3) 회전속도

$$N = K\frac{E}{\phi} = K\frac{V - I_a R_a}{\phi} \ [\text{rpm}]$$

(4) 기계적 출력

기계적 출력은 기계적 동력으로 변환되는 전력이다.

$$P_m = EI_a = \frac{p}{a}z\,\phi \cdot \frac{N}{60} \cdot I_a = \frac{2\pi NT}{60} \ [\text{W}]$$

(5) 전동기의 실제 출력

출력＝기계적 출력−손실

$$P = P_m - (\text{철손} + \text{기계손}) \ [\text{W}]$$

(6) 토크 (torque)

매극의 자속과 전기자 전류의 곱에 비례한다.

$$T = K_T\,\phi I_a \ [\text{N} \cdot \text{m}] \ \left(K_T = \frac{pz}{2a\pi} \right)$$

(7) 출력−토크 − 회전속도

① $\displaystyle T = \frac{P}{\omega} = \frac{P}{2\pi n} = \frac{P}{2\pi \times \dfrac{N}{60}} = 9.554\frac{P}{N} \ [\text{N} \cdot \text{m}]$

② $\displaystyle T' = \frac{1}{9.8} \times T = 0.975\frac{P}{N} \ [\text{kg} \cdot \text{m}] \ (1\,\text{kg} \cdot \text{m} = 9.8\,\text{N} \cdot \text{m})$

단원 예상문제

1. 200 V의 직류 직권전동기가 있다. 전기자 저항이 0.1 Ω, 계자 저항은 0.05 Ω이다. 부하 전류 40 A일 때의 역기전력(V)은?

① 194   ② 196   ③ 198   ④ 200

해설 $E = V - I(R_a + R_f) = 200 - 40(0.1 + 0.05) = 200 - 6 = 194$ V

2. 단자전압 100 V, 정격출력 5 kW, 전기자 회로 저항 0.2 Ω인 직류전동기의 역기전력으로 옳은 것은?

① 75 V   ② 90 V   ③ 110 V   ④ 125 V

해설 ㉠ 전기자 전류 $I_a = \dfrac{P}{V} = \dfrac{5000}{100} = 50$ A

㉡ 역기전력 $E = V - I_a R_a = 100 - 50 \times 0.2 = 90$ V

3. 직류전동기의 공급 전압 V, 자속 ϕ, 전기자 전류 I_a, 전기자 저항 R_a일 때 속도 N은? (단, K는 비례상수이다.)

    ① $N = K\phi\,(V - I_a\,R_a)$ ② $N = K\phi\,(V + I_a\,R_a)$

    ③ $N = K\,\dfrac{V - I_a\,R_a}{\phi}$ ④ $N = K\,\dfrac{V + I_a\,R_a}{\phi}$

4. 직류전동기에 있어서 공극의 평균 자속밀도가 일정할 때 회전력(T)과 전기자 전류(I_a)와의 관계는?

    ① $T \propto I_a$ ② $T \propto \sqrt{I_a}$ ③ $T \propto {I_a}^2$ ④ $T \propto {I_a}^{2/3}$

    [해설] 직류전동기에서 회전력과 전기자의 전류 관계 : $T = \kappa\phi I_a$에서, ϕ가 일정할 때에는 $T \propto I_a$가 된다.

5. 출력 1 HP, 600 rpm인 직류전동기의 토크(kg·m)는?

    ① 1.21   ② 14.1   ③ 1.9   ④ 19.1

    [해설] P = 1 HP = 0.746 kW, N = 600 rpm이므로,

    $\therefore\ T = 975\,\dfrac{P}{N} = 975 \times \dfrac{0.746}{600} ≒ 1.21\ \text{kg·m}$

6. 직류전동기의 출력이 50 kW, 회전수가 1800 rpm일 때 토크는 약 몇 kg·m인가? [14]

    ① 12   ② 23   ③ 27   ④ 31

    [해설] $T = 975\,\dfrac{P}{N} = 975 \times \dfrac{50}{1800} ≒ 27\ \text{kg·m}$

[정답] **1.** ①   **2.** ②   **3.** ③   **4.** ①   **5.** ①   **6.** ③

1-6   직류전동기의 속도 – 토크 특성

1 분권전동기의 속도 – 토크 특성

  ① 속도 특성 : 정 속도

  ② 토크 특성 : 전기자 전류 I_a에 비례

$$T = \kappa\phi I_a = \kappa'\,\frac{1}{N}\ (\varPhi\ \text{일정})$$

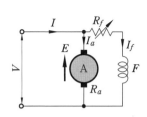
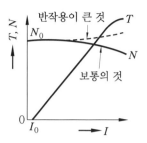

그림 2-1-20 분권전동기의 특성

2 직권전동기의 속도-토크 특성

① 속도 특성 : 가변 속도

② 토크 특성 : 거의 I^2 에 비례 ($T = k\phi I_a = k' I_a{}^2$)

$$T \propto \frac{1}{N^2}$$

※ 부하 증가 → 전류 증가 → 속도 감소 및 토크 증가

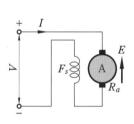
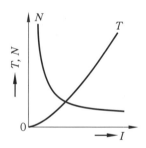

그림 2-1-21 직권전동기의 특성

3 복권전동기의 속도-토크 특성

① 가동 복권기 : 분권기보다 기동 토크가 크고, 무부하 시 직권과 같이 위험 속도에 이르지 않는 중간 특성을 갖는다.

② 차동 복권기 : 부하가 늘면 자속이 줄어 속도 변동은 줄일 수 있으나, 과부하에서 과속이 될 염려가 있고 기동 시 직권이 강하면 역회전할 염려가 있다.

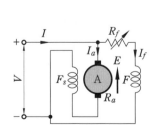
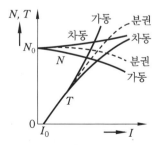

그림 2-1-22 복권전동기의 특성

단원 예상문제 🎯

1. 다음 그림에서 직류 분권전동기의 속도 특성곡선은? [10, 17]

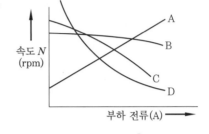

① A
② B
③ C
④ D

해설 속도 특성곡선
　　A : 차동 복권　B : 분권　C : 가동 복권　D : 직권

2. 다음 중 정속도 전동기에 속하는 것은? [14, 17]

① 유도전동기　　　　　　　② 직권전동기
③ 교류 정류자전동기　　　　④ 분권전동기

3. 직류 분권전동기에서 단자전압이 일정할 때, 부하 토크가 $\dfrac{1}{2}$ 이 되면 부하 전류는 몇 배가 되는가?

① 2배　　　　② $\dfrac{1}{2}$배　　　　③ 4배　　　　④ $\dfrac{1}{4}$배

해설 직류 분권전동기의 토크와 부하 전류 관계
　　$T = K\phi I_a$ 에서, 단자전압이 일정하면 자속 ϕ도 일정하므로 $T \propto I_a$
　　∴ 전류도 $\dfrac{1}{2}$배가 된다.

4. 분권전동기에 대한 설명으로 옳지 않은 것은? [10]

① 토크는 전기자 전류의 자승에 비례한다.
② 부하 전류에 따른 속도변화가 거의 없다.
③ 계자 회로에 퓨즈를 넣어서는 안 된다.
④ 계자권선과 전기자권선이 전원에 병렬로 접속되어 있다.

해설 문제 4. 해설 참조
　　※ ③ 이유 : $N = K\dfrac{E}{\phi}$ 에서, 퓨즈 절단 시 자속 ϕ가 '0'이 되면 과속이 되어 위험하다.

5. 직류 직권전동기의 회전수(N)와 토크(τ)와의 관계는? [13, 17]

① $\tau \propto \dfrac{1}{N}$　　　② $\tau \propto \dfrac{1}{N^2}$　　　③ $\tau \propto N$　　　④ $\tau \propto N^{\frac{3}{2}}$

해설 직류 직권전동기의 속도·토크 특성 : $T \propto \dfrac{1}{N^2}$

6. 직권전동기의 회전수가 $\dfrac{1}{3}$로 감소하면 토크는 몇 배가 되는가?

① $\dfrac{1}{9}$배 ② $\dfrac{1}{3}$배

③ 9배 ④ 3배

해설 $T \propto \dfrac{1}{N^2} \propto \dfrac{1}{\left(\dfrac{N}{3}\right)^2} \propto 9\dfrac{1}{N^2}$

7. 부하가 많이 걸리면 감속이 되고, 부하가 적게 걸리면 회전수가 상승되는 것에 필요한 주 전동기는?

① 동기전동기
② 유도전동기
③ 직류 직권전동기
④ 직류 분권전동기

해설 직류 직권전동기의 특성
  ㉠ 부하 증가 → 전류 증가 → 속도 감소 및 토크 증가
  ㉡ 부하 감소 → 전류 감소 → 속도 증가 및 토크 감소

8. 정격속도에 비하여 기동 회전력이 가장 큰 전동기는? [11]

① 타여자기
② 직권기
③ 분권기
④ 복권기

해설 직권전동기의 회전력 T
  전기자 전류 I_a가 적은 어느 한계 내에서는 자속 ϕ가 I_a에 비례한다. → $T = k\phi I_a = k' I_a^2$
  ∴ 직권기는 $I_a = I$ 이므로, 회전력은 전류의 자승에 비례하게 되어 가장 크다.

9. 직류 직권전동기의 특징에 대한 설명으로 틀린 것은? [15]

① 부하 전류가 증가하면 속도가 크게 감소된다.
② 기동 토크가 작다.
③ 무부하 운전이나 벨트를 연결한 운전은 위험하다.
④ 계자권선과 전기자권선이 직렬로 접속되어 있다.

해설 직류 직권전동기는 기동 토크가 크고 입력이 작으므로 전차, 권상기, 크레인 등에 사용된다.

정답 1. ② 2. ④ 3. ② 4. ① 5. ② 6. ③ 7. ③ 8. ② 9. ②

1-7 직류전동기의 운전

❶ 기동 · 회전 방향 변경

(1) 기동

① 타여자 및 분권전동기의 기동

　　기동저항기 R_s를 전기자에 직렬로 넣고, 또 기동 토크를 가급적 크게 하기 위하여 계자 저항기 R_f의 저항을 0으로 하여 기동한다.

② 직권 및 복권전동기의 기동

　㈎ 직권전동기와 복권전동기의 기동도 분권전동기와 같이 한다. 다만, 직권전동기에서는 기동저항기의 무전압 계전기를 전기자 회로에 직렬로 넣는다.

　㈏ 속도 조정용 저항기가 전기자 회로에 들어 있는 것은 기동저항기로도 같이 쓰인다.

(2) 회전 방향 변경과 회전 방향의 표준

① 전동기의 회전 방향을 바꾸려면 전기자 전류의 방향이나 자극의 극성을 바꾸면 된다.

② 대개 전기자 회로의 접속을 반대로 한다 (이때, 보극 권선, 보상 권선, 전기자권선의 접속은 그대로 두어도 된다).

③ 전동기 단자에서 전원의 극을 반대로 접속하여도 전기자와 계자의 양쪽 전류가 모두 역방향이 되므로 회전 방향이 바뀌지 않는다.

④ 전동기 회전 방향의 표준은 부하가 연결되어 있는 반대쪽에서 보아 시계 방향을 표준으로 한다. 즉, 풀리 (pulley) 반대쪽에서 보아 시계 방향이다.

단원 예상문제 ◎

1. 직류 분권전동기의 기동 방법 중 가장 적당한 것은? [16, 17]

① 기동 토크를 작게 한다.
② 계자 저항기의 저항값을 크게 한다.
③ 계자 저항기의 저항값을 '0'으로 한다.
④ 기동저항기를 전기자와 병렬접속한다.

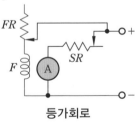

등가회로

해설 분권전동기의 기동(등가회로 참조)

　㉠ 기동 토크를 크게 하기 위하여 계자 저항 FR을 최솟값으로 한다. 즉, 저항값을 0으로 한다.

　㉡ 기동전류를 줄이기 위하여 기동저항기 SR를 최댓값으로 한다.

　㉢ 기동저항기 SR를 전기자 Ⓐ 와 직렬접속한다.

2. 직류전동기의 회전 방향을 바꾸려면? [10]

① 전기자 전류의 방향과 계자 전류의 방향을 동시에 바꾼다.
② 발전기로 운전시킨다.
③ 계자 또는 전기자의 접속을 바꾼다.
④ 차동 복권을 가동 복권으로 바꾼다.

3. 직류 분권전동기의 회전 방향을 바꾸기 위해 일반적으로 무엇의 방향을 바꾸어야 하는가? [14]

① 전원　　　　　② 주파수　　　　　③ 계자 저항　　　　　④ 전기자 전류

[해설] 직류전동기의 회전 방향의 변경 (분권)

　　ㄱ 계자 또는 전기자 접속을 반대로 바꾸면 회전 방향은 반대가 된다.
　　ㄴ 일반적으로 전기자 접속을 바꾸어 전기자 전류 방향이 반대가 되게 한다.
　　※ 전원의 극성을 반대로 하면 자속이나 전기자 전류가 모두 반대가 되므로, 회전 방향은 불
　　　　변이다.

4. 직류 직권전동기의 전원 극성을 반대로 하면 어떻게 되는가? [12]

① 회전 방향이 변하지 않는다.　　　　② 회전 방향이 변한다.
③ 속도가 증가된다.　　　　　　　　　④ 발전기로 된다.

[해설] 직류 직권전동기는 계자권선과 전기자권선이 직렬이므로, 전원 극성을 반대로 하면 전기자
　　　전류와 계자 전류의 방향이 모두 반대가 되어 회전 방향이 변하지 않는다.

[참고] 자속이나 전기자 전류 중 한 가지만 방향이 반대가 되면, 회전 방향도 반대가 된다.

5. 다음 중 전동기 회전 방향의 표준은?

① 풀리 (pulley) 있는 쪽에서 보아 시계 방향
② 풀리 반대쪽에서 보아 시계 방향
③ 단자 있는 쪽에서 보아 넘어오는 방향
④ 스위치 있는 쪽에서 보아 넘어오는 방향

[정답]　**1.** ③　**2.** ③　**3.** ④　**4.** ①　**5.** ②

2 직류전동기의 속도 제어

회전속도 제어 방법 3가지　　$N = K_1 \dfrac{V - I_a R_a}{\phi}$ [rpm]

① 계자 자속 ϕ를 변화
② 단자전압 V를 변화
③ 전기자 회로의 저항 R_a를 변화

∴ 셋 중 어느 하나를 변화시키면 된다.

(1) 계자제어 (field control)

계자 저항기 R_f 로 계자 전류 I_f를 조정하여 자속 ϕ를 변화시키는 방법이다.

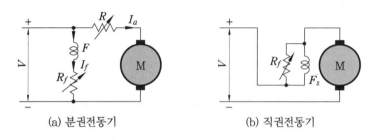

(a) 분권전동기   (b) 직권전동기

그림 2-1-23 전동기의 계자제어

(2) 저항제어 (rheostatic control)

전기자 회로에 직렬로 가변저항 R를 넣어 속도를 조정하는 방법으로, 간단하나 저항 손실이 많은 한편, 부하 변화에 따른 회전속도의 변동이 크다.

(3) 전압제어 (voltage control)

전기자에 가한 전압을 변화시켜서 회전속도를 조정하는 방법으로, 가장 광범위하고 효율이 좋으며 원활하게 속도 제어가 되는 방식이다.

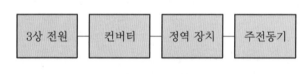

그림 2-1-24 흐름도

① 워드-레오나드 (Ward-Leonard) 방식과 정지 레오나드 (static Leonard) 방식

　㈎ 제철 공장의 압연기용 전동기 제어, 엘리베이터 제어, 공작기계, 신문 운전기 등에 쓰인다.

　㈏ 반도체 정류기를 사용한 정지 레오나드 방식은, 소형이고 효율이 높으며 가격도 저렴하다.

② 일그너 (Ilgner) 방식 : 유도전동기와 발전기와의 직결축에 큰 플라이휠 (fly wheel, FW) 을 붙여 부하가 갑자기 변할 때 출력의 변화를 줄이기 위한 방식이다.

③ 초퍼 제어 (chopper control) 방식 : 지하철 및 전철의 견인용 전동기의 속도 제어에 저항을 이용한 종래의 방식을, 이 초퍼 제어 방식으로 대치함으로써 종래 저항제어에서 발생하던 열이 없어지고 전력의 손실이 작아진다.

④ 직·병렬 제어(series parallel control) 방식

표 2-1-3 직류전동기의 속도 제어법의 특성 비교

전압제어	효율이 좋다.	광범위 속도 제어
		일그너 방식 (부하가 급변하는 곳)
		워드-레오나드 방식
		정토크 제어
계자제어	효율이 좋다.	세밀하고 안정된 속도 제어
		속도 조정 범위가 좁다.
		정출력 제어
저항제어	효율이 나쁘다.	속도 조정 범위가 좁다.

단원 예상문제

1. 직류전동기의 속도 제어 방법이 아닌 것은? [12, 15]
① 전압제어 ② 계자제어 ③ 저항제어 ④ 주파수 제어법

2. 직류전동기의 속도 제어법 중 전압 제어법으로서 제철소의 압연기, 고속 엘리베이터의 제어에 사용되는 방법은? [11]
① 워드 레오나드 방식 ② 정지 레오나드 방식
③ 일그너 방식 ④ 크래머 방식

3. 직류전동기의 속도 제어 방법 중 속도 제어가 원활하고 정토크 제어가 되며 운전 효율이 좋은 것은? [12]
① 계자제어 ② 병렬 저항제어
③ 직렬 저항제어 ④ 전압제어

4. 직류전동기의 전기자에 가해지는 단자전압을 변화하여 속도를 조정하는 제어법이 아닌 것은? [13, 17]
① 워드 레오나드 방식 ② 일그너 방식
③ 직·병렬 제어 ④ 계자제어

5. 직류 분권전동기에서 운전 중 계자권선의 저항을 증가하면 회전속도의 값은? [10, 15, 17]
① 감소한다. ② 증가한다. ③ 일정하다. ④ 관계없다.
해설 계자 저항을 증가시키면 계자 전류 I_f의 감소로 자속 ϕ가 감소하므로 속도 N은 반비례하여 증가하게 된다. $N = k\dfrac{E}{\phi}$ [rpm]

6. 직류전동기에서 무부하가 되면 속도가 대단히 높아져서 위험하기 때문에 무부하 운전이나 벨트를 연결한 운전을 해서는 안 되는 전동기는? [01, 04, 13, 17]

① 직권전동기   ② 복권전동기   ③ 타여자 전동기   ④ 분권전동기

[해설] 직류 직권전동기 벨트 운전 금지

     ㉠ 벨트 (belt)가 벗겨지면 무부하 상태가 되어 부하 전류 $I = 0$이 된다.

     ㉡ 속도 특성 $n = \dfrac{V - R_a I_a}{k_E \phi} = \dfrac{V - R_a I}{k_E k I}$

     ∴ 무부하 시 분모가 '0'이 되어 위험 속도로 회전하게 된다.

7. 직류 직권전동기의 벨트 운전을 금지하는 이유는? [06, 09, 11, 17]

① 벨트가 벗겨지면 위험 속도에 도달한다.

② 손실이 많아진다.

③ 벨트가 마모하여 보수가 곤란하다.

④ 직결하지 않으면 속도 제어가 곤란하다.

8. 직류전동기의 제어에 널리 응용되는 직류-직류전압 제어장치는? [13, 17]

① 인버터   ② 컨버터   ③ 초퍼   ④ 전파정류

[해설] 초퍼 (chopper)

     ㉠ 어떤 직류전압을 입력으로 하여 크기가 다른 직류를 얻기 위한 회로가 직류 초퍼 (DC chopper) 회로이다.

     ㉡ 지하철, 전철의 견인용 직류전동기의 속도 제어 등 널리 응용된다.

[참고] 인버터와 컨버터

     ㉠ 인버터 (inverter) : 전력용 반도체소자를 이용하여 직류를 교류로 변환하는 장치

     ㉡ 컨버터 (converter) : 교류전력을 직류전력으로 변환하는 장치

9. 직류전동기의 전기적 제동법이 아닌 것은? [03, 13]

① 발전 제동   ② 회생 제동   ③ 역전 제동   ④ 저항 제동

[해설] 직류전동기의 제동 방법 : ㉠ 발전 제동 ㉡ 역전 제동 (plugging) ㉢ 회생 제동

10. 직류전동기를 전원에 접속한 채로 전기자의 접속을 반대로 바꾸어 회전 방향과 반대 토크를 발생시켜 갑자기 정지 또는 역전시키는 방법을 무엇이라 하는가? [17]

① 발전 제동   ② 회생 제동   ③ 플러깅   ④ 마찰 제동

[해설] 플러깅 (plugging) : 역전 제동

     전동기를 전원에 접속한 상태로 전기자의 접속을 바꾸어, 회전 방향과 반대의 토크를 발생하여 급속히 정지시키는 방법이다. 이 방법을 플러깅 (plugging)이라 한다.

[정답] 1. ④   2. ①   3. ④   4. ④   5. ②   6. ①   7. ①   8. ③   9. ④   10. ③

1-8 직류기의 정격·효율

1 직류기의 정격 · 전압변동률과 속도 변동률

(1) 정격출력의 표시

정격(rating) : 일정한 조건하에서 기기의 사용 한도를 정한 것을 말한다. 정격에는 출력, 극수, 회전수, 전압, 연속 정격 등이 있으며, 기계의 명판(name plate)에 표시한다.

① 직류기의 정격출력은 [W], [kW]로 나타내며, 교류 기기의 용량은 [VA], [kVA]로 나타낸다.

② 기계적 출력을 가지는 기기의 정격출력은 [W], [kW] 또는 [HP]으로 나타낸다. (1 HP = 746 W)

(2) 전압변동률과 속도 변동률

① 전압변동률 (voltage regulation) → 발전기

정격 상태에서 정격전압 V_n, 무부하 전압 V_0일 때,

$$\epsilon = \frac{V_0 - V_n}{V_n} \times 100 \, \%$$

② 속도 변동률 (speed regulation) → 전동기

정격전압, 정격부하에서의 정격 회전수 N_n, 무부하 회전수 N_0일 때,

$$\epsilon' = \frac{N_0 - N_n}{N_n} \times 100 \, \%$$

단원 예상문제

1. 직류발전기의 정격전압 100 V, 무부하 전압 109 V이다. 이 발전기의 전압변동률 ϵ[%]은 얼마인가? [15]

① 1   ② 3   ③ 6   ④ 9

해설 $\epsilon = \dfrac{V_0 - V_n}{V_n} \times 100 = \dfrac{109 - 100}{100} \times 100 = 9 \, \%$

2. 무부하에서 119 V되는 분권 발전기의 전압변동률이 6 %이다. 정격 전부하 전압(V)은? [12]

① 110.2   ② 112.3   ③ 122.5   ④ 125.3

해설 $\epsilon = \dfrac{V_0 - V_n}{V_n} \times 100 \, \%$ $\therefore \; V_n = \dfrac{V_0}{1 + \epsilon} = \dfrac{119}{1 + 0.06} = 112.3 \, \text{V}$

3. 직류기에서 전압변동률이 (+) 값으로 표시되는 발전기는? [13, 17]

① 과복권 발전기   ② 직권 발전기

③ 평복권 발전기   ④ 분권 발전기

해설 전압변동률의 (+), (−)값

　㉠ (+)값 : 타여자, 분권 및 차동 복권 발전기

　㉡ (−)값 : 직권, 평복권, 과복권 발전기

4. 직류전동기에 있어 무부하일 때의 회전수 N_0 은 1200 rpm, 정격부하일 때의 회전수 N_n 은 1150 rpm이라 한다. 속도 변동률(%)은? [10, 17]

① 약 3.45   ② 약 4.16

③ 약 4.35   ④ 약 5.0

해설 속도 변동률 $\epsilon = \dfrac{N_o - N_n}{N_n} \times 100 = \dfrac{1200 - 1150}{1150} \times 100 ≒ 4.35\ \%$

5. 직류전동기에서 전부하 속도가 1500 rpm, 속도 변동률이 3 %일 때 무부하 회전 속도는 몇 rpm인가? [12]

① 1455   ② 1410

③ 1545   ④ 1590

해설 $\epsilon = \dfrac{N_0 - N_n}{N_n} \times 100\ \%$에서,

$N_0 = N_n \left(1 + \dfrac{\epsilon}{100} \right) = 1500 \left(1 + \dfrac{3}{100} \right) = 1545\ \text{rpm}$

정답   **1.** ④   **2.** ②   **3.** ④   **4.** ③   **5.** ③

❷ 직류기의 효율

(1) 효 율

출력과 입력과의 비로서, 실측 효율과 규약 효율이 있다.

① 실측 효율

$$\eta = \frac{출력}{입력} \times 100\% = \frac{P_0}{P_I} \times 100\ \%$$

② 규약 효율

(가) 발전기의 효율 $=\dfrac{출력}{출력+손실}\times 100\,\% = \dfrac{P_0}{P_0+P_l}\times 100\,\%$

(나) 전동기의 효율 $=\dfrac{입력-손실}{입력}\times 100\,\% = \dfrac{P_I-P_l}{P_I}\times 100\,\%$

단원 예상문제

1. 직류전동기의 규약 효율을 표시하는 식은 어느 것인가? [01, 07, 15]

① $\dfrac{출력}{입력}\times 100\,\%$

② $\dfrac{출력}{출력+손실}\times 100\,\%$

③ $\dfrac{입력-손실}{입력}\times 100\,\%$

④ $\dfrac{입력}{출력+손실}\times 100\,\%$

2. 500 V 분권전동기의 무부하 전류가 1 A이라면 입력 전류가 20 A일 때 효율은 약 몇 %인가?

① 85

② 90

③ 95

④ 99.5

해설 효율 $\eta = \dfrac{입력-손실}{입력}\times 100 = \dfrac{20-1}{20}\times 100 = 95\,\%$

3. 정격 200 V, 50 A인 전동기의 출력이 8000 W이다. 효율은 몇 %인가?

① 80

② 82

③ 85

④ 90

해설 효율 $=\dfrac{출력}{입력}\times 100 = \dfrac{8000}{200\times 50}\times 100 = 80\,\%$

4. 200 V, 20 kW 분권 직류발전기의 전부하 효율(%)은? (단, 손실은 1 kW이다.)

① 91.3 %

② 93.5 %

③ 95.2 %

④ 99.5 %

해설 효율 $\eta = \dfrac{출력}{입력}\times 100 = \dfrac{출력}{출력+손실}\times 100 = \dfrac{20}{20+1}\times 100 = 95.2\,\%$

정답 **1.** ③ **2.** ③ **3.** ① **4.** ③

Chapter 02 동기기

2-1 동기발전기의 원리, 구조, 권선법

3상 동기발전기(three-phase synchronous generator) : 수력발전소나 화력발전소에서 사용되는 발전기로 모두 3상이며, 동기속도라는 일정한 속도로 회전하므로 3상 동기발전기라 한다.

1 동기발전기의 원리

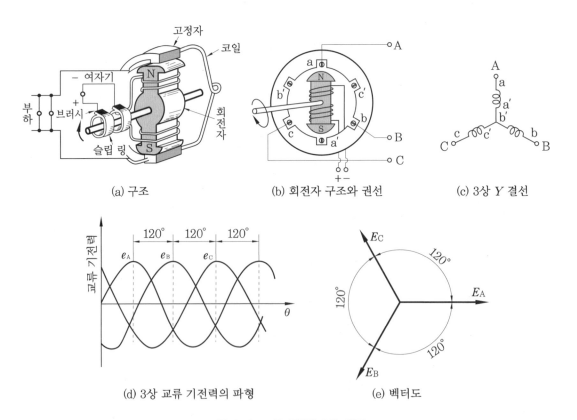

(a) 구조

(b) 회전자 구조와 권선

(c) 3상 Y 결선

(d) 3상 교류 기전력의 파형

(e) 벡터도

그림 2-2-1 동기발전기의 원리

(1) 교류의 발생

① 발전기는 전자유도 작용을 응용한 것으로, 그림과 같이 여자기로 슬립 링을 통하여 회전자의 계자권선에 직류를 가하면 계자는 N, S의 자극이 생긴다.

② 계자를 회전시키면 고정자 권선에 자속이 쇄교되어 **플레밍의 오른손 법칙**에 의한 교번 기전력이 발생한다.

(2) 동기속도 (synchronous speed)

① 교류발전기의 주파수 : $f = \dfrac{p}{2} \times \dfrac{N_s}{60} = \dfrac{p}{120} \cdot N_s$ [Hz] 여기서, p : 극수, f : 주파수 [Hz]

② 동기속도 : $N_s = \dfrac{120}{p} \cdot f$ [rpm] 여기서, N_s : 동기속도 [rpm]

(3) 극수와 회전수

① 극수가 p인 발전기에서는 1회전할 때마다 $\dfrac{p}{2}$ 사이클의 교류 기전력이 발생한다.

② 우리나라의 상용 주파수는 60 Hz이므로, 동기발전기도 이 주파수의 교류 기전력을 낸다.

표 2-2-1 극수와 회전수 ※ 동기속도 (rpm)

극수	2	4	6	8	10	12	16	20	24	32	48
동기속도	3600	1800	1200	900	720	600	450	360	300	225	150

(4) 유도기전력

① 전기자 도체 1개에 유도되는 기전력의 순싯값

$$e = vBl \text{ [V]}$$

여기서, B : 자속밀도 (Wb/m^2)
  l : 도체 유효 길이 (m)
  v : 이동속도 (m/s)

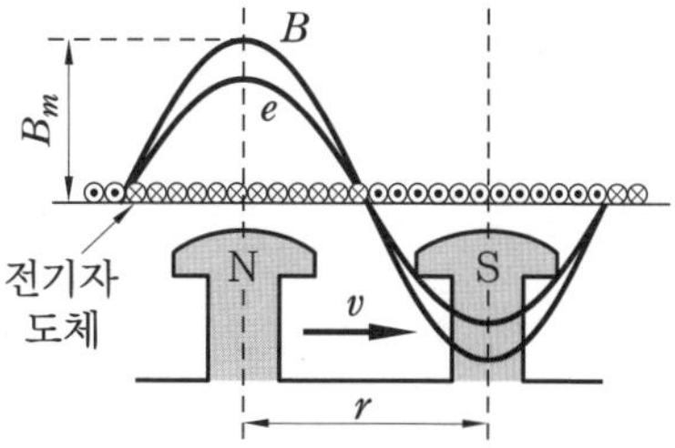

② 1상의 유도기전력

$$E = 4.44 \, kfn\phi = 4.44 \, k_d k_p f n \phi \text{ [V]}$$

여기서, k : 권선 계수 (0.9~0.95)
  f : 주파수
  ϕ : 1극의 자속 (Wb) n : 직렬로 접속된 코일의 권수
  k_d : 분포 계수 k_p : 단절 계수

③ 회전자의 주변 속도 : $v = \pi D \dfrac{N_s}{60}$ [m/s]

여기서, D : 회전자 지름 (m)

그림 2-2-2
유도기전력의 파형

단원 예상문제

1. 극수가 10, 주파수 50 Hz인 동기기의 매분 회전수(rpm)는 얼마인가? [04, 06, 10]

① 300　　　　　　② 400　　　　　　③ 500　　　　　　④ 600

해설 $N_s = \dfrac{120f}{p} = \dfrac{120 \times 50}{10} = 600 \text{ rpm}$

2. 주파수 60 Hz를 내는 발전용 원동기인 터빈발전기의 최고 속도(rpm)는? [06, 08, 12, 16]

① 1800　　　　　② 2400　　　　　③ 3600　　　　　④ 4800

해설 발전기의 최소 극수는 2극이다. ∴ 60 Hz 일 때, 최고 속도는 3600 rpm이 된다.

3. 60 Hz, 20000 kVA인 발전기의 회전수가 900 rpm 이라면 이 발전기의 극수는 얼마인가? [11, 15]

① 8극　　　　　　② 12극　　　　　③ 14극　　　　　④ 16극

해설 $p = \dfrac{120 \cdot f}{N_s} = \dfrac{120 \times 60}{900} = 8 \text{극}$

4. 동기속도 30 rps인 교류발전기 기전력의 주파수가 60 Hz가 되려면 극수는 얼마인가? [13]

① 2　　　　　　　② 4　　　　　　　③ 6　　　　　　　④ 8

해설 $N_s = 30 \times 60 = 1800 \text{ rpm}$ ∴ $p = \dfrac{120}{N_s} \cdot f = \dfrac{120}{1800} \times 60 = 4 \text{극}$

5. 극수 10, 동기속도 600 rpm인 동기발전기에서 나오는 전압의 주파수는 몇 Hz인가? [16]

① 50　　　　　　　② 60　　　　　　　③ 80　　　　　　　④ 120

해설 $f = \dfrac{N_s}{120} \cdot p = \dfrac{600}{120} \times 10 = 50 \text{ Hz}$

6. 회전자의 바깥 지름이 2 m인 50 Hz, 12극 동기발전기가 있다. 주변 속도는 얼마인가?

① 10 m/s　　　　② 20 m/s　　　　③ 40 m/s　　　　④ 50 m/s

해설 $v = \pi D \dfrac{N_s}{60} = 3.14 \times 2 \times \dfrac{500}{60} ≒ 52 \text{ m/s} \left(N_s = \dfrac{120}{p} \cdot f = \dfrac{120}{12} \times 50 = 500 \text{ rpm} \right)$

7. 1극의 자속 수가 0.060 Wb, 극수 4극, 회전속도 1800 rpm, 코일의 권수가 100인 동기발전기의 실횻값은 몇 V인가? (단, 권선 계수는 0.96이다.)

① 1500　　　　　② 1535　　　　　③ 1570　　　　　④ 1600

해설 $E = 4.44 \, k f n \phi = 4.44 \times 0.96 \times 60 \times 100 \times 0.06 = 1535 \text{ V} \left(f = \dfrac{N_s \, p}{120} = \dfrac{1800 \times 4}{120} = 60 \text{ Hz} \right)$

정답 **1.** ④　**2.** ③　**3.** ①　**4.** ②　**5.** ①　**6.** ④　**7.** ②

2 동기발전기의 종류와 구조

(1) 회전자형에 따른 분류

① 회전 계자형(revolving field type)

㈎ 전기자를 고정자, 계자를 회전자로 하는 일반 전력용 3상 동기발전기이다.

㈐ 전기자가 고정자이므로, 고압 대전류용에 좋고 절연이 쉽다.

㈑ 계자가 회전자이지만 저압 소용량의 직류이므로 구조가 간단하다.

② 회전 전기자형(revolving-armature type) : 전기자가 회전자, 계자가 고정자이며 특수한 소용량기에만 쓰인다.

③ 유도자형(inductor type) : 계자와 전기자를 고정자로 하고, 유도자를 회전자로 한 것으로 고조파 발전기에 쓰인다.

(2) 원동기에 따른 분류

① 수차발전기(water-wheel generator)

② 터빈발전기(turbine generator)

표 2-2-2 수차발전기와 터빈발전기의 비교

발전기 명칭	원동기	극수 – 회전속도	계자 형태	냉각 방법	기타 특성
수차발전기	수차	6극 이상 저속 회전	철극형	공기 냉각 폐쇄 통풍형	단락비가 큰 철 기계 수직 (종) 축
터빈발전기	터빈	2~4극 고속 회전	원통형	수소 냉각 폐쇄 풍도 순환형	단락비가 작은 동 기계 수평 (횡) 축

(3) 수차발전기의 구조

① 고정자

㈎ 고정자 프레임과 고정자 철심 : 전기자 철심은 규소강판을 고정자 프레임(frame)의 안쪽에 포개서 성충한 것이다.

㈐ 전기자 코일 : 형권의 다이아몬드형 2층권이 주로 쓰인다.

② 회전자 : 수차발전기의 회전자는 철극형(salient pole)을 사용하며, 1.6~3.2 mm의 연강판을 성충하여 붙인다.

③ 우산형(umbrella type) 발전기

㈎ 수차발전기는 세로축 발전기로 보통형과 우산형이 있다.

㈐ 우산형은 저속 (저낙차) 대용량기이다.

(4) 터빈발전기의 구조

① 고정자 : 철손을 작게 하기 위하여 수차발전기보다 철손이 작은 규소강판을 사용한다.

② 회전자 : 원통형 자극(cylindrical pole)으로 하고, 회전자 철심과 회전자 축은 특수강을 써서 한 덩어리로 만든다.

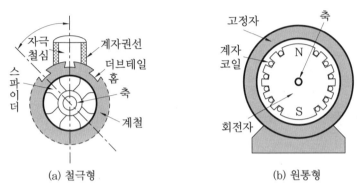

(a) 철극형   (b) 원통형

그림 2-2-3 동기발전기의 구조

단원 예상문제

1. 보통 회전 계자형으로 하는 전기기계는 어느 것인가?

① 직류발전기   ② 회전변류기   ③ 동기발전기   ④ 유도발전기

2. 동기발전기 중 회전 계자형 발전기의 설명으로 타당성이 적은 것은? [01]

① 고전압 대전류용으로 적당하다.
② 계자 회로는 구조가 간단하다.
③ 계자 회로는 고전압 대용량의 직류회로이다.
④ 동기발전기는 대부분 회전 계자형이다.

[해설] 계자 회로는 저압 소용량의 직류회로이다.

3. 동기발전기를 회전 계자형으로 하는 이유가 아닌 것은? [14]

① 고전압에 견딜 수 있게 전기자권선을 절연하기가 쉽다.
② 전기자 단자에 발생한 고전압을 슬립 링 없이 간단하게 외부 회로에 인가할 수 있다.
③ 기계적으로 튼튼하게 만드는 데 용이하다.
④ 전기자가 고정되어 있지 않아 제작 비용이 저렴하다.

[해설] 회전 계자형 : 전기자가 고정자이므로, 고압 대전류용에 좋고 절연이 쉽다.

4. 우산형 발전기의 용도는? [06, 12]

① 저속도 대용량기   ② 고속도 대용량기
③ 저속도 소용량기   ④ 고속도 소용량기

[해설] 우산형(umbrella type) 발전기 : 저속(저낙차) 대용량기이다.

5. 여자기라 함은? [01]

① 발전기의 속도를 일정하게 하기 위한 것
② 부하 변동을 방지하는 것
③ 직류전류를 공급하는 것
④ 주파수를 조정하는 것

정답 1. ③   2. ③   3. ④   4. ①   5. ③

3 전기자 권선법과 권선 계수

(1) 집중권과 분포권

① 집중권 : 1극 1상당의 홈(slot) 수가 1개인 권선법이다.

② 분포권 : 1극 1상당의 홈 수가 2개 이상인 권선법으로, 집중권에 비하여 유도기전력이 감소한다.

③ 분포 계수

㈎ 분포권일 때의 유도기전력의 감소 비율로서 0.96 정도이다.

㈏ 집중권에 비하여 전기자 철심의 이용률이 좋고 기전력의 파형 개선, 누설 리액턴스 감소, 냉각 효과가 좋으나 유도기전력이 감소한다.

(2) 전절권과 단절권

① 전절권 : 코일 피치와 자극 피치가 같은 권선법이다.

② 단절권

㈎ 코일 피치가 자극 피치보다 작은 권선법이다.

㈏ 전절권에 비하여 파형(고조파 제거) 개선, 코일 단부 단축, 동량 감소 및 기계 길이가 단축되지만, 유도기전력이 감소한다.

③ 유도기전력 : $E = 4.44 \, k_w \, fN\phi$ [V]   • 권선 계수 : k_w

(3) 전기자 코일의 접속법

① 접속 방법에는 직류기와 같이 중권, 파권 및 쇄권이 있다.

② 일반적으로 동기기는 2층권의 중권으로 감는다.

(4) 기전력의 파형

① 자극면의 모양과 공극의 길이를 적당히 길게 하여, 자속밀도 분포를 사인파형이 되도록 한다.

② 전기자권선을 분포권과 단절권으로 하여, 유도기전력의 파형을 사인파형이 되도록 한다.

(5) 상간 접속

상간 접속은 주로 성형 (Y 결선) 또는 2중 성형으로 하며, 다음과 같은 장점이 있다.
① 중성점 이용이 가능하며, 선간전압이 $\sqrt{3}$ 배가 된다.
② 절연이 용이하며, 선간전압에 제3고조파가 나타나지 않는다.

단원 예상문제

1. 1상분의 코일이 모두 모이게 감겨 있는 권선을 무엇이라 하는가?
　① 개로권　　　　② 분포권　　　　③ 집중권　　　　④ 환상권

2. 동기발전기의 권선을 분포권으로 하면 어떻게 되는가? [07]
　① 집중권에 비하여 합성 유도기전력이 높아진다.
　② 권선의 리액턴스가 커진다.
　③ 파형이 좋아진다.
　④ 난조를 방지한다.
　[해설] 분포권의 권선 특징(집중권에 비하여)
　　　ⓐ 유도기전력이 감소한다.　　ⓑ 고조파가 감소하여 파형이 좋아진다.
　　　ⓒ 권선의 누설 리액턴스가 감소한다.　ⓓ 냉각 효과가 좋다.

3. 6극 36슬롯 3상 동기발전기의 매극 매상당 슬롯 수는? [13, 16]
　① 2　　　　② 3　　　　③ 4　　　　④ 5
　[해설] 1극 1상당의 홈 (slot) 수 : $q = \dfrac{\text{총 홈 수}}{\text{극수} \times \text{상수}} = \dfrac{36}{6 \times 3} = 2$개

4. 동기기의 전기자 권선법이 아닌 것은? [05, 08, 14, 17]
　① 분포권　　　　② 2층권　　　　③ 전절권　　　　④ 중권
　[해설] 전절권은 단절권에 비하여 단점이 많아 사용하지 않는다.

5. 동기발전기의 전기자권선을 단절권으로 하면? [06, 15]
　① 고조파를 제거한다.　　　　　② 절연이 잘 된다.
　③ 역률이 좋아진다.　　　　　　④ 기전력을 높인다.
　[해설] 단절권은 전절권에 비해서 고조파를 제거하여 파형이 좋아진다. 단, 유도기전력은 감소된다.

6. 단절권에 대한 설명이 아닌 것은?
　① 기전력의 파형이 좋아진다.　　② 접속선의 길이가 짧아진다.
　③ 구리선이 절약된다.　　　　　④ 기계의 치수를 늘릴 수 있다.

7. 3상 동기발전기의 상간 접속을 Y 결선으로 하는 이유 중 잘못된 것은? [04, 16]

① 중성점을 이용할 수 있다.

② 같은 선간전압의 결선에 비하여 절연이 어렵다.

③ 선간전압이 상전압의 $\sqrt{3}$ 배가 된다.

④ 선간전압에 제 3 고조파가 나타나지 않는다.

정답 **1.** ③ **2.** ③ **3.** ① **4.** ③ **5.** ① **6.** ④ **7.** ②

2-2 동기발전기 이론과 특성

3상 전류와 회전자장 : 3상 동기기가 회전하면 전기자에 기전력이 유도되며, 부하를 걸면 3상 전류가 흘러 전기자에 회전자장이 생긴다.

1 전기자반작용

직류기와 같이 전기자 자속 (회전자장)이 계자 자속에 영향을 주는 현상으로, 역률 (부하의 종류 – 위상차)에 따라 그 작용이 달라진다.

표 2-2-3 동기발전기의 전기자반작용

반작용	작용	위상	역률	부하
가로축 (횡축)	교차 자화 작용	동상	1	저항 (R)
직축 (자극축과 일치)	감자 작용	지상 (90° 늦음 – 전류 뒤짐)	0	유도성 (X_L)
	증자 작용	진상 (90° 빠름 – 전류 앞섬)	0	용량성 (X_C)

(1) 교차 자화 작용 (cross magnetizing action)

① 역률 1일 때의 반작용으로, 가로축 (횡축) 반작용이라고도 한다.

② 공극에 있어서 자속 분포가 일그러짐 (편자 현상)이 생긴다.

③ 파형의 일그러짐이 생긴다.

(2) 직축 반작용 (direct axis reaction)

역률 0일 때의 반작용으로 전압이 0일 때 전류가 최대이며, 도체 사이에 자극이 있는 순간으로 회전자장의 축과 자극의 축이 일치한다.

① 감자 작용 : 역률이 0인 인덕턴스 부하, 즉 역률각이 90° 늦을 때에는 회전 자속 (반작용 자속)이 역방향으로 되어 감자 작용을 한다.

② 증자 작용 : 역률이 0인 커패시턴스 부하, 즉 역률각이 90° 앞설 때에는 회전 자속과 자극축이 일치하여 증자 작용을 한다.

1. 동기발전기의 전기자반작용 현상이 아닌 것은?[12]

① 포화 작용　　② 증자 작용　　③ 감자 작용　　④ 교차 자화 작용

2. 동기발전기의 전기자반작용에서 역률이 1인 경우에 일어나는 현상은?

① 편자 작용　　② 자화 작용　　③ 교차 자화 작용　　④ 감자 작용

3. 3상 교류발전기의 기전력에 대하여 $\frac{\pi}{2}$[rad] 뒤진 전기자 전류가 흐르면 전기자반작용은 어떻게 되는가? [01, 02, 11, 16]

① 횡축 반작용으로 기전력을 증가시킨다.
② 교차 자화 작용으로 기전력을 감소시킨다.
③ 감자 작용을 하여 기전력을 감소시킨다.
④ 증가 작용을 하여 기전력을 증가시킨다.

해설 표 2-2-3 참조

4. 3상 교류발전기의 기전력에 대하여 90° 늦은 전류가 통할 때의 반작용 기자력은 어느 것인가? [01, 05, 07, 15]

① 자극축보다 90° 빠른 증자 작용　　② 자극축과 일치하고 감자 작용
③ 자극축보다 90° 늦은 감자 작용　　④ 자극축과 직교하는 교차 자화 작용

5. 다음 중 전기자반작용에 대한 설명으로 틀린 것은?

① 동상일 때 횡축 반작용
② 부하 전류가 90° 앞설 때는 직축 반작용
③ 전압보다 90° 늦은 전류는 계자 자속 감소
④ 전압보다 90° 뒤질 때는 횡축 반작용

6. 3상 동기발전기에서 전기자 전류가 무부하 유도기전력보다 $\frac{\pi}{2}$[rad] 앞서 있는 경우에 나타나는 전기자반작용은? [11, 13, 14, 17]

① 증자 작용　　② 감자 작용　　③ 교차 자화 작용　　④ 편자 작용

7. 3상 교류발전기의 기전력에 대하여 90° 늦은 전류가 통할 때의 반작용 기자력은? [15, 16, 17]

① 자극축과 일치하고 감자 작용　　② 자극축보다 90° 빠른 증자 작용
③ 자극축보다 90° 늦은 감자 작용　　④ 자극축과 직교하는 교차 자화 작용

8. 동기발전기의 전기자반작용에 대한 설명으로 틀린 사항은? [11]

① 전기자반작용은 부하 역률에 따라 크게 변화된다.

② 전기자 전류에 의한 자속의 영향으로 감자 및 자화 현상과 편자 현상이 발생된다.

③ 전기자반작용의 결과 감자 현상이 발생될 때 반작용 리액턴스의 값은 감소된다.

④ 계자 자극의 중심축과 전기자 전류에 의한 자속이 전기적으로 90°를 이룰 때 편자 현상이 발생된다.

[해설] 감자 현상이 발생될 때 반작용 리액턴스의 값은 증가된다.

[정답] 1. ① 2. ③ 3. ③ 4. ② 5. ④ 6. ① 7. ① 8. ③

2 동기발전기의 등가회로

(1) 전기자반작용 리액턴스 (armature reaction reactance) : x_a

① 전기자반작용에 의한 증자, 감자 작용은 기전력을 증감시킨다.

② 전류와는 90° 위상차가 있으므로, 그 크기를 리액턴스 x_a로 나타내고 이를 반작용 리액턴스라 한다.

$$\dot{V} = \dot{E} - \dot{V}_x = \dot{E} - jx_a\dot{I}\ \text{[V]}$$

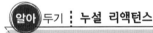 **알아두기 ⋮ 누설 리액턴스**

전기자 전류에 의한 자속 중 전기자권선과 쇄교하고 계자 자속에는 영향을 주지 않는 것으로 권선에서 역기전력을 발생, 전압강하의 요인이 된다.

(2) 전기자 누설 리액턴스 (armature leakage reactance) : x_l

① 누설자속에 의한 권선의 유도성 리액턴스 $x_l = \omega L$을 누설 리액턴스라 한다.

② 돌발 (순간) 단락전류를 제한한다.

(3) 동기 리액턴스와 동기 임피던스

① 동기 리액턴스 (synchronous reactance) : $x_s = x_a + x_l$ [Ω]

영구 (지속) 단락전류를 제한한다.

② 동기 임피던스 (synchronous impedance) : $\dot{Z}_s$

$$\dot{Z}_s = r_a + jx_s = r_a + j(x_l + x_a)$$

$$Z_s = \sqrt{{r_a}^2 + {x_s}^2} = \sqrt{{r_a}^2 + (x_l + x_a)^2}$$

※ 실용상 $r_a \ll x_s$ ∴ $Z_s \fallingdotseq x_s$

여기서, r_a : 전기자 저항 $\qquad x_s$: 동기 리액턴스

x_a : 전기자반작용 리액턴스 $\quad x_l$: 전기자 누설 리액턴스

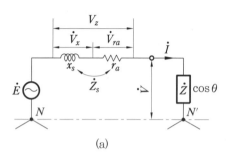

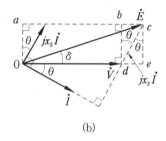

(a) (b)

그림 2-2-4 동기발전기의 등가회로·벡터도

3 동기발전기의 출력

(1) 동기발전기의 1상당 출력과 부하각

① 1상의 출력 : $P_s = VI\cos\theta = \dfrac{EV}{x_s}\sin\delta$ [W] (r_a 를 무시하면 $\dot{Z}_s = r_a + jx_s \fallingdotseq jx_s$)

② 부하각(load angle) : $\delta = \dot{V}$, $\dot{E}$ 의 위상차

(2) 3상 전력의 표시

① 3상 전력 : $P = 3P_s = 3\dfrac{EV}{x_s}\sin\delta = \dfrac{E_l V_l}{x_s}\sin\delta$ [W]

② 그림 2-2-5과 같이 부하각 $\delta = 90°$ 에서 최대 전력이며, 실제 δ 는 45°보다 작고 20° 부근이다.

$$P = P_m = \dfrac{E_l V_l}{x_s}\text{ [W]}$$

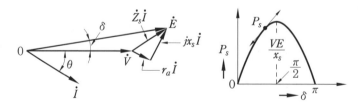

그림 2-2-5 출력과 부하각 특성

4 동기발전기의 특성

(1) 무부하 포화 곡선과 포화율

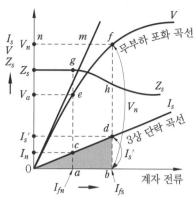

① 정격속도 무부하에서 계자 전류 I_f를 증가시킬
때 무부하 단자전압 V의 변화 곡선을 말하며,
철심의 B−H곡선, $\phi-I_f$ 곡선과 같다.

② 포화율 : $\delta = \dfrac{\overline{fm}}{\overline{nm}}$ (포화의 정도를 나타낸다.)

(2) 단락 곡선 (short circuit curve)

그림 2-2-6 동기발전기의 특성곡선

정격속도에서 3상을 단락하고 계자 전류 I_f를 증가시킬 때 단락전류 I_s의 변화 곡선으로
전류가 크므로, 반작용 감자 작용으로 철심의 포화가 없이 그림과 같이 직선이 된다.

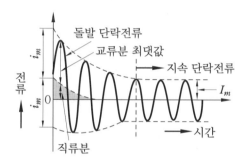

그림 2-2-7 돌발·지속 단락전류

(3) 지속 단락전류 : I_s

① 동기 리액턴스 x_s로 제한된다. → $I_s = \dfrac{V}{\sqrt{3}\,x_s}$ [A]   ($Z_s \fallingdotseq x_s$)

② 정격전류의 1~2배 정도 된다.

(4) 3상 돌발 단락전류

① 정격전압, 정격속도로 무부하 운전 시 돌발 단락하면 순간에 누설 리액턴스 x_l 만으로
제한되므로 매우 큰 전류가 과도적으로 흐른다. 단, 수 Hz 후에 반작용이 나타나므로
그림과 같이 지속 단락전류로 된다.

$$I_s{}' = \dfrac{V}{\sqrt{3}\,x_l}\ [\text{A}]$$

② 한류 리액터 (current limiting reactor) : 전기자 누설 리액턴스가 작은 발전기에서는 전
기자 회로에 직렬로 공심의 리액턴스 코일을 넣어 돌발 단락전류를 제한할 때가 있다.
이것을 한류 리액터라 한다.

1. 동기발전기의 돌발 단락전류를 주로 제한하는 것은? [05, 06, 07, 08, 09, 11]

① 동기 리액턴스　② 누설 리액턴스　③ 권선 저항　　④ 역상 리액턴스

해설 돌발 단락전류 : 그림 2-2-7 돌발·지속 단락전류 참조

2. 비돌극형 동기발전기의 단자전압(1상)을 V, 유도기전력(1상)을 E, 동기 리액턴스를 x_s, 부하각을 δ 라고 하면, 1상의 출력(W)은? (단, 전기저항 등은 무시한다.) [05, 09, 11]

① $\dfrac{EV}{x_s}\sin\delta$　② $\dfrac{E^2}{2x_s}\cos\delta$　③ $\dfrac{EV}{x_s}\cos\delta$　④ $\dfrac{E^2}{2x_s}\sin\delta$

3. 동기발전기에서 비돌극기의 출력이 최대가 되는 부하각(power angle)은? [14]

① 0°　　② 45°　　③ 90°　　④ 180°

해설 그림 2-2-5 출력과 부하각 특성 참조

4. 동기발전기의 3상 단락 곡선은 무엇과 무엇의 관계 곡선인가? [04, 06]

① 계자 전류와 단락전류　　② 정격전류와 계자 전류
③ 여자전류와 계자 전류　　④ 정격전류와 단락전류

해설 3상 단락 곡선 : 그림 2-2-6에서,
　• x 축 : 계자 전류 (I_f)　• y 축 : 단락전류 (I_s)

5. 동기발전기의 무부하 포화 곡선을 나타낸 것이다. 포화 계수에 해당하는 것은? [11]

① $\dfrac{ob}{oc}$

② $\dfrac{bc'}{bc}$

③ $\dfrac{cc'}{bc'}$

④ $\dfrac{cc'}{bc}$

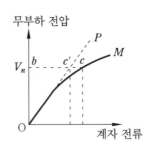

해설 무부하 포화 곡선 (그림 2-2-9 참조)
　㉠ 무부하 유기 기전력과 계자 전류와의 관계 곡선이다.
　　㈎ $\overline{OM}$: 포화 곡선　㈏ $\overline{OP}$: 공극선 (air gap line)
　㉡ 점 b 가 정격전압 (V_n)에 상당하는 점이 될 때, 포화의 정도를 표시하는 계수는 포화 계수
　　$\delta=\dfrac{cc'}{bc'}$

정답 1. ② 2. ① 3. ③ 4. ① 5. ③

5 동기 임피던스와 단락비

(1) 동기 임피던스의 계산

① 정격전압 V_n에서, 철심이 포화되면 V_n이 감소하여 Z_s가 감소한다.

② 동기 임피던스 : $Z_s = \sqrt{{x_s}^2 + {r_a}^2} = \dfrac{E_n}{I_s} = \dfrac{V_n}{\sqrt{3}\,I_s}$ [Ω]

> 여기서, E_n : 유기 기전력 (V) I_s : 단락전류 (A)

③ % 동기 임피던스 : $z_s{}' = \dfrac{Z_s I_n}{E_n} \times 100 = \dfrac{I_n}{I_s} \times 100$ [%]

> 여기서, $Z_s I_n$: 임피던스 강하 E_n : 정격 유도기전력

⑺ 수차기 : 110 %   ⑼ 터빈기 : 90 % 정도

(2) 단락비 (short circuit ratio) : K_s

① 지속 단락전류 $I_s{}'$와 정격전류 I_n의 비로서, 무부하 포화 곡선과 3상 단락 곡선을 보면 다음과 같다.

$$K_s = \frac{\text{무부하에서 정격전압을 유지하는 데 필요한 계자 전류}}{\text{정격전류와 같은 단락전류를 흘려 주는 데 필요한 계자 전류}}$$

$$= \frac{I_{fs}}{I_{fn}} = \frac{I_s{}'}{I_n} = \frac{100}{z_s}$$

② % 동기 임피던스 : $z_s{}' = \dfrac{I_n}{I_s{}'} \times 100 = \dfrac{1}{K_s} \times 100$ % → 단락비 K_s 역수를 %로 나타낸 것과 같다.

③ 단락비는 동기기의 특성을 결정하는 중요한 상수의 하나이다.

⑺ 수차발전기 : 0.9~1.2

⑼ 터빈발전기 : 0.6~1.0

표 2-2-3 특성 비교

단락비가 작은 동기기	단락비가 큰 동기기
공극이 좁고 계자 기자력이 작은 동 기계이다. (터빈Ge.)	공극이 넓고 계자 기자력이 큰 철 기계이다. (수차Ge.)
동기 임피던스가 크며, 전기자반작용이 크다.	동기 임피던스가 작으며, 전기자반작용이 작다.
전압변동률이 크고, 안정도가 낮다.	전압변동률이 작고, 안정도가 높다.
기계의 중량이 가볍고 부피가 작으며, 고정 손이 작아 효율이 좋다.	기계의 중량과 부피가 크며 (값이 비싸다), 고정 손 (철, 기계 손)이 커서 효율이 나쁘다.

단원 예상문제

1. 교류발전기의 동기 임피던스는 철심이 포화하면 어떻게 되는가? [03]

① 증가한다.   ② 증가·감소가 불분명하다.

③ 관계없다.   ④ 감소한다.

[해설] 정격전압 V_n에서, 철심이 포화되면 V_n이 감소하여 Z_s가 감소한다.

2. 단락비가 1.25인 동기발전기의 % 동기 임피던스는? [02, 07, 08, 13, 17]

① 70 %   ② 80 %   ③ 90 %   ④ 125 %

[해설] $Z_s{}' = \dfrac{1}{K_s} \times 100 = \dfrac{1}{1.25} \times 100 = 80 \, \%$

3. 정격이 10000 V, 500 A, 역률 90 %의 3상 동기발전기의 단락전류 $I_s [A]$는? (단, 단락비는 1.3으로 하고, 전기자 저항은 무시한다.) [15]

① 450   ② 550   ③ 650   ④ 750

[해설] 단락전류 $I_s = I_n \times k_s = 500 \times 1.3 = 650 \, A$

4. 동기발전기는 단락비가 클수록 전압변동률이 어떻게 되는가?

① 커진다.   ② 작아진다.

③ 불변   ④ 부하 역률에 따라 다르다.

5. 단락비가 큰 동기기는? [03, 06, 08, 12]

① 안정도가 높다.   ② 기계가 소형이다.

③ 전압변동률이 크다.   ④ 반작용이 크다.

6. 단락비가 큰 동기발전기에 대한 설명으로 틀린 것은? [16]

① 단락전류가 크다.   ② 동기 임피던스가 작다.

③ 전기자반작용이 크다.   ④ 공극이 크고 전압변동률이 작다.

7. 동기발전기의 공극이 넓을 때의 설명으로 잘못된 것은? [13]

① 안정도 증대   ② 단락비가 크다.

③ 여자전류가 크다.   ④ 전압 변동이 크다.

[해설] 동기발전기의 공극이 넓을 때
     ㉠ 단락비가 크다. ㉡ 전압변동률이 작고, 안정도가 높다. ㉢ 여자전류가 크다.

[정답] 1. ④   2. ②   3. ③   4. ②   5. ①   6. ③   7. ④

6 외부 특성곡선과 전압변동률

(1) 외부 특성곡선

부하 전류 I 가 변할 때, 단자전압 V 의 변화 곡선으로 전압 변동을 알 수 있다.

(2) 전압변동률 : ϵ [%]

① 동기발전기의 정격 단자전압을 V_n, 무부하 단자전압을 V_0 라 하면

$$\epsilon = \frac{V_0 - V_n}{V_n} \times 100 \%$$

② 전압변동률은 작을수록 좋으며, 변동이 작은 발전기는 동기 리액턴스가 작고 단락비가 큰 기계가 되어 비싸다.

단원 예상문제

1. 동기발전기의 역률 및 계자 전류가 일정할 때 단자전압과 부하 전류와의 관계를 나타내는 곡선은? [01]

① 단락 특성곡선　② 외부 특성곡선　③ 토크 특성곡선　④ 전압 특성곡선

2. 동기발전기의 외부 특성곡선은 가로축을 무엇으로 한 곡선인가?

① 전압　　② 전류　　③ 역률　　④ 주파수

3. 전압변동률 ε 의 식은? (단, 정격 전압 V_n [V], 무부하 전압 V_0 [V]이다.) [16, 17]

① $\varepsilon = \frac{V_0 - V_n}{V_n} \times 100 \%$　　② $\varepsilon = \frac{V_n - V_0}{V_n} \times 100 \%$

③ $\varepsilon = \frac{V_n - V_0}{V_0} \times 100 \%$　　④ $\varepsilon = \frac{V_0 - V_n}{V_0} \times 100 \%$

4. 정격전압 220 V의 동기발전기를 무부하로 운전하였을 때의 단자전압이 253 V이었다. 이 발전기의 전압변동률은? [10]

① 13 %　　② 15 %　　③ 20 %　　④ 33 %

[해설] $\epsilon = \frac{V_o - V_n}{V_n} \times 100 = \frac{253 - 220}{220} \times 100 = 15 \%$

정답 1. ②　2. ②　3. ①　4. ②

7 자기 여자 (self excitation) · 안정도

(1) 자기 여자 방지법

① 발전기를 여러 대 병렬로 접속한다.

② 수전단에 동기조상기를 접속한다.

③ 송전 선로의 수전단에 변압기를 접속한다.

④ 단락비가 큰 발전기를 사용한다.

⑤ 수전단에 리액턴스를 병렬로 접속한다. 단, 리액턴스는 부하가 늘면 선로에서 분리하여야 한다.

(2) 안정도 증진법

① 속응 여자 방식을 채용한다.

② 조속기의 동작을 신속히 한다.

③ 동기 리액턴스를 작게 한다.

④ 플라이휠 효과를 크게 한다.

⑤ 회전자의 관성을 크게 한다.

⑥ 단락비를 크게 한다.

8 효율 · 손실

(1) 규약 효율

① 발전기의 효율 $\eta_G = \dfrac{출력}{출력+손실} \times 100 = \dfrac{Q}{Q+L} \times 100\,\%$

② 전동기의 효율 $\eta_M = \dfrac{입력-손실}{입력} \times 100 = \dfrac{P-L}{P} \times 100\,\%$

(2) 손실 (loss)

① 고정 손 (무부하 손)

　㈎ 기계 손 (마찰 손 + 풍손)

　㈏ 철손 (히스테리시스 손 + 맴돌이전류 손)

② 가변 손 (부하 손)

　㈎ 브러시의 전기 손

　㈏ 계자권선의 저항손

　㈐ 전기자권선의 저항손

단원 예상문제

1. 동기기의 자기 여자 현상의 방지법이 아닌 것은? [05, 07]

① 단락비 증대   ② 리액턴스 접속

③ 발전기 직렬연결   ④ 변압기 접속

2. 동기기 중 안정도 증진법으로 틀린 것은? [15]

① 전기자 저항 감소   ② 관성효과 증대

③ 동기 임피던스 증대   ④ 속응 여자 채용

3. 동기기의 과도 안정도를 증가시키는 방법이 아닌 것은? [17]

① 회전자의 플라이휠 효과를 작게 한다.

② 동기 리액턴스를 작게 한다.

③ 속응 여자 방식을 채용한다.

④ 발전기의 조속기 동작을 신속하게 한다.

4. 34극 60 MVA, 역률 0.8, 60 Hz, 22.9 kV 수차발전기의 전부하 손실이 1600 kW이면 전부하 효율(%)은? [15]

① 90   ② 95

③ 97   ④ 99

해설 출력 $= 60 \times 10^3 \times 0.8 = 48 \times 10^3 [\text{kW}]$

$\therefore \eta = \dfrac{\text{출력}}{\text{출력} + \text{손실}} \times 100 = \dfrac{48 \times 10^3}{48 \times 10^3 + 1600} \times 100 = 96.77\ \%$

5. 동기기의 손실에서 고정 손에 해당되는 것은? [16]

① 계자 철심의 철손   ② 브러시의 전기 손

③ 계자권선의 저항손   ④ 전기자권선의 저항손

6. 동기기 손실 중 무부하 손(no load loss)이 아닌 것은? [16]

① 풍손   ② 와류손

③ 전기자 동손   ④ 베어링 마찰 손

정답   1. ③   2. ③   3. ①   4. ③   5. ①   6. ③

2-3 동기발전기 병렬 운전

1 병렬 운전 조건·원동기에 필요한 조건

(1) 병렬 운전 조건

표 2-2-4 병렬 운전 조건

병렬 운전의 필요조건	운전 조건이 같지 않을 경우의 현상	비 고
유도기전력의 크기가 같을 것	무효 순환 전류가 흐른다. (권선에 열 발생)	계자 조정
상회전이 일치하고, 기전력의 위상이 같을 것	동기화 전류가 흐른다. (유효 횡류가 흐른다).	원동기 속도 조정
기전력의 주파수가 같을 것	단자전압이 진동하고 출력이 주기적으로 요동하며 권선이 가열된다. (난조의 원인이 된다.)	원동기 속도 조정
기전력의 파형이 같을 것	고조파 무효 순환 전류가 흘러 과열 원인이 된다.	

(2) 병렬 운전 시 원동기에 필요한 조건

① 균일한 각속도 : 플라이휠(flywheel)을 설치하여야 한다.

② 적당한 속도 조정률을 가져야 한다.

단원 예상문제

1. 동기발전기의 병렬 운전에 필요한 조건이 아닌 것은? [05, 06, 07 08, 12, 16]

① 유기 기전력의 주파수가 같을 것   ② 유기 기전력의 크기가 같을 것
③ 유기 기전력의 용량이 같을 것   ④ 유기 기전력의 위상이 같을 것

해설 동기발전기의 병렬 운전 조건(표 2-2-4 참조)

2. 동기발전기의 병렬 운전에서 기전력의 크기가 다를 경우 나타나는 현상은? [15]

① 주파수가 변한다.   ② 동기화 전류가 흐른다.
③ 난조 현상이 발생한다.   ④ 무효 순환 전류가 흐른다.

3. 동기발전기의 병렬 운전 중 기전력의 크기가 다를 경우 나타나는 현상이 아닌 것은? [16]

① 권선이 가열된다.   ② 동기화 전력이 생긴다.
③ 무효 순환 전류가 흐른다.   ④ 고압 측에 감자 작용이 생긴다.

해설 동기화 전력은 기전력의 위상이 다를 때 발생한다.

4. 동기 임피던스 5 Ω 인 2대의 3상 동기발전기의 유도기전력에 100 V의 전압 차이가 있다면 무효 순환 전류는? [10, 13]

① 10 A ② 15 A
③ 20 A ④ 25 A

해설 3상 동기발전기의 병렬 운전 – 무효 순환 전류

발전기 A, B 2대의 기전력의 위상은 일치하고 크기만 다를 때,

무부하의 경우 무효 순환 전류 : $\dot{I_c} = \dfrac{\dot{E_a} - \dot{E_b}}{2Z_s} = \dfrac{V_{12}}{2Z_s} = \dfrac{100}{2 \times 5} = 10$ A

5. 동기기를 병렬 운전할 때 순환(동기화) 전류가 흐르는 원인은? [16, 17]

① 기전력의 저항이 다른 경우 ② 기전력의 위상이 다른 경우
③ 기전력의 전류가 다른 경우 ④ 기전력의 역률이 다른 경우

해설 병렬 운전 조건 (표 2-2-4 참조)

6. 동기발전기의 병렬 운전 중 주파수가 틀리면 어떤 현상이 나타나는가? [15]

① 무효전력이 생긴다. ② 무효 순환 전류가 흐른다.
③ 유효 순환 전류가 흐른다. ④ 출력이 요동치고 권선이 가열된다.

7. 2대의 동기발전기 A, B 가 병렬 운전하고 있을 때 A기의 여자전류를 증가시키면 어떻게 되는가? [15]

① A기의 역률은 낮아지고, B기의 역률은 높아진다.
② A기의 역률은 높아지고, B기의 역률은 낮아진다.
③ A, B 양 발전기의 역률이 높아진다.
④ A, B 양 발전기의 역률이 낮아진다.

해설 A기의 여자전류를 증가시키면 A기의 무효전력이 증가하여 역률이 낮아지고, B기의 무효분은 감소되어 역률이 높아진다.

8. 8극 900 rpm의 교류발전기로 병렬 운전하는 극수 6의 동기발전기 회전수(rpm)는? [10]

① 675 ② 900
③ 1200 ④ 1800

해설 $N_s = \dfrac{120}{p} \cdot f$ [rpm]에서, $f = \dfrac{p \cdot N_s}{120} = \dfrac{8 \times 900}{120} = 60$ Hz

$\therefore N' = \dfrac{120}{p'} \cdot f = \dfrac{120}{6} \times 60 = 1200$ rpm

9. 동기발전기의 병렬 운전 시 원동기에 필요한 조건으로 구성된 것은? [13]

① 균일한 각속도와 기전력의 파형이 같을 것
② 균일한 각속도와 적당한 속도 조정률을 가질 것
③ 균일한 주파수와 적당한 속도 조정률을 가질 것
④ 균일한 주파수와 적당한 파형이 같을 것

[해설] 원동기에 필요한 조건
　　㉠ 균일한 각속도를 가질 것
　　㉡ 적당한 속도 조정률을 가질 것

[참고] 조건이 필요한 이유
　　㉠ 각속도가 균일하지 않으면 순간적으로 기전력의 크기와 위상차가 생겨서 고주파 횡류가 흐르고, 손실이 생기며, 심하면 난조가 생긴다.
　　㉡ 속도 조정률이 다르면 전부하 이외의 부하 분담이 용량에 비례하여 분담되지 않는다.

[정답]　1. ③　2. ④　3. ②　4. ①　5. ②　6. ④　7. ①　8. ③　9. ②

② 난조와 제동 권선

(1) 난조 (hunting)

① 회전자가 어떤 부하각에서, 부하가 갑자기 변화하여 새로운 부하각으로 변화하는 도중 회전자의 관성으로 인하여 생기는 하나의 과도적인 진동 현상이다.

② 원인과 방지법

표 2-2-5 난조 발생의 원인과 방지법

난조 발생의 원인	난조 방지법
원동기의 조속기 감도가 지나치게 예민한 경우	조속기를 적당히 조정
원동기의 토크에 고조파 토크가 포함된 경우	플라이휠 효과를 적당히 선정
전기자 회로의 저항이 상당히 큰 경우	회로의 저항을 작게 하거나 리액턴스를 삽입
부하가 맥동할 경우	플라이휠 효과를 적당히 선정

(2) 제동 권선 (damper winding) : 농형 권선

① 구조 : 동기기 자극면에 홈을 파고 농형 권선을 설치한 것이다.

② 제동 권선의 역할

　㉮ 난조 방지 : 동기속도 전후로 진동하는 것이 난조이므로, 속도가 변화할 때 제동 권선

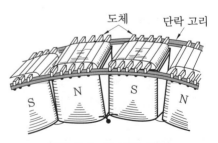

그림 2-2-13 제동 권선

이 자속을 끊어 제동력을 발생시켜 난조를 방지한다.

(내) 불평형 부하 시의 전류 전압 파형을 개선한다.

(대) 송전선의 불평형 단락 시 이상 전압을 방지한다.

※ 동기전동기에서는 기동 토크를 발생, 기동 권선의 역할을 한다.

단원 예상문제

1. 병렬 운전 중인 동기발전기의 난조를 방지하기 위하여 자극 면에 유도전동기의 농형 권선과 같은 권선을 설치하는데, 이 권선의 명칭은? [11, 13, 15]

① 계자권선   ② 제동 권선

③ 전기자권선   ④ 보상 권선

2. 3상 동기기에 제동 권선을 설치하는 목적 중 가장 적합한 것은? [06]

① 출력 증가 및 효율 증가   ② 출력 증가 및 난조 방지

③ 기동 작용 및 난조 방지   ④ 기동 작용 및 효율 증가

3. 동기발전기의 난조를 방지하는 가장 유효한 방법은? [14]

① 회전자의 관성을 크게 한다.

② 제동 권선을 자극면에 설치한다.

③ X_s를 작게 하고 동기화력을 크게 한다.

④ 자극 수를 적게 한다.

4. 난조 방지와 관계가 없는 것은? [09]

① 제동 권선을 설치한다.   ② 전기자권선의 저항을 작게 한다.

③ 축세륜을 붙인다.   ④ 조속기의 감도를 예민하게 한다.

5. 동기발전기에서 난조 현상에 대한 설명으로 옳지 않은 것은? [08]

① 부하가 급격히 변화하는 경우 발생할 수 있다.

② 제동 권선을 설치하여 난조 현상을 방지한다.

③ 난조 정도가 커지면 동기 이탈 또는 탈조라고 한다.

④ 난조가 생기면 바로 멈춰야 한다.

해설 난조가 오래 지속되거나, 심할 때에는 조속기의 대시 포트 (dash-pot)를 조정하여 정상 상태로 되돌아갈 수 있다.

정답   1. ②   2. ③   3. ②   4. ④   5. ④

2-4 동기전동기의 원리, 이론

1 동기전동기의 원리와 전기자 반작용

(1) 회전 원리와 회전속도

① 동기전동기는 대개 철극 회전 계자형 동기발전기와 거의 같은 구조를 가지고 있으며, 플레밍의 왼손 법칙에 따라 자극과 회전 자계 사이의 흡입력에 의해서 자극의 회전 자계로 토크가 발생한다.

② 동기전동기는 철극형 회전 계자형의 구조이며, 동기속도로 회전하는 전동기이다.

$$N_s = \frac{120f}{p} \ [\text{rpm}]$$

(2) 동기전동기의 전기자 반작용

동기전동기는 동기발전기의 경우에 비해 반대가 된다.

① 교차 자화 작용 : I 와 V 가 동상인 경우

② 증자 작용 : I 가 V 보다 $\frac{\pi}{2}$ 뒤지는 경우

③ 감자 작용 : I 가 V 보다 $\frac{\pi}{2}$ 앞서는 경우

단원 예상문제

1. 60 Hz의 동기전동기의 최고 속도는 몇 rpm인가? [06]

① 3600　　　　② 2800　　　　③ 2000　　　　④ 1800

해설 $N_s = \frac{120f}{P} = \frac{120 \times 60}{2} = 3600 \ \text{rpm}$

2. 철심이 포화할 때 동기전동기의 동기 임피던스는? [10]

① 증가한다.　　② 감소한다.　　③ 일정하다.　　④ 주기적으로 변한다.

해설 동기 임피던스 Z_s : 단자전압과 단락전류의 비로서 철심이 포화하면, 무부하 포화 특성에서 단자전압이 감소하므로 동기 임피던스가 감소한다.

3. 동기전동기 전기자반작용에 대한 설명이다. 공급 전압에 대한 앞선 전류의 전기자반작용은? [10, 14]

① 감자 작용　　② 증자 작용　　③ 교차 자화 작용　　④ 편자 작용

4. 동기전동기 전기자반작용에 대한 설명이다. 공급 전압에 대한 $\frac{\pi}{2}$[rad] 뒤진 전류의 전기자반작용은?

① 감자 작용　　② 증자 작용　　③ 교차 자화 작용　　④ 편자 작용

정답　1. ①　2. ②　3. ①　4. ②

② 동기전동기의 기동 방법

(1) 기동, 인입 토크 (torque)

① 기동 토크 (starting torque) : 동기전동기의 기동 토크는 0이다. 그러므로 기동할 때에는 대개 제동 권선을 기동 권선으로 하여, 이것에서 기동 토크를 얻도록 한다. (전부하 토크의 40~60 % 정도)

② 인입 토크 (pull in torque) : 전동기가 기동하여 동기속도의 95 % 속도에서의 최대 토크를 인입 토크라 한다.

(2) 자기 기동법 (self-starting method)

① 회전자 자극 N 및 S의 표면에 그림 2-2-13과 같이 설치한 기동 권선에 의하여 발생하는 토크를 이용한다.

② 기동전류를 작게 하기 위하여 기동보상기, 직렬 리액터 또는 변압기의 탭에 의하여 정격전압의 30~50 % 정도의 저전압을 가하여 기동하고, 속도가 빨라지면 전전압을 가하도록 한다.

※ 계자권선을 기동 시 개방하면 회전 자속을 쇄교하여 고전압이 유도되어 절연파괴의 위험이 있으므로, 저항을 통하여 단락시킨다.

(3) 기동전동기법

① 기동전동기로 유도전동기를 사용하는 경우 : 동기기의 극수보다 2극만큼 적은 극수이다.

② 유도 동기전동기를 기동전동기로 사용 : 극수는 동기전동기와 같은 수이다 (동기속도의 95 % 정도).

단원 예상문제

1. 동기전동기의 인입 토크는 일반적으로 동기속도의 대략 몇 %에서의 토크를 말하는가?

① 65 %
② 75 %
③ 85 %
④ 95 %

2. 동기전동기의 자기 기동법에서 계자권선을 단락하는 이유는? [10, 11, 14]

① 기동이 쉽다.
② 기동 권선으로 이용한다.
③ 고전압 유도에 의한 절연파괴 위험을 방지한다.
④ 전기자반작용을 방지한다.

해설 동기전동기의 자기 기동법
 ㉠ 계자의 자극면에 감은 기동 (제동) 권선이 마치 3상 유도전동기의 농형 회전자와 비슷한 작용을 하므로, 이것에 의한 토크로 기동시키는 기동법이다.
 ㉡ 기동 시에는 회전 자기장에 의하여 계자권선에 높은 고전압을 유도하여 절연을 파괴할 염려가 있기 때문에 계자권선을 저항을 통하여 단락해 놓고 기동시켜야 한다.

3. 다음 중 제동 권선에 의한 기동 토크를 이용하여 동기전동기를 기동시키는 방법은? [13]

① 저주파 기동법
② 고주파 기동법
③ 기동전동기법
④ 자기 기동법

4. 동기전동기를 자기 기동법으로 기동시킬 때 계자 회로는 어떻게 하여야 하는가? [12]

① 단락시킨다.
② 개방시킨다.
③ 직류를 공급한다.
④ 단상교류를 공급한다.

5. 50 Hz, 500 rpm의 동기전동기에 직결하여 이것을 기동하기 위한 유도전동기의 적당한 극수는? [10]

① 4극
② 3극
③ 10극
④ 12극

해설 극수 : $p = \dfrac{120}{N_s} \cdot f = \dfrac{120}{500} \times 50 = 12$극 $\quad \therefore$ 10극이 적당하다.

6. 동기전동기의 난조 방지 및 기동 작용을 목적으로 설치하는 것은? [02]

① 제동 권선
② 계자권선
③ 전기자권선
④ 단락 권선

정답 **1.** ④ **2.** ③ **3.** ④ **4.** ① **5.** ③ **6.** ①

❸ 동기전동기의 특성

(1) 동기전동기의 출력 및 토크

① 출력 : $P = 3 \cdot \dfrac{EV\sin\delta}{x_s} = \dfrac{E_l V_l}{x_s}\sin\delta \, [\text{W}]$

② 토크(torque) : $T = \dfrac{P}{\omega_s} = \dfrac{V_l E_l}{\omega_s x_s}\sin\delta \, [\text{N}\cdot\text{m}]$

(2) 위상 특성곡선(V 곡선)

① 일정 출력에서 계자 전류 I_f (또는 유기 기전력 E)와 전기자 전류 I의 관계를 나타내는 곡선이다.

② 동기전동기는 그림에서 알 수 있는 바와 같이 계자 전류를 가감하여 전기자 전류의 크기와 위상을 조정할 수 있다.

③ 부하가 클수록 V 곡선은 위로 이동한다.

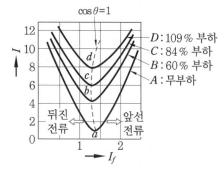

그림 2-2-14 위상 특성곡선

④ 이들 곡선의 최저점은 역률 1에 해당하는 점이며, 이 점보다 오른쪽은 앞선 역률이고 왼쪽은 뒤진 역률의 범위가 된다.

⑤ 동기전동기를 부하의 역률을 개선하는 동기조상기로 사용하는 것은 그림과 같은 특성 때문이다.

단원 예상문제

1. 3상 동기전동기의 출력(P)을 부하각으로 나타낸 것은? (단, V는 1상의 단자전압, E는 역기전력, x_s는 동기 리액턴스, δ는 부하각이다.) [14]

① $P = 3\,VE\sin\delta \, [\text{W}]$

② $P = \dfrac{3\,VE\sin\delta}{x_s} \, [\text{W}]$

③ $P = \dfrac{3\,VE\cos\delta}{x_s} \, [\text{W}]$

④ $P = 3\,VE\cos\delta \, [\text{W}]$

2. 동기전동기의 부하각(load angle)은? [13]

① 공급 전압 V와 역기전압 E와의 위상각

② 역기전압 E와 부하 전류 I와의 위상각

③ 공급 전압 V와 부하 전류 I와의 위상각

④ 3상 전압의 상전압과 선간전압과의 위상각

해설 동기전동기의 부하각(δ)은 공급 전압 V와 역기전력 E와의 위상각이다.

단원 예상문제

3. 3상 동기전동기의 토크에 대한 설명으로 옳은 것은? [10, 14]

① 공급 전압 크기에 비례한다.　　　② 공급 전압 크기의 제곱에 비례한다.
③ 부하각 크기에 반비례한다.　　　④ 부하각 크기의 제곱에 비례한다.

해설 토크 $(\text{torque} : T)$　$T = k \cdot V$　　※ 공급 전압의 크기에 비례한다.

4. 계자 전류를 가감함으로써 역률을 개선할 수 있는 전동기는 다음 중 어느 것인가?

① 동기전동기　　　② 유도전동기　　　③ 복권전동기　　　④ 분권전동기

해설 동기전동기는 동기 조상 설비로 사용한다.

5. 그림은 동기기의 위상 특성곡선을 나타낸 것이다. 전기자 전류가 가장 작게 흐를 때의 역률은? [02, 10, 12, 17]

① 1
② 0.9 (지상)
③ 0.9 (진상)
④ 0

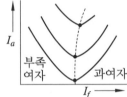

해설 위상 특성곡선 참조

6. 3상 동기전동기의 단자전압과 부하를 일정하게 유지하고, 회전자 여자전류의 크기를 변화시킬 때 옳은 것은? [11, 17]

① 전기자 전류의 크기와 위상이 바뀐다.
② 전기자권선의 역기전력은 변하지 않는다.
③ 동기전동기의 기계적 출력은 일정하다.
④ 회전속도가 바뀐다.

7. 동기전동기의 계자 전류를 가로축에, 전기자 전류를 세로축으로 하여 나타낸 V 곡선에 관한 설명으로 옳지 않은 것은? [13]

① 위상 특성곡선이라 한다.
② 부하가 클수록 V 곡선은 아래쪽으로 이동한다.
③ 곡선의 최저점은 역률 1에 해당한다.
④ 계자 전류를 조정하여 역률을 조정할 수 있다.

8. 동기전동기의 여자전류를 변화시켜도 변하지 않는 것은? (단, 공급 전압과 부하는 일정하다.) [04, 11]

① 역률　　　　　② 역기전력　　　　　③ 속도　　　　　④ 전기자 전류

해설 동기전동기는 동기속도로 회전하는 정속도 전동기이다.

정답 1. ②　2. ①　3. ①　4. ①　5. ①　6. ①　7. ②　8. ③

4 동기전동기의 종류와 특징 및 용도

(1) 종류

① 철극형 (보통 동기전동기)

② 원통형 (고속도 동기전동기, 유도 동기전동기)

③ 고정자 회전 기동형 (초동기전동기)

(2) 동기전동기의 특징

표 2-2-6 동기전동기의 특징

장점	단점
• 속도가 일정불변이다. • 항상 역률 1로 운전할 수 있다. • 필요 시 앞선 전류를 통할 수 있다. • 유도전동기에 비하여 효율이 좋다. • 저속도의 전동기는 특히 효율이 좋다. • 공극이 넓으므로, 기계적으로 튼튼하다.	• 기동 토크가 작고, 기동하는 데 손이 많이 간다. • 여자전류를 흘려 주기 위한 직류전원이 필요하다. • 난조가 일어나기 쉽다. • 값이 비싸다.

(3) 용도

① 저속도 대용량 : 시멘트 공장의 분쇄기, 각종 압축기, 송풍기, 제지용 쇄목기, 동기조상기

② 소용량 : 전기 시계, 오실로그래프, 전송 사진

(4) 동기조상기 (synchronous phase modifier)

① 동기전동기는 V 곡선 (위상 특성곡선)을 이용하여 역률을 임의로 조정하고, 진상 및 지상 전류를 흘릴 수 있다.

② 이 전동기를 동기조상기라 하며, 앞선 무효전력은 물론 뒤진 무효전력도 변화시킬 수 있다.

③ 변압기나 장거리 송전 시 정전용량으로 인한 충전 특성 등을 보상하기 위하여 사용된다.

※ 동기조상기의 지상 용량＝진상 용량×단락비×0.8~0.9

단원 예상문제

1. 동기전동기의 특징으로 잘못된 것은? [12]

① 일정한 속도로 운전이 가능하다. ② 난조가 발생하기 쉽다.

③ 역률을 조정하기 힘들다. ④ 공극이 넓어 기계적으로 견고하다.

해설 동기전동기는 동기 조상 설비로 사용되며, 역률 조정이 용이하다.

2. 동기전동기에 대한 설명으로 옳지 않은 것은? [13]

① 정속도 전동기로 비교적 회전수가 낮고 큰 출력이 요구되는 부하에 이용한다.
② 난조가 발생하기 쉽고 속도 제어가 간단하다.
③ 전력 계통의 전류 세기, 역률 등을 조정할 수 있는 동기조상기로 사용된다.
④ 가변 주파수에 의해 정밀 속도 제어 전동기로 사용된다.

3. 동기전동기를 송전선의 전압 조정 및 역률개선에 사용한 것을 무엇이라 하는가? [13, 16]

① 동기 이탈　　② 동기조상기　　③ 댐퍼　　　　④ 제동 권선

4. 전력 계통에 접속되어 있는 변압기나 장거리 송전 시 정전용량으로 인한 충전 특성 등을 보상하기 위한 기기는? [12, 15]

① 유도전동기　　② 동기발전기　　③ 유도발전기　　④ 동기조상기

5. 동기조상기를 부족 여자로 운전하면? [10, 16, 17]

① 콘덴서로 작용　② 뒤진 역률 보상　③ 리액터로 작용　④ 저항 손의 보상

해설 동기조상기의 운전 – 위상 특성곡선
ㄱ 부족 여자 : 유도성 부하로 동작 → 리액터로 작용
ㄴ 과여자 : 용량성 부하로 동작 → 콘덴서로 작용

6. 동기조상기가 전력용 콘덴서보다 우수한 점은 어느 것인가? [10, 17]

① 손실이 적다.　　　　　　② 보수가 쉽다.
③ 지상 역률을 얻는다.　　④ 가격이 싸다.

7. 동기전동기의 직류 여자전류가 증가될 때의 현상으로 옳은 것은? [15]

① 진상 역률을 만든다.　　　② 지상 역률을 만든다.
③ 동상 역률을 만든다.　　　④ 진상·지상 역률을 만든다.

해설 ㄱ 여자전류 증가 – 진상 역률　ㄴ 여자전류 감소 – 지상 역률

8. 동기전동기의 여자전류를 변화시켜도 변하지 않는 것은? (단, 공급 전압과 부하는 일정하다.) [14]

① 동기속도　　② 역기전력　　③ 역률　　④ 전기자 전류

해설 ㄱ 동기전동기의 위상 특성곡선 (V 곡선)에서 여자전류 I_f를 변화시키면 전기자 전류의 크기와 위상이 바뀐다. 따라서, 역률, 역기전력은 변화하지만 동기속도는 변화하지 않는다.
ㄴ 동기전동기는 속도가 일정불변이다.

9. 동기전동기의 용도가 아닌 것은? [08, 09, 10]

① 분쇄기　　② 압축기　　③ 송풍기　　④ 크레인

정답　1. ③　2. ②　3. ②　4. ④　5. ③　6. ③　7. ①　8. ①　9. ④

변압기

3-1 변압기의 원리

1 변압기의 개요 · 전압과 전류

(1) 변압기 (transformer)의 개요

① 일정 크기의 교류전압을 받아 전자유도 작용에 의하여 다른 크기의 교류전압으로 바꾸어, 이 전압을 부하에 공급하는 역할을 하며, 전류, 임피던스를 변환시킬 수 있다.

② 규소강판으로 성층한 철심에 2개의 권선을 감은 형태로 되어 있다.

    ┌ 1차 권선 (primary winding) : 전원에 접속
    └ 2차 권선 (secondary winding) : 부하에 접속

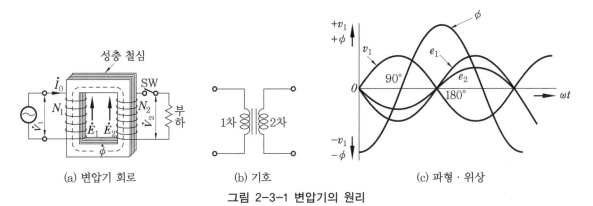

(a) 변압기 회로   (b) 기호   (c) 파형 · 위상

그림 2-3-1 변압기의 원리

(2) 이상 변압기의 전압과 전류

① 1차 유도기전력 $E_1 = \dfrac{1}{\sqrt{2}} \omega N_1 \phi_m = 4.44 f N_1 \phi_m \, [\text{V}]$

② 2차 유도기전력 $E_2 = \dfrac{1}{\sqrt{2}} \omega N_2 \phi_m = 4.44 f N_2 \phi_m \, [\text{V}]$

※ 권수비 (turn ratio) $a = \dfrac{E_1}{E_2} = \dfrac{N_1}{N_2} = \dfrac{I_2}{I_1}$

단원 예상문제

1. 다음 중 변압기의 원리와 관계있는 것은? [06, 07, 14, 17]
　① 전기자반작용　　　　　　　　　② 전자유도 작용
　③ 플레밍의 오른손 법칙　　　　　　④ 플레밍의 왼손 법칙
　해설 전자유도(electromagnetic induction) 작용

2. 변압기의 용도가 아닌 것은? [15]
　　① 교류전압의 변환　　　　　　　② 주파수의 변환
　　③ 임피던스의 변환　　　　　　　④ 교류전류의 변환
　해설 변압기는 교류전압, 전류, 임피던스를 변환시킬 수 있으나 주파수는 변환시킬 수 없다.

3. 변압기에서 2차 측이란? [15, 17]
　　① 부하 측　　　　② 고압 측　　　　③ 전원 측　　　　④ 저압 측

4. 변압기의 1차 및 2차의 전압, 권선 수, 전류를 각각 V_1, N_1, I_1 및 V_2, N_2, I_2 라 할 때 다음 중 어느 식이 성립되는가? [03]
　① $\dfrac{V_1}{V_2} = \dfrac{N_1}{N_2} = \dfrac{I_2}{I_1}$　② $\dfrac{V_1}{V_2} \fallingdotseq \dfrac{N_2}{N_1} \fallingdotseq \dfrac{I_2}{I_1}$　③ $\dfrac{V_1}{V_2} \fallingdotseq \dfrac{N_2}{N_1} \fallingdotseq \dfrac{I_1}{I_2}$　④ $\dfrac{V_1}{V_2} \fallingdotseq \dfrac{N_1}{N_2} \fallingdotseq \dfrac{I_1}{I_2}$

　해설 권수비(turn ratio) : $a = \dfrac{V_1}{V_2} = \dfrac{N_1}{N_2} = \dfrac{I_2}{I_1}$

5. 1차 전압 6300 V, 2차 전압 210 V, 주파수 60 Hz의 변압기가 있다. 이 변압기의 권수비는? [16, 17]
　　① 30　　　　　　② 40　　　　　　③ 50　　　　　　④ 60
　해설 $a = \dfrac{V_1}{V_2} = \dfrac{6300}{210} = 30$

6. 1차 전압 13200 V, 2차 전압 220 V인 단상변압기의 1차에 6000 V의 전압을 가하면 2차 전압은 몇 V인가? [14]
　　① 100　　　　　　② 200　　　　　　③ 50　　　　　　④ 250
　해설 $a = \dfrac{V_1}{V_2} = \dfrac{13200}{220} = 60$　　∴　$V_2' = \dfrac{V_1'}{a} = \dfrac{6000}{60} = 100$ V

7. 변압기는 권수비 $a = \dfrac{N_1}{N_2} = \dfrac{1}{2}$ 에 따라 여러 전압을 얻을 수 있다. N_2를 N_1보다 크게 취한 것을 어떤 변압기라 하는가? [01]
　　① 누설변압기　　　② 소형 변압기　　　③ 승압변압기　　　④ 강압변압기
　해설 $N_2 > N_1$ 이면 $V_2 > V_1$ 이므로, 승압변압기가 된다.

8. 50 Hz용 변압기에 60 Hz의 같은 전압을 가하면 자속밀도는 50 Hz 때의 몇 배인가? [04]

① $\dfrac{6}{5}$ ② $\dfrac{5}{6}$ ③ $\left(\dfrac{5}{6}\right)^{1.6}$ ④ $\left(\dfrac{6}{5}\right)^{2}$

해설 변압기의 주파수와 자속밀도 관계

  ㉠ $E = 4.44\,f\,N\phi_m$ 에서, 전압이 같으면 자속밀도는 주파수에 반비례한다.

  ㉡ 주파수가 $\dfrac{6}{5}$ 배로 증가하면, 자속밀도는 $\dfrac{5}{6}$ 배로 감소한다.

9. 변압기의 자속에 관한 설명으로 옳은 것은? [13]

  ① 전압과 주파수에 반비례한다.   ② 전압과 주파수에 비례한다.
  ③ 전압에 반비례하고 주파수에 비례한다.   ④ 전압에 비례하고 주파수에 반비례한다.

해설 $\phi = \dfrac{E}{4.44fN} = k \cdot \dfrac{E}{f}$ [Wb] ∴ 자속 ϕ 는 전압 E 에 비례하고 주파수 f 에 반비례한다.

정답 **1.** ② **2.** ② **3.** ① **4.** ① **5.** ① **6.** ① **7.** ③ **8.** ② **9.** ④

(3) 변압기의 등가회로

① 실제 변압기의 등가회로는 그림 2-3-2와 같다.

② 1차 쪽에서 본 등가회로는 그림 2-3-3과 같다.

  (가) 1차 임피던스 : $\dot{Z}_1 = r_1 + jx_1$ [Ω]   (나) 2차 임피던스 : $\dot{Z}_2 = r_2 + jx_2$ [Ω]

  (다) 부하 임피던스 : $\dot{Z}_L = r + jx$ [Ω]   (라) 여자 어드미턴스 : $\dot{Y} = g_0 - jb_0$ [Ω]

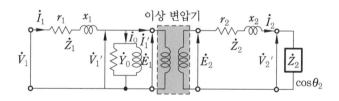

그림 2-3-2 실제 변압기의 등가회로

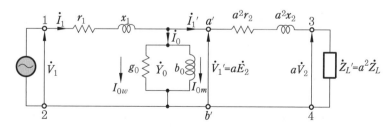

그림 2-3-3 1차 쪽에서 본 등가회로

(4) 여자전류와 여자 특성

① 여자전류

　(가) 무부하 전류로서, 1차 권선에 흐르는 전
　　류이며 변압기에 필요한 자속을 만드는
　　데 소요되는 전류이다.

　(나) 부하에는 관계가 없고 전압에 따라 변
　　화한다.

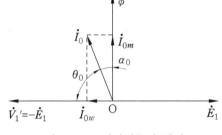

그림 2-3-4 여자전류의 벡터도

$$\dot{I}_0 = \dot{I}_{0w} + \dot{I}_{0m}$$

② 자화전류 : $\dot{I}_{0m} = \dot{I}_0 \sin\theta_0$

　여자전류 중 순수한 자속을 만드는 데만 소요되는 전류이고 자속과 동위상의 무효전류
이다.

③ 철손 전류 : $\dot{I}_{0w} = \dot{I}_0 \cos\theta_0$

　여자전류 중 손실(히스테리시스 및 맴돌이전류 손실)에 해당하는 전류이며, 전원 전압
과 거의 동상이고 전압 V'_1와 동상인 유효 전류이다.

④ 여자전류의 파형 분석 : 여자전류의 파형은 철심의 히스테리시스와 자기포화 현상으로,
　그 파형이 홀수 고조파를 많이 포함하는 첨두파형으로 나타난다.

단원 예상문제

1. 그림에서 변압기의 무부하 벡터 A는?

① 여자전류
② 철손 전류
③ 자화전류
④ 부하 전류

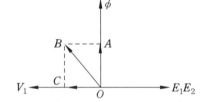

[해설] 여자전류의 벡터도

　$\overline{OA}$: 자화전류　　　$\overline{OB}$: 여자전류　　　$\overline{OC}$: 철손 전류

2. 변압기의 무부하인 경우에 1차 권선에 흐르는 전류는? [10]

① 정격전류　　　② 단락전류　　　③ 부하 전류　　　④ 여자전류

[해설] 여자전류＝(자화전류＋철손 전류)의 벡터합

3. 부하가 없을 때에 변압기에 흐르는 전류가 아닌 것은?

① 자화전류　　　② 철손 전류　　　③ 여자전류　　　④ 2차 전류

[해설] 2차 전류는 부하가 있을 때 변압기에 흐르는 전류이다.

4. 다음 중 변압기 여자전류에 많이 포함된 고주파는?

① 제 2 고조파　　　② 제 3 고조파　　　③ 제 4 고조파　　　④ 제 5 고조파

해설 변압기에는 일반적으로 자기포화 및 히스테리시스 현상이 있는 이유로, 제 3 고조파가 가장 많이 포함된다.

5. 변압기의 여자전류가 일그러지는 이유는 무엇 때문인가? [05, 09]

① 컨덕턴스　　　　　　　　　② 히스테리시스 현상 및 자기포화
③ 누설 리액턴스　　　　　　　④ 와류손

6. 변압기의 2차 측을 개방하였을 경우 1차 측에 흐르는 전류는 무엇에 의하여 결정되는가? [15]

① 저항　　　　　　　　　　　② 임피던스
③ 누설 리액턴스　　　　　　　④ 여자 어드미턴스

해설 여자 어드미턴스 : Y_0 (그림 2-3-3에서 $\dot{Y}_0$ 참조)

　　㉠ $\dot{Y}_0 = g_0 - jb_0 = \dfrac{I_0}{V_1{'}}$

　　㉡ 2차 개방 시 1차 측에 흐르는 전류 : $I_0 = Y_0 \cdot V_1{'}$

　　∴ 여자 어드미턴스 Y_0에 의하여 결정된다.

정답 **1.** ③　**2.** ④　**3.** ④　**4.** ②　**5.** ②　**6.** ④

(5) 변압기의 1, 2차 환산

표 2-3-1 환산표

구분	2차를 1차로 환산	1차를 2차로 환산
저항	$r_1{'} = a^2 r_2$	$r_2{'} = \dfrac{1}{a^2} r_1$
리액턴스	$x_1{'} = a^2 x_2$	$x_2{'} = \dfrac{1}{a^2} x_1$
부하저항	$R' = a^2 R_2$	어드미턴스 $Y_0{'} = a^2 Y_0$
임피던스	$Z_1{'} = a^2 Z_2$	$Z_2{'} = \dfrac{1}{a^2} Z_1$
전류	$I_1{'} = \dfrac{1}{a} I_2$	$I_2{'} = a I_1$
전압	$E_1{'} = a E_2$	$E_2{'} = \dfrac{1}{a} E_1$

단원 예상문제 🎯

1. 변압기의 권수비가 60일 때 2차 측 저항이 0.1 Ω 이다. 이것을 1차로 환산하면 몇 Ω 인가? [16]

① 310   ② 360   ③ 390   ④ 410

해설 $R_1' = a^2 \cdot R_2 = 60^2 \times 0.1 = 360 \ \Omega$

2. 변압기의 2차 저항이 0.1 Ω 일 때 1차로 환산하면 360 Ω 이 된다. 이 변압기의 권수비는? [12]

① 30   ② 40   ③ 50   ④ 60

해설 $r_1' = a^2 r_2$에서, 권수비 : $a = \sqrt{\dfrac{r_1'}{r_2}} = \sqrt{\dfrac{360}{0.1}} = 60$

3. 권수비 2, 2차 전압 100 V, 2차 전류 5 A, 2차 임피던스 20 Ω 인 변압기의 ㉠ 1차 환산 전압 및 ㉡ 1차 환산 임피던스는? [11]

① ㉠ 200 V, ㉡ 80 Ω

② ㉠ 200 V, ㉡ 40 Ω

③ ㉠ 50 V, ㉡ 10 Ω

④ ㉠ 50 V, ㉡ 5 Ω

해설 ㉠ 1차 환산 전압 $E_1' = aE_2 = 2 \times 100 = 200 \ V$

㉡ 1차 환산 임피던스 $Z_1' = a^2 Z_2 = 2^2 \times 20 = 80 \ \Omega$

4. 권수비가 100인 변압기에 있어서 2차 측의 전류가 1000 A일 때, 이것을 1차 측으로 환산하면? [10]

① 16 A   ② 10 A   ③ 9 A   ④ 6 A

해설 $I_1' = \dfrac{1}{a} \cdot I_2 = \dfrac{1}{100} \times 1000 = 10 \ A$

5. 1차 측 권수가 1500인 변압기의 2차 측에 접속한 16 Ω 의 저항은 1차 측으로 환산했을 때 8 kΩ 으로 되었다고 한다. 2차 측 권수를 구하면?

① 60   ② 67   ③ 65   ④ 72

해설 $r_1' = a^2 \cdot r_2$에서, $a = \sqrt{\dfrac{r_1'}{r_2}} = \sqrt{\dfrac{8000}{16}} \fallingdotseq 22.36$

$\therefore \ N_2 = \dfrac{N_1}{a} = \dfrac{1500}{22.36} = 67$회

정답 **1.** ②   **2.** ④   **3.** ①   **4.** ②   **5.** ②

3-2 변압기의 구조 · 종류

1 변압기의 구조

(1) 변압기의 형식

① 변압기의 주요 부분은 철심과 권선인데, 이 두 부분을 배치하는 방법에 따라 나누면 내철형과 외철형이 있다.

② 권철심형 변압기는 철손이 작고 여자전류가 작게 흐르므로, 철심의 단면적이 작고 무게가 가볍다.

(2) 철심

① 변압기의 철심은 철손을 적게 하기 위하여 약 3.5 %의 규소를 포함한 연강판을 쓰는데, 이것을 포개어 성층 철심으로 한다.

② 보통의 전력용 변압기에는 두께 0.35 mm의 것이 표준이며, 주파수 60 Hz, 자속밀도 1 Wb/m^{2}일 때 철손은 2.0 W/kg 정도이다.

③ 철의 단면적과 철심의 단면적과의 비를 점적률(space factor)이라 하는데, 일반적으로 유효 단면적이 실제 단면적의 95 % 정도가 된다.

> **알아 두기 : 점적률(space factor)**
>
> 변압기의 철심에 사용되고 있는 규소강판은 절연 피막으로 감싸 있으므로 이것을 겹쳐 쌓아서 철심을 만들면 자로(磁路)로서 유효한 부분은 철심 단면적의 95 % 정도가 된다.
>
> $$점적률(s.f) = \frac{유효\ 단면적}{실제\ 단면적} \times 100\ \%$$

(3) 절연과 권선 배치

① 권선 층간이나 철심과 권선 간의 동심형은 크라프트 종이를 감은 페놀 수지통을 쓰고, 교차형에는 니스 처리한 프레스 보드를 사용한다.

② 어느 것이나 철심 쪽에 저압 권선을, 그다음에 고압 권선을 배치한다.

2 변압기의 종류

표 2-3-2 변압기의 종류

분류 방법	내부 구조	상수	용량 (kVA)	냉각 방식	극성
종류	내철형 외철형 권철심형	단상 3상	소형(1~5) 중형(75~500) 대형(500 이상)	건식 자랭식 / 유입 자랭식 / 송유 자랭식 건식 풍랭식 / 유입 풍랭식 / 송유 풍랭식 유입 수랭식 / 송유 수랭식	감극성 가극성

단원 예상문제 🎯

1. 변압기용 규소강판의 두께(mm)는?

① 0.25   ② 0.35   ③ 0.5   ④ 0.65

[해설] 변압기용 규소강판 : 맴돌이전류 손은 강판 두께의 제곱에 비례하므로, 기계적 강도를 고려하여 0.35~0.45 mm 정도로 한다.

2. 변압기 철심에는 철손을 적게 하기 위하여 철이 몇 %인 강판을 사용하는가? [01, 12]

① 약 50~55 %   ② 약 60~70 %   ③ 약 76~86 %   ④ 약 96~97 %

[해설] 변압기 철심 : 철손을 적게 하기 위하여 약 3~4 %의 규소를 포함한 연강판을 성층하여 사용한다.

∴ 철의 %는 약 96~97 %

3. 변압기의 철심으로 규소강판을 포개서 성층하여 사용하는 이유는? [17]

① 무게를 줄이기 위하여   ② 냉각을 좋게 하기 위하여
③ 철손을 줄이기 위하여   ④ 수명을 늘리기 위하여

4. 변압기의 철심에서 실제 철의 단면적과 철심의 유효면적과의 비를 무엇이라고 하는가? [16]

① 권수비   ② 변류비   ③ 변동률   ④ 점적률

[해설] 점적률 (space factor) : 철의 단면적과 철심의 단면적과의 비를 말하며, 일반적으로 유효 단면적은 실제 단면적의 95 % 정도이다.

5. 변압기의 권선 배치에서 저압권선을 철심에 가까운 쪽에 배치하는 이유는? [13]

① 전류용량   ② 절연 문제   ③ 냉각 문제   ④ 구조상 편의

[해설] 변압기의 권선 배치는 절연 관계상 저압권선을 철심에 가까운 쪽에 배치한다.

정답 **1.** ② **2.** ④ **3.** ③ **4.** ④ **5.** ②

3-3 변압기의 이론과 특성

1 변압기의 정격

(1) 정격

① 정격 (rating)이란, 명판 (name plate)에 기록되어 있는 출력, 전압, 전류, 주파수 등을 말하며, 변압기의 사용 한도를 나타내는 것이다.

② 연속 정격과 단시간 정격이 있다.

③ 단시간 정격의 표준 시간은 실용상 5분, 10분, 15분, 30분, 60분 등이다.

(2) 정격출력 (용량)

① 변압기의 정격출력은 정격 2차 전압, 정격 2차 전류, 정격 주파수, 정격 역률도 2차 단자 사이에서 공급할 수 있는 피상전력이다.

② 단위는 [VA], [kVA] 또는 [MVA]로 나타낸다.

정격 용량(출력)$[VA] = $ 정격 2차 전압 $V_{2n} \times$ 정격 2차 전류 I_{2n}

(3) 정격전압

① 변압기의 정격 2차 전압은 명판에 기록되어 있는 2차 권선의 단자전압이며, 이 전압에서 정격출력을 내게 되는 전압이다.

② 정격 1차 전압은 명판에 기록되어 있는 1차 전압을 말하며, 정격 2차 전압에 권수비를 곱한 것이 된다. 전부하에서의 1차 전압을 말하는 것은 아니다.

정력 1차 전압 $V_{1n} = $ 정격 2차 전압 $V_{2n} \times$ 권수비 a

(4) 정격전류

① 변압기의 정격 1차 전류는 이 전류와 정격 1차 전압으로부터 정격출력과 같은 피상전력을 낼 수 있는 전류를 말한다.

② 정격 2차 전류는 이것과 정격 2차 전압으로부터 정격출력을 얻을 수 있는 전류를 말한다.

정격 1차 전류 I_{1n} [A] = 정격 2차 전류 I_{2n} [A] ÷ 권수비 a

정격 2차 전류 I_{2n} [A] = 정격 용량 [VA] ÷ 정격 2차 전압 V_{2n}[V]

(5) 정격 주파수 및 정격 역률

① 변압기가 지정된 값으로 사용할 수 있도록 제작된 주파수 및 역률의 값을 말한다.

② 정격 역률을 특별히 지정하지 않은 경우는 100 %로 본다.

단원 예상문제

1. 변압기를 운전하는 경우 특성의 악화, 온도 상승에 수반되는 수명의 저하, 기기의 소손 등의 이유 때문에 지켜야 할 정격이 아닌 것은? [13]

① 정격전류　　② 정격전압　　③ 정격저항　　④ 정격용량

2. 다음 중 변압기의 정격출력 단위가 아닌 것은 어느 것인가? [01, 02]

① VA　　② kVA　　③ MVA　　④ KW

3. 변압기의 정격출력으로 맞는 것은? [14]

① 정격 1차 전압×정격 1차 전류   ② 정격 1차 전압×정격 2차 전류

③ 정격 2차 전압×정격 1차 전류   ④ 정격 2차 전압×정격 2차 전류

4. 변압기의 정격 1차 전압이란? [10]

① 정격출력일 때의 1차 전압   ② 무부하에 있어서의 1차 전압

③ 정격 2차 전압× 권수비   ④ 임피던스 전압× 권수비

5. 변압기에 대한 설명 중 틀린 것은? [15]

① 전압을 변성한다.
② 전력을 발생하지 않는다.
③ 정격출력은 1차 측 단자를 기준으로 한다.
④ 변압기의 정격용량은 피상전력으로 표시한다.

6. 변압기 명판에 표시된 정격에 대한 설명으로 틀린 것은? [14]

① 변압기의 정격출력 단위는 [kW]이다.
② 변압기 정격은 2차 측을 기준으로 한다.
③ 변압기의 정격은 용량, 전류, 전압, 주파수 등으로 결정된다.
④ 정격이란 정해진 규정에 적합한 범위 내에서 사용할 수 있는 한도이다.

정답   **1.** ③   **2.** ④   **3.** ④   **4.** ③   **5.** ③   **6.** ①

2 변압기의 손실·시험

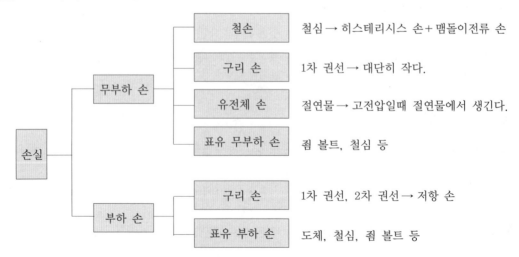

그림 2-3-5 변압기의 손실

(1) 무부하 손(no-load loss)

① 무부하 손은 주로 철손이고, 여자전류에 의한 구리 손(저항 손)과 절연물의 유전체 손, 그리고 표유 무부하 손이 있다.

② 철손(iron loss)

　㈎ 히스테리시스 손 : $P_h = \sigma_h f B_m^{1.6} \sim \sigma_h f B_m^2$ [W/kg]

　㈏ 맴돌이전류 손 : $P_e = \sigma_e (t f k_f B_m)^2$ [W/kg]

　　여기서, σ_h, σ_e : 상수　f : 주파수　B_m : 최대 자속밀도　t : 강판 두께　k_f : 기전력의 파형률

(2) 부하 손(load loss)

① 부하 손은 주로 부하 전류에 의한 구리 손과 표유 부하 손(stray load loss)이 있다.

② 표유 부하 손은 누설 자속이 권선, 철심, 외함 볼트 등에 교차하므로 발생하는 맴돌이 전류에 의한 손실로 계산하여 구하기 어려운 전력 손실이다.

(3) 부하 손실의 측정 - 단락시험

① 저압 쪽을 단락하고, 전원 전압을 0 V에서부터 증가시켜 1차 쪽에 흐르는 전류가 1차 정격전류 I_{1n}과 동등한 단락전류가 흐르도록 V_{1s}을 인가한다.

② 임피던스 전압(impedance voltage) : V_{1s}

　인가된 전압 V_{1s}는 1차 및 2차 권선의 임피던스에 걸리는 전압이 되며, 이를 임피던스 전압이라 한다.

③ 임피던스 와트(impedance watt) : P_s

　임피던스 전압 V_{1s}를 가할 때의 입력, 즉 권선의 구리 손과 표유 부하 손의 합인 부하 손이 되며, 이를 임피던스 와트라고 한다.

④ 단락시험 : 단락시험의 결과로부터 권선의 저항, 누설 리액턴스, 퍼센트 전압강하, 전 압변동률 등을 계산할 수 있다.

(4) 변압기의 무부하 시험, 단락시험에서 구할 수 있는 것

① 무부하 시험 → 철손

② 단락시험 → 동손, 전압변동률, % 전압강하

③ 무부하 시험ㆍ단락시험 → 변압기 효율

(5) 변압기의 등가회로도 작성에 필요한 시험

① 저항 측정 시험　② 단락시험　③ 무부하 시험

단원 예상문제 🎯

1. 변압기의 손실에 해당되지 않는 것은? [11]

① 동손   ② 와전류손   ③ 히스테리시스 손   ④ 기계 손

해설 기계 손은 풍손, 마찰 손으로 변압기 손실에 해당되지 않는다.

2. 변압기의 부하와 전압이 일정하고 주파수만 높아지면 어떻게 되는가? [04, 07, 09, 11]

① 철손 감소   ② 철손 증가   ③ 동손 증가   ④ 동손 감소

해설 $E = 4.44 f N\phi_m$ [V]에서, 전압이 일정하고 주파수 f 만 높아지면 자속 ϕ_m 이 감소, 즉 여자전류가 감소하므로 철손이 감소하게 된다.

3. 변압기에서 철손은 부하 전류와 어떤 관계인가? [13]

① 부하 전류에 비례한다.   ② 부하 전류의 자승에 비례한다.
③ 부하 전류에 반비례한다.   ④ 부하 전류와 관계없다.

해설 철손은 무부하 손이다.   ∴ 부하 전류와 관계없다.

4. 다음 중 변압기의 무부하 손으로 대부분을 차지하는 것은? [02, 09]

① 유전체 손   ② 동손   ③ 철손   ④ 표유 부하 손

5. 변압기의 임피던스 전압이란? [11, 15]

① 정격전류가 흐를 때의 변압기 내의 전압강하
② 여자전류가 흐를 때의 2차 측 단자전압
③ 정격전류가 흐를 때의 2차 측 단자전압
④ 2차 단락전류가 흐를 때의 변압기 내의 전압강하

해설 임피던스 전압 (impedance voltage) : 단락시험에서 1차 전류가 정격전류로 되었을 때의 입력이 임피던스 와트이고, 이때의 1차 전압이 임피던스 전압이다. 즉, 변압기 내의 전압강하를 말한다.

6. 다음 중 변압기의 여자전류, 철손을 알 수 있는 시험은?

① 부하 시험   ② 무부하 시험   ③ 단락 시험   ④ 유도 시험

해설 무부하 시험 : 고압 측을 개방하여 저압 측에 정격전압을 걸어 여자전류와 철손을 구하고, 여자 어드미턴스를 구한다.

7. 변압기 2차 측을 단락하고 1차 전류가 정격전류와 같도록 조정하였을 때의 1차 전압을 무엇이라 하는가?

① 임피던스 와트   ② 퍼센트 저항 강화 ③ 임피던스 전압   ④ 정격 1차 전압

해설 임피던스 전압 (impedance voltage) : 단락시험에서 1차 전류가 정격전류로 되었을 때의 입력이 임피던스 와트이고, 이때의 1차 전압이 임피던스 전압이다.

8. 변압기의 무부하 시험, 단락시험에서 구할 수 없는 것은? [08, 16]

① 동손 ② 철손 ③ 절연내력 ④ 전압변동률

9. 다음 중 변압기의 등가회로도 작성에 필요 없는 시험은?

① 단락시험 ② 반환 부하법 ③ 무부하 시험 ④ 저항 측정 시험

해설 반환 부하법은 변압기의 온도시험 방법 중 하나이다.

정답 **1.** ④ **2.** ① **3.** ④ **4.** ③ **5.** ① **6.** ② **7.** ③ **8.** ③ **9.** ②

3 변압기의 효율

(1) 변압기의 효율을 나타내는 방법

① 실측 효율 : 출력과 입력을 실제로 측정하고 계산하여 구하는 효율을 말한다.

② 규약 효율 : 무부하 시험이나 단락시험을 한 결과를 이용하여 일정한 규약하에서 산출하는 효율로, 변압기의 효율은 규약 효율을 표준으로 하고 있다.

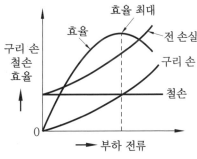

그림 2-3-6 손실과 효율

(2) 규약 효율 (conventional efficiency)

① 변압기의 효율은 정격 2차 전압 및 정격 주파수에 대한 출력(kW)과 전체 손실(kW)이 주어진다.

$$\eta = \frac{출력(kW)}{출력(kW) + 전체\ 손실(kW)} \times 100\ \%$$

② 전부하 효율 $= \dfrac{P\cos\theta}{P\cos\theta + P_i + P_c} \times 100\ \%$

여기서, P : 정격 용량(W) $\cos\theta$: 부하의 역률 P_i : 철손(W) P_c : 동손(구리 손)(W)

(3) 최대 효율 조건

① 철손과 구리 손이 같을 때 $(P_i = P_c)$ 최대 효율이 된다.

$$P_i = \left(\frac{1}{m}\right)^2 P_c$$

② 변압기의 전일 효율을 대략 70~75 % 부하에서 최대가 되게 한다.

∴ $\dfrac{1}{m}$ 부하 → $\dfrac{3}{4}$ (75 %) 정도

단원 예상문제 🎯

1. 변압기의 규약 효율은? [02, 03, 04, 12, 14, 16, 17]

① $\dfrac{출력}{입력} \times 100\,\%$　　　　　　② $\dfrac{출력}{출력+손실} \times 100\,\%$

③ $\dfrac{출력}{입력-손실} \times 100\,\%$　　　　④ $\dfrac{입력+손실}{입력} \times 100\,\%$

2. 출력 10 kW, 효율 90 %인 기계의 손실(kW)은 얼마인가? [02, 08, 17]

① 0.9　　　　　② 1.1　　　　　③ 2　　　　　④ 2.5

해설 입력 $= \dfrac{출력}{효율} = \dfrac{10}{0.9} = 11.1\,\text{kW}$ ∴ 손실 = 입력 − 출력 = 11.1 − 10 = 1.1 kW

※ 손실 $= \dfrac{출력}{효율} -$ 출력

3. 출력에 대한 전부하 동손이 2 %, 철손이 1 %인 변압기의 전부하 효율(%)은? [11]

① 95　　　　　② 96　　　　　③ 97　　　　　④ 98

해설 $\eta = \dfrac{출력}{출력+손실} \times 100 = \dfrac{100}{100+2+1} \times 100 ≒ 97\,\%$

4. 출력 10 kW, 효율 80 %인 기기의 손실은 약 몇 kW인가? [10]

① 0.6 kW　　　② 1.1 kW　　　③ 2.0 kW　　　④ 2.5 kW

해설 효율 $= \dfrac{출력}{출력+손실} \times 100 = 80\,\%$

∴ 손실 = 출력$\left(\dfrac{100}{80} - 1\right)$ = 출력(1.25 − 1) = 출력 × 0.25 = 10 × 0.25 = 2.5 kW

5. 어떤 변압기의 철손이 300 W, 전부하 동손은 400 W이다. 71 % 부하에서의 전 손실(W)은 얼마인가?

① 700　　　　　② 580　　　　　③ 500　　　　　④ 400

해설 $P_l = P_i + \left(\dfrac{1}{m}\right)^2 P_c = 300 + (0.71)^2 \times 400 = 500\,\text{W}$

6. 변압기의 효율이 가장 좋을 때의 조건은? [15]

① 철손 = 동손　② 철손 = 1/2동손　③ 동손 = 1/2철손　④ 동손 = 2철손

해설 최대 효율 조건 : 철손 P_i 와 동손 P_c 가 같을 때 최대 효율이 된다. $(P_i = P_c)$

정답 **1.** ②　**2.** ②　**3.** ③　**4.** ④　**5.** ③　**6.** ①

4 전압변동률

(1) 전압변동률의 정의

① 2차 쪽 정격전압 V_{2n}, 무부하 전압 V_{20}

   일 때 변동률 ϵ는

$$\epsilon = \frac{V_{20} - V_{2n}}{V_{2n}} \times 100 \ \%$$

② 벡터도에서 선분으로 표시하면, 변동

   률 ϵ는

$$\epsilon \fallingdotseq \frac{\overline{Oc} - \overline{Oa}}{\overline{Oa}} \times 100 = p \cos \theta + q \sin \theta \ [\%]$$

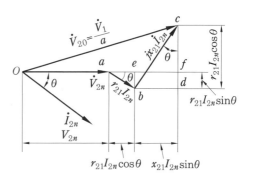

그림 2-3-7 벡터도

(2) 전압변동률의 계산

① 변압기의 1차를 2차로 환산한 간이 등가회로를 써서 전압변동률을 구한다. (ϵ의 크기

   는 대략 1~3 % 정도)

$$\epsilon \fallingdotseq p \cos \theta \pm q \sin \theta \ [\%] \qquad \text{※ 지상의 경우 } (+), \ \text{진상의 경우 } (-)$$

② 최대 전압변동률과 최대 부하역률

   (가) $\epsilon_m = z = \sqrt{p^2 + q^2}$

   (나) $\cos \theta_m = \dfrac{p}{z} = \dfrac{p}{\sqrt{p^2 + q^2}}$

단원 예상문제 ◎

1. 변압기 2차 정격전압 100 V, 무부하 전압 104 V이면 전압변동률(%)은? [02]

① 1   ② 2   ③ 4   ④ 6

해설 $\epsilon = \dfrac{V_{20} - V_{2n}}{V_{2n}} \times 100 = \dfrac{104 - 100}{100} \times 100 = \dfrac{4}{100} \times 100 = 4 \ \%$

2. 어느 변압기의 백분율 저항 강하가 2 %, 백분율 리액턴스 강하가 3 %일 때 역률(지상 역률) 80 %인 경우의 전압변동률(%)은? [03, 06, 07, 10, 13, 14]

① -0.2 ② 3.4   ③ 0.2   ④ -3.4

해설 $\epsilon = p \cos \theta + q \sin \theta = 2 \times 0.8 + 3 \times 0.6 = 3.4 \ \%$

3. 퍼센트 저항 강하 1.8 % 및 퍼센트 리액턴스 강하 2 %인 변압기가 있다. 부하의 역률이 1일 때의 전압변동률은? [10]

① 1.8 % ② 2.0 % ③ 2.7 % ④ 3.8 %

[해설] $\epsilon = p\cos\theta + q\sin\theta = 1.8 \times 1 + 2 \times 0 = 1.8$ % (여기서, $\cos\theta = 1$일 때 $\sin\theta = 0$)

4. 변압기에서 전압변동률이 최대가 되는 부하 역률은? (단, p : 퍼센트 저항 강하, q : 퍼센트 리액턴스 강하, $\cos\theta_m$: 역률이다.) [07]

① $\cos\theta_m = \dfrac{p}{\sqrt{p^2 + q^2}}$　　　② $\cos\theta_m = \dfrac{p}{\sqrt{p + q}}$

③ $\cos\theta_m = \dfrac{p}{p^2 + q^2}$　　　④ $\cos\theta_m = \dfrac{p}{p + q}$

5. 변압기의 전압변동률을 작게 하려면?

① 권수비를 크게 한다.　　② 권선의 임피던스를 작게 한다.
③ 권수비를 작게 한다.　　④ 권선의 임피던스를 크게 한다.

6. 퍼센트 저항 강하 3 %, 리액턴스 강하 4 %, 역률 80 %인 경우 변압기의 최대 전압변동률 (%)은? (단, 지상이다.) [01, 04, 06, 16]

① 3 ② 4 ③ 5 ④ 6

[해설] $\epsilon_m = \sqrt{p^2 + q^2} = \sqrt{3^2 + 4^2} = 5$ %

※ 역률 $\cos\theta_m = \dfrac{p}{z} = \dfrac{p}{\sqrt{p^2 + q^2}} = \dfrac{4}{5} = 0.8 \rightarrow 80$ %

[정답] 1. ③ 2. ② 3. ① 4. ① 5. ② 6. ③

---

5 변압기 기름의 구비 조건과 열화 방지

(1) 변압기 기름의 구비 조건

① 절연내력이 높아야 한다. 변압기유의 절연내력은 공기의 4~5배가 되나 수분이 약간 포함되면 절연내력이 급격히 저하한다 (변압기유 12 kV/mm, 공기 2 kV/mm).

② 인화의 위험성이 없고 인화점이 높으며, 사용 중의 온도로 발화하지 않아야 한다.

③ 화학적으로 안정되고 변압기의 구성 재료인 철, 구리, 절연물 등을 변화시키지 않으며, 또 이것들에 의해 영향을 받지 않아야 한다.

④ 고온에서 침전물이 생기거나 산화하지 않아야 한다.

⑤ 응고점이 낮아야 한다.

⑥ 냉각 작용이 좋고 비열과 열 전도도가 크며, 점성도가 적고 유동성이 풍부해야 한다.

⑦ 중량이 적어야 한다.

알아두기 : 변압기 기름의 사용 이유

변압기 기름은 변압기 내부의 철심이나 권선 또는 절연물의 온도 상승을 막아 주며, 절연을 좋게 하기 위하여 사용된다.

(2) 변압기유의 열화(aging)를 일으키는 주요 원인

① 호흡 작용에 의한 수분의 흡수

② 절연유의 온도 상승에 의한 기름의 산화작용

③ 변압기 기름의 열화에 의한 영향

 ㈎ 냉각 효과가 감소된다.

 ㈏ 절연내력이 저하된다.

 ㈐ 침식작용

(3) 변압기유의 열화 방지

① 변압기 기름 : 절연과 냉각용으로, 광유 또는 불연성 합성 절연유를 쓴다.

② 콘서베이터(conservator) : 기름과 공기의 접촉을 끊어 열화를 방지하도록 변압기 위에 설치한 기름통이다.

③ 브리더(breather) : 변압기 내함과 외부 기압의 차이로 인한 공기의 출입을 호흡 작용이라 하고, 탈수제(실리카 겔)를 넣어 습기를 흡수하는 장치이다.

④ 질소 봉입 : 컨서베이터 유면 위에 불활성 질소를 넣어 공기의 접촉을 막는다.

알아두기 : 변압기 기름의 온도 상승 한도

변압기 기름의 온도 상승 한도는, 온도계법으로 50℃이고 외기의 기준은 40℃이다.

∴ 최고 허용 온도 = 50 + 40 = 90℃

단원 예상문제

1. 변압기유를 사용하는 가장 큰 목적은? [03]

① 절연내력을 낮게 하기 위해서 　　② 녹이 슬지 않게 하기 위해서
③ 절연과 냉각을 좋게 하기 위해서 　④ 철심의 온도 상승을 좋게 하기 위해서

2. 유압 변압기에 기름을 사용하는 주목적이 아닌 것은? [05, 08]

① 열 방산을 좋게 하기 위하여 　　② 냉각을 좋게 하기 위하여
③ 절연을 좋게 하기 위하여 　　　　④ 효율을 좋게 하기 위하여

3. 변압기유가 구비해야 할 조건 중 맞는 것은? [15, 17]

① 절연내력이 작고 산화하지 않을 것
② 비열이 작아서 냉각 효과가 클 것
③ 인화점이 높고 응고점이 낮을 것
④ 절연재료나 금속에 접촉할 때 화학작용을 일으킬 것

4. 변압기유로 쓰이는 절연유에 요구되는 특성이 아닌 것은? [05, 07, 08, 17]

① 점도가 클 것
② 비열이 커 냉각 효과가 클 것
③ 절연재료 및 금속재료에 화학작용을 일으키지 않을 것
④ 인화점이 높고 응고점이 낮을 것

5. 다음 중 변압기 기름의 열화 영향에 속하지 않는 것은?

① 냉각 효과의 감소 　　　　　　　② 침식작용
③ 공기 중 수분의 흡수 　　　　　　④ 절연내력의 저하

6. 변압기에 콘서베이터(conservator)를 설치하는 목적은? [10]

① 열화 방지 　　② 코로나 방지 　　③ 강제 순환 　　④ 통풍 장치

7. 변압기 콘서베이터의 사용 목적은? [08, 10]

① 일정한 유압의 유지 　　　　　　② 과부하로부터의 변압기 보호
③ 냉각장치의 효과를 높임 　　　　④ 변압 기름의 열화 방지

8. 변압기 기름의 열화를 방지하기 위하여 실행되는 방법 중의 하나는? [03]

① 질소 봉입 　　② 산소 봉입 　　③ 수소 봉입 　　④ 이산화탄소 봉입

정답 1. ③ 2. ④ 3. ③ 4. ① 5. ③ 6. ① 7. ④ 8. ①

3-4 변압기의 결선, 병렬 운전

◼ 1 변압기의 극성 및 3상 결선

(1) 변압기의 극성

① 감극성(subtractive polarity)

㈎ 1차 권선에서 발생하는 유도기전력 E_1과 2차 권선에 발생하는 유도기전력 E_2의 방향이 동일 방향으로 되는 것

㈏ 우리나라에서는 감극성이 표준으로 되어 있다.

② 가극성(additive polarity) : E_1과 E_2의 방향이 반대로 되는 것을 말한다.

(2) 단상변압기의 3상 결선

① 단상변압기로 3상 변압을 하려면, 변압기에는 다음과 같은 조건이 필요하다.

㈎ 용량, 주파수, 전압 등의 정격이 같을 것

㈏ 권선의 저항, 누설 리액턴스, 여자전류 등이 같을 것

② 결선 방법 : $\Delta-\Delta$, $Y-Y$, $\Delta-Y$, $Y-\Delta$, $V-V$

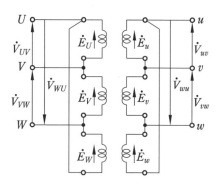

그림 2-3-8 $\Delta-\Delta$ 결선

◼ 2 여러 가지 3상 결선의 비교

(1) $\Delta-\Delta$ 결선

① 단상변압기 3대 중 1대의 고장이 생겨도, 나머지 2 대를 V 결선하여 송전할 수 있다.

② 제 3고조파 전류는 권선 안에서만 순환되므로, 고조파 전압이 나오지 않는다.

③ 통신 장애의 염려가 없다.

④ 중성점을 접지할 수 없는 결점이 있다.

⑤ 30 kV 이하 배전용 변압기에 쓰이고, 100 kV 이상 되는 계통에는 전혀 쓰이지 않는다.

(2) $Y - Y$ 결선

① 중성점을 접지할 수 있다.

② 권선 전압이 선간전압의 $\dfrac{1}{\sqrt{3}}$ 이 되므로 절연이 쉽다.

③ 제3고조파를 주로 하는 고조파 충전전류가 흘러 통신선에 장애를 준다.

④ 제3차 권선을 감고 $Y - Y - \Delta$의 3권선 변압기를 만들어 송전 전용으로 사용한다.

⑤ $Y - Y$ 결선은 송·배전 계통에서 거의 사용하지 않는다.

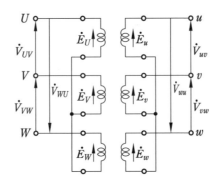

그림 2-3-9 $Y - Y$ 결선

(3) $\Delta - Y$, $Y - \Delta$ 결선

① $\Delta - Y$ 결선은 낮은 전압을 높은 전압으로 올릴 때 사용한다.

② $Y - \Delta$ 결선은 높은 전압을 낮은 전압으로 낮추는 데 사용한다.

③ 어느 한쪽이 Δ 결선이어서 여자전류가 제3고조파 통로가 있으므로, 제3고조파에 의한 장애가 적다.

④ $\Delta - Y$의 각변위는 $30°$ → (중성점에 대한 전류 전압의 위상차)

3 $V - V$ 결선

$\Delta - \Delta$ 결선으로 한 3대의 단상변압기 중에서 1대의 변압기가 고장이 나면, 제거하고 남은 2대의 변압기를 이용하여 3상 변압을 계속하는 3상 결선 방식이다.

(1) V 결선의 출력 P_v

① $P_v = P_1 + P_2 = V_{uv}\, I_{uv} \cos 30° + V_{vw}\, I_{vw} \cos 30°\,[\text{W}]$

② 선간전압 및 부하가 평형인 정격 상태에서는

- $V_{uv} = V_{vw} = V_{2n}$

- $I_{uv} = I_{vw} = I_{2n}$

$\therefore P_v = \sqrt{3}\; V_{2n}\, I_{2n} = \sqrt{3} \cdot P\,[\text{W}]$ ($P = 1$대의 정격 용량 $= V_{2n}\, I_{2n}\,[\text{W}]$)

(2) 변압기 1대의 이용률과 출력비

① 이용률 $= \dfrac{V\ 결선의\ 출력}{변압기\ 2대의\ 성격} = \dfrac{\sqrt{3}\,P}{2P} = \dfrac{\sqrt{3}}{2} = 0.866$ $\therefore 86.6\,\%$

② 출력비 $= \dfrac{V\ 결선의\ 출력}{변압기\ 3대의\ 성격} = \dfrac{\sqrt{3}\,P}{3P} = \dfrac{\sqrt{3}}{3} = 0.577$ $\therefore 57.7\,\%$

4 변압기의 병렬 운전

(1) 단상변압기의 병렬 운전

① 각 변압기의 같은 극성의 단자를 접속할 것
② 각 변압기의 1차 및 2차 전압, 즉 권수비가 같을 것
③ 각 변압기의 임피던스 전압이 같을 것
④ 각 변압기의 내부저항과 리액턴스 비가 같을 것

(2) 3상 변압기군의 병렬 운전(단상변압기 병렬 운전 조건 외에)

① 상회전 방향과 각 변위가 같을 것
② 각 군의 임피던스가 그 용량에 반비례할 것

(3) 변압기군의 병렬 운전 조합

표 2-3-3 변압기군의 병렬 운전 조합

병렬 운전 가능		병렬 운전 불가능
$\Delta-\Delta$와 $\Delta-\Delta$	$Y-Y$와 $Y-Y$	$\Delta-\Delta$와 $\Delta-Y$
$Y-\Delta$와 $Y-\Delta$	$\Delta-Y$와 $\Delta-Y$	
$\Delta-\Delta$와 $Y-Y$	$\Delta-Y$와 $Y-\Delta$	$Y-Y$와 $\Delta-Y$

단원 예상문제

1. 다음의 변압기 극성에 관한 설명에서 틀린 것은? [15]

① 우리나라는 감극성이 표준이다.
② 1차와 2차 권선에 유기되는 전압의 극성이 서로 반대이면 감극성이다.
③ 3상 결선 시 극성을 고려해야 한다.
④ 병렬 운전 시 극성을 고려해야 한다.

해설 전압의 극성이 서로 반대이면 가극성이다.

2. 권수비 30인 변압기의 저압 측 전압이 8 V인 경우 극성 시험에서 가극성과 감극성의 전압 차이는 몇 V인가? [05, 14]

① 24　　　　　　② 16　　　　　　③ 8　　　　　　④ 4

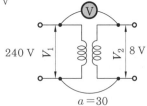

해설 ㉠ 권수비 $a = \dfrac{V_1}{V_2} = 30$에서, $V_1 = a \cdot V_2 = 30 \times 8 = 240$ V

　　㉡ 감극성 $V_1 - V_2 = 240 - 8 = 232$ V

　　㉢ 가극성 $V_1 + V_2 = 240 + 8 = 248$ V

　　∴ 전압 차이 $248 - 232 = 16$ V

참고 ㉠ $V = V_1 + V_2$　㉡ $V' = V_1 - V_2$

　　∴ $V - V' = V_1 + V_2 - (V_1 - V_2) = 2V_2 = 2 \times 8 = 16$ V

3. 변압기의 결선에서 제3고조파를 발생하여 통신선에 장애를 주는 것은? [16]

① $\Delta - \Delta$　　　② $Y - \Delta$　　　③ $\Delta - Y$　　　④ $Y - Y$

해설 $\Delta - Y$, $Y - \Delta$ 결선은 어느 한쪽이 Δ 결선이어서, 여자전류가 제3고조파 통로가 있으므로, 제3고조파에 의한 장해가 적다.

4. 주로 30 kV 이하의 배전용 변압기에 사용되는 결선은?

① $\Delta - \Delta$ 결선　　② $Y - Y$ 결선　　③ $Y - V$ 결선　　④ $\Delta - Y$ 결선

5. 변압기 결선 방식에서 $\Delta - \Delta$ 결선 방식의 특성이 아닌 것은? [01, 02, 03, 06]

① 단상변압기 3대 중 1대의 고장이 생겼을 때 2대로 V 결선하여 송전할 수 있다.

② 외부에 고조파 전압이 나오지 않으므로 통신 장애의 염려가 없다.

③ 중성점 접지를 할 수 없다.

④ 100 kV 이상 되는 계통에서 사용되고 있다.

6. 다음 그림은 단상변압기 결선도이다. 1, 2차는 각각 어떤 결선인가? [15]

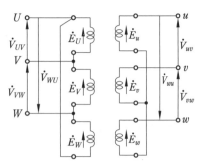

① $Y - Y$ 결선　　② $\Delta - Y$ 결선　　③ $\Delta - \Delta$ 결선　　④ $Y - \Delta$ 결선

7. 낮은 전압을 높은 전압으로 승압할 때 일반적으로 사용되는 변압기의 3상 결선 방식은? [15]

① $\Delta - \Delta$　　　② $\Delta - Y$　　　③ $Y - Y$　　　④ $Y - \Delta$

8. 변압기를 $\Delta - Y$ 로 연결할 때, 1, 2 차 간의 위상차는? [10, 15]

① 30°　　　　　② 45°　　　　　③ 60°　　　　　④ 90°

9. 다음 중 $Y - \Delta$ 변압기 결선의 특징으로 옳은 사항은? [04, 17]

① 1, 2차 간 전류, 전압의 위상 변화가 없다.
② 1상에 고장이 일어나도 송전을 계속할 수 있다.
③ 저압에서 고압으로 송전하는 전력용 변압기에 주로 사용된다.
④ 3상과 단상 부하를 공급하는 강압용 배전용 변압기에 주로 사용된다.

[해설] $Y - \Delta$ 결선의 특징
　　㉠ 1, 2차에 각 변위 30°가 생긴다.　　㉡ 1상 고장 시 송전을 계속할 수 없다.
　　㉢ 2차 변전소에서 강압용에 사용한다.

10. 변압기 V 결선의 특징으로 틀린 것은? [12, 15]

① 고장 시 응급처치 방법으로도 쓰인다.
② 단상변압기 2대로 3상 전력을 공급한다.
③ 부하 증가가 예상되는 지역에 시설한다.
④ V 결선 시 출력은 Δ 결선 시 출력과 그 크기가 같다.

11. 단상변압기 2대를 V 결선하였을 때의 이용률(%)은? [01, 06, 17]

① 86.6　　　　　② 70.7　　　　　③ 57.7　　　　　④ 52.0

[해설] 이용률 : 86.6 %, 출력비 : 57.7 %

12. 20 kVA의 단상변압기 2대를 사용하여 $V - V$ 결선으로 하고 3상 전원을 얻고자 한다. 이때 여기에 접속시킬 수 있는 3상 부하의 용량은 약 몇 kVA인가? [16, 17]

① 34.6　　　　　② 44.6　　　　　③ 54.6　　　　　④ 66.6

[해설] $P_v = \sqrt{3}\,P = \sqrt{3} \times 20 \fallingdotseq 34.64\,\text{kVA}$

13. 변압기의 병렬 운전 시 필요하지 않은 것은?

① 극성이 같을 것　　　　　　　　② 임피던스 전압이 같을 것
③ 정격출력이 같을 것　　　　　　④ 정격전압과 권수비가 같을 것

14. 3상 변압기의 병렬 운전이 불가능한 결선 방식으로 짝지어진 것은? [02, 07, 08, 13, 17]

① $\Delta - \Delta$ 와 $Y - Y$　　　　　　② $\Delta - Y$ 와 $\Delta - Y$
③ $Y - Y$ 와 $Y - Y$　　　　　　④ $\Delta - \Delta$ 와 $\Delta - Y$

정답　1. ②　2. ②　3. ④　4. ①　5. ④　6. ②　7. ②　8. ①　9. ④　10. ④　11. ①
　　　12. ①　13. ③　14. ④

3-5 변압기의 시험·보수

변압기의 사용 전 시험
- 저항 측정
- 권수비 시험
- 극성 시험
- 무부하 시험
- 단락시험
- 온도시험
- 절연내력 시험 등

1 변압기의 온도시험

(1) 실부하 시험
전력이 많이 소비되므로, 소형의 변압기에만 적용할 수 있다.

(2) 반환 부하법
전력을 소비하지 않고, 온도가 올라가는 원인이 되는 철손과 구리 손만을 공급하여 시험하는 방법이다.

(3) 등가 부하법 (단락시험법)
정격전류를 흘려서 상승된 유온 상태에서 권선의 온도 상승을 구하는 시험 방법이다.

(4) 온도의 측정
① 변압기에 정격부하를 연속적으로 걸었을 때, 온도 상승 한도는 다음과 같다.
　㉮ 권선의 온도 상승은 저항법으로 55℃ 이하
　㉯ 절연기름의 온도 상승은 온도계법으로 50℃ 이하
② 기준 온도는 40℃를 기준으로 한다.

2 절연내력 시험
절연내력 시험을 하기 전에 절연파괴 전압 시험을 하여야 한다.

(1) 가압 시험
이 시험은 온도 상승 시험 직후에 하여야 하는데, 가압 시간은 1분 동안이다.

(2) 유도 시험
변압기의 층간절연을 시험하기 위하여, 권선의 단자 사이에 정상 유도전압의 2배 되는 전압을 유도시켜 유도 절연시험을 실시한다.

(3) 충격전압 시험
변압기에 번개와 같은 충격파 전압의 절연파괴 시험이다.

1. 변압기의 온도 상승 시험법은? [05, 08]

① 무부하 시험법   ② 절연내력 시험법
③ 반환 부하법   ④ 유도 시험법

2. 변압기의 온도 상승 시험 중 가장 옳은 방법은? [08, 17]

① 유도 시험법   ② 단락시험법
③ 절연내력 시험법   ④ 고조파 억제법

3. 변압기의 절연내력 시험법이 아닌 것은? [15, 17]

① 유도 시험   ② 가압 시험
③ 단락시험   ④ 충격전압 시험

해설 단락시험은 온도 시험에 적용된다.

4. 변압기 절연내력 시험 중 권선의 층간 절연시험은? [03, 13]

① 충격전압 시험   ② 무부하 시험
③ 가압 시험   ④ 유도 시험

5. 변압기의 절연내력 시험에서 가압 시험의 가압 시간은?

① 1분   ② 5분
③ 10분   ④ 1시간

해설 가압 시험은 온도 상승 시험 직후에 하여야 하는데, 가압 시간은 1분 동안이다.

6 변압기의 절연내역 시험 중 유도 시험에서의 시험 시간은? (단, 유도 시험의 계속 시간은 시험 전압 주파수가 정격 주파수의 2배를 넘는 경우이다.) [12]

① $60 \times \dfrac{2 \times 정격\ 주파수}{시험\ 주파수}$ ② $120 - \dfrac{정격\ 주파수}{시험\ 주파수}$

③ $60 \times \dfrac{2 \times 시험\ 주파수}{정격\ 주파수}$ ④ $120 + \dfrac{정격\ 주파수}{시험\ 주파수}$

7. 변압기 절연물의 열화 정도를 파악하는 방법으로서 적절하지 않은 것은? [14]

① 유전 정접   ② 유중 가스 분석
③ 접지저항 측정   ④ 흡수전류나 잔류전류 측정

정답 1. ③   2. ②   3. ③   4. ④   5. ①   6. ①   7. ③

Chapter 04 유도기

4-1 3상 유도전동기의 원리와 구조

1 유도전동기의 원리

(1) 회전 원리

① 그림 2-4-1과 같이 영구자석을 화살표 방향으로 움직이면, 알루미늄 원판은 이것과 같은 방향으로 조금 늦은 속도로 회전한다.

② 이것은 자석의 이동에 의해 발생하는 맴돌이전류와 자속 사이에 생기는 전자력에 의해 회전력이 발생한 것으로, 회전 방향은 플레밍의 왼손 법칙에 의하여 정의된다.

(2) 회전자기장

① 그림 2-4-2와 같이 코일 aa', bb' 및 cc'를 $\dfrac{2\pi}{3}$ [rad]씩 배치하고, 이것에 3상 교류를 흘려 주면 각 코일에 회전자장이 생기게 된다.

② 3상 전력에 의하여 회전자장이 발생되도록 한 것을 3상 유도전동기라 한다.

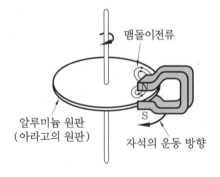

그림 2-4-1 회전 원리

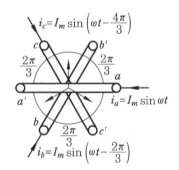

그림 2-4-2 회전자기장

(3) 회전자장의 동기속도 (synchronous speed) : N_s

① 회전자장의 속도는 전원의 주파수와 극수로 정해진다.

$$N_s = \frac{120f}{p} \text{ [rpm]} \qquad \text{여기서, } f : \text{전원 주파수 (Hz), } p : \text{극수}$$

② 동기속도는 주파수 f에 비례하고 극수 p에 반비례한다.

(4) 유도전동기의 장점

① 쉽게 전원을 얻을 수 있다.

② 구조가 간단하고 값이 싸며, 튼튼하고 고장이 적다.

③ 다루기가 간편하여 전기 지식이 없는 사람이라도 쉽게 운전할 수 있다.

④ 슬립에 해당하는 약간의 변화는 있으나, 거의 정속도로 운전되는 전동기로서 부하가 변화하더라도 속도의 변동이 거의 없다.

단원 예상문제

1. 다음 중 유도전동기의 원리와 직접 관계가 되는 것은? [03]

① 옴의 법칙 ② 키르히호프의 법칙
③ 정전유도 작용 ④ 회전자기장

2. 플레밍의 왼손 법칙에 따르는 것은?

① 전동기 ② 발전기 ③ 정류기 ④ 용접기

3. 3상 유도전동기의 회전 원리를 설명한 것 중 틀린 것은? [03, 08, 14]

① 회전자의 회전속도가 증가하면 도체를 관통하는 자속 수는 감소한다.
② 회전자의 회전속도가 증가하면 슬립도 증가한다.
③ 부하를 회전시키기 위해서는 회전자의 속도는 동기속도 이하로 운전되어야 한다.
④ 3상 교류전압을 고정자에 공급하면 고정자 내부에서 회전자기장이 발생된다.

해설 슬립 (slip) : 회전자의 회전속도가 증가할수록 슬립은 감소하여 동기속도에서는 그 값이 '0'이 된다.

참고 슬립 : $s = \dfrac{\text{동기속도} - \text{회전자 속도}}{\text{동기속도}} = \dfrac{N_s - N}{N_s}$

4. 3상 유도전동기의 최고 속도는 우리나라에서 몇 rpm인가? [03, 11]

① 3600 ② 3000 ③ 1800 ④ 1500

해설 우리나라의 상용주파수는 60 Hz이며 최소 극수는 '2'이다.

$$\therefore N_s = \frac{120f}{p} = \frac{120 \times 60}{2} = 3600 \text{ rpm}$$

5. 동기속도가 1800 rpm 으로 회전하는 유도전동기의 극수는? (단, 유도전동기의 주파수는 60 Hz이다.) [01, 03, 08]

① 2극 　　　　② 4극 　　　　③ 6극 　　　　④ 8극

해설 $p = \dfrac{120f}{N_s} = \dfrac{120 \times 60}{1800} = 4$극

6. 주파수 50 Hz용의 3상 유도전동기를 60 Hz 전원에 접속하여 사용하면 그 회전속도는 어떻게 되는가? [17]

① 20 % 늦어진다. 　② 변치 않는다. 　③ 10 % 빠르다. 　④ 20 % 빠르다.

해설 $N_s = \dfrac{120}{p} \cdot f$ [rpm]에서, 회전수 N_s는 주파수 f에 비례한다.

∴ $\dfrac{60}{50} = 1.2$배로 주파수가 증가했으므로, 회전속도는 20 % 빠르다.

7. 농형 유도전동기가 많이 사용되는 이유가 아닌 것은?

① 구조가 간단하다. 　　　　② 운전과 사용이 편리하다.
③ 값이 싸고 튼튼하다. 　　　④ 속도 조정이 쉽고 기동 특성이 좋다.

해설 농형 : 속도 조정과 기동 특성이 좋지 않다.

8. 다음 중 권선형 3상 유도전동기의 장점이 아닌 것은?

① 속도 조정이 가능하다. 　　② 비례 추이를 할 수 있다.
③ 농형에 비하여 효율이 높다. 　④ 기동 시 특성이 좋다.

해설 구조가 복잡하고 운전이 까다로우며, 효율과 능률이 떨어지는 단점이 있다.

정답 1. ④ 　2. ① 　3. ② 　4. ① 　5. ② 　6. ④ 　7. ④ 　8. ③

2 유도전동기의 구조와 종류

(1) 3상 유도전동기의 주요 부분

① 고정자(stator) : 3상 권선을 감아 회전자장을 만들어 주는 부분이다.
② 회전자(rotor) : 회전자장에 끌려서 회전하는 부분이다.

(2) 고정자

① 고정자 프레임(stator frame) : 전동기의 가장 바깥쪽에 있는 부분으로, 대형은 보통 압연(rolling) 강판으로 만든다.

그림 2-4-3 3상 농형 유도전동기

② 고정자 철심(stator core)

　㈎ 소형의 전동기는 둥근 모양으로 잘라 낸 두께 0.35 mm 또는 0.5 mm의 강판을 성층하고, 통풍 덕트를 철심의 두께 50~60 mm마다 설치한다.

　㈏ 대형의 전동기는 부채꼴의 규소강판으로 조립한다.

③ 고정자 권선(stator coil)

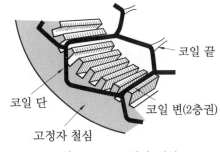

　㈎ 고정자 권선은 2층 중권으로 감은 3상 권선이다. 소형 전동기는 보통 4극이고, 홈 수는 24개 또는 36개이다.

　㈏ 1극 1상의 홈 수 : $N_{sp} = \dfrac{홈\ 수}{극수 \times 상수}$

　　$\therefore N_{sp} = \dfrac{24}{4 \times 3} = 2$　또는　$N_{sp} = \dfrac{36}{4 \times 3} = 3$

그림 2-4-4 고정자 권선

　㈐ 1개의 홈에 1개의 코일 변을 넣은 것을 단층권이라 하고, 위아래에 2개의 코일 변을 넣은 것을 2층권이라 하며, 3상 유도전동기는 보통 2층권을 사용한다.

④ 고압 전동기는 일반적으로 Y 결선으로 하며, 저압 전동기에서는 Y 결선과 Δ 결선이 다 같이 쓰이고 있다.

(3) 회전자

① 주요 부분 : 축, 철심, 권선

② 회전자 철심 : 규소강판을 성층하여 만든 것이다.

③ 농형 회전자(squirrel-cage rotor)

　㈎ 구리 또는 알루미늄 도체를 사용한 것으로, 단락 고리와 냉각용의 날개가 한 덩어리의 주물로 되어 있다.

　㈏ 비뚤어진 홈(skewed slot)

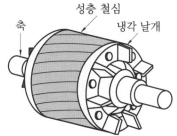

　　• 회전자가 고정자의 자속을 끊을 때 발생하는 소음을 억제하는 효과가 있다.

　　• 기동 특성, 파형을 개선하는 효과가 있다.

④ 권선형 회전자(wound type rotor)

　㈎ 농형 회전자의 철심과 같이 규소강판으로 적층하여 만든 원통형이다.

그림 2-4-5 skewed slot

　㈏ 절연 코일을 삽입할 수 있는 반폐 슬롯이 사용된다.

　㈐ 권선형 회전자 내부 권선의 결선은 일반적으로 Y 결선하고, 3상 권선의 세 단자

각각 3개의 슬립 링 (slip ring)에 접속하고 브러시 (brush)를 통해서 바깥에 있는 기동 저항기와 연결한다.

㈑ 기동저항기를 이용하여 기동전류를 전부하 전류의 100~150 % 정도로 감소시킬 수 있고, 속도 조정도 자유로이 할 수 있는 이점이 있다.

㈒ 구조가 복잡하고 운전이 까다로우며, 효율과 능률이 떨어지는 단점도 있다.

(4) 공극 (air gap)

① 유도전동기의 고정자와 회전자 사이에는 여자전류를 적게 하고, 역률을 높이기 위해 될 수 있는 한 공극을 좁게 한다.

② 일반적으로 공극이 넓으면 기계적으로는 안전하지만, 공극의 자기저항은 철심에 비해 매우 크므로 여자전류가 커져서 전동기의 역률이 현저하게 떨어진다.

③ 또한 누설 리액턴스가 증가되어 순간 최대출력 감소 및 철손이 증가하게 된다.

④ 유도전동기의 공극은 0.3~2.5 mm 정도로 한다.

(5) 유도전동기의 분류

표 2-4-1 유도전동기의 분류

구분	상	회전자의 구조	겉모양	보호 방법	통풍 방법	절연재료
종류	• 단상 • 3상	• 농형 • 권선형	• 개방형 • 반밀폐형	• 방진형 • 방적형 • 방수형 • 방폭형	• 자기 통풍식 • 타력 통풍식	• A종 • E종 • B종

단원 예상문제 🎯

1. 고압 전동기 철심의 강판 홈 (slot)의 모양은 어느 것인가? [15]

① 반폐형　　　　② 개방형　　　　③ 반구형　　　　④ 밀폐형

해설 • 개방 홈 (open slot) → 고압 전동기용
• 반폐 홈 (semi-enclosed slot) → 저압 전동기용

2. 농형 회전자에 비뚤어진 홈을 쓰는 이유로 잘못된 것은? [01, 03, 12]

① 기동 특성 개선　　② 파형 개선　　③ 소음 경감　　④ 미관상 좋다.

3. 다음 중 유도전동기의 공극을 작게 하는 이유는? [01]

① 효율 증대　　　② 기동전류 감소　　③ 역률 증대　　④ 토크 증대

4. 슬립 링(slip ring)이 있는 유도전동기는? [06, 17]

① 농형 ② 권선형 ③ 심홈형 ④ 2중 농형

5. 다음 중 3상 유도전동기의 권선 설명이 잘못된 것은?

① 고정자는 보통 2층권이다.
② 고압 결선은 보통 Y 결선이다.
③ 권선형 회전자는 Y 결선이고 슬립 링을 붙인다.
④ 농형 회전자는 파권 결선이다.

해설 농형 회전자 권선은 단락 고리와 냉각용의 날개가 한 덩어리의 주물로 되어 있다.

6. 유도전동기의 고정자 홈 수 36개, 고정자 권선은 2층 중권으로 감은 경우 3상 4극으로 권선하려면 1극 1상의 홈 수는 몇 개인가? [17]

① 1 ② 2 ③ 3 ④ 7

해설 1극 1상의 홈 수 : $S_{sp} = \dfrac{홈\ 수}{극수 \times 상수} = \dfrac{36}{4 \times 3} = 3$

7. 다음은 3상 유도전동기 고정자 권선의 결선도를 나타낸 것이다. 맞는 것은? [14]

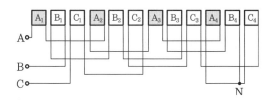

① 3상 2극, Y 결선 ② 3상 4극, Y 결선
③ 3상 2극, Δ 결선 ④ 3상 4극, Δ 결선

해설 ㉠ 3상 : A상, B상, C상
 ㉡ 4극 → 극 번호 1, 2, 3, 4
 ㉢ Y 결선 → 독립된 인출선 A, B, C와 성형점 N이 존재

8. 4극 36홈의 3상 유도전동기의 홈 간격을 전기각으로 나타내면? [11]

① 10 ② 15 ③ 20 ④ 30

해설 전기각 : $\theta = \dfrac{4극 \times 180°}{36홈} = 20°$ (전기각은 1극당 π [rad] = 180°)

정답 **1.** ② **2.** ④ **3.** ③ **4.** ② **5.** ④ **6.** ③ **7.** ② **8.** ③

4-2 3상 유도전동기의 이론

유도전동기 (induction motor)는 변압기와 같이 1차 권선과 2차 권선이 있고, 전자유도 작용으로 2차 권선에 전력을 공급하는 회전 기계이다.

1 회전수와 슬립

(1) 슬립 (slip)

① 3상 유도전동기는 항상 회전자기장의 동기속도 N_s [rpm]와 회전자의 속도 N [rpm] 사이에 차이가 생기게 되며, 이 차이의 값으로 전동기의 상대속도를 나타낸다.

② 이때 속도의 차이 $(N_s - N)$와 동기속도 N_s와의 비를 슬립 (slip) s 라 한다.

$$s = \frac{\text{동기속도} - \text{회전자 속도}}{\text{동기속도}} = \frac{N_s - N}{N_s}$$

(개) 무부하 시 → $N = N_s$ $\therefore s = 0$ (내) 기동 시 → $N = 0$ $\therefore s = 1$

③ 회전자가 동기속도로 회전하게 되면 상대속도가 '0'이 되어 회전자 도체는 자속을 끊지 못하므로 2차 전압이 유도되지 않는다.

$\therefore N_s > N$ 이어야 한다.

④ 대체로 정격부하에서의 전동기의 슬립 s 는

(개) 소형 전동기의 경우에는 5~10 % 정도

(내) 중형 및 대형 전동기의 경우에는 2.5~5 % 정도

(2) 회전자기장과 회전자 사이의 상대속도

① $N_s - N = s \cdot N_s$ [rpm] → $N = (1 - s) \cdot N_s$ [rpm]

② $N_s = \dfrac{120f}{p}$ → $N = \dfrac{120f(1-s)}{p}$ [rpm]

2 회전자의 유도기전력과 주파수

(1) 전동기가 정지하고 있는 경우

① 1차 권선의 1상에 유도되는 기전력
$$E_1 = 4.44\, k_{w1}\, f_1\, N_1\, \phi \text{ [V]}$$

② 2차 권선의 1상에 유도되는 기전력
$$E_2 = 4.44\, k_{w2}\, f_2\, N_2\, \phi \text{ [V]}$$

③ 정지 시 : 슬립 $s = 1$일 때 $\rightarrow f_2 = f_1$

여기서, k_{w1} : 1차 권선 계수 k_{w2} : 2차 권선 계수
ϕ : 1극당의 평균 자속 N_1 : 1상에 직렬로 감긴 권선 수
f_1 : 전원의 주파수 f_2 : 2차에 유도되는 기전력의 주파수

(2) 전동기가 회전하고 있는 경우

① 회전자기장의 동기속도 N_s와 회전자의 속도 N과의 차, 즉 상대속도는

$$N_s - N = s \cdot N_s$$

② 슬립 s에서의 2차 권선 회전자에 유도되는 기전력의 실횻값 E_{2s}[V]과 주파수 f_s는

㈎ 슬립 주파수 (slip frequency) $f_s = s f_1$ [Hz]

㈏ 슬립 s에서의 회전자 유도기전력 $E_{2s} = s E_2$ [V]

단원 예상문제

1. 유도전동기에서 회전자장의 속도가 1200 rpm이고, 전동기의 회전수가 1176 rpm일 때 슬립 (%)은 얼마인가? [05, 10, 17]

① 2   ② 4   ③ 4.5   ④ 5

[해설] $s = \dfrac{N_s - N}{N_s} \times 100 = \dfrac{1200 - 1176}{1200} \times 100 = 2\,\%$

2. 60 Hz, 4극 유도전동기가 1700 rpm으로 회전하고 있다. 이 전동기의 슬립은 약 얼마인가? [16]

① 3.42 %   ② 4.56 %   ③ 5.56 %   ④ 6.64 %

[해설] ㉠ $N_s = \dfrac{120f}{p} = \dfrac{120 \times 60}{4} = 1800$ rpm

㉡ $s = \dfrac{N_s - N}{N_s} \times 100 = \dfrac{1800 - 1700}{1800} \times 100 ≒ 5.56\,\%$

3. 4극의 3상 유도전동기가 60 Hz의 전원에 접속되어 4 %의 슬립으로 회전할 때 회전수 (rpm)는? [01, 06, 17]

① 1900   ② 1828   ③ 1800   ④ 1728

[해설] ㉠ $N_s = \dfrac{120f}{p} = \dfrac{120 \times 60}{4} = 1800$ rpm

㉡ $N = (1 - s)N_s = (1 - 0.04) \times 1800 = 1728$ rpm

4. 50 Hz, 슬립 0.2인 경우의 회전자 속도가 600 rpm이 되는 유도전동기의 극수는? [01, 11]

① 16극   ② 12극   ③ 8극   ④ 4극

해설 $N = (1-s)N_s$ 에서, $N_s = \dfrac{N}{1-s} = \dfrac{600}{1-0.2} = 750$ rpm $\therefore p = \dfrac{120f}{N_s} = \dfrac{120 \times 50}{750} = 8$극

※ $p = \dfrac{120f(1-s)}{N} = \dfrac{120 \times 50(1-0.2)}{600} = 8$극

5. 다음 중 3상 유도전동기가 정지하고 있는 상태를 나타낸 것은? [10]

① $s = 0$ ② $0 < s < 1$ ③ $0 > s > 1$ ④ $s = 1$

6. 유도전동기에서 슬립이 1이면 전동기의 속도 N 은 어떻게 되는가? [06, 17]

① 무구속 속도가 된다.   ② 정지한다.
③ 불변이다.   ④ 동기속도와 같다.

7. 유도전동기의 무부하 시 슬립은? [15]

① 4   ② 3   ③ 1   ④ 0

8. 3상 유도전동기 슬립의 범위는? [12]

① $0 < s < 1$ ② $-1 < s < 0$ ③ $1 < s < 2$ ④ $0 < s < 2$

9. 유도전동기의 회전자가 동기속도로 회전하면 회전자에는 어떤 주파수가 유기되는가? [01]

① 전원 주파수와 같은 주파수   ② 전원 주파수에 권수비를 나눈 주파수
③ 전원 주파수에 슬립을 나눈 주파수   ④ 주파수가 나타나지 않는다.

해설 ㉠ 동기속도로 회전 : $s = 0$ ㉡ 회전자 주파수 : $f_2 = sf = 0$

∴ 주파수가 나타나지 않는다.

10. 슬립이 0.05이고 전원 주파수가 60 Hz인 유도전동기의 회전자 회로의 주파수 (Hz)는? [01, 14]

① 1   ② 2   ③ 3   ④ 4

해설 $f' = s \cdot f = 0.05 \times 60 = 3$ Hz

11. 4극 60 Hz, 7.5 kW의 3상 유도전동기가 1728 rpm으로 회전하고 있을 때 2차 유기 기전력의 주파수 (Hz)는?

① 60   ② 3.2   ③ 2.4   ④ 1.8

해설 ㉠ $N_s = \dfrac{120f}{p} = \dfrac{120 \times 60}{4} = 1800$ rpm   ㉡ $s = \dfrac{N_s - N}{N_s} \times 100 = \dfrac{1800 - 1728}{1800} \times 100 = 4\,\%$

∴ $f_2 = sf = 0.04 \times 60 = 2.4$ Hz

정답 **1.** ① **2.** ③ **3.** ④ **4.** ③ **5.** ④ **6.** ② **7.** ④ **8.** ① **9.** ④ **10.** ③ **11.** ③

3 유도전동기의 등가회로

(1) 운전하고 있는 전동기의 등가회로

① 전동기가 슬립 s로 회전한다고 하면 전동기의 속도 n은 $(1-s)n_s$가 되고, 2차 권선의 1상에는 $E_{2s} = sE_2$의 기전력이 유도되고, $f_2 = sf_1$의 주파수가 만들어진다.

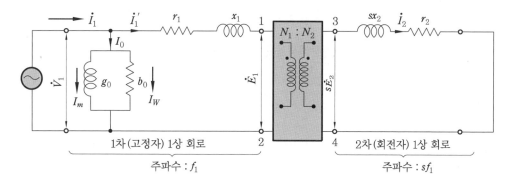

② 운전하고 있는 전동기의 2차 전류 : 그림의 등가회로에서 회전자가 슬립 s로 회전하고 있을 때, 2차 전류 $\dot{I_2}$는

$$I_2 = \frac{sE_2}{\sqrt{r_2{}^2 + (sx_2)^2}} = \frac{E_2}{\sqrt{\left(\dfrac{r_2}{s}\right)^2 + x_2{}^2}} \text{ [A]}$$

$$※ \quad \frac{r_2}{s} = \frac{r_2}{s} - r_2 + r_2 = R + r_2$$

여기서, sE_2 : 2차 1상 전압 r_2 : 권선 저항 sx_2 : 누설 리액턴스

③ 변형된 등가 임피던스 회로 : 1차와 2차가 같은 주파수로 되는 단상변압기에 부하저항 $R = \dfrac{r_2}{s} - r_2$를 접속한 변압기 회로로 생각할 수 있다.

$$※ \quad \frac{r_2}{s} = \frac{r_2}{s} - r_2 + r_2 = R + r_2$$

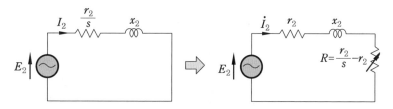

그림 2-4-7 등가 임피던스 회로

단원 예상문제

1. 유도전동기의 2차 저항 r_2, 슬립 s일 때 기계적 출력에 상당한 등가 저항은?

① r_2 ② $\dfrac{1-s}{s}r_2$ ③ $\dfrac{r_2}{s}$ ④ $\dfrac{s}{1-s}r_2$

해설 그림 2-4-7에서, $R = \dfrac{r_2}{s} - r_2 = \dfrac{r_2}{s} - \dfrac{sr_2}{s} = \dfrac{r_2 - sr_2}{s} = \dfrac{1-s}{s} \cdot r_2$

2. 슬립 4%인 유도전동기의 등가 부하저항은 2차 저항의 몇 배인가? [03, 07, 16]

① 20 ② 19 ③ 5 ④ 24

해설 $R = \dfrac{1-s}{s} \cdot r_2 = \dfrac{1-0.04}{0.04} \times r_2 = 24\,r_2$ ∴ 24배

3. 슬립 $s = 5\,\%$, 2차 저항 $r_2 = 0.1\,\Omega$인 유도전동기의 등가 저항 $R[\Omega]$은 얼마인가? [15]

① 0.4 ② 0.5 ③ 1.9 ④ 2.0

해설 $R = \dfrac{r_2}{s} - r_2 = \dfrac{0.1}{0.05} - 0.1 = 2 - 0.1 = 1.9$

4. 권선형 유도전동기의 슬립 s에 있어서의 2차 전류는? (단, E_2, x_2는 정지 때의 2차 유기 전압과 2차 리액턴스, r_2는 2차 저항이다.)

① $\dfrac{sr_2}{R_2 + sx_2}$ ② $\dfrac{E_2}{\sqrt{(sr_2)^2 + x_2{}^2}}$ ③ $\dfrac{sE_2}{\sqrt{\left(\dfrac{r_2}{s}\right)^2 + x_2{}^2}}$ ④ $\dfrac{E_2}{\sqrt{\left(\dfrac{r_2}{s}\right)^2 + x_2{}^2}}$

정답 1. ② 2. ④ 3. ③ 4. ④

4 전력의 변환

(1) 유도전동기의 기계적 출력

① 그림 2-4-7 등가 임피던스 회로에서 유도전동기의 1차 쪽에서 2차 쪽으로 공급되는 전력의 일부는 2차 회로의 손실로 잃어버리게 되고, 나머지 대부분은 회전자에 의하여 기계적 출력으로 변환된다.

② 전동기의 출력 : $P_0 = P_2 - P_{c_2} = I_2{}^2\left(\dfrac{r_2}{s}\right) - I_2{}^2 r_2 = I_2{}^2\left(\dfrac{r_2}{s} - r_2\right) = I_2{}^2 R$

- 2차 입력 $P_2 = I_2{}^2\left(\dfrac{r_2}{s}\right)$ [W]
- 2차 구리 손 $P_{c_2} = I_2{}^2 r_2$ [W]
- 기계적 출력 : $P_0 = I_2{}^2 R$ [W]

③ 그림 2-4-7에서 $R=\left(\dfrac{r_2}{s}-r_2\right)$이고, 기계적 출력 P_0은 2차 쪽의 입력 P_2에서 2차 구

리 손 P_{c_2}를 뺀 값으로, 저항 $R=\left(\dfrac{r_2}{s}-r_2\right)=\dfrac{(1-s)}{s}r_2$인 부하에서 소비되는 전력이다.

④ 실제 P_0 [W] 만큼의 에너지가 기계적 동력으로 변환되는 것이다.

(2) 2차 입력, 2차 저항(구리)손과 슬립 s 와의 관계

① 2차 저항손 : $P_{c_2}=s\,P_2$[W]

$$P_{c_2}=I_2{}^2 r_2=I_2{}^2\dfrac{r_2}{s}s=s\,P_2[\text{W}]$$

② 슬립 : $s=\dfrac{P_{c_2}}{P_2}=\dfrac{\text{2차 (회전자) 전체 저항 (동)손}}{\text{2차 전체 입력}}$

(3) 2차 입력, 기계적 출력과 슬립 s 와의 관계

① 기계적인 출력 : $P_0=P_2-P_{c_2}=P_2-sP_2=(1-s)\,P_2=\dfrac{N}{N_s}P_2$ [W]

(2차 입력 P_2) : (2차 저항손 P_{c_2}) : (기계적 출력 P_0)$=P_2:sP_2:(1-s)\,P_2=1:s:(1-s)$

② 실제의 기계적 출력은 풍손, 마찰 손 때문에 P_0보다 약간은 작다.

(4) 전동기의 발생 토크 – 동기 와트 (synchronous watt)

① 2차 입력 P_2 [W]는 전동기가 토크 T[N·m]을 내고, 동기속도 N_s [rpm]으로 회전한다고 가정한 때의 출력과 같다.

② 기계적 출력 : $P_0=\omega T=2\pi\dfrac{N}{60}T$[W]

토크 : $T=k\cdot P_2$

$$T=\dfrac{60P_0}{2\pi N}=\dfrac{60(1-s)P_2}{2\pi(1-s)N_s}=\dfrac{60P_2}{2\pi N_s}=\dfrac{P_2}{\omega_s}=\dfrac{P_2}{(4\pi f)/p}=\dfrac{p}{4\pi f}\cdot P_2=k\cdot P_2\,[\text{N·m}]$$

• $\omega=2\pi\dfrac{N}{60}$ [rad/s]   • $P_0=(1-s)P_2$ [W]

• $N=(1-s)N_s$ [rpm]   • $N_s=\dfrac{120}{p}f$ [rpm]

③ 토크 T는 2차 입력 P_2에 비례함을 알 수 있으며, P_2로 토크를 나타낸 것을 동기 와트로 나타낸 토크라 한다.

단원 예상문제

1. 회전자 입력 10 kW, 슬립 3 %인 3상 유도전동기의 2차 동손(W)은? [15, 17]

① 300   ② 400   ③ 500   ④ 700

해설 2차 동손 : $P_{c_2} = s\,P_2 = 0.03 \times 10 \times 10^3 = 300$ W

2. 출력 10 kW, 슬립 4 %로 운전되고 있는 3상 유도전동기의 2차 동손(W)은? [01, 05, 13]

① 약 250   ② 약 315   ③ 약 417   ④ 약 620

해설 $P_0 = (1-s)\,P_2$에서, 2차 입력 $P_2 = \dfrac{P_0}{1-s} = \dfrac{10}{1-0.04} = 10.4$ kW

∴ 2차 동손 $P_{c_2} = s\,P_2 = 0.04 \times 10.4 \times 10^3 ≒ 417$ W

3. 15 kW, 60 Hz 4극의 3상 유도전동기가 있다. 전부하가 걸렸을 때의 슬립이 4 %라면 이때의 2차(회전자) 쪽 동손은? [01, 06, 08, 09, 13]

① 약 0.8 kW   ② 약 1.2 kW   ③ 약 1 kW   ④ 약 0.6 kW

해설 $P_{c_2} = \dfrac{s}{1-s}\,P_0 = \dfrac{0.04}{1-0.04} \times 15 \times 10^3 = 625$ W → 0.625 kW

※ 2번 문제 해설에서,

$P_2 = \dfrac{P_0}{1-s}$ 이므로 $P_{c_2} = s\,P_2 = \dfrac{s}{1-s}\,P_0$

4. 3상 유도전동기의 1차 입력 60 kW, 1차 손실 1 kW, 슬립 3 %일 때 기계적 출력(kW)은? [09, 13, 14]

① 62   ② 60   ③ 59   ④ 57

해설 ㉠ 2차 입력 : $P_2 = $ 1차 압력 $-$ 1차 손실 $= 60 - 1 = 59$ kW

㉡ 기계적 출력 : $P_0 = (1-s)\,P_2 = (1-0.03) \times 59 ≒ 57$ kW

5. 출력 12 kW, 회전수 1140 rpm인 유도전동기의 동기 와트는 약 몇 kW인가? (단, 동기속도 N_s는 1200 rpm이다.) [12, 16]

① 10.4   ② 11.5   ③ 12.6   ④ 13.2

해설 동기 와트 : $P_2 = \dfrac{N_s}{N}\,P_o = \dfrac{1200}{1140} \times 12 = 12.6$ kW

참고 토크 T는 2차 입력 P_2에 비례함을 알 수 있으며, P_2로 토크를 나타낸 것을 동기 와트로 나타낸 토크라 한다.

$P_0 = P_2 - P_{c_2} = P_2 - s\,P_2 = (1-s)\,P_2 = \dfrac{N}{N_s}\,P_2$에서, $P_2 = \dfrac{N_s}{N} \cdot P_o$

6. 유도전동기의 2차 입력 : 2차 동손 : 기계적 출력 간의 비는?

① $1 : s : 1-s$ 　　② $1 : 1-s : s$ 　　③ $s : \dfrac{s}{1-s} : 1$ 　　④ $1 : s : s^2$

[해설] 2차 입력 P_2 : 2차 저항손 P_{2c} : 기계적 출력 P_0
　　$= P_2 : P_{c2} : P_0 = P_2 : sP_2 : (1-s)P_2 = 1 : s : 1-s$

7. 다음 중 전동기 토크의 단위는?

① kg 　　② $\text{kg} \cdot \text{m}^2$ 　　③ $\text{kg} \cdot \text{m}$ 　　④ $\text{kg} \cdot \text{m/s}$

[해설] $\text{N} \cdot \text{m}$, $\text{kg} \cdot \text{m}$　　※ $1\,\text{kg} \cdot \text{m} = 9.8\,\text{N} \cdot \text{m}$

[정답] 1. ①　　2. ③　　3. ④　　4. ④　　5. ③　　6. ①　　7. ③

4-3 3상 유도전동기의 특성

1 속도 특성

(1) 속도 특성곡선

1차 전압을 일정하게 하고 슬립, 즉 속도를 변화시킬 때 슬립 s의 함수인 1차 전류, 토크, 기계적 출력, 역률 및 효율 등 이들의 양이 어떻게 변화하는지를 알아보는 곡선이다.

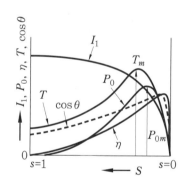

그림 2-4-8 속도 특성곡선

(2) 슬립과 전류의 관계

① 2차 전류 $I_2 = \dfrac{sE_2}{\sqrt{r_2{}^2 + (s\,x_2)^2}}$ [A]

② 전동기가 기동하는 순간 : $s \fallingdotseq 1$의 근처에서 I_2는 s에 관계없이 거의 일정하다.

③ 운전하고 있을 때 : $s \fallingdotseq 0$의 근처에서는 $(sx_2)^2$의 값은 매우 작으므로, $I_2 \fallingdotseq \dfrac{sE_2}{r_2}$ 가

되어 I_2는 거의 s에 비례한다.

(3) 슬립과 토크의 관계

① 슬립 s가 일정하면, 토크는 공급 전압 V_1의 제곱에 비례하여 변화한다.

　　$T = k \cdot V_1{}^2$ [N $\cdot$ m]

② 전부하 토크는 전부하 부근에 있어서는 2차 전류가 sE_2에 비례하게 된다.

③ 기동 토크는 $s = 1$일 때의 토크이며, 정확히 공급 전압의 제곱에 비례한다.

2 출력 특성

① 출력 특성곡선 : 유도전동기에 기계적 부하를 걸었을 때 출력에 따라 전류, 토크, 속도, 효율 및 역률 등의 변화를 나타내는 곡선이다.

② 유도전동기에는 거의 무효전류인 무부하 전류가 많이 흐르므로 역률이 낮다.

• 슬립은 약 5 % 정도로 거리 동기속도로 운전하게 되며, 그 속도가 거의 일정한 정속도 전동기라 볼 수 있다.

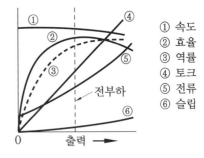

① 속도
② 효율
③ 역률
④ 토크
⑤ 전류
⑥ 슬립

그림 2-4-9 출력 특성곡선

3 비례 추이 (proportional shift)

① 토크 속도곡선이 2차 합성저항의 변화에 비례하여 이동하는 것을 토크 속도곡선이 비례 추이한다고 한다.

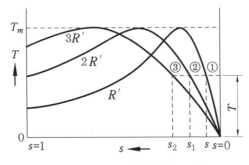

그림 2-4-10 비례 추이 곡선

② 2차 회로의 합성저항 $R' = (r_2 + R)$을 가변저항기로 조정할 수 있는 권선형 유도전동기는 비례 추이의 성질을 이용하여 기동 토크를 크게 한다든지 속도 제어를 할 수도 있다.

③ 저항을 2배, 3배… 로 할 때, 같은 토크에서 슬립이 2배, 3배… 로 됨을 알 수 있다.

$$\frac{R'}{s} = \frac{2R'}{2s} = \frac{3R'}{3s} = \cdots\cdots = \frac{mR'}{ms}$$

④ 비례 추이는 권선형 유도전동기의 기동전류 제한, 기동 토크 증가, 속도 제어 등에 이용되며 토크, 전류, 역률, 동기 와트, 1차 입력 등에 적용된다.

⑤ 최대 토크 T_m 는 항상 일정하다.

1. 2차 전압 200 V, 2차 권선 저항 0.03 Ω , 2차 리액턴스 0.04 Ω 인 유도전동기가 3 %의 슬립으로 운전 중이라면 2차 전류 (A)는? [13]

① 20 　　　　　 ② 100 　　　　　 ③ 200 　　　　　 ④ 254

해설 $I_2 = \dfrac{sE_2}{r_2} = \dfrac{0.03 \times 200}{0.03} = 200$ A

　　• $I_2 = \dfrac{sE_2}{\sqrt{r_2^2 + (sx_2)^2}}$ [A]에서, $s\,x_2$ 는 r_2 에 비하여 극히 작으므로 무시한다.

2. 3상 유도전동기의 토크는? [11, 14, 17]

① 2차 유도기전력의 2승에 비례한다. 　　② 2차 유도기전력에 비례한다.
③ 2차 유도기전력과 무관하다. 　　　　④ 2차 유도기전력의 0.5승에 비례한다.

해설 $T \propto V_1^2$

3. 일정한 주파수의 전원에서 운전하는 3상 유도전동기의 전원 전압이 80 %가 되었다면 토크는 약 몇 %가 되는가? (단, 회전수는 변하지 않는 상태로 한다.) [11]

① 55 　　　　　 ② 64 　　　　　 ③ 76 　　　　　 ④ 82

해설 $T = kV^2$ 　∴ $T' = \left(\dfrac{80}{100}\right)^2 \times 100 = 64$ %

4. 유도전동기에 기계적 부하를 걸었을 때 출력에 따라 속도, 토크, 효율, 슬립 등이 변화를 나타낸 출력 특성곡선에서 슬립을 나타내는 곡선은? [13]

① 1
② 2
③ 3
④ 4

해설 1. 속도　2. 효율　3. 토크　4. 슬립

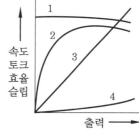

5. 다음 중 비례 추이의 성질을 이용할 수 있는 전동기는 어느 것인가? [03, 10]

① 직권전동기 　　　　　　　　② 단상 동기전동기
③ 권선형 유도전동기 　　　　　④ 농형 유도전동기

6. 다음 중 유도전동기에서 비례 추이를 할 수 있는 것은? [14, 17]

① 출력 　　　　② 2차 동손 　　　　③ 효율 　　　　④ 역률

해설 비례 추이 : 토크, 1, 2차 전류, 역률, 동기 와트, 1차 입력 등에 적용된다. (출력, 2차 동손, 효율 등은 할 수 없다.)

---

7. 3상 유도전동기의 2차 저항을 2배로 하면 그 값이 2배로 되는 것은? [03]

① 슬립   ② 토크   ③ 전류   ④ 역률

[해설] 같은 토크에서 슬립과 2차 저항은 서로 비례한다.

8. 권선형 유도전동기의 2차 측 저항을 2배로 하면 그 최대 토크는 몇 배인가? [99, 01, 06]

① $\frac{1}{2}$ 배   ② $\sqrt{2}$ ③ 2배   ④ 불변

[해설] 최대 토크 T_m 는 항상 일정하다.

[정답] **1.** ③ **2.** ① **3.** ② **4.** ④ **5.** ③ **6.** ④ **7.** ① **8.** ④

---

4 유도전동기의 손실과 효율

(1) 손실 (loss)

① 유도전동기에서도 다른 전기기계와 마찬가지로 무부하 손(고정 손)과 부하 손(구리 손과 표유 부하 손)이 생긴다.

② 손실

    (가) 고정 손 : 철손, 베어링 마찰 손, 브러시 마찰 손(권선형 유도전동기), 풍손

    (나) 구리 손 : 1차 권선의 저항손, 2차 회로의 저항손

    (다) 표유 부하 손 : 측정하거나 계산할 수 없는 손실로, 부하에 비례하여 변화한다.

(2) 효율 (efficiency)

① 효율 : $\eta = \dfrac{출력}{입력} \times 100 = \dfrac{입력-손실}{입력} \times 100\ \%$

② 1차 효율 (1차 입력 : $P_1 = \sqrt{3}\ V_n I_1 \cos\theta_1 \times 10^{-3}$ [kW]일 때)

여기서, P : 출력(kW)
I_1 : 1차 전류(A)
$\cos\theta_1$: 역률
V_n : 정격전압(V)
P_0 : 기계적 출력
P_2 : 2차 입력

$$\eta = \dfrac{출력\ P}{1차\ 입력\ P_1} \times 100 = \dfrac{P \times 10^3}{\sqrt{3}\ V_n I_1 \cos\theta_1} \times 100\ \%$$

③ 2차 효율 : $\eta_2 = \dfrac{P_0}{P_2} \times 100 = (1-s) \times 100 = \dfrac{N}{N_s} \times 100\ \%$

    ※ 기계적인 출력 : $P_0 = P_2 - P_{c_2} = P_2 - sP_2 = (1-s)P_2 = \dfrac{N}{N_s}P_2$ [W]

④ 전동기의 효율은 언제나 2차 효율보다 작다. → 유도전동기의 효율은 보통 85 % 정도

    ※ 2차 효율과 슬립과의 관계 : $\eta_2 = (1-s)$ → 슬립이 작을수록 2차 효율은 증가한다.

단원 예상문제 🎯

1. 3상 유도전동기의 정격전압을 V_n [V], 출력을 P [kW], 1차 전류를 I_1 [A], 역률을 $\cos\theta$라 하면 효율을 나타내는 식은? [02, 16]

① $\dfrac{P \times 10^3}{\sqrt{3}\ V_n I_1 \cos\theta} \times 100\ \%$

② $\dfrac{\sqrt{3}\ V_n I_1 \cos\theta}{P \times 10^3} \times 100\ \%$

③ $\dfrac{P \times 10^3}{3\ V_n I_1 \cos\theta} \times 100\ \%$

④ $\dfrac{3\ V_n I_1 \cos\theta}{P \times 10^3} \times 100\ \%$

2. 동기 와트 P_2, 출력 P_0, 슬립 s, 동기속도 N_s, 회전속도 N, 2차 동손 P_{2c}일 때 2차 효율 표기로 틀린 것은? [16, 17]

① $1-s$　　　　② $\dfrac{P_{2c}}{P_2}$　　　　③ $\dfrac{P_0}{P_2}$　　　　④ $\dfrac{N}{N_s}$

해설 $\eta_2 = \dfrac{P_0}{P_2} = (1-s) = \dfrac{N}{N_s}$

3. 슬립 5 %인 유도전동기의 2차 효율은 얼마인가? [05]

① 90 %　　　　② 95 %　　　　③ 97.5 %　　　　④ 99.5 %

해설 $\eta_2 = \dfrac{P_0}{P_2} = 1-s = 1-0.05 = 0.95$　∴ 95 %

4. 다음 중 3상 농형 유도전동기의 효율(%)은 얼마인가?

① 80　　　　② 85　　　　③ 90　　　　④ 95

해설 유도전동기는 무부하 전류가 크기 때문에, 그 역률이 낮고 효율도 좋지 않은 편으로 약 85 % 정도이다.

5. 유도전동기가 회전하고 있을 때 생기는 손실 중에서 구리 손이란? [15]

① 브러시의 마찰 손　　　　② 베어링의 마찰 손
③ 표유 부하 손　　　　④ 1차, 2차 권선의 저항손

해설 ㉠ 변압기의 손실은 부하 전류에 관계되는 부하 손과 이것과는 무관계한 무부하 손으로 분류한다.
　　㉡ 회전할 때 생기는 구리 손은 부하 전류에 의한 1차, 2차 권선의 저항손이다.
　　㉢ 부하 손은 주로 부하 전류에 의한 구리손이다.
　　㉣ 표유 부하 손 : 측정하거나 계산할 수 없는 손실로 부하에 비례하여 변화한다.

6. 유도전동기의 손실 중 측정하거나 계산으로 구할 수 없는 손실은? [02]

① 기계 손　　　② 철손　　　③ 구리 손　　　④ 표유 부하 손

정답 **1.** ① **2.** ② **3.** ② **4.** ② **5.** ④ **6.** ④

4-4 3상 유도전동기의 운전, 시험

유도전동기는 2차를 단락한 변압기와 같으므로 기동 시 1차 측에 직접 정격전압을 가하면 큰 기동전류, 즉 정격전류의 4~6배가 흘러 권선을 태울 염려가 있기 때문에 안전 기동을 위한 여러 가지 기동법이 사용되고 있다.

1 농형 유도전동기의 기동 방법

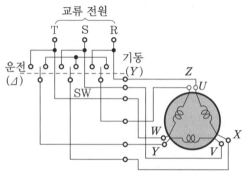

(1) 전전압 기동(line starting) : 직입 기동

① 기동장치를 따로 쓰지 않고, 직접 정격전압을 가하여 기동하는 방법이다.

② 보통 3.7 kW(5 Hp) 이하의 소형 유도전동기에 적용되는 직입 기동 방식이다.

그림 2-4-11 $Y-\Delta$ 수동 기동법

(2) $Y-\Delta$ 기동 방법

① 10~15 kW 정도의 전동기에 쓰이는 방법이다.

② 이 방법은 기동할 때 1차 각상의 권선에는 정격전압의 $\dfrac{1}{\sqrt{3}}$ 의 전압이 가해져 기동전류가 전전압 기동에 의하여 $\dfrac{1}{3}$ 이 되므로, 기동전류는 전부하 전류의 200~250 % 정도로 제한된다.

③ 토크는 전압의 제곱에 비례하므로, 기동 토크도 $\dfrac{1}{3}$ 로 줄게 된다.

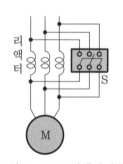

그림 2-4-12 리액터기동

(3) 리액터기동 방법

① 전동기의 1차 쪽에 직렬로 철심이 든 리액터를 접속하는 방법이다. 기동한 다음, 전류가 주는 데 따라 전동기의 단자전압이 높아지고 토크가 늘게 된다.

② 펌프나 송풍기와 같이 부하 토크가 기동할 때에는 작고, 가속하는 데 따라 늘어나는 부하에 동력을 공급하는 전동기에 적합하다.

③ 기동이 끝난 다음에는 리액터를 개폐기로 단락한다.

④ 이 방법은 구조가 간단하므로 15 kW 이하에서 자동 운전 또는 원격제어를 할 때에 쓰인다.

(4) 기동보상기법 : 단권변압기 기동 (starting compensator)

① 약 15~20 kW 정도 이상 되는 농형 전동기를 사용하는 경우에 적용된다.

② 정격전압의 40~85 %의 범위 안에서 2~4개의 탭을 내어 전동기의 용도에 따라 선택하여 사용한다.

③ 단권변압기 기동을, 특히 콘돌퍼 (Korndorfer) 기동이라 부른다.

2 권선형 유도전동기의 기동 방법

(1) 2차 저항법

① 권선형 전동기에서 2차 권선 자체는 저항이 작은 재료로 쓰고, 슬립 링을 통하여 외부에서 조절할 수 있는 기동저항기를 접속한다.

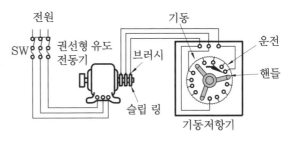

그림 2-4-13 권선형 유도전동기의 기동 회로

② 기동할 때에는 2차 회로의 저항을 적당히 조절, 비례 추이를 이용하여 기동전류는 감소시키고 기동 토크를 증가시킨다.

3 회전 방향을 바꾸는 방법

① 회전 방향 : 부하가 연결되어 있는 반대쪽에서 보아 시계 방향을 표준으로 하고 있다.

② 회전 방향을 바꾸는 방법

(개) 회전자장의 회전 방향을 바꾸면 된다.

(내) 전원에 접속된 3개의 단자 중에서 어느 2개를 바꾸어 접속하면 된다.

단원 예상문제

1. 다음 중 농형 유도전동기의 기동법이 아닌 것은? [10, 12, 15, 17]

① 기동보상기법　　② 2차 저항기동법　　③ 리액터기동법　　④ $Y-\Delta$ 기동법

2. 5~15 kW 범위 유도전동기의 기동법은 주로 어느 것을 사용하는가? [17]

① $Y-\Delta$ 기동　　② 기동보상기　　③ 전전압 기동　　④ 2차 저항법

3. 5.5 kW, 200 V 유도전동기의 전전압 기동 시의 기동전류가 150 A이었다. 여기에 $Y-\Delta$ 기동 시 기동전류는 몇 A가 되는가? [12]

① 50　　　　　　② 70　　　　　　③ 87　　　　　　④ 95

해설 $I_s = \dfrac{1}{3} \times 150 = 50$ A

4. 1차 쪽에 철심형 리액터를 접속하여 전압강하를 이용해서 저전압 기동하고 기동 후 단락한다. 구조가 간단하여 15 kW 이하에서 자동 운전, 원격제어용에 사용되는 것은? [05]
① 리액터기동   ② 기동보상기법   ③ $Y-\Delta$ 기동   ④ 전전압 기동

5. 다음 중 권선형에서 비례 추이를 이용한 기동법은? [05, 15]
① 리액터기동법   ② 기동보상기법   ③ 2차 저항법   ④ $Y-\Delta$ 기동법

6. 권선형 유도전동기 기동 시 회전자 측에 저항을 넣는 이유는? [11, 13]
① 기동전류 증가   ② 기동 토크 감소
③ 회전수 감소   ④ 기동전류 억제와 토크 증대

7. 다음 중 교류전동기를 기동할 때 그림과 같은 기동 특성을 가지는 전동기는? (단, 곡선 ㉠~㉤은 기동 단계에 대한 토크 특성곡선이다.) [16, 17]
① 반발 유도전동기
② 2중 농형 유도전동기
③ 3상 분권 정류자전동기
④ 3상 권선형 유도전동기

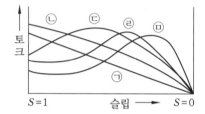

[해설] 3상 권선형 유도전동기의 기동 특성
㉠ 그림은 기동저항을 5 단으로 조정한 경우의 예로서, 기동 중의 토크 전류의 변화를 나타낸 것이다 (2차 저항법).
㉡ 권선형 유도전동기는 이와 같이 우수한 기동 특성을 가지고 있으므로 대형 유도전동기에서는 이 방식을 많이 사용하고 있다.

8. 일정한 방향으로만 회전하는 유도전동기의 회전 방향의 표준은?
① 부하가 연결된 쪽에서 보아 시계 방향
② 부하가 연결된 반대쪽에서 보아 시계 방향
③ 부하가 연결된 반대쪽에서 보아 반시계 방향
④ 유도전동기에 따라 다르다.

9. 3상 유도전동기의 회전 방향을 바꾸기 위한 방법은? [11, 15]
① 3상의 3선 접속을 모두 바꾼다.
② 3상의 3선 중 2선의 접속을 바꾼다.
③ 3상의 3선 중 1선에 리액턴스를 연결한다.
④ 3상의 3선 중 2선에 같은 값의 리액턴스를 연결한다.

10. 3상 유도전동기의 회전 방향을 바꾸기 위한 방법으로 가장 옳은 것은? [01, 03, 04, 07, 13, 16]
① $\Delta-Y$ 결선으로 결선법을 바꾸어 준다.
② 전원의 전압과 주파수를 바꾸어 준다.
③ 전동기의 1차 권선에 있는 3개의 단자 중 어느 2개의 단자를 서로 바꾸어 준다.
④ 기동보상기를 사용하여 권선을 바꾸어 준다.

[정답] 1. ② 2. ① 3. ① 4. ① 5. ③ 6. ④ 7. ④ 8. ② 9. ② 10. ③

4 유도전동기의 속도 제어

속도 제어 방법
• 2차 회로의 저항 조정   • 전원 주파수 변화   • 극수 변화   • 2차 여자법

(1) 2차 회로의 저항을 조정하는 방법
① 2차 회로의 저항 변화에 의한 토크 속도 특성의 비례 추이를 응용한 방법이다.
② 속도 조정기(speed regulator) : 동기속도보다 낮은 속도 제어를 연속적으로 원활하게 넓은 범위에 걸쳐 할 수 있는 기중기, 권상기 등에 이용한다.

(2) 전원의 주파수를 바꾸는 방법
전동기의 회전속도는 $N = N_s(1-s) = \dfrac{120f}{p}(1-s)$ 이므로, 주파수 f, 극수 p 및 슬립 s 를 변경함으로써 속도를 변경시킬 수 있다.

(3) 극수를 바꾸는 방법
① 대개 농형 전동기에 쓰이는 방법으로, 권선형에는 거의 쓰이지 않는다.
② 비교적 효율이 좋으므로 자주 속도를 바꿀 필요가 있고, 또한 계단적으로 속도 변경이 되어도 좋은 부하, 즉 소형의 권상기, 승강기, 원심분리기, 공작기계 등에 많이 쓰인다.

(4) 2차 여자 방법
① 권선형 유도전동기의 2차 회로에 2차 주파수 f_2와 같은 주파수이며, 적당한 크기의 전압을 외부에서 가하는 것을 2차 여자라 한다.
② 전동기의 속도를 동기속도보다 크게 할 수도 있고 작게 할 수도 있다.
③ 동기속도보다 낮은 속도 제어를 원활하게 넓은 범위에 걸쳐 간단하게 조작할 수 있으나, 비교적 효율은 좋지 않은 단점이 있다.

(5) 유도전동기의 종속법에 의한 속도 제어
① 직렬 종속 : $N = \dfrac{120f}{p_1 + p_2}$ [rpm]

② 차동 종속 : $N' = \dfrac{120f}{p_1 - p_2}$ [rpm]

여기서, f : 전원 주파수
p : 극수

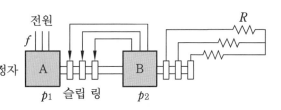

그림 2-4-14 유도전동기의 종속법

단원 예상문제 ⊙

1. 유도전동기의 속도 N을 변화시키는 방법이 아닌 것은?

① 슬립 s를 변화   ② 전압 E를 변화

③ 극수 P를 변화   ④ 주파수 f를 변화

해설 $N_s = \dfrac{120f}{p}$, $N = N_s(1-s)$ 의 식에서 s, p, f를 변화시키면 속도가 변화한다.

2. 유도전동기의 회전자에 슬립 주파수의 전압을 가하는 속도 제어는? [03, 06, 10, 12]

① 자극수 변환법   ② 2차 여자법

③ 2차 저항법   ④ 인버터 주파수 변환법

3. 3상 유도전동기의 속도 제어 방법 중 인버터(inverter)를 이용한 속도 제어법은? [16]

① 극수 변환법   ② 전압 제어법

③ 초퍼 제어법   ④ 주파수 제어법

해설 유도전동기의 속도 제어 방법 : 속도 $N = N_s(1-s) = 120\dfrac{f}{p}(1-s)$ [rpm]

㉠ f, p, s를 변환시키는 것에는 주파수 변환법, 극수 변환법, 2차 저항법, 2차 여자법, 전압 제어법 등이 있다.

㉡ 특히 3상 농형 유도전동기의 주파수 제어는 3상 인버터를 사용하여 원활한 속도를 제어하고 있다.

4. 속도 조정이 용이한 전동기는?

① 3상 농형 유도전동기   ② 3상 권선형 유도전동기

③ 3상 특수 농형 유도전동기   ④ 동기전동기

5. 다음 중 승강기용으로 보통 사용되는 전동기의 종류는? [02, 03, 05]

① 동기전동기   ② 셀신 전동기

③ 단상 유도전동기   ④ 3상 유도전동기

정답 1. ② 2. ② 3. ④ 4. ② 5. ④

⑤ 제동

(1) 회생 제동(regenerative braking)

① 유도전동기를 동기속도보다 큰 속도로 회전시켜 유도발전기가 되게 함으로써, 발생 전력을 전원에 반환하면서 제동을 시키는 방법이다.

② 케이블카, 광산의 권상기 또는 기중기 등에 사용된다.

(2) 발전 제동 (dynamic braking)
① 전차용 전동기의 발전 제동과 같은 것이다.

② 여자용 직류전원이 필요하며, 대형의 천장 기중기와 케이블카 등에 많이 쓰이고 있다.

(3) 역상 제동 (plugging)
① 전동기를 매우 빨리 정지시킬 때 쓴다.

② 전동기가 회전하고 있을 때 전원에 접속된 3선 중에서 2선을 빨리 바꾸어 접속하면, 회전자장의 방향이 반대로 되어 회전자에 작용하는 토크의 방향이 반대가 되므로 전동기는 빨리 정지한다.

③ 이 방법은 제강 공장의 압연기용 전동기 등에 사용된다.

(4) 단상 제동
권선형 유도전동기의 1차 쪽을 단상교류로 여자하고, 2차 쪽에 적당한 크기의 저항을 넣으면 전동기의 회전 방향과는 반대 방향의 토크가 발생하므로 제동이 된다.

단원 예상문제

1. 유도전동기의 제동법이 아닌 것은? [15]
① 3상 제동　　② 발전 제동　　③ 회생 제동　　④ 역상 제동

2. 전동기의 제동에서 전동기가 가지는 운동에너지를 전기에너지로 변화시키고 이것을 전원에 환원시켜 전력을 회생시킴과 동시에 제동하는 방법은? [10, 14]
① 발전 제동　　② 역전 제동　　③ 맴돌이전류 제동　　④ 회생 제동

3. 3상 유도전동기의 운전 중 급속 정지가 필요할 때 사용하는 제동 방식은? [15, 16]
① 단상 제동　　② 회생 제동　　③ 발전 제동　　④ 역상 제동

4. 전동기가 회전하고 있을 때 회전 방향과 반대 방향으로 토크를 발생시켜 갑자기 정지시키는 제동법은? [01, 06, 11]
① 역상 제동　　② 회생 제동　　③ 발전 제동　　④ 단상 제동

5. 대형의 천장 기중기 등에 사용되며 직류 여자가 필요한 제동법은?
① 발전 제동　　② 회생 제동　　③ 역상 제동　　④ 단상 제동

정답 1. ①　2. ④　3. ④　4. ①　5. ①

4-5 단상 유도전동기의 특성·종류

(1) 단상 유도전동기의 특성

① 전부하 전류와 무부하 전류의 비율이 대단히 크고, 역률과 효율은 대단히 나쁘다.

② 주로 0.75 kW 이하의 소출력 범위 내에서 사용되고 있다.

③ 표준 출력은 100, 200, 400 W이다.

④ 회전자는 농형으로 되어 있고, 고정자 권선은 단상 권선으로 되어 있다.

⑤ 단상 권선에서는 교번(이동) 자기장이 발생한다.

⑥ 기동 토크는 0이며, 기계 손이 없어도 무부하 속도는 동기속도보다 작다.

(2) 단상 유도전동기의 종류

표 2-4-2 단상 유도전동기의 종류

형식	접속도	기동 토크	기동 전류	기동 장치	용도	특징
분상 기동형	(기동 스위치) SW_2 농형 회전자 ST (주 권선) (기동 권선)	중 (125~ 200 %)	대 (500~ 600 %)	• 원심력 스위치 내장 • 정격 속도의 75% 에서 원심력 스 위치 동작	재봉틀, 볼반, 우물 펌프, 팬, 환풍기, 사무기 기, 농기기	비교적 염가이며, 기동 전류가 큰 것이 단점이다. 큰 출력으로 제작 하기 어렵다.
콘덴서 기동형	C_1 SW 농형 회전자 ST M	대 (200~ 300 %)	중 (400~ 500 %)	• 기동용 콘덴서 1 HP : 400 μF 1/4 HP : 175 μF • 원심력 스위치 내장 • 정격속도 75 % 동작	• 80 ~ 400 W • 컴프레서, 펌프, 공업용 세척기, 냉동 기, 농기기, 컨베이어	기동전류가 작고 기동 토크가 크 며, 기동 토크가 크게 요구되는 부 하와 전원 전압 변 동이 큰 곳에 적합 하다.
영구 콘덴서형 기동형	C M A (보조 권선) 농형 회전자	소 (50~ 100 %)	소 (300~ 400 %)	운전 콘덴서 0.5 HP : 15 μF	• 200W 이하 • 펌프, 세척기, 사무기기, 선 풍기, 세탁기	기동전류와 전부 하 전류가 적고 운전 특성이 좋 으며, 기동 토크 가 적은 용도에 적합하다. 기동용 스위치가 없으므 로 고장이 적다.

영구 콘덴서형 콘덴서 기동형		대 (250~350 %)	중 (400~500 %)	• 기동용 콘덴서 • 원심력 스위치 내장 • 운전 콘덴서	펌프, 컴프레서, 냉동기, 농기기	콘덴서 전동기와 같은 용도로 결국 기동 토크가 크게 요구되는 부하에 적합하다. 역률 90 % 이상
반발 기동형		극대 (400~600 %)	극소 (300~400 %)	• 정류자 브러시 • 정류자 단락 링	• 200 ~ 600 W • 펌프, 컴프레서, 냉동기, 공업용 세척기, 농기기	기동 토크가 크게 요구되고, 전원 전압강하가 큰 부하에 적합하다. 정류자가 있어 유지 보수가 어렵다.
셰이딩 코일형		소 (40~50 %)	중 (400~500 %)	shading coil 사용	• 수 10 W 이하 • 레코드 플레이어, 천장 선풍기 • 정역운전 불가	주로 소형 민생 기기에 사용되고, 기동 스위치가 없어 유지 보수가 쉽다.

단원 예상문제 🎯

1. 단상 유도전동기 기동장치에 의한 분류가 아닌 것은? [10]

   ① 분상 기동형　　　② 콘덴서 기동형　　　③ 셰이딩 코일형　　　④ 회전 계자형

   해설 회전 계자형은 동기기의 종류에 해당된다.

2. 단상 유도전동기 중 ㉠ 반발 기동형, ㉡ 콘덴서 기동형, ㉢ 분상 기동형, ㉣ 셰이딩 코일형이라 할 때, 기동 토크가 큰 것부터 옳게 나열한 것은? [03, 10, 11, 15, 17]

   ① ㉠ > ㉡ > ㉢ > ㉣　　　　　　　② ㉠ > ㉣ > ㉡ > ㉢

   ③ ㉠ > ㉢ > ㉣ > ㉡　　　　　　　④ ㉠ > ㉡ > ㉣ > ㉢

   해설 단상 유도전동기의 기동 토크가 큰 순서 (정격 토크의 배수)

      반발 기동형 (4~5배) > 콘덴서 기동형 (3배) > 분상 기동형 (1.25~1.5배) > 셰이딩 코일형 (0.4~ 0.9배)

3. 다음 중 기동 토크가 가장 큰 전동기는? [13, 10, 16]

   ① 분상 기동형　　　② 콘덴서 모터형　　　③ 셰이딩 코일형　　　④ 반발 기동형

4. 역률과 효율이 좋아서 가정용 선풍기, 전기세탁기, 냉장고 등에 주로 사용되는 것은 어느 것인가? [02, 04, 05, 06, 13, 16]
　① 분상 기동형 전동기　　　　② 반발 기동형 전동기
　③ 콘덴서 기동형 전동기　　　④ 셰이딩 코일형 전동기
　해설 콘덴서(condenser) 기동형
　　단상 유도전동기로서 역률(90 % 이상)과 효율이 좋아서 가전제품에 주로 사용된다.

5. 다음 중 역률이 가장 좋은 단상 유도전동기는 어느 것인가? [06, 07, 17]
　① 분상형　　② 셰이딩 코일형　　③ 콘덴서형　　④ 반발형

6. 셰이딩 코일형 유도전동기의 특징을 나타낸 것으로 틀린 것은? [13]
　① 역률과 효율이 좋고 구조가 간단하여 세탁기 등 가정용 기기에 많이 쓰인다.
　② 회전자는 농형이고 고정자의 성층 철심은 몇 개의 돌극으로 되어 있다.
　③ 기동 토크가 작고 출력이 수 10 W 이하의 소형 전동기에 주로 사용된다.
　④ 운전 중에도 셰이딩 코일에 전류가 흐르고 속도 변동률이 크다.
　해설 셰이딩 코일(shading coil)형의 특징 : 구조는 간단하나 기동 토크가 매우 작고, 운전 중에도 셰이딩 코일에 전류가 흐르므로 효율, 역률 등이 모두 좋지 않다.

7. 기동 토크가 대단히 작고 역률과 효율이 낮으며 전축, 선풍기 등 수 10 W 이하의 소형 전동기에 널리 사용되는 단상 유도전동기는? [12]
　① 반발 기동형　② 셰이딩 코일형　③ 모노사이클릭형　④ 콘덴서형

8. 선풍기, 가정용 펌프, 헤어 드라이기 등에 주로 사용되는 전동기는? [15]
　① 단상 유도전동기　　　　② 권선형 유도전동기
　③ 동기전동기　　　　　　④ 직류 직권전동기

9. 단상 유도전동기에서 분상 기동형은 회전자 속도가 동기속도의 어느 정도에 도달했을 때 원심력 개폐기가 동작하여 기동 권선을 개방하는가? [12]
　① 20~30 % 정도　② 40~60 % 정도　③ 70~80 % 정도　④ 90~95 % 정도

10. 단상 유도전동기에 보조 권선을 사용하는 주된 이유는? [13, 17]
　① 역률개선을 한다.　　　　② 회전자장을 얻는다.
　③ 속도 제어를 한다.　　　　④ 기동전류를 줄인다.
　해설 단상 유도전동기의 주 권선과 보조 권선
　　㉠ 주 권선(M) : 전원에 연결되어 교번 자장을 만들어 회전자에 전류를 유도시킨다.
　　㉡ 보조 권선(ST) : 주 권선과 직각으로 배치한 보조(기동) 권선을 이용하여 2상 교류의 회전자장을 얻는다.
　참고 기동 후에는 주 권선만으로 동작하고 보조 권선은 개방시켜도 된다.

정답　1. ④　2. ①　3. ④　4. ③　5. ③　6. ①　7. ②　8. ①　9. ③　10. ②

특수 기기

Chapter 05

1 특수 직류기

(1) 직류 스테핑 모터 (stepping motor)

① 자동제어장치를 제어하는 데 사용되는 특수 직류전동기로, 특히 정밀한 서보 (servo)
기구에 많이 사용된다.

② 전기신호를 받아 회전운동으로 바꾸고 규정된 각도만큼씩 회전한다.

※ 톱니 수 50개, 톱니 한 개당 4개의 스텝이 필요하므로, 회전자가 한 번 회전하는
데에는 200개의 스텝이 필요하다.

∴ 한 스텝에 의해 회전하는 각도 $\alpha = \dfrac{360°}{50 \times 4} = 1.8°$

③ 특수 기계의 속도, 거리, 방향 등의 정확한 제어가 가능하다.

④ 특징 (장점)

㈎ 정류자, 브러시가 없으므로 수명이 길고 신뢰성이 높으며, 보수 점검이 편리하다.

㈏ 교류 동기 서보 (servo)모터에 비하여 값이 싸고, 효율이 훨씬 좋으며, 큰 토크를 발
생한다.

㈐ 기동, 정지, 정회전, 역회전이 용이하고 신호에 대한 응답성이 좋다.

㈑ 입력 펄스 제어만으로 속도 및 위치 제어가 용이하다.

(2) 직류 서보모터 (DC servomotor)

① 아주 세밀하게 제어되는 속도 및 위치 제어에 주로 사용한다.

② 기동, 정지, 제동, 정-역회전이 연속적으로 이루어지는 제어에 적합하도록 설계 제작
된 전동기다.

③ 저속부터 고속까지 원활한 운전을 할 수 있으며, 급속한 가속-감속을 할 수 있다.

단원 예상문제 ⊙

1. 자동제어장치의 특수 전기 기기로 사용되는 전동기는? [08]
  ① 전기동력계   ② 3상 유도전동기   ③ 직류 스테핑 모터   ④ 초 동기전동기

2. 직류 스테핑 모터(DC stepping motor)의 특징 설명 중 가장 옳은 것은? [06, 15]
  ① 교류 동기 서보모터에 비하여 효율이 나쁘고 토크 발생도 작다.
  ② 이 전동기는 입력되는 각 전기신호에 따라 계속하여 회전한다.
  ③ 이 전동기는 일반적인 공작기계에 많이 사용된다.
  ④ 이 전동기의 출력을 이용하여 특수 기계의 속도, 거리, 방향 등의 정확한 제어가 가능
    하다.

3. 교류 동기 서보모터에 비하여 효율이 훨씬 좋고, 큰 토크를 발생하여 입력되는 각 전기신호에
  따라 규정된 각도만큼씩 회전하며, 회전자는 축 방향으로 자화된 영구자석으로서 보통 50개
  정도의 톱니로 만들어져 있는 것은? [07]
  ① 전기동력계   ② 유도전동기   ③ 직류 스테핑 모터   ④ 동기전동기

4. 입력으로 펄스 신호를 가해 주고 속도를 입력 펄스의 주파수에 의해 조절하는 전동기는? [15]
  ① 전기동력계   ② 서보 전동기   ③ 스테핑 전동기   ④ 권선형 유도전동기

정답 **1.** ③ **2.** ④ **3.** ③ **4.** ③

☑ 특수 변압기

(1) 단권변압기
  ① 단권변압기는 고압 배전선의 전압을 10 % 정도 높이는 승압기 (booster transformer)로
    사용된다.
  ② 1, 2차 권선의 일부분이 공통으로 되어 있는 변압기이며, 동기전동기, 유도전동기 등
    을 기동할 때 기동 전류 기동보상기로도 쓰인다.

(2) 누설변압기
  자기회로에 공극을 만들어 누설자속을 크게 한 변압기로, 아크등, 방전등, 아크용접기 등
기동 시는 높은 전압이 필요하고, 사용 상태에서는 낮은 전압이 필요한 기기에 사용된다.

(3) 계기용 변성기
  ① 계기용 변압기(PT) : 2차 정격전압은 110 V이며, 2차 측에는 전압계나 전력계의 전압
    코일을 접속하게 된다.

② 계기용 변류기(CT)

    ㈎ 2차 정격전류가 5 A이다.

    ㈏ CT는 사용 중 2차 회로를 개방해서는 안 되며, 계기를 제거시킬 때에는 먼저 2차 단자를 단락시켜야 한다.

        ※ [이유] : 2차를 열면 1차의 전전류가 전부 여자전류가 되어 많은 자속이 생기고, 2차 기전력과 자속밀도는 모두 커지며, 철손이 늘게 되어 과열될 뿐만 아니라 절연이 파괴되기 때문이다.

(4) 3권선 변압기

① 3권선 변압기($Y-Y-\Delta$) : 1차 및 2차 권선 이외에 3차 권선(tertiary winding)도 감겨 있는 변압기이다.

    여기서, $Y-Y-\Delta$ 결선, 1－2차는 $Y-Y$, 3차는 Δ 결선이다.

② 3차 권선의 목적(용도)

    ㈎ Δ 결선으로 한 작은 용량의 제3의 권선을 따로 감아서, 제3고조파를 제거하여 파형의 일그러짐을 막으려는 것이 3차 권선의 원래 목적이다.

    ㈏ 3차 권선에 조상기(phase modifier)를 접속하여, 송전선의 전압 조정과 역률개선용으로 사용한다.

    ㈐ 3차 권선으로부터 발전소나 변전소에서 사용하는 전력을 내게 한다.

    ㈑ 한 권선을 1차, 나머지 두 권선을 2차로 하여 서로 다른 송전계통에 전력을 공급한다.

(5) 3상 변압기

① 3상 변압기 단독으로 3상 교류전력을 변성하는 변압기이며, 대전력용 변압기로서 널리 쓰인다.

② 3상 변압기 1대와 단상변압기 3대와의 비교(3상 변압기의 장·단점)

    ㈎ 철심량이 15~20 % 정도 절약되고, 무게와 철손이 줄고 효율이 좋다.

    ㈏ 부싱 수, 외함, 기름의 양, 가격, 설치 면적 등이 작게 된다.

    ㈐ 고장 수리 곤란, 수선비 증가, 신뢰도 감소, 예비기가 대용량이다.

    ㈑ 1대로서의 무게가 크고, 고장이 발생하면 전체를 교환할 필요가 있다.

(6) 용접용 변압기

아크용접용 전원으로 사용하는 변압기로, 정전압 변압기에 직렬 리액터를 사용한 것과, 누설 리액턴스가 큰 특수 변압기가 있다.

단원 예상문제

1. 동기전동기나 유도전동기의 기동 시 기동보상기로 많이 사용하는 변압기로서, 1차, 2차 전압을 같은 권선으로부터 얻는 변압기의 명칭은 무엇인가? [02]
① 단권변압기　　② 계기용 변압기　　③ 누설변압기　　④ 계기용 변류기

2. 계기용 변압기의 2차 측 단자에 접속하여야 할 것은? [02, 03, 06, 08]
① O.C.R　　② 전압계　　③ 전류계　　④ 전열 부하

3. 계기용 변압기의 2차 표준 전압은 몇 V인가?
① 100　　② 110　　③ 120　　④ 125

4. 계기용 변류기(CT)의 정격 2차 전류는 몇 A인가? [03]
① 5　　② 15　　③ 25　　④ 50

5. 변류기 개방 시 2차 측을 단락하는 이유는? [10]
① 2차 측 절연 보호　　② 2차 측 과전류 보호
③ 측정오차 감소　　④ 변류비 유지

6. 사용 중인 변류기의 2차를 개방하면? [15]
① 1차 전류가 감소한다.　　② 2차 권선에 110 V가 걸린다.
③ 개방단의 전압은 불변하고 안전하다.　　④ 2차 권선에 고압이 유도된다.

7. 3권선 변압기에 대한 설명으로 옳은 것은? [14]
① 한 개의 전기회로에 3개의 자기회로로 구성되어 있다.
② 3차 권선에 조상기를 접속하여 송전선의 전압 조정과 역률개선에 사용된다.
③ 3차 권선에 단권변압기를 접속하여 송전선의 전압 조정에 사용된다.
④ 고압 배전선의 전압을 10 % 정도 올리는 승압용이다.

8. 다음 중 3권선 변압기의 3차 권선의 용도가 아닌 것은? [01, 04]
① 소내용 전원 공급　② 조상설비　　③ 제3 고조파 제거　　④ 승압용

9. 아크용접용 변압기가 일반 전력용 변압기와 다른 점은? [13]
① 권선의 저항이 크다.　　② 누설 리액턴스가 크다.
③ 효율이 높다.　　④ 역률이 좋다.
[해설] 아크용접용 변압기 : 누설 리액턴스가 큰 누설변압기(leakage transformer)가 사용된다.

정답 1. ①　2. ②　3. ②　4. ①　5. ①　6. ④　7. ②　8. ④　9. ②

3 특수 유도기

(1) 특수 농형 유도전동기

① 2중 농형 유도전동기

  ㈎ 그림 2-5-2 (a)와 같이 회전자에 상하 2개의 홈을 파고, 바깥쪽 홈에 저항이 큰 기동용 도체 A (황동)를 넣는다.

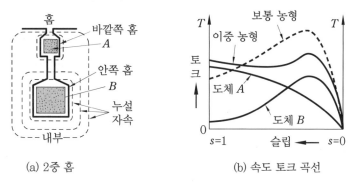

(a) 2중 홈   (b) 속도 토크 곡선

그림 2-5-2 2중 농형전동기

  ㈏ 안쪽 홈에 저항이 적고 굵은 운전용 도체 B (전기동)를 넣어 기동 특성을 개선한 특수 농형 유도전동기이다.

② 디프슬롯(deep-slot)형 전동기

  ㈎ 보통 농형보다 매우 깊은 홈을 만들고, 가늘고 긴 도체를 넣어 표피 효과를 이용하여 기동 특성을 개선한 특수 농형 유도전동기이다.

  ㈏ 냉각 효과가 좋아 기동 정지가 빈번한 저속도 중·대형기에 적합하다.

표 2-5-1 유도전동기

종류	기동 토크 (%)	기동전류 (%)
보통 농형	120~175	450~600
심홈 농형	120~200	400~550
2중 농형	120~250	350~500

(2) 포트 전동기(pot motor)

① 6000~10000 rpm의 고속도 수직축형 유도전동기로 인견 공업 (섬유 공장)에 사용되고 있다.

② 독립된 주파수 변환기를 전원으로 사용, 즉 주파수 변환에 의한 속도 제어를 한다.

그림 2-5-3 주파수 변환 계통

단원 예상문제

1. 다음 유도전동기 중 기동 토크가 가장 큰 것은?

① 보통 농형 유도전동기   ② 권선형 유도전동기

③ 심홈 (deep-slot)형 전동기   ④ 2중 농형전동기

2. 그림의 속도 토크 특성 중 2중 농형 유도전동기의 특성은?

① ㉠

② ㉡

③ ㉢

④ ㉣

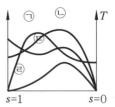

3. 기동 정지가 빈번한 장소에 적당한 유전동기는?

① 2중 농형   ② 디프슬롯형   ③ 보통 농형   ④ 권선형 전동기

4. 다음 중 3상 유도전압 조정기의 정격출력(kVA)은? [단, I_2 는 정격 2차 전류(A), E_2 는 정격 2차 상전압(V)이다.] [03]

① $\sqrt{3}\,E_2\,I_2 \times 10^3$ ② $\sqrt{3}\,E_2\,I_2 \times 10^{-3}$

③ $3\,E_2\,I_2 \times 10^3$ ④ $3\,E_2\,I_2 \times 10^{-3}$

해설 정격 2차 상전압이 E_2일 때, 정격 2차 전압 (조정 전압)은 $\sqrt{3}\,E_2$ 이므로

$P = \sqrt{3}\,(\sqrt{3}\,E_2)\,I_2 \times 10^{-3} = 3\,E_2\,I_2 \times 10^{-3}\,[\text{kVA}]$

5. 1상 전압 400 ± 200 V, 10 kVA 3상 유도전압 조정기의 정격 2차 전류(A)는? [05]

① 16.7   ② 26.7   ③ 33.5   ④ 42.4

해설 $P = 3\,E_2\,I_2 \times 10^{-3}\,[\text{kVA}]$에서, $I_2 = \dfrac{P}{3E_2} \times 10^3 = \dfrac{10}{3 \times 200} \times 10^3 = 16.7\,\text{A}$

6. 인견 공업에 사용되는 포트 전동기의 속도 제어는? [09, 12]

① 극수 변환에 의한 제어   ② 1차 회전에 의한 제어

③ 주파수 변환에 의한 제어   ④ 저항에 의한 제어

해설 포트 전동기 (pot motor)

㉠ 6000~10000 rpm의 고속도 수직축형 유도전동기로 인견 공업 (섬유 공장)에 사용되고 있다.

㉡ 독립된 주파수 변환기 전원으로 사용, 즉 주파수 변환에 의한 속도 제어를 한다.

정답   1. ④   2. ③   3. ②   4. ④   5. ①   6. ③

4 특수 동기기

(1) 초 동기전동기

① 전부하를 걸어 둔 상태로 기동할 수 있다.

② 베어링 (bearing)도 2중으로 되어 있어 고정자도 회전자 위에 회전할 수 있는 구조로 되어 고정자도 회전자 주위에 회전 가능한 구조의 전동기이다.

> **알아두기 : 초 동기전동기의 브레이크**
>
> 이 전동기의 브레이크 (brake)는 동기전동기의 탈출 토크에 이르는 데까지 걸 수 있으므로 상당히 큰 부하를 건 채로 기동할 수 있다.

(2) 유도 동기전동기

권선형 유도전동기의 회전자 권선에 직류를 흘려서 동기전동기로 쓰게 되어 있는 구조의 전동기이다.

5 교류 정류자기

(1) 교류 정류자기의 개요

① 교류 전원에 접속시켜 사용하는 회전 전기기계이다.

② 고정자는 유도기의 고정자와 같고, 회전자는 직류기의 전기자와 동일하며, 정류자와 브러시를 가지고 있다.

③ 원리적으로 단상, 3상의 교류 정류자전동기와 주파수 변환기, 진상기, 저주파 발전기 등의 교류 정류자형 여자기로 분류한다.

(2) 직 · 교류 양용 전동기 : 교류 정류자 (AC commutator motor)전동기

① 직류 직권전동기 구조에서 교류를 가한 전동기를 말하며, **단상 직권 정류자전동기**로 **만능전동기 (universal motor)**라고도 한다.

② 전철용은 보상 권선을 설치하고, 소형은 믹서기, 전기 대패기, 전기드릴, 재봉틀, 전기 청소기 등에 많이 사용된다.

단원 예상문제 🎯

1. 회전 계자형인 동기전동기에 고정자인 전기자 부분도 회전자의 주위를 회전할 수 있도록 2중 베어링 구조로 되어 있는 전동기로, 부하를 건 상태에서 운전하는 전동기는? [12]

① 초 동기전동기
② 반작용 전동기
③ 동기형 교류 서보전동기
④ 교류 동기전동기

2. 용량이 작은 전동기로 직류와 교류를 겸용할 수 있는 전동기는? [13]

① 셰이딩 전동기
② 단상 반발전동기
③ 단상 직권 정류자전동기
④ 리니어 전동기

3. 만능 전동기는?

① 반발전동기
② 3상 직권전동기
③ 단상 직권전동기
④ 동기전동기

4. 다음 설명 중 틀린 것은? [11, 14]

① 3상 유도전압 조정기의 회전자 권선은 분로 권선이고, Y 결선으로 되어 있다.
② 디프슬롯형 전동기는 냉각 효과가 좋아 기동, 정지가 빈번한 중·대형 저속기에 적당하다.
③ 누설변압기가 네온사인이나 용접기의 전원으로 알맞은 이유는 수하 특성 때문이다.
④ 계기용 변압기의 2차 표준은 110/220 V로 되어 있다.

해설 3상 접지형 및 비접지형 계기용 변압기의 공칭 전압

공칭 1차 전압 (V)	공칭 2차 전압 (V)
220, 440, 3300, 6600, 22000, 66000, 154000, 345000	110

참고 1. **3상 유도전압 조정기** : 권선형 3상 유도전동기의 1, 2차를 직렬접속하고 고정자에는 2차 (직렬) 권선을, 회전자에는 1차(분로) 권선을 Y 결선으로 한다.

2. **디프슬롯(deep-slot)형 전동기** : 특수 농형전동기의 하나로 냉각 효과가 좋아 기동, 정지가 빈번한 저속도 중·대형기에 적합하다.

3. **누설변압기** : 자기회로에 공극을 만들어 누설자속을 크게 한 특수 변압기로 수하 특성이 있어 아크용접기, 방전등 전원으로 적합하다.

정답 **1.** ① **2.** ③ **3.** ③ **4.** ④

보호 계전 방식

1 기능에 의한 분류

(1) 과전류계전기 (over-current relay)
① 일정값 이상의 전류가 흘렀을 때 동작하는데, 일명 과부하계전기라고도 한다.
② 각종 기기 (발전기, 변압기)와 배전 선로, 배전반 등에 널리 사용되고 있다.

(2) 과전압계전기 (over-voltage relay)
① 일정값 이상의 전압이 걸렸을 때 동작하는 계전기이다.
② 과전압 보호용으로 사용된다.

(3) 차동계전기와 비율차동계전기 (ratio differential relay)
① 피보호 구간에 유입하는 전류와 유출하는 전류의 벡터차, 혹은 피보호 기기의 단자 사이의 전압 벡터차 등을 판별하여 동작하는 단일량형 계전기이다.
② 고장에 의하여 생긴 불평형의 전류 차가 평형 전류의 몇 % 이상으로 되었을 때 동작하는 계전기로, 변압기, 동기기 등의 층간 단락 등의 내부 고장 보호에 사용된다.

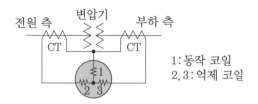

그림 2-6-1 비율차동계전기

(4) 선택 계전기 (selective relay)
① 병행 2회선 중 한쪽의 회선에 고장이 생겼을 때, 2회선 간의 전류 또는 전력 조류의 차에 의하여 어느 회선에 고장이 발생했는가를 선택하는 계전기이다.
② 차동 원리를 응용한 것이다.

(5) 거리계전기 (distance relay)

① 계전기가 설치된 위치로부터 고장점까지의 전기적 거리 (임피던스)에 비례하여 한시로 동작하는 계전기이다.

② 고장점으로부터 일정한 거리 이내일 경우에는 순간적으로 동작할 수 있게 한 것을 고속도 거리계전기라 한다.

(6) 재폐로계전기 (reclosing method)

① 낙뢰, 수목 접촉, 일시적인 섬락 등 순간적인 사고로 계통에서 분리된 구간을 신속히 계통에 투입시킴으로써 계통의 안정도를 향상시키고 정전 시간을 단축시키기 위해 사용되는 계전기이다.

② 전력 계통에 주는 충격의 경감대책의 하나로 재폐로 방식이 채용된다.

2 변압기, 발전기 보호계전기

(1) 보호계전기의 종류

① 차동 전류계전기, 차동 전압계전기

② 비율차동계전기

③ 부흐홀츠 계전기, 압력 계전기

(2) 부흐홀츠 계전기 (Buchholtz relay : BHR)

① 변압기 내부 고장으로 2차적으로 발생하는 기름의 분해가스 증기 또는 유류를 이용하여 부자 (뜨는 물건)를 움직여 계전기의 접점을 닫는 것이다.

② 변압기의 주탱크와 콘서베이터의 연결관 도중에 설비한다.

(3) 비율차동계전기 (ratio differential relay : RDFR)

① 동작 코일과 억제 코일로 되어 있으며, 전류가 일정 비율 이상이 되면 동작한다.

② 비율 동작 특성은 25~50 %, 동작 시한은 0.2 s 정도이다.

③ 변압기 단락 보호용으로 주로 사용된다.

1. 보호계전기의 기능상 분류로 틀린 것은? [09, 12]

① 차동계전기　　② 거리계전기　　③ 저항 계전기　　④ 주파수 계전기

해설 저항 계전기 (resistance relay) : 선형 임피던스형의 거리계전기로, R-X 선도상에서 그 동작은 정저항의 직선으로 주어진다.

2. 선택 지락계전기 (selective ground relay)의 용도는? [08, 10]

① 다회선에서 지락 고장 회선의 선택
② 단일 회선에서 지락전류의 방향의 선택
③ 단일 회선에서 지락 사고 지속 시간의 선택
④ 단일 회선에서 지락전류의 대소의 선택

3. 평행 2회선의 선로에서 단락 고장 회선을 선택하는 데 사용하는 계전기는? [07]

① 선택 단락 계전기　　　　② 방향 단락 계전기
③ 차동 단락 계전기　　　　④ 거리 단락 계전기

해설 선택 단락 계전기 (SS) : 평행 2회선 송전선로에서 한쪽의 1회선에 단락 고장이 발생하였을 경우 2중 방향 동작의 계전기를 사용해서 고장 회선을 선택적으로 차단할 수 있다.

4. 고장에 의하여 생긴 불평형의 전류 차가 평형 전류의 어떤 비율 이상으로 되었을 때 동작하는 것으로 변압기 내부 고장의 보호용으로 사용되는 계전기는? [00, 01, 09, 07, 10, 11, 13, 15, 16]

① 과전류계전기　　② 방향계전기　　③ 비율차동계전기　　④ 역상 계전기

5. 같은 회로의 두 점에서 전류가 같을 때에는 동작하지 않으나 고장 시에 전류의 차가 생기면 동작하는 계전기는? [09, 10, 11]

① 과전류계전기　　② 거리계전기　　③ 접지 계전기　　④ 차동계전기

6. 계전기가 설치된 위치에서 고장점까지의 임피던스에 비례하여 동작하는 보호계전기는 어느 것인가? [14]

① 방향 단락 계전기　　　　② 거리계전기
③ 단락 회로 선택 계전기　　④ 과전압계전기

7. 다음 중 거리계전기에 대한 설명으로 틀린 것은? [13]

① 전압과 전류의 크기 및 위상차를 이용한다.
② 154 kV 계통 이상의 송전선로 후비 보호를 한다.
③ 345 kV 변압기의 후비 보호를 한다.
④ 154 kV 및 345 kV 모선 보호에 주로 사용한다.

해설 모선 (bus bar) 보호에 주로 사용되는 계전기는 차동계전기이다.

8. 변압기, 동기기 등의 층간 단락 등의 내부 고장 보호에 사용되는 계전기는? [10, 11, 15, 16]
  ① 차동계전기   ② 접지 계전기   ③ 과전압계전기   ④ 역상 계전기

9. 보호를 요하는 회로의 전류가 어떤 일정한 값(정정값) 이상으로 흘렀을 때 동작하는 계전기는 다음 중 어느 것인가? [08, 13]
  ① 과전류계전기   ② 과전압계전기   ③ 차동계전기   ④ 비율차동계전기

10. 용량이 작은 변압기의 단락 보호용으로 주 보호 방식으로 사용되는 계전기는? [12]
  ① 차동 전류 계전 방식   ② 과전류 계전 방식
  ③ 비율 차동 계전 방식   ④ 기계적 계전 방식

  해설 과전류 계전 방식
    ㉠ 비율차동계전기가 없는 소요량 변압기의 단락 보호용으로 주 보호 방식으로 사용된다.
    ㉡ 비율차동계전기를 설치한 변압기에서도 후비 보호용으로 사용된다.
  참고 기계적 보호 계전기 : 부흐홀츠 계전기, 압력 계전기 및 온도, 유면계

11. 낙뢰, 수목 접촉, 일시적인 섬락 등 순간적인 사고로 계통에서 분리된 구간을 신속히 계통에 투입시킴으로써 계통의 안정도를 향상시키고 정전 시간을 단축시키기 위해 사용되는 계전기는? [09, 11, 17]
  ① 차동계전기   ② 과전류계전기   ③ 거리계전기   ④ 재폐로 계전기

  해설 ㉠ 전력 계통에 주는 충격의 경감 대책의 하나로 재폐로 방식(reclosing method)이 채용된다.
    ㉡ 재폐로 방식(재폐로 계전기)의 효과
      • 계통의 안정도 향상   • 정전 시간 단축

12. 부흐홀츠 계전기로 보호되는 것은? [05, 06, 09, 13, 15, 17]
  ① 변압기   ② 발전기   ③ 전동기   ④ 회전변류기

13. 변압기 내부 고장 시 발생하는 기름의 흐름 변화를 검출하는 부흐홀츠 계전기의 설치 위치로 알맞은 것은? [11, 12, 14, 15, 16, 17]
  ① 변압기 본체
  ② 변압기의 고압 측 부싱
  ③ 컨서베이터 내부
  ④ 변압기 본체와 컨서베이터를 연결하는 파이프

14. 보호계전기 시험을 하기 위한 유의 사항이 아닌 것은? [09, 11, 14]
  ① 시험 회로 결선 시 교류와 직류 확인   ② 영점의 정확성 확인
  ③ 계전기 시험 장비의 오차 확인   ④ 시험 회로 결선 시 교류의 극성 확인
  해설 계전기 시험 회로 결선 시 직류의 극성 확인은 유의 사항이지만 교류는 적용되지 않는다.

정답 1. ③   2. ①   3. ①   4. ③   5. ④   6. ②   7. ④   8. ①   9. ①   10. ②   11. ④
      12. ①   13. ④   14. ④

반도체·전력 변환 기기

7-1 전력용 반도체소자와 그 응용

1 반도체소자와 정류작용

(1) 반도체 (semiconductor)의 정의

① 상온(常溫)에서 전기를 잘 통하는 금속과 잘 통하지 않는 절연체와의 중간 정도의 전기저항을 가지는 물질로, 고체 또는 액체일 수 있으나 보통은 고체이다.

② 저항률 $10^{-4} \sim 10^6$ Ωm 정도의 물체로서, 실리콘 (Si), 게르마늄 (Ge), 셀렌 (Se), 산화제일구리 (Cu_2O) 등이 있다.

② 반도체의 특징은 전기저항의 대소보다는 온도의 상승과 더불어 저항률이 증가되는 금속과는 달리, 일정 온도 범위 내에서 오히려 저항률이 감소하게 되는데, 이를 부성 특성이라 한다.

(2) 진성 반도체 (intrinsic semiconductor)

① 불순물이 전혀 섞이지 않은 반도체를 진성 반도체라 한다.

② Ge, Si은 4가의 원소들로서 최외각에 4개의 전자를 가지고 있으며, 8개의 전자를 공유하며 공유결합 (covalent bond)을 하여 결정이 안정되는 순수한 반도체이다.

(3) 불순물 반도체 (extrinsic semiconductor)

표 2-7-1 N형, P형 반도체

구분	첨가 불순물			반송자 (carrier)
	명칭	종류	원자가	
N형 반도체 (4가)	도너 (donor)	인 (P), 비소 (As), 안티몬 (Sb)	5	과잉전자 (excess electron)에 의해서 전기전도가 이루어진다.
P형 반도체 (4가)	억셉터 (accepter)	인디움 (In), 붕소 (B), 알루미늄 (Al)	3	정공 (hole)에 의해서 전기전도가 이루어진다.

(4) 다이오드(diode)의 특성

① 교류를 직류로 변화시켜 주는 대표적인 정류소자이다.

② 높은 온도에 대해서는 역방향의 누설전류가 늘어 특성을 나쁘게 하며, 어느 정도의 온도를 넘으면 열전 파괴를 일으킬 염려가 있다.

※ 열전 파괴 : 접합부가 녹아서 정류작용을 잃고 사용 불가능하게 되는 현상을 말한다.

③ 온도를 높이면 정방향 전류는 감소하고, 역방향 전류는 증가한다.

④ 실리콘 다이오드의 특성

㉮ 온도가 높고 전류밀도가 크며, 소자가 견딜 수 있는 역방향 전압(역내전압)이 높다.

㉯ 온도가 높아지면 순방향 및 역방향 전류가 모두 증가한다.

(5) PN 접합 다이오드의 정류작용

① PN 접합은 그림 2-7-1과 같이 외부에서 가하는 전압의 방향에 따라 정류 특성을 가진다.

② 반도체의 응용에 의한 정류기의 구분

㉮ 다결정 반도체 : 산화제일구리(Cu_2O) 정류기, 셀렌 정류기

㉯ 단결정 반도체 : 게르마늄 정류기, 실리콘 정류기

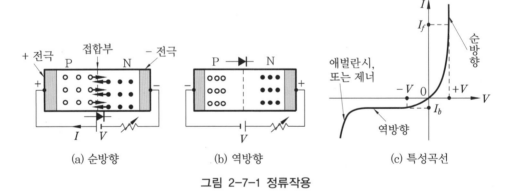

(a) 순방향   (b) 역방향   (c) 특성곡선

그림 2-7-1 정류작용

(6) 애벌란시 항복 전압과 제너다이오드

① 애벌란시(avalanche) 현상

㉮ 반도체 중 캐리어가 강한 전계로 가속되면 그 에너지로 궤도에서 가전자를 끌어내어 새로운 캐리어를 만든다. 그 캐리어가 가속되어 같은 동작을 반복하여 전류가 눈사태처럼 증가하는 현상을 말한다.

㉯ 이러한 애벌란시 현상이 일어나기 시작하는 전압을 애벌란시 항복(avalanche breakdown) 전압이라고 한다.

② 제너다이오드(zener diode) : 정전압 다이오드

  (개) 제너 효과를 이용하여 전압을 일정하게 유지하는 작용을 하는 정전압다이오드를 말한다.

  (내) 반도체의 PN 접합에 역방향 전압을 가할 경우, 어느 전압값 이상이 되면 전류가 급격히 증가한다. 이것을 이용하여 전류의 대폭적인 변화에 대해서도 단자전압이 별로 변화하지 않으므로 정전압 장치에 이용할 수 있다.

단원 예상문제 ⓞ

1. 일반적으로 반도체의 저항값과 온도와의 관계가 바른 것은? [05, 11, 17]

  ① 저항값은 온도에 비례한다.   ② 저항값은 온도에 반비례한다.

  ③ 저항값은 온도의 제곱에 반비례한다.   ④ 저항값은 온도의 제곱에 비례한다.

  해설 부 (−)저항 온도계수 − 반도체의 부성 특성

     ㉠ 온도가 상승하면 저항값이 감소하는 특성을 나타낸다.

     ㉡ 반도체, 탄소, 절연체, 전해액, 서미스터 등이 있다.

2. 다음 중 도너(doner)에 속하지 않는 것은?

  ① 알루미늄   ② 인   ③ 안티몬   ④ 비소

  해설 표 2-7-1 참조

3. P형 반도체의 전기전도의 주된 역할을 하는 반송자는? [09]

  ① 전자   ② 가전자   ③ 불순물   ④ 정공

4. 반도체 내에서 정공은 어떻게 생성되는가? [08]

  ① 결합 전자의 이탈   ② 자유전자의 이동

  ③ 접합 불량   ④ 확산 용량

5. 반도체로 만든 PN 접합은 다음 중 무슨 작용을 하는가? [05]

  ① 정류작용   ② 증폭작용   ③ 발진작용   ④ 변조 작용

6. 반도체 정류소자로 사용할 수 없는 것은? [12]

  ① 게르마늄   ② 비스무트   ③ 실리콘   ④ 산화구리

  해설 비스무트 (bismuth)

     ㉠ 금속원소의 한 가지로 전기나 열을 잘 전하지 못하며 융점이 매우 낮다.

     ㉡ 의약품으로 사용된다.

7. 역내전압이 높고 온도 특성이 우수하며 높은 전압, 큰 전류의 정류에 가장 적당한 정류기는 어느 것인가? [05]

① 게르마늄 정류기　　　　　　② 셀렌 정류기

③ 산화제일구리 정류기　　　　④ 실리콘 정류기

8. 다이오드의 정특성이란 무엇을 말하는가? [16]

① PN 접합면에서의 반송자 이동 특성

② 소신호로 동작할 때의 전압과 전류의 관계

③ 다이오드를 움직이지 않고 저항률을 측정한 것

④ 직류전압을 걸었을 때 다이오드에 걸리는 전압과 전류의 관계

[해설] 다이오드 정특성 [그림 2-7-1(c) 참조]

다이오드 정특성 직류전압을 걸었을 때 다이오드에 걸리는 전압과 전류의 관계, 즉 전압－전류 특성이다.

9. 다음 회로도에 대한 설명으로 옳지 않은 것은 어느 것인가? [11]

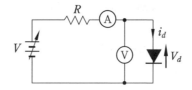

① 다이오드의 양극의 전압이 음극에 비하여 높을 때는 순방향 도통 상태라 한다.

② 다이오드의 양극의 전압이 음극에 비하여 낮을 때는 역방향 저지 상태라 한다.

③ 실제의 다이오드는 순방향 도통 시 양 단자 간의 전압강하가 발생하지 않는다.

④ 역방향 저지 상태에서는 역방향으로 (음극에서 양극으로) 약간의 전류가 흐르는데 이를 누설전류라고 한다.

[해설] ㉠ 실제의 다이오드 (PN접합)는 순방향 도통 시 양 단자 간의 전압강하가 발생한다.

㉡ 순방향 전압강하의 크기는 전위 장벽의 높이에 해당되며, 반도체 재료에 따라 결정된다. (전압강하 : 1~2 V 정도)

[참고] 문제 내용의 회로도는 다이오드 전압－전류의 특성을 측정하기 위한 회로의 예이다.

10. PN 접합 정류소자의 설명 중 틀린 것은? (단, 실리콘 정류소자인 경우이다.) [15]

① 온도가 높아지면 순방향 및 역방향 전류가 모두 감소한다.

② 순방향 전압은 P형에 (＋), N형에 (－) 전압을 가함을 말한다.

③ 정류비가 클수록 정류특성은 좋다.

④ 역방향 전압에서는 극히 작은 전류만이 흐른다.

[해설] 온도가 높아지면 순방향 및 역방향 전류가 모두 증가한다. [부 (－) 저항 온도계수 － 반도체의 부성 특성]

※ 온도가 높아지면 전자－정공 쌍의 수도 증가하게 되고, 누설전류도 증가하게 된다.

11. 다이오드를 사용한 정류회로에서 다이오드를 여러 개 직렬로 연결하여 사용하는 경우의 설명으로 가장 옳은 것은? [10]

① 다이오드를 과전류로부터 보호할 수 있다.

② 다이오드를 과전압으로부터 보호할 수 있다.

③ 부하 출력의 맥동률을 감소시킬 수 있다.

④ 낮은 전압 전류에 적합하다.

직렬접속 – 분압

해설 ㉠ 직렬연결 : 분압에 의한 과전압으로부터 보호
　　 ㉡ 병렬연결 : 분류에 의한 과전류로부터 보호

12. 애벌란시 항복 전압은 온도 증가에 따라 어떻게 변화하는가? [12, 15]

① 감소한다.　　　② 증가한다.　　　③ 증가했다 감소한다.　④ 무관하다.

해설 애벌란시 항복 (avalanche breakdown) 전압은 온도 증가에 따라 증가한다.

13. 전압을 일정하게 유지하기 위해서 이용되는 다이오드는? [13, 16, 17]

① 발광다이오드　　② 포토다이오드　　③ 제너다이오드　　　④ 바리스터 다이오드

해설 제너다이오드 (zener diode) : 정전압다이오드

정답　1. ②　2. ①　3. ④　4. ①　5. ①　6. ②　7. ④　8. ④　9. ③　10. ①　11. ②
　　　12. ②　13. ③

2 전력용 반도체소자의 특성

(1) 전력용 반도체소자의 종류별 특성

표 2-7-2　전력용 반도체소자의 종류별 특성 비교

명칭	기호	정특성 곡선	회로 구성	특성	용도
사이리스터 (SCR)	A ○ 양극(애노드) G ○ 게이트 K ○ 음극(캐소드)	ON 상태 / OFF 상태 / 역저지 상태	부하 e A G K	전류가 흐르지 않는 OFF 상태와 전류가 흐르는 ON 상태의 두 가지 안정 상태가 있으며, 또 ON 상태에서 OFF 상태로, 그 반대로 OFF 상태로 이행하는 기능을 가진다. 양극에서 음극으로 전류가 흐른다.	• 직류 스위치 • 위상 제어 • 교류 스위치

소자	기호	특성 곡선	회로	설명	용도
트라이액	T_1, G, T_2	OFF 상태 / ON 상태 / OFF 상태 / ON 상태	부하, e, T_1, T_2, G	사이리스터 2개를 역병렬로 접속한 것과 등가, 양방향으로 전류가 흐르기 때문에 교류의 스위치로 사용된다.	• 위상 제어 • 교류 스위치
GTO	A, GTO, G, K	역저지 형도 있다. / ON 상태 / OFF 상태 / 역도전형이 일반적	부하, E, A, K, G	게이트에 역방향으로 전류를 흘리면 자기 소호 (OFF)하는 사이리스터	• 인버터 제어 • 초퍼 제어
바이폴러 트랜지스터	C, B, E	포화 상태 / 활성부	부하, E, C, B, E	• 베이스에 전류를 흘렸을 때만 컬렉터 전류가 흐른다. • 스위치용 파워 디바이스는 Turn OFF를 빨리 하기 위해 OFF 시에 역전압을 인가한다.	• 인버터 제어 • 초퍼 제어
MOS FET	D, G, S	ON 전압 드롭이 없는 저항 특성	부하, E, D, G, S	• 게이트에 전압을 인가했을 때만 드레인 전류가 흐른다. • 고속 스위칭에 사용된다.	• 고속 인버터 제어 • 고속 초퍼 제어
IGBT	C, G, E		부하, E, C, G, E	게이트에 전압을 인가했을 때에만 컬렉터 전류가 흐른다.	• 고속 인버터 제어 • 고속 초퍼 제어

(2) 사이리스터 (thyristor)의 분류

① 단일 방향성 소자

• 3 단자 ─ SCR (Silicon Controlled Rectifier)
       └ GTO (Gate Turn-Off thyristor)

• 4 단자 ── SCS (Silicon Controlled Switch)

② 양방향성 소자

- 2 단자 ┬ DIAC (DIode AC switch)
          └ SSS (Silcon Symmetrical Switch)

- 3 단자 ┬ TRIAC (TRIode AC switch)
          └ SBS (Silicon Bilateral Switch)

(3) SCR의 특성

① P−N−P−N의 구조로 되어 있다.

② 정류작용을 할 수 있다.

③ 인버터 회로에 이용될 수 있다.

④ 고속도의 스위치 작용을 할 수 있다.

⑤ 정방향성 제어 특성을 갖는다.

⑥ 조명의 조광 제어, 전기로의 온도 제어, 형광등의 고주파 점등에 사용된다.

(4) 트라이액 (TRIAC : TRIode AC switch)

① 2개의 SCR을 병렬로 접속하고 게이트를 1개
로 한 구조로 3단자 소자이다.

② 쌍방향성이므로 교류전력 제어에 사용된다.

③ $G-T_1$과 T_2-T_1의 전압 극성에 따라 4가지
동작 모드 (mode)가 가능하다.

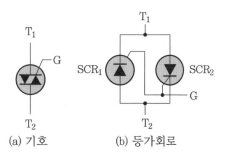

(a) 기호   (b) 등가회로

그림 2-7-2 트라이액

(5) GTO (Gate Turn-Off thyristor)

① 역저지 3단자 사이리스터로, 전압-전류 특성은 SCR과 동일하여 오프 (off) 상태에서
는 양 방향 전압 저지, 온 (on) 상태에서는 단일 방향 전류 특성을 갖는다.

② 게이트 신호가 양 (+)이면, 턴 온(on), 음 (−)이면 턴 오프 (off) 된다.

③ 과전류 내량이 크며 자기 소호성이 좋다.

(6) IGBT (Insulated Gate Bipolar Transistor) : 절연 게이트 양극성 트랜지스터

① 금속 산화막 반도체 전계 효과 트랜지스터 (MOSFET)를 게이트부에 짜 넣은 접합형
트랜지스터이다.

② 전압 제어 전력용 반도체이기 때문에, 고속, 고효율의 전력 시스템에서 요구되는 300
V 이상의 전압 영역에서 널리 사용되고 있다.

③ 게이트−이미터 간의 전압이 구동되어 입력 신호에 의해서 온/오프가 생기는 자기 소
호형이므로, 대전력의 고속 스위칭이 가능한 반도체소자이다.

단원 예상문제

1. 다음 중 전력 제어용 반도체소자가 아닌 것은? [13]
① LED   ② TRIAC   ③ GTO   ④ IGBT
[해설] LED : 발광 다이오드

2. 다음 중 2단자 사이리스터가 아닌 것은? [13]
① SCR   ② DIAC   ③ SSS   ④ Diod
[해설] 사이리스터(thyristor)의 분류 참조

3. 다음 사이리스터 중 3단자 형식이 아닌 것은? [14]
① SCR   ② GTO   ③ DIAC   ④ TRIAC

4. 다음 중 3단자 사이리스터가 아닌 것은? [15]
① SCS   ② SCR   ③ TRIAC   ④ GTO
[해설] SCS (Silicon Controlled Switch) : 4 단자

5. 통전 중인 사이리스터를 턴 오프(turn-off) 하려면? [14]
① 순방향 anode 전류를 유지 전류 이하로 한다.
② 순방향 anode 전류를 증가시킨다.
③ 게이트 전압을 0 또는 −로 한다.
④ 역방향 anode 전류를 통전한다.
[해설] 사이리스터(thyristor)의 턴 오프(turn off) 방법 : 순방향 애노드(anode) 전류를 유지 전류 이하로 한다.
[참고] 유지 전류 (holding current) : 게이트(G)를 개방한 상태에서 사이리스터가 도통(turn on) 상태를 유지하기 위한 최소의 순전류

6. 실리콘 제어 정류기(SCR)에 대한 설명으로 적합하지 않은 것은? [06, 09, 12]
① 정류작용을 할 수 있다.   ② P−N−P−N 구조로 되어 있다.
③ 정방향 및 역방향의 제어 특성이 있다. ④ 인버터 회로에 이용될 수 있다.
[해설] SCR의 특성 : 정방향성 제어 특성을 갖는다.

7. 다음 중 SCR 기호는? [08, 10, 12]
①   ②   ③   ④

8. 역저지 3단자에 속하는 것은? [06, 08]
① SCR   ② SSS   ③ SCS   ④ TRIAC

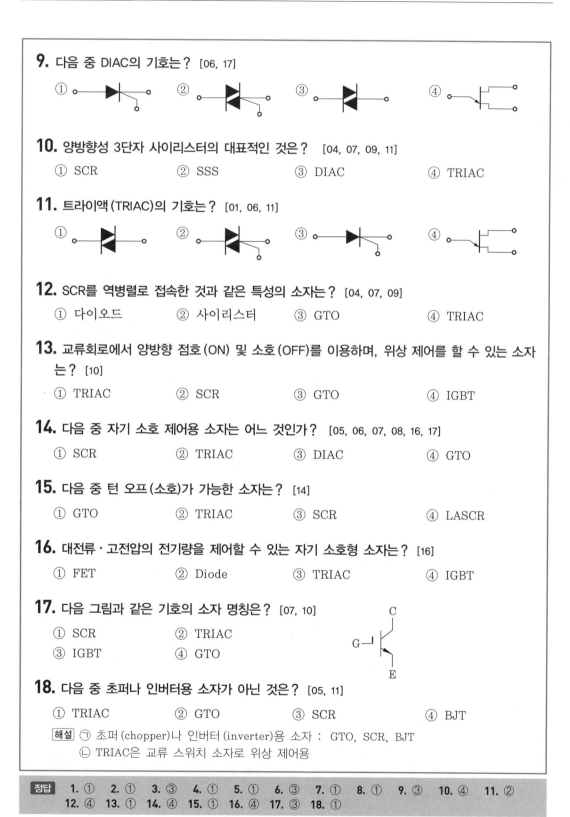

9. 다음 중 DIAC의 기호는? [06, 17]

① ② ③ ④

10. 양방향성 3단자 사이리스터의 대표적인 것은? [04, 07, 09, 11]

① SCR ② SSS ③ DIAC ④ TRIAC

11. 트라이액 (TRIAC)의 기호는? [01, 06, 11]

① ② ③ ④

12. SCR를 역병렬로 접속한 것과 같은 특성의 소자는? [04, 07, 09]

① 다이오드 ② 사이리스터 ③ GTO ④ TRIAC

13. 교류회로에서 양방향 점호 (ON) 및 소호 (OFF)를 이용하며, 위상 제어를 할 수 있는 소자는? [10]

① TRIAC ② SCR ③ GTO ④ IGBT

14. 다음 중 자기 소호 제어용 소자는 어느 것인가? [05, 06, 07, 08, 16, 17]

① SCR ② TRIAC ③ DIAC ④ GTO

15. 다음 중 턴 오프 (소호)가 가능한 소자는? [14]

① GTO ② TRIAC ③ SCR ④ LASCR

16. 대전류 · 고전압의 전기량을 제어할 수 있는 자기 소호형 소자는? [16]

① FET ② Diode ③ TRIAC ④ IGBT

17. 다음 그림과 같은 기호의 소자 명칭은? [07, 10]

① SCR ② TRIAC
③ IGBT ④ GTO

18. 다음 중 초퍼나 인버터용 소자가 아닌 것은? [05, 11]

① TRIAC ② GTO ③ SCR ④ BJT

해설 ㉠ 초퍼 (chopper)나 인버터 (inverter)용 소자 : GTO, SCR, BJT
ㄴ TRIAC은 교류 스위치 소자로 위상 제어용

정답 **1.** ① **2.** ① **3.** ③ **4.** ① **5.** ① **6.** ③ **7.** ① **8.** ① **9.** ③ **10.** ④ **11.** ②
12. ④ **13.** ① **14.** ④ **15.** ① **16.** ④ **17.** ③ **18.** ①

7-2 정류회로

❶ 다이오드 사용 정류회로

(1) 단상 정류회로

① 단상 반파정류

  ⑦ 그림 2-7-3에서 (+) 반주 기간에만 통전하여 (순방향 전압) 반파정류를 한다.

  ⑭ 직류전압 e_{d0}의 평균값 E_{d0}는

$$E_{d0} = \frac{\sqrt{2}\,V}{\pi} = 0.45\,V\,[\text{V}] \qquad \text{※ 전류 평균값 : } I_{d0} = \frac{E_{d0}}{R} = \frac{\sqrt{2}}{\pi} \cdot \frac{V}{R}\,[\text{A}]$$

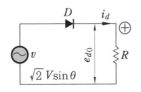

그림 2-7-3 단상 반파정류 회로

② 단상 전파정류

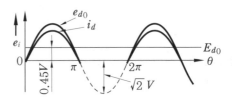

(a) 브리지형   (b) 센터탭형

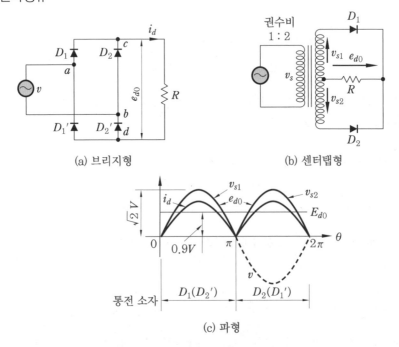

(c) 파형

그림 2-7-4 단상 전파정류 회로

㈎ 그림 2-7-4에서 (+) 반주기 (실선) 간에는 D_1, $(D_2{}')$ 가, (−) 반주기 (점선) 간에는 D_2, $(D_1{}')$ 가 순방향 전압에 의하여 통전하여 (c)와 같이 전파정류한다.

㈏ 직류의 평균값은 사인파의 평균값과 같다.

$$E_{d0} = \frac{2}{\pi} V_m = \frac{2\sqrt{2}}{\pi} V = 0.9\,V\,[\text{V}]$$

$$v = v_s = v_{s1} = v_{s2} = V_m \sin\theta = \sqrt{2}\ V\sin\theta\ [\text{V}]$$

(2) 3상 정류회로

① 3상 반파정류 회로 (V : 상전압)

$$E_{d0} = 1.17\,V = 0.675\,V_l\,[\text{V}]$$

② 3상 전파정류 회로 (V : 상전압)

$$E_{d0} = 2.34\,V = 1.35\,V_l\,[\text{V}]$$

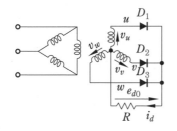

(a) 3상 반파정류

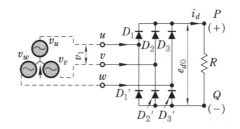

(b) 3상 전파정류

그림 2-7-5 3상 정류회로

(3) 정류회로의 특성

① 전압변동률(voltage regulation) : 부하 전류의 변화에 따른 직류 출력전압의 정도를 말한다.

$$\epsilon = \frac{V_0 - V_n}{V_n} \times 100\ \%$$
 여기서, V_0 : 무부하 시 직류전압 V_n : 전부하 시 직류전압

② 맥동률(ripple factor) : 정류된 직류 속에 포함되어 있는 교류 성분의 정도를 말한다.

$$\gamma = \frac{\Delta V}{V_d} \times 100\ \%$$
 여기서, ΔV : 출력 파형에 포함된 교류분의 실횻값
V_d : 출력 파형의 평균값 (직류 성분)

③ 정류 효율

$$\eta = \frac{\text{부하에 전달되는 직류 출력 전력}}{\text{교류 입력 전력}} \times 100\ \%$$

(4) 정류 방식에 따른 특성 비교

표 2-7-3 정류 방식에 따른 특성 비교

정류 방식	단상 반파	단상 전파	3상 반파	3상 전파
출력전압의 평균값	$0.45\,V_l$	$0.9\,V_l$	$1.17\,V_P$	$1.35\,V_l$
맥동률 (%)	121	48	17	4
정류 효율	40.6	81.2	96.5	99.8
맥동 주파수	f	$2f$	$3f$	$6f$

※ 순저항 부하 시 출력전압의 평균값 (V_l : 선간전압, V_P : 상전압)

2 사이리스터 사용 정류회로

사이리스터 (thyristor)는 게이트에 주어진 펄스의 위상을 제어함에 따라 교류를 직류로 변환, 제어시키는 순변환 회로 (rectifier : 정류기)로 사용된다.

(1) 단상 전파정류 회로

① 저항 부하 : $E_{do} = 0.45\,V(1 + \cos\alpha)[\mathrm{V}]$

② 유도 부하 : $E_{do} = 0.9\,V\cos\alpha\,[\mathrm{V}]$

(2) 3상 전파정류 회로

$E_{do} = 1.35\,V_l\cos\alpha\,[\mathrm{V}]$

단원 예상문제 🎯

1. 교류전압의 실횻값이 200 V일 때 단상 반파정류에 의하여 발생하는 직류전압의 평균값은 약 몇 V인가? [07]

① 45　　　　　② 90　　　　　③ 105　　　　　④ 110

해설 $E_d = 0.45\,V = 0.45 \times 200 = 90$ V

2. 단상 반파정류 회로의 전원 전압 200 V, 부하저항이 10 Ω 이면 부하 전류는 약 몇 A인가? [07, 11, 12]

① 4　　　　　② 9　　　　　③ 13　　　　　④ 18

해설 $I_{d0} = \dfrac{E_{d0}}{R} = 0.45 \times \dfrac{V}{R} = 0.45 \times \dfrac{200}{10} \fallingdotseq 9$ A

3. $e= \sqrt{2}E\sin\omega t$ (V)의 정현파 전압을 가했을 때 직류 평균값 $E_{do} = 0.45E$ [V] 회로는 어느 것인가? [13]

① 단상 반파정류 회로
② 단상 전파정류 회로
③ 3상 반파정류 회로
④ 3상 전파정류 회로

4. 단상 전파정류 회로에서 교류 입력이 100 V이면 직류 출력은 약 몇 V인가? [12]

① 45 ② 67.5 ③ 90 ④ 135

해설 $E_{do}=0.9\,V=0.9\times100=90$ V

5. 다음 그림에 대한 설명으로 틀린 것은? [10, 14]

① 브리지 (bridge) 회로라고도 한다.
② 실제의 정류기로 널리 사용된다.
③ 반파정류 회로라고도 한다.
④ 전파정류 회로라고도 한다.

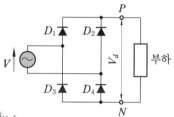

해설 ㉠ 단상 전파정류 회로이며, 브리지 회로라고도 한다.
ㄴ 실제 정류회로로 널리 사용된다.

6. 그림과 같은 회로에서 사인파 교류 입력 12 V (실횻값)를 가했을 때, 저항 R 양단에 나타나는 전압(V)은? [11]

① 5.4
② 6
③ 10.8
④ 12

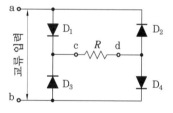

해설 브리지 (bridge) 전파정류 회로 : $E_{d0} = 0.9\times 12 = 10.8$ V

7. 상전압 300 V의 3상 반파정류 회로의 직류전압은 약 몇 V인가? [04, 10, 13]

① 520 ② 350 ③ 260 ④ 50

해설 $E_{d0}=1.17\times$ 상전압 $=1.17\times300 ≒ 350$ V
※ 표 2-7-3 정류 방식에 따른 특성 비교표 참조

8. 3상 전파정류 회로에서 출력전압의 평균 전압값은? (단, V 는 선간전압의 실횻값이다.) [11]

① $0.45\,V$ [V] ② $0.9\,V$ [V] ③ $1.17\,V$ [V] ④ $1.35\,V$ [V]

해설 그림 2-7-5 (b) 참조
※ 표 2-7-3 정류 방식에 따른 특성 비교표 참조

9. 다음 정류 방식 중 맥동률이 가장 작은 방식은? [03, 05, 07]

① 단상 반파식   ② 단상 전파식   ③ 3상 반파식   ④ 3상 전파식

[해설] 표 2-7-3 정류 방식에 따른 특성 비교표 참조

※ 맥동률(ripple factor) : 정류된 직류 속에 포함되어 있는 교류 성분의 정도를 말한다.

10. 60 Hz 3상 반파정류 회로의 맥동 주파수 Hz는? [08, 10, 12]

① 360   ② 180   ③ 120   ④ 60

[해설] 맥동 주파수 : $f_r = 3f = 3 \times 60 = 180\,Hz$

※ 표 2-7-3 정류 방식에 따른 특성 비교표 참조

11. 단상 전파정류 회로에서 $\alpha = 60°$일 때 정류 전압은? (단, 전원 측 실훗값 전압은 100 V이며, 유도성 부하를 가지는 제어 정류기이다.) [12]

① 약 15 V   ② 약 22 V   ③ 약 35 V   ④ 약 45 V

[해설] $V_d = 0.9\,V\cos\alpha = 0.9 \times 100 \times \cos 60° = 90 \times 0.2 = 45\,V$

12. 단상 전파 사이리스터 정류회로에서 부하가 큰 인덕턴스가 있는 경우, 점호각이 60°일 때의 정류전압은 약 몇 V인가? (단, 전원 측 전압의 실훗값은 100 V이고 직류 측 전류는 연속이다.) [08, 12]

① 141   ② 100   ③ 85   ④ 45

[해설] $E_{d\alpha} = 0.9\,V\cos 60° = 0.9 \times 100 \times 0.5 = 45\,V$

[정답] 1. ② 2. ② 3. ① 4. ③ 5. ③ 6. ③ 7. ② 8. ④ 9. ④ 10. ② 11. ④ 12. ④

7-3 사이리스터(thyristor)의 응용 회로

1 직류-교류전력 변환기

(1) 인버터(inverter)

① 직류를 교류로 변환하는 장치로 역변환 장치이며, 사이리스터(thyristor)의 정지 스위치 특성을 이용한다.

② 정전압·정주파전원장치(CVCF)나 교류전동기의 회전수 제어장치 등에 사용된다.

(2) 단상 인버터

① T_1, T_4와 T_2, T_3를 주기적으로 ON시켜 주면, 부하에는 직사각형파(방형파) 교류전압이 걸리게 된다.

② 반도체소자에서는 역방향으로 전류가 흐를 수 없기 때문에, 다이오드를 역병렬로 연결해 준다.

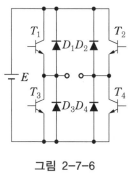

그림 2-7-6
단상 인버터 회로

2 교류 – 교류전력 변환기

(1) 교류전력 제어

① 그림 2-7-6은 위상 제어를 통한 교류전력 제어회로이며, 역병렬로 접속된 SCR S_1과 S_2를 반주기마다 점호를 해 주면 교류를 얻을 수 있다.

② SCR의 제어각 α를 변화시킴으로써 부하에 걸리는 전압의 크기를 제어한다.

③ 전등의 조도 조절용으로 쓰이는 디머(dimmer), 전기담요, 전기밥솥 등의 온도 조절 장치로 많이 이용되고 있다.

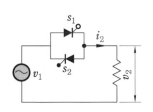 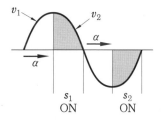

그림 2-7-7 단상 교류전력 제어회로

(2) 사이클로 컨버터 (cyclo converter)

① 어떤 주파수의 교류를 직류회로로 변환하지 않고 그 주파수의 교류로 변환하는 직접 주파수 변환 장치이다.

② 전원 주파수와 출력 주파수 사이에 일정비의 관계를 가진 정비식 사이클로 컨버터와 출력 주파수를 연속적으로 바꿀 수 있는 연속식 사이클로 컨버터가 있다.

③ 사이리스터를 사용하는 것은 전력용 주파수 변환 장치로서가 아니라 교류전동기의 속도 제어용으로서이다. 교류전동기의 속도 제어를 위한 교류전력의 주파수 변환($f_1 \rightarrow f_2$) 장치이다.

※ CF – VF : constant frequency (f_1) → variable frequency (f_2)

3 직류 – 직류전력 변환기

(1) 초퍼 회로 (chopper circuit)

① 초퍼(chopper) : 반도체 스위칭 소자에 의해 주 전류의 ON – OFF 동작을 고속·고빈도로 반복 수행하는 것

② 초퍼의 이용

   (가) 일정 전압의 직류전원을 단속하여 직류 평균 전압을 제어하는 경우 → DC chopper

   (나) 아주 적은 직류 신호를 증폭하기 위하여 교류로 변환하는 경우

③ 초퍼는 전동차, 트롤리 카(trolley car), 선박용 호이스퍼, 지게차, 광산용 견인 전차의 전동 제어 등에 사용한다.

(2) 초퍼의 개념

① 스위칭 동작의 반복 주기 T를 일정하게 하고, 이 중 스위치를 닫는 구간의 시간을 T_{ON} 이라 한다면, 한 주기 동안 부하 전압의 평균값 V_d 은

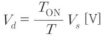

$$V_d = \frac{T_{\text{ON}}}{T} V_s \text{ [V]}$$

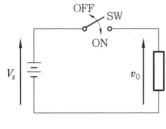

(a) 초퍼 회로

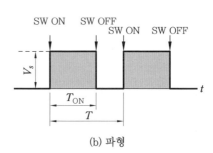

(b) 파형

그림 2-7-8 초퍼의 동작 개념

단원 예상문제

1. 인버터(inverter)란? [10, 14, 17]

  ① 교류를 직류로 변환   ② 직류를 교류로 변환

  ③ 교류를 교류로 변환   ④ 직류를 직류로 변환

2. 직류를 교류로 변환하는 것은? [08, 09, 10, 11]

  ① 다이오드   ② 사이리스터   ③ 초퍼   ④ 인버터

3. 직류를 교류로 변환하는 장치는? [05, 10, 11, 13]

  ① 정류기   ② 충전기   ③ 순변환장치   ④ 역변환장치

  해설 ㉠ 역변환장치(인버터 : inverter) : 직류전원을 교류전원으로 바꾸어 주는 장치

        ㉡ 순변환장치(컨버터 : converter) : 교류전원을 직류전원으로 바꾸어 주는 장치

4. 다음 중 직류를 교류로 변환하는 장치로, 초고속 전동기의 전원 형광등 고주파 점등에 이용되는 것은? [03, 06]

  ① 인버터   ② 컨버터   ③ 변성기   ④ 변류기

5. 반도체 사이리스터에 의한 전동기의 속도 제어 중 주파수 제어는? [15]

① 초퍼 제어   ② 인버터 제어   ③ 컨버터 제어   ④ 브리지 정류 제어

해설 인버터 제어 : 정전압 · 정주파전원장치 (CVCF)나 교류전동기의 회전수 제어장치 등에 사용된다.

참고 3상 인버터 : 최근에 다이오드와 스위치의 작용을 동시에 하는 전력용 반도체소자인 사이리스터가 개발되어, 3상 인버터라고 불리는 주파수 변환기가 전동기의 속도 제어에 사용된다.

6. 다음 중 유도전동기의 속도 제어에 사용되는 인버터 장치의 약호는? [08, 09]

① CVCF   ② VVVF   ③ CVVF   ④ VVCF

해설 VVVF (Variable Voltage Variable Frequency) : 인버터 (inverter)에 의해 가변 전압, 가변 주파수의 교류전력을 발생하는 교류 전원 장치로서, 주파수 제어에 의한 유도전동기 속도 제어에 많이 사용된다.

참고 CVCF (Constant Voltage Constant Frequency) : 일정 전압, 일정 주파수를 발생하는 교류 전원 장치

7. 어떤 직류전압을 입력으로 하여 크기가 다른 직류를 얻기 위한 회로는 무엇인가? [01]

① 초퍼   ② 인버터   ③ 컨버터   ④ 정류기

8. 교류전동기를 직류전동기처럼 속도 제어하려면 가변 주파수의 전원이 필요하다. 주파수 f_1 에서 직류로 변환하지 않고 바로 주파수 f_2 로 변환하는 변환기는? [10]

① 사이클로 컨버터   ② 주파수원 인버터
③ 전압 · 전류원 인버터   ④ 사이리스터 컨버터

해설 사이클로 컨버터 (cyclo converter) : 교류전동기의 속도 제어를 위한 교류전력의 주파수 변환 ($f_1 \rightarrow f_2$) 장치이다.

참고 CF−VF : constant frequency (f_1) $\rightarrow$ variable frequency (f_2)

9. ON, OFF를 고속도로 변환할 수 있는 스위치이고 직류 변압 등에 사용되는 회로는 무엇인가? [13]

① 초퍼 회로   ② 인버터 회로   ③ 컨버터 회로   ④ 정류기 회로

10. 직류전압을 직접 제어하는 것은? [04, 05, 06, 16]

① 단상 인버터   ② 초퍼형 인버터   ③ 브리지형 인버터   ④ 3상 인버터

11. 스위칭 주기 $10\ \mu s$, 온(on) 시간 $5\ \mu s$일 때 강압형 초퍼의 출력전압 E_2 와 입력전압 E_1 의 관계는? [03, 11]

① $E_2 = 3\,E_1$ ② $E_2 = 2\,E_1$ ③ $E_2 = E_1$ ④ $E_2 = 0.5\,E_1$

해설 $E_2 = \dfrac{T_{on}}{T_{on} + T_{off}} \cdot E_1 = \dfrac{T_{on}}{T} \cdot E_1 = \dfrac{5}{10} \cdot E_1 = 0.5\,E_1$

12. 그림은 유도전동기 속도 제어 회로 및 트랜지스터의 컬렉터 전류 그래프이다. ⓐ와 ⓑ에 해당하는 트랜지스터는? [11]

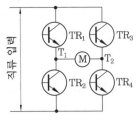
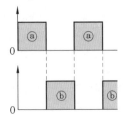

① ⓐ는 TR_1과 TR_2, ⓑ는 TR_3과 TR_4
② ⓐ는 TR_1과 TR_3, ⓑ는 TR_2와 TR_4
③ ⓐ는 TR_2와 TR_4, ⓑ는 TR_1과 TR_3
④ ⓐ는 TR_1과 TR_4, ⓑ는 TR_2와 TR_3

13. 그림과 같은 전동기 제어회로에서 전동기 M의 전류 방향으로 올바른 것은? (단, 전동기의 역률은 100 % 이고, 사이리스터의 점호각은 0° 라고 본다.) [13, 17]

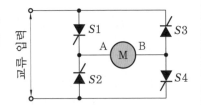

① 항상 "A"에서 "B"의 방향
② 항상 "B"에서 "A"의 방향
③ 입력의 반주기마다 "A"에서 "B"의 방향, "B"에서 "A"의 방향
④ $S1$과 $S4$, $S2$와 $S3$의 동작 상태에 따라 "A"에서 "B"의 방향, "B"에서 "A"의 방향

해설 전동기 M의 전류 방향
ㄱ 교류 입력이 정(+) 반파일 때 : $S1$, $S4$ 턴 온
ㄴ 교류 입력이 부(−) 반파일 때 : $S2$, $S3$ 턴 온
∴ 항상 "A"에서 "B"의 방향으로 흐르게 된다.

14. 그림의 전동기 제어회로에 대한 설명으로 잘못된 것은? [14]

① 교류를 직류로 변환한다.
② 사이리스터 위상 제어회로이다.
③ 전파정류 회로이다.
④ 주파수를 변환하는 회로이다.

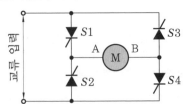

15. 전력 변환 장치가 아닌 것은? [15]
① 변압기　　② 정류기　　③ 유도전동기　　④ 인버터

해설 유도전동기는 전기에너지를 기계 에너지(회전력)로 변환시키는 기기이다.
① 변압기 : 교류전압 변환　　② 정류기 : 교류를 직류로 변환
④ 인버터(inverter) : 직류를 교류로 변환

Part

03

전기 설비

Chapter 01

전기 설비의 개요

1-1 전기 설비의 일반 사항

1 용어의 정의 및 전압의 종별

(1) 전압의 의미와 구분

① 전압의 의미

㈎ 공칭전압 : 전선로를 대표하는 선간전압

㈏ 사용 전압 : 실제로 사용하는 전압 또는 전기기구, 전기 재료 등에 사용되는 정격전압

㈐ 대지 전압 : 어떤 측정점과 대지 사이의 전압

㈑ 정격전압 (rated voltage)

- 기계 기구에 대하여 사용 회로 전압의 사용 한도를 말하며, 사용상 기준이 되는 전압
- 정격출력일 때의 전압
- 정격에 의해 표시된 전압으로 개폐기, 차단기, 콘덴서 등을 안전하게 사용할 수 있는 전압의 한도

② 전압의 구분에 따른 기준은 다음 표 3-1-1과 같다.

표 3-1-1 전압의 종별

전압의 구분	기준
저압	직류 750 V 이하, 교류 600 V 이하
고압	• 직류 750 V를 넘고, 7000 V 이하 • 교류 600 V를 넘고, 7000 V 이하
특별 고압	7000 V를 넘는 것

(2) 옥내 전로의 대지 전압 제한과 시설

① 전기기계 기구 내의 전로를 제외한 옥내 전로의 대지 전압은 300 V 이하로 하며, 다음 의 각호에 의하여 시설하여야 한다. 단, 대지 전압 150 V 이하인 경우는 각호에 의하지

않는다.

1. 사용 전압은 400 V 미만일 것
2. 주택의 전로 인입구에는 인체 보호용 누전차단기를 시설할 것
3. 백열전등의 전구 소켓은 키나 그 밖의 점멸 기구가 없는 것일 것

② 정격 소비 전력이 3 kW 이상의 전기기계 기구는 옥내배선과 직접 접속시키고, 이것에 전기를 공급하는 전로에는 전용의 개폐기 및 과전류 차단기를 시설하여야 한다.

③ 백열전등 및 방전등용 안정기는 저압의 옥내배선과 직접 접속하여 시설하여야 한다.

④ 주택 이외의 장소에 전기를 공급하기 위한 옥내배선을 사람이 접촉할 우려가 없는 은폐된 장소에 합성수지 전선관, 금속 전선관, 케이블 공사에 의하여 시설하여야 한다.

(3) 전압강하 (voltage drop)

① 저압 배선 중의 전압강하

㉮ 간선 및 분기회로에서 각각 표준전압의 2 % 이하로 하는 것을 원칙으로 한다.

㉯ 다만, 전기 사용 장소 안에 시설한 변압기에 의하여 공급하는 경우에 간선의 전압강하는 3 % 이하로 할 수 있다.

단원 예상문제

1. 전압을 저압, 고압 및 특고압으로 구분할 때 교류에서 '저압'이란? [10, 17]

① 110 V 이하의 것
② 220 V 이하의 것
③ 600 V 이하의 것
④ 750 V 이하의 것

2. 전압의 구분에서 저압 직류전압은 몇 V 이하인가? [13]

① 400
② 600
③ 750
④ 900

3. 전압의 구분에서 고압에 대한 설명으로 가장 옳은 것은? [11, 17]

① 직류는 750 V 초과, 교류는 600 V 이하인 것
② 직류는 750 V 초과, 교류는 600 V 이상인 것
③ 직류는 750 V를, 교류는 600 V를 초과하고, 7 kV 이하인 것
④ 7 kV를 초과하는 것

4. 다음 중 특별 고압은? [00, 05, 08, 15, 16]

① 600 V 이하
② 750 V 이하
③ 600 V 초과, 7000 V 이하
④ 7000 V 초과

5. 전압의 종류에서 정격전압이란 무엇을 말하는가? [01]

① 비교할 때 기준이 되는 전압
② 어떤 기기나 전기 재료 등에 실제로 사용하는 전압
③ 지락이 생겨 있는 전기기구의 금속제 외함 등이 인축에 닿을 때 생체에 가해지는 전압
④ 기계 기구에 대하여 제조자가 보증하는 사용 한도의 전압으로 사용상 기준이 되는 전압

6. 옥내 전로의 대지 전압의 제한에서 잘못된 설명은? [01, 05, 16]

① 백열전등 또는 방전등 및 이에 부속하는 전선은 사람이 접촉할 우려가 없도록 한다.
② 백열전등 및 방전등용 안정기는 옥내배선에 직접 접속하여 시설한다.
③ 백열전등의 전구 소켓은 키나 그 밖의 점멸 기구가 있는 것으로 한다.
④ 사용 전압은 400 V 미만이어야 한다.
[해설] 백열전등의 전구 소켓은 키나 그 밖의 점멸 기구가 없는 것으로 한다.

7. 백열전등을 사용하는 전광 사인에 전기를 공급하는 전로의 사용 전압은 대지 전압을 몇 V 이하로 하는가? [03]

① 200 V 이하
② 300 V 이하
③ 400 V 이하
④ 600 V 이하

[해설] 주택 이외의 옥내 전로 : 주택 이외의 옥내에 시설하는 백열전등 (전기스탠드 및 장식용 전등 기구 제외) 또는 방전등에 전기를 공급하는 옥내 전로의 대지 전압은 300 V 이하이어야 한다.

[정답] 1. ③ 2. ③ 3. ③ 4. ④ 5. ④ 6. ③ 7. ②

2 전로의 절연·절연내력 및 접지

(1) 전로의 절연

① 전로는 원칙적으로 대지로부터 절연하여야 한다.
② 전선로의 절연 성능 (기술기준 27조 참조)

(가) 사용 전압에 대한 누설전류 $\leqq$ 최대 공급 전류의 $\dfrac{1}{2000}$ 로 유지하여야 한다.

(나) 절연저항 $\geqq \dfrac{\text{사용 전압} \times 2000}{\text{최대 공급 전류}}$

③ 사용 전압이 저압인 경우에 전로의 전선 상호 간 및 전로와 대지 간의 절연저항은 다음 표에서 정한 값 이상이어야 한다.

표 3-1-2 저압 전로의 절연저항값 (내선규정 표 1440-1 참조)

전로의 사용 전압 구분		절연저항값 (MΩ)
400 V 미만	대지 전압 (접지식 전로는 전선과 대지 간의 전압, 비접지식 전로는 전선 간의 전압을 말한다.)이 150 V 이하인 경우	0.1
	대지 전압이 150 V를 넘고 300 V 이하인 경우 (전압 측 전선과 중성선 또는 대지 간의 절연저항)	0.2
	사용 전압이 300 V를 넘고 400 V 미만인 경우	0.3
400 V 이상		0.4

④ 절연저항 (insulation resistance)

  (개) 절연물에 직류전압을 가하면 아주 미소한 전류가 흐른다. 이때의 전압과 전류의 비 (比)로 구한 저항을 절연저항이라 한다.

  (내) 절연저항은 큰 값일수록 좋다 (작은 값일수록 좋은 것은 접지저항, 도체 저항, 접촉 저항 등이 있다).

⑤ 누설전류 (leakage current)

  (개) 절연물의 내부 또는 표면을 통하여 흐르는 미소 전류를 말한다.

  (내) 사용 전압이 저압인 전로에서 정전이 어려운 경우 등 절연저항 측정이 곤란한 경우에는 누설전류를 1 mA 이하로 유지하여야 한다.

(2) 절연내력

① 회전기의 절연내력 시험 전압 (판단기준 14조 참조) : 시험 방법은 권선과 대지 사이에 연속하여 10분간 가하는 것이다.

표 3-1-3 회전기의 절연내력 시험 전압

최대 사용 전압	시험 전압
최대 사용 전압이 7 kV 이하	최대 사용 전압의 1.5배의 전압 (500 V 미만으로 되는 경우에는 500 V)
최대 사용 전압이 7 kV 초과	최대 사용 전압의 1.25배의 전압 (10.5 kV 미만으로 되는 경우에는 10.5 kV)

(3) 접지 (earth : grounding)

① 지기(地氣), 지락 (地絡), 어스 (earth)라고도 부른다.

② 전기 계통 내에서 대지를 '0' 전위로 하여 전위의 기준을 삼는다.

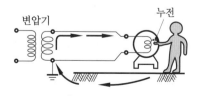

그림 3-1-1 누전에 의한 감전 경로

③ 전기적인 안전 (감전 사고)을 확보하거나 신호의 간섭을 피하기 위해서 회로 (배선)의 일부를 대지에 도선으로 접속, 전기적으로 잇는 것이다.

(4) 옥내에서 전선을 병렬로 사용하는 경우 (내선규정 1435 – 1)

병렬로 사용하는 각 전선의 굵기는 동 50 mm^2 이상 또는 알루미늄 70 mm^2 이상이고 동일한 도체, 동일한 굵기, 동일한 길이이어야 한다.

단원 예상문제

1. 사용 전압이 220 V인 3상 3선식 전선로 (최대 공급 전류 500 A의 1선과 대지 간에 필요한)의 절연저항값의 최솟값은 몇 Ω인가? [02]
① 770　　　　　② 880　　　　　③ 920　　　　　④ 980

해설 절연저항의 최솟값 $= \dfrac{\text{사용 전압} \times 2000}{\text{최대 공급 전류}} = \dfrac{220 \times 2000}{500} = 880\,\Omega$

2. 다음 중 큰 값일수록 좋은 것은? [15]
① 접지저항　　② 절연저항　　③ 도체 저항　　④ 접촉저항

3. 대지 전압 150 V 이하의 옥내 전로 분기회로의 절연저항값 (MΩ)은? [00, 01]
① 0.2　　　　　② 0.1　　　　　③ 1.0　　　　　④ 2.0

해설 표 3 – 1 – 2 저압 전로의 절연저항값 참조

4. 사용 전압이 300 V를 넘고 400 V 미만인 경우 저압 전로의 절연저항 하한값은? [05, 10]
① 0.1 MΩ　　② 0.2 MΩ　　③ 0.3 MΩ　　④ 0.4 MΩ

5. 최대 사용 전압이 220 V인 3상 유도전동기가 있다. 이것의 절연내력 시험 전압은 몇 V로 하여야 하는가? [16]
① 330　　　　　② 500　　　　　③ 750　　　　　④ 1050

해설 표 3 – 1 – 3 회전기의 절연내력 시험 전압 참조

6. 전로 이외를 흐르는 전류로서 전로의 절연체 내부 및 표면과 공간을 통하여 선간 또는 대지 사이를 흐르는 전류를 무엇이라 하는가? [12, 17]
① 지락전류　　② 누설전류　　③ 정격전류　　④ 영상 전류

7. 전기회로에서 실제로 대지를 0 V의 기준점으로 택하는 경우가 많다. 전기적인 안전을 확보하거나 신호의 간섭을 피하기 위해서 회로의 일부분을 대지에 도선으로 접속하여 '0' 전위가 되도록 하는 것을 무엇이라 하는가? [01]
① 접지 (earth)　　　　　　　　② 전압강하 (voltage drop)
③ 전기저항 (electric resistance)　　④ 부하 (load)

정답 1. ②　2. ②　3. ②　4. ③　5. ②　6. ②　7. ①

Chapter **02**

배선 재료와 공구 및 계기

2-1 배선 재료 및 기구

1 전선의 종류·기호·약호

(1) 전선의 재료로서 구비해야 할 조건

① 도전율이 클 것 → 고유저항이 작을 것

② 기계적 강도가 클 것

③ 비중이 작을 것 → 가벼울 것

④ 내구성이 있을 것

⑤ 공사가 쉬울 것

⑥ 값이 싸고 쉽게 구할 수 있을 것

(2) 정격전압 450/750 V 이하 염화비닐 절연 케이블

① 배선용 비닐 절연전선

표 3-2-1 배선용 비닐 절연전선

종　류	약　호
450/750 V 일반용 단심 비닐 절연전선	NR
450/750 V 일반용 유연성 단심 비닐 절연전선	NF
300/500 V 기기 배선용 단심 비닐 절연전선(70℃)	NRI (70)
300/500 V 기기 배선용 유연성 단심 비닐 절연전선(70℃)	NFI (70)
300/500 V 기기 배선용 단심 비닐 절연전선(90℃)	NRI (90)
300/500 V 기기 배선용 유연성 단심 비닐 절연전선(90℃)	NFI (90)

② 유연성 비닐 케이블(코드) (KS C IEC 60227-5)

표 3-2-2 유연성 비닐 케이블(코드)

종 류	약 호
300/300 V 평형 금사 코드	FTC
300/300 V 평형 비닐 코드	FSC
300/300 V 실내 장식 전등 기구용 코드	CIC
300/300 V 연질 비닐시스 코드	LPC
300/500 V 범용 비닐시스 코드	OPC
300/300 V 내열성 연질 비닐시스 코드 (90℃)	HLPC
300/500 V 내열성 범용 비닐시스 코드 (90℃)	HOPC

(3) 정격전압 1~3 kV 압출 성형 절연 전력케이블 및 그 부속품

표 3-2-3 케이블(1 kV 및 3 kV)

종 류	약 호
0.6/1 kV 비닐 절연 비닐시스 케이블	VV
0.6/1 kV 비닐 절연 비닐시스 제어 케이블	CVV
0.6/1 kV 비닐 절연 비닐 캡타이어케이블	VCT
0.6/1 kV 가교 폴리에틸렌 절연 비닐시스 케이블	CV 1
0.6/1 kV 가교 폴리에틸렌 절연 폴리에틸렌시스 케이블	CE 1
0.6/1 kV 가교 폴리에틸렌 절연 저독성 난연 폴리올레핀시스 전력케이블	HFCO
0.6/1 kV 가교 폴리에틸렌 절연 저독성 난연 폴리올레핀시스 제어 케이블	HFCCO
0.6/1 kV 제어용 가교 폴리에틸렌 절연 비닐시스 케이블	CCV
0.6/1 kV 제어용 가교 폴리에틸렌 절연 폴리에틸렌시스 케이블	CCE
0.6/1 kV EP 고무 절연 비닐시스 케이블	PV
0.6/1 kV EP 고무 절연 클로로프렌시스 케이블	PN
0.6/1 kV EP 고무 절연 클로로프렌 캡타이어케이블	PNCT

(4) 전력케이블

표 3-2-4 전력케이블

CNCV	동심중성선 가교 폴리에틸렌 절연 비닐시스 케이블
CNCV-W	수밀형 동심중성선 가교폴리에틸렌 절연 비닐시스 케이블
FR-CNCO-W	난연성수밀형 동심중성선 가교폴리에틸렌 절연 비닐시스 케이블
TR CNCV-W	트리억제 수밀형 동심중성선 가교폴리에틸렌 절연 비닐시스 케이블

㈜ CNCV-W : concentric neutral cross-linked polyethylene insulated polyvinyl chloride sheathed cable water proof

단원 예상문제

1. 전선의 재료로서 구비해야 할 조건이 아닌 것은? [15]

① 기계적 강도가 클 것 ② 가요성이 풍부할 것
③ 고유저항이 클 것 ④ 비중이 작을 것

2. 다음 중 전선이 구비해야 될 조건으로 틀린 것은? [96, 99, 03, 17]

① 도전율이 클 것 ② 기계적인 강도가 강할 것
③ 비중이 클 것 ④ 내구성이 있을 것

3. 전선의 공칭 단면적에 대한 설명으로 옳지 않은 것은? [13]

① 소선 수와 소선의 지름으로 나타낸다. ② 단위는 mm^2로 표시한다.
③ 전선의 실제 단면적과 같다. ④ 연선의 굵기를 나타내는 것이다.

4. 나전선 등의 금속선에 속하지 않는 것은? [14]

① 경동선 (지름 12 mm 이하의 것) ② 연동선
③ 동합금선 (단면적 35 mm^2 이하의 것) ④ 경알루미늄선 (단면적 35 mm^2 이하의 것)

해설 나전선 등의 금속선 (내선규정 1430-6 참조) : ①, ②, ④ 이외에
　　ⓐ 동합금선 (단면적 25 mm^2 이하) ⓒ 알루미늄 합금선 (단면적 35 mm^2 이하)
　　ⓒ 아연도강선 ⓓ 아연도철선

5. 다음 중 450/750 V 일반용 단심 비닐 절연전선의 약호는? [07, 16]

① NRI ② NF ③ NFI ④ NR

6. 다음 중 300/500 V 기기 배선용 유연성 단심 비닐 절연전선을 나타내는 약호는? [14]

① NFR ② NFI ③ NR ④ NRC

7. 절연전선 중 옥외용 비닐 절연전선을 무슨 전선이라고 호칭하는가? [99, 03, 04, 12, 14]

① VV ② NR ③ OW ④ DV

8. 인입용 비닐 절연전선의 약호는? [98, 00, 03, 15, 17]

① VV ② CV 1 ③ DV ④ MI

해설 ① VV : 0.6/1 kV 비닐 절연 비닐시스 케이블
　　② CV 1 : 0.6/1 kV 가교폴리에틸렌 절연 비닐시스 케이블
　　③ DV : 인입용 비닐 절연전선
　　④ MI : 미네랄 인슐레이션 케이블

9. 300/300 V 평형 비닐 코드의 약호는?

① CIC   ② FTC   ③ LPC   ④ FSC

10. ACSR 약호의 명칭은? [15]

① 경동연선   ② 중공 연선   ③ 알루미늄선   ④ 강심알루미늄연선

해설 ① 경동연선(hard-drawn copper stranded conductor)
② 중공 연선(hollow stranded wire)
③ 알루미늄선(aluminum wire)
④ 강심알루미늄연선(ACSR : Aluminum Cable Steel Reinforced)

11. 전선 약호가 VV인 케이블의 종류로 옳은 것은? [15]

① 0.6/1 kV 비닐 절연 비닐시스 케이블
② 0.6/1 kV EP 고무 절연 클로로프렌시스 케이블
③ 0.6/1 kV EP 고무 절연 비닐시스 케이블
④ 0.6/1 kV 비닐 절연 비닐 캡타이어케이블

12. 전선 약호가 CN-CV-W인 케이블의 명명은? [12]

① 동심중성선 수밀형 전력케이블
② 동심중성선 차수형 전력케이블
③ 동심중성선 수밀형 저독성 난연 전력케이블
④ 동심중성선 차수형 저독성 난연 전력케이블

13. 폴리에틸렌 절연 비닐시스 케이블의 약호는? [12]

① DV   ② EE   ③ EV   ④ OW

해설 전선의 약호
① DV : 인입용 비닐 절연전선
② EE : 폴리에틸렌 절연 폴리에틸렌시스 케이블
③ EV : 폴리에틸렌 절연 비닐시스 케이블
④ OW : 옥외용 비닐 절연전선

14. 해안 지방의 송전용 나전선에 가장 적당한 것은? [13, 17]

① 철선   ② 강심알루미늄선
③ 동선   ④ 알루미늄합금선

해설 해안 지방의 송전용 나전선에는 염해에 강한 동선이 적당하다.

정답   1. ③   2. ③   3. ③   4. ③   5. ④   6. ②   7. ③   8. ③   9. ④   10. ④   11. ①
12. ①   13. ③   14. ③

(5) 단선과 연선의 표시

① 단선(soled wire) : 가닥의 도체로 굵기 표시는 전선의 지름(mm)으로 하며, 또한 공칭 단면적(mm²)으로 표시한다.

② 연선(stranded wire)

(가) 여러 가닥의 소선(단선)으로 구성되며, 굵기 표시는 공칭 단면적(mm²)으로 표시한다.

(나) 동심 연선의 구성 : 중심선 위에 6의 층수 배수만큼 증가하는 구조로 되어 있다.

- 단면적 $A = aN = \dfrac{\pi d^2}{4} \times N = \dfrac{\pi D^2}{4}$

- 총 소선 수 $N = 3n(n+1)+1$

- 바깥지름 $D = (2n+1)d$

  여기서, a : 소선 1가닥의 단면적
  d : 소선의 지름
  n : 층수(중심층 제외)

그림 3-2-1 동심 연선

③ 전선의 실제 단면적과는 다르다.

예 (소선 수/소선 지름) → (7/0.85)로 구성된 연선의 공칭 단면적은 4 mm²이며, 계산 단면적은 3.97 mm²이다.

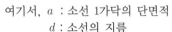

1. 다음 중 1.6 mm 19가닥의 경동 연선의 바깥지름(mm)은?　[06]

① 11　　　　　　② 10　　　　　　③ 9　　　　　　④ 8

해설 바깥지름 : $D = (1+2n)d = (1+2 \times 2) \times 1.6 = 8\,\text{mm}$

2. 연선 결정에 있어서 중심 소선을 뺀 층수가 2층이다. 소선의 총수 N은 얼마인가?　[14]

① 45　　　　　　② 39　　　　　　③ 19　　　　　　④ 9

해설 총 소선 수 : $N = 3n(n+1)+1 = 3 \times 2(2+1)+1 = 19$가닥

3. 연선 결정에 있어서 중심 소선을 뺀 층수가 3층이다. 전체 소선 수는?　[16]

① 91　　　　　　② 61　　　　　　③ 37　　　　　　④ 19

4. 절연물 중에서 가교폴리에틸렌(XLPE)과 에틸렌프로필렌고무혼합물(EPR)의 허용 온도(℃)는?　[16]

① 70 (전선)　　　② 90 (전선)　　　③ 95 (전선)　　　④ 105 (전선)

해설 절연물의 종류에 대한 허용 온도(내선규정 표 1435-1 참조)
　　　㉠ PVC (염화비닐) → 70℃(전선)　　㉡ XLPE와 EPR → 90℃ (전선)

정답 **1.** ④　**2.** ③　**3.** ③　**4.** ②

2 스위치

(1) 커버 나이프 스위치 (enclosed knife switch)

① 용도 : 전등, 전열 및 동력용의 인입 개폐기 또는 분기 개폐기가 사용되며 2P, 3P를 각각 단투형과 쌍투형으로 만들고 있다.

② 정격 : 정격전압 250 V, 정격전류 30, 60, 100, 150, 200 A이다.

(2) 안전 스위치 (safety switch)

세이프티 스위치는 나이프 스위치를 금속제의 함 내부에 장치하고, 외부에서 핸들을 조작하여 개폐할 수 있도록 만든 것이다.

(3) 점멸 스위치 (snap switch)

옥내 소형 스위치는 전등이나 소형 전기기구의 점멸에 사용되는 스위치로 사용 장소와 목적에 따라 그 종류가 많으며, 일반 가정에 사용되는 것은 다음 표와 같다.

표 3-2-5 점멸 스위치

no	명칭	적요
①	매입 텀블러 스위치 (tumbler SW)	스위치 박스에 고정하고 플레이트로 덮는다. 토클형과 파동형의 2종이 있고 단로, 3로, 4로의 것이 있다.
②	연용 매입 텀블러 스위치	2개, 3개를 연용으로 고정테에 조립하여 사용한다. 파일럿 램프나 콘센트와 조합하여 사용할 수도 있다.
③	버튼 스위치 (button SW)	버튼을 눌러서 점멸하는 것으로, 매입형과 노출형이 있다. 전자 개폐기용과는 구별된다.
④	캐노피 스위치 (canopy SW)	전등 기구의 플런저 안에 내장되어 있는 풀 스위치의 일종이다.
⑤	코드 스위치 (cord SW)	중간 스위치라고도 하며, 전기 베개, 전기담요 등의 코드 중간에 접속하여 사용한다.
⑥	펜던트 스위치 (pendant SW)	형광등 또는 소형 전기기구의 코드 끝에 매달아 사용하는 스위치이며, 단극용이다.
⑦	일광 스위치	정원등, 방범등 및 가로등을 주위의 조도 (밝기)에 의하여 자동적으로 점멸하는 스위치이다.
⑧	타임 스위치 (time SW)	시계 기구를 내장한 스위치로, 지정한 시간에 점멸을 할 수 있게 된 것과 일정 시간 동안 동작하게 된 것이 있다.
⑨	조광 스위치	빛의 밝기를 조절할 수 있는 스위치이다 (로터리 스위치, rotary SW).
⑩	리모컨 스위치	리모컨으로 램프를 점멸할 수 있는 근거리 스위치이다.
⑪	인체 감지 센서	사람이 램프에 근접하면 센서에 의해 동작하는 것으로, 복도나 현관의 램프에 사용한다.

단원 예상문제

1. 다음 중 배선 기구가 아닌 것은? [16]

① 배전반   ② 개폐기   ③ 접속기   ④ 배선용 차단기

해설 배전반(switchboard) : 빌딩이나 공장에서는 송전선으로부터 고압의 전력을 받아 변압기로 저압으로 변환하여 각종 전기 설비 계통으로 배전하는데, 배전을 하기 위한 장치가 배전반이다.

2. 다음 중 금속 상자 개폐기라고도 불리는 스위치는? [97, 01]

① 안전 스위치   ② 마그넷 스위치   ③ 타임 스위치   ④ 부동 스위치

3. 저항선 또는 전구를 직렬이나 병렬로 접속 변경하여 발열량 또는 광도를 조절할 수 있는 스위치는? [03]

① 로터리 스위치   ② 텀블러 스위치   ③ 나이프 스위치   ④ 풀 스위치

해설 조광 스위치[로터리 스위치 (rotary switch)]

4. 전등의 점멸 상태가 문자 또는 색별 표시가 되지 않는 스위치는? [99, 00]

① 로터리 스위치   ② 텀블러 스위치   ③ 펜던트 스위치   ④ 캐노피 스위치

해설 캐노피 스위치 (canopy SW) : 전등 기구의 플런저 안에 내장되어 있는 풀 스위치의 일종이다.

5. 소형 전기기구의 코드 중간에 쓰는 스위치는 어느 것인가? [98]

① 플로트 스위치   ② 캐노피 스위치   ③ 컷 아웃 스위치   ④ 코드 스위치

6. 심야 전력 기기의 전원 공급과 차단은 어떤 장치에 의하여 조정되는가? [03]

① 타임 스위치   ② 근접 스위치   ③ 실렉터 스위치   ④ 누름 버튼 스위치

해설 타임 스위치 (time switch)

정답 1. ① 2. ① 3. ① 4. ④ 5. ④ 6. ①

3 콘센트와 플러그 및 소켓

(1) 콘센트 (consent)

① 형태에 따라 : ㈎ 출형 ㈏ 매입형
② 용도에 따라 : ㈎ 방수용 콘센트 ㈏ 시계용 콘센트 ㈐ 선풍기용 콘센트
③ 플로어 (floor) 콘센트 : 플로어 덕트 공사용
④ 턴 로크 (turn lock) 콘센트 : 트위스트 콘센트라고도 하며, 콘센트에 끼운 플러그가 빠지는

것을 방지하기 위하여 플러그를 끼우고 약 90°쯤 돌려 두면 빠지지 않도록 되어 있다.

(2) 플러그 (plug)

2극용과 3극용이 있으며, 2극용에는 평행형과 T형이 있다.

① 코드 접속기 (cord connection) : 코드를 서로 접속할 때 사용한다.

② 멀티 탭 (multi tap) : 하나의 콘센트에 2~3가지의 기구를 사용할 때 쓴다.

③ 테이블 탭 (table tap) : 코드의 길이가 짧을 때 연장하여 사용한다.

④ 아이언 플러그 (iron plug) : 전기다리미, 온탕기 등에 사용한다.

⑤ 나사 플러그 (attaching plug) : 플러그 보디와 꽂임 플러그로 구성되며, 리셉터클 또는 소켓 등에 접속할 때 사용한다.

(3) 소켓 (socket)과 리셉터클 (receptacle)

① 소켓은 전선의 끝에 접속하여 백열전구를 끼워 사용하며, 리셉터클은 벽이나 천장 등에 고정시켜 소켓처럼 사용하는 배선 기구이다.

② 정격은 250 V, 6 A이다.

단원 예상문제

1. 코드 상호 간 또는 캡타이어케이블 상호 간을 접속하는 경우 가장 많이 사용되는 기구는?
[10, 13]

① T형 접속기   ② 코드 접속기   ③ 와이어 커넥터   ④ 박스용 커넥터

2. 하나의 콘센트에 둘 또는 세 가지의 기계 · 기구를 끼워서 사용할 때 사용되는 것은?
[96, 06, 07, 14, 15]

① 노출형 콘센트   ② 키리스 소켓   ③ 멀티 탭   ④ 아이언 플러그

3. 먼지가 많은 장소에 사용하는 소켓은 어느 것인가? [97, 03]

① 키 소켓   ② 분기 소켓   ③ 키리스 소켓   ④ 모걸 소켓

해설 전구 소켓 (socket) : 먼지가 많은 장소에는 점멸 장치가 없는 키리스 소켓(keyless socket)을 사용하는 것이 적합하다.

4. 220 V 옥내배선에서 백열전구를 노출로 설치할 때 사용하는 기구는? [13]

① 리셉터클   ② 테이블 탭   ③ 콘센트   ④ 코드 커넥터

해설 리셉터클 (receptacle)은 벽이나 천장 등에 고정시켜 소켓처럼 백열전구를 끼워 노출로 설치할 때 사용하는 기구이다.

5. 코드 펜던트로서 매달 수 있는 코드에 걸리는 중량의 총계는 최대 몇 kg인가? [03]

① 1 　　　　　② 3 　　　　　③ 4 　　　　　④ 5

해설 코드 펜던트 (cord pendant)
　　ㄱ 주로 일반 주택의 전등, 공장, 작업장의 천장이나 기둥보에 매달린 전등을 말한다.
　　ㄴ 달아매는 중량은 코드에 걸리는 전구, 조명 기구 등으로 3 kg 이하로 하여야 한다.

정답 1. ② 　 2. ③ 　 3. ③ 　 4. ① 　 5. ②

2-2 전기 설비용 계기와 게이지 및 공구

◼ 측정용 계기와 게이지

저압 옥내배선의 검사 순서 : ① 점검 → ② 절연저항 측정 → ③ 접지저항 측정 → ④ 통전 시험

(1) 측정용 계기

① 절연저항 측정 : 메거 (megger)
　(개) 대지에 대한 전선의 절연저항 측정
　(내) 전선 피복의 절연저항 측정
　(대) 저압 옥내배선용에는 500 V용 메거가 사용된다.
② 접지저항 측정
　(개) 콜라우시 브리지(kohlrausch bridge)를 이용하는 콜라우시 브리지법
　(내) 접지저항계(어스 테스터, earth tester)를 사용하는 법
　(대) 교류전압계와 전류계를 이용한 방법
③ 충전 유무 조사 : 네온(neon) 검전기
　(개) 저압 배선의 충전 유무를 검사하는 것이다.
　(내) 전압 측 전선 (충전) : 네온 램프가 점등되고, 접지 측에서는 점등되지 않는다.
　(대) 저압 옥내배선의 전압 측과 접지 측을 간단히 알아볼 수 있는 계기이다.
　(래) 도통 시험이 가능한 계기 : 멀티미터(테스터), 마그넷 벨

(2) 측정용 게이지(gauge)

① 와이어게이지(wire gauge)
　(개) 전선의 굵기를 측정하는 것으로, 측정할 전선을 홈에 끼워서 맞는 곳의 숫자가 전선 굵기의 표시가 된다.

㈏ 선번용 (AWG gauge)과 밀리미터용 (millimeter gauge)이 있다.

② 버니어캘리퍼스(vernier calipers) : 어미자와 아들자의 눈금을 이용하여 길이, 바깥지름, 안지름, 깊이 등을 하나의 측정기로 측정할 수 있다.

③ 마이크로미터 (micrometer) : 전선의 굵기, 철판, 절연지 등의 두께를 측정하는 것이다.

그림 3-2-2
와이어게이지

단원 예상문제

1. 저압 옥내배선 검사의 순서가 맞게 배열된 것은? [98, 05]

① 절연저항 측정 – 점검 – 통전 시험 – 접지저항 측정
② 점검 – 절연저항 측정 – 접지저항 측정 – 통전 시험
③ 점검 – 통전 시험 – 절연저항 측정 – 접지저항 측정
④ 통전 시험 – 점검 – 접지저항 측정 – 절연저항 측정

해설 배선 시험 순서 : 점검 → 절연저항 시험 → 접지저항 시험 → 통전 시험

2. 다음 중 옥내에 시설하는 저압 전로와 대지 사이의 절연저항 측정에 사용되는 계기는 어느 것인가? [99, 02, 11, 12]

① 메거 ② 어스 테스터 ③ 회로 시험기 ④ 콜라우시 브리지

해설 절연저항계(메거 : megger) : 절연재료의 고유저항이나 전선, 전기 기기, 옥내배선 등의 절연저항을 측정하는 계기로서, 수동 발전기식과 트랜지스터를 이용한 전자식이 있다.

3. 다음 중 400 V 이하 옥내배선의 절연저항 측정에 가장 알맞은 절연저항계는? [00, 01, 04, 12]

① 250 V 메거 ② 500 V 메거 ③ 1000 V 메거 ④ 1500 V 메거

해설 절연저항계 : 500 V용은 100 MΩ까지 측정할 수 있으며, 400 V 이하 옥내배선의 절연저항 측정에 알맞다.

4. 네온 검전기를 사용하는 목적은? [12]

① 주파수 측정 ② 충전 유무 조사 ③ 전류 측정 ④ 조도율 조사

해설 네온 검전기 : 네온(neon) 램프를 이용하여, 전기 기기 설비 및 전선로 등 작업에 임하기 전에 충전 유무를 확인하기 위하여 사용한다.

5. 전기공사에서 접지저항을 측정할 때 사용하는 측정기는 무엇인가? [99, 01, 11]

① 검류기 ② 변류기 ③ 메거 ④ 어스 테스터

해설 ㉠ 어스 테스터(earth tester : 접지저항계) : 접지저항 측정기
㉡ 메거(Megger : 절연저항계) : 절연저항 측정기

6. 접지저항이나 전해액 저항 측정에 쓰이는 것은? [97, 01, 08]

① 휘트스톤 브리시　② 전위차계　　③ 콜라우시 브리지　④ 메거

해설 접지저항, 전해액 저항 측정 계기
　　 콜라우시 브리지 (kohlrausch bridge) : 저저항 측정용 계기로 접지저항, 전해액의 저항 측정에 사용된다.

7. 저압 옥내배선의 회로 점검을 하는 경우 필요하지 않은 것은? [97, 01]

① 어스 테스터　　② 슬라이덕스　　③ 서킷 테스터　　④ 메거

해설 저압 옥내배선의 회로 점검
　　 ㉠ 어스 테스터 (earth tester) : 접지저항 측정
　　 ㉡ 서킷 테스터 (circuit tester) : 회로 시험기
　　 ㉢ 메거 (megger) : 절연저항 측정

8. 다음의 검사 방법 중 옳은 것은? [00, 04, 06]

① 어스 테스터로서 절연저항을 측정한다.　② 검전기로서 전압을 측정한다.
③ 메가로서 회로의 저항을 측정한다.　　④ 콜라우시 브리지로 접지저항을 측정한다.

9. 전선의 굵기, 철판, 구리판 등의 두께를 측정하는 것은? [97, 99, 04, 09]

① 프레셔 툴　　② 스패너　　③ 파이어 포트　　④ 와이어게이지

해설 ※ 파이어 포트 (fire pot) : 납물을 만드는 데 사용되는 일종의 화로

10. 어미자와 아들자의 눈금을 이용하여 두께, 깊이, 안지름 및 바깥지름 측정용으로 사용하는 것은? [98, 08, 10, 13]

① 버니어캘리퍼스　　② 채널 지그　　③ 스트레인 게이지　　④ 스태핑 머신

정답 **1.** ②　**2.** ①　**3.** ②　**4.** ②　**5.** ④　**6.** ③　**7.** ②　**8.** ④　**9.** ④　**10.** ①

3 전기 설비용 공구와 기구

① 펜치 (cutting plier)
　㈎ 전선의 절단, 전선 접속, 전선 바인드 등에 사용하는 것이다.
　㈏ 규격은 소기구의 전선 접속용 (150 mm), 옥내 일반 공사용 (175 mm), 옥외 공사용 (200 mm)이 있다.
② 와이어 스트리퍼 (wire striper)
　㈎ 절연전선의 피복 절연물을 벗기는 자동 공구이다.
　㈏ 도체의 손상 없이 정확한 길이의 피복 절연물을 쉽게 처리할 수 있다.

③ 녹아웃 펀치(knock out punch)

  ⑺ 배전반, 분전반 등의 배관을 변경하거나 이미 설치되어 있는 캐비닛에 구멍을 뚫을 때 필요한 공구이다.

  ⑷ 수동식과 유압식이 있으며, 크기는 15, 19, 25 mm 등으로 각 금속관에 맞는 것을 사용한다.

④ 드라이브이트 툴(driveit tool)

  ⑺ 큰 건물의 공사에서 드라이브 핀을 콘크리트에 경제적으로 박는 공구이다.

  ⑷ 화약의 폭발력을 이용하기 때문에 취급자는 보안상 훈련을 받아야 한다.

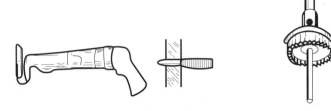

      (a) 드라이브이트 툴   (b) 홀 소

그림 3-3-3 공구류

⑤ 피시 테이프(fish tape)

  ⑺ 전선관에 전선을 넣을 때 사용되는 평각 강철선이다.

  ⑷ 폭 : 3.2~6.4 mm, 두께 : 0.8~1.5 mm

⑥ 토치램프(torch lamp)

  ⑺ 전선 접속의 납땜과 합성수지관의 가공에 열을 가할 때 사용하는 것이다.

  ⑷ 가솔린용과 알코올(alcohol)용으로 나뉜다.

⑦ 파이어 포트(fire pot)

  ⑺ 납땜 인두를 가열하거나 납땜 냄비를 올려놓아 납물을 만드는 데 사용되는 일종의 화로이다.

  ⑷ 목탄용과 가솔린용이 있다.

⑧ 프레셔 툴(pressure tool) : 솔더리스(solderless) 커넥터 또는 솔더리스 터미널을 압착하는 것이다.

⑨ 클리퍼(clipper, cable cutter) : 굵은 전선을 절단할 때 사용하는 가위이다.

⑩ 오스터(oster) : 금속관 끝에 나사를 내는 공구로, 손잡이가 달린 래칫(ratchet)과 나사날의 다이스(dies)로 구성된다.

⑪ 벤더(bender), 히키(hickey) : 금속관을 구부리는 공구이다.

⑫ 파이프 커터(pipe cutter) : 금속관을 절단할 때 사용한다.

⑬ 리머(reamer) : 금속관을 쇠톱이나 커터로 끊은 다음, 관 안의 날카로운 것을 다듬는 것이다.

⑭ 파이프 렌치(pipe wrench) : 금속관을 커플링으로 접속할 때, 금속관과 커플링을 물고 죄는 것이다.

⑮ 홀 소(hole saw) : 녹아웃 펀치와 같은 용도로 배·분전반 등의 캐비닛에 구멍을 뚫을 때 사용된다.

⑯ 펌프 플라이어(pump plier) : 전선의 슬리브 접속에 있어서 펜치와 같이 사용되고, 금속 관 공사에서 로크너트를 죌 때 사용한다.

⑰ 철망 그립(pulling grip) : 여러 가닥의 전선을 넣을 때는 철망 그립을 사용하면 매우 편 리하다.

⑱ 전선 피박기 : 가공 배전선에서 활선 상태인 전선의 피복을 벗기는 공구이다.

⑲ 스패너(spanner) : 너트를 죄는 데 사용하는 것이다.

단원 예상문제

1. 굵은 전선을 절단할 때 주로 쓰이는 공구의 이름은? [00, 03, 05, 06, 12, 14, 15, 17]
① 파이프 커터   ② 토크 렌치   ③ 녹아웃 펀치   ④ 클리퍼

2. 절연전선의 피복 절연물을 벗기는 공구로서 도체의 손상 없이 정확한 길이의 피복 절연물을 쉽게 처리할 수 있는 것은? [05, 16, 17]
① 와이어 스트리퍼   ② 클리퍼   ③ 프레셔 툴   ④ 리머

3. 다음 중 피시 테이프(fish tape)의 용도는 무엇인가? [00, 02, 04, 06, 10]
① 전선을 테이핑하기 위해서   ② 전선관의 끝마무리를 위해서
③ 배관에 전선을 넣을 때   ④ 합성수지관을 구부릴 때

4. 다음 중 전선에 압착단자를 접속시키는 공구는? [00, 17]
① 와이어 스트리퍼   ② 프레셔 툴   ③ 볼트 클리퍼   ④ 드라이브비트

5. 전선의 슬리브 접속에 있어서 펜치와 같이 사용되고 금속관 공사에서 로크너트를 죌 때 사용하는 공구의 이름은? [98, 05]
① 펌프 플라이어(pump plier)   ② 히키(hickey)
③ 비트 익스텐션(bit extension)   ④ 클리퍼(clipper)

6. 금속관 절단구 다듬기에 쓰이는 공구는? [16]
① 리머   ② 홀 소   ③ 프레셔 툴   ④ 파이프 렌치

7. 금속 전선관 작업에서 나사를 낼 때 필요한 공구는? [97, 05, 07, 09, 01, 12, 14]
① 파이프 벤더 ② 클리퍼 ③ 오스터 ④ 파이프 렌치

8. 금속관 배관 공사를 할 때 금속관을 구부리는 데 사용하는 공구는? [15]
① 히키 (hickey) ② 파이프 렌치 (pipe wrench)
③ 오스터 (oster) ④ 파이프 커터 (pipe cutter)

9. 금속관을 절단할 때 사용되는 공구는? [15]
① 오스터 ② 녹아웃 펀치 ③ 파이프 커터 ④ 파이프 렌치

10. 배전반, 분전반 등의 배관을 변경하거나 이미 설치되어 있는 캐비닛에 구멍을 뚫을 때 필요한 공구는? [03, 14, 17]
① 오스터 ② 클리퍼 ③ 파이어 포트 ④ 녹아웃 펀치

11. 다음 중 녹아웃 펀치와 같은 용도의 것은 어느 것인가? [96, 99, 10, 11]
① 리머 ② 오일 밴더 ③ 볼트 클리퍼 ④ 홀 소

12. 녹아웃 펀치와 같은 용도로 배전반이나 분전반 등에 구멍을 뚫을 때 사용하는 것은? [10, 11]
① 클리퍼(cliper) ② 홀 소(hole saw)
③ 프레스 툴(pressure tool) ④ 드라이브이트 툴(driveit tool)

13. 큰 건물의 공사에서 콘크리트에 구멍을 뚫어 드라이브 핀을 경제적으로 고정하는 공구는? [15]
① 스패너 ② 드라이브이트 툴 ③ 오스터 ④ 로크 아웃 펀치

14. 전기공사 시공에 필요한 공구 사용법 설명 중 잘못된 것은? [02, 14]
① 콘크리트의 구멍을 뚫기 위한 공구로 타격용 임팩트 전기드릴을 사용한다.
② 스위치 박스에 전선관용 구멍을 뚫기 위해 녹아웃 펀치를 사용한다.
③ 합성수지 가요 전선관의 굽힘 작업을 위해 토치램프를 사용한다.
④ 금속 전선관의 굽힘 작업을 위해 파이프 벤더를 사용한다.

15. 옥내배선 공사 중 금속관 공사에 사용되는 공구의 설명 중 잘못된 것은? [13]
① 전선관의 굽힘 작업에 사용하는 공구는 토치램프나 스프링 벤더를 사용한다.
② 전선관의 나사를 내는 작업에 오스터를 사용한다.
③ 전선관을 절단하는 공구에는 쇠톱 또는 파이프 커터를 사용한다.
④ 아우트렛 박스의 천공 작업에 사용되는 공구는 녹아웃 펀치를 사용한다.
해설 금속관의 굽힘 작업에는 금속 벤더(bender)가 사용된다.

정답 1. ④ 2. ① 3. ③ 4. ② 5. ① 6. ① 7. ③ 8. ① 9. ③ 10. ④ 11. ④ 12. ②
13. ② 14. ③ 15. ①

전선의 접속

3-1 전선 접속의 일반 사항과 구체적 방법

1 일반 사항

(1) 전선의 접속 방법

① 전기 저항이 증가되지 않아야 한다.

② 전선의 세기는 20 % 이상 감소시키지 않아야 한다.

③ 접속 부분은 와이어 커넥터 등 접속 기구를 사용하거나 납땜을 한다.

④ 알루미늄을 접속할 때는 고시된 규격에 맞는 접속관 등의 접속 기구를 사용한다.

⑤ 알루미늄전선과 구리선의 접속 시 전기적인 부식이 생기지 않도록 한다.

(2) 코드 상호, 캡타이어케이블 상호 또는 이들 상호 간의 접속 방법

① 코드 접속기, 접속함 및 기타 기구를 사용할 것

② 접속점에는 조명기구 및 기타 전기기계 기구의 중량이 걸리지 않도록 한다.

(3) 코드 또는 캡타이어케이블과 기계 기구와의 접속

① 충전(充電) 부분이 노출되지 않는 구조의 단자 금구에 나사로 고정하거나 또는 기구용 플러그 등을 사용한다.

② 기구 단자가 누름나사형, 클램프형 또는 이와 유사한 구조로 된 것을 제외하고 단면적 6 mm^2 를 초과하는 코드 및 캡타이어케이블에는 터미널 러그를 부착한다.

③ 코드와 형광등 기구의 리드선과 접속은 전선 접속기로 접속한다.

(4) 동(銅) 전선과 전기기계 기구 단자의 접속

① 전선을 나사로 고정할 경우에 진동 등으로 헐거워질 우려가 있는 장소는 2중 너트, 스프링 와셔 및 나사풀림 방지 기구가 있는 것을 사용한다.

② 전선을 1본만 접속할 수 있는 구조의 단자는 2본 이상의 전선을 접속하지 않는다.

③ 기구 단자가 누름나사형, 클램프형이거나 이와 유사한 구조가 아닌 경우는 단면적 10 mm^2 를 초과하는 단선 또는 단면적 6 mm^2 를 초과하는 연선에 터미널 러그를 부착한다.

④ 터미널 러그는 납땜으로 전선을 부착한다.

⑤ 접속점에 장력이 걸리지 않도록 시설한다.

단원 예상문제 🎯

1. 전선을 접속하는 경우 전선의 강도는 몇 % 이상 감소시키지 않아야 하는가? [11, 14, 17]

① 10   ② 20   ③ 40   ④ 80

2. 전선을 접속하는 방법으로 틀린 것은? [12]

① 전기저항이 증가되지 않아야 한다.
② 전선의 세기는 30 % 이상 감소시키지 않아야 한다.
③ 접속 부분은 와이어 커넥터 등 접속 기구를 사용하거나 납땜을 한다.
④ 알루미늄을 접속할 때는 고시된 규격에 맞는 접속관 등의 접속 기구를 사용한다.

3. 전선의 접속에 대한 설명으로 틀린 것은? [15]

① 접속 부분의 전기저항을 20 % 이상 증가되도록 한다.
② 접속 부분의 인장강도를 80 % 이상 유지되도록 한다.
③ 접속 부분에 전선 접속 기구를 사용한다.
④ 알루미늄 전선과 구리선의 접속 시 전기적인 부식이 생기지 않도록 한다.

4. 기구 단자에 전선 접속 시 진동 등으로 헐거워지는 염려가 있는 곳에 사용되는 것은?
[06, 07, 10, 12, 17]

① 스프링 와셔   ② 2중 볼트   ③ 삼각 볼트   ④ 접속기

해설 전선과 기구 단자와의 접속(내선규정 2210 - 6)
    ㉠ 전선을 나사로 고정할 경우에 진동 등으로 헐거워질 우려가 있는 장소는 2중 너트, 스프링
        와셔 및 나사풀림 방지 기구가 있는 것을 사용한다.
    ㉡ 전선을 1본만 접속할 수 있는 구조의 단자는 2본 이상의 전선을 접속하지 않는다.

5. 전선의 접속이 불완전하여 발생할 수 있는 사고로 볼 수 없는 것은? [14]

① 감전   ② 누전   ③ 화재   ④ 절전

6. 전선과 기구 단자 접속 시 나사를 덜 죄었을 경우 발생할 수 있는 위험과 거리가 먼 것은 어느 것인가? [11]

① 누전   ② 화재 위험   ③ 과열 발생   ④ 저항 감소

해설 전선과 기구 단자 접속 시 안전 및 유의 사항
    ㉠ 나사를 죌 때, 피복 부분이 끼이지 않도록 한다.
    ㉡ 코드의 피복을 벗길 때, 소선이 끊겨 소선 수가 감소되지 않도록 주의해야 한다.
    ㉢ 나사를 덜 죄면 과열, 누전, 화재 등의 위험이 발생할 수 있으며, 라디오나 텔레비전에 잡
        음이 생긴다.

2 전선 접속의 구체적 방법

(1) 동(구리)전선의 접속

① 직선 접속

㉮ 가는 단선 직선 접속(6 mm² 이하) : 트위스트 조인트(twist joint)

㉯ 직선 맞대기용 슬리브(B형)에 의한 압착 접속 : 단선 및 연선에 적용한다.

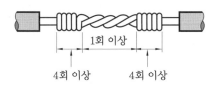

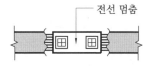

그림 3-3-1 가는 단선 직선 접속 　　　그림 3-3-2 직선 맞대기용 슬리브 압착 접속

② 분기 접속

㉮ 가는 단선 분기 접속(6 mm² 이하)

㉯ T형 커넥터에 의한 분기 접속

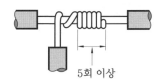

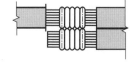

그림 3-3-3 가는 단선 분기 접속 　　　그림 3-3-4 T형 커넥터 분기 접속

③ 종단 접속(終端接續)

㉮ 가는 단선(4 mm² 이하)의 종단 접속 : 주로 금속관 배선 등의 박스 안에서 한다.

㉯ 가는 단선(4 mm² 이하)의 종단 접속(지름이 다른 경우) : 주로 배선과 전등 기구용 심선과의 접속인 경우에 이용한다.

㉰ 동선 압착 단자에 의한 접속(KS C 2620) : 압착 단자 및 동관 단자에 대하여도 같이 적용한다

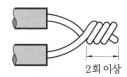

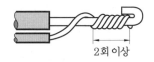

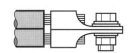

그림 3-3-5 　　　　　　그림 3-3-6 　　　　　　그림 3-3-7
가는 단선 종단 접속 　　가는 단선 종단 접속(지름이 다른 경우) 　　압착 단자에 의한 접속

㉱ 비틀어 꽂는 형의 전선 접속기에 의한 접속

(마) 종단 겹침용 슬리브(E형)에 의한 접속(KS C 2621)

- 종단 겹침용 슬리브 KS C 2621(2005)을 사용하고 종단 겹침용 슬리브와 전선과의 조합은 제작자 시방에 의하여 적정한 선택을 한다.
- 종단 겹침용 슬리브를 링 슬리브라고도 한다.

(바) 직선 겹침용 슬리브(P형)에 의한 접속

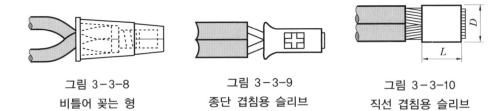

| 그림 3-3-8 비틀어 꽂는 형 | 그림 3-3-9 종단 겹침용 슬리브 | 그림 3-3-10 직선 겹침용 슬리브 |

(사) 꽂음형 커넥터에 의한 접속

- 꽂음형 커넥터는 전기용품 안전관리법의 적용을 받는 것을 사용한다.
- 주로 가는 전선을 박스 내 등의 접속에 사용한다.

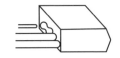

그림 3-3-11 꽂음형 커넥터

④ 슬리브에 의한 접속

(가) S형 슬리브에 의한 직선 접속

(나) S형 슬리브에 의한 분기(分岐) 접속

그림 3-3-12 직선 접속   그림 3-3-13 분기(分岐) 접속

알아두기 : S형 슬리브를 사용하는 경우 유의 사항

1. S형 슬리브는 단선, 연선 어느 것에도 사용할 수 있다.
2. 도체는 샌드페이퍼 등을 사용하여 충분히 닦은 후 접속한다(칼로는 잘 닦아지지 않으며 전선이 손상될 우려가 있다).
3. 전선의 끝은 슬리브의 끝에서 조금 나오는 것이 바람직하다.
4. 슬리브는 전선의 굵기에 적합한 것을 선정한다(연선인 경우는 도체 외경에 가장 가까운 상위의 슬리브를 선정한다).
5. 열린 쪽 홈의 측면을 펜치 등으로 고르게 눌러서 밀착시킨다.
6. 슬리브의 양단을 비트는 공구로 물리고 완전히 두 번 이상 비튼다. 오른쪽으로 비틀거나 왼쪽으로 비틀거나 관계없다.
   - 비틀림이 끝난 상태에서 슬리브의 양단에 약간의 비틀리지 아니한 직선 부분을 남겨 둔다.
7. 슬리브의 양단에 있는 조금 벌어진 부분을 펜치 등으로 밀착시켜 모양을 가다듬는다.

(다) 매킨타이어 슬리브에 의한 직선 접속

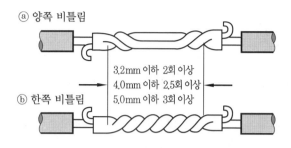

그림 3-3-14 매킨타이어 슬리브 접속

(2) 알루미늄 전선의 접속

① 직선 접속

(가) 주로 인입선과 인입구 배선과의 접속 등과 같이 장력이 걸리지 않는 장소에 사용한다.

(나) 전선 접속기는 알루미늄 전선, 동전선 공용이다.

② 분기(分岐) 접속

(가) 주로 간선에서 분기선을 분기하는 경우 등에 사용한다.

(나) 전선 접속기는 그 단면 형태에 따라 C형, E형, H형 등의 종류가 있고, 알루미늄 전
선 전용의 것 및 알루미늄 전선, 동전선 공용의 것 등 여러 가지 종류가 있다.

그림 3-3-15 직선 접속

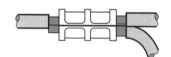

그림 3-3-16 분기 접속

③ 종단(終端) 접속

(가) 종단 겹침용 슬리브에 의한 접속

(나) 비틀어 꽂는 형의 전선 접속기에 의한 접속 : 주로 가는 전선을 박스 안 등에서 접속
할 때에 사용한다.

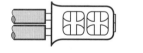

그림 3-3-17 종단 겹침용 슬리브

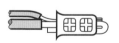

그림 3-3-18 비틀어 꽂는 형

(다) C형 전선 접속기 등에 의한 접속

• 굵은 전선을 박스 안 등에서 접속할 때에 사용한다.

• 전선 접속기는 분기 접속에 사용하는 것과 같은 것을 사용한다.

㈜ 터미널 러그에 의한 접속 : 주로 굵은 전선을 박스 안 등에서 접속할 때에 사용한다.

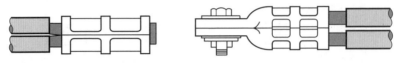

그림 3-3-19 C형 전선 접속기   그림 3-3-20 터미널 러그

(3) 옥내에서 전선을 병렬로 사용하는 경우 (내선규정 1435-1)

① 병렬로 사용하는 각 전선의 굵기는 동 $50\,\mathrm{mm}^2$ 이상 또는 알루미늄 $70\,\mathrm{mm}^2$ 이상이고, 동일한 도체, 동일한 굵기, 동일한 길이이어야 한다.

② 공급점 및 수전점에서 전선의 접속은 다음 각호에 의하여 시설하여야 한다.

　㈎ 같은 극(極)의 각 전선은 동일한 터미널 러그에 완전히 접속한다.

　㈏ 같은 극인 각 전선의 터미널 러그는 동일한 도체에 2개 이상의 리벳 또는 2개 이상의 나사로 헐거워지지 않도록 확실하게 접속한다.

　㈐ 기타 전류의 불평형을 초래하지 않도록 한다.

③ 병렬로 사용하는 전선은 각각에 퓨즈를 장치하지 말아야 한다(공용 퓨즈는 지장이 없다).

단원 예상문제

1. 단면적 $6\,\mathrm{mm}^2$ 이하의 가는 단선(동전선)의 트위스트 조인트에 해당되는 전선 접속법은? [00, 01, 05, 07, 11, 13]

① 직선 접속　　　② 분기 접속　　　③ 슬리브 접속　　　④ 종단 접속

해설 단선의 직선 접속 방법 (그림 3-3-1 참조)
　　㉠ 트위스트 접속 : 단면적 $6\,\mathrm{mm}^2$ 이하　㉡ 브리타니아 접속 : 단면적 $10\,\mathrm{mm}^2$ 이상

2. 단선의 브리타니아(britania) 직선 접속 시 전선 피복을 벗기는 길이는 전선 지름의 약 몇 배로 하는가? [10]

① 5배　　　　② 10배　　　　③ 20배　　　　④ 30배

해설 단선의 브리타니아 직선 접속 : 전선 지름의 약 20배 정도로 피복을 벗긴다.
　　예 $3.2\,\mathrm{mm}$ 전선의 경우 약 $65\,\mathrm{mm}$ 정도가 된다.

3. 동전선의 종단 접속 방법이 아닌 것은? [16]

① 동선 압착 단자에 의한 접속
② 종단 겹침용 슬리브에 의한 접속
③ C형 전선 접속기 등에 의한 접속
④ 비틀어 꽂는 형의 전선 접속기에 의한 접속

해설 동전선의 종단 접속 방법 (그림 3-3-5부터 3-3-11까지 참조)

4. 옥내배선에서 주로 사용하는 직선 접속 및 분기 접속 방법은 어떤 것을 사용하여 접속하는 가? [13, 17]

① 동선 압착 단자　② 슬리브　　　③ 와이어 커넥터　　④ 꽂음형 커넥터

[해설] 슬리브(sleeve)에 의한 접속
　　㉠ S형 슬리브에 의한 직선 접속 및 분기 접속　㉡ 매킨타이어 슬리브에 의한 직선 접속

5. 전선 접속 시 사용되는 슬리브(sleeve)의 종류가 아닌 것은? [14]

① D형　　　　　　② S형　　　　　　③ E형　　　　　　④ P형

[해설] 슬리브(sleeve)의 종류 : S형, E형, P형, C형, H형

6. S형 슬리브를 사용하여 전선을 접속하는 경우의 유의 사항이 아닌 것은? [14, 15]

① 전선은 연선만 사용이 가능하다.
② 전선의 끝은 슬리브의 끝에서 조금 나오는 것이 좋다.
③ 슬리브는 전선의 굵기에 적합한 것을 사용한다.
④ 도체는 샌드페이퍼 등으로 닦아서 사용한다.

[해설] S형 슬리브를 사용하는 경우
　　㉠ S형 슬리브는 단선, 연선 어느 것에도 사용할 수 있다.
　　㉡ 전선의 끝은 슬리브의 끝에서 조금 나오는 것이 바람직하다.
　　㉢ 슬리브는 전선의 굵기에 적합한 것을 선정한다 (연선인 경우는 도체 외경에 가장 가까운 상위의 슬리브를 선정한다).
　　㉣ 열린 쪽 홈의 측면을 펜치 등으로 고르게 눌러서 밀착시킨다.

7. 동전선의 직선 접속에서 단선 및 연선에 적용되는 접속 방법은? [04, 15]

① 직선 맞대기용 슬리브(B형)에 의한 압착 접속
② 가는 단선 (2.6 mm 이상)의 분기 접속
③ S형 슬리브에 의한 분기 접속
④ 터미널 러그에 의한 접속

[해설] 직선 맞대기용 슬리브 (B형)에 의한 압착 접속 : 단선 및 연선에 적용된다.

8. 다음 중 알루미늄 전선의 접속 방법으로 적합하지 않은 것은? [06, 14]

① 직선 접속　　　② 분기 접속　　　③ 종단 접속　　　④ 트위스트 접속

[해설] 알루미늄 전선 접속 방법
　　① 직선 접속 : 직선형 접속기에 의한 접속
　　② 분기 접속 : C형, E형, H형 등의 전선 접속기에 의한 접속
　　③ 종단 접속 : 링 슬리브, 터미널 러그에 의한 접속
　　※ 트위스트 (twist) 접속은 동 (구리)선의 직선 접속 (가는 단선 $6\,mm^2$ 이하)에 적용된다.

9. 다음 중 굵은 알루미늄선을 박스 안에서 접속하는 방법으로 적합한 것은? [04, 08, 09]

① 링 슬리브에 의한 접속
② 비틀어 꽂는 형의 전선 접속기에 의한 방법
③ C형 접속기에 의한 접속
④ 맞대기용 슬리브에 의한 압착 접속

해설 알루미늄(Al) 전선 박스 안에서 종단 접속 시 (그림 3-3-19 참조)
　　ⓐ 굵은 선용 : C형 접속기, 터미널 러그 접속기
　　ⓑ 가는 선용 : 비틀어 꽂는 형, 종단 겹침용 슬리브

10. 박스 내에서 가는 전선을 접속할 때의 접속 방법으로 가장 적합한 것은? [04, 05, 06, 08, 09, 15]

① 트위스트 접속　　② 쥐꼬리 접속　　③ 브리타니아 접속　　④ 슬리브 접속

해설 쥐꼬리 접속(rat tail joint) : 박스 안에서 가는 전선을 접속할 때에는 쥐꼬리 접속으로 한다.

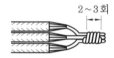

2~3회

커넥터를 끼울 때 (단선)

11. 옥내배선 공사 작업 중 접속함에서 쥐꼬리 접속을 할 때 필요한 것은? [14]

① 커플링　　　　② 와이어 커넥터　　③ 로크너트　　　　④ 부싱

해설 와이어 커넥터(wire connector)를 이용한 접속
　　ⓐ 접속하려는 전선의 피복을 약 10~20 mm 정도씩
　　　벗기고, 심선을 모아서 와이어 커넥터를 끼우고
　　　돌려 쥔다.
　　ⓑ 커넥터의 나선 스프링이 도체를 압착하여 완전한
　　　접속이 된다.

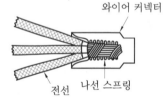

와이어 커넥터

전선　　나선 스프링

12. 정션 박스 내에서 절연전선을 쥐꼬리 접속한 후 접속과 절연을 위해 사용되는 재료는 어느 것인가? [11, 12, 15]

① 링형 슬리브　　② S형 슬리브　　③ 와이어 커넥터　　④ 터미널 러그

13. 옥내에서 두 개 이상의 전선을 병렬로 사용하는 경우 동선은 각 전선의 굵기가 몇 mm^2 이상이어야 하는가? [10]

① $50\ mm^2$　　　　② $70\ mm^2$　　　　③ $95\ mm^2$　　　　④ $150\ mm^2$

해설 옥내에서 전선을 병렬로 사용하는 경우 (내선규정 1435-1)
　　병렬로 사용하는 각 전선의 굵기는 동 $50\ mm^2$ 이상 또는 알루미늄 $70\ mm^2$ 이상이고 동일한
　　도체, 동일한 굵기, 동일한 길이이어야 한다.

정답　**1.** ①　**2.** ③　**3.** ③　**4.** ②　**5.** ①　**6.** ①　**7.** ①　**8.** ④　**9.** ③　**10.** ②　**11.** ②
12. ③　**13.** ①

(4) 절연테이프

① 테이프의 종류

㈎ 고무테이프 (rubber tape) : 절연성 혼합물을 압연하여 이를 가황한 다음, 그 표면에 고무풀을 칠한 것이다.

㈏ 리노 테이프 (lino tape)

- 바이어스 테이프 (bias tape)에 절연성 바니시를 몇 차례 바르고, 다시 건조시킨 것으로 노란색 반투명의 것과 검은색의 것이 있다.
- 리노 테이프는 점착성이 없으나 절연성, 내온성 및 내유성이 있으므로 연피 케이블 접속에는 반드시 사용된다.

㈐ 비닐 테이프 (vinyl tape) : 염화비닐 콤파운드로 만든 것으로 색은 흑색, 백색, 회색, 청색, 녹색, 황색, 갈색, 주황 및 적색의 9종류가 있다.

㈑ 자기 융착 테이프

- 약 2배로 늘려서 감으면 서로 융착되어 벗겨지는 일이 없다.
- 내오존성, 내수성, 내약품성, 내온성이 우수해서 오래도록 열화되지 않기 때문에 비닐 외장케이블 및 클로로프렌 외장케이블의 접속에 사용된다.

㈒ 면 테이프 (friction tape, black tape) : 건조한 목면 테이프, 즉 거즈 테이프(gauze tape)에 검은색 점착성의 고무 혼합물을 양면에 합침시킨 것으로 점착성이 강하다.

단원 예상문제

1. 접착력은 떨어지나 절연성, 내온성, 내유성이 좋아 연피 케이블의 접속에 사용되는 테이프는? [04, 09, 10, 13]
① 고무테이프   ② 리노 테이프   ③ 비닐 테이프   ④ 자기 융착 테이프

2. 연피 케이블을 접속할 때 반드시 사용하는 테이프는? [00, 05, 06, 17]
① 리노 테이프   ② 면 테이프   ③ 비닐 테이프   ④ 자기 융착 테이프

3. 다음 중 거즈 테이프 (gauze tape)에 점착성의 고무 혼합물을 양면에 합침시킨 전기용 절연 테이프는? [02]
① 면 테이프   ② 고무테이프   ③ 리노 테이프   ④ 자기 융착 테이프

4. 전선 접속에 있어서 클로로프렌 외장케이블의 접속에 쓰이는 테이프는? [98, 99]
① 블랙 테이프   ② 자기 융착 테이프 ③ 리노 테이프   ④ 비닐 테이프

정답 1. ②   2. ①   3. ①   4. ②

옥내배선 공사

4-1 일반 사항

1 배선 공사의 종류와 시설 장소

(1) 사용 전압이 400 V 이상인 경우

표 3-4-1 시설 장소와 배선 방법 (400 V 이상) (내선규정 2210-2 참조)

배선 공사의 종류		옥내						옥측 옥외	
		노출 장소		은폐 장소					
				점검 가능		점검 불가능			
		건조한 장소	습기가 많은 장소 또는 물기가 있는 장소	건조한 장소	습기가 많은 장소 또는 물기가 있는 장소	건조한 장소	습기가 많은 장소 또는 물기가 많은 장소	우선 내	우선 외
애자 사용 배선		○	○	○	○	×	×	①	①
금속관 배선		○	○	○	○	○	○	○	○
합성수지관 배선	합성수지관 (CD관 제외)	○	○	○	○	○	○	○	○
	CD관	②	②	②	②	②	②	②	②
가요 전선관 배선	1종 가요 전선관	③	×	③	×	×	×	×	×
	2종 가요 전선관	○	×	○	×	○	×	○	×
금속 덕트 배선		○	×	○	×	×	×	×	×
버스 덕트 배선		○	×	○	×	×	×	×	×
케이블 배선		○	○	○	○	○	○	○	○
케이블 트레이 배선		○	○	○	○	○	○	○	○

㊟ ○ : 시설할 수 있다. × : 시설할 수 없다.   CD관 : 내연성이 없는 것을 말한다.
　 ① : 노출 장소에 한하여 시설할 수 있다.
　 ② : 직접 콘크리트에 매설하는 경우를 제외하고 전용의 불연성 또는 자소성이 있는 난연성의 관 또는 덕트에 넣는 경우에 한하여 시설할 수 있다.
　 ③ : 전동기에 접속하는 짧은 부분으로 가요성을 필요로 하는 부분의 배선에 한하여 시설할 수 있다.

❷ 사용 전선의 종류 및 굵기

(1) 배선에 사용되는 전선

① 배선에 사용하는 절연전선, 케이블 및 캡타이어케이블은 시설 장소에 적합한 피복이어야 한다.

> 예 공장 등에서 기름이 스며들 우려가 있는 장소는 450/750 V 일반용 단심비닐 절연전선 또는 비닐 외장케이블, MI 케이블을 사용하는 것이 좋다.

② 배선에 사용하는 전선은 나전선이어서는 안 된다.

(2) 배선에 사용되는 전선의 굵기

① 전선의 굵기 결정 요소

　(가) 허용전류　　　　　　　　　　(나) 전압강하

　(다) 기계적 강도　　　　　　　　　(라) 사용 주파수

※ 여기서, 가장 중요한 요소는 허용전류이다.

② 단면적 $2.5\ mm^2$ 이상의 연동선 또는 도체의 단면적이 $1\ mm^2$ 이상의 미네랄 인슐레이션(MI) 케이블이어야 한다.

단원 예상문제 ◎

1. 옥내의 건조하고 전개된 장소에서 사용 전압이 400 V 이상인 경우에는 시설할 수 없는 배선 공사는? [14]

　① 애자 사용 공사　② 금속 덕트 공사　③ 버스 덕트 공사　④ 금속 몰드 공사

　해설 금속 몰드 배선 : 사용 전압은 400 V 미만이어야 한다.

2. 사용 전압 400 V 이상, 건조한 장소로 점검할 수 있는 은폐된 곳에 저압 옥내배선 시 공사할 수 있는 방법은? [14]

　① 합성수지 몰드 공사　　　　　② 금속 몰드 공사

　③ 버스 덕트 공사　　　　　　　④ 라이팅 덕트 공사

　해설 사용 전압 400 V 이상이므로 몰드 공사, 라이팅 덕트 공사는 적용되지 않는다.

3. 전선 굵기의 결정에서 다음과 같은 요소를 만족하는 굵기를 사용해야 한다. 가장 잘 표현된 것은? [00]

　① 기계적 강도, 전선의 허용전류를 만족하는 굵기

　② 기계적 강도, 수용률, 전압강하를 만족하는 굵기

　③ 인장강도, 수용률, 최대 사용 전압을 만족하는 굵기

　④ 기계적 강도, 전선의 허용전류, 전압강하를 만족하는 굵기

4. 옥내배선에 많이 사용하는 전선으로 가요성이 크고 전기저항이 적은 구리선은? [00, 05]

① 경동선   ② 단선

③ 연동선   ④ 강심 알루미늄선

[해설] ㉠ 연동선 : 전기저항이 적고, 부드러운 성질이 있어서 주로 옥내배선에 사용한다.
        ㉡ 경동선 : 인장강도가 커서 가공선로에 사용한다.

5. 옥내배선 공사할 때 연동선을 사용할 경우 전선의 최소 굵기(mm²)는? [97, 99, 16]

① 1.5   ② 2.5   ③ 4   ④ 6

[정답] 1. ④   2. ③   3. ④   4. ③   5. ②

4-2 저압 옥내배선 공사

1 애자 사용 배선 공사

(1) 애자가 갖추어야 할 성질

① 절연성 : 전기가 통하지 못하게 하는 성질

② 난연성 : 불에 잘 타지 아니하는 성질

③ 내수성 : 수분을 막아 견디어 내는 성질

(2) 배선 방법과 제한 사항

① 옥측 및 옥외에 시설하는 경우

  ㉮ 400 V 미만은 노출 장소 및 점검 가능한 은폐 장소에 한한다.

  ㉯ 400 V 이상은 노출 장소에 한한다.

② 애관, 합성수지관 등 양단의 전선을 애자로 지지할 경우 끝에서 애자까지의 거리는 전선의 길이로 20 cm 이하로 한다.

③ 애사 사용 배선 방법과 제한 사항 (내선규정 2270−1 참조) : 전선은 절연전선을 사용해야 한다. 단, 인입용 비닐전선(DV)은 제외한다.

④ 애자 사용 공사 : 전선의 지지점 간의 거리는 전선을 조영재의 윗면 또는 옆면에 따라 붙일 경우에는 2 m 이하로 한다 (판단기준 181조 참조).

⑤ 전선이 조영재를 관통하는 경우에는 애관, 합성수지관 등의 양단이 1.5 cm 이상 돌출되어야 한다.

표 3-4-2 전선의 이격 거리

거리 \ 사용 전압	400 V 미만의 경우	400 V 이상의 경우
전선 상호 간의 거리	6 cm 이상	6 cm 이상
전선과 조영재와의 거리	2.5 cm 이상	4.5 cm 이상*

㈜ *는 건조한 장소에서는 2.5 cm 이상으로 할 수 있다.

단원 예상문제

1. 애자 사용 공사에 사용하는 애자가 갖추어야 할 성질이 아닌 것은? [01, 09, 10, 17]

① 절연성   ② 난연성   ③ 내수성   ④ 내유성

2. 옥내배선의 은폐 또는 건조하고 전개된 곳의 노출 공사에 사용하는 애자는? [11]

① 현수 애자   ② 놉(노브) 애자   ③ 장간 애자   ④ 구형 애자

해설 옥내배선에는 놉 애자가 사용되며 소, 중, 대, 특대로 구분된다.

참고 현수 애자, 장간(long rod) 애자는 가공선로용이고, 구형 애자에는 인류용과 지선용이 있는데, 지선용은 지선의 중간에 넣어 양측 지선을 절연한다.

3. 애자 사용 배선 공사 시 사용할 수 없는 전선은? [15]

① 고무 절연전선   ② 폴리에틸렌 절연전선
③ 플루오르 수지 절연전선   ④ 인입용 비닐 절연전선

해설 인입용 비닐 전선(DV)은 제외한다.

4. 저압 옥내배선, 애자 사용 공사에 있어서 전선 상호 간의 최소 거리는? [05, 10, 12, 15, 17]

① 2.5 cm   ② 4 cm   ③ 6 cm   ④ 10 cm

해설 표 3-4-2 전선의 이격 거리 참조

5. 애자 사용 공사에 대한 설명 중 틀린 것은? [13]

① 사용 전압이 400 V 미만이면 전선과 조영재의 간격은 2.5 cm 이상일 것
② 사용 전압이 400 V 미만이면 전선 상호 간의 간격은 6 cm 이상일 것
③ 사용 전압이 220 V이면 전선과 조영재의 이격 거리는 2.5 cm 이상일 것
④ 전선을 조영재의 옆면을 따라 붙일 경우 전선 지지점 간의 거리는 3 m 이하일 것

해설 전선의 지지점 간의 거리는 전선을 조영재의 윗면 또는 옆면에 따라 붙일 경우에는 2 m 이하일 것

6. 애자 사용 공사에서 전선의 지지점 간의 거리는 전선을 조영재의 윗면 또는 옆면에 따라 붙이는 경우에는 몇 m 이하인가? [11, 14, 17]

　① 1　　　　　　② 1.5　　　　　　③ 2　　　　　　④ 3

[해설] 애자 사용 공사(전기설비 판단기준 제181조) : 전선의 지지점 간의 거리는 전선을 조영재의 윗면 또는 옆면에 따라 붙일 경우에는 2 m 이하일 것

7. 저압 옥내배선에서 애자 사용 공사를 할 때 올바른 것은? [14]

　① 전선 상호 간의 간격은 6 cm 이상이다.
　② 400 V를 초과하는 경우 전선과 조영재 사이의 이격 거리는 2.5 cm 미만이다.
　③ 전선의 지지점 간의 거리는 조영재의 윗면 또는 옆면에 따라 붙일 경우에는 3 m 이상이다.
　④ 애자 사용 공사에 사용되는 애자는 절연성·난연성 및 내수성과 무관하다.

[해설] ① 사용 전압에 관계없이 6 cm 이상이다.
　　　② 4.5 cm 이상이다.
　　　③ 2 m 이하이다.
　　　④ 애자는 절연성, 난연성 및 내수성이 있는 것이어야 한다.

[정답] 1. ④　2. ②　3. ④　4. ③　5. ④　6. ③　7. ①

2 몰드 배선 공사

(1) 합성수지 몰드 배선 공사 (내선규정 2215 참조)

① 옥내의 건조한 전개된 장소와 점검할 수 있는 은폐 장소에 한하여 시공할 수 있다.
② 사용 전압은 400 V 미만이고, 전선은 절연전선을 사용하며 몰드 내에서는 접속점을 만들어서는 안 된다.
③ 두께는 2 mm 이상의 것으로, 홈의 폭과 깊이가 3.5 cm 이하이어야 한다. 단, 사람이 쉽게 접촉될 우려가 없도록 시설한 경우에는 폭 5 cm 이하, 두께 1 mm 이상인 것을 사용할 수 있다.
④ 베이스를 조영재에 부착할 경우 40~50 cm 간격마다 나사못 또는 접착제를 이용하여 견고하게 부착해야 한다.

(2) 금속 몰드 배선 공사 (내선규정 2230 참조)

황동제 또는 동제의 몰드는 폭 5 cm 이하, 두께 0.5 mm 이상이어야 한다.
① 금속 몰드 배선은 옥내의 외상을 받을 우려가 없는 건조한 노출 장소와 점검할 수 있는 은폐 장소에 한하여 시공할 수 있다.

② 사용 전압은 400 V 미만이고, 전선은 절연전선을 사용하며 몰드 내에서는 전선의 접속 점을 만들어서는 안 된다.

③ 1종 몰드에 넣는 전선 수는 10본 이하이며, 2종 몰드에 넣는 전선 수는 피복 절연물을 포함한 단면적의 총합계가 몰드 내 단면적의 20 % 이하로 한다.

④ 금속 몰드와 박스 등 부속품과의 접속 개소에는 부싱을 사용하여야 한다.

⑤ 금속 몰드는 조영재에 1.5 m 이하마다 고정하고, 금속 몰드 및 기타 부속품에는 제 3 종 접지 공사를 하여야 한다.

⑥ 금속 몰드와 접지선과의 접속은 접지 클램프 또는 이에 상당하는 접지 금구를 사용하여 접속한다.

| 납작한 엘보 (flat) | external 엘보 | internal 엘보 | 크로스 (cross) | 티 (T) | 코너박스 |

그림 3-4-1 조인트 금속 유형

단원 예상문제

1. 합성수지 몰드 공사는 사용 전압이 몇 V 미만의 배선에 사용되는가? [11, 17]

① 200 V   ② 400 V   ③ 600 V   ④ 800 V

2. 다음 ( ) 안에 들어갈 내용으로 알맞은 것은? [14]

> 사람의 접촉 우려가 있는 합성수지제 몰드는 홈의 폭 및 깊이가 (㉠)cm 이하로, 두께는 (㉡)mm 이상의 것이어야 한다.

① ㉠ 3.5, ㉡ 1   ② ㉠ 5, ㉡ 1
③ ㉠ 3.5, ㉡ 2   ④ ㉠ 5, ㉡ 2

3. 합성수지 몰드 공사의 시공에서 잘못된 것은? [12]

① 사용 전압이 400 V 미만에 사용한다.
② 점검할 수 있고 전개된 장소에 사용한다.
③ 베이스를 조영재에 부착한 경우 1 m 간격마다 나사 등으로 견고하게 부착한다.
④ 베이스와 캡이 완전하게 결합하여 충격으로 이탈되지 않게 한다.

해설 베이스를 조영재에 부착할 경우 40~50 cm 간격마다 나사못 또는 접착제를 이용하여 견고하게 부착해야 한다.

4. 합성수지 몰드 공사에서 틀린 것은? [02, 15]

① 전선은 절연전선일 것
② 합성수지 몰드 안에는 접속점이 없도록 할 것
③ 합성수지 몰드는 홈의 폭 및 깊이가 6.5 cm 이하일 것
④ 합성수지 몰드와 박스 기타의 부속품과는 전선이 노출되지 않도록 할 것
해설 홈의 폭 및 깊이가 3.5 m 이하로, 두께는 2 mm 이상의 것이어야 한다.

5. 금속 몰드에는 법령으로 규정한 것을 제외하고는 다음 중 몇 종 접지 공사를 하여야 하는 가? [97, 98, 99, 01, 08]

① 제 1 종   ② 제 2 종   ③ 제 3 종   ④ 특별 제 3 종

6. 금속 몰드의 지지점 간의 거리는 몇 m 이하로 하는 것이 가장 바람직한가? [15]

① 1   ② 1.5   ③ 2   ④ 3

7. 옥내 노출공사 시 전선을 접속하는 경우 다음 설명 중 틀린 것은? [03]

① 노출형 스위치 박스 내에서 접속하였다.
② 덮개가 있는 C형 엘보 속에서 접속하였다.
③ 형광등용 프렌치 커버 속에서 접속하였다.
④ 팔각 정크션 박스 내에서 접속하였다.
해설 엘보 (elbow) 속에서는 전선을 상호 접속해서는 안 된다.

정답   1. ②   2. ③   3. ③   4. ③   5. ③   6. ②   7. ②

3 덕트 배선 공사

(1) 금속 덕트 (wire-way) 공사 (내선규정 2240 참조)

주로 빌딩, 공장 등의 전기실에서 많은 간선을 입출하는 곳에 사용한다. 단, 건조하고 전개된 장소에서만 시설할 수 있다.

① 덕트 배선에는 절연전선을 사용하여야 한다 (옥외용 비닐 절연전선 제외).
② 덕트 내에서는 전선에 접속점을 만들면 안 된다.
③ 금속 덕트는 폭이 5 cm를 넘고, 두께가 1.2 mm 이상의 철판으로 견고하게 제작된 것이어야 한다.
④ 금속 덕트의 크기
   ㈎ 전선의 피복 절연물을 포함한 단면적의 총합계가 금속 덕트 내 단면적의 20 % 이하가

되도록 선정하여야 한다(제어회로 등의 배선에 사용하는 전선만을 넣는 경우에는 50 %).

㈏ 동일 금속 덕트 내에 넣는 전선은 30가닥 이하로 하는 것이 바람직하다.

⑤ 금속 덕트의 지지

㈎ 금속 덕트는 3 m 이하의 간격으로 견고하게 지지해야 한다 (취급자만 출입 가능하고 수직으로 설치할 때는 6 m 이하).

㈏ 금속 덕트의 종단부는 폐소해야 한다.

⑥ 접지 공사

㈎ 사용 전압
- 400 V 미만인 경우 : 덕트에 제 3 종 접지 공사
- 400 V 이상인 경우 : 덕트에 특별 제 3 종 접지 공사

㈏ 배선과 다른 배선 또는 약전류 전선, 금속제 수관, 가스관 등과의 거리 규정에 따라 강전류 회로의 전선과 약전류 전선을 동일 금속 덕트 내에 넣는 경우에는 격벽을 시설하고 특별 제 3 종 접지 공사를 하여야 한다.

단원 예상문제 ⊚

1. 빌딩, 공장 등의 전기실에서 많은 간선을 입출하는 곳에 사용하며, 건조하고 전개된 장소에만 시설할 수 있는 공사는 무엇인가? [01]

① 경질 비닐관 공사   ② 금속관 공사
③ 금속 덕트 공사   ④ 케이블 공사

2. 금속 덕트 배선에 사용하는 금속 덕트의 철판 두께는 몇 mm 이상이어야 하는가? [01, 13, 17]

① 0.8   ② 1.2   ③ 1.5   ④ 1.8

3. 금속 덕트를 조영재에 붙이는 경우에는 지지점 간의 거리는 최대 몇 m 이하로 하여야 하는가? [10, 16]

① 1.5   ② 2.0   ③ 3.0   ④ 3.5

4. 절연전선을 동일 금속 덕트 내에 넣을 경우 금속 덕트의 크기는 전선의 피복 절연물을 포함한 단면적의 총합계가 금속 덕트 내 단면적의 몇 % 이하가 되도록 선정하여야 하는가? (단, 제어회로 등의 배선에 사용하는 전선만을 넣는 경우이다.) [10, 12, 13, 17]

① 30 %   ② 40 %   ③ 50 %   ④ 60 %

5. 다음 중 금속 덕트 공사의 시설 방법 중 틀린 것은? [05, 09, 14, 16]

① 덕트 상호 간은 견고하고 또한 전기적으로 완전하게 접속할 것

② 덕트 지지점 간의 거리는 3 m 이하로 할 것

③ 덕트 종단부는 열어 둘 것

④ 저압 옥내배선의 사용 전압이 400 V 미만인 경우에는 덕트에 제3종 접지 공사를 할 것

해설 금속 덕트의 종단부는 막을 것

6. 다음 중 MD 그림과 같은 심벌의 명칭은 무엇인가? [11]

① 금속 덕트

② 벅스 덕트

③ 피트 버스 덕트

④ 플러그인 버스 덕트

해설 금속 덕트의 심벌 : MD (metallic duct)

정답 **1.** ③ **2.** ② **3.** ③ **4.** ③ **5.** ③ **6.** ①

(2) 버스 덕트(bus duct) 공사

① 빌딩, 공장 등의 변전실에서 전선을 인출하는 곳에 사용하면 굵은 전선 공사보다 경제적으로 유리하다.

② 도체는 단면적 20 mm² 이상의 띠 모양, 지름 5 mm 이상의 관 모양이나 둥근 막대 모양의 동 또는 단면적 30 mm² 이상인 띠 모양의 알루미늄을 사용하여야 한다.

③ 지지점의 간격 : 3 m 이하 (취급자만 출입하고 수직 설치 시 6 m)

④ 접지 공사

㈎ 사용 전압 400 V 미만 : 제3종 접지 공사

㈏ 사용 전압 400 V 이상 : 특별 제3종 접지 공사

⑤ 버스 덕트의 종류

㈎ 피더 버스 덕트 : 도중에 부하를 접속하지 아니한 것

㈏ 익스펜션 버스 덕트 : 열 신축에 따른 변화량을 흡수하는 구조인 것

㈐ 탭붙이 버스 덕트 : 기기 또는 전선 등과 접속시키기 위한 탭을 가진 버스 덕트

㈑ 트랜스포지션 버스 덕트 : 각 상의 임피던스를 평균시키기 위한 버스 덕트

㈒ 플러그인 버스 덕트 : 도중에 부하 접속용으로 꽂음 플러그를 만든 것

㈓ 트롤리 버스 덕트 : 도중에 이동 부하를 접속할 수 있도록 한 것

단원 예상문제 🎯

---

1. 다음 중 버스 덕트가 아닌 것은? [15]

① 플로어 버스 덕트 ② 피더 버스 덕트
③ 트롤리 버스 덕트 ④ 플러그인 버스 덕트

2. 버스 덕트 공사에서 덕트를 조영재에 붙이는 경우에는 덕트의 지지점 간의 거리를 몇 m 이하로 하여야 하는가? [02, 11]

① 3 m   ② 4.5 m   ③ 6 m   ④ 9 m

3. 버스 덕트 공사 시 사용 전압이 440 V인 경우 몇 종 접지 공사를 하여야 하는가? [08]

① 제 1 종 접지 공사를 하여야 한다. ② 제 2 종 접지 공사를 하여야 한다.
③ 특별 제 3 종 접지 공사를 하여야 한다. ④ 접지 공사가 필요 없다.

4. 금속 덕트, 버스 덕트, 플로어 덕트에는 어떤 접지를 하여야 하는가? (단, 사람이 접촉할 우려가 없도록 시설하는 경우이다.) [97, 01, 02]

① 금속 덕트는 제 1 종, 버스 덕트는 제 3 종, 플로어 덕트는 안 해도 관계없다.
② 덕트 공사는 모두 제 2 종 접지 공사를 하여야 한다.
③ 덕트 공사는 모두 제 3 종 접지 공사를 하여야 한다.
④ 덕트 공사는 접지 공사를 할 필요가 없다.

정답 **1.** ① **2.** ① **3.** ③ **4.** ③

---

(3) 플로어 덕트 공사 (under floor way wiring)

플로어 덕트는 마루 밑에 매입하는 배선용의 홈통으로 마루 위로 전선 인출을 목적으로 하는 배선 공사이다.

① 사용 전압 : 400 V 미만이어야 한다.
② 절연전선으로 단면적 $10\,mm^2$ (Al선은 $16\,mm^2$)를 초과 시에는 연선이어야 한다.
③ 전선의 접속은 접속함 내에서 하여야 한다.
④ 전선의 피복 절연물을 포함한 단면적의 총합계가 플로어 덕트 내 단면적의 32 % 이하가 되도록 선정하여야 한다.
⑤ 접속함 간의 덕트는 일직선상에 시설하는 것을 원칙으로 한다.
⑥ 금속제 플로어 덕트 및 기타 부속품은 두께 2.0 mm 이상인 강판으로 견고하게 만들고, 아연도금을 하거나 에나멜 등으로 피복하여야 한다.
⑦ 플로어 덕트는 제 3 종 접지 공사를 하여야 한다.

⑧ 강전류 회로의 전선과 약전류 회로의 전선을 동일 플로어 덕트 및 접속함 내에 넣는 경우에는 특별 제3종 접지 공사를 하여야 한다.

단원 예상문제

1. 절연전선을 넣어 마루 밑에 매입하는 배선용 홈통으로 마루 위의 전선 인출을 목적으로 하는 것은? [02]

① 플로어 덕트　　② 셀룰러 덕트　　③ 금속 덕트　　④ 라이팅 덕트

2. 플로어 덕트 배선의 사용 전압은 몇 V 미만으로 제한되는가? [16]

① 220　　　　　② 400　　　　　③ 600　　　　　④ 700

3. 플로어 덕트 공사에서 금속제 박스는 강판이 몇 mm 이상 되는 것을 사용하여야 하는가? [11]

① 2.0　　　　　② 1.5　　　　　③ 1.2　　　　　④ 1.0

4. 다음 중 플로어 덕트의 전선 접속은 어디에서 하는가? [05]

① 전선 입출구에서 한다.　　　　② 접속함 내에서 한다.
③ 플로어 덕트 내에서 한다.　　　④ 덕트 끝 단부에서 한다.

5. 플로어 덕트 부속품 중 박스 플러그 구멍을 메우는 것의 명칭은? [10]

① 덕트 서포트　　② 아이언 플러그　　③ 덕트 플러그　　④ 인서트 마커
해설 아이언 플러그(iron plug)

6. 절연전선을 동일 플로어 덕트 내에 넣을 경우 플로어 덕트 크기는 전선의 피복 절연물을 포함한 단면적의 총합계가 플로어 덕트 내 단면적의 몇 % 이하가 되도록 선정하여야 하는가? [11, 17]

① 12 %　　　　② 22 %　　　　③ 32 %　　　　④ 42 %

7. 다음 중 플로어 덕트 공사의 설명으로 틀린 것은? [07, 12]

① 덕트 상호 및 덕트와 박스 또는 인출구와 접속은 견고하고 전기적으로 완전하게 접속하여야 한다.
② 덕트의 끝부분은 막아야 한다.
③ 덕트 및 박스 기타 부속품은 물이 고이는 부분이 없도록 시설하여야 한다.
④ 플로어 덕트는 특별 제3종 접지 공사로 하여야 한다.
해설 플로어 덕트는 제3종 접지 공사로 하여야 한다.

정답 1. ①　2. ②　3. ①　4. ②　5. ②　6. ③　7. ④

(4) 라이팅 덕트(lighting duct) 공사(내선규정 2250)

① 사용 전압 : 400 V 미만이어야 한다.

② 옥내에 있어서 건조한 노출 장소, 건조한 점검할 수 있는 은폐 장소에 한하여 시설할 수 있다.

③ 라이팅 덕트는 조영재를 관통하여 시설하여서는 안 된다.

④ 조영재에 부착할 경우 : 덕트의 지지점은 매 덕트마다 2개소 이상 및 지지점 간의 거리는 2 m 이하로 견고하게 부착해야 한다.

⑤ 덕트의 금속제 부분은 제3종 접지 공사를 실시하여야 한다.

(5) 셀룰러 덕트(cellular duct) 공사(내선규정 2260 참조)

① 사용 전압 : 400 V 미만이어야 한다.

② 옥내에 있어서 건조한 장소로 다음 각호 중 하나에 해당하는 장소에 한하여 시설할 수 있다.

　㈎ 점검할 수 있는 은폐 장소

　㈏ 점검할 수 있는 은폐 장소로 콘크리트 또는 신더(cinder) 콘크리트 바닥 내에 매설하는 부분

③ 셀룰러 덕트 및 부속품 재료는 강판이나 이와 동등 이상이어야 한다.

단원 예상문제

1. 라이팅 덕트 공사에 의한 저압 옥내배선 시 덕트의 지지점 간의 거리는 몇 m 이하로 해야 하는가? [11, 14]

① 1.0
② 1.2
③ 2.0
④ 3.0

2. 셀룰러 덕트 공사 시 덕트 상호 간을 접속하는 것과 셀룰러 덕트 끝에 접속하는 부속품에 대한 설명으로 적합하지 않은 것은? [13]

① 알루미늄판으로 특수 제작할 것
② 부속품의 판 두께는 1.6 mm 이상일 것
③ 덕트 끝과 내면은 전선의 피복이 손상되지 않도록 매끈한 것일 것
④ 덕트의 내면과 외면은 녹을 방지하기 위하여 도금 또는 도장을 한 것일 것

정답 1. ③　2. ①

4 합성수지관 배선 공사

(1) 합성수지관(poly vinyl conduit)의 특징
① 누전의 우려가 없다. ② 내식성이다.
③ 접지가 불필요하다. ④ 외상을 받을 우려가 없다.
⑤ 비자성체이다. ⑥ 열에 약하다.
⑦ 중량이 가볍고, 시공이 용이하다. ⑧ 기계적 강도가 약하다.
⑨ 파열될 염려가 있다. ⑩ 피뢰기, 피뢰침의 접지선 보호에 적당하다.
※ 비자성체이므로 금속관처럼 전자유도 작용이 발생하지 못한다. 따라서 왕복선을 같이 넣지 않아도 된다.

(2) 합성수지관의 호칭과 규격
① 1본의 길이는 4 m가 표준이고, 굵기는 관 안지름의 크기에 가까운 짝수의 [mm]로 나타낸다.
② 경질비닐 전선관, 합성수지제 가요전선관 규격은 다음 표와 같다.

표 3-4-3 경질비닐관의 규격

관의 호칭	바깥지름 (mm)	두께 (mm)	안지름 (mm)	관의 호칭	바깥지름 (mm)	두께 (mm)	안지름 (mm)
14	18	2.0	14	42	48	4.0	40
16	22	2.0	18	54	60	4.5	51
22	26	2.0	22	70	76	4.5	67
28	34	3.0	28	82	89	5.9	77.2
36	42	3.5	35				

㈜ 안지름(바깥지름- 두께×2)은 환산한 계산값이다.

표 3-4-4 합성수지제 가요 전선관의 규격

관의 호칭	바깥지름 (mm)		안지름 (mm)	
	PF관	CD관	PF관	CD관
14	21.5	19.0	14.0	14.0
16	23.0	21.0	16.0	16.0
22	30.5	27.5	22.0	22.0
28	36.5	34.0	28.0	28.0
36	45.5	42.0	36.0	36.0
42	52.0	48.0	42.0	42.0

㈜ 호칭은 안지름 표시이다. • PF (plastic flexible)관 • CD (combine duct)관

단원 예상문제

1. 합성수지 전선관의 장점이 아닌 것은? [10, 17]

① 절연이 우수하다.   ② 기계적 강도가 높다.

③ 내부식성이 우수하다.   ④ 시공하기 쉽다.

2. 다음은 합성수지관 공사의 장점에 대한 설명이다. 이 중 틀린 것은? [05, 16]

① 무게가 가볍고 시공이 쉽다.

② 누전의 우려가 없다.

③ 고온 및 저온의 곳에서 사용하기 좋다.

④ 부식성의 가스 또는 용액이 발산되는 곳에서 적당하다.

3. 합성수지제 전선관의 호칭은 관 굵기의 무엇으로 표시하는가? [13, 17]

① 홀수인 안지름   ② 짝수인 바깥지름

③ 짝수인 안지름   ④ 홀수인 바깥지름

[해설] 합성수지관의 호칭 : 굵기는 관 안지름의 크기에 가까운 짝수의 [mm]로 나타낸다.

4. 합성수지관 1본의 길이는 몇 m인가? [04, 08, 09, 12, 14]

① 3.0   ② 3.6   ③ 4.0   ④ 5.0

5. 합성수지관 배선에서 경질비닐 전선관의 굵기에 해당되지 않는 것은? (단, 관의 호칭을 말한다.) [00, 03, 13, 15]

① 14   ② 16   ③ 18   ④ 22

[해설] 표 3-4-3 경질비닐관의 규격 참조

6. 합성수지제 가요 전선관으로 옳게 짝지어진 것은? [12]

① 후강 전선관과 박강 전선관   ② PVC 전선관과 PF 전선관

③ PVC 전선관과 제 2 종 가요 전선관   ④ PF 전선관과 CD 전선관

[해설] 합성수지제 가요 전선관 : ㉠ PF(plastic flexible) 전선관   ㉡ CD(combine duct) 전선관

7. 합성수지제 가요 전선관(PF 관 및 CD 관)의 호칭에 포함되지 않는 것은? [03, 10, 17]

① 16   ② 28   ③ 38   ④ 42

[해설] 표 3-4-4 합성수지제 가요 전선관의 규격 참조

정답 **1.** ②   **2.** ③   **3.** ③   **4.** ③   **5.** ③   **6.** ④   **7.** ③

(3) 사용 전선과 전선관 굵기 선정

① 절연전선을 사용한다 (단, 옥외용 비닐 절연전선 제외).

② 전선은 단면적 10 mm² (알루미늄 전선은 16 mm²)를 초과하는 것은 연선이어야 한다.

③ 관 안에서는 전선의 접속점이 없어야 한다.

④ 경질비닐 전선관은 두께가 2 mm 이상의 것을 사용한다. 다만, 옥내배선의 사용 전압이 400 V 미만으로 사람이 접촉할 우려가 없도록 시설할 경우에는 관의 두께를 1 mm 이상으로 할 수 있다.

(4) 관과 관의 접속 방법

① 커플링에 들어가는 관의 길이는 관 바깥지름의 1.2배 이상으로 되어 있다.

② 접착제를 사용하는 경우에는 0.8배 이상으로 할 수 있다.

③ 커플링에 의한 관 상호 접속

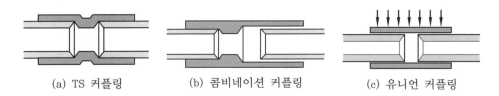

(a) TS 커플링　　　　(b) 콤비네이션 커플링　　　　(c) 유니언 커플링

그림 3-4-2 커플링에 의한 접속

알아두기 : 합성수지관의 커플링 접속의 종류

1. **1호 커플링** : 커플링을 가열하여 양쪽 관이 같은 길이로 맞닿게 한다.
2. **2호 커플링** : 커플링 중앙부에 관막이가 있다.
3. **3호 커플링** : 커플링 중앙부의 관막이가 2호보다 좁아 관이 깊이 들어가고, 온도 변화에 따른 신축 작용이 용이하게 되어 있다.

(5) 커넥터에 의한 박스와 관과의 접속

① 1호 커넥터를 사용하는 경우에는 박스 안쪽에서 구멍에 커넥터를 꽂아 바깥쪽으로 돌출시킨다.

② 2호 커넥터를 사용하는 경우에는 박스 안쪽에서 구멍에 수나사를 꽂아 넣어 바깥쪽으로 돌출시킨 다음 암나사를 단단히 죈다.

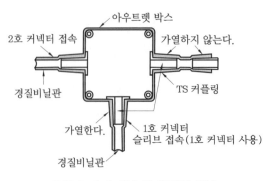

그림 3-4-3 박스와 관과의 접속

(6) 합성수지관의 부속품

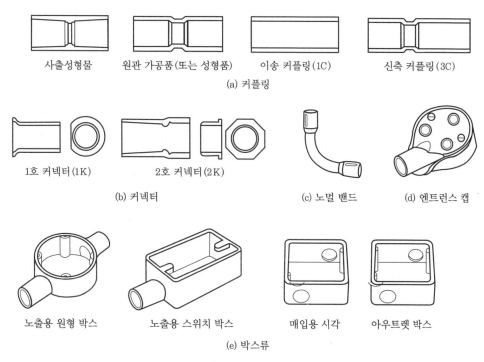

(a) 커플링

사출성형물   원관 가공품(또는 성형품)   이송 커플링(1C)   신축 커플링(3C)

1호 커넥터(1K)   2호 커넥터(2K)

(b) 커넥터   (c) 노멀 밴드   (d) 엔트런스 캡

노출용 원형 박스   노출용 스위치 박스   매입용 시각   아우트렛 박스

(e) 박스류

그림 3-4-4 부속품

(7) 배관의 지지

① 배관의 지지점 사이의 거리는 1.5 m 이하로 하고, 또한 그 지지점은 관의 끝, 관과 박스의 접속점 및 관 상호 간의 접속점 등에 가까운 곳(0.3 m 정도)에 시설한다.

② 합성수지제 가요관인 경우는 그 지지점 간의 거리를 1 m 이하로 한다.

(8) 접지 공사

① 사용 전압이 400 V 미만이고, 합성수지관을 금속제 풀박스에 접속하여 사용하는 경우에 그 풀박스는 제 3 종 접지 공사로 접지하여야 한다.

② 사용 전압이 400 V 이상 저압인 경우 : 특별 제 3 종 접지 공사

※ 사람이 쉽게 접촉될 우려가 없도록 시설하는 경우 : 제 3 종 접지 공사

(9) 합성수지 전선관의 직각 구부리기 가공 작업

① 구부리기는 길이를 관 내경의 10배로 한다.

② 16 mm관은 180 mm 이상이어야 한다.

③ 합성수지 전선관을 직각 구부릴 때에는 곡률반지름은 관 안지름의 6배 이상으로 한다.

단원 예상문제 🎯

1. 옥내배선을 합성수지관 공사에 의하여 실시할 때 사용할 수 있는 단선의 최대 굵기(mm²)는 얼마인가? [16]

① 4 ② 6 ③ 10 ④ 16

2. 합성수지관 공사에서 접착제를 사용하여 관과 관의 커플링 접속 시 비닐 커플링에 들어가는 관의 최소 길이는? [96, 09, 11, 17]

① 관 안지름의 1.2배 이상 ② 관 안지름의 0.8배 이상
③ 관 바깥지름의 1.2배 이상 ④ 관 바깥지름의 0.8배 이상

해설 ㉠ 접착제 사용 시 : 0.8배 ㉡ 접착제를 사용하지 않는 경우 : 1.2배

3. 합성수지관을 새들 등으로 지지하는 경우에는 그 지지점 간의 거리를 몇 m 이하로 하여야 하는가? [08, 10, 12]

① 3.0 m 이하 ② 2.5 m 이하 ③ 2.0 m 이하 ④ 1.5 m 이하

4. 합성수지관 공사의 설명 중 틀린 것은? [15, 17]

① 관의 지지점 간의 거리는 1.5 m 이하로 할 것
② 합성수지관 안에는 전선에 접속점이 없도록 할 것
③ 전선은 절연전선(옥외용 비닐 절연전선을 제외한다.)일 것
④ 관 상호 간 및 박스와는 관을 삽입하는 깊이를 관의 바깥지름의 1.5배 이상으로 할 것

해설 합성수지관 상호 및 관과 박스는 접속 시에 삽입하는 깊이를 관 바깥지름의 1.2배 이상으로 한다.

5. 합성수지관의 설명으로 틀린 것은? [11]

① 1본의 길이는 3.6 m가 표준이다.
② 굵기는 관 안지름의 크기에 가까운 짝수 [mm]로 나타낸다.
③ 금속관에 비해 절연성이 우수하다.
④ 금속관에 비해 내식성이 우수하다.

해설 합성수지관 1본의 길이는 4 m가 표준이다.

6. 합성수지관 공사에 대한 설명 중 옳지 않은 것은? [07, 09, 17]

① 습기가 많은 장소 또는 물기가 있는 장소에 시설하는 경우에는 방습 장치를 한다.
② 관 상호 간 및 박스와는 관을 삽입하는 깊이를 바깥지름의 1.2배 이상으로 한다.
③ 관의 지지점 간의 거리는 3 m 이상으로 한다.
④ 합성수지관 안에는 전선에 접속점이 없도록 한다.

해설 관의 지지점 간의 거리는 1.5 m 이하로 한다.

정답 1. ③ 2. ④ 3. ④ 4. ④ 5. ① 6. ③

5 가요 전선관 배선 공사

금속제 가요 전선관(flexible conduit) : 1종과 2종이 있다.

(1) 사용 전선

① 전선은 절연전선을 사용한다.

② 전선은 단면적 10 mm^2 (알루미늄 전선은 16 mm^2) 이하는 단선을 사용할 수 있다.

③ 전선관 내에서는 전선의 접속점을 만들지 말아야 한다.

(2) 가요 전선관(flexible conduit) 공사

① 가요 전선관은 2종 가요 전선관일 것. 다만, 전개된 장소 또는 점검할 수 있는 은폐된 장소로 건조한 장소에 사용하는 것은 1종을 사용할 수 있다.

② 작은 증설 공사, 안전함과 전동기 사이의 공사, 엘리베이터의 공사, 기차, 전차 안의 배선 등의 시설에 적당하다.

③ 2종 가요 전선관을 구부리는 경우의 시설은 다음 각호에 의하여야 한다.

   (가) 노출 장소 또는 점검 가능한 은폐 장소에서 관을 시설하고 제거하는 것이 자유로운 경우는 곡률반지름을 2종 가요 전선관 안지름의 3배 이상으로 한다.

   (나) 노출 장소 또는 점검 가능한 은폐 장소에 관을 시설하고 제거하는 것이 부자유하거나 또는 점검이 불가능할 경우는 곡률반지름을 2종 가요 전선관 안지름의 6배 이상으로 한다.

④ 1종 가요 전선관을 구부릴 경우의 곡률반지름은 관 안지름의 6배 이상으로 하여야 한다.

(3) 가요 전선관 지지·접속

① 가요 전선관의 접속

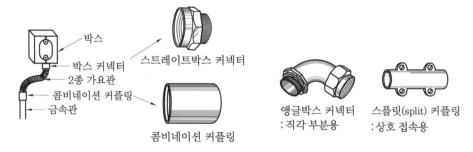

박스
박스 커넥터
스트레이트박스 커넥터
2종 가요관
콤비네이션 커플링
금속관
콤비네이션 커플링
앵글박스 커넥터 : 직각 부분용
스플릿(split) 커플링 : 상호 접속용

그림 3-4-5 가요 전선관 접속

② 가요 전선관 상호의 접속은 커플링으로 하여야 한다.

③ 가요 전선관과 박스 또는 캐비닛의 접속은 접속기로 접속하여야 한다.

④ 가요 전선관을 금속관 배선, 금속 몰드 배선 등과 연결하는 경우는 적당한 구조의 커플

링, 접속기 등을 사용하고 양자를 기계적, 전기적으로 완전하게 접속하여야 한다.

  ㈎ 전선관의 상호 접속 : 스플릿 커플링 (split coupling)

  ㈏ 금속 전선관의 접속 : 콤비네이션 커플링 (combination coupling)

  ㈐ 박스와의 접속 : 스트레이트 커넥터, 앵글 커넥터, 더블 커넥터

⑤ 가요 전선관을 새들 등으로 지지하는 경우의 지지점 간의 거리는 다음 표의 값 이상이어야 한다.

표 3-4-5 지지점 간의 거리

시설의 구분	지지점 간의 거리 (m)
조영재의 측면 또는 하면에 수평 방향으로 시설한 것	1 이하
사람이 접촉될 우려가 있는 것	1 이하
가요 전선관 상호 및 금속제 가요 전선관과 박스 기구와의 접속 개소	접속 개소에서 0.3 이하
기타	2 이하

(4) 접지 공사

① 사용 전압이 400 V 미만인 경우에는 금속제 가요 전선관 및 부속품은 제 3 종 접지 공사에 의하여 접지하여야 한다(단, 길이가 4 m 이하에 시설하는 경우에는 그렇지 않다).

② 사용 전압이 400 V 이상인 경우에는 특별 제 3 종 접지 공사로 접지하여야 한다(단, 사람이 접촉될 우려가 없도록 시설하는 경우에는 제 3 종 접지 공사로 할 수 있다).

(5) 2종 가요 전선관의 굵기 선정

표 3-4-6 굵기 선정

도체 단면적 (mm²)	전선 본 수					
	1	2	3	4	5	6
	전선관의 최소 굵기(mm)					
2.5	10	15	15	17	24	24
4	10	17	17	24	24	24
6	10	17	24	24	24	30
10	12	24	24	24	30	30
이하 생략						

1. 굴곡이 많고 금속관 공사를 하기 어려운 경우나 전동기와 옥내배선을 결합하는 경우, 또는 엘리베이터 배선 등에 채용되는 공사 방법은 어느 것인가? [04]

① 애자 사용 공사   ② 합성수지관 공사
③ 금속 몰드 공사   ④ 가요 전선관 공사

2. 다음 중 가요 전선관 공사로 적당하지 않은 것은? [13]

① 옥내의 천장 은폐 배선으로 8각 박스에서 형광등 기구에 이르는 짧은 부분의 전선관 공사
② 프레스 공작기계 등의 굴곡 개소가 많아 금속관 공사가 어려운 부분의 전선관 공사
③ 금속관에서 전동기 부하에 이르는 짧은 부분의 전선관 공사
④ 수변전실에서 배전반에 이르는 부분의 전선관 공사

[해설] 시설 장소 : 건조한 노출 장소 및 점검 가능한 은폐 장소
    ㉠ 굴곡 개소가 많은 곳
    ㉡ 안전함과 전동기 사이
    ㉢ 짧은 부분, 작은 증설 공사, 금속관 말단
    ㉣ 엘리베이터, 기차, 전차 안의 배선 금속관 말단

3. 다음 중 가요 전선관 공사로 적당하지 않은 것은? [05, 16]

① 엘리베이터   ② 전차 내의 배선   ③ 콘크리트 매입   ④ 금속관 말단

4. 제1종 금속제 가요 전선관의 두께는 최소 몇 mm 이상이어야 하는가? [12]

① 0.8   ② 1.2   ③ 1.6   ④ 2.0

[해설] 가요 전선관 1종은 두께 0.8 mm 이상의 연강대에 아연도금을 하고, 이것을 약 반 폭씩 겹쳐서 나선 모양으로 만들어 자유롭게 구부릴 수 있는 전선관이다.

5. 가요 전선관의 상호 접속은 무엇을 사용하는가? [01, 04, 05, 06, 09, 11, 12]

① 콤비네이션 커플링   ② 스플릿 커플링
③ 더블 커넥터   ④ 앵글 커넥터

[해설] 상호 접속 : 스플릿 커플링(split coupling), 금속 전선관의 접속 : 콤비네이션 커플링(combination coupling)

6. 건물의 모서리(직각)에서 가요 전선관을 박스에 연결할 때 필요한 접속기는? [10]

① 스트레이트박스 커넥터   ② 앵글박스 커넥터
③ 플렉시블 커플링   ④ 콤비네이션 커플링

[해설] 그림 3-4-5 가요 전선관 접속 참조

7. 저압 옥내배선의 사용 전압이 400 V 미만인 경우에는 가요 전선관에 몇 종 접지 공사를 하여야 하는가? [05]

① 제 3 종   ② 특별 제 3 종   ③ 제 2 종   ④ 제 1 종

8. 가요 전선관 공사에서 접지 공사 방법으로 틀린 것은? [16]

① 사람이 접촉될 우려가 없도록 시설한 사용 전압 400 V 이상인 경우의 가요 전선관 및 부속품에는 제3종 접지 공사를 할 수 있다.

② 강전류 회로의 전선과 약전류 회로의 약전류 전선을 동일 박스 내에 넣는 경우에는 격벽을 시설하고 제3종 접지 공사를 하여야 한다.

③ 사용 전압 400 V 미만인 경우의 가요 전선관 및 부속품에는 제3종 접지 공사를 하여야 한다.

④ 1종 가요 전선관은 단면적 2.5 mm^2 이상의 나연동선을 접지선으로 하여 배관의 전체의 길이에 삽입 또는 첨가한다.

해설 가요 전선관 공사 : 강전류, 약전류 전선을 동일 박스 내에 넣은 경우
㉠ 격벽을 시설한다.
㉡ 특별 제3종 접지 공사를 하여야 한다.

9. 관을 시설하고 제거하는 것이 자유롭고 점검 가능한 은폐 장소에서 가요 전선관을 구부리는 경우 곡률반지름은 2종 가요 전선관 안지름의 몇 배 이상으로 하여야 하는가? [14]

① 10   ② 9   ③ 6   ④ 3

해설 ㉠ 자유로운 경우 : 곡률반지름을 전선관 안지름의 3배 이상으로 할 것
㉡ 부자유로운 경우 : 곡률반지름을 전선관 안지름의 6배 이상으로 할 것

10. 노출 장소 또는 점검 가능한 은폐 장소에서 제2종 가요 전선관을 시설하고 제거하는 것이 부자유하거나 점검 불가능한 경우의 곡률반지름은 안지름의 몇 배 이상으로 해야 하는가? [15, 17]

① 2   ② 3   ③ 5   ④ 6

11. 사람이 접촉될 우려가 있는 것으로서 가요 전선관을 새들 등으로 지지하는 경우 지지점 간의 거리는 얼마 이하이어야 하는가? [11]

① 0.3 m 이하   ② 0.5 m 이하   ③ 1 m 이하   ④ 1.5 m 이하

해설 표 3-4-6 지지점 간의 거리 참조

12. 전선의 도체 단면적이 2.5 mm^2인 전선 3본을 동일 관 내에 넣는 경우의 2종 가요 전선관의 최소 굵기는? [10, 15]

① 10 mm   ② 15 mm   ③ 17 mm   ④ 24 mm

해설 표 3-4-7 2종 가요 전선관의 굵기 선정 참조

13. 금속제 가요 전선관 공사 방법의 설명으로 옳은 것은? [10]

① 가요 전선관과 박스와의 직각 부분에 연결하는 부속품은 앵글박스 커넥터이다.
② 가요 전선관과 금속관과의 접속에 사용하는 부속품은 스트레이트박스 커넥터이다.
③ 가요 전선관 상호 접속에 사용하는 부속품은 콤비네이션 커플링이다.
④ 스위치박스에는 콤비네이션 커플링을 사용하여 가요 전선관과 접속한다.

해설 가요 전선관 배선 부품 (그림 3-4-5 가요 전선관 접속 참조)
　　　㉠ 앵글박스 커넥터 : 직각 부분　　　㉡ 스트레이트박스 커넥터 : 직선 부분
　　　㉢ 스플릿 커플링 : 상호 접속　　　　㉣ 콤비네이션 커플링 : 금속관과 접속

14. 가요 전선관 공사 방법에 대한 설명으로 잘못된 것은? [10]

① 전선은 옥외용 비닐 절연전선을 제외한 절연전선을 사용한다.
② 일반적으로 전선은 연선을 사용한다.
③ 가요 전선관 안에는 전선의 접속점이 없도록 한다.
④ 사용 전압이 400 V 이하의 저압의 경우에만 사용한다.

해설 2종 가요 전선관 배선은 400 V 이하 또는 그 이상 저압 공사에 적용된다.

정답　1. ④　2. ④　3. ③　4. ①　5. ②　6. ②　7. ①　8. ②　9. ④　10. ④　11. ③
　　　12. ②　13. ①　14. ④

6 케이블 배선 공사

(1) 비닐 외장케이블 배선, 클로로프렌 외장케이블 배선 또는 폴리에틸렌 외장케이블 배선

① 시설 방법
　㈎ 중량물의 압력 또는 심한 기계적 충격을 받을 우려가 있는 장소는 케이블을 시설하여서는 안 된다.
　㈏ 마룻바닥·벽·천장·기둥 등에 직접 매입하지 않는다.
　㈐ 케이블을 금속제의 박스 등에 삽입하는 경우는 고무 부싱, 케이블 접속기 등을 사용하여 케이블의 손상을 방지해야 한다.

② 케이블의 지지·굴곡
　㈎ 케이블을 시설하는 경우의 지지는 해당 케이블에 적합한 클리트(cleat)·새들·스테이플 등으로 케이블을 손상할 우려가 없도록 견고하게 고정하여야 한다.
　㈏ 케이블을 조영재의 옆면 또는 아랫면에 따라서 시설할 경우의 지지점 간 거리는 2 m 이하로 하여야 한다. 단, 케이블을 수직으로 시설할 경우로 사람이 접촉될 우려가 없는 곳에서는 조건에 따라 지지점 간의 거리를 6 m 이하로 할 수 있다.
　　㉾ 케이블을 수직으로 시설하는 경우는 매 층마다 지지하는 것이 좋다.

㈐ 케이블 (단면적 10 mm² 이하의 것)을 노출 장소에서 조영재에 따라 시설할 경우 지지점 간의 거리는 원칙적으로 다음 표에 따라야 한다.

표 3-4-7 케이블 지지점 간의 거리

시설의 구분	지지점 간의 거리 (m)
조영재의 옆면 또는 아랫면에 수평 방향으로 시설하는 것	1 이하
사람이 접촉될 우려가 있는 것	1 이하
케이블 상호 및 케이블과 박스, 기구와의 접속 개소	접속 개소에서 0.3 이하
기타의 장소	2 이하

㈑ 케이블을 구부리는 경우는 피복이 손상되지 않도록 하고 그 굴곡부의 곡률반경은 원칙적으로 케이블 완성품 외경의 6배 (단심인 것은 8배) 이상으로 하여야 한다.

㈒ 연피가 있는 케이블 공사 : 연피 케이블이 구부러지는 곳은 케이블 바깥지름의 12배 이상의 반지름으로 구부릴 것. 단, 금속관에 넣는 것은 15배 이상으로 하여야 한다.

③ 케이블의 접지

㈎ 사용 전압이 400 V 미만인 경우는 관 기타 케이블을 넣는 방호 장치의 금속제 부분 및 금속제의 전선 접속함은 제3종 접지 공사로 접지하여야 한다.

㈏ 400 V 이상인 경우 : 특별 제3종 접지 공사

(2) 캡타이어케이블 배선

① 캡타이어케이블의 사용 구분

표 3-4-8 시설 장소별 사용 구분

시설 장소	옥내		옥측, 옥외	
전선의 종류 　　　　　사용 전압	400 V 미만	400 V 이상	400 V 미만	400 V 이상
비닐 캡타이어케이블	△	×	△	×
고무 절연 클로로프렌 캡타이어케이블	○	○	○	○

㈜ ○ : 사용할 수 있다.
△ : 노출 장소 또는 점검할 수 있는 은폐 장소에만 사용할 수 있다.
× : 사용할 수 없다.

② 중량물의 압력 또는 심한 기계적 충격을 받을 우려가 있는 장소에 시설하여서는 안 된다.

③ 캡타이어케이블을 조영재에 따라 시설하는 경우는 그 지지점 간의 거리는 1 m 이하로 하고 조영재에 따라 캡타이어케이블이 손상될 우려가 없는 새들, 스테이플 등으로 고정하여야 한다.

(3) 콘크리트 직매용 케이블 배선

① 케이블은 미네랄 인슐레이션 케이블·콘크리트 직매용 (直埋用) 케이블을 사용하여야 한다.

② 케이블은 철근 등을 따라 포설하는 것을 원칙으로 하고 바인드선 등으로 철근 등에 1 m 이하의 간격으로 고정해야 한다.

③ 케이블을 구부릴 때에는 피복이 손상되지 않도록 그 굴곡부 안쪽의 반경은 케이블의 외경의 6배 (단심에 있어서의 8배) 이상으로 하여야 한다.

단원 예상문제

1. 콘크리트 직매용 케이블 배선에서 일반적으로 케이블을 구부릴 때는 피복이 손상되지 않도록 그 굴곡부 안쪽의 반경은 케이블 외경의 몇 배 이상으로 하여야 하는가? (단, 단심이 아닌 경우이다.) [11]

① 2배　　　　② 3배　　　　③ 6배　　　　④ 12배

2. 연피 케이블이 구부러지는 곳은 케이블 바깥지름의 최소 몇 배 이상의 반지름으로 구부려야 하는가? [98, 99]

① 8　　　　② 12　　　　③ 15　　　　④ 20

해설 연피 케이블이 구부러지는 곳은 케이블 바깥지름의 12배 이상의 반지름으로 구부릴 것. 단, 금속관에 넣는 것은 15배 이상으로 하여야 한다.

3. 케이블을 조영재에 지지하는 경우에 이용되는 것이 아닌 것은? [09, 12]

① 터미널 캡　　　② 클리트 (cleat)　　　③ 스테이플　　　④ 새들

4. 케이블 공사에서 비닐 외장케이블을 조영재의 옆면에 따라 붙이는 경우 전선의 지지점 간의 거리는 최대 몇 m인가? [05, 11, 12, 16]

① 1.0　　　　② 1.5　　　　③ 2.0　　　　④ 2.5

해설 케이블을 조영재의 옆면 또는 아랫면에 따라서 시설할 경우의 지지점 간 거리는 2 m 이하로 하여야 한다.
※ 조영재의 옆면 또는 아랫면에 수평으로 시설하는 것은 1m 이하일 것 (표 3-4-8 참조)

5. 사용 전압이 400 V 미만인 케이블 공사에서 케이블을 넣는 방호 장치의 금속제 부분 및 금속제의 전선 접속함은 몇 종 접지 공사를 하여야 하는가? [13]

① 제1종　　　② 제2종　　　③ 제3종　　　④ 특별3종

해설 ㉠ 400 V 이하 : 제3종 접지 공사　　㉡ 400 V 이상 : 특별 제3종 접지 공사

6. 가공전선에 케이블을 사용하는 경우에는 조가용선에 행어를 사용하여 조가한다. 사용 전압이 고압일 경우 그 행어의 간격은? [12, 17]

① 50 cm 이하   ② 50 cm 이상   ③ 75 cm 이하   ④ 75 cm 이상

해설 사용 전압이 고압 및 특고압인 경우는 그 행어의 간격을 50 cm 이하로 하여 시설할 것

정답 1. ③   2. ②   3. ①   4. ③   5. ③   6. ①

7 금속관 배선 공사

금속관(steel conduit) 공사 : 금속관 공사는 전개된 장소, 은폐 장소, 어느 곳에서나 시설할 수 있으며 습기, 물기 있는 곳, 먼지 있는 곳 등에 시설한다.

(1) 금속 전선관 배선의 특징

① 전선이 기계적으로 보호된다.
② 단락 사고, 접지사고 등에 있어서 화재의 우려가 적다.
③ 접지 공사를 완전하게 하면 감전의 우려가 없다.
④ 방습 장치를 할 수 있으므로, 전선을 방수할 수 있다.
⑤ 전선의 노후나 배선 방법의 변경이 필요한 경우 전선의 교환이 쉽다.

(2) 전선·전자적 평형

① 금속관 배선은 절연전선을 사용하여야 한다.
② 전선은 단면적 $6 \, \text{mm}^2$ (알루미늄 전선은 $16 \, \text{mm}^2$)를 초과할 경우는 연선(撚線)이어야 한다.
③ 금속관 내에서 전선은 접속점을 만들어서는 안 된다.
④ 교류회로는 1회로의 전선 전부를 동일 관 내에 넣는 것을 원칙으로 하며, 관 내에 전자적 불평형이 생기지 않도록 시설하여야 한다.

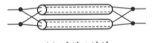

(a) 단상 2선식   (b) 3상 3선식

그림 3-4-6 전선을 병렬로 사용하는 경우

(3) 금속관 및 부속품의 선정 (내선규정 2225-4, 5)

① 전기용품 안전관리법 또는 산업표준화법에 적합한 금속제나 황동 또는 동으로 견고하게 제작한 것이어야 한다.

② 관의 두께는 콘크리트에 매입할 경우는 1.2 mm 이상, 기타의 경우는 1 mm 이상이어야 한다. 다만, 이음매 (joint)가 없는 길이 4 m 이하의 것을 건조한 노출 장소에 시설하는 경우는 0.5 mm 이상이어야 한다.

(4) 관의 굵기 선정 (내선규정 2225-5)

① 동일 굵기의 절연전선을 동일 관 내에 넣는 경우의 금속관 굵기는 다음 전선관 굵기의 선정 표에 따라 선정하여야 한다.

② 관의 굴곡이 적어 쉽게 전선을 끌어낼 수 있는 경우는 동일 굵기로 단면적 10 mm² 이 하는 전선 단면적의 총합계가 관 내 단면적의 48 % 이하가 되도록 할 수 있다(굵기가 다른 절연전선을 동일 관 내에 넣는 경우 : 32 % 이하).

③ 전선관의 규격

표 3-4-9 전선관의 규격

종류	관의 호칭	바깥지름 (mm)	두께 (mm)	안지름 (mm)	종류	관의 호칭	바깥지름 (mm)	두께 (mm)	안지름 (mm)
후강 전선관	16	21.0	2.3	16.4	박강 전선관	19	19.1	1.6	15.9
	22	26.5	2.3	21.9		25	25.4	1.6	22.2
	28	33.3	2.5	28.3		31	31.8	1.6	28.6
	36	41.9	2.5	36.9		39	38.1	1.6	34.9
	42	47.8	2.5	42.8		51	50.8	1.6	47.6
	54	59.6	2.8	54.0		63	63.5	2.0	59.5
	70	75.2	2.8	69.6		75	76.2	2.0	72.2
	82	87.9	2.8	82.3					
	92	100.7	3.5	93.7					
	104	113.4	3.5	106.4					

㉾ 안지름 (바깥지름 – 두께 × 2)은 환산한 계산값이다.

단원 예상문제

1. 다음 중 금속관 공사의 특징에 대한 설명이 아닌 것은? [98]
① 전선이 기계적으로 완전히 보호된다.
② 접지 공사를 완전히 하면 감전의 우려가 없다.
③ 단락 사고, 접지사고 등에 있어서 화재의 우려가 적다.
④ 중량이 가볍고 시공이 용이하다.

2. 금속 전선관 공사에서 사용되는 후강 전선관의 규격이 아닌 것은? [13, 16]
① 16　　　② 28　　　③ 36　　　④ 50
해설 후강 전선관 규격(관의 호칭) : 16, 22, 28, 36, 42, 54, 70, 82, 92, 104

3. 금속관 공사에서 금속관을 콘크리트에 매설할 경우 관의 두께는 몇 mm 이상의 것이어야 하는가? [11]

① 0.8 mm ② 1.0 mm ③ 1.2 mm ④ 1.5 mm

[해설] 금속관 공사에 의한 저압 옥내배선 : 금속관의 두께는 콘크리트에 매입할 경우 1.2 mm 이상, 기타의 경우 1 mm 이상이어야 한다.

4. 다음 중 후강 전선관의 최소 굵기(mm)는 얼마인가? [04, 17]

① 12 ② 15 ③ 16 ④ 18

5. 박강 전선관의 호칭값이 아닌 것은?

① 19 mm ② 22 mm ③ 25 mm ④ 39 mm

[해설] 박강 금속 전선관의 규격 : 19, 25, 31, 39, 51, 63, 75

6. 금속관 내의 같은 굵기의 전선을 넣을 때는 절연전선의 피복을 포함한 총 단면적이 금속관 내부 단면적의 몇 % 이하이어야 하는가? [03, 13]

① 16 ② 24 ③ 32 ④ 48

[해설] 관의 굵기 선정(내선규정 2225-5 참조)
㉠ 같은 굵기일 때 : 48 %   ㉡ 다른 굵기일 때 : 32 %

7. 굵기가 다른 절연전선을 동일 금속관 내에 넣어 시설하는 경우에 전선의 절연 피복물을 포함한 단면적이 관내 단면적의 몇 % 이하가 되어야 하는가? [03, 17]

① 25 ② 32 ③ 45 ④ 70

[정답] 1. ④ 2. ④ 3. ③ 4. ③ 5. ② 6. ④ 7. ②

(5) 금속 전선관 시공용 부품

표 3-4-10 금속 전선관용 부품

재료명	용도	재료명	용도
4각 아우트렛 박스	102×102 mm로 얕은형과 깊은형이 있으며, 전선 접속, 조명 기구, 콘센트, 스위치 등의 취부에 사용된다.	C형 엘보	노출 배관 공사에서 관을 직각으로 굽히는 곳에 사용한다.
8각 아우트렛 박스	92×92 mm로 얕은형과 깊은형이 있으며, 전선 접속, 조명 기구 등의 취부에 사용된다.	T형 엘보	노출 배관 공사에서 관을 3방향으로 분기하는 곳에 사용하며, 4방향으로 분기하는 크로스 엘보가 있다.

노출 스위치 박스	노출 배관 공사에 사용되는 스위치 박스로 스위치나 콘센트 취부에 사용된다.	커플링	전선관 상호를 접속하는 것으로 내면에 나사가 있다.
유니언 커플링	박강과 EMT 전선관을 상호 접속할 때 나사를 내지 않고 접속하는 나사 없는 커플링이다.	링 리듀서	금속관을 아우트렛 박스 등의 녹아웃에 취부할 때 관보다 지름이 큰 관계로 로크너트만으로는 고정할 수 없을 때 보조적으로 사용한다.
노출 박스(4방출)	노출 배관 공사에 사용되는 박스로 전선 접속 및 조명 기구류를 취부할 때 사용된다.	접지 클램프	금속관과 접지선 사이의 접속에 사용한다.
새들	전선관을 조영재에 고정할 때 사용한다.	엔트런스 캡	저압 가공 인입선에 금속관 공사로 옮겨지는 곳 또는 금속관으로부터 전선을 뽑아 전동기 단자 부분에 접속할 때 전선을 보호하기 위해서 관 끝에 취부한다.
로크너트	박스에 금속관을 고정할 때 사용한다.	앵글 박스 커넥터(방수)	박스에서 직각으로 구부러지는 곳에 노멀 밴드를 사용하지 못하는 곳에 사용한다.
부싱	전선의 절연 피복을 보호하기 위하여 금속관의 관 끝에 취부한다.	터미널 캡	엔트런스 캡의 용도와 같다.

단원 예상문제

1. 다음 중 금속관 공사에서 관을 박스 내에 붙일 때 사용하는 것은? [01, 07, 08, 10]

① 로크너트　　② 새들　　③ 커플링　　④ 링 리듀서

해설 로크너트 (lock nut)와 부싱 (bushing) : 금속 전선관을 박스에 고정시킬 때 로크너트가 사용되며, 부싱은 고정된 전선관 끝부분에 끼워서 사용한다.

2. 유니언 커플링의 사용 목적은? [97, 02, 06, 17]

① 안지름이 틀린 금속관 상호의 접속   ② 돌려 끼울 수 없는 금속관 상호의 접속
③ 금속관의 박스와 접속   ④ 금속관 상호를 나사로 연결하는 접속

[해설] 유니언 커플링 (union coupling) : 금속 전선관을 돌릴 수 없을 때 사용하여 접속한다.

3. 금속관 공사를 노출로 시공할 때 직각으로 구부러지는 곳에는 어떤 배선 기구를 사용하는가? [13]

① 유니언 커플링   ② 아웃렛 박스   ③ 픽스처 히키   ④ 유니버설 엘보

[해설] 노출 금속관 공사 – 유니버설 엘보 (universal elbow) : 금속관이 벽면에 따라 직각으로 구부러지는 곳은 뚜껑이 있는 엘보를 쓰며, 뚜껑이 있는 유니버설 LB형이나 LL형을 쓰거나 서비스 엘보를 사용하여도 무방하다.

4. 금속관 공사 시 관을 접지하는 데 사용하는 것은? [01, 08]

① 엘보   ② 노출 배관용 박스
③ 접지 클램프   ④ 터미널 캡

[해설] 금속관과 접지선과의 접속 : 접지 클램프 (clamp) 또는 접지 부싱 (bushing)을 사용하여 분전반, 배전반 등의 인입 개폐기에 가까운 곳에서 각 관로마다 접속한다.

5. 금속관 배관 공사에서 절연 부싱을 사용하는 이유는? [05, 06, 16]

① 박스 내에서 전선의 접속을 방지
② 관의 입구에서 조영재의 접속을 방지
③ 관 단에서 전선의 인입 및 교체 시 발생하는 전선의 손상 방지
④ 관이 손상되는 것을 방지

6. 금속관 공사에 쓰이는 부품이 아닌 것은? [12]

① 새들   ② 덕트   ③ 로크너트   ④ 링 리듀서

[해설] 덕트 (duct) : 전선, 케이블류를 수용하는 홈

정답 **1.** ①   **2.** ②   **3.** ④   **4.** ③   **5.** ③   **6.** ②

---

(6) 관 및 부속품의 연결과 지지

① 금속관 상호는 커플링으로 접속한다.

② 금속관과 박스, 기타 이와 유사한 것을 접속하는 경우로서 틀어 끼우는 방법에 의하지 않을 때는 로크너트 (lock nut) 2개를 사용하여 박스 또는 캐비닛 접속 부분의 양측을 조인다.

주 박스나 캐비닛은 녹아웃의 지름이 금속관의 지름보다 큰 경우 박스나 캐비닛의 내외 양측에 링 리듀서 (ring reducer)를 사용한다.

③ 금속관을 조영재에 따라서 시설하는 경우는 새들 또는 행어 (hanger) 등으로 견고하게 지지하고, 그 간격을 2 m 이하로 하는 것이 바람직하다.

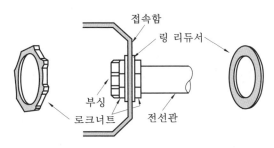

그림 3-4-7 금속관과 접속함의 접속

(7) 관의 굴곡

① 금속관을 구부릴 때 금속관의 단면이 심하게 변형되지 않도록 구부려야 하며, 그 안측의 반지름은 관 안지름의 6배 이상이 되어야 한다.

② 아우트렛 박스 사이 또는 전선 인입구가 있는 기구 사이의 금속관은 3개소를 초과하는 직각 또는 직각에 가까운 굴곡 개소를 만들어서는 안 된다.

　㈜ 굴곡 개소가 많은 경우 또는 관의 길이가 30 m를 초과하는 경우는 풀박스를 설치하는 것이 바람 직하다.

(8) 아우트렛 박스류·풀박스 및 접속함

① 조명 기구, 콘센트, 점멸기 등의 부착 위치는 아우트렛 박스, 콘크리트 박스, 스위치 박스 등을 사용하여야 한다.

② 박스에 이미 뚫어진 불필요한 구멍은 적당한 방법으로 메워야 한다.

③ 풀박스는 조영재에 은폐시키지 않는다.

④ 풀박스에 설치하는 배선 회로 수가 2회로 이상인 경우는 풀박스 내에서 회로 확인이 용이하도록 회로 표시를 하여야 한다.

(9) 관의 단면에서 전선의 보호

① 관의 단면은 부싱을 사용할 것. 다만, 금속관에서 애자 사용 배선으로 바뀌는 개소는 절연 부싱, 터미널 캡, 엔드 등을 사용한다.

② 우선 외(雨線 外)에서 수직 배관의 상단은 엔트런스 캡을 사용한다.

③ 우선 외에서 수평 배관의 끝 단면은 터미널 캡 또는 엔트런스 캡을 사용한다.

(10) 수직 배관 내의 전선

수직으로 배관한 금속관 내의 전선은 표의 간격 이하마다 적당한 방법으로 지지하여야 한다.

표 3-4-11 전선의 굵기와 지지점의 간격

전선의 굵기 (mm²)	50 이하	100 이하	150 이하	250 이하	250 초과
지지점의 간격 (m)	30	25	20	15	12

(11) 접지

① 사용 전압이 400 V 미만인 경우의 금속관 및 그 부속품 등은 제3종 접지 공사로 접지하여야 한다. 다만, 다음 각호에 해당하는 경우는 제3종 접지 공사를 생략할 수 있다.

㉮ 금속관 배선의 대지 전압이 150 V 이하인 경우로 다음의 장소에 길이 8 m 이하의 금속관을 시설하는 경우

• 건조한 장소·사람이 쉽게 접촉될 우려가 없는 장소

㉯ 금속관 배선의 대지 전압이 150 V를 초과하는 경우로 길이 4 m 이하의 금속관을 건조한 장소에 시설하는 경우

② 사용 전압이 400 V 이상인 경우의 금속관 및 부속품 등은 특별 제3종 접지 공사로 접지하여야 한다. 다만, 사람이 접촉될 우려가 없는 경우는 제3종 접지 공사로 할 수 있다.

㉮ 금속관과 접지선의 접속은 접지 클램프를 사용하거나 또는 기타 적당한 방법에 의하여야 한다.

㉯ 금속관 또는 기타 부속품과 접지선의 접속은 은폐 장소에서 하여서는 안 된다.

참 접지선에서 금속관의 최종 끝에 이르는 사이의 전기저항은 2 Ω 이하를 유지하는 것이 바람직하다.

단원 예상문제

1. 금속 전선관 공사에서 금속관과 접속함을 접속하는 경우 녹아웃 구멍이 금속관보다 클 때 사용하는 부품은? [06, 09, 11, 12, 15, 17]

① 로크너트　　② 부싱　　③ 새들　　④ 링 리듀서

해설 링 리듀서(ring reducer) : 금속관을 아웃렛 박스 등의 녹아웃에 취부할 때 관보다 지름이 큰 관계로 로크너트만으로는 고정할 수 없을 때 보조적으로 사용한다.

2. 금속관 구부리기에 있어서 관의 굴곡이 3개소가 넘거나 관의 길이가 30 m를 초과하는 경우 적용하는 것은? [16]

① 커플링　　② 풀박스　　③ 로크너트　　④ 링 리듀서

해설 금속관의 굴곡(내선규정 2225-8 참조)
㉠ 아웃렛 박스 사이 또는 전선 인입구가 있는 기구 사이의 금속관은 3개소를 초과하는 직각 또는 직각에 가까운 굴곡 개소를 만들어서는 안 된다.
㉡ 굴곡 개소가 많은 경우 또는 관의 길이가 30 m를 초과하는 경우는 풀박스를 설치하는 것이 바람직하다.

3. 금속관을 구부릴 때 금속관의 단면이 심하게 변형되지 아니하도록 구부려야 하며, 그 안측의 반지름은 관 안지름의 몇 배 이상이 되어야 하는가? [96, 03, 04, 10, 15, 16]

① 6   ② 8   ③ 10   ④ 12

[해설] 금속관 구부리기 : 구부러진 금속관의 안쪽 반지름은 금속관 안지름의 6 배 이상으로 해야 하지만, 28 mm 이하의 금속관은 300 mm 이상, 70 mm 이하의 금속관은 450 mm 이상의 반지름으로 구부려야 한다.

4. 사용 전압이 400 V 미만인 경우의 금속관 및 그 부속품 등은 몇 종 접지 공사를 하여야 하는가? [11]

① 제1종 접지 공사   ② 제2종 접지 공사
③ 제3종 접지 공사   ④ 특별 제3종 접지 공사

[해설] 금속관 및 부속품 접지 공사 (내선규정 2225-6 참조)
     ㉠ 제 3 종 접지 공사 : 사용 전압 400 V 미만일 때 적용된다.
     ㉡ 특별 제 3 종 접지 공사 : 사용 전압이 400 V를 넘고 저압일 때 적용된다.
     ※ 사람이 접촉할 우려가 없는 경우에는 제 3 종 접지 공사를 할 수 있다.

5. 사용 전압이 400 V를 초과하는 경우의 금속관 및 부속품 등은 사람이 접촉될 우려가 없는 경우 몇 종 접지 공사를 하는가? [02, 01, 13, 17]

① 제 1 종   ② 제 2 종   ③ 제 3 종   ④ 특별 제 3 종

6. 다음 중 금속관 공사의 설명으로 잘못된 것은 어느 것인가? [11]

① 교류회로는 1회로의 전선 전부를 동일 관 내에 넣는 것을 원칙으로 한다.
② 교류회로에서 전선을 병렬로 사용하는 경우에는 관 내에 전자적 불평형이 생기지 않도록 시설한다.
③ 금속관 내에서는 절대로 전선 접속점을 만들지 않아야 한다.
④ 관의 두께는 콘크리트에 매입하는 경우 1 mm 이상이어야 한다.

[해설] 금속관 공사에 의한 저압 옥내배선
     ㉠ 사용 전선 : 절연전선을 사용하여야 한다. 단면적 6 mm^2 (알루미늄선은 16 mm^2)를 초과할 경우는 연선을 사용하여야 한다.
     ㉡ 금속관 안에는 전선의 접속점이 없도록 하여야 한다.
     ㉢ 금속관의 두께는 콘크리트에 매입할 경우 1.2 mm 이상, 기타의 경우 1 mm 이상이어야 한다.

7. 금속관 공사에 의한 저압 옥내배선에서 잘못된 것은? [14]

① 전선은 절연전선일 것
② 금속관 안에서는 전선의 접속점이 없도록 할 것
③ 알루미늄 전선은 단면적 16 mm^2 초과 시 연선을 사용할 것
④ 옥외용 비닐 절연전선을 사용할 것

[해설] 금속관 배선은 절연전선을 사용하여야 한다 (옥외용 비닐 절연전선은 제외).

Chapter 05 전선·기계 기구 보안 – 접지 공사

5-1 전선 및 전선로의 보안

1 전로(electric line)의 보호와 저압 개폐기 시설

(1) 전로(electric line)의 보호

저압 전로에 접속되는 전등, 전동기, 전열기 등에 전기를 공급하는 경우, 사람과 가축에 대한 감전이나 기계 기구에 손상을 주지 않도록 하기 위하여 보호용으로 개폐기, 과전류 차단기, 누전차단기 등을 시설하여야 한다.

(2) 저압 개폐기가 필요한 장소
① 부하 전류를 통하게 하든가 끊을 필요가 있는 장소
② 인입구 기타 고장, 점검, 측정, 수리 등에서 개로할 필요가 있는 장소
③ 퓨즈의 전원 측

2 과전류 차단기 시설

(1) 과전류 차단기
① 전로에 단락 전류나 과부하전류가 생겼을 때, 자동적으로 전로를 차단하는 장치이다.
② 저압 전로 : 퓨즈 또는 배선용 차단기
③ 고압 및 특별 고압 전로 : 퓨즈 또는 계전기에 의하여 작동하는 차단기

(2) 과전류 차단기의 시설 장소
① 전선 및 기계 기구를 보호하기 위한 인입구
② 분기점 등 보호상 또는 보안상 필요한 곳
③ 간선의 전원 측
④ 발전기, 변압기, 전동기, 정류기 등의 기계 기구를 보호하는 곳

(3) 과전류 차단기의 시설 금지 장소

① 접지 공사의 접지선

② 다선식 전로의 중성선

③ 제 2 종 접지 공사를 한 저압 가공 전로의 접지 측 전선

(4) 저압 전로 중의 과전류 차단기의 시설

① 저압 회로에 사용되는 퓨즈를 수평으로 시설하는 경우 (판단기준 38조 참조)

   ㈎ 정격전류의 1.1배의 전류에 견딜 것

   ㈏ 정격전류의 1.6배 및 2배의 전류를 통한 경우에 다음 표에서 정한 시간 내에 용단 될 것

표 3-5-1 A종 퓨즈(저압용) 및 B종 퓨즈(고압용)의 특성

정격전류 (A)	용단 시간의 한도 (분)		정격전류 (A)	용단 시간의 한도 (분)	
	A종 135 % B종 160 %	200 %		A종 135 % B종 160 %	200 %
1~30	60	2	201~400	180	10
31~60	60	4	401~600	240	12
61~100	120	6	601~1000	240	20
101~200	120	8			
A종은 정격전류의 110 %, B종은 정격전류의 130 % 전류에 용단되지 않을 것					

㊟ B종 퓨즈 (class B fuse) : IEC에 준한 규격의 퓨즈로, A종 퓨즈와 비교하여 용해 절단되지 않는 전류가 큰 것

(5) 고압 전로용 고압 퓨즈의 규격

① 비포장 퓨즈는 정격전류 1.25배에 견디고, 2배의 전류로는 2분 안에 용단되어야 한다.

② 포장 퓨즈는 정격전류 1.3배에 견디고, 2배의 전류로는 120분 안에 용단되어야 한다.

(6) 기계 기구를 보호하는 과전류 차단기의 정격전류

50 A를 초과하는 분기회로 (전동기 회로 제외)

① 퓨즈를 사용하는 경우 : 기계 기구 정격전류의 100 % 이상, 150 % 이하의 것

② 배선용 차단기를 사용하는 경우 : 기계 기구 정격전류의 130 % 이상, 180 % 이하의 것

1. 저압 개폐기를 생략하여도 무방한 개소는? [11, 17]
  ① 부하 전류를 끊거나 흐르게 할 필요가 있는 개소
  ② 인입구 기타 고장, 점검, 측정 수리 등에서 개로할 필요가 있는 개소
  ③ 퓨즈의 전원 측으로 분기회로용 과전류 차단기 이후의 퓨즈가 플러그 퓨즈와 같이 퓨즈 교환 시에 충전부에 접촉될 우려가 없을 경우
  ④ 퓨즈에 근접하여 설치한 개폐기인 경우의 퓨즈 전원 측
  해설 저압 개폐기가 필요한 개소(내선규정 1465-1 참조) : ③의 경우는 이 개폐기를 생략할 수 있다.

2. 다음 중 차단기를 시설해야 하는 곳으로 가장 적당한 것은? [12]
  ① 고압에서 저압으로 변성하는 2차 측의 저압 측 전선
  ② 다선식 전로의 중성선
  ③ 제2종 접지 공사를 한 저압 가공전로의 접지 측 전선
  ④ 접지 공사의 접지선
  해설 과전류 차단기의 시설 및 시설 제한 (판단기준 제40조)
     접지 공사의 접지선·다선식 전로의 중성선 및 접지 공사를 한 저압 가공 전선로의 접지 측 전선에는 과전류 차단기를 시설하여서는 안 된다.

3. 분기회로의 개폐기 및 과전류 차단기는 저압 옥내 간선과의 분기점에서 전선의 길이가 몇 m 이하의 곳에 시설하여야 하는가? [04, 11, 17]
  ① 3   ② 4   ③ 5   ④ 8
  해설 개폐기 및 과전류 차단기 시설 : 저압 옥내 간선에서 분기하여 전기기계·기구에 이르는 분기회로 전선에는, 분기점에서 전선의 길이가 3 m 이하인 곳에 개폐기 및 과전류 차단기를 시설하여야 한다.

4. 과전류 차단기 A종 퓨즈는 정격전류의 몇 %에서 용단되지 않아야 하는가? [14]
  ① 110   ② 120   ③ 130   ④ 140
  해설 ㉠ A종 : 정격전류의 110 %에서 용단되지 않을 것
     ㉡ B종 : 정격전류의 130 %에서 용단되지 않을 것

5. 정격전류 30 A 이하의 A종 퓨즈는 정격전류 200 %에서 몇 분 이내 용단되어야 하는가? [11]
  ① 2분   ② 4분   ③ 6분   ④ 8분
  해설 표 3-5-1 참조

6. 전류 차단기로 저압 전로에 사용하는 퓨즈를 수평으로 붙인 경우 퓨즈는 정격전류 몇 배의 전류에 견디어야 하는가? [15]
  ① 2.0   ② 1.6   ③ 1.25   ④ 1.1
  해설 저압용 전선로에 사용되는 퓨즈는 정격전류의 1.1배의 전류에 견디어야 하며 1.35배, 2배의 정격전류에는 규정 시한 이내에 용단되어야 한다 (내선규정 1470-2 참조).

정답 1. ③   2. ①   3. ①   4. ①   5. ①   6. ④

(7) 배선용 차단기 (circuit breaker)

① 전류가 비정상적으로 흐를 때 자동적으로 회로를 끊어서 전선 및 기계·기구를 보호하는 것으로, 노 퓨즈 브레이커 (NFB : No-Fuse Breaker)라 한다.

② 배선용 차단기의 규격 (내선규정 1470 – 3 참조)

㈎ 정격전류 1배의 전류로는 자동적으로 동작하지 않을 것

㈏ 정격전류의 구분에 따라 정격전류의 1.25배 및 2배의 전류가 통과하였을 경우는 다음 표에 명시한 시간 내에 자동적으로 동작할 것

표 3 – 5 – 2 배선용 차단기의 특성

정격전류 (A)	시간 (분)		정격전류 (A)	시간 (분)	
	1.25배	2배		1.25배	2배
30 이하	60	2	600 초과~800	120	14
30 초과~50	60	4	800 초과~1000	120	16
50 초과~100	120	6	1000 초과~1200	120	18
100 초과~225	120	8	1200 초과~1600	120	20
225 초과~400	120	10	1600 초과~2000	120	22
400 초과~600	120	12	2000 초과	120	24

단원 예상문제

1. 다음 개폐기 중에서 옥내배선의 분기회로 보호용에 사용되는 배선용 차단기의 약호는 어느 것인가? [96, 97, 00, 04]

① OCB　　　　② ACB　　　　③ NFB　　　　④ DS

2. 과전류 차단기로 저압 전로에 사용하는 배선용 차단기는 정격전류 30 A 이하일 때 정격전류의 1.25배 전류를 통한 경우 몇 분 안에 자동으로 동작되어야 하는가? [08, 11, 17]

① 2　　　　② 10　　　　③ 20　　　　④ 60

해설 표 3 – 5 – 2 배선용 차단기의 특성 참조

3. 정격전류가 30 A인 저압 전로의 과전류 차단기를 배선용 차단기로 사용하는 경우 정격전류의 1.25배의 전류가 통과하였을 경우 몇 분 이내에 자동적으로 동작하여야 하는가? [10]

① 1분　　　　② 2분　　　　③ 60분　　　　④ 120분

4. 과전류 차단기로서 저압 전로에 사용되는 배선용 차단기에 있어서 정격전류가 25 A인 회로에 50 A의 전류가 흘렀을 때 몇 분 이내에 자동적으로 동작하여야 하는가? [09, 10, 15, 17]

① 1분　　　　② 2분　　　　③ 4분　　　　④ 8분

정답 1. ③　 2. ④　 3. ③　 4. ②

3 누전차단기 시설

(1) 일반 사항(내선규정 1475 참조)

① 사람이 쉽게 접촉될 우려가 있는 장소에 시설하는 사용 전압이 60 V를 초과하는 저압 의 금속제 외함을 가지는 기계 기구에 전기를 공급하는 전로에 지락이 발생했을 때에 자동적으로 전로를 차단하는 누전차단기 등을 설치하여야 한다.

② 주택의 옥내에 시설하는 대지 전압 60 V 초과, 150 V 이하의 저압 전로 인입구에는 인체 감전 보호용 누전차단기를 시설하여야 한다. 다만, 당해 전로의 전원 측에 3 kVA 이하의 절연 변압기를 사람이 쉽게 접촉할 우려가 없도록 시설하고, 부하 측을 접지하지 않는 경우에는 제외한다.

③ 누전차단기의 일반적인 시설은 다음 표에 의하며, 기계 기구 내에 내장되는 경우를 제외하고는 배전반 또는 분전반 내에 설치하는 것이 원칙이다.

표 3-5-3 누전차단기의 일반적인 시설(예)

기계 기구 시설 장소 대지 전압	옥내		옥외		옥외	물기가 있는 장소
	건조한 장소	습기가 많은 장소	우선 내	우선 외		
150 V 이하	–	–	–	□	□	○
150V 초과 300V 이하	△	○	–	○	○	○

㈜ ○ : 누전차단기를 시설할 것
△ : 주택에 기계 기구를 시설하는 경우는 누전차단기를 시설할 것
□ : 주택구 내 또는 도로에 접한 면에 자동판매기, 쇼케이스 등 전동기를 부품으로 한 경우

(2) 접지선

① 원칙적으로 450/750 V 일반용 단심 비닐 절연전선을 사용한다.

② 누전차단기가 동작했을 경우는 접지 전용선 또는 접지선이 차단되는 일이 없도록 시설 하여야 한다.

단원 예상문제 🎯

1. 전로에 지락이 생겼을 경우에 부하 기기, 금속제 외함 등에 발생하는 고장 전압 또는 지락전류를 검출하는 부분과 차단기 부분을 조합하여 자동적으로 전로를 차단하는 장치는? [15]
① 누전 차단 장치 ② 과전류 차단기 ③ 누전 경보 장치 ④ 배선용 차단기

2. 누전차단기의 설치 목적은 무엇인가? [16]
① 단락   ② 단선   ③ 지락   ④ 과부하

3. 사람이 쉽게 접촉하는 장소에 설치하는 누전차단기의 사용 전압 기준은 몇 V 초과인가? [15, 17]

① 60　　　　　　② 110　　　　　　③ 150　　　　　　④ 220

4. 다음 (　) 안에 가장 알맞은 것은? (단, 특수한 경우는 제외한다.) [03]

> 　주택의 옥내에 시설하는 대지 전압 (　) V 초과, (　) V 이하의 저압 전로 인입구에는
> 인체 감전 보호용 누전차단기를 시설하여야 한다.

① 100, 200　　　　② 60, 150　　　　③ 150, 300　　　　④ 110, 150

5. ELB의 뜻은? [99, 00, 02, 08]

① 유입 차단기　　② 진공차단기　　③ 배선용 차단기　　④ 누전차단기

해설 ELB(Earth Leakage Breaker) : 누전차단기

정답　**1.** ①　**2.** ③　**3.** ①　**4.** ②　**5.** ④

4 전동기의 과부하 보호 장치

(1) 분기회로 시설 (내선규정 3115-2 참조)

① 전동기 분기회로에 시설하는 과전류 차단기는 단락 전류에 대한 전선을 보호하는 목
적에만 사용되고, 전동기의 과부하에 대한 보호는 되지 않으므로 보호 장치가 요구
된다.

② 전동기는 1대마다 전용의 분기회로를 시설하여야 한다.

(2) 전동기용 분기회로의 전선 굵기

① 단독의 전동기 등에 전기를 공급하는 부분

　(가) 정격전류가 50 A 이하일 경우 : 1.25배 이상의 허용전류를 가지는 것

　(나) 정격전류가 50 A를 초과하는 경우 : 1.1배 이상의 허용전류를 가지는 것

② 전동기용 분기회로의 전선 허용전류와 과전류 차단기의 용량

표 3-5-4 전동기 회로의 전선 허용전류와 과전류 차단기의 용량

전동기의 정격전류 (A)	전선의 허용전류 (A)	과전류 차단기의 용량
50 A 이하	1.25×전동기 전류 합계	2.5×전선의 허용전류
50 A 초과	1.1×전동기 전류 합계	2.5×전선의 허용전류

단원 예상문제

1. 간선에 접속하는 전동기의 정격전류의 합계가 50 A 이하인 경우에는 그 정격전류 합계의 몇 배에 견디는 전선을 선정하여야 하는가? [13]

① 0.8　　　　② 1.1　　　　③ 1.25　　　　④ 3

2. 전동기에 공급하는 간선의 굵기는 그 간선에 접속하는 전동기의 정격전류의 합계가 50 A를 초과하는 경우 그 정격전류 합계의 몇 배 이상의 허용전류를 갖는 전선을 사용하여야 하는 가? [11, 13, 15, 16, 17]

① 1.1배　　　② 1.25배　　　③ 1.3배　　　④ 2배

3. 저압 옥내 간선에서 전동기의 정격전류가 40 A 일 때 전선의 허용전류는 몇 A 인가? [01, 05, 07, 14, 17]

① 44　　　　② 50　　　　③ 60　　　　④ 100

해설 ㉠ 전동기의 정격전류가 50 A 이하인 경우 : $I_a = 1.25 \times I_M = 1.25 \times 40 = 50$ A
　　㉡ 50 A를 넘는 경우 : $I_a = 1.1 \times I_M$

4. 저압 옥내 전로에서 전동기의 정격전류가 60 A인 경우 전선의 허용전류 (A)는 얼마 이상이 되어야 하는가? [05, 06, 13]

① 66　　　　② 75　　　　③ 78　　　　④ 90

해설 허용전류$= 1.1 \times 60 = 66$ A

5. 정격전류 20 A인 전동기 1대와 정격전류 5 A인 전열기 3대가 연결된 분기회로에 시설하는 과전류 차단기의 정격전류는? [15]

① 35　　　　② 50　　　　③ 75　　　　④ 100

해설 과전류 차단기의 정격전류 계산 (내선규정 3115 – 3 참조)
　　㉠ 전동기의 정격전류 합계의 3배　　㉡ 다른 전기 사용 기계 기구의 정격전류의 합계
　　∴ ㉠+㉡$= 3 \times 20 + 5 \times 3 = 75$ A

정답 1. ③　2. ①　3. ②　4. ①　5. ③

5 피뢰기 (LA : Lightning Arrester)

(1) 개요

① 피뢰기는 전기 시설물에 이상전압이 침입한 때에 그 파고값을 감소시키기 위해 임펄스 전류를 대지를 통하여 방전시켜 기기의 절연파괴를 방지하며, 이때 생기는 속류를 고속 차단하여 자동으로 원래의 상태로 회복시키는 장치이다.

② 종류 : 저항형, 밸브형, 방출형으로 대별된다.

(2) 피뢰 장치 설치 장소(내선규정 3250-1 참조)

① 발전소, 변전소 또는 이에 준하는 장소의 가공전선 인입구 및 인출구

② 가공전선로에 접속되는 배전용 변압기의 고압 쪽 및 특별 고압 쪽

③ 고압 및 특고압 가공전선로로부터 공급을 받는 수용 장소의 인입구

④ 가공전선로와 지중 전선로가 접속되는 곳

(3) 피뢰기의 정격전압

표 3-5-5 피뢰기의 정격전압

전력 계통		피뢰기의 정격전압 (kV)	
전압 (kV)	중성점 접지 방식	변전소	배전선로
345	유효 접지	288	
154	유효 접지	144	
66	PC 접지 또는 비접지	72	
22	PC 접지 또는 비접지	24	
22.9	3상 4선 다중 접지	21	18

㈜ 전압 22.9 kV-Y 이하의 배전선로에서 수전하는 설비의 피뢰기 정격전압 (kV)은 배전선로용을 적용한다.

(4) 피뢰기의 접지(내선규정 3250-2)

고압 또는 특고압 전로에 시설하는 피뢰기에는 제1종 접지 공사를 하여야 한다.

단원 예상문제

1. 피뢰기의 약호는? [16]

① LA ② PF ③ SA ④ COS

해설 ① LA(Lightning Arrester) : 피뢰기 ② PF(Power Fuse) : 파워 퓨즈
③ SA(Surge Absorber) : 서지 흡수기 ④ COS(Cut-Out Switch) : 컷아웃 스위치

2. 고압 또는 특별 고압 가공 전선로에서 공급을 받는 수용 장소의 인입구 또는 이와 근접한 곳에는 무엇을 시설하여야 하는가? [08, 10]

① 계기용 변성기 ② 과전류계전기 ③ 접지 계전기 ④ 피뢰기

3. 수전전력 500 kW 이상인 고압 수전 설비의 인입구에 낙뢰나 혼촉 사고에 의한 이상전압으로부터 선로와 기기를 보호할 목적으로 시설하는 것은? [10, 17]

① 단로기(DS) ② 배선용 차단기(MCCB)
③ 피뢰기(LA) ④ 누전차단기(ELB)

4. 전압 22.9 V−Y 이하의 배전선로에서 수전하는 설비의 피뢰기 정격전압은 몇 kV로 적용하는가? [10]

① 18 kV   ② 24 kV   ③ 144 kV   ④ 288 kV

5. 일반적으로 특고압 전로에 시설하는 피뢰기의 접지 공사는? [12]

① 제 1 종   ② 제 2 종   ③ 제 3 종   ④ 특별 제 3 종

정답   1. ①   2. ④   3. ③   4. ①   5. ①

5-2   접지 공사

1 일반 사항

(1) 접지의 목적

① 전로의 대지 전압 저하   ② 감전 방지

③ 보호계전기 등의 동작 확보   ④ 보호 협조

⑤ 기기 전로의 영전위 확보 (이상전압의 억제)

⑥ 외부의 유도에 의한 장애 방지

(2) 접지 공사의 종류와 접지저항값

① 접지 공사는 제 1종, 제 2종, 제 3종 및 특별 제 3 종 접지 공사로 구별된다.

② 접지저항값은 다음 표에서 정한 값 이하로 유지하여야 한다.

표 3−5−6 접지 공사의 종류와 접지저항값 (내선규정 1445−1)

접지 공사의 종류	접지저항값
제 1 종 접지 공사	10 Ω
제 2 종 접지 공사	변압기의 고압 측 또는 특별 고압 측 전로의 1선 지락전류의 암페어 수로 150 (☆)을 나눈 값과 같은 Ω 수
제 3 종 접지 공사	100 Ω
특별 제 3 종 접지 공사	10 Ω

(☆)   제 2 종 접지 공사의 접지저항값

1. 변압기의 고압 측 전로 또는 사용 전압이 35000 V 이하의 특별 고압 측 전로가 저압 측 전로와 혼촉에 의하여 대지 전압이 150 V를 초과하는 경우로서 1초를 넘고 2초 이내에 자동적으로 고압 전로 또는 사용 전압이 35000 V 이하의 특별 고압 전로를 차단하는 장치를 한 경우는 300

2. 1초 이내에 자동적으로 고압 전로 또는 사용 전압이 35000 V 이하의 특별 고압 전로를 차단하는 장치를 한 경우는 600

단원 예상문제

1. 다음 중 접지의 목적으로 알맞지 않은 것은 어느 것인가? [09, 07, 10]
　① 감전의 방지　　　　　　　　　② 전로의 대지 전압 상승
　③ 보호계전기의 동작 확보　　　　④ 이상전압의 억제

2. 저압 옥내용 기기에 제3종 접지 공사를 하는 주된 목적은? [14]
　① 이상전류에 의한 기기의 손상 방지　② 과전류에 의한 감전 방지
　③ 누전에 의한 감전 방지　　　　　　　④ 누전에 의한 기기의 손상 방지

3. 전동기에 접지 공사를 하는 주된 이유는? [16]
　① 보안상　　　　② 미관상　　　　③ 역률 증가　　　　④ 감전 사고 방지
　해설 전동기의 외함 및 철대는 감전 사고 방지를 위하여 접지 공사를 하여야 한다.

4. 다음 중 가공 배전선로에서 고압선과 저압선의 혼촉으로 인한 위험을 방지하기 위하여 필요한 것은? [02]
　① 과전류 계전기　　② 접지 공사　　③ 피뢰기 설치　　④ 가공지선 설치

5. 접지 공사의 종류가 아닌 것은? [14]
　① 제1종 접지 공사　　　　　　　② 제2종 접지 공사
　③ 특별 제2종 접지 공사　　　　　④ 제3종 접지 공사

6. 저압 가공 전로의 1선에 제2종 접지 공사를 하였을 때 이 전선을 무엇이라 하는가? [98, 05]
　① 중성선　　　　② 전압선　　　　③ 피뢰선　　　　④ 접지 측 전선

7. 접지 전극과 대지 사이의 저항은? [09, 11]
　① 고유저항　　　② 접지저항　　　③ 접촉저항　　　④ 대지 전극 저항
　해설 접지선이란, 주 접지 단자나 접지모선을 접지극에 접속한 전선을 말하며, 접지저항은 접지 전극과 대지 사이의 저항을 말한다.

8. 제1종 접지 공사의 접지저항값은 몇 Ω 이하이어야 하는가? [05]
　① 20　　　　　　② 15　　　　　　③ 10　　　　　　④ 100

9. 제2종 접지 공사의 저항값을 결정하는 가장 큰 요인은? [07, 09]
　① 변압기의 용량
　② 고압 가공전선로의 전선 연장
　③ 변압기 1차 측에 넣는 퓨즈 용량
　④ 변압기의 고압 또는 특고압 측 전로의 1선 지락전류의 암페어 수

10. 제3종 접지 공사의 접지저항값은 몇 Ω 이하이어야 하는가? [10, 12, 15]

① 10   ② 15   ③ 20   ④ 100

11. 접지 공사의 종류와 접지저항 값이 틀린 것은? [15]

① 제1종 접지 : 10 Ω 이하   ② 제3종 접지 : 100 Ω 이하
③ 특별 제3종 접지 : 10 Ω 이하   ④ 특별 제1종 접지 : 10 Ω 이하

정답   **1.** ②   **2.** ③   **3.** ④   **4.** ②   **5.** ③   **6.** ④   **7.** ②   **8.** ③   **9.** ④   **10.** ④   **11.** ④

(3) 기계 기구의 철대 및 외함의 접지

전로에 시설하는 기계 기구의 철대 및 금속제 외함에는 다음 표에서 정한 접지 공사를 실시하여야 한다.

표 3-5-7 기계 기구의 철대 및 외함 접지(내선규정 1445-2)

기계 기구의 구분	접지 공사
400 V 미만의 저압용	제3종 접지 공사
400 V 이상의 저압용	특별 제3종 접지 공사
고압용 또는 특별 고압용	제1종 접지 공사

단원 예상문제

1. 380 V 전기세탁기의 금속제 외함에 시공한 접지 공사의 접지저항값 기준으로 옳은 것은? [01, 13]

① 10 Ω 이하   ② 75 Ω 이하   ③ 100 Ω 이하   ④ 150 Ω 이하

2. 400 V 미만에서 전기기계 기구의 철대 및 금속제의 외함에 접지 공사를 할 때 몇 종 접지 공사를 하는가? [98, 08]

① 제1종 접지 공사   ② 제2종 접지 공사
③ 제3종 접지 공사   ④ 특별 제3종 접지 공사

3. 전기기계 기구의 철대 및 금속제 외함에는 400 V 이상 저압일 경우 몇 종 접지 공사를 하여야 하는가? [05]

① 제1종   ② 제2종   ③ 제3종   ④ 특별 제3종

4. 전로의 기계, 기구 등의 외함 접지 공사 중 고압인 경우의 접지 공사는? [00, 03]

   ① 특별 제 3 종   ② 제 3 종   ③ 제 1 종   ④ 제 2 종

5. 기계 기구의 철대 및 외함 접지에서 옳지 못한 것은? [98, 99, 00, 04]

   ① 400 V 미만인 저압용에서는 제 3 종 접지 공사

   ② 400 V를 넘는 저압용에서는 제 2 종 접지 공사

   ③ 고압용에서는 제 1 종 접지 공사

   ④ 특별 고압용에서는 제 1 종 접지 공사

정답   **1.** ③   **2.** ③   **3.** ④   **4.** ③   **5.** ②

---

2 접지 공사의 시설 방법

(1) 사람이 접촉할 우려가 있는 장소

① 접지극은 지하 75 cm 이상으로 하되 동결 깊이를 감안하여 매설한다.

② 접지선은 접지극에서 지표상 60 cm 까지의 부분은 절연전선, 캡타이어케이블(0.6/1 kV EP 고무절연 클로로프렌) 또는 케이블(클로로프렌 외장, 비닐 외장케이블)을 사용한다.

③ 접지선의 지표면하 75 cm 에서 지표상 2 m 까지의 부분은 합성수지관(두께 2 mm 미만의 합성수지제 전선관 및 난연성이 없는 CD관은 제외) 또는 이와 동등 이상의 절연 효력 및 강도가 있는 것으로 덮는다.

④ 접지선을 철주와 같은 금속체에 따라서 시설하는 경우에는 전항의 규정에 따르고 접지극 중에서 그 금속체와 1m 이상 이격하여 매설한다.

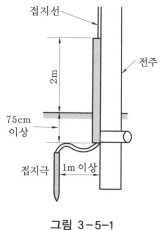

그림 3 – 5 – 1
접지 공사의 특례

⑤ 접지선을 시설한 지지물은 피뢰침용 접지성을 시설하여서는 안 된다(판단기준 19조).

(2) 접지선의 표시

① 접지선은 원칙적으로 녹색으로 표시한다.

② 다심 케이블, 다심 캡타이어케이블 또는 다심 코드의 한 심선을 접지선으로 사용하는

경우에는 녹색 또는 황록색 및 얼룩 무늬 모양의 것 이외에 심선을 접지선으로 사용해서는 안 된다.

(3) 건물 철골 등의 접지극(내선규정 1445-8 참조)

① 건물 및 기타 시설물의 철골과 대지 간의 접지저항이 10 Ω 이하 : 특별 제3종 접지극으로 사용

② 건물 및 기타 시설물의 철골과 대지 간의 접지저항이 100 Ω 이하 : 제3종 접지극으로 사용

③ 지중에 매설되어 있고 대지와의 전기저항치가 3 Ω 이하의 값을 유지하고 있는 금속체 수도관로는 이를 제1종 접지 공사·제2종 접지 공사·제3종 접지 공사·특별 제3종 접지 공사, 기타의 접지 공사의 접지극으로 사용할 수 있다.

※ 비접지식 고압 전로에 접속하는 기계 기구의 철대, 금속제 외함의 접지 공사 시 건물의 철골이 2Ω 이하이면 접지극으로 사용할 수 있다.

(4) 접지선의 굵기

표 3-5-8 접지선의 최소 굵기

접지 공사 종류	동선 (mm²)	알루미늄 선 (mm²)
제1종, 제2종	6 이상	10 이상
제3종, 특별 제3종	2.5 이상	4 이상

(5) 인입구 부근의 접지

접지 공사에 사용하는 접지선의 굵기는 다음 표에 따라야 한다.

표 3-5-9 인입구 접지의 접지선 굵기(내선규정 1445-9 참조)

인입선 부착점에서 인입구까지의 부분 또는 이에 해당하는 부분의 전선		접지선의 최소 굵기 (mm²)	
동 (mm²)	알루미늄 (mm²)	동	알루미늄
16까지	25까지	6	10
35까지	50까지	10	16
95까지	150까지	16	25
240까지	400까지	25	35
240 초과	400 초과	35	50

단원 예상문제

1. 제1종 접지 공사 또는 제2종 접지 공사에 사용하는 접지선을 사람이 접촉할 우려가 있는 곳에 시설하는 경우 접지극은 지하 몇 cm 이상의 깊이에 매설하여야 하는가? [97, 99, 01, 05, 10, 12, 16]

① 30 cm ② 60 cm ③ 75 cm ④ 90 cm

2. 제1종 및 제2종 접지 공사에서 접지선을 철주, 기타 금속체를 따라 시설하는 경우 접지극은 지중에서 그 금속체로부터 몇 cm 이상 떼어 매설하는가? [15, 17]

① 30 ② 60 ③ 75 ④ 100

3. 접지선의 절연전선 색상은 특별한 경우를 제외하고는 어느 색으로 표시를 하여야 하는가? [07, 09]

① 적색 ② 황색 ③ 녹색 ④ 흑색

4. 비접지식 고압 전로에 접속하는 기계 기구의 철대, 금속제 외함의 접지 공사 시 건물의 철골이 몇 Ω 이하이면 접지극으로 사용할 수 있는가? [04]

① 2 ② 3 ③ 4 ④ 5

5. 접지저항값에 가장 큰 영향을 주는 것은 어느 것인가? [15]

① 접지선 굵기 ② 접지 전극 크기 ③ 온도 ④ 대지 저항

해설 접지선과 접지저항 : 접지선이란, 주 접지 단자나 접지모선을 접지극에 접속한 전선을 말하며, 접지저항은 접지 전극과 대지 사이의 저항을 말한다.

∴ 대지 저항은 접지저항값에 가장 큰 영향을 준다.

6. 지중에 매설되어 있는 금속제 수도관로는 대지와의 전기저항값이 얼마 이하로 유지되어야 접지극으로 사용할 수 있는가? [11, 14]

① 1 Ω ② 3 Ω ③ 4 Ω ④ 5 Ω

해설 지중에 매설되어 있고 대지와의 전기저항치가 3Ω 이하의 값을 유지하고 있는 금속체 수도관로는 이를 제1종 접지 공사·제2종 접지 공사·제3종 접지 공사·특별 제3종 접지 공사, 기타의 접지 공사의 접지극으로 사용할 수 있다(판단기준 제21조 참조).

7. 제1종 접지 공사의 접지선의 굵기로 알맞은 것은? (단, 공칭 단면적으로 나타내며, 연동선의 경우이다.) [11, 17]

① 0.75 mm^2 이상 ② 2.5 mm^2 이상 ③ 6 mm^2 이상 ④ 16 mm^2 이상

8. 고압을 저압으로 변성하는 변압기의 제2종 접지 공사용 동선의 최소 굵기는 몇 mm^2 이상인가? [12]

① 4 ② 6 ③ 10 ④ 16

9. 사용 전압이 440 V인 3상 유도전동기의 외함 접지 공사 시 접지선의 굵기는 공칭 단면적 몇 mm^2 이상의 연동선이어야 하는가? [14]

① 2.5 ② 6 ③ 10 ④ 16

10. 제3종 접지 공사의 접지선을 동선으로 사용할 때 접지선의 최소 굵기는? [10, 12, 17]

① 1.5 mm^2 ② 2.5 mm^2 ③ 4 mm^2 ④ 6 mm^2

정답 1. ③   2. ④   3. ③   4. ①   5. ④   6. ②   7. ③   8. ②   9. ①   10. ②

3 접지 공사의 구분

(1) 제1종 접지 공사의 적용 장소

전선로 이외의 금속체 접지에 적용되는 것으로, 고전압이 침입할 우려가 있는 곳과 특히 위험의 강도가 큰 곳에 적용된다.

① 피뢰기

② 옥내 또는 지상에 시설하는 특고압 또는 고압 기기의 외함

③ 주상에 설치하는 3상 4선식 접지 계통의 변압기 및 기기 외함

④ 22.9 kV를 넘는 특고압선과 교차, 접근할 경우에 시설하는 보호망

⑤ 교류 전차선의 하방(아래쪽 방향)에 접근하는 경우에 시설하는 보호망

(2) 제2종 접지 공사의 적용 장소

고압 또는 특별 고압 전로와 저압 전로를 결합하는 변압기의 저압 측을 접지하는 경우에 적용된다.

① 저·고압이 혼촉한 경우에 저압 전로에 고압이 침입할 경우 기기의 소손이나 사람의 감전을 방지하기 위한 것

② 비접지 계통의 주상변압기의 저압 측 중성점 또는 저압 측 일단과 변압기 외함

(3) 제3종 접지 공사의 적용 장소

전선로 이외의 금속체 접지에 적용되는 것으로, 주로 400 V 미만의 기계 기구의 외함 및 철대의 접지에 적용된다.

① 약전선과 교차 또는 접근 개소에서 시설하는 보호선과 보호망

② 철주, 철탑, 강관주

③ 고·저압 가공케이블의 조가용 강연선

④ 1차가 접지 계통인 경우의 다중 접지된 중성선 및 저압선의 접지 측 전선 (단, 주상변압기 2차 측 접지는 제외)

⑤ 옥내 또는 지상에 시설하는 400 V 미만 저압 기기의 외함

⑥ 콘크리트 전주의 고압 및 특고압용 완금

⑦ 1차가 비접지 계통인 경우의 단상 3선식 저압 중성선의 말단 등

⑧ 교통 신호등의 제어장치의 금속제 외함

⑨ 네온변압기를 수용하는 외함의 금속제 부분

(4) 특별 제 3 종 접지 공사의 적용 장소

전선로 이외의 금속체 접지에 적용되는 것으로, 주로 400 V 이상 저압 기계 기구의 외함 및 철대의 접지에 적용된다.

① 전선관, 버스 덕트, 금속 덕트 공사의 금속 부분
② 케이블 공사의 금속 방호물
③ 금속 케이블 피복
④ 풀용 수중·조명등을 수용하는 용기와 방호 장치의 금속제 부분

단원 예상문제

1. 피뢰기의 접지 공사의 종류는? [98, 99, 04]

① 제 1 종　　　② 제 2 종　　　③ 제 3 종　　　④ 특별 3 종

2. 네온변압기를 넣는 외함의 접지 공사는? [12, 14 , 17]

① 제1종　　　② 제2종　　　③ 특별 제3종　　　④ 제3종

[해설] 제 3 종 접지 공사의 적용
　　　㉠ 네온변압기 외함의 접지 공사
　　　㉡ 고압 계기용 변압기의 2차 측 전로
　　　㉢ 400 V 미만의 저압용 기계·기구의 철대, 또는 금속제 외함
　　　㉣ 교통 신호등 제어장치의 금속제 외함

3. 주상변압기의 고·저압 혼촉 방지를 위해 실시하는 2차 측 접지 공사는? [03, 05, 06, 12]

① 제 1 종　　　② 제 2 종　　　③ 제 3 종　　　④ 특별 제 3 종

4. 접지저항 저감 대책이 아닌 것은? [14]

① 접지봉의 연결 개수를 증가시킨다.　　② 접지판의 면적을 감소시킨다.
③ 접지극을 깊게 매설한다.　　　　　　④ 토양의 고유저항을 화학적으로 저감시킨다.

[해설] 접지판의 면적을 증대시킨다.

5. 접지저항 측정 방법으로 가장 적당한 것은? [15]

① 절연저항계　　　　　　　　　　② 전력계
③ 교류의 전압, 전류계　　　　　④ 코올라우시 브리지

[해설] ㉠ 코올라우시 브리지(Kohlrausch bridge) : 저저항 측정용 계기로 접지저항, 전해액의 저항 측정에 사용된다.
　　　㉡ 절연저항계 : 절연저항 측정용

정답 1. ①　　2. ④　　3. ②　　4. ②　　5. ④

Chapter 06 가공 배전선·지중 배전선 공사

6-1 가공인입선 및 지선 공사

1 가공인입선 공사

가공인입선(service drop) : 가공전선로의 지지물에서 분기하여 다른 지지물을 거치지 않고 수용 장소의 지지점에 이르는 가공전선으로, 수용 장소에서 인입선의 회선 수는 동일 전기 방식에 대하여 한 개로 한다.

(1) 인입선의 구분

① 인입 간선 : 고압 또는 저압 배전선로에서 수용가에 인입을 목적으로 분기된 주요 인입 전선로이다.

② 본주 인입선 : 인입 간선에서 분기한 분주에서 수용가에 이르는 전선로이다.

③ 소주 인입선 : 본주에서 분기한 소주에서 수용가에 이르는 전선로이다.

④ 연접인입선 : 연접인입선은 수용 장소의 인입선에서 분기하여 지지물을 거치지 않고 다른 수용 장소의 인입구에 이르는 부분의 전선로이다.

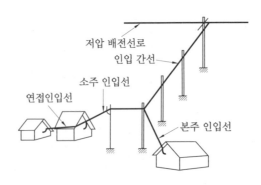

그림 3-6-1 가공인입선

(2) 인입선 접속점의 높이

① 저압 가공인입선의 접속점의 높이는 다음 표에 의한다.

표 3-6-1 저압 가공인입선의 접속점의 높이

구분	이격 거리
도로	도로 (차도와 보도의 구별이 있는 도로인 경우는 차도)를 횡단하는 경우는 5 m 이상 (기술상 부득이한 경우로 교통에 지장이 없을 때는 3 m 이상)
철도 또는 궤도를 횡단	레일면상 6.5 m 이상
횡단보도교의 위쪽	횡단보도교의 노면상 3 m 이상
상기 이외의 경우	지표상 4 m 이상 (기술상 부득이한 경우로 교통에 지장이 없을 때는 2.5 m 이상)

② 고압 가공인입선의 접속점의 높이는 다음 표에 의한다.

표 3-6-2 고압 가공인입선의 접속점의 높이

구분	이격 거리
도로	도로를 횡단하는 경우는 6 m 이상
철도 또는 궤도를 횡단	레일면상 6.5 m 이상
횡단보도교의 위쪽	횡단보도교의 노면상 3.5 m 이상
상기 이외의 경우	지표상 5 m 이상

단원 예상문제

1. 가공전선로의 지지물에서 다른 지지물을 거치지 아니하고 인입선 접속점에 이르는 가공전선을 무엇이라 하는가? [05, 08, 11, 14, 15, 17]

① 옥외 전선　　② 연접 인입선　　③ 가공인입선　　④ 관등 회로

2. 일반적으로 저압 가공인입선이 도로를 횡단하는 경우 노면상 높이는? [00, 09, 10, 14, 17]

① 4 m 이상　　② 5 m 이상　　③ 6 m 이상　　④ 6.5 m 이상

3. 저압 가공인입선이 횡단보도교 위에 시설되는 경우 노면상 몇 m 이상의 높이에 설치되어야 하는가? [13]

① 3　　② 4　　③ 5　　④ 6

4. 저압 인입선 공사 시 저압 가공인입선이 철도 또는 궤도를 횡단하는 경우 레일면상에서 몇 m 이상 시설하여야 하는가? [12, 14, 17]

① 3　　② 4　　③ 5.5　　④ 6.5

정답　1. ③　2. ②　3. ①　4. ④

(3) 저압 연접인입선의 시설 규정

① 인입선에서 분기하는 점에서 100 m를 넘는 지역에 이르지 않아야 한다.

② 폭 5 m를 초과하는 도로를 횡단하지 않아야 한다.

③ 옥내를 통과하지 않아야 한다.

※ 고압 연접인입선은 시설할 수 없다.

(4) 저압 인입선 접속점에서 인입구 장치까지의 시설

① 전선은 절연전선 또는 케이블이어야 한다.

② 전선의 굵기는 단면적 4 이상의 동전선으로 접속되는 간선과 동등 이상의 허용전류를 가져야 한다.

(5) 저압 구내 가공인입선의 시설

① 저압 구내 가공인입선의 높이는 표 3-6-1에 의한다.

② 전선의 종류와 인입선 굵기는 다음 표와 같다.

표 3-6-3 전선의 종류 및 굵기 (내선규정 2115-1)

전선의 종류	전선의 굵기	
	전선의 길이 15 m 이하	전선의 길이 15 m 초과
OW 전선, DV 전선, 고압 절연전선·특고압 절연전선	2.0 mm 이상	2.6 mm 이상
450/750 V 일반용 단심 비닐 절연전선	4 mm^2 이상	6 mm^2 이상
케이블	기계적 강도면의 제한은 없음	

③ 전선이 케이블인 경우는 가공케이블의 시설의 규정에 따라 시설하여야 한다.

(6) 저압 인입선의 접속점 선정

① 가공 배전선로에서 최단 거리로 인입선이 시설될 수 있어야 한다.

② 인입선이 외상을 받을 우려가 없어야 한다.

③ 인입선이 옥상을 가급적 통과하지 않도록 시설해야 한다.

④ 인입선은 타 전선로 또는 약전류 전선로와 충분히 이격해야 한다 (60 cm 이상 이격시킬 것).

⑤ 인입선이 굴뚝, 안테나 및 이들의 지선 또는 수목과 접근하지 않도록 시설한다.

⑥ 인입선은 장력에 충분히 견디어야 한다.

(7) 엔트런스 캡(entrance cap)

① 저압 가공인입선의 인입구에 사용된다.

② 인입구 또는 인출구 끝에 붙여서 관 내에 물의 침입을 방지할 수 있도록 사용된다.

그림 3-6-2
엔트런스 캡

단원 예상문제

1. 저압 연접인입선은 인입선에서 분기하는 점으로부터 몇 m를 넘지 않는 지역에 시설하고 폭 몇 m를 넘는 도로를 횡단하지 않아야 하는가? [12]

① 50 m, 4 m   ② 100 m, 5 m   ③ 150 m, 6 m   ④ 200 m, 8 m

2. 저압 연접인입선의 시설 규정으로 적합한 것은? [15]

① 분기점으로부터 90 m 지점에 시설

② 6 m 도로를 횡단하여 시설

③ 수용가 옥내를 관통하여 시설

④ 지름 1.5 mm 인입용 비닐 절연전선을 사용

3. 연접인입선 시설 제한 규정에 대한 설명이다. 틀린 것은? [01, 04, 05, 09, 11, 17]

① 분기하는 점에서 100 m를 넘지 않아야 한다.

② 폭 5 m를 넘는 도로를 횡단하지 않아야 한다.

③ 옥내를 통과해서는 아니 된다.

④ 분기하는 점에서 고압의 경우에는 200 m를 넘지 않아야 한다.

해설 고압 연접인입선은 시설할 수 없다.

4. 저압 구내 가공인입선으로 DV 전선 사용 시 전선의 길이가 15 m 이하인 경우 사용할 수 있는 최소 굵기는 몇 mm 이상인가? [14]

① 1.5   ② 2.0   ③ 2.6   ④ 4.0

5. OW 전선을 사용하는 저압 구내 가공인입전선으로 전선의 길이가 15 m를 초과하는 경우 그 전선의 지름은 몇 mm 이상을 사용하여야 하는가? [13]

① 1.6   ② 2.0   ③ 2.6   ④ 3.2

6. 저압 가공인입선의 인입구에 사용하며 금속관 공사에서 끝부분의 빗물 침입을 방지하는 데 적당한 것은? [10, 13]

① 플로어 박스   ② 엔트런스 캡   ③ 부싱   ④ 터미널 캡

7. 저압인입선의 접속점 선정으로 잘못된 것은? [12]

① 인입선이 옥상을 가급적 통과하지 않도록 시설할 것

② 인입선은 약전류 전선로와 가까이 시설할 것

③ 인입선은 장력에 충분히 견딜 것

④ 가공 배전선로에서 최단 거리로 인입선이 시설될 수 있을 것

해설 인입선은 약전류 전선로와 가까이 시설하여서는 안 된다 (60 cm 이상 이격시킬 것).

8. 저압 가공인입선의 인입구에 사용하는 부속품은? [00, 02, 05, 07, 08, 10]

① 플로어 박스   ② 절연 부싱   ③ 엔트런스 캡   ④ 노멀 밴드

정답 1. ② 2. ① 3. ④ 4. ② 5. ③ 6. ② 7. ② 8. ③

2 지선의 시설

(1) 개요 및 일반 사항

① 지선의 시설 목적

㈎ 지지물의 강도 보강 및 전선로의 안전성 증대

㈏ 불평형 장력에 대한 평형 유지 및 건조물 등에 접근하는 전선로 보안

② 지선이 분담하는 강도는 지지물이 받는 전체 풍압 하중의 1/2 미만이어야 한다.

③ 가공전선로의 지지물로 사용하는 철탑은 지선을 사용하여 그 강도를 분담시켜서는 안 된다.

④ 구형 애자 : 인류용과 지선용이 있으며, 지선용은 지선의 중간에 넣어 양측 지선을 절연한다.

(2) 지선의 종류 (사용 목적에 따른 형태별 분류)

① 보통 지선 : 전주 근원으로부터 전주 길이의 약 1/2 거리에 지선용 근가를 매설하여 설치하는 것으로 일반적인 경우에 사용한다.

② 수평 지선 : 지형의 상황 등으로 보통 지선을 시설할 수 없는 경우에 적용한다.

③ 공동 지선 : 두 개의 지지물에 공통으로 시설하는 지선으로서 지지물 상호 간 거리가 비교적 근접한 경우에 시설한다.

④ Y 지선 : 다단의 완철이 설치되고 또한 장력이 클 때 또는 H주일 때 보통 지선을 2단으로 시설하는 것이다.

⑤ 궁 지선 : 장력이 비교적 작고 다른 종류의 지선을 시설할 수 없을 경우에 적용하며, 시공 방법에 따라 A형, R형 지선으로 구분한다.

⑥ 완철 지선 : 공사상 부득이 발생하는 창출, 편출 장주된 완철을 인류할 경우 완철의 끝

단과 다른 지지물 사이에 설치한다.

⑦ 지중 부분 및 지표상 30 cm까지의 부분에는 내식성이 있는 것 또는 아연도금을 한 철 봉을 사용하고 쉽게 부식되지 아니하는 근가에 견고하게 붙여야 한다 (판단기준 67조 참조).

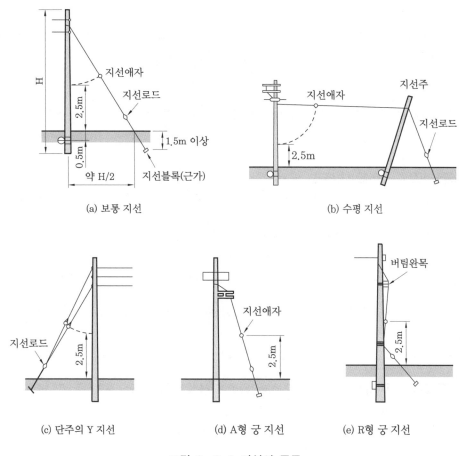

그림 3-6-3 지선의 종류

(3) 지선의 안전율·소선의 구성

① 지선의 안전율 : 2.5 이상
② 지선에 연선을 사용할 경우
　㈎ 소선 3가닥 이상의 연선일 것
　㈏ 소선의 지름이 2.6 mm 이상의 금속선을 사용한 것일 것

(4) 지선의 높이

① 도로 횡단 시 : 5 m 이상 (단, 교통에 지장을 초래할 염려가 없는 경우 4.5 m 이상)
② 보도의 경우 : 2.5 m 이상

단원 예상문제 🎯

1. 다단의 크로스 암이 설치되고 또한 장력이 클 때와 H주일 때 보통 지선을 2단으로 부설하는 지선은? [07, 17]

① 보통 지선 ② 공동 지선 ③ 궁 지선 ④ Y 지선

2. 토지의 상황이나 기타 사유로 인하여 보통 지선을 시설할 수 없을 때 전주와 전주 간 또는 전주와 지주 간에 시설할 수 있는 지선은 어느 것인가? [12, 14]

① 보통 지선 ② 수평 지선 ③ Y 지선 ④ 궁 지선

3. 비교적 장력이 작고 타 종류의 지선을 시설할 수 없는 경우에 적용되는 지선은? [09, 12, 17]

① 공동 지선 ② 궁 지선 ③ 수평 지선 ④ Y 지선

4. 가공전선로의 지선에 사용되는 애자는? [00, 01, 02, 06, 07, 08, 09, 10, 11, 17]

① 노브 애자 ② 인류 애자 ③ 현수애자 ④ 구형 애자

5. 가공전선로의 지지물을 지선으로 보강하여서는 안 되는 곳은? [08, 11, 14]

① 목주 ② A종 철근 콘크리트주
③ B종 철근 콘크리트주 ④ 철탑

6. 가공전선로의 지지물에 시설하는 지선의 안전율은 얼마 이상이어야 하는가? [07, 08]

① 3.5 ② 3.0 ③ 2.5 ④ 1.0

해설 지선의 안전율은 2.5 이상일 것, 이 경우에 허용 인장하중의 최저는 4.31 kN으로 한다.

7. 가공전선로의 지지물에 시설하는 지선에 연선을 사용할 경우 소선 수는 몇 가닥 이상이어야 하는가? [10, 14]

① 3가닥 ② 5가닥 ③ 7가닥 ④ 9가닥

8. 지선의 시설에서 가공전선로의 직선 부분이란 수평 각도 몇 도까지인가? [13]

① 2 ② 3 ③ 5 ④ 6

해설 전선로의 직선 부분 : 5 도 이하의 수평 각도를 이루는 곳을 포함한다 (판단기준 67조 참조).

9. 도로를 횡단하여 시설하는 지선의 높이는 지표상 몇 m 이상이어야 하는가? [12]

① 5 m ② 6 m ③ 8 m ④ 10 m

10. 가공전선로의 지지물에 시설하는 지선은 지표상 몇 cm까지의 부분에 내식성이 있는 것 또는 아연도금을 한 철봉을 사용하여야 하는가? [14]

① 15 ② 20 ③ 30 ④ 50

정답 **1.** ④ **2.** ④ **3.** ② **4.** ④ **5.** ④ **6.** ③ **7.** ① **8.** ③ **9.** ① **10.** ③

6-2 가공 배전선로 시설 공사

- 전선로 : 옥측 전선로, 옥상 전선로, 옥내 전선로, 지상 전선로, 가공전선로, 지중 전선로, 특별 전선로
- 지지물 : 철근 콘크리트주, 목주, 강관주, 철주, 철탑
- 배전 기구 : 배전 변압기, 개폐기, 차단기, 전력용 콘덴서, 피뢰기, 애자 등

1 가공 배전선로의 지지물 시설 및 배전 기구 설치

(1) 지지물

① 목주와 철근 콘크리트주가 주로 사용되며, 필요에 따라 철주·철탑이 사용된다.

② 지지물의 기초의 안전율은 2 이상이어야 한다.

③ 가공 배전선로의 지지물 선정

  (개) 철주·철탑 : 산악지, 계곡, 하천 지역 등 횡단 개소

  (내) 강관 전주 : 연접인입선 해소 및 인입 설비 시설, 특수 장소

  (대) 철근 콘크리트주 : 일반적인 장소로 가장 많이 사용된다.

④ 저·고압 가공전선로의 지지물의 강도 (판단기준 74조 참조)

  (개) 저압 : 목주인 경우에는 풍압 하중의 1.2배의 하중에 견디는 강도를 가지는 것

  (내) 고압 : 목주인 경우에는 풍압 하중에 대한 안전율은 1.3 이상

⑤ 지지물에 발판 볼트 설치(판단기준 60조 참조).

  (개) 기기(개폐기, 변압기 등) 설치 전주와 저압이 가선된 전주에서는 지표상 1.8 m로부터 완철 하부 약 0.9 m까지 설치하며, 그 밖의 전주는 지표상 3.6 m로부터 완철 하부 약 0.9 m까지 설치한다.

  (내) 180° 방향에 0.45 m씩 양쪽으로 설치하여야 한다.

(2) 애자

① 가지 애자 : 전선을 다른 방향으로 돌리는 부분에 사용

② 곡핀 애자 : 인입선에 사용

③ 구형 애자 : 인류용과 지선용이 있으며, 지선용은 지선의 중간에 넣어 양측 지선을 절연

④ 현수애자 : 특고압 배전선로에 사용하는 현수애자는 선로의 종단, 선로의 분기, 수평각 30° 이상인 인류 개소와 전선의 굵기가 변경되는 지점, 개폐기 설치 전주 등의 내장 장소에 사용

⑤ 다구 애자 : 동력용 저압 인입선 공사 시 건물 벽면에 시설할 때 사용

⑥ 핀 애자 : 전선의 직선 부분에 사용

⑦ 지지애자 : 전선의 지지부에 사용

⑧ 라인 포스트(line post) 애자 : 특고압 배전선로의 전압선이 절연전선인 경우에 사용
⑨ 인류 애자 : 인입선 등 선로의 인류 개소에 사용

단원 예상문제

1. 전선로의 종류가 아닌 것은? [07]
① 옥측 전선로　　② 지중 전선로　　③ 가공전선로　　④ 산간 전선로

2. 가공전선로의 지지물이 아닌 것은? [13]
① 목주　　② 지선　　③ 철근 콘크리트주　　④ 철탑

3. 가공 배전선로 시설에는 전선을 지지하고 각종 기기를 설치하기 위한 지지물이 필요하다. 이 지지물 중 가장 많이 사용되는 것은? [14]
① 철주　　② 철탑　　③ 강관 전주　　④ 철근 콘크리트주

4. 전기설비기술기준의 판단기준에서 가공전선로의 지지물에 하중이 가하여지는 경우에 그 하중을 받는 지지물의 기초의 안전율은 얼마 이상인가? [10, 16, 17]
① 0.5　　② 1　　③ 1.5　　④ 2

5. 저압 가공전선로의 지지물이 목주인 경우 풍압 하중의 몇 배에 견디는 강도를 가져야 하는가? [13]
① 2.5　　② 2.0　　③ 1.5　　④ 1.2

6. 배전선로 기기 설치 공사에서 전주에 승주 시 발판 못 볼트는 지상 몇 m 지점에서 180° 방향에 몇 m씩 양쪽으로 설치하여야 하는가? [11, 15]
① 1.5 m, 0.3 m　　② 1.5 m, 0.45 m　　③ 1.8 m, 0.3 m　　④ 1.8 m, 0.45 m

7. 전선로의 직선 부분에 사용하는 애자는? [11]
① 핀 애자　　② 지지애자　　③ 가지 애자　　④ 구형 애자

8. 주로 저압 가공전선로 또는 인입선에 사용되는 애자로서 주로 앵글 베이스 스트랩과 스트랩 볼트 인류 바인드선(비닐절연 바인드선)과 함께 사용하는 애자는? [13]
① 고압 핀 애자　　② 저압 인류 애자　　③ 저압 핀 애자　　④ 라인 포스트 애자

9. 인류하는 곳이나 분기하는 곳에 사용하는 애자는? [01, 04, 08]
① 구형 애자　　② 가지 애자　　③ 새클 애자　　④ 현수애자

정답 1. ④　2. ②　3. ④　4. ④　5. ④　6. ④　7. ①　8. ②　9. ④

2 장주, 건주 및 가선 공사

(1) 지지물의 기초 강도

① 가공전선 지지물의 기초 강도는 주체(主體)에 가하여지는 곡하중(曲荷重)에 대하여 안전율은 2 이상으로 하여야 한다.

② 전체 길이가 16 m 이하, 설계하중이 6.8 kN 이하의 철근 콘크리트주와 강관주나 목주 는 다음 각호에 의하여 시설하는 경우 ①항에 의하지 않을 수 있다(판단기준 63조 참조).

　㈎ 전체의 길이가 15 m 이하인 경우는 땅에 묻히는 깊이를 전장의 1/6 이상으로 할 것

　㈏ 전체의 길이가 15 m를 초과하는 경우는 땅에 묻히는 깊이를 2.5 m 이상으로 할 것

　㈐ 논이나 지반이 연약한 곳에서는 견고한 근가(根架)를 시설할 것

　※ 철근 콘크리트주로서 전체의 길이가 14 m 이상 20 m 이하이고, 설계하중이 6.8 kN 초과 9.8 kN 이하의 것을 논이나 지반이 연약한 곳 이외에 시설하는 경우 최저 깊이 에 30 cm를 가산하여 할 것

표 3-6-4 A종 철근 콘크리트주의 땅에 묻히는 깊이

설계하중 구분(kN)	전장 구분(m)	땅에 묻히는 깊이(m)
6.8 이하	15 이하 15 초과 16 이하 16 초과 20 이하	전장의 1/6 이상 2.5 m 이상 2.8 m 이상
6.8 초과 9.8 이하	14 이상 20 이하 15 초과 16 이하	전장의 (1/6 이상 + 0.3 m) 이상 2.8 이상
9.8 초과 14.72 이하	15 이하 15 초과 18 이하 18	전장의 (1/6 이상 + 0.5 m) 이상 3.0 이상 3.2 이상

단원 예상문제

1. 가공전선 지지물의 기초 강도는 주체(主體)에 가하여지는 곡하중(曲荷重)에 대하여 안전율 은 얼마 이상으로 하여야 하는가? [15]

　① 1.0　　　　　② 1.5　　　　　③ 1.8　　　　　④ 2.0

2. 전주의 길이가 15 m 이하인 경우 땅에 묻히는 깊이는 전주 길이의 얼마 이상으로 하여야 하는 가? (단, 설계하중은 6.8 kN 이하이다.) [11, 12]

　① 1/2　　　　　② 1/3　　　　　③ 1/5　　　　　④ 1/6

3. 설계하중 6.8 kN 이하인 철근 콘크리트 전주의 길이가 7 m인 지지물을 건주하는 경우 땅에 묻히는 깊이로 가장 옳은 것은? [13, 17]

① 1.2 m   ② 1.0 m   ③ 0.8 m   ④ 0.6 m

해설 묻히는 깊이 $h \geq 7 \times \dfrac{1}{6} \geq 1.167\,m \rightarrow 1.2\,m$

4. 전주의 길이가 16 m인 지지물을 건주하는 경우에 땅에 묻히는 최소 깊이는 몇 m인가? (단, 설계하중이 6.8 kN 이하이다.) [09, 11, 13, 14]

① 1.5   ② 2   ③ 2.5   ④ 3

5. 논이나 기타 지반이 약한 곳에 건주 공사 시 전주의 넘어짐을 방지하기 위해 시설하는 것은? [13, 17]

① 완금   ② 근가   ③ 완목   ④ 행어 밴드

정답 1. ④ 2. ④ 3. ① 4. ③ 5. ②

(2) 장주 (pole fittings)

① 지지물에 완목, 완금, 애자 등을 장치하는 것을 장주라 한다.

② 배전선로의 장주에는 저·고압선의 가설 이외에도 주상변압기, 유입개폐기, 진상 콘덴서, 승압기, 피뢰기 등의 기구를 설치하는 경우가 있다.

③ 다음 표는 전압과 가선 조수에 따라 완금 사용의 표준을 나타낸 것이다.

표 3-6-5 완금의 사용 표준　　　(단위 : mm)

가선 조수	저압	고압	특고압
2조	900	1400	1800
3조	1400	1800	2400

(3) 저압 및 고압 가공전선의 최저 높이

① 도로 횡단의 경우 : 지표상 6 m 이상

② 철도 횡단의 경우 : 레일면상 6.5 m 이상

③ 횡단보도교 위에 시설하는 경우

  ㈎ 고압의 경우 : 노면상 3.5 m 이상

  ㈏ 저압의 경우 : 노면상 3 m 이상 (절연전선, 다심형 전선, 케이블)

④ 그 밖의 장소 : 지표상 5 m 이상

단원 예상문제

1. 지지물에 전선 그 밖의 기구를 고정시키기 위해 완목, 완금, 애자 등을 장치하는 것을 무엇이라 하는가? [00, 03, 05, 06]

① 장주   ② 건주   ③ 터파기   ④ 가선 공사

2. 저압 2조의 전선을 설치 시, 크로스 완금의 표준 길이(mm)는? [15]

① 900   ② 1400   ③ 1800   ④ 2400

3. 저·고압 가공전선이 도로를 횡단하는 경우 지표상 몇 m 이상으로 시설하여야 하는가? [10, 15]

① 4 m   ② 6 m   ③ 8 m   ④ 10 m

4. 480 V 가공전선이 철도를 횡단할 때 레일면상의 최저 높이는? [04]

① 4 m   ② 4.5 m   ③ 5.5 m   ④ 6.5 m

5. 저압 배전선로에서 전선을 수직으로 지지하는 데 사용되는 장주용 자재명은? [06, 17]

① 경완철   ② 랙   ③ LP 애자   ④ 현수애자

[해설] 랙 (rack) : 링(ring)형 찻대 애자를 수직으로 배열하기 위한 기구로서 저압 배전선로를 수직으로 지지하는 데 사용된다.

[정답] **1.** ①   **2.** ①   **3.** ②   **4.** ④   **5.** ②

---

3 배전용 기구 및 설치

(1) 주상변압기 일반 사항

① 전등 부하에는 단상변압기가 주로 쓰이고, 동력 부하에는 3상 변압기를 사용하는 것이 편리하다.

② 정격출력은 5, 7, 10, 15, 20, 30, 50, 75, 100 kVA 가 표준이다.

③ 지지물에 설치하는 방법은 변압기를 행어 밴드 (hanger band)를 사용하여 설치하는 것이 소형 변압기에 많이 적용되고 있다.

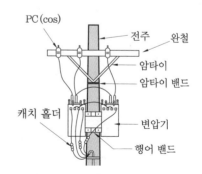

그림 3-6-4 주상변압기 설치

④ 변압기의 1차 측 인하선은 고압 절연선 또는 클로로프렌 외장케이블을 사용하고, 2차 측은 옥외 비닐절연선(OW) 또는 비닐 외장케이블을 사용하여 저압 간선에 접속한다.

⑤ 고압 또는 특별 고압 전로와 저압 전로를 결합하는 변압기의 저압 측에는 제2종 접지 공사를 하여야 한다.

(2) 변압기를 보호하기 위한 기구 설치

① 1차 측 : 애자형 개폐기 또는 프라이머리 컷아웃(PC : Primary Cutout)을 설치하며 과부하에 대한 보호, 변압기 고장 시의 위험 방지 및 구분 개폐를 하기 위한 것이다.

※ 컷아웃 스위치(COS : Cut Out Switch)

㈎ 변압기에 사용할 때 6.6(3.3) kV는 150 kVA 이하, 특고압 22.9 kV에는 300 kVA 이하에 사용한다.

㈏ 차단 용량은 최소 10 kV 이상을 선정한다.

② 2차 측 : 저압 가공전선을 보호하기 위하여 주상변압기의 2차 측에 과전류 차단기를 넣는 캐치 홀더(catch-holder)를 설치한다.

단원 예상문제

1. 주상변압기를 철근 콘크리트 전주에 설치할 때 사용되는 기구는? [02, 03, 04, 05, 06, 08, 09]
① 암 밴드　② 암타이 밴드　③ 앵커　④ 행어 밴드

2. 주상변압기의 1차 측 보호 장치로 사용하는 것은? [10, 15]
① 컷아웃 스위치　② 유입개폐기　③ 캐치 홀더　④ 리클로저

3. 변압기의 보호 및 개폐를 위해 사용되는 특고압 컷아웃 스위치는 변압기 용량의 몇 kVA 이하에 사용되는가? [12]
① 100 kVA　② 200 kVA　③ 300 kVA　④ 400 kVA

해설 컷아웃 스위치(COS : Cut Out Switch)
㉠ 변압기에 사용할 때 6.6(3.3) kV는 150 kVA 이하, 특고압 22.9 kV에는 300 kVA 이하에 사용한다.
㉡ 차단 용량은 최소 10 kV 이상을 선정한다.

4. 배전용 기구인 COS(컷아웃 스위치)의 용도로 알맞은 것은? [10, 12, 17]
① 배전용 변압기의 1차 측에 시설하여 변압기의 단락 보호용으로 쓰인다.
② 배전용 변압기의 2차 측에 시설하여 변압기의 단락 보호용으로 쓰인다.
③ 배전용 변압기의 1차 측에 시설하여 배전 구역 전환용으로 쓰인다.
④ 배전용 변압기의 2차 측에 시설하여 배전 구역 전환용으로 쓰인다.

5. 다음 중 주상변압기의 2차 측이나 저압 분기회로의 분기점 등에 설치하는 것은? [98, 99]
① 개폐기　② 캐치 홀더　③ 컷아웃 스위치　④ 전력용 콘덴서

6. 주상변압기의 고·저압 혼촉 방지를 위해 실시하는 2차 측 접지 공사는? [13]
① 제1종　② 제2종　③ 제3종　④ 특별 제3종

4 고압 가공전선로 및 특고압 가공전선로

(1) 고압 가공전선로

① 고압 가공전선로의 경간의 제한(판단기준 76 조 참조)

표 3-6-6

지지물의 종류	경간
철탑	600 m 이하
B종 철주 또는 B종 철근 콘트리트주	250 m 이하
A종 철주 또는 A종 철근 콘크리트주	150 m 이하

② 고압 보안 공사의 경간의 제한(판단기준 78 조 참조)

표 3-6-7

지지물의 종류	경간
목주·A종 철주 또는 A종 철근 콘크리트주	100 m 이하
B종 철주 또는 B종 철근 콘크리트주	150 m 이하
철탑	400 m 이하

(2) 특고압 가공전선로

① 특고압(22.9 kV-Y)는 3상 4선식으로, 다중 접지된 중선선을 가진다.

② 완금은 접지 공사를 하여야 하며, 이때 접지선은 중선선에 연결한다.

③ 특고압 가공전선과 저고압 가공전선의 병가 : 이격 거리는 1.2 m 이상일 것

④ 사용 전압 15 kV 이하의 특고압 가공전선로의 중성선의 접지선을 중성선으로부터 분리하였을 경우(판단기준 135조 참조)

   ⑺ 1 km마다의 중성선과 대지 사이의 합성 전기저항값 : 30 Ω 이하

   ⑻ 각 접지점의 전기저항값 : 300 Ω 이하

⑤ 고압 및 특고압용 기계 기구 시설(내선규정 3210-2 참조)

   ⑺ 시가지에 시설하는 고압 : 4.5 m 이상(시가지 이외는 4 m)

   ⑻ 특고압 : 5 m 이상

⑥ 특고압 가공전선의 굵기 및 종류(판단기준 107조 참조) : 케이블인 경우 이외에는 인장강도 8.71 kN 이상의 연동선 또는 단면적 22 mm^2 이상의 경동연선이어야 한다.

단원 예상문제 ⊙

1. 고압 가공전선로의 지지물로 철탑을 사용하는 경우 경간은 몇 m 이하로 제한하는가? [16, 17]

① 150 　　　　② 300 　　　　③ 500 　　　　④ 600

2. 고압 보안 공사 시 고압 가공전선로의 경간은 철탑의 경우 얼마이어야 하는가? [12]

① 100 m 　　② 150 m 　　③ 400 m 　　④ 600 m

3. 저압 가공전선과 고압 가공전선을 동일 지지물에 시설하는 경우 상호 이격 거리는 몇 cm 이상이어야 하는가? [09, 17]

① 20 cm 　　② 30 cm 　　③ 40 cm 　　④ 50 cm

해설 저·고압 가공전선 등의 병가 (판단기준 75 조 참조)
　　　㉠ 저압 가공전선을 고압 가공전선의 아래로 하고 별개의 완금류에 시설할 것
　　　㉡ 저압 가공전선과 고압 가공전선 사이의 이격 거리는 50 cm 이상일 것

4. 사용 전압이 35 kV 이하인 특고압 가공전선과 220 V 가공전선을 병가할 때 가공선로 간의 이격 거리는 몇 m 이상이어야 하는가? [13]

① 0.5 　　　② 0.75 　　　③ 1.2 　　　④ 1.5

5. 사용 전압 15 kV 이하의 특고압 가공전선로의 중성선의 접지선을 중성선으로부터 분리하였을 경우 1 km마다의 중성선과 대지 사이의 합성 전기저항값은 몇 Ω 이하로 하여야 하는가? [14]

① 30 　　　　② 100 　　　　③ 150 　　　　④ 300

6. 특고압(22.9 kV-Y) 가공전선로의 완금 접지 시 접지선은 어느 곳에 연결하여야 하는가? [14]

① 변압기 　　② 전주 　　③ 지선 　　④ 중선선

7. 22.9 kV-Y 가공전선의 굵기는 단면적이 몇 mm^2 이상이어야 하는가? (단, 동선의 경우이다.) [15, 17]

① 22 　　　　② 32 　　　　③ 40 　　　　④ 50

8. 다음 (　) 안에 알맞은 내용은? [14]

> 고압 및 특고압용 기계 기구의 시설에 있어 고압은 지표상 (㉠) 이상 (시가지에 시설하는 경우), 특고압은 지표상 (㉡) 이상의 높이에 설치하고 사람이 접촉될 우려가 없도록 시설하여야 한다.

① ㉠ 3.5 m, ㉡ 4 m 　　　　② ㉠ 4.5 m, ㉡ 5 m
③ ㉠ 5.5 m, ㉡ 6 m 　　　　④ ㉠ 5.5 m, ㉡ 7 m

정답 **1.** ④ **2.** ③ **3.** ④ **4.** ③ **5.** ① **6.** ④ **7.** ① **8.** ②

6-3 지중 배전선로 시설 공사

1 지중 전선로의 시설 방식

(1) 직접 매설식

① 전력케이블을 직접 지중에 매설하는 방식이다.

② 매설 깊이

 (가) 차량, 기타 중량물의 압력을 받을 우려가 있는 장소 : 1.2 m 이상

 (나) 기타 장소 : 0.6 m 이상

③ 케이블은 콘크리트제의 견고한 트라프 기타 견고한 관 또는 트라프에 넣어 시설할 것

(2) 관로식

① 합성수지 평형관, PVC 직관, 강관 등 파이프를 사용하여 관로를 구성한 뒤 케이블을 부설하는 방식이다.

② 일정 거리의 관로 양 끝에는 맨홀을 설치하여 케이블을 설치하고 접속한다.

③ 매설 깊이 : 1.0 m 이상

(3) 전력 구식

① 터널과 같이 상부가 막힌 형태의 지하 구조물에 포설하는 방식이다.

② 가스, 통신, 상하수도 관로등과 전력 설비를 동시에 설치하는 공동 구식도 전력 구식의 일종이다.

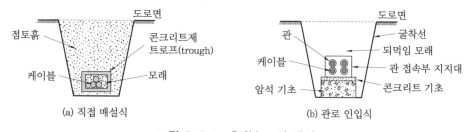

그림 3-6-5 케이블 포설 방식

(4) 지중함의 시설

① 지중함은 견고하고 차량 기타 중량물의 압력에 견디며, 물기가 쉽게 스며들지 않는 구조일 것

② 지중함은 그 안에 고인 물을 제거할 수 있는 구조일 것

③ 폭발성 또는 연소성 가스가 있는 곳에 시설하는 지중함으로서 그 크기가 $1 m^3$ 이상인 것은 통풍 장치 기타 가스를 방사하기 위한 장치를 시설할 것

④ 지중함의 뚜껑은 시설자 이외의 사람이 쉽게 열 수 없도록 시설할 것

2 지중 전선의 종류 및 접속

(1) 지중 전선으로 사용하는 케이블

표 3-6-8 지중 전선용 케이블(내선규정 2150-3 참조)

전압의 종류	케이블의 종류	
저압	1. 알루미늄피 케이블 3. 비닐 외장케이블 5. 미네랄 인슐레이션(MI) 케이블	2. 클로로프렌 외장케이블 4. 폴리에틸렌 외장케이블 6. 상기 케이블에 보호 피복을 한 케이블
고압	1. 알루미늄피 케이블 3. 비닐 외장케이블 5. 콤바인덕트(CD) 케이블	2. 클로로프렌 외장케이블 4. 폴리에틸렌 외장케이블 6. 상기 케이블에 보호 피복을 한 케이블
특별 고압	1. 알루미늄피 케이블 3. 폴리에틸렌 혼합물 케이블 5. 파이프형 압력 케이블	2. 에틸렌프로필렌 고무 혼합물 케이블 4. 가교 폴리에틸렌 절연비닐시스 케이블 6. 상기 케이블에 보호 피복을 한 케이블

(2) 전력케이블의 약호 및 용도

표 3-6-9 전력케이블

종류	약호	용도
특고압 지중케이블 수밀형 특고압 지중케이블	CNCV CNCV-W	다중 배전 방식의 지중 선로용
난연성 특고압 지중케이블	FR-CNCO-W	변전소 케이블 처리실, 전력구, 공동구용
600 V CV 케이블	600 V CV	지중 배전 저압 선로용

㈜ 1. CV : 가교 폴리에틸렌 절연 비닐시스 케이블
2. CNCV : 동심 중성선 가교 폴리에틸렌 절연 비닐시스 케이블
3. CNCV-W : 수밀형 동심 중성선 가교 폴리에틸렌 절연 비닐시스 케이블
4. FR-CNCO-W : 난연성 수밀형 동심 중성선 가교 폴리에틸렌 절연 비닐시스 케이블

단원 예상문제

1. 다음 중 지중 전선로의 매설 방법이 아닌 것은? [07]
① 관로식　② 암거식　③ 직접 매설식　④ 행어식

2. 지중 전선로 시설 방식이 아닌 것은? [15]
① 직접 매설식　② 관로식　③ 트리이식　④ 암거식

3. 지중 전선로를 직접 매설식에 의하여 시설하는 경우 차량, 기타 중량물의 압력을 받을 우려가 있는 장소의 매설 깊이(m)는? [10, 11, 14, 15, 17]

① 0.6 m 이상　　② 1.2 m 이상　　③ 1.5 m 이상　　④ 2.0 m 이상

4. 지중 전선로에 사용되는 케이블 중 고압용 케이블로 사용할 수 없는 것은? [13]

① 미네랄 인슐레이션(MI) 케이블　　② 폴리에틸렌 외장케이블
③ 클로로프렌 외장케이블　　　　　　④ 비닐 외장케이블

5. 전선 약호가 CN-CV-W인 케이블의 명명은? [12]

① 동심 중성선 수밀형 전력케이블
② 동심 중성선 차수형 전력케이블
③ 동심 중성선 수밀형 저독성 난연 전력케이블
④ 동심 중성선 차수형 저독성 난연 전력케이블

해설 표 3-6-9 전력케이블 참조

6. 지중 또는 수중에 설치하는 양극과 피방식체 간의 전기 부식 방지 시설에 대한 설명으로 틀린 것은? [11]

① 사용 전압은 직류 60 V 초과일 것
② 지중에 매설하는 양극은 75 cm 이상의 깊이일 것
③ 수중에 시설하는 양극과 그 주위 1 m 안의 임의의 점과의 전위차는 10 V를 넘지 않을 것
④ 지표에서 1 m 간격의 임의의 2점 간의 전위차가 5 V를 넘지 않을 것

해설 전기 부식 방지 회로의 사용 전압은 직류 60 V 이하일 것

7. 지중 배전선로에서 케이블을 개폐기와 연결하는 몸체는? [11]

① 스틱형 접속 단자　　　　② 엘보 커넥터
③ 절연 캡　　　　　　　　④ 접속 플러그

해설 엘보 커넥터(elbow connector) : 케이블을 개폐기와 연결하는 몸체

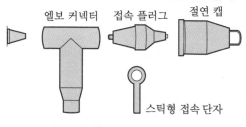

스틱 조작식(stick operable type)

Chapter 07 수·변전 설비

수·변전 설비의 구성 및 주요 기기

1 수·변전 설비의 구성

(1) 수·변전 설비의 구성도

표 3-7-1 수·변전 설비의 구성도

구성 블록	구성 기기	비고
인입 관계	• 케이블 전용 회로 (CN-CV, 229 kW) • 자동 고장 구분 개폐기 (ASS), 부하 개폐기 (LBS) • 피뢰기 (보호 장치)	책임 분계점, 재산 한계점 (수급 지점)은 전력 회사와 협의한다.
고압·특별 고압 수전반	• 차단기 (반부착, 수동 조작의 경우) • 조작 개폐기 (차단기 원격 조작의 경우) • 계량 장치 (각종 계기, 계기용 변성기, 영상 변류기) • 표시 장치 (개폐, 고장을 표시) • 보호 장치 (과전류계전기, 부족 전압 계전기, 접지 계전기)	차단기는 회로의 사고(과전류, 부족 전압, 과부하, 단락, 지락 등) 발생 시 아주 짧은 시간에 차단하며, 평상시는 부하 전류의 개폐를 한다.
고압·특별 고압 개폐기	• 전력 퓨즈 (한류형 PF) • 컷아웃 스위치 (COS)	전력 퓨즈와 컷아웃 스위치의 사용법에 유의한다.
변압기	변압기 (유입, 몰드, 가스 절연, 아몰퍼스)	변전 설비의 주체를 이루고 자가용에서는 특별 고압에서 저압으로 변성하는 장치이다.
진상용 콘덴서	진상용 콘덴서, 방전 코일, 직렬 리액터	역률개선, 과전압 방지, 파형 개선용
저압 배전반	• 계량 장치 (각종 계기, 계기용 변류기) • 배선용 차단기	간선 회로의 감시 및 보호
부하 설비	부하 설비 (공기 조화 설비, 급·배수 동력설비, 운반 수송 설비, 조명 설비 등)	전등 분전반 동력 조작반

(2) 수·변전 설비의 주요 기구 및 계기

① 주요 기구의 심벌 및 용도

표 3-7-2 주요 기구의 심벌 및 용도

명칭	약호	심벌 (단선도용)	용도 및 역할
계기용 변압 변류기	MOF	WH MOF	• 계기용 변압기와 변류기의 조합 • 전력 수급용 전력량 계시
단로기	DS	DS	• 기기 및 선로를 활선으로부터 분리 • 회로 변경 및 분리
피뢰기	LA	LA E_1	• 낙뢰 또는 이상전압으로부터 설비 보호 • 속류 차단
전력 퓨즈	PF	PF	전로나 기기를 단락전류로부터 보호
교류 차단기	CB	CB	• 부하 전류 계폐 • 단락, 지락 사고 시 회로 차단
계기용 변류기	CT	CT	• 대전류를 소전류로 변성 • 배전반의 전류계·전력계, 차단기의 트립 코일의 전원으로 사용
계기용 변압기	PT	PT×2	• 고전압을 저전압으로 변성 • 배전반의 전압계, 전력계, 주파수계, 역률계 표시등 및 부족 전압 트립 코일의 전원으로 사용
영상 변류기	ZCT	ZCT	• 지락 사고 시 영상 전류 검출 • 접지 계전기에 의하여 차단기를 동작시킴
변압기	Tr	Tr 3φ	• 특별 고압 또는 고압 수전 전압을 필요한 전압으로 변성 • 부하에 전력 공급
전력용 (진상) 콘덴서	SC	SC	부하에 역률개선

② 계기류의 심벌

표 3-7-3 계기류의 심벌

명칭	심벌	명칭	심벌
전압계	Ⓥ 또는 ▢V	전압계용 절환 스위치	⊕ VS
전류계	Ⓐ 또는 ▢A	전류계용 절환 스위치	Ⓧ AS
전력계	Ⓦ 또는 ▢W	적색 표시등	Ⓡ
역률계	㎩ 또는 ▢PF	녹색 표시등	Ⓖ
주파수계	Ⓕ 또는 ▢F	표시등	㎰ 또는 ▢FL

단원 예상문제 ◎

1. 특고압 수전 설비의 기호와 명칭으로 잘못된 것은? [10]

① CB - 차단기　　② DS - 단로기　　③ LA - 피뢰기　　④ LF - 전력 퓨즈

[해설] 결선 기호와 명칭

기호	CB	DS	LA	PF	CT	PT	ZCT
명칭	차단기	단로기	피뢰기	전력퓨즈	계기용 변류기	계기용 변압기	영상 변류기

2. 피뢰기의 약호는? [96, 01, 02]

① CT　　② LA　　③ DS　　④ CB

[해설] 피뢰기(LA : Lightning Arrester)

3. 다음 중 변류기의 약호는? [07]

① CB　　② CT　　③ DS　　④ COS

[해설] 변류기(CT : Current Transformer)
① CB : 차단기　③ DS : 단로기　④ COS : 컷아웃 스위치

4. 다음의 심벌 명칭은 무엇인가? [12]

① 파워 퓨즈
② 단로기
③ 피뢰기
④ 고압 컷아웃 스위치

단선도용	복선도용
DS	DS

5. 다음 중 교류 차단기의 단선도 심벌은? [10]

①   ②   ③   ④

해설 ① 교류 차단기의 단선도 ② 교류 차단기의 복선도
③ 고압 교류 부하 개폐기 단선도 ④ 고압 교류 부하 개폐기 복선도

6. 다음의 심벌 명칭은 무엇인가? [12]

① 파워퓨즈
② 단로기
③ 피뢰기
④ 고압 컷아웃 스위치

7. 다음 심벌이 나타내는 것은? [13]

① 저항
② 진상용 콘덴서
③ 유압 개폐기
④ 변압기

해설 전력용 콘덴서의 구성 – 진상용 콘덴서(SC) : 그림 3-7-1 참조

정답 **1.** ④ **2.** ② **3.** ② **4.** ② **5.** ① **6.** ③ **7.** ②

2 차단기·개폐기·조상설비의 특성

(1) 차단기(Circuit Breaker, CB)의 설치 위치와 기능

① 변전소의 수전 인입구, 송·배전선의 인출구, 변압기 군의 1차 및 2차 측, 모선의 연결부 등에 설치된다.

② 평상시에는 부하 전류, 선로의 충전전류, 변압기의 여자전류 등을 개폐하고, 고장 시에는 보호계전기의 동작에서 발생하는 신호를 받아 단락 전류, 지락전류, 고장 전류 등을 차단한다.

(2) 차단기의 종류와 특성

① 유입 차단기(OCB : Oil Circuit Breaker) : 아크를 절연유의 소호 작용에 의하여 소호한다.

② 자기차단기(MBCB : Magnetic-Blast Circuit Breaker) : 아크와 직각으로 자기장을 주어 소호실 안에 아크를 밀어 넣고 아크 전압을 증대시키며, 또한 냉각하여 소호한다.

③ 가스차단기(GCB : Gas Circuit Breaker) : 공기나 절연유 대신 아크에 SF_6 가스를 분사하여 소호한다.

④ 기중 차단기(ACB : Air Circuit Breaker) : 자연 공기 내에서 개방할 때 접촉자가 떨어지면서 자연 소호에 의한 소호 방식을 가지는 차단기로서 교류 또는 직류 차단기로 많이 사용된다.

⑤ 진공차단기(VCB : Vacuum Circuit Breaker) : 고진공의 유리관 등 속에 전로(電路)의 전류 차단을 하는 차단기로. 진공상태는 절연내력이 좋고, 아크도 소호(消弧)하기 쉽다. 또한 접점의 손모가 적고, 개폐 수명이 길다.

⑥ 공기차단기(ABB : Air-Blast circuit Breaker) : 소호 매질로서 수~수십 기압의 압축공기를 사용한 것으로 고속도차단기의 제작이 용이하고 고속 재폐로로 사용되는 이외에 보수 점검상 유리하다.

표 3-7-4 SF_6 가스의 성질

구분	특성
일반 특성	불활성, 무색, 무취, 무독성
열전도율	공기의 1.6배
비중	공기의 약 5배
소호력	공기의 100배
절연내력	공기의 3배
아크 시상수	공기나 질소에 비해 1/100
전기저항 특성	부저항 특성

(3) 차단기의 정격 및 용량

① 정격전압 : 정한 조항에 따라 그 차단기에 가할 수 있는 사용 전압의 한계를 말한다.

② 정격 차단 용량 (rated interrupting capacity)

　⑦ 단상의 경우 : 정격 차단 용량＝(정격전압)×(정격 차단 전류)

　⑭ 3상의 경우 : 정격 차단 용량＝$\sqrt{3}$ (정격전압)×(정격 차단 전류)

(4) 개폐기

① 부하 개폐기(LBS : Load Breaking Switch) : 수·변전 설비의 인입구 개폐기로 많이 사용되며 전류 퓨즈의 용단 시 결상을 방지할 목적으로 채용되고 있다.

② 선로 개폐기(LS : Line Switch) : 보안상 책임 분계점에서 보수 점검 시 전로 개폐를 위하여 설치 사용된다.

③ 기중 부하 개폐기(IS : Interupter Switch) : 22.9 kV 선로에 주로 사용되며, 자가용 수전 설비에서는 300 kVA 이하 인입구 개폐기로 사용된다.

④ 자동 고장 구분 개폐기(ASS : Automatic Section Switch) : 수용가 구내에 지락, 단락 사고 시 즉시 회로를 분리 목적으로 설치 사용된다.

⑤ 컷아웃 스위치(COS : Cut Out Switch) : 주로 변압기의 1차 측에 설치하여 변압기의 보호와 개폐를 위하여 단극으로 제작되며 내부에 퓨즈를 내장하고 있다.

단원 예상문제 ⊙

1. 차단기 문자 기호 중 'OCB'는? [16]

① 진공차단기　　② 기중 차단기　　③ 자기차단기　　④ 유입 차단기

2. 다음 중 용어와 약호가 바르게 짝지어진 것은? [06]

① 유입 차단기 – ABB　　　　② 공기차단기 – ACB
③ 가스차단기 – GCB　　　　④ 자기차단기 – OCB

3. 수변전 설비에서 차단기의 종류 중 가스차단기에 들어가는 가스의 종류는? [07, 11]

① CO_2　　　　② LPG　　　　③ SF_6　　　　④ LNG

4. 교류 차단기에 포함되지 않는 것은? [14]

① GCB　　　　② HSCB　　　　③ VCB　　　　④ ABB

해설 HSCB(High Speed Circuit Breaker) : 고속도차단기
참고 직류 전기 차량 등에 탑재되어 있는 보안장치로서, 규정 이상의 큰 전류가 흘렀을 경우 자동적으로 0.02~0.03초 순간에 주회로(主回路)를 차단하여 기기의 피해를 방지한다.

5. 가스 절연 개폐기나 가스차단기에 사용되는 가스인 SF_6의 성질이 아닌 것은? [10, 13]

① 같은 압력에서 공기의 2.5~3.5배의 절연내력이 있다.
② 무색, 무취, 무해 가스이다.
③ 가스 압력 3~4 kgf/cm^2에서는 절연내력은 절연유 이상이다.
④ 소호 능력은 공기보다 2.5배 정도 낮다.

6. 정격전압 3상 24 kV, 정격 차단 전류 300 A인 수전 설비의 차단 용량은 몇 MVA인가? [15]

① 17.26　　　　② 28.34　　　　③ 12.47　　　　④ 24.94

해설 차단기의 용량 : $Q = \sqrt{3} \times$정격전압$\times$정격 차단 전류$\times 10^{-6} = \sqrt{3} \times 24 \times 10^3 \times 300 \times 10^{-6}$
≒ 12.47 MVA

7. 인입 개폐기가 아닌 것은? [14]

① ASS   ② LBS   ③ LS   ④ UPS

[해설] UPS (Uninterruptible Power Supply) : 무정전 전원 장치

8. 수·변전 설비의 인입구 개폐기로 많이 사용되고 있으며 전력 퓨즈의 용단 시 결상을 방지하는 목적으로 사용되는 개폐기는? [08, 12]

① 부하 개폐기   ② 자동 고장 구분 개폐기
③ 선로 개폐기   ④ 기중 부하 개폐기

[정답] 1. ④   2. ③   3. ③   4. ②   5. ④   6. ③   7. ④   8. ①

(5) 조상설비

① 설치 목적

  ⑺ 무효전력을 조정하여 역률개선에 의한 전력손실 경감

  ⑻ 전압의 조정과 송전 계통의 안정도 향상

② 조상설비의 종류 및 구성

  ⑺ 전력용 콘덴서

  ⑻ 리액터

  ⒟ 동기조상기

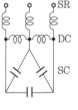

그림 3-7-1
전력용 콘덴서의 구성

③ 전력용 콘덴서의 부속 기기

  ⑺ 방전 코일 (DC : Discharging Coil) : 콘덴서를 회로에 개방하였을 때 전하가 잔류함으로써 일어나는 위험과 재투입 시 콘덴서에 걸리는 과전압을 방지하는 역할을 한다.

  ⑻ 직렬 리액터 (SR : Series Reactor) : 제5 고조파, 그 이상의 고조파를 제거하여 전압, 전류파형을 개선한다.

④ 진상용 콘덴서 (SC) 설치 방법 : 설치 방법 중에서 각 부하 측에 분산 설치하는 방법이 가장 효과적으로 역률이 개선되나 설치 면적과 설치 비용이 많이 든다.

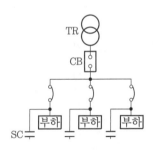

그림 3-7-2
각 부하 측에 분산 설치

⑤ 부하의 역률개선의 효과

  ⑺ 선로 손실의 감소

  ⑻ 전압강하 감소

  ⒟ 설비용량의 이용률 증가 (여유도 향상)

  ㈑ 전력 요금의 경감

단원 예상문제

1. 무효전력을 조정하는 전기기계 기구는? [10]

① 조상설비   ② 개폐 설비   ③ 차단 설비   ④ 보상 설비

2. 수변전 설비 중에서 동력설비 회로의 역률을 개선할 목적으로 사용되는 것은? [14, 16, 17]

① 전력 퓨즈   ② MOF   ③ 지락계전기   ④ 진상용 콘덴서

해설 ※ MOF (Metering Out Fit) : 계기용 변성기함

3. 역률개선의 효과로 볼 수 없는 것은? [10]

① 감전사고 감소   ② 전력손실 감소

③ 전압강하 감소   ④ 설비용량의 이용률 증가

4. 전력용 콘덴서를 회로로부터 개방하였을 때 전하가 잔류함으로써 일어나는 위험의 방지와 재투입할 때 콘덴서에 걸리는 과전압의 방지를 위하여 무엇을 설치하는가? [11]

① 직렬 리액터   ② 전력용 콘덴서   ③ 방전 코일   ④ 피뢰기

5. 설치 면적과 설치 비용이 많이 들지만 가장 이상적이고 효과적인 진상용 콘덴서 설치 방법은? [11]

① 수전단 모선에 설치   ② 수전단 모선과 부하 측에 분산하여 설치

③ 부하 측에 분산하여 설치   ④ 가장 큰 부하 측에만 설치

6. 150 kW의 수전설비에서 역률을 80 %에서 95 %로 개선하려고 한다. 이때 전력용 콘덴서의 용량은 약 몇 kVA인가? [14]

① 63.2   ② 126.4   ③ 133.5   ④ 157.6

해설 $Q_c = P\left(\sqrt{\dfrac{1}{\cos^2\theta_1} - 1} - \sqrt{\dfrac{1}{\cos^2\theta_2} - 1}\right) = 150\left(\sqrt{\dfrac{1}{0.8^2} - 1} - \sqrt{\dfrac{1}{0.95^2} - 1}\right) ≒ 63.2 \text{ kVA}$

정답 **1.** ①   **2.** ④   **3.** ①   **4.** ③   **5.** ③   **6.** ①

3 계기용 변성기

(1) 계기용 변성기의 종류 및 용도

① 계기용 변류기(CT : Current Transfomer)

  (가) 높은 전류를 낮은 전류로 변성

  (나) 배전반의 전류계·전력계, 차단기의 트립 코일의 전원으로 사용

② 계기용 변압기(PT : Potential Transformer)

  (가) 고전압을 저전압으로 변성

(나) 배전반의 전압계, 전력계, 주파수계, 역률계 표시등 및 부족 전압 트립 코일의 전원으로 사용

③ 전력 수급용 계기용 변성기 (MOF : Metering Out Fit)

(가) 계기용 변압기 (PT)와 계기용 변류기 (CT)를 조합한 것

(나) 전력 수급용 전력량 계시

(2) 계기용 변성기의 2차 측 전로의 접지 (판단기준 26조 참조)

① 고압용 : 제3종 접지 공사   ② 특고압용 : 제1종 접지 공사

단원 예상문제

1. 계기용 변류기의 약호는? [14, 17]

① CT   ② WH   ③ CB   ④ DS

해설 계기용 변류기 (CT : Current Transfomer)
② WH(Watt-Hour meter) : 전력량계   ③ CB(Circuit Breaker) : 차단기
④ DS(Disconnecting Switch) : 단로기

2. 수·변전 설비의 고압 회로에 걸리는 전압을 표시하기 위해 전압계를 시설할 때 고압 회로와 전압계 사이에 시설하는 것은? [13, 14]

① 관통형 변압기   ② 계기용 변류기   ③ 계기용 변압기   ④ 권선형 변류기

3. 수변전 설비 구성 기기의 계기용 변압기(PT)의 설명으로 맞지 않는 것은? [15]

① 높은 전압을 낮은 전압으로 변성하는 기기이다.
② 높은 전류를 낮은 전류로 변성하는 기기이다.
③ 회로에 병렬로 접속하여 사용하는 기기이다.
④ 부족 전압 트립 코일의 전원으로 사용된다.

해설 표 3-7-2 주요 기구의 심벌 및 용도 참조

4. 고압 전기회로의 전기 사용량을 적산하기 위한 계기용 변압 변류기의 약자는? [06]

① ZPCT   ② MOF   ③ DCS   ④ DSPF

5. 수변전 배전반에 설치된 고압 계기용 변성기의 2차 측 전로의 접지 공사는? [15, 17]

① 제1종 접지 공사   ② 제2종 접지 공사
③ 제3종 접지 공사   ④ 특별 제3종 접지 공사

6. 특고압 계기용 변성기 2차 측에는 어떤 접지 공사를 하는가? [15]

① 제1종   ② 제2종   ③ 제3종   ④ 특별 제3종

정답 1. ①   2. ③   3. ②   4. ②   5. ③   6. ①

4 단로기·변압기·영상 변류기

(1) 단로기(DS : Disconnecting Switch)

개폐기의 일종으로 기기의 점검, 측정, 시험 및 수리를 할 때 기기를 활선으로부터 분리하여 확실하게 회로를 열어 놓거나 회로 변경을 위하여 설치한다.

(2) 변압기

① 특별 고압 또는 고압 수전 전압을 필요한 전압으로 변성하여 부하에 전력을 공급한다.

② 몰드 변압기

㈎ 고압 및 저압 권선을 모두 에폭시로 몰드(mold)한 고체 절연 방식을 채용한다.

㈏ 난연성, 절연의 신뢰성, 보수 및 점검이 용이, 에너지 절약 등의 특징이 있다.

③ 1차가 22.9 kV−Y의 배전선로이고, 2차가 220/380 V 부하 공급 시 변압기 결선 방식이다.

• 3상 4선식 220/380 V($Y-Y$ 결선으로 중선선 이용)

(3) 영상 변류기(ZCT : Zero-phase Current Transformer)

지락 사고가 생겼을 때 흐르는 지락(영상)전류를 검출하여 접지 계전기에 의하여 차단기를 동작시켜 사고의 파급을 방지한다.

(4) 절연 종별과 최고 허용 온도

표 3-7-5 절연 종별과 최고 허용 온도

종별	Y	A	E	B	F	H	C
℃	90	105	120	130	155	180	180 초과

단원 예상문제

1. 고압 이상에서 기기의 점검, 수리 시 무전압, 무전류 상태로 전로에서 단독으로 전로의 접속 또는 분리하는 것을 주목적으로 사용되는 수변전 기기는? [15, 17]

① 기중 부하 개폐기   ② 단로기   ③ 전력 퓨즈   ④ 컷아웃 스위치

2. 코일 주위에 전기적 특성이 큰 에폭시수지를 고진공으로 침투시키고, 다시 그 주위를 기계적 강도가 큰 에폭시수지로 몰딩한 변압기는? [10]

① 건식 변압기   ② 유입 변압기   ③ 몰드 변압기   ④ 타이 변압기

3. 1차가 22.9 kV－Y의 배전선로이고, 2차가 220/380 V 부하 공급 시는 변압기 결선을 어떻게 하여야 하는가? [06]

① $\Delta - Y$ ② $Y - \Delta$ ③ $Y - Y$ ④ $\Delta - \Delta$

해설 배전 방식에 의한 간선
- ㉠ 특별 고압 간선 : 3상 4선식 22.9 kV 다중 접지식
- ㉡ 저압 간선 : 3상 4선식 220/380 V ($Y - Y$)

4. 고압 전로에 지락 사고가 생겼을 때 지락전류를 검출하는 데 사용하는 것은? [14, 17]

① CT   ② ZCT   ③ MOF   ④ PT

5. 자가용 전기 설비의 보호계전기의 종류가 아닌 것은? [14]

① 과전류계전기   ② 과전압계전기
③ 부족 전압 계전기   ④ 부족 전류 계전기

6. 다음 중 ( ) 안에 들어갈 내용은? [16]

> 유입변압기에 많이 사용되는 목면, 명주, 종이 등의 절연재료는 내열 등급 (　　)으로 분류되고, 장시간 지속하여 최고 허용 온도 (　　)℃를 넘어서는 안 된다.

① Y종, 90   ② A종, 105   ③ E종, 120   ④ B종, 130

정답 1. ② 2. ③ 3. ③ 4. ② 5. ④ 6. ②

7-2 배전반 및 분전반

❶ 배전반 및 분전반의 시설 공사

(1) 배전반 및 분전반

① 배전반 (switch board) : 전기 계통의 중추적인 역할을 하며, 기기나 회로를 감시 제어하기 위한 계기류, 계전기류, 개폐기류 등을 한곳에 집중하여 시설한 것

② 분전반 (panel board) : 간선에서 각 기계·기구로 배선하는 전선을 분기하는 곳에 주 개폐기, 분기 개폐기 및 자동차단기를 설치하기 위하여 시설한 것

(2) 배전반 공사

① 수전 설비의 배전반 등의 최소 유지 거리

표 3-7-7 최소 유지 거리 (단위 : m)

위치별 기기별	앞면 또는 조작·계측면	뒷면 또는 점검면	열상호 간(점검하는 면)
특고압 배전반	1.7	0.8	1.4
고압 배전반	1.5	0.6	1.2
저압 배전반	1.5	0.6	1.2
변압기 등	0.6	0.6	1.2

※ 열상호 간은 기기류를 2열 이상 설치하는 경우이다.

② 접지 공사

㉮ 제1종 접지 공사 : 피뢰기, 변압기, 유압 차단기 등의 외함

㉯ 제2종 접지 공사 : 변압기의 저압 측 중성점 또는 1단자

㉰ 제3종 접지 공사 : 고압 변성기 및 변류기의 2차 측과 저압 기기의 외함

(3) 분전반 공사

① 일반적으로 분전반은 철제 캐비닛(steel cabinet) 안에 나이프 스위치, 텀블러 스위치 또는 배선용 차단기를 설치하며, 내열 구조로 만든 것이 많이 사용되고 있다.

② 철제 분전반은 두께 1.2 mm 또는 1.6 mm의 철판으로 만들며, 문이 달린 뚜껑은 3.2 mm 두께의 철판으로 만든다.

③ 하나의 분전반이 담당하는 경제 면적은 750~1000 m^2로 하고, 분전반에서 최종 부하까지의 거리는 30 m 이내로 하는 것이 좋다.

(4) 배선 기구의 접속 방법

① 분전반 또는 배전반의 단극 개폐기, 점멸 스위치, 퓨즈, 리셉터클 등에서 전압 측 전선과 접지 측 전선을 구별할 필요가 있다.

② 소켓, 리셉터클 등에 전선을 접속할 때

㉮ 전압 측 전선을 중심 접촉면에, 접지 측 전선을 속 베이스에 연결하여야 한다.

㉯ 이유 : 충전된 속 베이스를 만져서 감전될 우려가 있는 것을 방지하기 위해서이다.

③ 전등 점멸용 점멸 스위치를 시설할 때

㉮ 반드시 전압 측 전선에 시설하여야 한다.

㉯ 이유 : 접지 측 전선에 접지사고가 생기면 누설전류가 생겨서 화재의 위험성이 있고, 또 점멸 역할도 할 수 없게 되기 때문이다.

(5) 전선의 극성 표시

① 다선식 옥내배선인 경우의 중성선(절연전선, 케이블 및 코드)

㉮ 백색 또는 회색의 표지를 하여야 한다.

(내) 단상 2선식 회로의 접지 측 전선도 같이 하는 것이 바람직하다.

(대) 전압 측 전선에는 원칙적으로 백색 또는 회색의 것을 사용하지 말아야 한다.

② 접지 공사의 접지선에는 원칙적으로 녹색 표지를 한다.

여기서, 다심 케이블, 다심 캡타이어케이블 또는 다심 코드의 한 심선을 접지선으로 사용하는 경우에는 녹색 또는 황록색 및 얼룩 무늬 모양의 것 이외의 심선을 접지극으로 사용해서는 안 된다.

(6) 분전반 및 배전반의 설치 장소 (내선규정 1455 – 1 참조)

① 전기회로를 쉽게 조작할 수 있는 장소　　② 개폐기를 쉽게 조작할 수 있는 장소

③ 노출된 장소　　④ 안정된 장소

단원 예상문제 🎯

1. 수전 설비의 저압 배전반 앞에서 계측기를 판독하기 위하여 앞면과 최소 몇 m 이상 유지하는 것을 원칙으로 하고 있는가? [10]

① 0.6 m　　② 1.2 m　　③ 1.5 m　　④ 1.7 m

해설 표 3-7-7 최소 유지 거리 참조

2. 수전반에 사용되는 지시 계기 중 전압계를 나타내는 약호는? [03]

① A　　② V　　③ W　　④ F

해설 수전반용 지시 계기
　　① A : 전류계　② V : 전압계　③ W : 전력계　④ F : 주파수계

3. 배전반 및 분전반을 넣은 강판제로 만든 함의 두께는 몇 mm 이상인가? (단, 가로세로의 길이가 30 cm를 초과한 경우이다.) [11, 15]

① 0.8　　② 1.2　　③ 1.5　　④ 2.0

해설 분전반의 함(函)(내선규정 1455-5 참조)
　　㉠ 강판제의 것은 두께 1.2 mm 이상이어야 한다.
　　㉡ 난연성 합성수지로 된 것은 두께 1.5 mm 이상으로 내(耐) 아크성인 것이어야 한다.

4. 옥내 분전반의 설치에 관한 내용 중 틀린 것은? [13]

① 분전반에서 분기회로를 위한 배관의 상승 또는 하강이 용이한 곳에 설치한다.

② 분전반에 넣는 금속제의 함 및 이를 지지하는 구조물은 접지를 하여야 한다.

③ 각 층마다 하나 이상을 설치하나, 회로 수가 6 이하인 경우 2개 층을 담당할 수 있다.

④ 분전반에서 최종 부하까지의 거리는 40 m 이내로 하는 것이 좋다.

해설 옥내 분전반 설치 : 분전반에서 최종 부하까지의 거리는 30 m 이내로 하는 것이 좋다.

5. 분전반에 대한 설명으로 틀린 것은? [12]

① 배선과 기구는 모두 전면에 배치하였다.

② 강판제의 분전함은 두께 1.2 mm 이상의 강판으로 제작하였다.

③ 배선은 모두 분전반 이면으로 하였다.

④ 두께 1.5 mm 이상의 난연성 합성수지로 제작하였다.

[해설] 분전반의 함(函)(내선규정 1455 – 5 참조)

  ㉠ 반(般)의 뒤쪽은 배선 및 기구를 배치하지 않는다.

  ㉡ 난연성 합성수지로 된 것은 두께 1.5 mm 이상으로 내(耐) 아크성인 것이어야 한다.

  ㉢ 강판제의 것은 두께 1.2 mm 이상이어야 한다.

  ㉣ 절연저항 측정 및 전선 접속 단자의 점검이 용이한 구조여야 한다.

6. 접지 측 전선을 접속하여 사용하여야 하는 것은? [97, 01]

① 캐치 홀더

② 점멸 스위치

③ 단극 스위치

④ 리셉터클 베이스 단자

7. 가정용 전등에 사용되는 점멸 스위치를 설치하여야 할 위치에 대한 설명으로 가장 적당한 것은? [05, 07, 10]

① 접지 측 전선에 설치한다.

② 중성선에 설치한다.

③ 부하의 2차 측에 설치한다.

④ 전압 측 전선에 설치한다.

[해설] 점멸 스위치는 전압 측 전선에 설치한다.

8. 단상 2선식 옥내 배전반 회로에서 접지 측 전선의 색깔로 옳은 것은? [10, 13]

① 흑색

② 적색

③ 청색

④ 백색

[해설] 옥내배선의 중성선 및 접지 측 전선의 표시 (내선규정 1420 – 1 참조)

  ㉠ 다선식 옥내배선인 경우의 중성선 (절연전선, 케이블 및 코드)은 백색 또는 회색의 표지를 하여야 하며, 단상 2선식 회로의 접지 측 전선도 같이 하는 것이 바람직하다.

  ㉡ 전압 측 전선에는 원칙적으로 백색 또는 회색의 것을 사용하지 말아야 한다.

9. 3상 4선식 380/220 V 전로에서 전원의 중성극에 접속된 전선을 무엇이라 하는가? [16]

① 접지선

② 중성선

③ 전원선

④ 접지측선

[해설] 중성선이란 다선식 전로에서 전원의 중성극에 접속된 전선을 말한다 (내선규정 1300 – 9 참조).

10. 분전반 및 배전반의 설치 장소로 적합하지 않은 곳은? [15, 17]

① 안정된 장소

② 밀폐된 장소

③ 개폐기를 쉽게 개폐할 수 있는 장소

④ 전기회로를 쉽게 조작할 수 있는 장소

[정답] 1. ③ 2. ② 3. ② 4. ④ 5. ③ 6. ④ 7. ④ 8. ④ 9. ② 10. ②

Chapter 08 특수 장소 및 특수 설비의 전기 시설

8-1 특수 장소 전기 시설

1 가스 증기 위험 장소

가스 증기 위험 장소는 가연성가스 또는 인화성액체의 증기 (폭발성가스)의 위험성, 공기에 대한 비중, 휘발성 등 발생 상태, 확산 상태 등을 고려하여 그 적용을 정하여야 한다.

① 배선은 금속 전선관 배선 또는 케이블 배선에 의한다.

② 금속 전선관 배선에 의하는 경우

   ⑦ 금속관은 **후강** 전선관 또는 이와 동등 이상의 강도를 가지는 것을 사용할 것

   ⑭ 관 상호 및 관과 박스는 5턱 이상의 나사 조임으로 견고하게 접속할 것

   ⑮ 금속관과 전동기의 접속 시 가요성을 필요로 하는 짧은 부분의 배선에는 안전 증가 방폭 구조의 **플렉시블 피팅**을 사용할 것

   ⑯ 전선관 부속품 및 전선 접속함에는 내압 방폭 구조의 것을 사용할 것

③ 저압의 전기기계 기구의 외함, 철프레임, 조명 기구, 캐비닛, 금속관과 그의 부속품 등 노출된 금속제 부분에는 특별 제 3 종 접지 공사를 하여야 한다.

④ 전로에 지기가 생겼을 경우에 이를 검출하여 경보하고, 또한 전로를 자동 차단하는 보호 장치를 설치하는 경우에 접지저항값 $25\,\Omega$ 이하로 한다.

⑤ 이동 전선은 접속점이 없는 $0.6/1\,kV$ EP 고무절연 클로로프렌 캡타이어케이블을 사용한다.

   • 단면적이 $0.75\,mm^2$ 이상인 것일 것

단원 예상문제

1. 가연성가스가 새거나 체류하여 전기 설비가 발화원이 되어 폭발할 우려가 있는 곳에 있는 저압 옥내 전기 설비의 시설 방법으로 가장 적절한 것은? [08, 10, 11, 12]

  ① 애자 사용 공사　　　　　　　　② 가요 전선관 공사

  ③ 셀룰러 덕트 공사　　　　　　　④ 금속관 공사

2. 가스 증기 위험 장소의 배선 방법으로 적합하지 않은 것은? [09]

① 옥내배선은 금속관 배선 또는 합성수지관 배선으로 할 것
② 전선관 부속품 및 전선 접속함에는 내압 방폭 구조의 것을 사용할 것
③ 금속관 배선으로 할 경우 관 상호 및 관과 박스는 5턱 이상의 나사 조임으로 견고하게 접속할 것
④ 금속관과 전동기의 접속 시 가요성을 필요로 하는 짧은 부분의 배선에는 안전 증가 방폭 구조의 플렉시블 피팅을 사용할 것

3. 옥내에 시설하는 사용 전압이 400 V 이상인 저압의 이동 전선은 0.6/1 kV EP 고무 절연 클로로프렌 캡타이어케이블로서 단면적이 몇 mm² 이상이어야 하는가? [12]

① 0.75 mm²　　② 2 mm²　　③ 5.5 mm²　　④ 8 mm²

해설 옥내 저압용 이동 전선의 시설 (판단기준 제198조 참조)
옥내에 시설하는 사용 전압이 400 V 이상인 저압의 이동 전선은 0.6/1 kV EP 고무 절연 클로로프렌 캡타이어케이블로서 단면적이 0.75 mm² 이상인 것일 것

정답 **1.** ④　**2.** ①　**3.** ①

2 분진 위험 장소

분진 위험 장소는 폭연성 분진, 도전성 분진, 가연성 분진 또는 타기 쉬운 섬유의 위험성, 부유 (浮游) 상태, 집적 상태 등을 고려하여 그 적용을 정하여야 한다.

(1) 폭연성 분진이 있는 경우

① 옥내배선은 금속 전선관 배선 또는 케이블 배선에 의할 것
② 금속 전선관 배선에 의하는 경우
　㈎ 금속관은 **박강** 전선관 또는 이와 동등 이상의 강도를 가지는 것을 사용할 것
　㈏ 패킹을 사용하여 분진이 내부로 침입하지 않도록 시설할 것
　㈐ 관 상호 및 관과 박스는 5턱 이상의 나사 조임으로 견고하게 접속할 것
　㈑ 전동기에 접속하는 짧은 부분에서 가요성을 필요로 하는 부분의 배선은 분진 방폭형 플렉시블 피팅 (flexible fitting)을 사용할 것
③ 케이블 배선에 의하는 경우
　㈎ 케이블은 강관, 강대 및 활동대를 개장으로 한 케이블 또는 MI 케이블을 사용하는 경우를 제외하고 보호관에 넣어서 시설할 것
　㈏ 콘센트 및 플러그를 시설하지 말 것
　㈐ 이동 전선은 접속점이 없는 0.6/1 kV EP 고무절연 클로로프렌 캡타이어케이블을 사용할 것

단원 예상문제

1. 폭연성 분진 또는 화학류의 분말이 전기 설비가 발화원이 되어 폭발할 우려가 있는 곳에 시설하는 저압 옥내 전기 설비의 저압 옥내배선 공사는? [10, 17]

① 금속관 공사　　　　　　　　② 합성수지관 공사
③ 가요 전선관 공사　　　　　　④ 애자 사용 공사

2. 폭발성 분진이 있는 위험 장소에 금속관 공사에 있어서 관 상호 및 관과 박스 기타의 부속품이나 풀박스 또는 전기기계 기구는 몇 턱 이상의 나사 조임으로 시공하여야 하는가? [06, 07, 08, 10, 11, 12, 13, 14]

① 2턱　　　　　　　　　　　　② 3턱
③ 4턱　　　　　　　　　　　　④ 5턱

3. 폭연성 분진이 존재하는 곳의 금속관 공사 시 전동기에 접속하는 부분에서 가요성을 필요로 하는 부분의 배선에는 방폭형의 부속품 중 어떤 것을 사용하여야 하는가? [12]

① 플렉시블 피팅
② 분진 플렉시블 피팅
③ 분진 방폭형 플렉시블 피팅
④ 안전 증가 플렉시블 피팅

4. 폭연성 분진이 존재하는 곳의 저압 옥내배선 공사 시 공사 방법으로 짝지어진 것은 어느 것인가? [15]

① 금속관 공사, MI 케이블 공사, 개장된 케이블 공사
② CD 케이블 공사, MI 케이블 공사, 금속관 공사
③ CD 케이블 공사, MI 케이블 공사, 제1종 캡타이어케이블 공사
④ 개장된 케이블 공사, CD 케이블 공사, 제1종 캡타이어케이블 공사

5. 가연성 분진이 존재하거나 발생하는 곳의 저압 옥내배선에서, 이동 전선 사용 시 적절한 것은? [01]

① 비닐 절연 캡타이어케이블
② 유압 케이블
③ 0.6/1 kV EP 고무 절연 클로로프렌 캡타이어케이블
④ CD 케이블

정답 1. ①　2. ④　3. ③　4. ①　5. ③

3 화약고 등의 위험 장소

화약고, 화약류 제조소 및 화약류 취급소 등의 위험 장소를 말한다.

(1) 화약고에 시설하는 전기 설비 (내선규정 4220 - 1 참조)

① 화약고는 전기 설비를 시설하여서는 안 된다. 다만, 백열전등, 형광등 또는 이들에 전기를 공급하기 위한 전기 설비 (개폐기, 과전류 차단기 제외)를 다음 각호에 의하여 시설하는 경우는 적용하지 않는다.

    ㈎ 전로의 대지 전압은 300 V 이하로 할 것

    ㈏ 전기기계 기구는 전폐형을 사용할 것

    ㈐ 옥내배선은 금속 전선관 배선 또는 케이블 배선에 의하여 시설할 것

    ㈑ 전로에 지기가 생겼을 경우에는 자동적으로 전로를 차단 또는 경보하는 장치를 할 것

② 개폐기 및 과전류 차단기에서 화약고의 인입구까지의 배선은 케이블을 사용하고 또한 이것을 지중에 시설하여야 한다.

③ 기계 기구의 철대, 금속제 외함 및 금속 프레임에 사용 전압 400 V 미만은 제 3 종 접지 공사, 400 V 이상의 저압은 특별 제3 종 접지 공사를 하여야 한다.

(2) 화약류 제조소에 시설하는 전기 설비

① 가연성가스 또는 증기가 존재하는 화약류 제조소에 시설하는 전기 설비는 가스 증기 위험 장소의 규정에 따라 시설한다.

② 화약류 분말이 존재하는 화약류 제조소에 시설하는 전기 설비는 분진 위험 장소의 규정에 따라 시설한다.

단원 예상문제 ◎

1. 화약고 등의 위험 장소의 배선 공사에서 전로의 대지 전압은 몇 V 이하이어야 하는가? [07, 09, 10, 11, 17]

  ① 300   ② 400   ③ 500   ④ 600

2. 화약류 저장 장소의 배선 공사에서 전용 개폐기에서 화약류 저장소의 인입구까지는 어떤 공사를 하여야 하는가? [06, 12]

  ① 케이블을 사용한 옥측 전선로   ② 금속관을 사용한 지중 전선로

  ③ 케이블을 사용한 지중 전선로   ④ 금속관을 사용한 옥측 전선로

3. 화약고 등의 위험 장소에서 전기 설비 시설에 관한 내용으로 옳은 것은? [14]

① 전로의 대지 전압은 400 V 이하일 것
② 전기기계 기구는 전폐형을 사용할 것
③ 화약고 내의 전기 설비는 화약고 장소에 전용 개폐기 및 과전류 차단기를 시설할 것
④ 개폐기 및 과전류 차단기에서 화약고 인입구까지의 배선은 케이블 배선으로 노출로 시설할 것

4. 화약고의 배선 공사 시 개폐기 및 과전류 차단기에서 화약고 인입구까지는 어떤 배선 공사에 의하여 시설하여야 하는가? [15]

① 합성수지관 공사로 지중 선로   ② 금속관 공사로 지중 선로
③ 합성수지 몰드 지중 선로   ④ 케이블 사용 지중 선로

5. 화약류 저장 장소의 배선 공사에서 전용 개폐기에서 화약류 저장소의 인입구까지는 어떤 공사를 하여야 하는가? [12]

① 케이블을 사용한 옥측 전선로   ② 금속관을 사용한 지중 전선로
③ 케이블을 사용한 지중 전선로   ④ 금속환을 사용한 옥측 전선로

6. 화약류 저장소 안에는 백열전등이나 형광등 또는 이에 전기를 공급하기 위한 공작물에 한하여 전로의 대지 전압은 몇 V 이하의 것을 사용하는가? [10, 11, 12, 15]

① 100 V   ② 200 V   ③ 300 V   ④ 400 V

7. 화약류의 분말이 전기 설비가 발화원이 되어 폭발할 우려가 있는 곳에 시설하는 저압 옥내배선의 공사 방법으로 가장 알맞은 것은? [15]

① 금속관 공사   ② 애자 사용 공사
③ 버스 덕트 공사   ④ 합성수지 몰드 공사

정답 1. ① 2. ③ 3. ② 4. ④ 5. ③ 6. ③ 7. ①

4 부식성 가스 등이 있는 장소

산류, 알칼리류, 염소산칼리, 표백분, 염료 또는 인조비료의 제조 공장, 제련소, 전기도금 공장, 개방형 축전지실 등 부식성 가스 등이 있는 장소를 말한다.

(1) 배선

① 부식성 가스 또는 용액의 종류에 따라서 애자 사용 배선, 금속 전선관 배선, 합성수지

관 배선, 2종 금속제 가요 전선관, 케이블 배선 또는 캡타이어케이블 배선으로 시공하여야 한다 (단, 두께 2 mm 미만의 합성수지 전선관 및 난연성이 없는 CD관은 제외).

② 애자 사용 배선의 경우는 사람이 쉽게 접촉될 우려가 없는 노출 장소에 한한다.

   (가) 전선은 부식성 가스 또는 용액의 종류에 따라서 절연전선(DV전선은 제외한다) 또는 이와 동등 이상의 절연 효력이 있는 것을 사용할 것. 다만, 전선의 절연물이 상해를 받는 장소는 나전선을 사용할 수 있으며, 이 경우는 바닥 위 2.5 m 이상 높이에 시설한다.

   (나) 애자 사용 배선의 규정에 따르며, 부득이 나전선을 사용하는 경우에는 전선과 조영재와의 거리를 4.5 cm 이상으로 한다.

(2) 기타 사항

① 개폐기, 콘센트 및 과전류 차단기를 시설하여서는 안 된다.

② 기계 기구의 철대, 금속제 외함 및 금속 프레임에 사용 전압 400 V 미만은 제 3 종 접지 공사, 400 V 이상의 저압은 특별 제 3 종 접지 공사를 하여야 한다.

단원 예상문제

1. 부식성 가스 등이 있는 장소에 시설할 수 없는 배선은? [10, 12]

① 애자 사용 배선
② 제 1 종 금속제 가요 전선관 배선
③ 케이블 배선
④ 캡타이어케이블 배선

2. 부식성 가스 등이 있는 장소에서 시설이 허용되는 것은? [08, 09]

① 개폐기
② 콘센트
③ 과전류 차단기
④ 전등

3. 부식성 가스 등이 있는 장소에 전기 설비를 시설하는 방법으로 적합하지 않은 것은? [10, 13]

① 애자 사용 배선 시 부식성 가스의 종류에 따라 절연전선인 DV전선을 사용한다.
② 애자 사용 배선에 의한 경우에는 사람이 쉽게 접촉될 우려가 없는 노출 장소에 한한다.
③ 애자 사용 배선 시 부득이 나전선을 사용하는 경우에는 전선과 조영재와의 거리를 4.5 cm 이상으로 한다.
④ 애자 사용 배선 시 전선의 절연물이 상해를 받는 장소는 나전선을 사용할 수 있으며, 이 경우는 바닥 위 2.5 m 이상 높이에 시설한다.

정답 **1.** ②   **2.** ④   **3.** ①

5 위험물 등이 존재하는 장소

셀룰로이드, 성냥, 석유류 및 기타 타기 쉬운 위험한 물질이 존재하여 화재가 발생할 경우 위험이 큰 장소를 말한다.

① 배선은 금속관 배선, 합성수지관 배선 또는 케이블 배선 등에 의한다.

② 금속 전선관 배선, 합성수지 전선관 배선(두께 2 mm 미만의 합성수지관 제외) 또는 케이블 배선으로 시공한다.

③ 금속관은 박강 전선관 또는 이와 동등 이상의 강도가 있는 것을 사용한다.

④ 이동 전선은 접속점이 없는 1종 캡타이어케이블 이외의 캡타이어케이블을 사용한다.

⑤ 기계 기구의 철대, 금속제 외함 및 금속 프레임에 사용 전압 400 V 미만은 제 3 종 접지 공사를 하여야 한다.

단원 예상문제

1. 위험물 등이 있는 곳에서의 저압 옥내배선 공사 방법이 아닌 것은? [15]

① 케이블 공사 　② 합성수지관 공사 　③ 금속관 공사 　④ 애자 사용 공사

2. 성냥을 제조하는 공장의 공사 방법으로 적당하지 않은 것은? [13]

① 금속관 공사 　② 케이블 공사 　③ 합성수지관 공사 　④ 금속 몰드 공사

3. 셀룰로이드, 성냥, 석유류 등 기타 가연성 위험 물질을 제조 또는 저장하는 장소의 배선으로 잘못된 배선은? [04, 07, 09, 13, 16, 17]

① 금속관 배선 　② 합성수지관 배선 　③ 플로어덕트 배선 　④ 케이블 배선

4. 셀룰로이드, 성냥, 석유류 등 기타 가연성 위험 물질을 제조 또는 저장하는 장소의 배선 방법이 아닌 것은? [11]

① 배선은 금속관 배선, 합성수지관 배선 또는 케이블 배선에 의할 것
② 금속관은 박강 전선관 또는 이와 동등 이상의 강도가 있는 것을 사용할 것
③ 두께가 2 mm 미만의 합성수지제 전선관을 사용할 것
④ 합성수지관 배선에 사용하는 합성수지관 및 박스 기타 부속품은 손상될 우려가 없도록 시설할 것

5. 인화성 유기용제를 사용하는 도색 공장 내에 시설해서는 안 되는 저압 옥내배선 공사 방법은 어느 것인가? [05, 11]

① 합성수지관 공사 　　　　　② 연피 케이블 공사
③ 금속관 공사 　　　　　　　④ 캡타이어케이블 공사

정답 1. ④ 　2. ④ 　3. ③ 　4. ③ 　5. ②

6 불연성 먼지가 많은 장소 (내선규정 4235 참조)

폭연성 또는 가연성이 아닌 먼지가 많이 존재하는 탄광, 시멘트, 석분 등의 공장, 도자기 원료의 분쇄 및 혼합장 등 불연성 먼지가 많은 장소를 말한다.

① 배선 시공

㈎ 애자 사용 배선

㈏ 금속 전선관 배선

㈐ 금속제 가요 전선관 배선

㈑ 금속 덕트 배선, 버스 덕트 배선

㈒ 합성수지 전선관 배선(두께 2 mm 미만의 합성수지 전선관 제외)

㈓ 케이블 배선 또는 캡타이어케이블 배선으로 시공하여야 한다.

② 핸드램프 등에 부속하여 사용하는 이동 전선은 캡타이어케이블, 비닐 캡타이어케이블 또는 클로로프렌 캡타이어케이블을 사용한다.

③ 기계 기구의 철대, 금속제 외함 및 금속 프레임에 사용 전압 400 V 미만은 제 3 종 접지 공사, 400 V 이상의 저압은 특별 제 3 종 접지 공사를 하여야 한다.

7 습기가 많은 장소 또는 물기가 있는 장소·염해를 받을 우려가 있는 장소

(1) 습기가 많은 장소 또는 물기가 있는 장소(내선규정 4240 참조)

① 다음 배선 방법에 의하여 시설하여야 한다.

㈎ 금속관 배선

㈏ 금속제 2종 가요 금속관 배선

㈐ 캡타이어케이블 또는 케이블 배선

㈑ 애자 사용 배선(점검할 수 없는 은폐 장소는 제외)

㈒ 합성수지관 배선(두께 2 mm 미만 제외, 난연성 없는 CD관 제외)

② 사용 전압이 400 V 미만인 전구선 및 이동 전선은 단면적이 0.75 mm^2 이상이어야 한다.

(2) 저압 옥외 전기 설비의 내염 (耐鹽) 공사

① 바인드선은 철제의 것을 사용하지 않는다.

② 계량기함 등은 금속제를 피한다.

③ 철제류는 아연도금 또는 방청 도장을 실시해야 한다.

④ 나사못류는 동합금(놋쇠)제의 것 또는 아연도금한 것을 사용한다.

단원 예상문제 🎯

1. 불연성 먼지가 많은 장소에 시설할 수 없는 저압 옥내배선의 방법은? [06, 09, 14]

① 금속관 배선

② 두께가 1.2 mm인 합성수지관 배선

③ 금속제 가요 전선관 배선

④ 애자 사용 배선

2. 다음 〈보기〉 중 금속관, 애자, 합성수지 및 케이블 공사가 모두 가능한 특수 장소를 옳게 나열한 것은? [13]

──────── [보 기] ────────
㉠ 화약고 등의 위험 장소   ㉡ 부식성 가스가 있는 장소
㉢ 위험물 등이 존재하는 장소   ㉣ 불연성 먼지가 많은 장소   ㉤ 습기가 많은 장소

① ㉠, ㉡, ㉢   ② ㉡, ㉢, ㉣   ③ ㉡, ㉣, ㉤   ④ ㉠, ㉣, ㉤

해설 특수 장소에 따른 배선 공사

㉠ 화약고 : 금속관, 케이블
㉡ 부식성 가스 : 금속관, 애자 사용, 합성수지관, 케이블, 금속제 가요 전선관
㉢ 위험물 : 금속관, 합성수지관, 케이블
㉣ 불연성 먼지 : 금속관, 애자 사용, 합성수지관, 케이블, 금속제 가요 전선관, 금속 덕트, 버스 덕트
㉤ 습기 : 금속관, 애자 사용, 합성수지관, 케이블, 금속제 가요 전선관

3. 습기가 많은 장소 또는 물기가 있는 장소의 바닥 위에서 사람이 접촉될 우려가 있는 장소에 시설하는 사용 전압이 400 V 미만인 전구선 및 이동 전선은 단면적이 최소 몇 mm² 이상인 것을 사용하여야 하는가? [07]

① 0.75   ② 1.25   ③ 2.0   ④ 3.5

4. 저압 옥외 전기 설비(옥측의 것을 포함한다.)의 내염(耐鹽) 공사에서 설명이 잘못된 것은? [08]

① 바인드선은 철제의 것을 사용하지 말 것

② 계량기함 등은 금속제를 사용할 것

③ 철제류는 아연도금 또는 방청 도장을 실시할 것

④ 나사못류는 동합금(놋쇠)제의 것 또는 아연도금한 것을 사용할 것

5. 지중 또는 수중에 시설되는 금속체의 부식을 방지하기 위한 전기 부식 방지용 회로의 사용 전압은? [10]

① 직류 60 V 이하

② 교류 60 V 이하

③ 교류 750 V 이하

④ 교류 600 V 이하

해설 전기 방식 회로의 최대 사용 전압은 직류 60 V 이하일 것(내선규정 4195-3 참조)

8-2 흥행 장소 및 특수 장소의 전기 시설

1 흥행 장소의 전기 시설

무대, 무대 밑, 오케스트라 박스, 영사실, 기타 사람이나 무대도구가 접촉될 우려가 있는 흥행 장소를 말한다.

① 흥행장에 사용하는 저압 옥내배선, 전구선 또는 이동 전선은 사용 전압이 400 V 미만 이어야 한다.

② 무대 밑 배선은 금속 전선관 배선, 합성수지 전선관 배선(두께 2 mm 미만의 합성수지 전선관 제외), 케이블 배선 또는 캡타이어케이블로 시공하여야 한다. 단, 사람의 통행 이 없고 전선이 외상을 받을 우려가 없는 장소에는 애자 사용 배선으로 할 수 있다.

③ 무대 밑에 사용하는 전구선은 방습 코드, 고무 캡타이어 코드 또는 비닐 캡타이어케이 블 이외의 캡타이어케이블을 사용하여야 한다.

④ 보더 라이트 (border light)에 부속하는 이동 전선은 1종 캡타이어케이블 또는 비닐 캡 타이어케이블 이외의 캡타이어케이블을 사용하고, 보더 라이트에서 발생하는 열에 충 분히 견딜 수 있는 것이어야 한다.

⑤ 무대, 무대 밑, 오케스트라 박스 및 영사실에서 사용하는 전등 등의 부하에 공급하는 전로에는 이들의 전로에 전용 개폐기 및 과전류 차단기를 설치하여야 한다.

⑥ 무대용 콘센트, 박스, 보더 라이트의 금속제 외함 등에는 제 3 종 접지 공사를 하여야 한다.

2 기타 특수 장소의 전기 시설

(1) 터널 및 갱도(내선규정 4255 참조)

① 사람이 상시 통행하는 터널 내의 배선은 저압에 한하며 애자 사용, 금속 전선관, 합성 수지관, 금속제 가요 전선관, 케이블 배선으로 시공하여야 한다.

② 애자 사용 배선의 경우 전선은 노면상 2.5 m 이상의 높이로 하고, 단면적 2.5 mm^2 이 상의 절연전선을 사용해야 한다(단, OW, DV 전선 제외).

③ 터널의 인입구 가까운 곳에 전용의 개폐기를 시설하여야 한다.

단원 예상문제 ◎

1. 무대, 무대 밑, 오케스트라 박스, 영사실, 기타 사람이나 무대도구가 접촉할 우려가 있는 장소에 시설하는 저압 옥내배선, 전구선 또는 이동 전선은 사용 전압이 몇 V 미만이어야 하는가? [02, 03, 07, 10, 12, 13, 14, 16]

① 400   ② 500   ③ 600   ④ 700

2. 흥행장에 시설하는 전구선이 아크 등에 접근하여 과열될 우려가 있을 경우 어떤 전선을 사용하는 것이 바람직한가? [06]

① 비닐 피복 전선   ② 내열성 피복 전선
③ 내약품성 피복 전선   ④ 내화학성 피복 전선

해설 열에 충분히 견딜 수 있는 내열성 피복 전선을 사용하여야 한다.

3. 흥행장의 무대용 콘센트, 박스, 플라이 덕트 및 보더 라이트의 금속제 외함은 몇 종 접지 공사를 하여야 하는가? [04, 11, 12]

① 제1종   ② 제2종   ③ 제3종   ④ 특별 제3종

4. 흥행장의 저압 공사에서 잘못된 것은? [12]

① 무대, 무대 밑, 오케스트라 박스 및 영사실의 전로에는 전용 개폐기 및 과전류 차단기를 시설할 필요가 없다.
② 무대용의 콘센트, 박스, 플라이 덕트 및 보더 라이트의 금속제 외함에는 제3종 접지를 하여야 한다.
③ 플라이 덕트는 조영재 등에 견고하게 시설하여야 한다.
④ 사용 전압 400 V 미만의 이동 전선은 0.6/1 kV EP 고무 절연 클로로프렌 캡타이어케이블을 사용한다.

5. 흥행장의 저압 배선 공사 방법으로 잘못된 것은? [13]

① 전선 보호를 위해 적당한 방호 장치를 할 것
② 무대나 영사실 등의 사용 전압은 400 V 미만일 것
③ 무대용 콘센트, 박스의 금속제 외함은 특별 제3종 접지 공사를 할 것
④ 전구 등의 온도 상승 우려가 있는 기구류는 무대막, 목조의 마루 등과 접촉하지 않도록 할 것

6. 사람이 상시 통행하는 터널 내 배선의 사용 전압이 저압일 때 배선 방법으로 틀린 것은? [12, 16]

① 금속관 배선   ② 금속 덕트 배선
③ 합성수지관 배선   ④ 금속제 가요 전선관 배선

정답   1. ①   2. ②   3. ③   4. ①   5. ③   6. ②

Chapter 09 전기 응용 시설 공사

9-1 조명 설비 공사

1 조명 설비의 개요

(1) 우수한 조명의 조건

① 조도가 적당할 것

② 그림자가 적당할 것

③ 휘도의 대비가 적당할 것

④ 광색이 적당할 것

⑤ 균등한 광속 발산도 분포(얼룩이 없는 조명)일 것

(2) 조명의 용어와 단위

① 조명에 관한 용어의 정의와 단위는 다음 표와 같다.

표 3-9-1 밝기의 정의와 단위

구분	정의	기호	단위
조도	장소의 밝기	E	럭스(lx)
광도	광원에서 어떤 방향에 대한 밝기	I	칸델라(cd)
광속	광원 전체의 밝기	F	루멘(lm)
휘도	광원의 외관상 단위면적당의 밝기	B	스틸브(sb)
광속 발산도	물건의 밝기 (조도, 반사율)	M	래드럭스(rlx)

② 휘도(luminance) : 어느 면을 어느 방향에서 보았을 때의 발산 광속으로 단위는 ([sb] : stilb), ([nt] : nit)을 사용한다.

③ 완전 확산면(perfect diffusing surface)

㈎ 반사면이 거칠면 난반사하여 빛이 확산한다.

㈏ 이 확산 반사 중 면의 휘도가 어느 방향에서 보더라도 같은 표면을 완전 확산면이라 한다.

1. 우수한 조명의 조건이 되지 못하는 것은? [06]

① 조도가 적당할 것　　　　　　② 균등한 광속 발산도 분포일 것
③ 그림자가 없을 것　　　　　　④ 광색이 적당할 것

2. 조명 설계 시 고려해야 할 사항 중 틀린 것은? [14]

① 적당한 조도일 것　　　　　　② 휘도 대비가 높을 것
③ 균등한 광속 발산도 분포일 것　　④ 적당한 그림자가 있을 것

3. 조명공학에서 사용되는 칸델라(cd)는 무엇의 단위인가? [16]

① 광도　　　　② 조도　　　　③ 광속　　　　④ 휘도

4. 완전 확산면은 어느 방향에서 보아도 무엇이 동일한가? [16]

① 광속　　　　② 휘도　　　　③ 조도　　　　④ 광도

정답　1. ③　2. ②　3. ①　4. ②

2 조명방식·조명설계

(1) 조명 기구의 배치에 의한 조명방식

① 전반조명 (general lighting)

　㈎ 작업면의 전체를 균일한 조도가 되도록 조명하는 방식이다.

　㈏ 공장, 사무실, 교실 등에 사용하고 있다.

② 국부조명 (local lighting)

　㈎ 작업에 필요한 장소마다 그곳에 필요한 조도를 얻을 수 있도록 국부적으로 조명하는 방식이다.

　㈏ 높은 정밀도의 작업을 하는 곳에서 사용된다.

③ 전반 국부 병용 조명

　㈎ 작업면 전체는 비교적 낮은 조도의 전반조명을 실시하고 필요한 장소에만 높은 조도가 되도록 국부조명을 하는 방식으로, 경제적으로 좋은 조명이다.

　㈏ 공장이나 사무실 등에 널리 사용된다.

④ TAL (Task Ambient Lighting) 조명

　㈎ 작업 구역에는 전용의 국부조명 방식으로 조명한다.

㈏ 기타 주변 환경에 대해서는 간접 또는 직접조명으로 한다.

(2) 기구의 배치에 의한 조명방식의 분류

① 기구의 배치에 의한 조명방식의 분류는 다음 표와 같다.

표 3-9-2 조명 기구의 배광

조명 방식	직접조명	반직접조명	전반확산조명	반간접조명	간접조명
상향 광속	0~10 %	10~40 %	40~60 %	60~90 %	90~100 %
조명 기구					
하향 광속	100~90 %	90~60 %	60~40 %	40~10 %	10~0 %
용도	일반 공장	일반 사무실, 학교, 상점, 주택	고급 사무실, 상점, 주택	고급 사무실, 고급 주택	대합실, 회의실, 임원실

(3) 건축화조명 (architectural lighting) 방식

① 건축의장과 조명 기구를 일체화하는 방식으로 광원의 설치 방법에 따라 다음 표와 같이 분류된다.

표 3-9-3 건축화조명

천장에 매입한 것	천장면을 광원으로 한 것	벽면을 광원으로 한 것
광량 조명(반매입 라인 라이트)	광천장 조명	코니스 조명(벽면 조명)
코퍼 조명(천장 매입)	루버 조명	밸런스 조명
다운 라이트 조명	코브 조명(간접 조명)	광벽 조명

② 다운 라이트(down-light) 조명방식 : 천장에 작은 구멍을 뚫어 그 속에 등기구를 매입시키는 방법으로 매입형에 따라 하면 개방형, 하면 루버형, 하면 확산형, 반사형 등이 있다.

③ 코브(cove) 조명방식 : 간접조명에 속하며 코브의 벽이나 천장면에 플라스틱, 목재 등을 이용하여 광원을 감추고, 그 반사광으로 채광하는 조명방식이다.

④ 코니스(cornice) 조명방식 : 천장과 벽면의 경계 구역에 건축적으로 턱을 만들어 그 내부에 조명 기구를 설치하여 아래 방향의 벽면을 조명하는 방식이다.

(4) 조명의 계산

① 광속 보존의 법칙에 의하여, 다음 식으로 소요되는 총 광속을 구한다.

$$F_0 = \frac{AED}{U} = \frac{AE}{UM} \text{ [lm]} \qquad N = \frac{F_0}{F} = \frac{AED}{FU} \text{ [개]}$$

여기서, F_0 : 총 광속(lm) A : 실내의 면적(m^2) E : 평균 조도(lx) D : 감광보상률
M : 보수율 U : 조명률 N : 광원의 등수 F : 등 1개의 광속(lm)

② 실지수(K) $= \dfrac{XY}{H(X+Y)}$

여기서, X : 실의 가로 길이(m) Y : 실의 세로 길이(m) H : 작업면에서 광원까지의 높이(m)

단원 예상문제

1. 실내 전체를 균일하게 조명하는 방식으로 광원을 일정한 간격으로 배치하여 공장, 학교, 사무실 등에서 채용되는 조명방식은? [12]

① 국부조명 ② 전반조명 ③ 직접조명 ④ 간접조명

2. 특정한 장소만을 고조도로 하기 위한 조명 기구의 배치 방식은? [03]

① 국부조명 방식 ② 전반조명 방식 ③ 간접조명 방식 ④ 직접조명 방식

3. 하향 광속으로 직접 작업면에 직사하고 상부 방향으로 향한 빛이 천장과 상부의 벽을 부분 반사하여 작업면에 조도를 증가시키는 조명방식은? [13]

① 직접조명 ② 반직접조명 ③ 반간접조명 ④ 전반확산조명

4. 조명 기구를 배광에 따라 분류하는 경우 특정한 장소만을 고조도로 하기 위한 조명 기구는 어느 것인가? [15]

① 직접조명 기구 ② 전반확산조명 기구
③ 광천장조명 기구 ④ 반직접조명 기구

5. 조명 기구를 반간접조명 방식으로 설치하였을 때 위(상방향)로 향하는 광속의 양(%)은 얼마인가? [14, 17]

① 0~10   ② 10~40   ③ 40~60   ④ 60~90

6. 천장에 작은 구멍을 뚫어 그 속에 등기구를 매입시키는 방식으로 건축의 공간을 유효하게 하는 조명방식은? [11, 17]

① 코브 방식   ② 코퍼 방식   ③ 밸런스 방식   ④ 다운 라이트 방식

7. 간접조명에 속하며 코브의 벽이나 천장면에 플라스틱, 목재 등을 이용하여 광원을 감추고, 그 반사광으로 채광하는 조명방식은?

① 코브 방식   ② 코퍼 방식   ③ 밸런스 방식   ④ 다운 라이트 방식

8. 가로 20 m, 세로 18 m, 천장의 높이 3.85 m, 작업면의 높이 0.85 m, 간접조명 방식인 호텔 연회장의 실지수는 약 얼마인가? [15]

① 1.16   ② 2.16   ③ 3.16   ④ 4.16

해설 $H=3.85-0.85=3$ m

∴ 실지수 $K=\dfrac{XY}{H(X+Y)}=\dfrac{20\times18}{3(20+18)}=\dfrac{360}{114}≒3.16$

정답 **1.** ② **2.** ① **3.** ④ **4.** ① **5.** ④ **6.** ④ **7.** ① **8.** ③

9-2 조명용 배선 설계

1 부하의 상정(想定)과 간선의 수용률

(1) 건물의 종류에 대응한 표준 부하

배선을 설계하기 위한 전등 및 소형 전기기계 기구의 부하 용량 산정에서, 건물의 종류에 따른 표준 부하는 표 3-9-4와 같다.

표 3-9-4 건물의 표준 부하

건물의 종류	표준 부하 (VA/m²)
공장, 공회당, 사원, 교회, 극장, 연회장 등	10
기숙사, 여관, 호텔, 병원, 학교, 음식점, 다방, 대중목욕탕 등	20
주택, 아파트, 사무실, 은행, 상점, 이용소, 미장원	30

(2) 간선의 수용률

표 3-9-5 간선의 수용률

건축물의 종류	수용률(%)
주택, 기숙사, 여관, 호텔, 병원, 창고	50
학교, 사무실, 은행	70

(3) 분기회로(branch circuit)의 보안

① 분기회로는 간선에서 분기하여 부하에 이르는 배선 회로이다.

② 보안은 간선에서 분기하여 3 m 이하의 곳에 분기 개폐기 및 과전류 차단기를 시설한다.

③ 저압 배선 중의 전압강하에 있어서, 간선 및 분기회로에서 각각 표준전압의 2 % 이하
로 하는 것을 원칙으로 하며, 전기 사용 장소 안에 시설한 변압기에 의하여 공급하는
경우에 간선의 전압강하는 3 % 이하로 할 수 있다.

(4) 전선의 굵기

① 전선의 굵기를 결정하는 데 고려하여야 할 사항

　㈎ 허용전류　　　　　　　　　　㈏ 전압강하

　㈐ 기계적 강도　　　　　　　　　㈑ 사용 주파수

　여기서, 가장 중요한 요소는 허용전류이다.

② 옥내배선 공사에 사용되는 전선의 굵기 : 단면적 2.5 mm^2 이상의 연동선 또는 도체의
단면적이 1 mm^2 이상의 MI 케이블이어야 한다.

단원 예상문제 ◎
- -

1. 주택, 아파트, 사무실, 은행, 상점, 이발소, 미장원에서 사용하는 표준 부하(VA/m^2)는? [05, 11]

　① 5　　　　　　　② 10　　　　　　　③ 20　　　　　　　④ 30

2. 배선 설계를 위한 전등 및 소형 전기기계 기구의 부하 용량 산정 시 건축물의 종류에 대응한
표준 부하에서 원칙적으로 표준 부하를 20 VA/m^{2}으로 적용하여야 하는 건축물은 어느 것인
가? [13, 15]

　① 교회, 극장　　　② 학교, 음식점　　　③ 은행, 상점　　　④ 아파트, 미용원

3. 일반적으로 학교 건물이나 은행 건물 등의 간선의 수용률은 얼마인가? [02, 05, 06, 14, 16]

　① 50 %　　　　　② 60 %　　　　　③ 70 %　　　　　④ 80 %

4. 옥내배선의 지름을 결정하는 가장 중요한 요소는? [01]

① 허용전류　　② 전압강하　　③ 기계적 강도　　④ 공사 방법

5. 저압 옥내 간선으로부터 분기하는 곳에 설치하여야 하는 것은? [13, 15]

① 지락 차단기　② 과전류 차단기　③ 누전차단기　④ 과전압 차단기

6. 간선에서 분기하여 분기 과전류 차단기를 거쳐서 부하에 이르는 사이에 배선을 무엇이라 하는가? [13, 17]

① 간선　　　② 인입선　　　③ 중성선　　　④ 분기회로

7. 저압 배선 중의 전압강하에 있어서, 간선 및 분기회로에서 각각 표준전압의 (　)% 이하로 하는 것을 원칙으로 하며, 전기 사용 장소 안에 시설한 변압기에 의하여 공급하는 경우에 간선의 전압강하는 (　)% 이하로 할 수 있는가?

① 5, 6　　　② 4, 5　　　③ 3, 4　　　④ 2, 3

정답　1. ④　2. ②　3. ③　4. ①　5. ②　6. ④　7. ④

9-3　옥내배선 및 일반용 조명 기구의 기호

1 일반 배선·조명 기구

(1) 일반 배선

표 3-9-6 일반 배선

명칭	그림 기호	적요
천장 은폐 배선	———	① 천장 은폐 배선 중 천장 속의 배선을 구별하는 경우는 천장 속의 배선에 —·— 를 사용하여도 좋다.
바닥 은폐 배선	– – – –	② 노출 배선 중 바닥면 노출 배선을 구별하는 경우는 바닥면 노출 배선에 —··— 를 사용하여도 좋다.
노출 배선	·····	

(2) 조명 기구

표 3-9-7 조명 기구(내선규정 부록 100-5)

명칭	그림 기호	적요

백열등
HID등
	○	① ◖
		
		   ⊖ 펜던트 ⒸⓁ 실링·직접 부착
		   ⒸⒽ 샹들리에 ⒹⓁ ◎ 매입 기구
		
		② ◉ 옥외등
		③ 용량을 표시하는 경우는 와트(W) 수×램프 수로 표시한다.
		④ HID등의 종류를 표시하는 경우는 용량 앞에 다음 기호를 붙인다.
		  H : 수은등 M : 메탈 할라이드등 N : 나트륨등

형광등	▭○▭
	▭○▭
		① 용량을 표시하는 경우는 램프의 크기(형)×램프 수로 표시한다. 또, 용량 앞에 F를 붙인다.
		  [보기] F40 F40×2
		② 용량 외에 기구 수를 표시하는 경우는 램프의 크기(형)×램프의 크기(형)×램프 수-기구 수로 표시한다.
		  [보기] F40-2 F40×2-3

(3) 비상용 조명·유도등

표 3-9-8 비상용 조명·유도등

명칭	그림 기호	적요
비상용 조명	●	① 일반용 조명 백열등의 적요를 준용한다. 다만, 기구의 종류를 표시하는 경우는 방기한다. ② 일반용 조명 형광등에 조립하는 경우는 다음과 같다. ▭○●▭
유도등	⊗	① 일반용 조명 백열등의 적요를 준용한다. ② 객석 유도등인 경우는 필요에 따라 S를 방기한다. ⊗s

1. 배선도의 심벌 중 _____ 의 명칭은 무엇인가? [01, 05, 06, 07, 08, 09, 10, 16]

① 노출 배선 ② 천장 은폐 배선
③ 바닥 은폐 배선 ④ 바닥 노출 배선

2. ---------- 심벌의 명칭은? [01, 02]

① 천장 은폐 배선 ② 은폐 배선
③ 노출 배선 ④ 바닥면 노출 배선

3. 다음 중 바닥 은폐 배선 심벌은? [99]

① ---------- ② ————
③ —·—·—·— ④ — — — — —

4. 다음 중 지중 매설선의 심벌은? [99]

① —·—·—·— ② ----------
③ — — — — — ④ ————

5. 조명 기구의 용량 표시에 관한 사항이다. 다음 중 F40의 설명으로 알맞은 것은? [09]

① 수은등 40 W ② 나트륨등 40 W
③ 메탈 할라이드등 40 W ④ 형광등 40 W

6. 다음 심벌의 명칭은? [02]
① 전동기
② 유도등
③ 발전기
④ 점멸기

7. 실링 직접 부착등을 시설하고자 한다. 배선도에 표기할 그림 기호로 옳은 것은? [15, 17]

① ⊣Ⓝ ② ◯
③ ⒸⓁ ④ Ⓡ

정답 1. ② 2. ③ 3. ④ 4. ① 5. ④ 6. ② 7. ③

(4) 콘센트 (concent)

표 3-9-9 콘센트

그림 기호	적요	
(콘센트 기호)	① 그림 기호는 벽붙이를 표시하고 옆벽을 칠한다. ② 천장에 부착하는 경우 (기호) ③ 바닥에 부착하는 경우 (기호) ④ 용량의 표시 방법 ㉮ 15 A는 방기하지 않는다. ㉯ 20 A 이상은 암페어 수를 방기한다. [보기] (기호) 20A ⑤ 2개 이상인 경우는 개수를 방기한다. [보기] (기호) 2 ⑥ 3극 이상인 것은 극수를 방기한다. [보기] (기호) 3P	⑦ 종류를 표시하는 경우 (기호)LK 빠짐 방지형 (기호)T 걸림형 (기호)E 접지극붙이 (기호)ET 접지단자붙이 (기호)EL 누전차단기붙이 ⑧ 방수형은 WP를 방기한다. (기호)WP ⑨ 방폭형은 EX를 방기한다. (기호)EX ⑩ 타이머붙이, 덮개붙이 등 특수한 것은 방기한다. ⑪ 의료용은 H를 방기한다. (기호)H

※ 비상 콘센트 : (기호)

단원 예상문제

1. 다음 심벌의 명칭은? [07]   (기호)

① 과전압 계전기   ② 환풍기   ③ 콘센트   ④ 룸 에어컨

2. 전기 배선용 도면을 작성할 때 사용하는 콘센트 도면 기호는? [97, 00, 02, 14]

① (기호)   ② ●   ③ ○   ④ ▣

해설 ① 콘센트 ② 점멸기 ③ 전구 ④ 점검구

3. 다음 중 방수형 콘센트의 심벌은? [09, 12]

① (기호)   ② ●   ③ (기호)WP   ④ (기호)E

4. 전기세탁기용에 사용하는 콘센트로서 적당한 것은? [99]

① 2극 15 A   ② 2극 20 A

③ 접지극부 2극 15 A   ④ 2극 20 A 걸이형

해설 전기세탁기는 물기가 있는 곳에서 사용되므로, 감전 사고를 방지하기 위하여 접지극붙이 콘센트를 사용해야 한다.

5. 다음 그림 기호가 나타내는 것은? [14]

① 비상 콘센트
② 형광등
③ 점멸기
④ 접지저항 측정용 단자

(5) 배·분전반 및 제어반

표 3-9-10 배·분전반, 제어반

명칭	그림 기호	적요
배전반 분전반 제어반		① 종류를 구별하는 경우 배전반 ⊠ 제어반 ▨ 분전반 ◹ ② 직류용은 그 뜻을 방기한다. ③ 재해 방지 전원회로용인 경우 : 2중 틀로 하고 필요에 따라 종별을 표기한다. ⊠1종 ◹2종

(6) 개폐기, 배선용 차단기, 누전차단기

표 3-9-11 개폐기, 차단기

명칭	그림 기호	적요
개폐기	S	① 상자인 경우는 상자의 재질 등을 표기한다. ② 극수, 정격전류, 퓨즈 정격전류 등을 표기한다. Ⓢ 2P30A f15A

배선용
차단기
	B	① 상자인 경우는 상자의 재질 등을 표기한다.
		② 극수, 정격전류, 퓨즈 정격전류 등을 표기한다.
		Ⓑ 3P
		  225AF
		  150A
		③ 모터 브레이커를 표시하는 경우
		Ⓑ

누전 차단기	E	① 상자인 경우는 상자의 재질 등을 표기한다. ② 과전류 소자붙이는 극수, 프레임의 크기, 정격전류, 정격 감도 전류 등을, 과전류 소자 없음은 극수, 정격전류, 정격 감도전류 등을 표기한다. 과전류 소자 있음 : E 2P 30AP 15A 30mA 과전류 소자 없음 : E 3P 15A 30mA

1. ☐☐☐의 심벌은? [99]

① 분배전반   ② 단자반
③ 배전반, 분전반 및 제어반   ④ 호출용 수신반

2. 배전반을 나타내는 그림 기호는? [12, 16]

① ◢   ② ⊠   ③ ◤◥   ④ S

3. 배선용 차단기의 심벌은? [07, 14]

① B   ② E   ③ BE   ④ S

정답   **1.** ③   **2.** ②   **3.** ①

② 조명 설비의 일반 사항 및 조명 기구 시설

(1) 전구선 및 이동 전선의 선정

① 전구선 또는 이동 전선은 단면적 $0.75\,\mathrm{mm}^2$ 이상의 코드 또는 캡타이어케이블을 용도에 따라 선정하여야 한다.

② 전구선을 사람이 쉽게 접촉되지 않도록 바닥면상 또는 지표상 $2\,\mathrm{m}$ 이상에 시설할 경우에는 단면적 $0.75\,\mathrm{mm}^2$ 이상의 $450/750\,\mathrm{V}$ 내열성 에틸렌 아세테이트 고무 절연전선을 사용할 수 있다.

(2) 점멸기 시설

① 매입형 점멸기는 금속제 또는 난연성 절연물로 된 박스에 넣어 시설할 것

② 가정용 전등은 매 전등 기구마다 점멸이 가능하도록 할 것

③ 욕실 내에는 점멸기를 시설하지 말 것

④ 조명용 백열전구를 설치할 때 다음 각 호에 의하여 타임스위치를 시설할 것

   1. 숙박업에 이용되는 객실의 입구등은 1분 이내에 소등

   2. 일반 주택 및 아파트 각 호실의 형광등은 3분 이내에 소등

(3) 3로 또는 4로 점멸기 시설

① N 개소 점멸을 위한 스위치의 소요

$$N = (2개의 \ 3로 \ 스위치) + [(N-2)개의 \ 4로 \ 스위치] = 2S_3 + (N-2)S_4$$

㈎ $N=2$일 때 : 2개의 3로 스위치

㈏ $N=3$일 때 : 2개의 3로 스위치＋1개의 4로 스위치

㈐ $N=4$일 때 : 2개의 3로 스위치＋2개의 4로 스위치

② 전등 점멸을 위한 구성은 다음 그림 3-9-1과 같다.

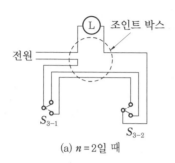
(a) $n=2$일 때

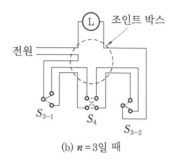
(b) $n=3$일 때

그림 3-9-1 실체 배선도

단원 예상문제

1. 옥내에 시설하는 사용 전압이 400 V 이상인 저압의 이동 전선은 0.6/1 kV EP 고무 절연 클로로프렌 캡타이어케이블로서 단면적이 몇 mm² 이상이어야 하는가? [08, 10, 12]

① 0.75　　　　　② 2　　　　　③ 5.5　　　　　④ 8

2. 조명용 백열전등을 호텔 또는 여관 객실의 입구에 설치할 때나 일반 주택 및 아파트 각 실의 현관에 설치할 때 사용되는 스위치는? [04, 06, 11]

① 타임스위치　　② 누름버튼스위치　　③ 토글스위치　　　④ 로터리스위치

3. 조명용 백열전등을 일반 주택 및 아파트 각 호실에 설치할 때 현관등은 최대 몇 분 이내에 소등되는 타임스위치를 시설하여야 하는가? [07, 17]

① 1　　　　　　　② 2　　　　　　③ 3　　　　　　④ 4

4. 전환 스위치의 종류로 한 개의 전등을 두 곳에서 자유롭게 점멸할 수 있는 스위치는? [06]

① 펜던트 스위치　　② 3로 스위치　　③ 코드스위치　　　④ 단로 스위치

5. 전등 1개를 2개소에서 점멸하고자 할 때 필요한 3로 스위치는 최소 몇 개인가? [13, 15]

① 1개　　　　　　② 2개　　　　　③ 3개　　　　　④ 4개

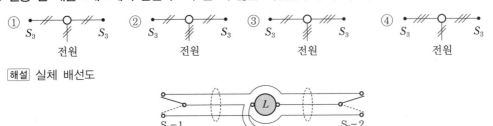

6. 전등 한 개를 2개소에서 점멸하고자 할 때 옳은 배선은? [10, 12, 13, 17]

해설 실체 배선도

3 옥외 전등 및 기타 전등 시설

(1) 옥외 전등 시설

① 옥외등 전로의 사용 전압은 대지 전압 300 V 이하로 하여야 한다.

② 옥외등의 인하선은 애자 사용 배선, 금속관 배선, 합성수지관 배선, 케이블 배선에 의한다.

(2) 전주 외등

대지 전압 300 V 이하의 백열전등, 형광등, 수은등 등을 배전선로의 지지물 등에 시설한다.

① 기구의 시설

㈎ 기구의 부착 높이는 하단에서 지표상 4.5 m 이상으로 할 것. 다만, 교통에 지장이 없는 경우는 지표상 3.0 m 이상으로 할 수 있다.

㈏ 백열전등 및 형광등에 있어서는 기구를 전주에 부착한 점으로부터 돌출되는 수평 거리를 1 m 이내로 할 것

② 배선 및 공사 방법

㈎ 배선은 단면적 $2.5\,\mathrm{mm}^2$ 이상의 절연전선

㈏ 케이블 배선, 금속관 배선, 합성수지관 배선

③ 가로등, 경기장, 공장, 아파트 단지 등의 일반 조명을 위하여 시설하는 고압 방전등은 그 효율이 70 lm/W 이상의 것이어야 한다.

(6) 교통 신호등

① 제어장치의 2차 측 배선의 최대 사용 전압은 300 V 이하이어야 한다.

② 가공전선의 지표상 높이

　㈎ 도로 횡단 : 6 m 이상　　　　　　㈏ 철도 및 궤도 : 6.5 m 이상

③ 개폐기는 지표상 1.8 m 이상의 높이에 시설한다.

④ 신호등 회로의 사용 전압이 150 V를 초과하는 경우에는 누전차단기를 설치한다.

⑤ 제어장치의 금속제 외함 및 신호등을 지지하는 철주에는 제 3 종 접지 공사를 하여야 한다.

⑥ 교통 신호등 회로의 사용 전압이 150 V를 초과하는 경우에는 전로에 지락이 생겼을 때에 자동적으로 전로를 차단하는 장치를 시설해야 한다.

단원 예상문제

1. 저압 옥외 조명 시설에 전기를 공급하는 가공전선 또는 지중 전선에서 분기하여 전등 또는 개폐기에 이르는 배선에 사용하는 절연전선의 단면적은 몇 mm² 이상이어야 하는가? [11]

　① 2.0 mm²　　　② 2.5 mm²　　　③ 6 mm²　　　④ 16 mm²

2. 전주 외등 설치 시 백열전등 및 형광등의 조명 기구를 전주에 부착하는 경우 부착한 점으로부터 돌출되는 수평거리는 몇 m 이내로 하여야 하는가? [15, 17]

　① 0.5　　　② 0.8　　　③ 1.0　　　④ 1.2

3. 대지 전압 300 V 이하의 전주 외등 시설 시, 기구의 부착 높이는 하단에서 지표상 몇 m 이상으로 하여야 하는가?

　① 1.8　　　② 2.3　　　③ 3.5　　　④ 4.5

4. 교통 신호등 제어장치의 금속제 외함에는 몇 종 접지 공사를 해야 하는가? [12]

　① 제 1 종　　　② 제 2 종　　　③ 제 3 종　　　④ 특별 제 3 종

5. 교통 신호등 제어장치로부터 신호등의 전구까지의 전로에 사용하는 전압은 몇 V 이하인가? [13, 17]

　① 60　　　② 100　　　③ 300　　　④ 440

6. 전기설비기술기준의 판단기준에서 교통 신호등 회로의 사용 전압이 몇 V를 초과하는 경우에는 지락 발생 시 자동적으로 전로를 차단하는 장치를 시설하여야 하는가? [16, 17]

　① 50　　　② 100　　　③ 150　　　④ 200

7. 가로등, 경기장, 공장, 아파트 단지 등의 일반 조명을 위하여 시설하는 고압 방전등의 효율은 몇 lm/W 이상의 것이어야 하는가? [10, 13]

　① 31　　　② 5　　　③ 70　　　④ 120

정답　**1.** ②　**2.** ③　**3.** ④　**4.** ③　**5.** ③　**6.** ③　**7.** ③

전기기능사 – 필기
Craftsman Electricity

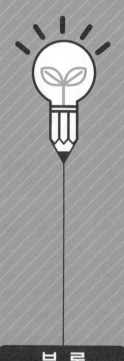

부 록

최근 기출문제

전기기능사
Craftsman Electricity

2014년 **1**월 **26**일

기출문제 해설

제1과목	제2과목	제3과목
전기 이론 : 20문항	전기 기기 : 20문항	전기 설비 : 20문항

제1과목 : 전기 이론

1. 2F, 4F, 6F의 콘덴서 3개를 병렬로 접속했을 때의 합성 정전용량은 몇 F인가?

① 1.5   ② 4   ③ 8   ④ 12

해설 $C_p = C_1 + C_2 + C_3 = 2 + 4 + 6 = 12$ F

2. 30 μF과 40 μF의 콘덴서를 병렬로 접속한 후 100 V의 전압을 가했을 때 전 전하량은 몇 C인가?

① 17×10^{-4} ② 34×10^{-4}
③ 56×10^{-4} ④ 70×10^{-4}

해설 $Q = CV = (C_1 + C_2) \cdot V$
$\qquad = (30 + 40) \times 10^{-6} \times 100$
$\qquad = 70 \times 10^{-6} \times 10^2 = 70 \times 10^{-4}$ C

3. 도면과 같이 공기 중에 놓인 2×10^{-8} C의 전하에서 2 m 떨어진 점 P와 1 m 떨어진 점 Q와의 전위차는 몇 V인가?

① 80 V
② 90 V
③ 100 V
④ 110 V

해설 전위는 거리에 반비례한다.
전위차 : $V = 9 \times 10^9 \times Q\left(\dfrac{1}{\gamma_1} - \dfrac{1}{\gamma_2}\right)$
$\qquad = 9 \times 10^9 \times 2 \times 10^{-8}\left(\dfrac{1}{1} - \dfrac{1}{2}\right)$
$\qquad = 90 \text{V}$

4. 24 C의 전기량이 이동해서 144 J의 일을 했을 때 기전력은?

① 2 V   ② 4 V   ③ 6 V   ④ 8 V

해설 $V = \dfrac{W}{Q} = \dfrac{144}{24} = 6$ V

5. 다음 중 비유전율이 가장 큰 것은?

① 종이   ② 염화비닐
③ 운모   ④ 산화티탄 자기

해설 비유전율의 비교
ㄱ 절연종이 : 1.2~2.5
ㄴ 염화비닐 : 5~9
ㄷ 운모 : 5~9
ㄹ 산화티탄 자기 : 60~100

6. 4×10^{-5} C과 6×10^{-5} C의 두 전하가 자유공간에 2 m의 거리에 있을 때 그 사이에 작용하는 힘은?

① 5.4 N, 흡인력이 작용한다.
② 5.4 N, 반발력이 작용한다.
③ $\dfrac{7}{9}$ N, 흡인력이 작용한다.
④ $\dfrac{7}{9}$ N, 반발력이 작용한다.

해설 쿨롱의 법칙 (Coulomb's law)
$\qquad F = 9 \times 10^9 \times \dfrac{Q_1 \cdot Q_2}{r^2}$
$\qquad = 9 \times 10^9 \times \dfrac{4 \times 10^{-5} \times 6 \times 10^{-5}}{2^2}$
$\qquad = \dfrac{21.6}{4} = 5.4\text{N} : 반발력 작용$

정답 1. ④   2. ④   3. ②   4. ③   5. ④   6. ②

7. 공기 중에서 $+m$[Wb]의 자극으로부터 나오는 자기력선의 총수를 나타낸 것은?

① m

② $\dfrac{\mu_0}{m}$

③ $\dfrac{m}{\mu_0}$

④ $\mu_0 m$

해설 진공 중에서 $+m$[Wb]의 자극으로부터 나오는 총 자력선 수

$$N = H \times 4\pi r^2 = \frac{1}{4\pi\mu_0} \cdot \frac{m}{r^2} \times 4\pi r^2 = \frac{m}{\mu_0}$$

8. 코일의 자체 인덕턴스(L)와 권수(N)의 관계로 옳은 것은?

① $L \propto N$

② $L \propto N^2$

③ $L \propto N^3$

④ $L \propto \dfrac{1}{N}$

해설 $L = \dfrac{N\phi}{I} = \dfrac{N}{I} \cdot \mu \dfrac{NI}{l} A = \mu \dfrac{AN^2}{l}$ [H]

$\therefore L \propto N^2$

여기서, $\phi = BA = \mu HA = \mu \cdot \dfrac{NI}{l} A$ [Wb]

9. 자체 인덕턴스가 L_1, L_2인 두 코일을 직렬로 접속하였을 때 합성 인덕턴스를 나타낸 식은? (단, 두 코일 간의 상호 인덕턴스는 M이다.)

① $L_1 + L_2 \pm M$

② $L_1 - L_2 \pm M$

③ $L_1 + L_2 \pm 2M$

④ $L_1 - L_2 \pm 2M$

해설 합성 인덕턴스

$L = L_1 + L_2 \pm 2M$

㉠ 가동 접속 : $L_p = L_1 + L_2 + 2M$ (같은 방향)

㉡ 차동 접속 : $L_s = L_1 + L_2 - 2M$ (반대 방향)

10. 전자석의 특징으로 옳지 않은 것은?

① 전류의 방향이 바뀌면 전자석의 극도 바뀐다.

② 코일을 감은 횟수가 많을수록 강한 전자

석이 된다.

③ 전류를 많이 공급하면 무한정 자력이 강해진다.

④ 같은 전류라도 코일 속에 철심을 넣으면 더 강한 전자석이 된다.

해설 전자석은 전류에 비례하여 자력이 강해지지만 철심의 자기포화 현상 때문에 무한정 강해지지는 않는다.

11. 그림과 같이 R_1, R_2, R_3의 저항 3개가 직병렬로 접속되었을 때 합성저항은?

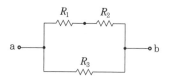

① $R = \dfrac{(R_1 + R_2)R_3}{R_1 + R_2 + R_3}$

② $R = \dfrac{(R_2 + R_3)R_1}{R_1 + R_2 + R_3}$

③ $R = \dfrac{(R_1 + R_3)R_2}{R_1 + R_2 + R_3}$

④ $R = \dfrac{R_1 R_2 R_3}{R_1 + R_2 + R_3}$

해설 $R_{ab} = \dfrac{\text{두 저항의 곱}}{\text{두 저항의 합}} = \dfrac{(R_1 + R_2) \cdot R_3}{(R_1 + R_2) + R_3}$

$= \dfrac{(R_1 + R_2) \cdot R_3}{R_1 + R_2 + R_3}$

12. 어떤 저항(R)에 전압(V)를 가하니 전류(I)가 흘렀다. 이 회로의 저항(R)을 20 % 줄이면 전류(I)는 처음의 몇 배가 되는가?

① 0.8

② 0.88

③ 1.25

④ 2.04

해설 $I' = \dfrac{V}{R'} = \dfrac{V}{0.8R} = 1.25I$

$\therefore$ 1.25배

13. 그림에서 평형 조건이 맞는 식은?

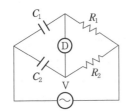

① $C_1 R_1 = C_2 R_2$ ② $C_1 R_2 = C_2 R_1$

③ $C_1 C_2 = R_1 R_2$ ④ $\dfrac{1}{C_1 C_2} = R_1 R_2$

해설 교류브리지의 평형 조건

$$R_1 \cdot \left(-j\frac{1}{\omega C_2}\right) = R_2 \cdot \left(-j\frac{1}{\omega C_1}\right)$$

$$\rightarrow \frac{R_1}{C_2} = \frac{R_2}{C_1} \quad \therefore \ C_1 R_1 = C_2 R_2$$

14. $\dfrac{\pi}{6}$(rad)는 몇 도인가?

① $30°$ ② $45°$ ③ $60°$ ④ $90°$

해설 $\pi[\mathrm{rad}] = 180°$

$$\therefore \ \frac{\pi}{6} = \frac{180°}{6} = 30°$$

15. 200 V, 500 W의 전열기를 220 V 전원에 사용하였다면 이때의 전력은?

① 400 W   ② 500 W

③ 550 W   ④ 605 W

해설 전열기의 저항 : $R = \dfrac{V_1^{\ 2}}{P} = \dfrac{200^2}{500} = 80\,\Omega$

$$\therefore P_2 = \frac{V_2^{\ 2}}{R} = \frac{220^2}{80} = 605\ \mathrm{W}$$

16. 출력 P[kVA]의 단상변압기 2대를 V 결선한 때의 3상 출력(kVA)은?

① P ② $\sqrt{3}\,P$

③ $2P$ ④ $3P$

해설 변압기의 V 결선 시 출력

$$P_v = \sqrt{3}\,P\ [\mathrm{kVA}]$$

17. 단상 전력계 2대를 사용하여 2전력계법으로 3상 전력을 측정하고자 한다. 두 전력계의 지시값이 각각 P_1, P_2[W]이었다. 3상 전력 P[W]를 구하는 식으로 옳은 것은?

① $P = \sqrt{3}\,(P_1 + P_2)$

② $P = P_1 - P_2$

③ $P = P_1 \times P_2$

④ $P = P_1 + P_2$

해설 3상 전력 측정-2전력계법

㉠ 2전력계법은 전력계 2개를 접속하고, 3상 부하의 전력을 측정하는 방법이다.

㉡ $P = P_1 + P_2$

18. $i = 3\sin\omega t + 4\sin(3\omega t - \theta)$[A]로 표시되는 전류의 등가사인파 최댓값은?

① 2A   ② 3A

③ 4A   ④ 5A

해설 $I_m = \sqrt{I_{m_0}^{\ 2} + I_{m_1}^{\ 2}} = \sqrt{3^2 + 4^2} = 5\ \mathrm{A}$

19. 전류의 발열 작용과 관계가 있는 것은?

① 줄의 법칙

② 키르히호프의 법칙

③ 옴의 법칙

④ 플레밍의 법칙

해설 줄의 법칙(Joule's law) : 저항 R에 전류 I가 흐를 때 발생하는 열량 H는 전류의 세기의 제곱에 비례한다.

20. 기전력 1.5 V, 내부저항 0.2 Ω인 전지 5개를 직렬로 연결하고 이를 단락하였을 때의 단락전류(A)는?

① 1.5   ② 4.5
③ 7.5   ④ 15

해설 단락전류 : $I_s = \dfrac{n \cdot E}{n \cdot r} = \dfrac{E}{r}$

$$= \dfrac{1.5}{0.2} = 7.5 \text{ A}$$

제2과목 : 전기 기기

21. 직류발전기에서 계자의 주된 역할은 어느 것인가?

① 기전력을 유도한다.
② 자속을 만든다.
③ 정류작용을 한다.
④ 정류자면에 접촉한다.

해설 직류발전기의 주요 구성 요소
  ㉠ 직류발전기의 3요소
    • 자속을 만드는 계자
    • 기전력을 발생하는 전기자
    • 교류를 직류로 변환하는 정류자
  ㉡ 브러시 (brush) : 회전하는 정류자로부터 외부 회로로 전류를 흐르게 하는 역할을 한다.

22. 2극의 직류발전기에서 코일변의 유효 길이 l [m], 공극의 평균 자속밀도 B [Wb/m²], 주변 속도 v [m/s]일 때 전기자 도체 1개에 유도되는 기전력의 평균값 e[V]은?

① $e = Blv$[V]   ② $e = \sin\omega t$[V]
③ $e = B\sin\omega t$[V]   ④ $e = v^2 Bl$[V]

해설 유도기전력 : $e = Blv$[V]

23. 전압변동률이 적고 자여자이므로 다른 전원이 필요 없으며, 계자 저항기를 사용한 전압 조정이 가능하므로 전기화학용, 전지의 충전용 발전기로 가장 적합한 것은?

① 타여자 발전기
② 직류 복권 발전기

③ 직류 분권 발전기
④ 직류 직권 발전기

해설 분권 발전기
  ㉠ 계자 저항기를 사용하여 어느 범위의 전압 조정도 안정하게 할 수 있다.
  ㉡ 용도
    • 전기화학공업용 전원
    • 축전기의 충전용
    • 동기기의 여자기 및 일반 직류전원용

24. 직류 분권 발전기를 동일 극성의 전압을 단자에 인가하여 전동기로 사용하면?

① 동일 방향으로 회전한다.
② 반대 방향으로 회전한다.
③ 회전하지 않는다.
④ 소손된다.

해설 그림 (a), (b)에서 전기자 전류 I_a의 방향이 반대이며, 전동기로 사용 시 플레밍의 왼손 법칙을 적용하면 회전 방향은 동일 방향이다.

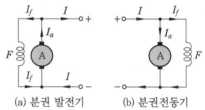

(a) 분권 발전기   (b) 분권전동기

25. 직류전동기의 특성에 대한 설명으로 틀린 것은?

① 직권전동기는 가변 속도 전동기이다.
② 분권전동기에서는 계자 회로에 퓨즈를 사용하지 않는다.
③ 분권전동기는 정속도 전동기이다.
④ 가동 복권전동기는 기동 시 역회전할 염려가 있다.

해설 직류전동기의 특성
  ㉠ 직권전동기는 가변 속도, 분권전동기는 정속도 전동기이다.
  ㉡ 분권전동기는 정속도 전동기이며, 계자 회

로에는 퓨즈 등 차단기를 사용해서는 안 된다.
ⓒ 가동 복권전동기는 분권보다 기동 토크가
크며, 무부하 직권과 같이 위험 속도에 이르
지 않는 장점이 있다.
ⓔ 차동 복권전동기는 과부하에서 과속의 염려
가 있고, 기동 시 직권이 강하면 역회전할 염
려가 있어 잘 쓰이지 않는다.

26. 권수비 30인 변압기의 저압 측 전압이 8 V인
경우 극성 시험에서 가극성과 감극성의 전압 차
이는 몇 V인가?

① 24   ② 16   ③ 8   ④ 4

해설 변압기의 극성 시험

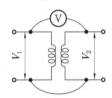

ⓐ 권수비 $a = \dfrac{V_1}{V_2} = 30$

ⓑ $V_1 = a \cdot V_2 = 30 \times 8 = 240$ V

ⓒ 감극성 $V_1 - V_2 = 240 - 8 = 232$ V

ⓓ 가극성 $V_1 + V_2 = 240 + 8 = 248$ V

∴ 전압 차이 $248 - 232 = 16$ V

27. 변압기의 퍼센트 저항강하가 3 %, 퍼센트 리
액턴스 강하가 4 %이고, 역률이 80 % 지상이다.
이 변압기의 전압변동률 (%)은?

① 3.2   ② 4.8   ③ 5.0   ④ 5.6

해설 전압변동률 $\epsilon = p\cos\theta + \phi\sin\theta$
$= 3 \times 0.8 + 4 \times 0.6$
$= 4.8\,\%$
여기서, $\sin\theta = \sqrt{1 - \cos^2\theta} = \sqrt{1 - 0.8^2} = 0.6$

28. 변압기 절연물의 열화 정도를 파악하는 방법
으로서 적절하지 않은 것은?

① 유전 정접

② 유중 가스 분석
③ 접지저항 측정
④ 흡수전류나 잔류전류 측정

해설 변압기 절연물의 열화 정도를 파악하는 방법
ⓐ 유전 정접 (dielectric loss tangent) : $\tan\delta$
시험
• 절연물의 열화가 클수록 δ (손실각)은 크게
된다.
ⓑ 유중 가스 분석 : 내부에서 과열, 아크 방전
등 이상이 발생할 경우, 절연유나 고체 절연
물 일부가 열분해하여 각종 가스가 발생한다.
ⓒ 절연저항 시험, 절연내력 시험
ⓓ 흡수전류나 잔류전류 측정

29. 송배전 계통에 거의 사용되지 않는 변압기 3
상 결선 방식은?

① $Y-\Delta$ ② $Y-Y$
③ $\Delta-Y$ ④ $\Delta-\Delta$

해설 $Y-Y$ 결선의 단점 : 제3고조파를 주로 하는
고조파 충전전류가 흘러 통신선에 장애를 준다.

30. 3상 유도전동기의 회전 원리를 설명한 것 중
틀린 것은?

① 회전자의 회전속도가 증가하면 도체를 관
통하는 자속 수는 감소한다.
② 회전자의 회전속도가 증가하면 슬립도 증
가한다.
③ 부하를 회전시키기 위해서는 회전자의 속도
는 동기속도 이하로 운전되어야 한다.
④ 3상 교류전압을 고정자에 공급하면 고정
자 내부에서 회전자기장이 발생된다.

해설 슬립 (slip) : 회전자의 회전속도가 증가할
수록 슬립은 감소하여 동기속도에서는 그 값이
0이 된다.
※ 슬립
$$s = \frac{\text{동기속도} - \text{회전자 속도}}{\text{동기속도}} = \frac{N_s - N}{N_s}$$

31. 다음은 3상 유도전동기 고정자 권선의 결선도를 나타낸 것이다. 맞는 사항은 어느 것인가?

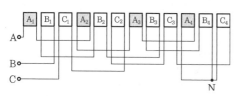

① 3상 2극, Y 결선
② 3상 4극, Y 결선
③ 3상 2극, Δ 결선
④ 3상 4극, Δ 결선

해설 ㉠ 3상 : A상, B상, C상
㉡ 4극 : 극 번호 1, 2, 3, 4
㉢ Y 결선 : 독립된 인출선 A, B, C와 성형점 N이 존재

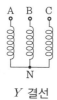

Y 결선

32. 3상 동기발전기에서 전기자 전류가 무부하 유도기전력보다 $\dfrac{\pi}{2}$[rad] 앞선 경우(X_c만의 부하)의 전기자반작용은?

① 횡축 반작용
② 증자 작용
③ 감자작용
④ 편자 작용

해설 동기발전기의 전기자반작용

반작용	작용	위상	부하
가로축	교차 자화 작용	동상	저항
직축	감자작용	지상 (전압 앞섬)	유도성
	증자 작용	진상 (전류 앞섬)	용량성

33. 병렬 운전 중인 동기 임피던스 5 Ω인 2대의 3상 동기발전기의 유도기전력에 200 V의 전압 차이가 있다면 무효 순환 전류(A)는?

① 5 ② 10 ③ 20 ④ 40

해설 무효 순환 전류

$$I_r = \frac{E_1 - E_2}{2Z_s} = \frac{200}{2 \times 5} = 20\,\text{A}$$

34. 병렬 운전 중인 두 동기발전기의 유도기전력이 2000 V, 위상차 60°, 동기 리액턴스 100 Ω이다. 유효 순환 전류(A)는?

① 5 ② 10 ③ 15 ④ 20

해설 유효 순환 전류 : I_a
㉠ $E_1 - E_2 = 2000 - 2000(\cos 60 - j\sin 60)$
$= 1000 + j1732 = 2000\underline{/60°}\,[\text{V}]$
㉡ $I_a = \dfrac{E_1 - E_2}{2x_s} = \dfrac{2000}{2 \times 100} = 10\,\text{A}$

35. 동기발전기의 난조를 방지하는 가장 유효한 방법은?

① 회전자의 관성을 크게 한다.
② 제동 권선을 자극면에 설치한다.
③ X_s를 작게 하고 동기화력을 크게 한다.
④ 자극 수를 적게 한다.

해설 난조(hunting) – 제동 권선(damper winding)
㉠ 난조 : 회전자가 어떤 부하각에서, 부하가 갑자기 변화하여 새로운 부하각으로 변화하는 도중 회전자의 관성으로 인하여 생기는 하나의 과도적인 진동 현상이다.
㉡ 제동 권선의 역할 – 난조 방지 : 동기속도 전후로 진동하는 것이 난조이므로, 속도가 변화할 때 제동 권선이 지속을 끊어 제동력을 발생시켜 난조를 방지한다.

36. 3상 동기전동기의 토크에 대한 설명으로 옳은 것은?

① 공급 전압 크기에 비례한다.
② 공급 전압 크기의 제곱에 비례한다.
③ 부하각 크기에 반비례한다.
④ 부하각 크기의 제곱에 비례한다.

해설 토크 : $T = k \cdot V[\text{N} \cdot \text{m}]$: 공급 전압의 크기에 비례한다.

37. 다음 중 턴 오프(소호)가 가능한 소자는?

① GTO ② TRIAC
③ SCR ④ LASCR

해설 GTO (Gate Turn–Off thyristor) : 게이트(gate)에 역방향으로 전류를 흘리면 자기 소호하는 사이리스터이다.

38. 인버터(inverter)란?

① 교류를 직류로 변환
② 직류를 교류로 변환
③ 교류를 교류로 변환
④ 직류를 직류로 변환

해설 인버터 (inverter) : 전력용 반도체소자를 이용하여 직류를 교류로 변환하는 장치이다.
※ 컨버터 (converter) : 교류전력을 직류전력으로 변환하는 장치이다.

39. 계전기가 설치된 위치에서 고장점까지의 임피던스에 비례하여 동작하는 보호계전기는 어느 것인가?

① 방향 단락 계전기
② 거리계전기
③ 단락 회로 선택 계전기
④ 과전압계전기

해설 거리계전기 : 계전기가 설치된 위치로부터 고장점까지의 전기적 거리 (임피던스)에 비례하여 한시로 동작하는 계전기이다.

40. 자가용 전기 설비의 보호계전기의 종류가 아닌 것은?

① 과전류계전기
② 과전압계전기
③ 부족 전압 계전기
④ 부족 전류 계전기

해설 ㉠ 단락 보호
• 과전류계전기
• 방향 단락 계전기
• 비율 차동계전기
㉡ 과전압 부족 전압 보호
• 과전압계전기
• 부족 전압 계전기
㉢ 기타 : 기계적 계전기

제3과목 : 전기 설비

41. 옥외용 비닐 절연전선의 약호는?

① OW ② DV ③ NR ④ FTC

해설 전선의 약호
① OW : 옥외용 비닐 절연전선
② DV : 인입용 비닐 절연전선
③ NR : 450/750 V 일반용 단선 비닐 절연전선
④ FTC : 300/300V 평형 금사 코드
※ FSC : 300/300V 평형 비닐 코드

42. 동 전선의 직선 접속(트위스트 조인트)은 몇 mm^2 이하의 전선이어야 하는가?

① 2.5 ② 6 ③ 10 ④ 16

해설 동 (구리) 전선의 트위스트 (twist) 접속은 $6\,\text{mm}^2$ 이하의 가는 단선을 접속 시 적용된다.
※ 브리타니아 (britannia) 접속은 $10\,\text{mm}^2$ 이상의 것이어야 한다.

43. 연선 결정에 있어서 중심 소선을 뺀 층수가 2층이다. 소선의 총수 N은 얼마인가?

① 45 ② 39 ③ 19 ④ 9

해설 동심 연선의 구성 : 중심선 위에 6의 층수 배수만큼 증가하는 구조로 되어 있다.
• 총 소선 수
$N = 3n(n+1)+1$
$= 3 \times 2(2+1)+1$
$= 19$가닥

$N=19$, $n=2$

동심 연선

44. 옥내배선 공사 작업 중 접속함에서 쥐꼬리 접속을 할 때 필요한 것은?

① 커플링   ② 와이어 커넥터
③ 로크너트   ④ 부싱

해설 ㉠ 쥐꼬리 접속 (rat tail joint) : 박스 안에서 가는 전선을 접속할 때 적용한다.
㉡ 와이어 커넥터 (wire connector) : 접속하려는 심선을 모아서 커넥터를 끼우고 돌려 죄면 나선 스프링이 도체를 압착하여 완전한 접속이 된다.

45. 펜치로 절단하기 힘든 굵은 전선의 절단에 사용되는 공구는?

① 파이프렌치   ② 파이프 커터
③ 클리퍼   ④ 와이어게이지

해설 클리퍼 (clipper) : 굵은 전선을 절단하는 데 사용하는 일종의 가위이다.

46. 대지 전압 150 V 초과 300 V 이하인 저압 전로의 절연저항(MΩ)값은 얼마 이상인가?

① 0.1   ② 0.2   ③ 0.4   ④ 0.8

해설 저압 전로의 절연저항값 (내선규정 1440 - 1참조)

전로의 사용 전압 구분		절연저항값 (MΩ)
400 V 미만	대지 전압이 150 V 이하인 경우	0.1 MΩ
	대지 전압이 150 V를 넘고 300 V 이하인 경우	0.2 MΩ
	사용 전압이 300 V를 넘고 400 V 미만인 경우	0.3 MΩ
400 V 이상		0.4 MΩ

47. 사용 전압이 440 V인 3상 유도전동기의 외함 접지 공사 시 접지선의 굵기는 공칭 단면적 몇 mm² 이상의 연동선이어야 하는가?

① 2.5   ② 6
③ 10   ④ 16

해설 저압용 기계 기구의 외함 접지 공사

구분	접지 공사	접지선의 굵기
400 V 미만	제3종	2.5 mm² 이상의 연동선
400 V 이상	특별 제3종	

48. 애자 사용 공사에서 전선의 지지점 간의 거리는 전선을 조영재의 윗면 또는 옆면에 따라 붙이는 경우에는 몇 m 이하인가?

① 1   ② 2
③ 2.5   ④ 3

해설 애자 사용 공사 (전기 설비 판단기준 제181조) : 전선의 지지점 간의 거리는 전선을 조영재의 윗면 또는 옆면에 따라 붙일 경우에는 2 m 이하일 것

49. 관을 시설하고 제거하는 것이 자유롭고 점검 가능한 은폐 장소에서 가요 전선관을 구부리는 경우 곡률반지름은 2종 가요 전선관 안지름의 몇 배 이상으로 하여야 하는가?

① 10   ② 9
③ 6   ④ 3

해설 가요 전선관의 배관 (내선규정 2235-5 참조)
㉠ 자유로운 경우 : 곡률반지름을 전선관 안지름의 3배 이상으로 할 것
㉡ 부자유로운 경우 : 곡률반지름을 전선관 안지름의 6배 이상으로 할 것

50. 경질 비닐 전선관 1본의 표준 길이 (m)는?

① 3   ② 3.6
③ 4   ④ 5.5

해설 경질 비닐 전선관의 1본의 길이는 4 m가 표준이고, 굵기는 관 안지름의 크기에 가까운 짝수 mm로 나타낸다.

51. 저압 크레인 또는 호이스트 등의 트롤리선을 애자 사용 공사에 의하여 옥내의 노출 장소에 시설하는 경우 트롤리선의 바닥에서의 최소 높이는 몇 m 이상으로 설치하는가?

① 2   ② 2.5

③ 3   ④ 3.5

해설 트롤리선(trolley wire)의 최소 높이 : 3.5 m 이상

52. 가공전선로의 지지물에서 다른 지지물을 거치지 아니하고 수용 장소의 인입선 접속점에 이르는 가공전선을 무엇이라 하는가?

① 옥외 전선   ② 연접인입선

③ 가공인입선   ④ 관등 회로

해설 가공인입선과 연접인입선

53. 토지의 상황이나 기타 사유로 인하여 보통 지선을 시설할 수 없을 때 전주와 전주 간 또는 전주와 지주 간에 시설할 수 있는 지선은 어느 것인가?

① 보통 지선

② 수평 지선

③ Y 지선

④ 궁 지선

해설 지선의 종류 (본문 그림 참조)

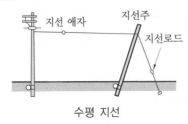

수평 지선

54. 사용 전압 15 kV 이하의 특고압 가공전선로의 중성선의 접지선을 중성선으로부터 분리하였을 경우 1 km마다의 중성선과 대지 사이의 합성 전기저항값은 몇 Ω 이하로 하여야 하는가?

① 30   ② 100   ③ 150   ④ 300

해설 각 접지선을 중성선으로부터 분리하였을 경우 (판단기준 제135조 참조)
㉠ 각 접지점의 전기저항값 : 300 Ω 이하
㉡ 1 km마다의 합성 전기저항값 : 30 Ω 이하

55. 차량, 기타 중량물의 하중을 받을 우려가 있는 장소에 지중 선로를 직접 매설식으로 매설하는 경우 매설 깊이는?

① 60 cm 미만   ② 60 cm 이상

③ 120 cm 미만   ④ 120 cm 이상

해설 지중 선로의 직접 매설식 : 대지 중에 케이블을 직접 매설하는 방식으로, 매설 깊이는 보도 등 차량이 통과하지 않는 장소에서는 0.6 m, 차도에서는 1.2 m 이상으로 한다.

56. 교류 차단기에 포함되지 않는 것은?

① GCB   ② HSCB

③ VCB   ④ ABB

해설 교류 차단기의 종류
① GCB : 가스차단기
③ VCB : 진공차단기
④ ABB : 공기차단기
※ HSCB (High Speed Circuit Breaker) : 고속도 차단기

57. 계기용 변류기의 약호는?

① CT   ② WH   ③ CB   ④ DS

해설 계기용 변류기(CT : Current Transfomer)
※ ② WH (Watt-Hour meter) : 전력량계
③ CB (Circuit Breaker) : 차단기
④ DS (Disconnecting Switch) : 단로기

58. 일반적으로 학교 건물이나 은행 건물 등의 간선의 수용률은 얼마인가?

① 50 %　　　　② 60 %

③ 70 %　　　　④ 80 %

[해설] 간선의 수용률

　㉠ 학교, 사무실, 은행 : 70 %

　㉡ 주택, 기숙사, 호텔, 병원 : 50 %

59. 불연성 먼지가 많은 장소에 시설할 수 없는 옥내배선 공사 방법은?

① 금속관 공사

② 금속제 가요 전선관 공사

③ 두께가 1.2 mm인 합성수지관 공사

④ 애자 사용 공사

[해설] 불연성 먼지가 많은 장소 (내선규정 4235 −1 참조)

　㉠ 애자 사용 배선

　㉡ 금속 전선관 배선

　㉢ 합성수지 전선관 배선 (두께 2 mm 미만의 합성수지 전선관 제외)

　㉣ 금속제 가요 전선관 배선

　㉤ 금속 덕트 배선, 버스 덕트 배선

　㉥ 케이블 배선 또는 캡타이어케이블 배선으로 시공하여야 한다.

60. 간선에 접속하는 전동기의 정격전류의 합계가 100 A인 경우에 간선의 허용전류가 몇 A인 전선의 굵기를 선정하여야 하는가?

① 100　　　　② 110

③ 125　　　　④ 200

[해설] 전동기용 간선의 굵기 선정 (내선규정 3115−6 참조) : 간선에 접속하는 전동기의 정격전류의 합계가 50 A를 초과하는 경우는 그 정격전류의 1.1배

　∴ 간선의 허용전류 = 100×1.1 = 110 A

전기기능사
Craftsman Electricity

2014년 4월 6일

기출문제 해설

제1과목	제2과목	제3과목
전기 이론 : 20문항	전기 기기 : 20문항	전기 설비 : 20문항

제1과목 : 전기 이론

1. 진공 중의 두 점전하 Q_1[C], Q_2[C]가 거리 r [m] 사이에서 작용하는 정전력(N)의 크기를 옳게 나타낸 것은?

① $9 \times 10^9 \times \dfrac{Q_1 Q_2}{r^2}$

② $6.33 \times 10^4 \times \dfrac{Q_1 Q_2}{r^2}$

③ $9 \times 10^9 \times \dfrac{Q_1 Q_2}{r}$

④ $6.33 \times 10^4 \times \dfrac{Q_1 Q_2}{r}$

해설 쿨롱의 법칙(Coulomb's law) : 두 전하 사이에 작용하는 전기력은 전하의 크기에 비례하고, 두 전하 사이의 거리의 제곱에 반비례한다.

$$F = 9 \times 10^9 \times \frac{Q_1 \cdot Q_2}{r^2} \text{ [N]}$$

2. 진공 중에서 10^{-4}C과 10^{-8}C의 두 전하가 10 m 의 거리에 놓여 있을 때, 두 전하 사이에 작용하는 힘(N)은?

① 9×10^2 ② 1×10^4

③ 9×10^{-5} ④ 1×10^{-8}

해설 쿨롱의 법칙

$$F = 9 \times 10^9 \times \frac{Q_1 \cdot Q_2}{r^2}$$
$$= 9 \times 10^9 \times \frac{10^{-4} \times 10^{-8}}{10^2} = 9 \times 10^{-5} \text{ [N]}$$

3. 정전용량이 같은 콘덴서 10개가 있다. 이것을 직렬접속할 때의 값은 병렬접속할 때의 값보다 어떻게 되는가?

① $\dfrac{1}{10}$ 로 감소한다.   ② $\dfrac{1}{100}$ 로 감소한다.

③ 10배로 증가한다.   ④ 100배로 증가한다.

해설 콘덴서의 접속

㉠ 직렬접속 시 : $C_s = \dfrac{C_1}{n} = \dfrac{C_1}{10} = 0.1 C_1$

㉡ 병렬접속 시 : $C_P = nC_1 = 10 C_1$

∴ $\dfrac{C_s}{C_p} = \dfrac{0.1 C_1}{10 C_1} = \dfrac{1}{100}$

4. 어떤 콘덴서에 V[V]의 전압을 가해서 Q[C]의 전하를 충전할 때 저장되는 에너지(J)는?

① $2QV$ ② $2QV^2$ ③ $\dfrac{1}{2}QV$ ④ $\dfrac{1}{2}QV^2$

해설 콘덴서에 축적되는 정전 에너지 : 충전 회로에서 전압 V를 가하면 저항 R를 통하여 서서히 충전할 때 C에 축적되는 정전 에너지

$$W = \frac{1}{2}CV^2 = \frac{1}{2}QV \text{[J]}$$

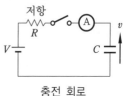

충전 회로

5. 다음 중 자기작용에 관한 설명으로 틀린 것은 어느 것인가?

① 기자력의 단위는 AT를 사용한다.

② 자기회로의 자기저항이 작은 경우는 누설 자속이 거의 발생되지 않는다.

③ 자기장 내에 있는 도체에 전류를 흘리면 힘이 작용하는데, 이 힘을 기전력이라 한다.

④ 평행한 두 도체 사이에 전류가 동일한 방향으로 흐르면 흡인력이 작용한다.

해설 전자력(electro-magnetic force) : 자기장 내에 있는 도체에 전류를 흘리면 도체에는 플레밍의 왼손 법칙에서 정의하는 엄지손가락 방향으로 힘, 즉 전자력이 발생한다.

6. 반지름 r[m], 권수 N회의 환상 솔레노이드에 I[A]의 전류가 흐를 때, 그 내부의 자장의 세기 H[AT/m]는 얼마인가?

① $\dfrac{NI}{r^2}$ ② $\dfrac{NI}{2\pi}$ ③ $\dfrac{NI}{4\pi r^2}$ ④ $\dfrac{NI}{2\pi r}$

해설 환상 솔레노이드(solenoid)의 내부 자계

$$H = \frac{NI}{2\pi r} \text{[AT/m]}$$

7. 그림과 같이 자극 사이에 있는 도체에 전류(I)가 흐를 때 힘은 어느 방향으로 작용하는가?

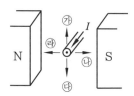

① ㉮ ② ㉯ ③ ㉰ ④ ㉭

해설 전자력의 방향-플레밍의 왼손 법칙

㉠ 엄지손가락 : 전자력 (힘)의 방향 → ㉮

㉡ 집게손가락 : 자장의 방향 N → S

㉢ 가운뎃손가락 : 전류의 방향 ⊙

8. 도체가 운동하여 자속을 끊었을 때 기전력의 방향을 알아내는 데 편리한 법칙은?

① 렌츠의 법칙

② 패러데이의 법칙

③ 플레밍의 왼손 법칙

④ 플레밍의 오른손 법칙

해설 플레밍의 오른손 법칙

㉠ 첫째 손가락 : 운동의 방향

㉡ 둘째 손가락 : 자속의 방향

㉢ 셋째 손가락 : 유도기전력의 방향

9. 회로에서 a-b 단자 간의 합성저항(Ω)값은 얼마인가?

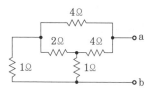

① 1.5 ② 2 ③ 2.5 ④ 4

해설 등가회로에서, 브리지 회로 평형이므로 2 Ω는 소거된다.

$$R_{ab} = \frac{5}{2} = 2.5\,\Omega$$

등가회로

10. 두 코일의 자체 인덕턴스를 L_1[H], L_2[H]라 하고 상호 인덕턴스를 M이라 할 때, 두 코일을 자속이 동일한 방향과 역방향이 되도록 하여 직렬로 각각 연결하였을 경우, 합성 인덕턴스의 큰 쪽과 작은 쪽의 차는?

① M ② $2M$ ③ $4M$ ④ $8M$

해설 인덕턴스의 접속

㉠ 가동 접속 : $L_1 + L_2 + 2M$

ⓒ 차동 접속 : $L_1 + L_2 - 2M$

∴ ㉠−㉡→$4M$

11. 그림에서 폐회로에 흐르는 전류는 몇 A인가?

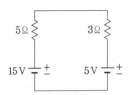

① 1   ② 1.25   ③ 2   ④ 2.5

해설 키르히호프의 법칙(Kirchhoff's low)

$\sum V = \sum IR$

$I = \dfrac{\sum V}{\sum R} = \dfrac{15-5}{5+3} = 1.25$ A

12. 그림의 브리지회로에서 평형이 되었을 때의 C_x는?

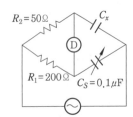

① 0.1 μF   ② 0.2 μF

③ 0.3 μF   ④ 0.4 μF

해설 $C_x = \dfrac{R_1}{R_2} \cdot C_s = \dfrac{200}{50} \times 0.1 = 0.4$ μF

13. 어떤 회로의 소자에 일정한 크기의 전압으로 주파수를 2배로 증가시켰더니 흐르는 전류의 크기가 $\dfrac{1}{2}$로 되었다. 이 소자의 종류는?

① 저항   ② 코일
③ 콘덴서   ④ 다이오드

해설 ㉠ 코일의 유도성 리액턴스 $X_L = 2\pi f \cdot L$ [Ω]에서, 주파수 f를 2배로 증가시키면 X_L

는 2배가 된다.

ⓒ 전류 : $I_L' = \dfrac{V}{2X_L} = \dfrac{1}{2} \cdot I_L$

∴ 주파수를 2배로 하면 전류의 크기가 $\dfrac{1}{2}$로 되는 회로소자는 코일(coil)이다.

※ 주파수를 2배로 하는 경우 전류의 크기가 2배로 되는 회로소자는 콘덴서이다.

14. 교류회로에서 무효전력의 단위는?

① W   ② VA   ③ Var   ④ V/m

해설 전력의 단위
㉠ 유효전력 : W
ⓒ 피상전력 : VA
ⓒ 무효전력 : Var
※ Var (Volt−ampere reactive)

15. △ 결선으로 된 부하에 각 상의 전류가 10 A 이고 각 상의 저항이 4 Ω, 리액턴스가 3 Ω이라 하면 전체 소비 전력은 몇 W인가?

① 2000   ② 1800
③ 1500   ④ 1200

해설 $\dot{Z} = R + jX = 4 + j3$[Ω]
㉠ $|Z| = \sqrt{R^2 + X^2} = \sqrt{4^2 + 3^2} = 5$ Ω
ⓒ $V_l = I_P \cdot Z = 10 \times 5 = 50$ V
ⓒ $\cos\theta = \dfrac{R}{Z} = \dfrac{4}{5} = 0.8$
㉣ $I_l = \sqrt{3} I_P = \sqrt{3} \times 10 ≒ 17.3$ A
∴ $P = \sqrt{3} V_l I_l \cos\theta$
$= \sqrt{3} \times 50 \times 17.3 \times 0.8 = 1200$ W

16. 선간전압 210 V, 선전류 10 A의 Y 결선 회로가 있다. 상전압과 상전류는 각각 약 얼마인가?

① 121 V, 5.77 A   ② 121 V, 10 A
③ 210 V, 5.77 A   ④ 210 V, 10 A

해설 ㉠ 상전압 $= \dfrac{선간전압}{\sqrt{3}} = \dfrac{210}{\sqrt{3}} ≒ 121$ V
ⓒ 상전류 = 선전류 = 10 A

17. 비사인파 교류회로의 전력 성분과 거리가 먼 것은?

① 맥류 성분과 사인파와의 곱

② 직류 성분과 사인파와의 곱

③ 직류 성분

④ 주파수가 같은 두 사인파의 곱

[해설] 비사인파 교류회로의 전력 성분

㉠ 전압과 전류의 성분 중 주파수가 같은 성분 사이에서만 소비 전력이 발생한다.

㉡ 전압의 기본파와 전류의 기본파

㉢ 직류 성분

※ 비사인파의 일반적인 구성＝직류분＋기본파 ＋고조파

18. 묽은 황산(H_2SO_4) 용액에 구리(Cu)와 아연 (Zn)판을 넣었을 때 아연판은?

① 수소 기체를 발생한다.

② 음극이 된다.

③ 양극이 된다.

④ 황산아연으로 변한다.

[해설] 전지의 원리(볼타전지)

㉠ 묽은 황산 용액에 구리(Cu)와 아연(Zn)판을 넣으면, 아연은 구리보다 이온이 되는 성질이 강하므로 전해액 중에 용해되어 양이온이 되고, 아연판은 음전기를 띠게 된다.

$Zn \rightarrow Zn^{++} + 2e^-$

묽은 황산 용액은 $H_2SO_4 \rightarrow 2H^+ + SO_4^{--}$

㉡ 이 결과 구리판은 양전기를 띠게 되므로, 아연판과 구리판은 각각 음극과 양극으로 되어 그 사이에 약 1V의 기전력이 발생한다.

19. 서로 다른 종류의 안티몬과 비스무트의 두 금속을 접속하여 여기에 전류를 통하면, 그 접점에서 열의 발생 또는 흡수가 일어난다. 줄열과 달리 전류의 방향에 따라 열의 흡수와 발생이 다르게 나타나는 이 현상을 무엇이라 하는가?

① 펠티에 효과

② 제베크 효과

③ 제3금속의 법칙

④ 열전 효과

[해설] 펠티에(Peltier) 효과 : 제베크(Seebeck) 효과와 반대로 두 종류의 금속의 접합부에 전류를 흘리면 전류의 방향에 따라 열의 발생 또는 흡수 현상이 생긴다. 이것이 전자 냉동기의 원리이다.

20. 동일 전압의 전지 3개를 접속하여 각각 다른 전압을 얻고자 한다. 접속 방법에 따라 몇 가지의 전압을 얻을 수 있는가? (단, 극성은 같은 방향으로 설정한다.)

① 1가지 전압

② 2가지 전압

③ 3가지 전압

④ 4가지 전압

[해설] 3가지 전압

㉠ 모두 직렬접속 : $3E$

㉡ 모두 병렬접속 : E

㉢ 직·병렬접속 : $2E$

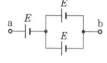

직·병렬접속

제2과목 : 전기 기기

21. 직류발전기에서 자속을 만드는 부분은 어느 것인가?

① 계자 철심

② 정류자

③ 브러시

④ 공극

[해설] 직류발전기의 3요소

㉠ 자속을 만드는 계자(field)

㉡ 기전력을 발생하는 전기자(armature)

㉢ 교류를 직류로 변환하는 정류자(commutator)

22. 직류발전기에서 급전선의 전압강하 보상용으로 사용되는 것은?

① 분권기

② 직권기

③ 과복권기

④ 차동 복권기

[해설] ㉠ 가동 복권발전기

• 과복권 : 급전선의 전압강하 보상용으로 사용

• 평복권 : 직류전원 및 여자기로 사용

㉡ 차동 복권발전기 : 수하 특성을 가지므로 용접기용 전원으로 사용

23. 다음 중 정속도 전동기에 속하는 것은?

① 유도전동기
② 직권전동기
③ 교류 정류자전동기
④ 분권전동기

해설 분권전동기 : 분권전동기는 정속도 전동기로 선박의 펌프용, 환기용 송풍기 및 계자제어로서 공작기계, 압연기 보조용 등에도 사용한다.

24. 직류전동기의 출력이 50 kW, 회전수가 1800 rpm일 때 토크는 약 몇 kg·m인가?

① 12 ② 23 ③ 27 ④ 31

해설 전동기 토크

$$T = 975 \frac{P}{N} = 975 \times \frac{50}{1800} ≒ 27 \text{kg} \cdot \text{m}$$

25. 전기기계의 철심을 규소강판으로 성층하는 이유는?

① 동손 감소 ② 기계 손 감소
③ 철손 감소 ④ 제작이 용이

해설 전기기계 철심의 철손 감소 방법
㉠ 히스테리시스 손 (histeresis loss)을 감소시키기 위하여 철심에 규소를 함유시켜 투자율을 크게 한다.
㉡ 맴돌이전류 손 (eddy current loss)을 감소시키기 위하여 철심을 얇게, 표면을 절연 처리하여 성층으로 사용한다.
※ 철손=히스테리시스 손 + 맴돌이전류 손

26. 3상 100 kVA, 13200/200 V 변압기의 저압 측 선전류의 유효분은 약 몇 A인가? (단, 역률은 80 %이다.)

① 100 ② 173 ③ 230 ④ 260

해설 저압 측 선전류 $I_2 = \frac{P_2}{\sqrt{3} V_2} = \frac{100 \times 10^3}{\sqrt{3} \times 200}$
$≒ 288 \text{A}$

∴ 유효분 $I_a = I_2 \cos\theta = 288 \times 0.8 = 230 \text{A}$

※ 무효분 $I_r = I_2 \sin\theta = 288 \times 0.6 ≒ 173 \text{A}$

27. 변압기의 규약 효율은?

① $\frac{출력}{입력}$ ② $\frac{출력}{출력+손실}$

③ $\frac{출력}{입력+손실}$ ④ $\frac{입력-손실}{입력}$

해설 규약 효율 : 변압기의 효율은 정격 2차 전압 및 정격 주파수에 대한 출력 (kW)과 전체 손실(kW)이 주어지면, 다음과 같이 나타낼 수 있다.
$$\eta = \frac{출력}{출력 + 전체 손실} \times 100[\%]$$

28. 변압기 명판에 표시된 정격에 대한 설명으로 틀린 것은?

① 변압기의 정격출력 단위는 kW이다.
② 변압기 정격은 2차 측을 기준으로 한다.
③ 변압기의 정격은 용량, 전류, 전압, 주파수 등으로 결정된다.
④ 정격이란 정해진 규정에 적합한 범위 내에서 사용할 수 있는 한도이다.

해설 변압기의 정격
㉠ 정격(rating)이란 명판(name plate)에 기록되어 있는 출력, 전압, 전류, 주파수 등을 말하며, 변압기의 사용 한도를 나타내는 것이다.
㉡ 변압기의 정격출력은 정격 2차 전압, 정격 2차 전류, 정격 주파수, 정격 역률도 2차 단자 사이에서 공급할 수 있는 피상전력 (kVA)이다.
※ 단위는 [VA], [kVA] 또는 [MVA]로 나타낸다.

29. 유도전동기에서 슬립이 가장 큰 경우는 어느 것인가?

① 무부하 운전 시
② 경부하 운전 시

③ 정격부하 운전 시

④ 기동 시

> **해설** 슬립(slip)
> ㉠ 기동 시(정지) : $N = 0 \rightarrow s = 1$
> ㉡ 동기속도로 회전 : $N = N_s \rightarrow s = 0$
> ㉢ 정격부하 운전 : $0 < s < 1$

30. 3상 유도전동기의 1차 입력 60 kW, 1차 손실 1 kW, 슬립 3 %일 때 기계적 출력은 약 몇 kW인가?

① 57

② 75

③ 95

④ 100

> **해설** ㉠ 2차 입력 : P_2 =1차 압력−1차 손실
> $$=60-1=59 \text{ kW}$$
> ㉡ 기계적 출력
> $$P_0 = (1-s)P_2 = (1-0.03) \times 59 \fallingdotseq 57 \text{ kW}$$

31. 전동기의 제동에서 전동기가 가지는 운동에너지를 전기에너지로 변화시키고 이것을 전원에 환원시켜 전력을 회생시킴과 동시에 제동하는 방법은?

① 발전 제동 (dynamic braking)

② 역전 제동 (plugging braking)

③ 맴돌이전류 제동 (eddy current braking)

④ 회생제동 (regenerative braking)

> **해설** 회생제동과 발전 제동의 비교
> ㉠ 회생제동
> • 운전 중의 전동기를 발전기로 하여 전원보다 높은 전압을 발생시켜서 전기적 에너지를 전원에 변환시키면서 제동하는 방법이다.
> • 회생제동은 전기기관차가 비탈길을 내려올 때와 같은 경우에 응용된다.
> ㉡ 발전 제동
> • 운전 중의 전동기를 전원으로부터 끊어 발전기로 동작시킨다.
> • 이때 발생되는 전기적 에너지를 저항에서 소비시켜 제동하는 방법이다.

32. 동기발전기에서 비돌극기의 출력이 최대가 되는 부하각(power angle)은?

① 0°   ② 45°   ③ 90°   ④ 180°

> **해설** 비돌극형 동기발전기의 1상의 출력
> ㉠ r_a를 무시하면 $\dot{Z}_s = r_a + jx_s \fallingdotseq jx_s$이고, 1상의 출력 P_S는
> $$P_S = VI\cos\theta = \frac{EV}{x_s}\sin\delta \text{ [W]}$$
> ㉡ V, E 및 x_s가 일정하면 출력 P_S는 $\sin\delta$에 비례하며, $\dot{V}$, $\dot{E}$의 위상차 δ를 부하각(load angle)이라 한다. $\sin 90° = 1$

33. 3상 동기발전기 병렬 운전 조건이 아닌 것은 어느 것인가?

① 전압의 크기가 같을 것

② 회전수가 같을 것

③ 주파수가 같을 것

④ 전압 위상이 같을 것

> **해설** 동기발전기의 병렬 운전 조건

병렬 운전의 필요조건	운전 조건이 같지 않을 경우의 현상
기전력의 크기가 같을 것	무효 순환 전류가 흐른다.
상회전이 일치하고, 기전력이 동 위상일 것	동기화 전류가 흐른다 (유효 횡류가 흐른다).
기전력의 주파수가 같을 것	동기화 전류가 교대로 주기적으로 흘러 난조의 원인이 된다.
기전력의 파형이 같을 것	고조파 무효 순환 전류가 흘러 과열 원인이 된다.

34. 동기 검정기로 알 수 있는 것은?

① 전압의 크기   ② 전압의 위상

③ 전류의 크기   ④ 주파수

> **해설** 동기 검정기(synchroscope) : 두 계통의 전압의 위상을 측정 또는 표시하는 계기이다.
> ※ 램프를 쓰는 동기 검정등 외에 지시계기에는 가동 코일형, 가동 철편형, 정전형이 있다.

35. 다음 설명 중 틀린 것은?

① 3상 유도전압 조정기의 회전자 권선은 분로 권선이고, Y 결선으로 되어 있다.
② 디프 슬롯형 전동기는 냉각 효과가 좋아 기동 정지가 빈번한 중·대형 저속기에 적당하다.
③ 누설변압기가 네온사인이나 용접기의 전원으로 알맞은 이유는 수하 특성 때문이다.
④ 계기용 변압기의 2차 표준은 110/220 V로 되어 있다.

해설 계기용 변압기(potential transformer, PT) : 2차 정격전압은 110 V이며, 2차 측에는 전압계나 전력계의 전압 코일을 접속하게 된다.

36. 보호계전기 시험을 하기 위한 유의 사항이 아닌 것은?

① 시험 회로 결선 시 교류와 직류 확인
② 시험 회로 결선 시 교류의 극성 확인
③ 계전기 시험 장비의 오차 확인
④ 영점의 정확성 확인

해설 시험 회로 결선 시 직류는 극성 확인이 유의 사항에 적용되나, 교류는 적용되지 않는다.

37. 다음 사이리스터 중 3단자 형식이 아닌 것은?

① SCR ② GTO ③ DIAC ④ TRIAC

해설 사이리스터(thyristor)의 분류
㉠ 단일 방향성 소자
• 3단자 ⎡ SCR(Silicon Controlled Rectifier)
⎣ GTO(Gate Turn-Off thyristor)
• 4단자 – SCS(Silicon Controlled Switch)
㉡ 양방향성 소자
• 2단자 ⎡ DIAC(DIode AC switch)
⎣ SSS(Silicon Symmetrical Switch)
• 3단자 ⎡ TRIAC(TRIode AC switch)
⎣ SBS(Silicon Bilateral Switch)

38. 통전 중인 사이리스터를 턴 오프(turn-off) 하려면?

① 순방향 anode 전류를 유지 전류 이하로 한다.
② 순방향 anode 전류를 증가시킨다.
③ 게이트 전압을 0 또는 -로 한다.
④ 역방향 anode 전류를 통전한다.

해설 사이리스터(thyristor)의 턴 오프(turn off) 방법 : 순방향 애노드(anode) 전류를 유지 전류 이하로 한다.
※ 유지 전류(holding current) : 게이트(G)를 개방한 상태에서 사이리스터가 도통(turn on) 상태를 유지하기 위한 최소의 순전류

39. 그림의 전동기 제어회로에 대한 설명으로 잘못된 것은?

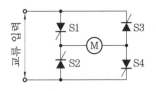

① 교류를 직류로 변환한다.
② 사이리스터 위상 제어 회로이다.
③ 전파정류 회로이다.
④ 주파수를 변환하는 회로이다.

해설 단상 전파 위상 제어 정류회로
㉠ 교류를 직류로 변환한다.
㉡ 사이리스터 위상 제어 회로이다.
㉢ 전파정류 회로이다.

40. 복잡한 전기회로를 등가 임피던스를 사용하여 간단히 변화시킨 회로는?

① 유도 회로   ② 전개 회로
③ 등가회로   ④ 단순 회로

해설 등가회로(equivalent circuit)
㉠ 복잡한 전기회로를 등가 임피던스를 사용하여 간단히 변화시킨 회로를 말한다.
㉡ 복잡한 계산이나 해석을 할 경우 이와 같은 회로망을 사용하면 편리한 경우가 많다.

제3과목 : **전기 설비**

41. 다음 중 300/500 V 기기 배선용 유연성 단심 비닐 절연전선을 나타내는 약호는?

① NFR ② NFI ③ NR ④ NRC

해설 배선용 비닐 절연전선

종류	약호
300/500 V 기기 배선용 유연성 단심 비닐 절연전선(70℃)	NFI (70)
300/500 V 기기 배선용 유연성 단심 비닐 절연전선(90℃)	NFI (90)

42. 전선 접속 시 사용되는 슬리브(sleeve)의 종류가 아닌 것은?

① D형 ② S형 ③ E형 ④ P형

해설 슬리브(sleeve)의 종류
S형, E형, P형, C형, H형

43. 저압 옥내배선에서 애자 사용 공사를 할 때 올바른 것은?

① 전선 상호 간의 간격은 6 cm 이상
② 400 V 초과하는 경우 전선과 조영재 사이의 이격 거리는 2.5 cm 미만
③ 전선의 지지점 간의 거리는 조영재의 윗면 또는 옆면에 따라 붙일 경우에는 3 m 이상
④ 애자 사용 공사에 사용되는 애자는 절연성·난연성 및 내수성과 무관

해설 애자 사용 공사
① 사용 전압에 관계없이 6 cm 이상
② 4.5 cm 이상
③ 2 m 이하
④ 애자는 절연성, 난연성 및 내수성이 있는 것이어야 한다.

44. 제1종 가요 전선관을 구부릴 경우의 곡률반

지름은 관 안지름의 몇 배 이상으로 하여야 하는가?

① 3배 ② 4배 ③ 6배 ④ 8배

해설 1종 가요 전선관을 구부릴 경우의 곡률반지름은 관 안지름의 6배 이상으로 할 것 (내선규정 2235-5 참조)

45. 다음 ( ) 안에 들어갈 내용으로 알맞은 것은?

> 사람의 접촉 우려가 있는 합성수지제 몰드는 홈의 폭 및 깊이가 (㉠)cm 이하로 두께는 (㉡)mm 이상의 것이어야 한다.

① ㉠ 3.5, ㉡ 1 ② ㉠ 5, ㉡ 1
③ ㉠ 3.5, ㉡ 2 ④ ㉠ 5, ㉡ 2

해설 합성수지 몰드의 선정 : 홈의 폭 및 깊이가 3.5 cm 이하로 두께는 2 mm 이상의 것이어야 한다. 다만, 사람이 쉽게 접촉될 우려가 없도록 시설하는 경우는 폭이 5 cm 이하, 두께 1 mm 이상의 것을 사용할 수 있다.

46. 금속 전선관의 종류에서 후강 전선관 규격(mm)이 아닌 것은?

① 16 ② 19 ③ 28 ④ 36

해설 후강 전선관 규격 (관의 호칭)
16, 22, 28, 36, 42, 54, 70, 82, 92, 104

47. 다음 중 금속 덕트 공사의 시설 방법 중 틀린 것은?

① 덕트 상호 간은 견고하고 또한 전기적으로 완전하게 접속할 것
② 덕트 지지점 간의 거리는 3 m 이하로 할 것
③ 덕트의 끝부분은 열어 둘 것
④ 저압 옥내배선의 사용 전압이 400 V 미만인 경우에는 덕트에 제3종 접지 공사를 할 것

해설 덕트 끝부분은 막을 것

48. 저압 옥내 간선 시설 시 전동기의 정격전류가 20 A이다. 전동기 전용 분기회로에 있어서 허용 전류는 몇 A 이상으로 하여야 하는가?

① 20   ② 25   ③ 30   ④ 60

해설 전동기용 분기회로의 전선 굵기

전동기의 정격전류 (A)	전선의 허용전류 (A)
50 A 이하의 경우	1.25×전동기 전류 합계
50 A 이상의 경우	1.1×전동기 전류 합계

∴ 허용전류=1.25×20=25 A

49. 접지저항 저감 대책이 아닌 것은?

① 접지봉의 연결 개수를 증가시킨다.
② 접지판의 면적을 감소시킨다.
③ 접지극을 깊게 매설한다.
④ 토양의 고유저항을 화학적으로 저감시킨다.

해설 접지판의 면적을 증대시킨다.

50. 지중에 매설되어 있는 금속제 수도관로는 대지와의 전기저항값이 얼마 이하로 유지되어야 접지극으로 사용할 수 있는가?

① 1 Ω   ② 3 Ω   ③ 4 Ω   ④ 5 Ω

해설 지중에 매설되어 있고 대지와의 전기저항치가 3Ω 이하의 값을 유지하고 있는 금속체 수도관로는 이를 제1종 접지 공사·제2종 접지 공사·제3종 접지 공사·특별 제3종 접지 공사, 기타의 접지 공사의 접지극으로 사용할 수 있다 (판단기준 제21조 참조).

51. 가공 배전선로 시설에는 전선을 지지하고 각종 기기를 설치하기 위한 지지물이 필요하다. 이 지지물 중 가장 많이 사용되는 것은?

① 철주   ② 철탑
③ 강관 전주   ④ 철근 콘크리트주

해설 가공 배전선로의 지지물 선정
㉠ 철주·철탑 : 산악지, 계곡, 하천 지역 등 횡

단 개소
㉡ 강관 전주 : 연접인입선 해소 및 인입 설비 시설, 특수 장소
㉢ 철근 콘크리트주 : 일반적인 장소에 가장 많이 사용된다.

52. 인입 개폐기가 아닌 것은?

① ASS   ② LBS   ③ LS   ④ UPS

해설 개폐기
㉠ ASS (Automatic Section Switch) : 자동 고장 구분 개폐기
㉡ LBS (Load Breaking Switch) : 부하 개폐기
㉢ LS (Line Switch) : 선로 개폐기
㉣ IS (Interrupter Switch) : 기중 부하 개폐기
※ UPS : 무정전 전원 장치

53. 일반적으로 저압 가공인입선이 도로를 횡단하는 경우 노면상 시설하여야 할 높이는?

① 4 m 이상   ② 5 m 이상
③ 6 m 이상   ④ 6.5 m 이상

해설 저압 인입선의 높이에 대한 이격 거리 (내선규정 2115 - 1)

구분	이격 거리
도로	도로를 횡단하는 경우 5 m 이상
철도 또는 궤도를 횡단	레일면상 6.5 m 이상
횡단보도교의 위쪽	횡단보도교의 노면상 3 m 이상
상기 이외의 경우	지표상 4 m 이상

54. 가공케이블 시설 시 조가용선에 금속 테이프 등을 사용하여 케이블 외장을 견고하게 붙여 조가하는 경우 나선형으로 금속 테이프를 감는 간격은 몇 cm 이하를 확보하여 감아야 하는가?

① 50   ② 30   ③ 20   ④ 10

해설 가공케이블의 시설 (판단기준 69조 참조) :

조가하는 경우 나선형으로 금속 테이프를 감는 간격은 20 cm 이하일 것

55. 가공전선로의 지지물에 시설하는 지선은 지표 상 몇 cm까지의 부분에 내식성이 있는 것 또는 아연도금을 한 철봉을 사용하여야 하는가?

① 15   ② 20   ③ 30   ④ 50

해설 지선의 시설(판단기준 제67조 참조) : 지중 부분 및 지표상 30 cm까지의 부분에는 내식성 이 있는 것 또는 아연도금을 한 철봉을 사용하 고 쉽게 부식되지 아니하는 근가에 견고하게 붙일 것

56. 저압 옥내배선 시설 시 캡타이어케이블을 조 영재의 아랫면 또는 옆면에 따라 붙이는 경우 전선의 지지점 간의 거리는 몇 m 이하로 하여야 하는가?

① 1   ② 1.5   ③ 2   ④ 2.5

해설 캡타이어케이블 지지(내선규정 2280-3 참 조) : 캡타이어케이블을 조영재에 따라 시설하 는 경우는 그 지지점 간의 거리는 1 m 이하로 하고 조영재에 따라 캡타이어케이블이 손상될 우려가 없는 새들, 스테이플 등으로 고정하여 야 한다.

57. 수변전 설비 중에서 동력설비 회로의 역률을 개선할 목적으로 사용되는 것은?

① 전력 퓨즈   ② MOF
③ 지락계전기   ④ 진상용 콘덴서

해설 조상설비
㉠ 설치 목적
  • 무효전력을 조정하여 역률개선에 의한 전 력손실 경감
  • 전압의 조정과 송전 계통의 안정도 향상
㉡ 종류
  • 전력용 콘덴서 (진상용 콘덴서)
  • 리액터

• 동기조상기
※ MOF (Metering Out Fit) : 계기용 변성기함

58. 폭연성 분진이 존재하는 곳의 금속관 공사 시 전동기에 접속하는 부분에서 가요성을 필요로 하 는 부분의 배선에는 방폭형의 부속품 중 어떤 것을 사용하여야 하는가?

① 플렉시블 피팅
② 분진 플렉시블 피팅
③ 분진 방폭형 플렉시블 피팅
④ 안전 증가 플렉시블 피팅

해설 폭발성 분진이 있는 위험 장소의 금속관 배 선의 경우(내선규정 4215-2 참조)
㉠ 금속관은 박강 전선관을 사용할 것
㉡ 전동기에 접속하는 짧은 부분에서 가요성을 필요로 하는 부분의 배선은 분진 방폭형 플렉 시블 피팅(flexible fitting)을 사용할 것

59. 조명 설계 시 고려해야 할 사항 중 틀린 것은?

① 적당한 조도일 것
② 휘도 대비가 높을 것
③ 균등한 광속 발산도 분포일 것
④ 적당한 그림자가 있을 것

해설 우수한 조명의 조건
㉠ 조도가 적당할 것
㉡ 그림자가 적당할 것
㉢ 균등한 광속 발산도 분포 (얼룩이 없는 조 명)일 것
㉣ 휘도의 대비가 적당할 것
㉤ 광색이 적당할 것

60. 전기 배선용 도면을 작성할 때 사용하는 콘센 트 도면 기호는?

① ⊛   ② ●   ③ ○   ④ ▣

해설 ① : 콘센트   ② : 점멸기
③ : 전구   ④ : 점검구

기출문제 해설

제1과목	제2과목	제3과목
전기 이론 : 20문항	전기 기기 : 20문항	전기 설비 : 20문항

제1과목 : 전기 이론

1. 어떤 물질이 정상상태보다 전자 수가 많아져 전기를 띠게 되는 현상을 무엇이라 하는가?

① 충전   ② 방전   ③ 대전   ④ 분극

해설 대전 (electrification) : 어떤 물질이 정상 상태보다 전자의 수가 많거나 적어졌을 때 양전기나 음전기를 가지게 되는데, 이를 대전이라 한다.
㉠ 양전기 (+) : 전자 부족
㉡ 음전기 (−) : 전자 남음

2. 그림에서 $C_1 = 1\,\mu F$, $C_2 = 2\,\mu F$, $C_3 = 2\,\mu F$ 일 때 합성 정전용량은 몇 μF인가?

$$\circ\!-\!\!\mid\!\mid\!-\!\!\mid\!\mid\!-\!\!\mid\!\mid\!-\!\circ$$
$$C_1 \quad C_2 \quad C_3$$

① $\dfrac{1}{2}$ ② $\dfrac{1}{5}$ ③ 2   ④ 5

해설 $C_s = \dfrac{C_1 \cdot C_2 \cdot C_3}{C_1 \cdot C_2 + C_2 \cdot C_3 + C_3 \cdot C_1}$

$\quad = \dfrac{1 \times 2 \times 2}{1 \times 2 + 2 \times 2 + 2 \times 1} = \dfrac{4}{8} = \dfrac{1}{2}\,\mu F$

3. 정전용량이 같은 콘덴서 2개를 병렬로 연결하였을 때의 합성 정전용량은 직렬로 접속하였을 때의 몇 배인가?

① $\dfrac{1}{4}$ ② $\dfrac{1}{2}$ ③ 2   ④ 4

해설 ㉠ 병렬접속 시 : $C_p = C_1 + C_2 = 2C$

㉡ 직렬접속 시 : $C_s = \dfrac{C_1 \cdot C_2}{C_1 + C_2} = \dfrac{C^2}{2C} = \dfrac{C}{2}$

㉢ $\dfrac{C_p}{C_s} = \dfrac{2C}{\dfrac{C}{2}} = \dfrac{4C}{C} = 4$

$\therefore\ C_p = 4 \cdot C_s$

4. 전기장 중에 단위 전하를 놓았을 때 그것에 작용하는 힘은 어느 값과 같은가?

① 전장의 세기   ② 전하
③ 전위   ④ 전위차

해설 전기장의 세기 (intensity of electric field) : 전기장 중에 단위 정전하 +1 C의 전하를 놓았을 때 작용하는 전자력(힘)의 크기로 정의할 수 있다.
※ 전기장의 세기 1 V/m이란, 전기장 중에 놓인 +1 C의 전하에 작용하는 힘이 1 N인 경우의 전기장의 세기를 의미한다.

5. 자기력선에 대한 설명으로 옳지 않은 것은?

① 자기장의 모양을 나타낸 선이다.
② 자기력선이 조밀할수록 자기력이 세다.
③ 자석의 N극에서 나와 S극으로 들어간다.
④ 자기력선이 교차된 곳에서 자기력이 세다.

해설 자기력선 (line of magnetic force)
㉠ 자기장 내에서 자계의 분포 상태를 나타내는 가상의 선이므로 가시적으로는 보이지 않는다.
㉡ N극에서 시작하여 S극에서 끝난다.
㉢ 서로 교차하지 않는다.
㉣ 같은 방향으로 향하는 자기력선은 서로 반발한다.
㉤ 자기력선이 조밀할수록 자기력이 세다 (자력선 밀도가 클수록 자기력이 세다).

정답 **1.** ③ **2.** ① **3.** ④ **4.** ① **5.** ④

6. 다음 물질 중 강자성체로만 짝지어진 것은 어느 것인가?

① 철, 니켈, 아연, 망간
② 구리, 비스무트, 코발트, 망간
③ 철, 구리, 니켈, 아연
④ 철, 니켈, 코발트

해설 ㉠ 강자성체 : 철, 니켈, 코발트, 망간
㉡ 상자성체 : 백금, 알루미늄, 텅스텐
㉢ 반자성체 : 금, 은, 구리, 아연, 안티몬

7. 자기회로에 기자력을 주면 자로에 자속이 흐른다. 그러나 기자력에 의해 발생되는 자속 전부가 자기회로 내를 통과하는 것이 아니라, 자로 이외의 부분을 통과하는 자속도 있다. 이와 같이 자기회로 이외 부분을 통과하는 자속을 무엇이라 하는가?

① 종속 자속   ② 누설자속
③ 주자속   ④ 반사 자속

해설 누설자속 (leakage flux) : 자기회로 이외의 부분을 통과하는 자속

※ 누설 계수 $= \dfrac{누설자속 + 유효 자속}{유효 자속}$

8. 단면적 $5\,cm^2$, 길이 $1\,m$, 비투자율 10^3인 환상 철심에 600회의 권선을 감고 이것에 0.5 A의 전류를 흐르게 한 경우 기자력은?

① 100 AT   ② 200 AT
③ 300 AT   ④ 400 AT

해설 $F = NI = 600 \times 0.5 = 300$ AT

※ 기자력 (magnetic motive force) : N회 감긴 코일에 전류 I[A]가 흐를 때 기자력 F는 $F = NI$[AT : Ampere Turn]

9. 공기 중에서 5 cm 간격을 유지하고 있는 2개의 평행 도선에 각각 10 A의 전류가 동일한 방향으로 흐를 때 도선 1 m당 발생하는 힘의 크기(N)는?

① 4×10^{-4} ② 2×10^{-5}
③ 4×10^{-5} ④ 2×10^{-4}

해설 $F = \dfrac{2 I_1 I_2}{r} \times 10^{-7} = \dfrac{2 \times 10 \times 10}{5 \times 10^{-2}} \times 10^{-7}$
$= 4 \times 10^{-4}$ N

10. 자체 인덕턴스가 100 H가 되는 코일에 전류를 1초 동안 0.1A 만큼 변화시켰다면 유도기전력(V)은?

① 1 V   ② 10 V   ③ 100 V   ④ 1000 V

해설 유도기전력의 크기
$v = L \dfrac{\Delta I}{\Delta t} = 100 \times \dfrac{0.1}{1} = 10$ V

11. 다음 중 도전율을 나타내는 단위는?

① Ω ② $\Omega \cdot m$ ③ $\mho \cdot m$ ④ $\mho / m$

해설 도전율 (conductivity)
㉠ 고유저항의 역수로, 물질 내 전류 흐름의 정도를 나타낸다.
㉡ 기호는 σ, 단위는 [$\mho / m$]를 사용한다.
$\sigma = \dfrac{1}{\rho} = \dfrac{1}{\dfrac{RA}{l}} = \dfrac{l}{RA}$ [$\mho / m$], [Ω^{-1}/m]

12. $e = 200 \sin (100 \pi t)$[V]의 교류전압에서 $t = \dfrac{1}{600}$ 초일 때, 순시값은?

① 100 V   ② 173 V   ③ 200 V   ④ 346 V

해설 $e = 200 \sin (100 \pi t)$
$= 200 \sin \left(100 \pi \times \dfrac{1}{600} \right) = 200 \sin \dfrac{\pi}{6}$
$= 200 \sin 30° = 200 \times \dfrac{1}{2} = 100$ V

13. RL 직렬회로에서 임피던스(Z)의 크기를 나타내는 식은?

① $R^2 + X_L^2$ ② $R^2 - X_L^2$

③ $\sqrt{R^2 + X_L^2}$ ④ $\sqrt{R^2 - X_L^2}$

해설 RL 직렬회로의 임피던스 삼각형

$Z = \sqrt{R^2 + X_L^2}$ [Ω]

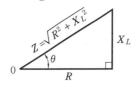

임피던스 삼각형

14. $\omega L = 5\,\Omega$, $\dfrac{1}{\omega C} = 25\,\Omega$의 LC 직렬회로에

100 V의 교류를 가할 때 전류 (A)는?

① 3.3 A, 유도성   ② 5 A, 유도성
③ 3.3 A, 용량성   ④ 5 A, 용량성

해설 ㉠ $\dot{Z} = j\left(\omega L - \dfrac{1}{\omega C}\right) = j(5-25) = -j20$ [Ω]

㉡ $\dot{I} = \dfrac{\dot{V}}{\dot{Z}} = \dfrac{100}{-j20} = j5$ [A]

∴ 5 A, 용량성 $\left(\omega L < \dfrac{1}{\omega C}\right)$

※ 전류의 위상 : j (전류가 90° 앞섬) 용량성

15. 정격전압에서 1 kW의 전력을 소비하는 저항에 정격의 90% 전압을 가했을 때, 전력은 몇 W가 되는가?

① 630 W   ② 780 W
③ 810 W   ④ 900 W

해설 소비 전력은 전압의 제곱에 비례하므로

$P' = P \times \left(\dfrac{90}{100}\right)^2 = 1 \times 10^3 \times 0.9^2 = 810$ W

16. 단상 100 V, 800 W, 역률 80 %인 회로의 리액턴스는 몇 Ω인가?

① 10   ② 8
③ 6   ④ 2

해설 ㉠ $P = 800$ W, $\cos\theta = 0.8$일 때

$P_a = VI = \dfrac{P}{\cos\theta} = \dfrac{800}{0.8} = 1000$ VA

∴ $I = \dfrac{P_a}{V} = \dfrac{1000}{100} = 10$ A

㉡ $P_r = P_a \cdot \sin\theta = P_a \sqrt{1 - \cos^2\theta}$

$= 1000\sqrt{1 - 0.8^2} = 600$ W

∴ $X = \dfrac{P_r}{I^2} = \dfrac{600}{10^2} = 6\,\Omega$

17. R [Ω]인 저항 3개가 $\triangle$ 결선으로 되어 있는 것을 Y 결선으로 환산하면 1상의 저항 (Ω)은?

① $\dfrac{1}{3}R$ ② R ③ $3R$ ④ $\dfrac{1}{R}$

해설 $\triangle \to Y$의 등가 환산 : $\triangle$ 회로를 Y 회로로 변환하기 위해서는 각 상의 저항을 1/3배로 해야 한다.

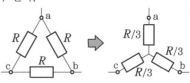

$\triangle \to Y$의 등가 변환

18. Y 결선에서 선간전압 V_l 과 상전압 V_P의 관계는?

① $V_l = V_P$ ② $V_l = \dfrac{1}{3}V_P$

③ $V_l = \sqrt{3}\,V_P$ ④ $V_l = 3V_P$

해설 ㉠ Y 결선의 경우
• $V_l = \sqrt{3}\,V_p$ • $I_l = I_p$
㉡ $\triangle$ 결선의 경우
• $V_l = V_p$ • $I_l = \sqrt{3}\,I_p$

19. 비사인파의 일반적인 구성이 아닌 것은?

① 순시파   ② 고조파
③ 기본파   ④ 직류분

해설 비사인파 = 직류분 + 기본파 + 고조파

20. 기전력 1.5 V, 내부저항이 0.1 Ω인 전지 4개를 직렬로 연결하고 이를 단락했을 때의 단락 전류 (A)는?

① 10　　② 12.5　　③ 15　　④ 17.5

해설 $I_s = \dfrac{nE}{nr} = \dfrac{4 \times 1.5}{4 \times 0.1} = \dfrac{6}{0.4} = 15$ A

제2과목 : 전기 기기

21. 직류발전기에서 전기자반작용을 없애는 방법으로 옳은 것은?

① 브러시 위치를 전기적 중성점이 아닌 곳으로 이동시킨다.
② 보극과 보상 권선을 설치한다.
③ 브러시의 압력을 조정한다.
④ 보극은 설치하되 보상 권선은 설치하지 않는다.

해설 전기자반작용을 감소시키는 방법
㉠ 보상 권선, 보극을 설치하여 반작용을 감소시키고 정류를 양호하게 한다.
㉡ 보극이 없는 경우에는 브러시 위치를 전기적 중성점으로 이동시킨다.

22. 직권발전기의 설명 중 틀린 것은?

① 계자권선과 전기자권선이 직렬로 접속되어 있다.
② 승압기로 사용되며 수전 전압을 일정하게 유지하고자 할 때 사용된다.
③ 단자전압을 V, 유기 기전력을 E, 부하 전류를 I, 전기자 저항 및 직권 계자저항을 각각 r_a, r_s라 할 때 $V = E + I(r_a + r_s)$[V]이다.
④ 부하 전류에 의해 여자되므로 무부하 시 자기 여자에 의한 전압 확립은 일어나지 않는다.

해설 직권발전기의 특성

㉠ $E = V + I(r_a + r_s)$ [V]
㉡ $I_a = I = I_f$
※ $V = E - I(r_a + r_s)$

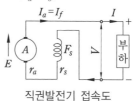

직권발전기 접속도

23. 전기철도에 사용하는 직류전동기로 가장 적합한 전동기는?

① 분권전동기　　② 직권전동기
③ 가동 복권전동기　　④ 차동 복권전동기

해설 직류 직권전동기는 가변 속도 전동기로서 전차, 권상기, 크레인 등에 사용된다.

24. 전기기계에 있어 와전류손 (eddy current loss)을 감소하기 위한 적합한 방법은?

① 규소강판에 성층 철심을 사용한다.
② 보상 권선을 설치한다.
③ 교류 전원을 사용한다.
④ 냉각 압연한다.

해설 와류손 (eddy current loss)은 철심의 두께의 제곱에 비례하므로 두께를 얇게 하고 절연 피막 처리한다.
∴ 와류손을 적게 하기 위하여 성층 철심을 사용하는 것이다.
※ 히스테리시스 손 (histeresis loss)을 감소시키기 위하여 철심에 규소를 함유시켜 투자율을 크게 한다.

25. 변압기의 1차 권회수 80회, 2차 권회수 320회일 때 2차 측의 전압이 100 V이면 1차 전압 (V)은?

① 15　　② 25　　③ 50　　④ 100

해설 권수비 $a = \dfrac{N_1}{N_2} = \dfrac{80}{320} = 0.25$
∴ $V_1 = a \cdot V_2 = 0.25 \times 100 = 25$ V

26. 어떤 변압기에서 임피던스 강하가 5 %인 변압기가 운전 중 단락되었을 때 그 단락전류는 정격전류의 몇 배인가?

① 5 ② 20
③ 50 ④ 200

해설 $I_s = \dfrac{100}{\% Z} \cdot I_n = \dfrac{100}{5} \cdot I_n = 20 \cdot I_n$

∴ 20배

27. 3권선 변압기에 대한 설명으로 옳은 것은?

① 한 개의 전기회로에 3개의 자기회로로 구성되어 있다.
② 3차 권선에 조상기를 접속하여 송전선의 전압 조정과 역률개선에 사용된다.
③ 3차 권선에 단권변압기를 접속하여 송전선의 전압 조정에 사용된다.
④ 고압 배전선의 전압을 10 % 정도 올리는 승압용이다.

해설 3권선 변압기(three-winding transformer)
㉠ 1상에 대해서 3개의 다른 독립된 권선으로 되어 있는 변압기이다.
㉡ 3권선에 조상기를 접속하여 송전선의 전압 조정과 역률개선에 사용된다.

28. 주상변압기의 고압 측에 탭을 여러 개 만든 이유는?

① 역률개선
② 단자 고장 대비
③ 선로 전류 조정
④ 선로 전압 조정

해설 주상변압기-탭 절환 변압기
변압기에 여러 개의 탭을 만드는 것은, 부하 변동에 따른 전압을 조정하기 위해서이다.

29. 변압기 내부 고장 시 급격한 유류 또는 가스의 이동이 생기면 동작하는 부흐홀츠 계전기의 설치 위치는?

① 변압기 본체
② 변압기의 고압 측 부싱
③ 콘서베이터 내부
④ 변압기 본체와 콘서베이터를 연결하는 파이프

해설 부흐홀츠 계전기 (BHR)
㉠ 변압기 내부 고장으로 2차적으로 발생하는 기름의 분해가스 증기 또는 유류를 이용하여 부표 (뜨는 물건)를 움직여 계전기의 접점을 닫는 것이다.
㉡ 변압기의 주탱크와 콘서베이터의 연결관 도중에 설치한다.

30. 50 Hz, 6극인 3상 유도전동기의 전부하에서 회전수가 955 rpm일 때 슬립(%)은?

① 4 ② 4.5
③ 5 ④ 5.5

해설 ㉠ $N_s = \dfrac{120f}{p} = \dfrac{120 \times 50}{6} = 1000 \, \text{rpm}$

㉡ $s = \dfrac{N_s - N}{N_s} \times 100 = \dfrac{1000 - 955}{1000} \times 100$

$= 4.5 \%$

31. 회전수 1728 rpm인 유도전동기의 슬립(%)은? (단, 동기속도는 1800 rpm이다.)

① 2 ② 3
③ 4 ④ 5

해설 슬립 $s = \dfrac{N_s - N}{N_s} = \dfrac{1800 - 1728}{1800} = 0.04$

∴ 4 %

※ $s = 1 - \dfrac{N}{N_s} = 1 - \dfrac{1728}{1800} = 1 - 0.96 = 0.04$

32. 3상 380 V, 60 Hz, 4P, 슬립 5%, 55 kW 유도전동기가 있다. 회전자 속도는 몇 rpm인가?

① 1200 ② 1526

정답 26. ② 27. ② 28. ④ 29. ④ 30. ② 31. ③ 32. ③

③ 1710　　　　④ 2280

해설 ㉠ $N_s = \dfrac{120f}{p} = \dfrac{120 \times 60}{4} = 1800$ rpm

㉡ $N = N_s(1-s) = 1800(1-0.05)$
　　$= 1710$ rpm

33. 슬립이 0.05이고 전원 주파수가 60 Hz인 유도전동기의 회전자 회로의 주파수(Hz)는?

① 1　　　　② 2
③ 3　　　　④ 4

해설 $f' = s \cdot f = 0.05 \times 60 = 3$ Hz

34. 다음 중 유도전동기에서 비례 추이를 할 수 있는 것은?

① 출력　　　　② 2차 동손
③ 효율　　　　④ 역률

해설 유도전동기의 비례 추이
㉠ 비례 추이는 권선형 유도전동기에서 2차 회로의 저항을 가변하여 기동 토크를 크게 한다든지, 또는 속도를 제어할 수 있다.
㉡ 전류, 역률 등도 2차 회로의 저항을 변화시키면 비례 추이를 할 수 있다.

35. 동기발전기를 회전 계자형으로 하는 이유가 아닌 것은?

① 고전압에 견딜 수 있게 전기자권선을 절연하기가 쉽다.
② 전기자 단자에 발생한 고전압을 슬립 링 없이 간단하게 외부 회로에 인가할 수 있다.
③ 기계적으로 튼튼하게 만드는 데 용이하다.
④ 전기자가 고정되어 있지 않아 제작 비용이 저렴하다.

해설 회전 계자형(revolving field type)
㉠ 전기자를 고정자, 계자를 회전자로 하는 일반 전력용 3상 동기발전기이다.
㉡ 전기자가 고정자이므로, 고압 대전류용에

좋고 절연이 쉽다.
㉢ 계자가 회전자이지만 저압 소용량의 직류이므로 구조가 간단하다.
㉣ 회전자 도체에 슬립 링과 브러시를 통하여 직류전류를 흐르게 한다.

36. 동기전동기의 여자전류를 변화시켜도 변하지 않는 것은?(단, 공급 전압과 부하는 일정하다.)

① 동기속도　　　　② 역기전력
③ 역률　　　　④ 전기자 전류

해설 ㉠ 동기전동기의 위상 특성곡선(V곡선)에서 여자전류 I_f를 변화시키면 전기자 전류의 크기와 위상이 바뀐다. 따라서, 역률, 역기전력은 변화하지만 동기속도는 변화하지 않는다.
㉡ 동기전동기는 속도가 일정불변이다.

37. 3상 동기전동기의 출력(P)을 부하각으로 나타낸 것은?(단, V는 1상의 단자전압, E는 역기전력, x_s는 동기 리액턴스, δ는 부하각이다.)

① $P = 3VE\sin\delta$ [W]
② $P = \dfrac{3VE\sin\delta}{x_s}$ [W]
③ $P = \dfrac{3VE\cos\delta}{x_s}$ [W]
④ $P = 3VE\cos\delta$ [W]

해설 $P = \dfrac{3EV}{x_s}\sin\delta = \dfrac{E_l V_l}{x_s}\sin\delta$ [W]

38. 동기전동기의 자기 기동법에서 계자권선을 단락하는 이유는?

① 기동이 쉽다.
② 기동 권선으로 이용한다.
③ 고전압 유도에 의한 절연파괴 위험을 방지한다.
④ 전기자반작용을 방지한다.

해설 동기전동기의 자기 기동법
㉠ 계자의 자극면에 감은 기동(제동) 권선이 마치

3상 유도전동기의 농형 회전자와 비슷한 작용을 하므로, 이것에 의한 토크로 기동시키는 기동법이다.

ⓒ 기동 시에는 회전자기장에 의하여 계자권선에 높은 고전압을 유도하여 절연을 파괴할 염려가 있기 때문에 계자권선을 저항을 통하여 단락해 놓고 기동시켜야 한다.

39. 동기기에서 사용되는 절연재료로 B종 절연물의 온도 상승 한도는 약 몇 ℃인가?(단, 기준 온도는 공기 중에서 40℃이다.)

① 65 ② 75 ③ 90 ④ 120

해설 ㉠ 전기 기기의 온도 상승 한도 : 절연재료의 최고 온도에서 40℃를 뺀 값 이내로 온도 상승 한도를 정하면 절연재료를 안전하게 사용할 수 있게 된다.

ⓒ 절연 종별과 최고 허용 온도

종별	Y	A	E	B	F	H	C
℃	90	105	120	130	155	180	180 초과

※ B종의 용도 : 고전압 발전기, 전동기의 권선의 절연

40. 다음 그림에 대한 설명으로 틀린 것은?

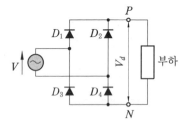

① 브리지(bridge) 회로라고도 한다.
② 실제의 정류기로 널리 사용된다.
③ 반파정류 회로라고도 한다.
④ 전파정류 회로라고도 한다.

해설 ㉠ 단상 전파정류 회로이며, 브리지 회로라고도 한다.
ⓒ 실제 정류회로로 널리 사용된다.

제3과목 : **전기 설비**

41. 인입용 비닐 절연전선의 공칭 단면적 8 mm² 되는 연선의 구성은 소선의 지름이 1.2 mm일 때 소선 수는 몇 가닥으로 되어 있는가?

① 3 ② 4 ③ 6 ④ 7

해설 연선의 구성

연선의 공칭 단면적 (mm²)	연선의 구성 (소선 수/지름)
14	7/1.6
8	7/1.2
5.5	7/1.0
3.5	7/0.8

42. 금속 전선관 작업에서 나사를 낼 때 필요한 공구는 어느 것인가?

① 파이프 벤더 ② 볼트 클리퍼
③ 오스터 ④ 파이프 렌치

해설 오스터(oster) : 금속관 끝에 나사를 내는 공구로, 손잡이가 달린 래칫(ratchet)과 나사 날의 다이스(dies)로 구성된다.

43. 전기공사 시공에 필요한 공구 사용법 설명 중 잘못된 것은?

① 콘크리트의 구멍을 뚫기 위한 공구로 타격용 임팩트 전기드릴을 사용한다.
② 스위치 박스에 전선관용 구멍을 뚫기 위해 녹아웃 펀치를 사용한다.
③ 합성수지 가요 전선관의 굽힘 작업을 위해 토치램프를 사용한다.
④ 금속 전선관의 굽힘 작업을 위해 파이프 벤더를 사용한다.

해설 토치램프(torch lamp)
㉠ 전선 접속의 납땜이나 합성수지관의 가공 시 열을 가할 때 사용한다.
ⓒ 가솔린용과 알코올용으로 나뉜다.

※ 가요 전선관은 굽힘 작업 시 토치램프 등 공구나 기구가 불필요하다.

44. 단선의 직선 접속 시 트위스트 접속을 할 경우 적합하지 않은 전선 규격(mm²)은?

① 2.5 ② 4.0 ③ 6.0 ④ 10

해설 동(구리) 전선의 트위스트(twist) 접속은 6 mm² 이하의 가는 단선을 접속 시 적용된다.
※ 브리타니아(britannia) 접속은 10 mm² 이상에 적용된다.

45. 전선 접속 시 S형 슬리브 사용에 대한 설명으로 틀린 것은?

① 전선의 끝은 슬리브의 끝에서 조금 나오는 것이 바람직하다.
② 슬리브는 전선의 굵기에 적합한 것을 선정한다.
③ 열린 쪽 홈의 측면을 고르게 눌러서 밀착시킨다.
④ 단선은 사용 가능하나 연선 접속 시에는 사용 안 한다.

해설 S형 슬리브를 사용하는 경우
㉠ S형 슬리브는 단선, 연선 어느 것에도 사용할 수 있다.
㉡ 전선의 끝은 슬리브의 끝에서 조금 나오는 것이 바람직하다.
㉢ 슬리브는 전선의 굵기에 적합한 것을 선정한다(연선인 경우는 도체 외경에 가장 가까운 상위의 슬리브를 선정한다).
㉣ 열린 쪽 홈의 측면을 펜치 등으로 고르게 눌러서 밀착시킨다.

46. 알루미늄 전선과 전기기계 기구 단자의 접속 방법으로 틀린 것은?

① 전선을 나사로 고정하는 경우 나사가 진동 등으로 헐거워질 우려가 있는 장소는 2중 너트 등을 사용할 것

② 전선에 터미널 러그 등을 부착하는 경우는 도체에 손상을 주지 않도록 피복을 벗길 것
③ 나사 단자에 전선을 접속하는 경우는 전선을 나사의 홈에 가능한 한 밀착하여 $\frac{3}{4}$ 바퀴 이상 1바퀴 이하로 감을 것
④ 누름 나사 단자 등에 전선을 접속하는 경우는 전선을 단자 깊이의 $\frac{2}{3}$ 위치까지만 삽입할 것

해설 전선과 기구 단자와의 접속 : 누름 나사 단자에 전선을 접속하는 경우는 전선을 정해진 위치까지 확실하게 삽입한다.
※ 내선규정 2210-6 참조

47. 사용 전압 400 V 이상, 건조한 장소로 점검할 수 있는 은폐된 곳에 저압 옥내배선 시 공사할 수 있는 방법은?

① 합성수지 몰드 공사
② 금속 몰드 공사
③ 버스 덕트 공사
④ 라이팅 덕트 공사

해설 시설 장소와 배선 방법(내선규정 표 2210-2 참조) : 사용 전압 400 V 이상이므로 몰드 공사, 라이팅 덕트 공사는 적용되지 않는다.

48. 라이팅 덕트를 조영재에 따라 부착할 경우 지지점 간의 거리는 몇 m 이하로 하여야 하는가?

① 1.0 ② 1.2 ③ 1.5 ④ 2.0

해설 라이팅 덕트 배선(내선규정 2250 참조) : 라이팅 덕트를 조영재에 부착하는 경우는 덕트의 지지점은 매 덕트마다 2개소 이상 및 지지점 간의 거리는 2 m 이하로 하고 견고하게 부착할 것

49. 과전류 차단기 A종 퓨즈는 정격전류의 몇 % 에서 용단되지 않아야 하는가?

① 110   ② 120   ③ 130   ④ 140

해설 과전류 차단용 퓨즈

⊙ A종 : 정격전류의 110 %에서 용단되지 않을 것

ⓒ B종 : 정격전류의 130 %에서 용단되지 않을 것

50. 고압 전로에 지락 사고가 생겼을 때 지락전류를 검출하는 데 사용하는 것은?

① CT   ② ZCT   ③ MOF   ④ PT

해설 ZCT (영상 변류기) : 지락 사고가 생겼을 때 흐르는 지락 (영상)전류를 검출하여 접지 계전기에 의하여 차단기를 동작시켜 사고의 파급을 방지한다.

※ ZCT (Zero-phase Current Transformer)

51. 저압 연접인입선의 시설과 관련된 설명으로 잘못된 것은?

① 옥내를 통과하지 아니할 것

② 전선의 굵기는 1.5 mm² 이하일 것

③ 폭 5 m를 넘는 도로를 횡단하지 아니할 것

④ 인입선에서 분기하는 점으로부터 100 m를 넘는 지역에 미치지 아니할 것

해설 저압 연접인입선의 시설 규정

⊙ 인입선에서 분기하는 점에서 100 m를 넘는 지역에 이르지 않아야 한다.

ⓒ 너비 5 m를 넘는 도로를 횡단하지 않아야 한다.

ⓒ 연접인입선은 옥내를 통과하면 안 된다.

52. 특고압 (22.9 kV-Y) 가공전선로의 완금 접지 시 접지선은 어느 곳에 연결하여야 하는가?

① 변압기 ② 전주   ③ 지선   ④ 중선선

해설 ⊙ 특고압 (22.9 kV-Y)은 3상 4선식으로, 다중 접지된 중선선을 가진다.

ⓒ 완금은 접지 공사를 하여야 하며, 이때 접지선은 중선선에 연결한다.

53. 고압 가공전선로의 지지물 중 지선을 사용해서는 안 되는 것은?

① 목주

② 철탑

③ A종 철주

④ A종 철근 콘크리트주

해설 지선의 시설 (판단기준 제67조 참조) : 가공선로의 지지물로 사용되는 철탑은 지선을 사용하여 그 강도를 분담시켜서는 안 된다.

54. 지지물의 지선에 연선을 사용하는 경우 소선 몇 가닥 이상의 연선을 사용하는가?

① 1   ② 2   ③ 3   ④ 4

해설 지선의 시설 (판단기준 제67조 참조)

⊙ 지선의 안전율은 2.5 이상일 것

ⓒ 지선에 연선을 사용할 경우 : 소선 3가닥 이상의 연선일 것

55. 네온변압기를 넣는 외함의 접지 공사는?

① 제1종   ② 제2종

③ 특별 제3종   ④ 제3종

해설 제3종 접지 공사의 적용 장소 : 전선로 이외의 금속체 접지에 적용되는 것으로, 주로 400 V 미만의 기계 기구의 외함 및 철대의 접지에 적용된다.

⊙ 교통 신호등의 제어장치의 금속제 외함

ⓒ 네온변압기를 수용하는 외함의 금속제 부분

56. 저압 옥내용 기기에 제3종 접지 공사를 하는 주된 목적은?

① 이상 전류에 의한 기기의 손상 방지

② 과전류에 의한 감전 방지

③ 누전에 의한 감전 방지

④ 누전에 의한 기기의 손상 방지

해설 ⊙ 저압 옥내용 기기의 외함 및 철대에는 사용 전압이 400 V 미만일 때, 제3종 접지 공

사를 실시하여야 한다.
ⓒ 접지의 주된 목적은 누전에 의한 감전 사고로부터 인체를 보호하는 데 있다.

57. 풀용 수중 조명등을 넣는 용기의 금속제 부분은 몇 종 접지를 하여야 하는가?

① 제1종 접지
② 제2종 접지
③ 제3종 접지
④ 특별 제3종 접지

해설 풀용 수중 조명등의 시설 (판단기준 제241조 참조) : 조명등의 용기의 금속체 부분에는 특별 제3종 접지 공사를 할 것

58. 배전반 및 분전반의 설치 장소로 적합하지 않은 곳은?

① 접근이 어려운 장소
② 전기회로를 쉽게 조작할 수 있는 장소
③ 개폐기를 쉽게 개폐할 수 있는 장소
④ 안정된 장소

해설 배전반·분전반의 설치 장소 (내선규정 1455-1)
ⓐ 전기회로를 쉽게 조작할 수 있는 장소
ⓑ 개폐기를 쉽게 개폐할 수 있는 장소
ⓒ 노출된 장소
ⓓ 안정된 장소

59. 화약고 등의 위험 장소에서 전기 설비 시설에 관한 내용으로 옳은 것은?

① 전로의 대지 전압은 400 V 이하일 것
② 전기기계 기구는 전폐형을 사용할 것
③ 화약고 내의 전기 설비는 화약고 장소에 전용 개폐기 및 과전류 차단기를 시설할 것
④ 개폐기 및 과전류 차단기에서 화약고 인입구까지의 배선은 케이블 배선으로 노출로 시설할 것

해설 화약고에 시설하는 전기 설비 (내선규정 4220-1 참조)
ⓐ 화약고 등의 위험 장소에는 전기 설비를 시설하여서는 안 된다.
ⓑ 다만 백열전등, 형광등 또는 이들에 전기를 공급하기 위한 전기 설비 (개폐기와 과전류 차단기 제외)를 다음 각 호에 의하여 시설하는 경우에는 시설할 수 있다.
• 전로의 대지 전압은 300 V 이하로 할 것
• 전기기계 기구는 전폐형을 사용할 것

60. 무대, 오케스트라 박스 등 흥행장의 저압 옥내 배선 공사의 사용 전압은 몇 V 미만인가?

① 200   ② 300   ③ 400   ④ 600

해설 흥행장의 저압 공사 : 사용 전압이 400 V 미만이어야 하며, 무대용 콘센트, 박스, 보더 라이트의 금속제 외함 등에는 제3종 접지 공사를 한다.

전기기능사
Craftsman Electricity

2015년 1월 25일

기출문제 해설

제1과목	제2과목	제3과목
전기 이론 : 20문항	전기 기기 : 20문항	전기 설비 : 20문항

제1과목 : 전기 이론

1. 전기장의 세기 단위로 옳은 것은?

① H/m ② F/m ③ AT/m ④ V/m

해설 1 V/m는 전기장 중에 놓인 +1 C의 전하에 작용하는 힘이 1 N인 경우의 전기장 세기를 의미한다.

2. 다음 회로의 합성 정전용량(μF)은?

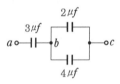

① 5 ② 4 ③ 3 ④ 2

해설 ㉠ $C_{bc} = 2 + 4 = 6\mu F$

㉡ $C_{ac} = \dfrac{C_{ab} \times C_{bc}}{C_{ab} + C_{bc}} = \dfrac{3 \times 6}{3 + 6} = 2\mu F$

3. 4 F와 6 F의 콘덴서를 병렬접속하고 10 V의 전압을 가했을 때 축적되는 전하량 Q[C]는?

① 19 ② 50 ③ 80 ④ 100

해설 $Q = (C_1 + C_2)V = (4 + 6) \times 10 = 100$ C

4. 물질에 따라 자석에 반발하는 물체를 무엇이라 하는가?

① 비자성체 ② 상자성체
③ 반자성체 ④ 가역성체

해설 ㉠ 반자성체 (자석에 반발하는 물체) : μ_s

<1인 물체로서 금 (Au), 은 (Ag), 구리(Cu), 아연 (Zn), 안티몬 (Sb) 등이 있다.

㉡ 상자성체 : μ_s >1인 물체로서 알루미늄 (Al), 백금 (Pt), 산소 (O), 공기 등이 있다.

5. 평균 반지름이 r [m]이고, 감은 횟수가 N인 환상 솔레노이드에 전류 I[A]가 흐를 때 내부의 자기장의 세기 H [AT/m]는?

① $H = \dfrac{NI}{2\pi r}$ ② $H = \dfrac{NI}{2r}$

③ $H = \dfrac{2\pi r}{NI}$ ④ $H = \dfrac{2r}{NI}$

해설 환상 솔레노이드 (solenoid)의 내부 자계

$H = \dfrac{NI}{2\pi r}$ [AT/m]

6. 공기 중에서 자속밀도 0.3 Wb/m²의 평등 자기장 속에 길이 50 cm의 직선 도선을 자기장의 방향과 30°의 각도로 놓고 여기에 10 A의 전류를 흐르게 했을 때 도선에 받는 힘 N은?

① 0.55 ② 0.75 ③ 0.95 ④ 1.05

해설 $F = BlI\sin\theta$
$= 0.3 \times 50 \times 10^{-2} \times 10 \times 0.5 = 0.75$ N
여기서, $\sin 30° = 0.5$

7. 히스테리시스 손은 최대 자속밀도 및 주파수의 각각 몇 승에 비례하는가?

① 최대 자속밀도 : 1.6, 주파수 : 1.0
② 최대 자속밀도 : 1.0, 주파수 : 1.6

정답 1. ④ 2. ④ 3. ④ 4. ③ 5. ① 6. ② 7. ①

③ 최대 자속밀도 : 1.0, 주파수 : 1.0
④ 최대 자속밀도 : 1.6, 주파수 : 1.6

해설 히스테리시스 손실(hysteresis loss)

$$P_h = \eta \cdot f \cdot B_m^{1.6} \, [\text{W/m}^3]$$

여기서, f : 주파수, B_m : 최대 자속밀도

8. 자체 인덕턴스가 각각 160 mH, 250 mH의 두 코일이 있다. 두 코일 사이의 상호 인덕턴스가 150 mH이면 결합 계수는?

① 0.5   ② 0.62   ③ 0.75   ④ 0.86

해설 결합 계수

$$k = \frac{M}{\sqrt{L_1 L_2}} = \frac{150}{\sqrt{160 \times 250}} = \frac{150}{200} = 0.75$$

9. 전기전도도가 좋은 순서대로 도체를 나열한 것은?

① 은 → 구리 → 금 → 알루미늄
② 구리 → 금 → 은 → 알루미늄
③ 금 → 구리 → 알루미늄 → 은
④ 알루미늄 → 금 → 은 → 구리

해설 전도도(conductivity)

㉠ 고유저항, 즉 저항률과 반대의 의미이며, 도체 내의 전류가 흐르기 쉬운 정도를 나타내는 말로서 저항률의 역수로 취급한다.

㉡ 전도도가 좋은 순서 : 은 → 구리 → 금 → 알루미늄 → 니켈 → 철

10. 회로망의 임의의 접속점에 유입되는 전류는 $\sum I = 0$이라는 법칙은?

① 쿨롱의 법칙
② 패러데이의 법칙
③ 키르히호프의 제1법칙
④ 키르히호프의 제2법칙

해설 키르히호프의 법칙(Kirchhoff' low)
제1법칙(전류 법칙) : 회로망 중 임의의 점에 흘러들어 오는 전류의 대수합과 흘러 나가는 전류

의 대수합은 같다.

$\sum$ 유입 전류 = 유출 전류
$\therefore \sum I = O$

11. 어떤 도체의 길이를 2배로 하고 단면적을 $\frac{1}{3}$로 했을 때의 저항은 원래 저항의 몇 배가 되는가?

① 3배   ② 4배   ③ 6배   ④ 9배

해설 $R = \rho \dfrac{l}{A}$에서, $R' = \rho \dfrac{2l}{\frac{A}{3}} = 6 \cdot \rho \dfrac{l}{A} = 6R$

$\therefore$ 저항은 처음의 6배가 된다.

12. $e = 100 \sin\left(314t - \dfrac{\pi}{6}\right)$ [V]인 주파수는 약 몇 Hz인가?

① 40   ② 50   ③ 60   ④ 80

해설 $\omega = 2\pi f$에서, $f = \dfrac{\omega}{2\pi}$ [Hz]

$\therefore f = \dfrac{\omega}{2\pi} = \dfrac{314}{2\pi} = 50 \, \text{Hz}$

13. 정전용량 $C(\mu F)$의 콘덴서에 충전된 전하가 $q = \sqrt{2}\, Q \sin\omega t$ [C]와 같이 변화하도록 하였다면 이때 콘덴서에 흘러들어 가는 전류의 값은?

① $i = \sqrt{2}\, \omega Q \sin\omega t$
② $i = \sqrt{2}\, \omega Q \cos\omega t$
③ $i = \sqrt{2}\, \omega Q \sin(\omega t - 60°)$
④ $i = \sqrt{2}\, \omega Q \cos(\omega t - 60°)$

해설 $q = \sqrt{2}\, Q \sin\omega t$ [C]

$\therefore i = \dfrac{\Delta q}{\Delta t} = \dfrac{\Delta}{\Delta t}\sqrt{2}\, Q \sin\omega t$

$\quad = \sqrt{2}\, \omega Q \cos\omega t$ [A]

14. 유효전력의 식으로 옳은 것은? (단, E는 전압, I는 전류, θ는 위상각이다.)

① $EI\cos\theta$ ② $EI\sin\theta$

③ $EI\tan\theta$ ④ EI

해설 전력의 표시

① 유효전력, ② 무효전력, ④ 피상전력

15. 그림의 단자 1-2에서 본 노튼 등가회로의 개 방단 컨덕턴스는 몇 ℧인가?

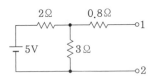

① 0.5   ② 1   ③ 2   ④ 5.8

해설 $R_{12} = \dfrac{2\times3}{2+3}+0.8 = 2\ \Omega$

∴ $G_{12} = \dfrac{1}{R_{12}} = \dfrac{1}{2} = 0.5\ ℧$

16. 그림의 병렬 공진회로에서 공진 주파수 f_0 [Hz]는?

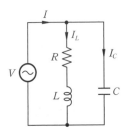

① $f_0 = \dfrac{1}{2\pi}\sqrt{\dfrac{R}{L}-\dfrac{1}{LC}}$

② $f_0 = \dfrac{1}{2\pi}\sqrt{\dfrac{L^2}{R^2}-\dfrac{1}{LC}}$

③ $f_0 = \dfrac{1}{2\pi}\sqrt{\dfrac{1}{LC}-\dfrac{L}{R}}$

④ $f_0 = \dfrac{1}{2\pi}\sqrt{\dfrac{1}{LC}-\dfrac{R^2}{L^2}}$

해설 공진 주파수

$f_0 = \dfrac{1}{2\pi}\sqrt{\dfrac{1}{LC}-\dfrac{R^2}{L^2}}$ [Hz]

17. 전원과 부하가 다 같이 Δ 결선된 평형 회로 가 있다. 상전압이 200 V, 부하 임피던스가 $Z=6+j8\,[\Omega]$인 경우 선전류는 몇 A인가?

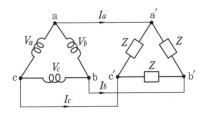

① 20   ② $\dfrac{20}{\sqrt{3}}$ ③ $20\sqrt{3}$ ④ $10\sqrt{3}$

해설 $|Z| = \sqrt{R^2+X^2} = \sqrt{8^2+6^2} = 10\ \Omega$

∴ $I_l = \sqrt{3}\cdot I_p = \sqrt{3}\times\dfrac{V}{Z}$

$= \sqrt{3}\times\dfrac{200}{10} = 20\sqrt{3}$ [A]

18. 비정현파의 실횻값을 나타낸 것은?

① 최대파의 실횻값

② 각 고조파의 실횻값의 합

③ 각 고조파의 실횻값의 합의 제곱근

④ 각 고조파의 실횻값의 제곱의 합의 제곱근

해설 ㉠ 비사인파 = 직류분 + 기본파 + 고조파

㉡ 비사인파의 실횻값은 직류 성분 및 각 고조파 실횻값 제곱의 합의 제곱근과 같다.

$V_s = \sqrt{V_0{}^2 + V_1{}^2 + V_2{}^2 + \cdots}$ [V]

19. 저항이 10 Ω인 도체에 1 A의 전류를 10분간 흘렸다면 발생하는 열량은 몇 kcal인가?

① 0.62   ② 1.44   ③ 4.46   ④ 6.24

해설 $H = 0.24I^2Rt$

$= 0.24\times1^2\times10\times10\times60 = 1440$ cal

∴ 1.44 kcal

20. 기전력이 V_0 [V], 내부저항이 $r\,[\Omega]$인 n개의 전지를 직렬연결하였다. 전체 내부저항을 옳게

정답   **15.** ①   **16.** ④   **17.** ③   **18.** ④   **19.** ②   **20.** ②

나타낸 것은?

① $\dfrac{r}{n}$ ② nr ③ $\dfrac{r}{n^2}$ ④ nr^2

해설 전체 내부저항

　㉠ 직렬일 때 : nr, ㉡ 병렬일 때 : $\dfrac{r}{n}$

제2과목 : 전기 기기

21. 정류자와 접촉하여 전기자권선과 외부 회로를 연결하는 역할을 하는 것은?

① 계자　　　　　 ② 전기자
③ 브러시　　　　 ④ 계자 철심

해설 브러시(brush)의 역할 : 전기자권선이 접속되어 있는 정류자와 외부 회로를 접속하여 전류를 흐르게 한다.

22. 직류발전기의 정격전압 100 V, 무부하 전압 109 V이다. 이 발전기의 전압변동률 ϵ[%]은?

① 1　　　② 3　　　③ 6　　　④ 9

해설 $\epsilon = \dfrac{V_0 - V_n}{V_n} \times 100$

$= \dfrac{109 - 100}{100} \times 100 = 9\,\%$

23. 직류 직권전동기의 특징에 대한 설명으로 틀린 것은?

① 부하 전류가 증가하면 속도가 크게 감소된다.
② 기동 토크가 작다.
③ 무부하 운전이나 벨트를 연결한 운전은 위험하다.
④ 계자권선과 전기자권선이 직렬로 접속되어 있다.

해설 직류 직권전동기는 기동 토크가 크고 입력이 작으므로 전차, 권상기, 크레인 등에 사용된다.

24. 변압기유의 구비 조건으로 틀린 것은?

① 냉각 효과가 클 것
② 응고점이 높을 것
③ 절연내력이 클 것
④ 고온에서 화학반응이 없을 것

해설 변압기유의 구비 조건
　㉠ 점도가 낮을 것
　㉡ 인화점이 높을 것
　㉢ 응고점이 낮을 것
　㉣ 절연내력이 클 것
　㉤ 냉각 작용이 좋고, 비열과 열전도도가 클 것

25. 부흐홀츠 계전기로 보호되는 기기는?

① 변압기　　　　 ② 유도전동기
③ 직류발전기　　 ④ 교류발전기

해설 부흐홀츠 계전기(BHR)
　㉠ 변압기 내부 고장으로 2차적으로 발생하는 기름의 분해가스 증기 또는 유류를 이용하여 부표(뜨는 물건)를 움직여 계전기의 접점을 닫는 것이다.
　㉡ 변압기의 주탱크와 콘서베이터의 연결관 도중에 설치한다.

26. 낮은 전압을 높은 전압으로 승압할 때 일반적으로 사용되는 변압기의 3상 결선 방식은?

① $\Delta - \Delta$　　　　 ② $\Delta - Y$
③ $Y - Y$　　　　 ④ $Y - \Delta$

해설 ㉠ $\Delta - Y$ 결선은 낮은 전압을 높은 전압으로 올릴 때 사용한다.
　㉡ $Y - \Delta$ 결선은 높은 전압을 낮은 전압으로 낮추는 데 사용한다.

27. 주상변압기의 고압 측에 여러 개의 탭을 설치하는 이유는?

① 선로 고장 대비　 ② 선로 전압 조정
③ 선로 역률개선　　 ④ 선로 과부하 방지

해설 탭 절환 변압기 : 주상변압기에 여러 개의

정답 21. ③　22. ④　23. ②　24. ②　25. ①　26. ②　27. ②

탭을 만드는 것은, 부하 변동에 따른 선로 전압을 조정하기 위해서이다.

28. 사용 중인 변류기의 2차를 개방하면?

① 1차 전류가 감소한다.
② 2차 권선에 110 V가 걸린다.
③ 개방단의 전압은 불변하고 안전하다.
④ 2차 권선에 고압이 유도된다.

[해설] 사용 중인 변류기의 2차 측을 개방하면, 2차 전류는 흐르지 않으나 1차 측에 부하 전류가 전부 여자전류로 사용되어 2차 측에 고전압이 유기되어 절연이 파괴될 우려가 있다.

29. 슬립이 4 %인 유도전동기에서 동기속도가 1200 rpm일 때 전동기의 회전속도 (rpm)는?

① 697   ② 1051
③ 1152   ④ 1321

[해설] $N = (1-s) \cdot N_S = (1-0.04) \times 1200$
$\qquad = 1152 \text{rpm}$

30. 유도전동기의 무부하 시 슬립은?

① 4   ② 3   ③ 1   ④ 0

[해설] 슬립 (slip)의 범위 : $0 < s < 1$
  ㉠ 무부하 시 동기속도로 회전하는 경우 :
    $s = 0$
  ㉡ 기동 시 회전자가 정지하고 있는 경우 :
    $s = 1$

31. 3상 농형 유도전동기의 $Y - \Delta$ 기동 시의 기동전류를 전전압 기동 시와 비교하면?

① 전전압 기동전류의 1/3로 된다.
② 전전압 기동전류의 $\sqrt{3}$ 배로 된다.
③ 전전압 기동전류의 3배로 된다.
④ 전전압 기동전류의 9배로 된다.

[해설] 3상 유도전동기의 $Y - \Delta$ 기동 방법 : 기동할 때 Y 결선으로 각 상의 권선에는 정격전압

의 $\dfrac{1}{\sqrt{3}}$ 의 전압이 가해지므로, 기동전류는 전전압 기동에 비하여 $\dfrac{1}{3}$ 로 감소된다.

32. 3상 유도전동기의 회전 방향을 바꾸려면?

① 전원의 극수를 바꾼다.
② 전원의 주파수를 바꾼다.
③ 3상 전원 3선 중 두 선의 접속을 바꾼다.
④ 기동보상기를 이용한다.

[해설] 3개의 단자 중 어느 2개의 단자를 서로 바꾸어 주면 회전자장의 방향이 반대가 되므로 전동기는 역회전된다.

33. 선풍기, 가정용 펌프, 헤어 드라이기 등에 주로 사용되는 전동기는?

① 단상 유도전동기   ② 권선형 유도전동기
③ 동기전동기   ④ 직류 직권전동기

[해설] 단상 유도전동기 중에서 콘덴서 기동형이 주로 사용된다.

34. 34극 60 MVA, 역률 0.8, 60 Hz, 22.9 kV 수차 발전기의 전부하 손실이 1600 kW이면 전부하 효율 (%)은?

① 90   ② 95   ③ 97   ④ 99

[해설] $\eta = \dfrac{출력}{출력+손실} \times 100$

$\qquad = \dfrac{60 \times 10^3}{60 \times 10^3 + 1600} \times 100 ≒ 97.4 \%$

35. 동기전동기에 관한 내용으로 틀린 것은?

① 기동 토크가 작다.
② 역률을 조정할 수 없다.
③ 난조가 발생하기 쉽다.
④ 여자기가 필요하다.

[해설] 동기전동기의 특징

정답   28. ④   29. ③   30. ④   31. ①   32. ③   33. ①   34. ③   35. ②

㉠ 장점
  • 역률을 조정할 수 있다.
  • 속도가 일정불변이다.
  • 기계적으로 튼튼하다.
㉡ 단점 : 값이 비싸다.

36. 동기전동기의 직류 여자전류가 증가될 때의 현상으로 옳은 것은?

① 진상 역률을 만든다.
② 지상 역률을 만든다.
③ 동상 역률을 만든다.
④ 진상·지상 역률을 만든다.

해설 동기전동기의 V곡선 (위상 특성곡선)
  ㉠ 부족 여자, 즉 뒤진 전류로 하면 리액터로 작용, 유도성 부하로 늦은 (지상) 역률이 된다.
  ㉡ 계자전류를 조정하여 여자전류가 증가 (과여자), 즉 앞선 전류로 하면 콘덴서로 작용, 용량성 부하로 앞선 (진상) 역률이 된다.

37. 동기기에 제동 권선을 설치하는 이유로 옳은 것은?

① 역률개선   ② 출력 증가
③ 전압 조정   ④ 난조 방지

해설 동기전동기는 난조가 일어나기 쉬우므로 이를 방지하기 위하여 제동 권선을 설치한다.

38. 3상 전파정류 회로에서 전원 250 V일 때 부하에 나타나는 전압 (V)의 최댓값은?

① 약 177   ② 약 292
③ 약 354   ④ 약 433

해설 $V_m = \sqrt{2}\, V = \sqrt{2} \times 250 ≒ 354\ \text{V}$

39. 직류 스테핑 모터 (DC stepping motor)의 특징이다. 다음 중 가장 옳은 것은?

① 교류 동기 서보모터에 비하여 효율이 나쁘고 토크 발생도 작다.

② 입력되는 전기신호에 따라 계속하여 회전한다.
③ 일반적인 공작기계에 많이 사용된다.
④ 출력을 이용하여 특수 기계의 속도, 거리, 방향 등을 정확하게 제어할 수 있다.

해설 직류 스테핑 모터 (DC-stepping motor)
  ㉠ 자동 제어장치를 제어하는 데 사용되는 특수 직류전동기로 정밀한 서보 (servo) 기구에 많이 사용된다.
  ㉡ 특수 기계의 속도, 거리, 방향 등의 정확한 제어가 가능하다.
  ㉢ 전기신호를 받아 회전운동으로 바꾸고 규정된 각도만큼씩 회전한다.

40. 3단자 사이리스터가 아닌 것은?

① SCS   ② SCR   ③ TRIAC ④ GTO

해설 사이리스터 (thyristor)의 분류
  ㉠ 단일 방향성 소자
    • 3단자
      – SCR (Silicon Controlled Rectifier)
      – GTO (Gate Turn-Off thyristor)
    • 4단자
      – SCS (Silicon Controlled Switch)
  ㉡ 양방향성 소자
    • 2단자
      – DIAC (DIode AC switch)
      – SSS (Silicon Symmetrical Switch)
    • 3단자
      – TRIAC (TRIode AC switch)
      – SBS (Silicon Bilateral Switch)

제3과목 : **전기 설비**

41. 인입용 비닐 절연전선을 나타내는 약호는?

① OW   ② EV   ③ DV   ④ NV

해설 전선의 약호
  ㉠ DV : 인입용 비닐 절연전선
  ㉡ EV : 폴리에틸렌 절연 비닐시스 케이블
  ㉢ OW : 옥외용 비닐 절연전선

42. 금속관을 절단할 때 사용되는 공구는?

① 오스터　　　　② 녹아웃 펀치
③ 파이프 커터　　④ 파이프 렌치

해설 파이프 커터(pipe cutter) : 금속관을 절단할 때 사용한다.

43. 옥내배선의 접속함이나 박스 내에서 접속할 때 주로 사용하는 접속법은?

① 슬리브 접속　　② 쥐꼬리 접속
③ 트위스트 접속　④ 브리타니아 접속

해설 ㉠ 쥐꼬리 접속(rat tail joint) : 박스 안에서 가는 전선을 접속할 때 적용
　　㉡ 브리타니아 접속(britannia joint) : $10\,mm^2$ 이상의 굵은 단선인 경우에 적용
　　㉢ 트위스트 접속(twist joint) : $6\,mm^2$ 이하의 단선인 경우에 적용

44. 애자 사용 공사에서 전선 상호 간의 간격은 몇 cm 이상이어야 하는가?

① 4　　② 5　　③ 6　　④ 8

해설 애자 사용 공사(내선규정 2270-8 참조)
[전선의 이격 거리]

거리 사용 전압	400 V 미만의 경우	400 V 이상의 경우
전선 상호 간의 거리	6 cm 이상	6 cm 이상
전선과 조영재와 의 거리	2.5 cm 이상	4.5 cm 이상*

* 건조한 장소에서는 2.5 cm 이상으로 할 수 있다.

45. S형 슬리브를 사용하여 전선을 접속하는 경우의 유의 사항이 아닌 것은?

① 전선은 연선만 사용이 가능하다.
② 전선의 끝은 슬리브의 끝에서 조금 나오는 것이 좋다.

③ 슬리브는 전선의 굵기에 적합한 것을 사용한다.
④ 도체는 샌드페이퍼 등으로 닦아서 사용한다.

해설 S형 슬리브를 사용하는 경우 단선, 연선 어느 것에도 사용할 수 있다.

46. 합성수지관 상호 및 관과 박스는 접속 시에 삽입하는 깊이를 관 바깥지름의 몇 배 이상으로 하여야 하는가?(단, 접착제를 사용하지 않은 경우이다.)

① 0.2　　② 0.5　　③ 1　　④ 1.2

해설 관과 관의 접속 방법
　　㉠ 합성수지관 상호 접속 시에 삽입하는 깊이를 관 바깥지름의 1.2배 이상으로 한다.
　　㉡ 접착제를 사용하는 경우에는 0.8배 이상으로 할 수 있다.

47. 합성수지 몰드 공사에서 틀린 것은?

① 전선은 절연전선일 것
② 합성수지 몰드 안에는 접속점이 없도록 할 것
③ 합성수지 몰드는 홈의 폭 및 깊이가 6.5 cm 이하일 것
④ 합성수지 몰드와 박스 기타의 부속품과는 전선이 노출되지 않도록 할 것

해설 합성수지 몰드의 선정(내선규정 2215-4 참조) : 홈의 폭 및 깊이가 3.5 m 이하로, 두께는 2 mm 이상의 것이어야 한다.

48. 금속 몰드의 지지점 간의 거리는 몇 m 이하로 하는 것이 가장 바람직한가?

① 1　　② 1.5　　③ 2　　④ 3

해설 금속 몰드는 조영재에 1.5 m 이하마다 고정하고, 금속 몰드 및 기타 부속품에는 제3종 접지 공사를 하여야 한다(내선규정 2230 참조).

정답 　42. ③　43. ②　44. ③　45. ①　46. ④　47. ③　48. ②

49. 과전류 차단기로 저압 전로에 사용하는 퓨즈를 수평으로 붙인 경우 퓨즈는 정격전류 몇 배의 전류에 견디어야 하는가?

① 2.0 ② 1.6 ③ 1.25 ④ 1.1

해설 저압용 진선로에 사용되는 퓨즈는 정격전류의 1.1배의 전류에는 견디어야 하며 1.35배, 2배의 정격전류에는 규정 시한 이내에 용단되어야 한다 (내선규정 1470-2 참조).

50. 접지 공사의 종류와 접지저항값이 틀린 것은?

① 제1종 접지 : 10 Ω 이하
② 제3종 접지 : 100 Ω 이하
③ 특별 제3종 접지 : 10 Ω 이하
④ 특별 제1종 접지 : 10 Ω 이하

해설 접지 공사의 종류

접지 공사의 종류	접지저항값
제1종 접지 공사	10 Ω 이하
제2종 접지 공사	변압기 고압 측 또는 특별 고압 측 전로의 1선 지락전류의 암페어 수로 150을 나눈 값과 같은 Ω 수 이하
제3종 접지 공사	100 Ω 이하
특별 제3종 접지 공사	10 Ω 이하

51. 저압 가공전선이 철도 또는 궤도를 횡단하는 경우에는 레일면상 몇 m 이상이어야 하는가?

① 3.5 ② 4.5 ③ 5.5 ④ 6.5

해설 저·고압 가공전선의 높이
㉠ 도로를 횡단하는 경우에는 지표상 6 m 이상
㉡ 철도 또는 궤도를 횡단하는 경우에는 궤조면상 6.5 m 이상
㉢ 횡단보도교의 위에 시설하는 경우에는 저압 가공전선은 그 노면상 3.5 m 이상, 고압 가공전선은 그 노면상 3.5 m 이상
㉣ 이외의 경우에는 지표상 5 m 이상

52. 가공전선의 지지물에 승탑 또는 승강용으로 사용하는 발판 볼트 등은 지표상 몇 m 미만에 시설하여서는 안 되는가?

① 1.2 ② 1.5 ③ 1.6 ④ 1.8

해설 가공전선로의 지지물에 취급자가 오르고 내리는 데 사용되는 발판 볼트 등을 지표상 1.8 m 미만에 시설하여서는 안 된다 (판단기준 제60조 참조).

53. 지중 전선로 시설 방식이 아닌 것은?

① 직접 매설식 ② 관로식
③ 트리이식 ④ 암거식

해설 지중 전선로 시설 방식
㉠ 직접 매설식
㉡ 관로식
㉢ 암거식 : 터널(tunnel) 내에 케이블을 부설하는 방식으로, 전력구식(공동구식)도 암거식의 일종이다.

54. 배전반 및 분전반을 넣은 강판제로 만든 함의 두께는 몇 mm 이상인가? (단, 가로세로의 길이가 30 cm 초과한 경우이다.)

① 0.8 ② 1.2 ③ 1.5 ④ 2.0

해설 분전반의 함(函) (내선규정 1455-5 참조)
㉠ 강판제의 것은 두께 1.2 mm 이상이어야 한다.
㉡ 난연성 합성수지로 된 것은 두께 1.5 mm 이상으로 내(耐) 아크성인 것이어야 한다.

55. 정격전압 3상 24 kV, 정격 차단 전류 300 A인 수전 설비의 차단 용량은 몇 MVA인가?

① 17.26 ② 28.34
③ 12.47 ④ 24.94

해설 차단기의 용량 산정
$Q = \sqrt{3} \times$정격전압$\times$정격 차단 전류$\times 10^{-6}$
$= \sqrt{3} \times 24 \times 10^3 \times 300 \times 10^{-6}$
$\fallingdotseq 12.47$ MVA

56. 고압 이상에서 기기의 점검, 수리 시 무전압, 무전류 상태로 전로에서 단독으로 전로의 접속 또는 분리하는 것을 주목적으로 사용되는 수변전 기기는?

① 기중 부하 개폐기
② 단로기
③ 전력 퓨즈
④ 컷아웃 스위치

해설 단로기(DS) : 개폐기의 일종으로 기기의 점검, 측정, 시험 및 수리를 할 때 기기를 활선으로부터 분리하여 확실하게 회로를 열어 놓거나 회로 변경을 위하여 설치한다.

57. 화약류의 분말이 전기 설비가 발화원이 되어 폭발할 우려가 있는 곳에 시설하는 저압 옥내배선의 공사 방법으로 가장 알맞은 것은?

① 금속관 공사
② 애자 사용 공사
③ 버스 덕트 공사
④ 합성수지 몰드 공사

해설 폭연성 분진 또는 화약류의 분말이 존재하는 곳이고 저압 옥내배선 : 케이블 공사, 금속관 공사

58. 위험물 등이 있는 곳에서의 저압 옥내배선 공사 방법이 아닌 것은?

① 케이블 공사   ② 합성수지관 공사
③ 금속관 공사   ④ 애자 사용 공사

해설 위험물 등이 있는 곳에서의 저압의 시설에는 애자 사용 공사를 하여서는 안 된다.

59. 조명 기구를 배광에 따라 분류하는 경우 특정한 장소만을 고조도로 하기 위한 조명 기구는?

① 직접조명 기구
② 전반확산조명 기구
③ 광천장조명 기구
④ 반직접조명 기구

해설 조명 기구의 배광에 의한 조명 방식
   ㉠ 직접조명, 반직접조명, 전반확산조명, 반간접조명, 간접조명 방식
   ㉡ 직접조명은 하향 광속이 90~100 %이므로 조명률이 가장 높다.
   ㉢ 직접조명은 공장 등에서 고조도를 필요로 하는 장소에 적합하다.

60. 실링 직접 부착등을 시설하고자 한다. 배선도에 표기할 그림 기호로 옳은 것은?

① ⊢Ⓝ   ② ⊘
③ Ⓒⓛ   ④ Ⓡ

해설 전등 심벌(천장등)
   Ⓒⓛ : 실링 라이트 직접 부착등
   Ⓡ : 리셉터클
   Ⓒⓗ : 샹들리에

   ※ ⊢◯ : 벽등(N : 나트륨등), ⊘ : 외등

전기기능사
Craftsman Electricity

2015년 4월 4일

기출문제 해설

제1과목	제2과목	제3과목
전기 이론 : 20문항	전기 기기 : 20문항	전기 설비 : 20문항

제1과목 : 전기 이론

1. 1 eV는 몇 J인가?

① 1　　　　　　　② 1×10^{-10}

③ 1.16×10^4　　　④ 1.602×10^{-19}

해설 전자의 전하 $e = 1.60219 \times 10^{-19}$[C]
∴ $1\text{eV} = 1.60219 \times 10^{-19} \times 1 \fallingdotseq 1.602 \times 10^{-19}$ [J]

2. Q[C]의 전기량이 도체를 이동하면서 한 일을 W[J]이라 했을 때 전위차 V[V]를 나타내는 관계식으로 옳은 것은?

① $V = QW$　　　② $V = \dfrac{W}{Q}$

③ $V = \dfrac{Q}{W}$　　　④ $V = \dfrac{1}{QW}$

해설 Q[C]의 전하가 전위차가 일정한 두 점 사이를 이동할 때 얻거나 잃는 에너지를 W[J]라고 하면, 그 두 점 사이의 전위차 V는
$V = \dfrac{W}{Q}$[V]이다.

3. 다음 (　) 안에 들어갈 알맞은 내용은?

> 자기 인덕턴스 1 H는 전류의 변화율이 1 A/s 일 때, (　)가(이) 발생할 때의 값이다.

① 1 N의 힘　　　　② 1 J의 에너지
③ 1 V의 기전력　　④ 1 Hz의 주파수

해설 자기 인덕턴스 (self inductance)
㉠ 코일의 자체 유도 능력 정도를 나타내는 값으로, 단위는 henry[H]이다.

㉡ 1 H는 1 s 동안에 1 A의 전류 변화에 의하여 코일에 1 V의 유도기전력을 발생시키는 용량이다.

4. 진공 중에서 같은 크기의 두 자극을 1 m 거리에 놓았을 때, 그 작용하는 힘이 6.33×10^4 N이 되는 자극 세기의 단위는?

① 1 Wb　② 1 C　③ 1 A　④ 1 W

해설 MKS 단위계에서는 진공 중에서 같은 크기의 두 자극을 1 m 거리에 놓았을 때, 그 작용하는 힘이 6.33×10^4 N이 되는 자극의 세기를 단위로 하여 1 Wb라고 한다.

5. 단면적 A[m²], 자로의 길이 l[m], 투자율 μ, 권수 N회인 환상 철심의 자체 인덕턴스(H)는 어느 것인가?

① $\dfrac{\mu A N^2}{l}$　　　② $\dfrac{A l N^2}{4\pi\mu}$

③ $\dfrac{4\pi A N^2}{l}$　　　④ $\dfrac{\mu l N^2}{A}$

해설 환상 코일의 자기 인덕턴스 :
$$L = \frac{N\phi}{I} = \mu_0 \cdot \frac{A}{l} N^2 [\text{H}]$$
∴ 비투자율 μ_s인 철심이 있을 때
$$L_s = \mu_s L = \mu_0 \mu_s \frac{A}{l} N^2 = \mu \frac{A N^2}{l} [\text{H}]$$

6. 공기 중 자장의 세기가 20 AT/m인 곳에 8×10^{-3} Wb의 자극을 놓으면 작용하는 힘(N)은?

① 0.16　② 0.32　③ 0.43　④ 0.56

해설 $F = mH = 8 \times 10^{-3} \times 20 = 0.16$ N

7. 자기회로에 강자성체를 사용하는 이유는?

① 자기저항을 감소시키기 위하여
② 자기저항을 증가시키기 위하여
③ 공극을 크게 하기 위하여
④ 주자속을 감소시키기 위하여

> **해설** 자기회로는 자기저항을 감소시키기 위하여 강자성체를 사용한다.
> ∴ 강자성체는 투자율이 매우 큰 것이 특징인 자성 물질로 철, 코발트, 니켈 등이 있다.

8. 평등 자계 B [Wb/m²] 속을 V [m/s]의 속도를 가진 전자가 움직일 때 받는 힘(N)은?

① $B^2 e V$ ② $\dfrac{e V}{B}$ ③ $Be V$ ④ $\dfrac{BV}{e}$

> **해설** 자기장 중의 전자 운동 : $F = Be V$ [N]
> 여기서, B : 자속밀도 (Wb/m²)
> V : 속도 (m/s)
> e : 전자의 전하 (1.60219×10⁻¹⁹ [C])

9. 다음 중 전동기의 원리에 적용되는 법칙은?

① 렌츠의 법칙
② 플레밍의 오른손 법칙
③ 플레밍의 왼손 법칙
④ 옴의 법칙

> **해설** ㉠ 전동기의 원리 – 플레밍의 왼손 법칙
> ㉡ 발전기의 원리 – 플레밍의 오른손 법칙

10. 평행한 왕복 도체에 흐르는 전류에 의한 작용력은?

① 흡인력   ② 반발력
③ 회전력   ④ 작용력이 없다.

> **해설** 평행 두 도체 간에 작용하는 힘
> ㉠ 동일 방향일 때 : 흡인력
> ㉡ 반대 방향일 때 : 반발력
> ∴ 평행한 왕복 도체에 흐르는 전류의 방향은 반대 방향이므로 반발력이 작용한다.

11. 사인과 교류전압을 표시한 것으로 잘못된 것은? (단, θ는 회전각이며, ω는 각속도이다.)

① $v = V_m \sin\theta$ ② $v = V_m \sin\omega t$

③ $v = V_m \sin 2\pi t$ ④ $v = V_m \sin\dfrac{2\pi}{T} t$

> **해설** $\theta = \omega t = 2\pi f t = \dfrac{2\pi}{T} t$
> ∴ $v = V_m \sin\theta = V_m \sin\omega t$
> $= V_m \sin 2\pi f t = V_m \sin\dfrac{2\pi}{T} t$

12. 실횻값 5 A, 주파수 f [Hz], 위상 60°인 전류의 순시값 i [A]를 수식으로 옳게 표현한 것은?

① $i = 5\sqrt{2} \sin\left(2\pi f t + \dfrac{\pi}{2}\right)$

② $i = 5\sqrt{2} \sin\left(2\pi f t + \dfrac{\pi}{3}\right)$

③ $i = 5\sin\left(2\pi f t + \dfrac{\pi}{2}\right)$

④ $i = 5\sin\left(2\pi f t + \dfrac{\pi}{3}\right)$

> **해설** 순시값 표시
> $i = I_m \sin(\omega t + \theta)$
> $= \sqrt{2} I \sin(2\pi f t + 60°)$
> $= 5\sqrt{2} \sin\left(2\pi f t + \dfrac{\pi}{3}\right)$ [A]

13. 저항 50 Ω인 전구에 $e = 100\sqrt{2} \sin\omega t$[V]의 전압을 가할 때 순시 전류(A) 값은?

① $\sqrt{2} \sin\omega t$ ② $2\sqrt{2} \sin\omega t$
③ $5\sqrt{2} \sin\omega t$ ④ $10\sqrt{2} \sin\omega t$

> **해설** $i = \dfrac{1}{R} e = \dfrac{1}{50} \times 100\sqrt{2} \sin\omega t$
> $= 2\sqrt{2} \sin\omega t$ [A]

14. $R = 8\,\Omega$, $L = 19.1\,\mathrm{mH}$의 직렬회로에 5 A가 흐르고 있을 때 인덕턴스(L)에 걸리는 단자전

압의 크기는 약 몇 V인가? (단, 주파수는 60 Hz
이다.)

① 12　　② 25　　③ 29　　④ 36

해설 $X_L = 2\pi f L$

$$= 2\pi \times 60 \times 19.1 \times 10^{-3} \fallingdotseq 7.2\,\Omega$$

$$\therefore V_L = I \cdot X_L = 5 \times 7.2 = 36\,\text{V}$$

15. 6 Ω의 저항과 8 Ω의 용량성 리액턴스의 병렬
회로가 있다. 이 병렬회로의 임피던스는 몇 Ω인
가?

① 1.5　　② 2.6　　③ 3.8　　④ 4.8

해설 $R-C$ 병렬회로의 임피던스

$$Z = \frac{6 \times 8}{\sqrt{6^2 + 8^2}} = 4.8\,\Omega$$

16. 무효전력에 대한 설명으로 틀린 것은?

① $P = VI\cos\theta$로 계산된다.

② 부하에서 소모되지 않는다.

③ 단위로는 Var를 사용한다.

④ 전원과 부하 사이를 왕복하기만 하고 부
하에 유효하게 사용되지 않는 에너지이다.

해설 무효전력 : $P_r = VI\sin\theta\,[\text{Var}]$

여기서, $\sin\theta$: 무효율

※ 유효전력 : $P = VI\cos\theta\,[\text{W}]$

여기서, $\cos\theta$: 역률

17. 4 Ω의 저항에 200 V의 전압을 인가할 때 소
비되는 전력은?

① 20 W　　　　② 400 W

③ 2.5 kW　　　④ 10 kW

해설 $P = \dfrac{V^2}{R} = \dfrac{200^2}{4} = 10000\,\text{W}$

$$\therefore 10\,\text{kW}$$

18. 평형 3상 교류회로에서 Δ 부하의 한 상의 임

피던스가 Z_Δ일 때, 등가 변환한 Y 부하의 한 상
의 임피던스 Z_Y는 얼마인가?

① $Z_Y = \sqrt{3}\,Z_\Delta$　　② $Z_Y = 3Z_\Delta$

③ $Z_Y = \dfrac{1}{\sqrt{3}}Z_\Delta$　　④ $Z_Y = \dfrac{1}{3}Z_\Delta$

해설 $\Delta - Y$ 변환

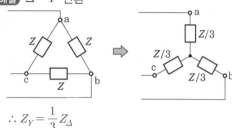

$$\therefore Z_Y = \frac{1}{3}Z_\Delta$$

19. 두 금속을 접속하여 여기에 전류를 흘리면, 줄
열 외에 그 접점에서 열의 발생 또는 흡수가 일
어나는 현상은?

① 줄 효과　　　　② 홀 효과

③ 제베크 효과　　④ 펠티에 효과

해설 펠티에 (Peltier) 효과 : 제베크 (Seebeck) 효
과와 반대로 두 종류의 금속의 접합부에 전류
를 흘리면 전류의 방향에 따라 열의 발생 또는
흡수 현상이 생긴다. 이것이 전자 냉동기의 원
리이다.

20. 전지의 전압강하 원인으로 틀린 것은?

① 국부 작용　　　② 산화작용

③ 성극 작용　　　④ 자기 방전

해설 전지의 전압강하 원인

㉠ 국부 작용 (local action) : 전극의 불순물로
인하여 기전력이 감소하는 현상

㉡ 성극 작용 : 전지에 부하를 걸면 양극 표면
에 수소 가스가 생겨 전류의 흐름을 방해하는
현상으로, 일정한 전압을 가진 전지에 부하를
걸면 단자전압이 저하한다.

㉢ 자기 방전 : 축전지가 전기 부하에 연결되지
않아도 방전을 일으키는 화학작용을 말한다.

제2과목 : 전기 기기

21. 부하의 변동에 대하여 단자전압의 변화가 가장 적은 직류발전기는?

① 직권 ② 분권
③ 평복권 ④ 과복권

해설 복권발전기의 외부 특성

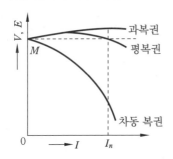

그림에서, I : 부하 전류, V : 단자전압

22. 8극 파권 직류발전기의 전기자권선의 병렬회로 수 a는 얼마로 하고 있는가?

① 1 ② 2 ③ 6 ④ 8

해설 직류발전기의 전기자권선법과 병렬회로 수
㉠ 파권 : 극수에 관계없이 항상 "2"
㉡ 중권 : 극수와 같다.

23. 부하의 저항을 어느 정도 감소시켜도 전류는 일정하게 되는 수하 특성을 이용하여 정전류를 만드는 곳이나 아크용접 등에 사용되는 직류발전기는?

① 직권발전기 ② 분권 발전기
③ 가동 복권 발전기 ④ 차동 복권 발전기

해설 차동 복권 발전기는 수하 특성(문제 21번 해설 그림)을 가지므로 용접기용 전원으로 사용한다.

24. 직류전동기의 속도 제어법이 아닌 것은?

① 전압 제어법 ② 계자제어법
③ 저항제어법 ④ 주파수 제어법

해설 직류전동기의 속도 제어법

전압 제어	• 광범위 속도 제어 • 일그너 방식 • 워드-레너드 방식
계자제어	• 세밀하고 안정된 속도 제어 • 속도 조정 범위가 좁다.
저항제어	• 속도 조정 범위가 좁다.

※ 주파수 제어법 : 교류전동기 속도 제어법에 속한다.

25. 직류전동기의 규약 효율을 표시하는 식은 어느 것인가?

① $\dfrac{출력}{출력+손실} \times 100\,\%$

② $\dfrac{출력}{입력} \times 100\,\%$

③ $\dfrac{입력-손실}{입력} \times 100\,\%$

④ $\dfrac{입력}{출력+손실} \times 100\,\%$

해설 규약 효율

㉠ 발전기의 효율 $= \dfrac{출력}{출력+손실} \times 100\,\%$

㉡ 전동기의 효율 $= \dfrac{입력-손실}{입력} \times 100\,\%$

26. 변압기에서 2차 측이란?

① 부하 측 ② 고압 측
③ 전원 측 ④ 저압 측

해설 ㉠ 변압기의 1차 측 : 전원 측
㉡ 변압기의 2차 측 : 부하 측

27. 변압기의 효율이 가장 좋을 때의 조건은?

① 철손 = 동손 ② 철손 = 1/2동손
③ 동손 = 1/2철손 ④ 동손 = 2철손

해설 최대 효율 조건 : 철손 P_i [W]과 구리 손 P_c [W]가 같을 때 ($P_i = P_c$) 최대 효율이 된다.

28. 변압기, 동기기 등의 층간 단락 등의 내부 고장 보호에 사용되는 계전기는?

① 차동계전기 　　② 접지 계전기
③ 과전압계전기 　④ 역상 계전기

해설 차동계전기 (differential relay)
　㉠ 피보호 구간에 유입하는 전류와 유출하는 전류의 벡터차, 혹은 피보호 기기의 단자 사이의 전압 벡터차 등을 판별하여 동작하는 단일량형 계전기이다.
　㉡ 변압기, 동기기 등의 층간 단락 등의 내부 고장 보호에 사용된다.

29. 변압기유가 구비해야 할 조건 중 맞는 것은?

① 절연내력이 작고 산화하지 않을 것
② 비열이 작아서 냉각 효과가 클 것
③ 인화점이 높고 응고점이 낮을 것
④ 절연재료나 금속에 접촉할 때 화학작용을 일으킬 것

해설 변압기유의 구비 조건
　㉠ 점도가 낮을 것
　㉡ 인화점이 높을 것
　㉢ 응고점이 낮을 것
　㉣ 절연내력이 클 것
　㉤ 냉각 작용이 좋고, 비열과 열전도도가 클 것

30 변압기의 절연내력 시험법이 아닌 것은?

① 유도 시험 　　② 가압 시험
③ 단락시험 　　④ 충격 전압 시험

해설 변압기의 절연내력 시험
　㉠ 가압 시험 : 온도 상승 시험 직후에 실시하며, 가압 시간은 1분 동안이다.
　㉡ 유도 시험 : 층간 절연 시험
　㉢ 충격시험 : 충격파 전압의 절연파괴 시험
　※ 단락시험 : 변압기 온도 상승 시험

31. 회전자 입력 10 kW, 슬립 3 %인 3상 유도전동기의 2차 동손 W은?

① 300　　② 400　　③ 500　　④ 700

해설 $P_{c2} = s \cdot P_2 = 0.03 \times 10 \times 10^3 = 300$ W

32. 유도전동기의 제동법이 아닌 것은?

① 3상 제동 　　② 발전 제동
③ 회생제동 　　④ 역상 제동

해설 유도전동기의 제동법
　㉠ 발전 제동 (dynamic braking)
　㉡ 역상 제동 (plugging braking)
　㉢ 맴돌이전류 제동 (eddy current braking)
　㉣ 회생제동 (regenerative braking)

33. 다음 단상 유도전동기 중 기동 토크가 큰 것부터 옳게 나열한 것은?

| ㉠ 반발 기동형 | ㉡ 콘덴서 기동형 |
| ㉢ 분상 기동형 | ㉣ 셰이딩 코일형 |

① ㉠ > ㉡ > ㉢ > ㉣
② ㉠ > ㉣ > ㉡ > ㉢
③ ㉠ > ㉢ > ㉣ > ㉡
④ ㉠ > ㉡ > ㉣ > ㉢

해설 단상 유도전동기의 기동 토크가 큰 순서 (정격 토크의 배수) : 반발 기동형 (4배~5배) → 콘덴서 기동형 (3배) → 분상 기동형 (1.25~1.5배) → 셰이딩 코일형 (0.4~0.9배)

34. 전력 변환 기기가 아닌 것은?

① 변압기 　　② 정류기
③ 유도전동기 　④ 인버터

해설 유도전동기는 전기에너지를 기계 에너지(회전력)로 변환시키는 기기이다.
　① 변압기 : 교류 전력 변환
　② 정류기 : 교류를 직류로 변환
　④ 인버터 (inverter) : 직류를 교류로 변환

35. 동기발전기의 전기자권선을 단절권으로 하면 어떻게 되는가?

① 고조파를 제거한다.
② 절연이 잘된다.
③ 역률이 좋아진다.
④ 기전력을 높인다.

해설 단절권은 전절권에 비해서 고조파를 제거하여 파형이 좋아진다. 단, 유도기전력은 감소된다.

36. 동기발전기의 병렬 운전에서 기전력의 크기가 다를 경우 나타나는 현상은?

① 주파수가 변한다.
② 동기화 전류가 흐른다.
③ 난조 현상이 발생한다.
④ 무효 순환 전류가 흐른다.

해설 동기발전기의 병렬 운전 조건

병렬 운전의 필요 조건	운전 조건이 같지 않을 경우의 현상
기전력의 크기가 같을 것	무효 순환 전류가 흐른다.
상회전이 일치하고, 기전력이 동 위상일 것	동기화 전류가 흐른다 (유효 횡류가 흐른다).
기전력의 주파수가 같을 것	동기화 전류가 교대로 주기적으로 흘러 난조의 원인이 된다.
기전력의 파형이 같을 것	고조파 무효 순환 전류가 흘러 과열 원인이 된다.

37. 전력 계통에 접속되어 있는 변압기나 장거리 송전 시 정전용량으로 인한 충전 특성 등을 보상하기 위한 기기는?

① 유도전동기   ② 동기발전기
③ 유도발전기   ④ 동기조상기

해설 동기조상기(synchronous phase modifier)
→ 동기전동기
㉠ 동기전동기는 V곡선(위상 특성곡선)을 이

용하여 역률을 임의로 조정하고, 진상 및 지상 전류를 흘릴 수 있다.
㉡ 이 전동기를 동기조상기라 하며, 앞선 무효 전력은 물론 뒤진 무효전력도 변화시킬 수 있다.
∴ 변압기나 장거리 송전 시 정전용량으로 인한 충전 특성 등을 보상하기 위하여 사용된다.

38. 동기전동기 중 안정도 증진법으로 틀린 것은?

① 전기자 저항 감소
② 관성효과 증대
③ 동기 임피던스 증대
④ 속응 여자 채용

해설 동기 임피던스를 감소시켜야 한다.

39. 단상 전파정류 회로에서 전원이 220 V이면 부하에 나타나는 전압의 평균값은 약 몇 V인가?

① 99   ② 198   ③ 257.4   ④ 297

해설 $E_{do} = \dfrac{2\sqrt{2}}{\pi} V \fallingdotseq 0.9\,V$
$= 0.9 \times 220 = 198 \text{ V}$

40. PN 접합 정류소자의 설명 중 틀린 것은? (단, 실리콘 정류소자인 경우이다.)

① 온도가 높아지면 순방향 및 역방향 전류가 모두 감소한다.
② 순방향 전압은 P형에 (+), N형에 (−) 전압을 가함을 말한다.
③ 정류비가 클수록 정류 특성은 좋다.
④ 역방향 전압에서는 극히 작은 전류만이 흐른다.

해설 PN 접합 정류소자(실리콘 정류소자)
㉠ 사이리스터의 온도가 높아지면 전자−전공 쌍의 수도 증가하게 되고, 누설전류도 증가하게 된다.
㉡ 온도가 높아지면 순방향 및 역방향 전류가 모두 증가한다.

제3과목 : 전기 설비

41. 전선의 재료로서 구비해야 할 조건이 아닌 것은?

① 기계적 강도가 클 것
② 가요성이 풍부할 것
③ 고유저항이 클 것
④ 비중이 작을 것

해설 전선의 구비 조건
  ㉠ 도전율이 클 것 → 고유저항이 작을 것
  ㉡ 기계적 강도가 클 것
  ㉢ 비중이 작을 것 → 가벼울 것
  ㉣ 내구성이 있을 것
  ㉤ 공사가 쉬울 것
  ㉥ 값이 싸고 쉽게 구할 수 있을 것

42. 전선의 접속에 대한 설명으로 틀린 것은?

① 접속 부분의 전기저항을 20 % 이상 증가되도록 한다.
② 접속 부분의 인장강도를 80 % 이상 유지되도록 한다.
③ 접속 부분에 전선 접속 기구를 사용한다.
④ 알루미늄 전선과 구리선의 접속 시 전기적인 부식이 생기지 않도록 한다.

해설 전선의 접속 (내선규정 1430 – 7 참조) : 전기저항이 증가되지 않아야 한다.

43. 전선 약호가 VV인 케이블의 종류로 옳은 것은?

① 0.6/1 kV 비닐 절연 비닐시스 케이블
② 0.6/1 kV EP 고무 절연 클로로프렌시스 케이블
③ 0.6/1 kV EP 고무 절연 비닐시스 케이블
④ 0.6/1 kV 비닐 절연 비닐 캡타이어케이블

해설 케이블의 약호
  ① VV, ② PN, ③ PV, ④ VCT

44. 전등 1개를 2개소에서 점멸하고자 할 때 3로 스위치는 최소 몇 개 필요한가?

① 4개 ② 3개 ③ 2개 ④ 1개

해설 한 개의 전등을 두 곳에서 점멸할 수 있는 배선

여기서, S_3 : 3로 스위치
         ○ : 전등

45. 금속관 배관 공사를 할 때 금속관을 구부리는 데 사용하는 공구는?

① 히키 (hickey)
② 파이프 렌치 (pipe wrench)
③ 오스터 (oster)
④ 파이프 커터 (pipe cutter)

해설 히키 (hickey) : 금속관을 구부리는 데 사용된다.
  ※ 오스터 (oster) : 금속관 끝에 나사를 내는 공구로, 손잡이가 달린 래칫 (ratchet)과 나사날의 다이스 (dies)로 구성된다.

46. 애자 사용 배선 공사 시 사용할 수 없는 전선은?

① 고무 절연전선
② 폴리에틸렌 절연전선
③ 플루오르 수지 절연전선
④ 인입용 비닐 절연전선

해설 애자 사용 배선 방법과 제한 사항 (내선규정 2270 – 1~8 참조) : 전선은 절연전선을 사용해야 한다. 단, 인입용 비닐 전선은 제외한다.

47. 금속관 공사에서 녹 아웃의 지름이 금속관의 지름보다 큰 경우에 사용하는 재료는?

① 로크 너트   ② 부싱
③ 커넥터   ④ 링 리듀서

해설 링 리듀서 (ring reducer) : 금속관을 아웃

렛 박스 등의 녹 아웃에 취부할 때 관보다 지름이 큰 관계로 로크 너트만으로는 고정할 수 없을 때 보조적으로 사용한다.

48. 금속관을 구부릴 때 금속관의 단면이 심하게 변형되지 아니하도록 구부려야 하며, 그 안쪽의 반지름은 관 안지름의 몇 배 이상이 되어야 하는가?

① 6   ② 8   ③ 10   ④ 12

해설 금속 전선관 구부리기(내선규정 2225 - 8 참조) : 구부러진 금속관의 안쪽 반지름은 금속관 안지름의 6배 이상으로 해야 한다.

49. 접지저항값에 가장 큰 영향을 주는 것은 어느 것인가?

① 접지선 굵기   ② 접지 전극 크기
③ 온도   ④ 대지저항

해설 접지선과 접지저항 : 접지선이란, 주 접지 단자나 접지 모선을 접지극에 접속한 전선을 말하며, 접지저항은 접지 전극과 대지 사이의 저항을 말한다.
∴ 대지저항은 접지저항값에 가장 큰 영향을 준다.

50. 제1종 및 제2종 접지 공사에서 접지선을 철주, 기타 금속체를 따라 시설하는 경우 접지극은 지중에서 그 금속체로부터 몇 cm 이상 떼어 매설하는가?

① 30   ② 60   ③ 75   ④ 100

해설 접지 공사 방법(내선규정 1445 - 6 참조) : 접지선을 철주 기타의 금속체를 따라서 시설하는 경우에는, 접지극을 철주의 밑면으로부터 30 cm 이상의 깊이에 매설하는 경우 이외에는 접지극을 지중에서 그 금속체로부터 1 m 이상 떼어 매설할 것

51. 수변전 배전반에 설치된 고압 계기용 변성기의

2차 측 전로의 접지 공사는?

① 제1종 접지 공사
② 제2종 접지 공사
③ 제3종 접지 공사
④ 특별 제3종 접지 공사

해설 계기용 변성기의 2차 측 전로의 접지(판단기준 제 26조)
㉠ 고압용 : 제3종 접지 공사
㉡ 특고압용 : 제1종 접지 공사

52. 간선에 접속하는 전동기의 정격전류의 합계가 50 A를 초과하는 경우에는 그 정격전류 합계의 몇 배에 견디는 전선을 선정하여야 하는가?

① 0.8   ② 1.1   ③ 1.25   ④ 3

해설 전동기용 분기회로의 전선의 굵기(내선규정 3115 - 4)

전동기의 정격전류 (A)	전선의 허용전류 (A)
50 A 이하	1.25×전동기 전류 합계
50 A 초과	1.1×전동기 전류 합계

53. 가공전선 지지물의 기초 강도는 주체(主體)에 가하여지는 곡하중(曲荷重)에 대하여 안전율은 얼마 이상으로 하여야 하는가?

① 1.0   ② 1.5   ③ 1.8   ④ 2.0

해설 가공전선로 지지물의 기초 안전율 : 가공전선로의 지지물에 하중이 가하여지는 경우 그 하중을 받는 지지물의 기초의 안전율은 2 이상이어야 한다.

54. 전주 외등 설치 시 백열전등 및 형광등의 조명 기구를 전주에 부착하는 경우 부착한 점으로부터 돌출되는 수평거리는 몇 m 이내로 하여야 하는가?

① 0.5   ② 0.8   ③ 1.0   ④ 1.2

해설 전주 외등 조명 기구 및 부착 금구(내선규정 3330 - 2 참조) : 돌출되는 수평거리는 1 m 이내로 하여야 한다.

55. 저압 2조의 전선을 설치 시, 크로스 완금의 표준 길이(mm)는?

① 900 ② 1400 ③ 1800 ④ 2400

해설 가공전선로의 장주에 사용되는 완금의 표준 길이 (mm)

전선의 개수	특고압	고압	저압
2	1800	1400	900
3	2400	1800	1400

56. 22.9 kV-y 가공전선의 굵기는 단면적이 몇 mm^2 이상이어야 하는가? (단, 동선의 경우이다.)

① 22 ② 32 ③ 40 ④ 50

해설 특고압 가공전선의 굵기 및 종류 (판단기준 제107조) : 케이블인 경우 이외에는 인장강도 8.71 kN 이상의 연동선 또는 단면적 $22\ mm^2$ 이상의 경동연선이어야 한다.

57. 수변전 설비 구성 기기의 계기용 변압기(PT) 설명으로 맞지 않는 것은?

① 높은 전압을 낮은 전압으로 변성하는 기기이다.
② 높은 전류를 낮은 전류로 변성하는 기기이다.
③ 회로에 병렬로 접속하여 사용하는 기기이다.
④ 부족 전압 트립 코일의 전원으로 사용된다.

해설 계기용 변성기
㉠ PT : 높은 전압을 낮은 전압으로 변성
㉡ CT : 높은 전류를 낮은 전류로 변성
※ CT는 회로에 직렬로 접속하여 사용한다.

58. 폭연성 분진이 존재하는 곳의 저압 옥내배선 공사 시 공사 방법으로 짝지어진 것은?

① 금속관 공사, MI 케이블 공사, 개장된 케이블 공사
② CD 케이블 공사, MI 케이블 공사, 금속관 공사
③ CD 케이블 공사, MI 케이블 공사, 제1종 캡타이어케이블 공사
④ 개장된 케이블 공사, CD 케이블 공사, 제1종 캡타이어케이블 공사

해설 폭연성 분진이 존재하는 곳의 저압 옥내배선 (내선규정 4215-2 참조)
㉠ 옥내배선은 금속관 배선 또는 케이블 배선에 의할 것
㉡ 케이블은 강관, 강대 및 활동대를 개장으로 한 케이블 또는 MI 케이블을 사용하는 경우를 제외하고 보호관에 넣어서 시설할 것

59. 화약고의 배선 공사 시 개폐기 및 과전류 차단기에서 화약고 인입구까지는 어떤 배선 공사에 의하여 시설하여야 하는가?

① 합성수지관 공사로 지중 선로
② 금속관 공사로 지중 선로
③ 합성수지 몰드 지중 선로
④ 케이블 사용 지중 선로

해설 화약고에 시설하는 전기 설비 (내선규정 4220-1 참조) : 개폐기 및 과전류 차단기에서 화약고의 인입구까지의 배선은 케이블을 사용하고 또한 이것을 지중에 시설하여야 한다.

60. 화재 시 소방대가 조명 기구나 파괴용 기구, 배연기 등 소화 활동 및 인명 구조 활동에 필요한 전원으로 사용하기 위해 설치하는 것은?

① 상용 전원 장치 ② 유도등
③ 비상용 콘센트 ④ 비상등

해설 비상 콘센트 설비 : 소방 활동 시에 사용하는 조명, 연기 배출기 등에 전원을 공급하는 설비로 3상, 단상 콘센트를 설치한다.

2015

기출문제 해설

제1과목	제2과목	제3과목
전기 이론 : 20문항	전기 기기 : 20문항	전기 설비 : 20문항

제1과목 : 전기 이론

1. 원자핵의 구속력을 벗어나서 물질 내에서 자유로이 이동할 수 있는 것은?

① 중성자　　　　② 양자
③ 분자　　　　　④ 자유전자

해설 자유전자 (free electron)
㉠ 원자핵의 구속에서 이탈하여 자유로이 이동할 수 있는 전자이다.
㉡ 일반적으로 전기현상들은 자유전자의 이동 또는 증감에 의한 것이다.

2. 콘덴서의 정전용량에 대한 설명으로 틀린 것은?

① 전압에 반비례한다.
② 이동 전하량에 비례한다.
③ 극판의 넓이에 비례한다.
④ 극판의 간격에 비례한다.

해설 콘덴서의 정전용량
㉠ $C = \dfrac{Q}{V}$[F]
• 전압 (V)에 반비례한다.
• 이동 전하량 (Q)에 비례한다.
㉡ $C = \epsilon \dfrac{A}{l}$[F]
• 극판의 넓이 (A)에 비례한다.
• 극판의 간격 (l)에 반비례한다.

3. 등전위면과 전기력선의 교차 관계는?

① 직각으로 교차한다.

② 30°로 교차한다.
③ 45°로 교차한다.
④ 교차하지 않는다.

해설 등전위면
㉠ 전위의 기울기가 0의 점으로 되는 평면이다.
㉡ 등전위면과 전기력선은 직각으로 교차한다.

4. 정전 에너지 W[J]를 구하는 식으로 옳은 것은? [단, C는 콘덴서 용량(μF), V는 공급 전압(V)이다.]

① $W = \dfrac{1}{2} CV^2$　　② $W = \dfrac{1}{2} CV$

③ $W = \dfrac{1}{2} C^2 V$　　④ $W = 2CV^2$

해설 정전 에너지 $W = \dfrac{1}{2} QV = \dfrac{1}{2} CV^2$ [J]
　　　　($Q = CV$[C])

5. 1 cm 당 권선 수가 10인 무한 길이 솔레노이드에 1 A 의 전류가 흐르고 있을 때 솔레노이드 외부 자계의 세기 (AT/m)는?

① 0　　② 5　　③ 10　　④ 20

해설 무한 길이 솔레노이드 (solenoid)
㉠ 외부 자계의 세기 $H' = 0$ [AT/m]
㉡ 내부 자계의 세기 $H_0 = N_0 \cdot I$ [AT/m]
　(여기서, N_0 : 단위길이당 권수)

6. 자기 인덕턴스가 각각 L_1과 L_2인 2개의 코일이 직렬로 가동 접속되었을 때, 합성 인덕턴스는?

정답 　1. ④　2. ④　3. ①　4. ①　5. ①　6. ④

(단, 자기력선에 의한 영향을 서로 받는 경우이다.)

① $L = L_1 + L_2 - M$

② $L = L_1 + L_2 - 2M$

③ $L = L_1 + L_2 + M$

④ $L = L_1 + L_2 + 2M$

해설 합성 인덕턴스

$L = L_1 + L_2 \pm 2M$

㉠ 가동 접속 : $L_p = L_1 + L_2 + 2M$ (같은 방향)

㉡ 차동 접속 : $L_s = L_1 + L_2 - 2M$ (반대 방향)

7. 전류에 의해 만들어지는 자기장의 자기력선 방향을 간단하게 알아내는 방법은?

① 플레밍의 왼손 법칙

② 렌츠의 자기유도 법칙

③ 앙페르의 오른나사 법칙

④ 패러데이의 전자유도 법칙

해설 앙페르의 오른나사 법칙 : 전류의 방향을 오른나사가 진행하는 방향으로 하면, 자기장의 방향은 오른나사의 회전 방향이 된다.

8. 권수가 150인 코일에서 2초간에 1 Wb의 자속이 변화한다면, 코일에 발생되는 유도기전력의 크기는 몇 V인가?

① 50   ② 75   ③ 100   ④ 150

해설 유도기전력의 크기

$v = N \cdot \dfrac{\Delta \phi}{\Delta t} = 150 \times \dfrac{1}{2} = 75 \text{ V}$

9. 그림과 같은 회로의 저항값이 $R_1 > R_2 > R_3 > R_4$일 때 전류가 최소로 흐르는 저항은?

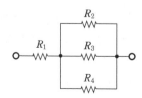

① R_1 ② R_2 ③ R_3 ④ R_4

해설 저항 병렬회로의 전류 분배

㉠ 병렬연결된 각 저항에 흐르는 전류는 저항의 크기에 반비례하므로, $R_2 > R_3 > R_4$일 때 $I_2 < I_3 < I_4$가 된다.

㉡ R_1에 흐르는 전류 $I_1 = I_2 + I_3 + I_4$가 된다.

∴ R_2에 흐르는 전류 I_2가 최소가 된다.

10. 그림에서 a-b 간의 합성저항은 c-d 간의 합성저항보다 몇 배인가?

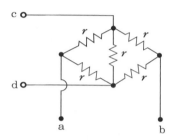

① 1배   ② 2배   ③ 3배   ④ 4배

해설 평형 브리지 회로

㉠ $R_{ab} = \dfrac{2r \times 2r}{2r + 2r} = \dfrac{4r^2}{4r} = r$

㉡ $R_{cd} = \dfrac{1}{\dfrac{1}{2r} + \dfrac{1}{r} + \dfrac{1}{2r}} = \dfrac{r}{2}$

∴ $\dfrac{R_{ab}}{R_{cd}} = \dfrac{r}{\dfrac{r}{2}} = 2$

11. 복소수에 대한 설명으로 틀린 것은?

① 실수부와 허수부로 구성된다.

② 허수를 제곱하면 음수가 된다.

③ 복소수는 $A = a + jb$의 형태로 표시한다.

④ 거리와 방향을 나타내는 스칼라양으로 표시한다.

해설 복소수 (complex number)

㉠ 실수부와 허수부로 구성된 벡터양이다.

$\dot{A} = a \pm jb$

㉡ 허수 : 제곱하면 음수가 되는 수이다.

정답 7. ③ 8. ② 9. ② 10. ② 11. ④

(허수 단위 $j = \sqrt{-1}$)

ⓒ 거리와 방향을 나타내는 벡터양으로 표시한다.

12. $R = 5\,\Omega$, $L = 30\,\mathrm{mH}$의 RL 직렬회로에 $V = 200\,\mathrm{V}$, $f = 60\,\mathrm{Hz}$의 교류전압을 가할 때 전류의 크기는 약 몇 A인가?

① 8.67 ② 11.42 ③ 16.17 ④ 21.25

해설 ㉠ $X_L = 2\pi f L = 2 \times 3.14 \times 60 \times 30 \times 10^{-3}$
$\doteqdot 11.31\,\Omega$

ⓒ $Z = \sqrt{R^2 + X_L^2} = \sqrt{5^2 + 11.31^2}$
$\doteqdot 12.36\,\Omega$

$\therefore I = \dfrac{V}{Z} = \dfrac{200}{12.36} \doteqdot 16.18\,\mathrm{A}$

13. RL 직렬회로에 교류전압 $v = V_m \sin\theta$ [V]를 가했을 때 회로의 위상각 θ를 나타낸 것은?

① $\theta = \tan^{-1}\dfrac{R}{\omega L}$

② $\theta = \tan^{-1}\dfrac{\omega L}{R}$

③ $\theta = \tan^{-1}\dfrac{1}{R\omega L}$

④ $\theta = \tan^{-1}\dfrac{R}{\sqrt{R^2 + (\omega L)^2}}$

해설 RL 직렬회로의 위상

$\tan\theta = \dfrac{\omega L}{R}$ 에서, $\theta = \tan^{-1}\dfrac{\omega L}{R}$

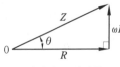

임피던스 삼각형

14. 그림과 같은 RL 병렬회로에서 $R = 25\,\Omega$, $\omega L = \dfrac{100}{3}\,\Omega$일 때, 200 V의 전압을 가하면 코일에 흐르는 전류 I_L[A]은?

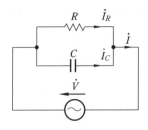

① 3.0 ② 4.8 ③ 6.0 ④ 8.2

해설 $R - L$ 병렬회로

• $I_L = \dfrac{V}{\omega L} = \dfrac{200}{\dfrac{100}{3}} \doteqdot 6\,\mathrm{A}$

• $I_R = \dfrac{V}{R} = \dfrac{200}{25} = 8\,\mathrm{A}$

15. 평형 3상 교류회로에서 Y 결선할 때 선간전압(V_l)과 상전압(V_p)의 관계는?

① $V_l = V_p$

② $V_l = \sqrt{2}\,V_p$

③ $V_l = \sqrt{3}\,V_p$

④ $V_l = \dfrac{1}{\sqrt{3}}\,V_p$

해설 ㉠ Y 결선의 경우
• $V_l = \sqrt{3}\,V_p$ • $I_l = I_p$
ⓒ Δ 결선의 경우
• $V_l = V_p$ • $I_l = \sqrt{3}\,I_p$

16. 2전력계법으로 3상 전력을 측정할 때 지시값이 $P_1 = 200\,\mathrm{W}$, $P_2 = 200\,\mathrm{W}$일 때 부하 전력(W)은?

① 200 ② 400 ③ 600 ④ 800

해설 2전력계법에 의한 3상 전력 측정
$P = P_1 + P_2 = 200 + 200 = 400\,\mathrm{W}$

17. 저항이 있는 도선에 전류가 흐르면 열이 발생한다. 이와 같이 전류의 열작용과 가장 관계가 깊은 법칙은?

① 패러데이의 법칙

② 키르히호프의 법칙

③ 줄의 법칙

④ 옴의 법칙

> **[해설]** 줄의 법칙 (Joule's law) : 저항 $R[\Omega]$에 흐르는 전류가 $I[A]$일 때 발생하는 열량 $H[cal]$
> $H = 0.24 I^2 Rt \ [cal]$

18. 다음 중 1 V와 같은 값을 갖는 것은?

① $1\,J/C$

② $1\,Wb/m$

③ $1\,\Omega/m$

④ $1\,A \cdot s$

> **[해설]** 1 V : 1 C의 전하가 이동하여 한 일이 1 J일 때의 전위차   ∴ 1 J/C
> ※ 전위의 단위 : [V], [J/C], [N·m/c]

19. 20분간에 876000 J의 일을 할 때 전력은 몇 kW인가?

① 0.73

② 7.3

③ 73

④ 730

> **[해설]** $P = \dfrac{W}{t} = \dfrac{876000}{20 \times 60} = 0.73 \times 10^3 \ [W]$
> ∴ 0.73 kW

20. 전기분해를 통하여 석출된 물질의 양은 통과한 전기량 및 화학당량과 어떤 관계인가?

① 전기량과 화학당량에 비례한다.

② 전기량과 화학당량에 반비례한다.

③ 전기량에 비례하고 화학당량에 반비례한다.

④ 전기량에 반비례하고 화학당량에 비례한다.

> **[해설]** 패러데이의 법칙 (Faraday's law)
> ㉠ 전기분해 시 전극에 석출되는 물질의 양은 전해액을 통한 전기량에 비례한다.
> ㉡ 전기량이 같을 때 석출되는 물질의 양은 그 물질의 화학당량에 비례한다.
> ※ 화학당량 $= \dfrac{원자량}{원자가}$

21. 다음 직류발전기의 정류 곡선 중 브러시의 후단에서 불꽃이 발생하기 쉬운 것은?

① 직선 정류

② 정현파 정류

③ 과정류

④ 부족 정류

> **[해설]** 직류발전기의 정류 곡선

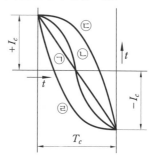

정류 곡선

> ① 직선 정류 : 이상적인 정류 ㉠
> ② 정현파 (사인파) 정류 : 불꽃 없는 ㉡
> ③ 과정류 : 브러시 전단 불꽃 발생 ㉢
> ④ 부족 정류 : 브러시 후단 불꽃 발생 ㉣

22. 다음 중 병렬 운전 시 균압선을 설치해야 하는 직류발전기는?

① 직권

② 차동 복권

③ 평복권

④ 부족 복권

> **[해설]** 직류발전기의 병렬 운전과 균압선
> ㉠ 직권 및 과복권발전기에서는 직권 계자 코일에 흐르는 전류에 의하여 병렬 운전이 불안정하게 되므로, 균압선을 설치하여 직권 계자 코일에 흐르는 전류를 분류 (등분)하게 하여 병렬 운전이 안전하도록 한다.
> ㉡ 분권, 차동 및 부족 복권은 수하 특성을 가지므로 균압 모선이 없어도 병렬 운전이 가능하다.

23. 그림에서와 같이 ㉠, ㉡의 양 자극 사이에 정류자를 가진 코일을 두고 ㉢, ㉣에 직류를 공급하여 X, X'를 축으로 하여 코일을 시계 방향

으로 회전시키고자 한다. ㉠, ㉡의 자극 극성과 ㉢, ㉣의 전원 극성을 어떻게 해야 하는가?

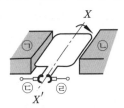

① ㉠ N, ㉡ S, ㉢ +, ㉣ −
② ㉠ N, ㉡ S, ㉢ −, ㉣ +
③ ㉠ S, ㉡ N, ㉢ +, ㉣ −
④ ㉠ S, ㉡ N, ㉢㉣ 극성에 무관

해설 직류전동기의 원리 : 회전 방향을 시계 방향으로 하기 위해서, 플레밍의 왼손 법칙을 적용하면 ㉠ N, ㉡ S, ㉢ −, ㉣ + 극성으로 해야 한다. (단, ㉠ S, ㉡ N일 때 ㉢ +, ㉣ −)

24. 다음 그림의 직류전동기는 어떤 전동기인가?

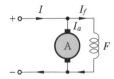

① 직권전동기　　② 타여자 전동기
③ 분권전동기　　④ 복권전동기

해설 직류전동기의 종류에 따른 접속도 (본문 그림 참조)

25. 다음의 변압기 극성에 관한 설명에서 틀린 것은?

① 우리나라는 감극성이 표준이다.
② 1차와 2차 권선에 유기되는 전압의 극성이 서로 반대이면 감극성이다.
③ 3상 결선 시 극성을 고려해야 한다.
④ 병렬 운전 시 극성을 고려해야 한다.

해설 변압기 극성
㉠ 감극성 : 전압의 극성이 동일 방향 (우리나라의 표준)

㉡ 가극성 : 전압의 극성이 반대 방향

26. 다음 그림은 단상변압기 결선도이다. 1, 2차는 각각 어떤 결선인가?

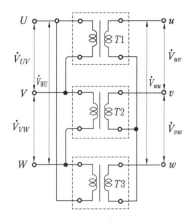

① $Y-Y$ 결선　　② $\Delta-Y$ 결선
③ $\Delta-\Delta$ 결선　　④ $Y-\Delta$ 결선

해설 ㉠ 1차 : Δ 결선　㉡ 2차 : Y 결선

27. 전력용 변압기의 내부 고장 보호용 계전 방식은?

① 역상 계전기　　② 차동계전기
③ 접지 계전기　　④ 과전류계전기

해설 차동계전기 : 고장에 의하여 생긴 불평형 전류차가 평형 전류차의 몇 % 이상으로 되었을 때 이를 검출하여 동작하는 계전기로, 변압기 내부 고장의 보호에 사용된다.

28. 변압기의 임피던스 전압이란?

① 정격전류가 흐를 때의 변압기 내의 전압강하
② 여자전류가 흐를 때의 2차 측 단자전압
③ 정격전류가 흐를 때의 2차 측 단자전압
④ 2차 단락 전류가 흐를 때의 변압기 내의 전압강하

해설 임피던스 전압 (impedance voltage) : 단락

시험에서 1차 전류가 정격전류로 되었을 때의 입력이 임피던스 와트이고, 이때의 1차 전압이 임피던스 전압이다. 즉, 변압기 내의 전압강하이다.

29. 변압기를 $\Delta - Y$로 연결할 때, 1, 2차 간의 위상차는?

① 30°   ② 45°   ③ 60°   ④ 90°

해설 $\Delta - Y$의 각변위 : 30° (중성점에 대한 전류 전압의 위상차)

30. 슬립이 일정한 경우 유도전동기의 공급 전압이 $\frac{1}{2}$로 감소되면 토크는 처음에 비해 어떻게 되는가?

① 2배가 된다.   ② 1배가 된다.

③ $\frac{1}{2}$로 줄어든다.   ④ $\frac{1}{4}$로 줄어든다.

해설 유도전동기의 슬립 s가 일정할 때 토크 T는 공급 전압 V_1의 제곱에 비례한다.

$T \propto V_1^2$

∴ 공급 전압이 $\frac{1}{2}$로 감소하면 토크는 $\frac{1}{4}$로 감소한다.

31. 유도전동기가 회전하고 있을 때 생기는 손실 중에서 구리 손이란?

① 브러시의 마찰손
② 베어링의 마찰손
③ 표유 부하 손
④ 1차, 2차 권선의 저항손

해설 ㉠ 변압기의 손실은 부하 전류에 관계되는 부하 손(load loss)과 이것과는 무관계한 무부하 손(no load loss)으로 분류한다.
㉡ 회전할 때 생기는 구리 손은 부하 전류에 의한 1차, 2차 권선의 저항손이다.
㉢ 부하 손은 주로 부하 전류에 의한 구리 손이다.

32. 권선형 유도전동기에서 비례 추이를 이용한 기동법은?

① 리액터 기동법   ② 기동보상기법
③ 2차 저항 기동법   ④ $Y - \Delta$ 기동법

해설 비례 추이(proportional shift)−2차 저항법 : 2차 회로의 합성저항 $(r_2' + R)$을 가변저항기로 조정할 수 있는 권선형 유도전동기는 비례 추이의 성질을 이용하여 기동 토크를 크게 한다든지 속도 제어를 할 수도 있다.
※ 농형 유도전동기의 기동법 : ①, ②, ④

33. 그림과 같은 분상 기동형 단상 유도전동기를 역회전시키기 위한 방법이 아닌 것은?

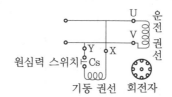

① 원심력 스위치를 개로 또는 폐로한다.
② 기동 권선이나 운전 권선의 어느 한 권선의 단자 접속을 반대로 한다.
③ 기동 권선의 단자 접속을 반대로 한다.
④ 운전 권선의 단자 접속을 반대로 한다.

해설 분산 기동형 단상 유도전동기는 기동 권선이나 운전 권선의 어느 한 권선의 단자 접속을 반대로 하면 역회전된다.
※ 기동 시 CS는 폐로(ON) 상태에서 일단 기동이 되면 원심력이 작용하여 CS는 자동적으로 개로(OFF)가 된다.

34. 용량이 작은 유도전동기의 경우 전부하에서의 슬립(%)은?

① 1~2.5   ② 2.5~4
③ 5~10   ④ 10~20

해설 정격부하에서의 전동기의 슬립(slip) : s
㉠ 소형 전동기의 경우에는 5~10 % 정도
㉡ 중형 및 대형 전동기의 경우에는 2.5~5 % 정도

35. 동기발전기에서 역률각이 90도 늦을 때의 전기자반작용은?

① 증자 작용   ② 편자 작용
③ 교차 작용   ④ 감자작용

해설 동기발전기의 전기자반작용

반작용	작용	위상	부하
가로축	교차 자화 작용	동상	저항
직축	감자작용	지상 (90° 늦음)	유도성
	증자 작용	진상 (90° 빠름)	용량성

36. 정격이 10000 V, 500 A, 역률 90 %의 3상 동기발전기의 단락 전류 I_S [A]는? (단, 단락비는 1.3으로 하고, 전기자 저항은 무시한다.)

① 450   ② 550   ③ 650   ④ 750

해설 단락 전류 $I_s = I_n \times k_s = 500 \times 1.3 = 650$ A

37. 2대의 동기발전기 A, B가 병렬 운전하고 있을 때 A기의 여자전류를 증가시키면 어떻게 되는가?

① A기의 역률은 낮아지고, B기의 역률은 높아진다.
② A기의 역률은 높아지고, B기의 역률은 낮아진다.
③ A, B 양 발전기의 역률이 높아진다.
④ A, B 양 발전기의 역률이 낮아진다.

해설 동기발전기의 병렬 운전
㉠ A기의 여자전류를 증가시키면 A기의 무효전류, 무효전력이 증가하여 역률이 낮아지고, B기의 무효분은 감소되어 역률이 높아진다.
㉡ 이때, 전력과 전압의 변동은 없다.

38. 60 Hz, 20000 kVA의 발전기 회전수가 1200 rpm이라면 이 발전기의 극수는 얼마인가?

① 6극   ② 8극
③ 12극   ④ 14극

해설 극수 : $p = \dfrac{120}{N_s} \cdot f = \dfrac{120}{1200} \times 60 = 6$극

39. 그림은 전력 제어 소자를 이용한 위상 제어회로이다. 전동기의 속도를 제어하기 위해서 '가' 부분에 사용되는 소자는?

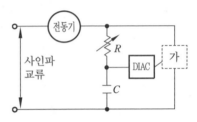

① 전력용 트랜지스터
② 제너다이오드
③ 트라이액 (TRIAC)
④ 레귤레이터 78XX 시리즈

해설 문제의 회로는 TRIAC을 사용한 단상 유도전동기의 속도 제어회로이다.

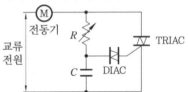

40. 애벌란시 항복 전압은 온도 증가에 따라 어떻게 변화하는가?

① 감소한다.
② 증가한다.
③ 증가했다 감소한다.
④ 무관하다.

해설 애벌란시 항복 (avalanche breakdown) 전압은 온도 증가에 따라 증가한다.
㉠ 일반 다이오드는 역방향 전압을 걸어 주게 되면 항복 전압 전까지 미세 전류 (누설전류)만 흐를 뿐 실질적으로 다이오드는 내부의 전

자 흐름을 차단한다. 하지만, 제너다이오드는 이런 동작을 역으로 생각하여 역방향 항복 영역에서 동작하도록 설계되었다.
ⓛ 제너다이오드의 역방향 항복에는 애벌란시 항복과 제너 항복 2가지 형태가 있다.

[해설] 드라이브이트 툴 (driveit tool)
㉠ 큰 건물의 공사에서 드라이브 핀을 콘크리트에 경제적으로 박는 공구이다.
ⓛ 화약의 폭발력을 이용하기 때문에 취급자는 보안상 훈련을 받아야 한다.

제3과목 : 전기 설비

41. 전선을 접속할 경우의 설명으로 틀린 것은?

① 접속 부분의 전기저항이 증가되지 않아야 한다.
② 전선의 세기를 80 % 이상 감소시키지 않아야 한다.
③ 접속 부분은 접속 기구를 사용하거나 납땜을 하여야 한다.
④ 알루미늄 전선과 동선을 접속하는 경우, 전기적 부식이 생기지 않도록 해야 한다.

[해설] 전선의 접속 : 전선의 세기를 20 % 이상 감소시키지 않아야 한다.

42. 동 전선의 직선 접속에서 단선 및 연선에 적용되는 접속 방법은?

① 직선 맞대기용 슬리브에 의한 압착 접속
② 가는 단선 (2.6 mm 이상)의 분기 접속
③ S형 슬리브에 의한 분기 접속
④ 터미널 러그에 의한 접속

[해설] 동 (구리) 전선의 접속(내선규정 1430 – 10 참조)

• 직선 맞대기용 슬리브 (B형)에 의한 압착 접속

43. 큰 건물의 공사에서 콘크리트에 구멍을 뚫어 드라이브 핀을 경제적으로 고정하는 공구는?

① 스패너   ② 드라이브이트 툴
③ 오스터   ④ 로크 아웃 펀치

44. 정격전류 20 A인 전동기 1대와 정격전류 5 A인 전열기 3대가 연결된 분기회로에 시설하는 과전류 차단기의 정격전류는?

① 35   ② 50
③ 75   ④ 100

[해설] 과전류 차단기의 정격전류 계산 (내선규정 3115 – 3 참조)
㉠ 전동기의 정격전류 합계의 3배
ⓛ 다른 전기 사용 기계 기구의 정격전류의 합계
∴ ㉠+ⓛ = 3 × 20 + 5 × 3 = 75 A

45. 과전류 차단기로서 저압 전로에 사용되는 배선용 차단기에 있어서 정격전류가 25 A인 회로에 50 A의 전류가 흘렀을 때 몇 분 이내에 자동적으로 동작하여야 하는가?

① 1분   ② 2분
③ 4분   ④ 8분

[해설] 배선용 차단기의 규격 (내선규정 1470 – 3 참조)

정격전류의 구분	시간	
	정격전류의 1.25배의 전류가 흐를 때(分)	정격전류 2배의 전류가 흐를 때(分)
30 A 이하	60	2
30 A 초과 50 A 이하	60	4
50 A 초과 100 A 이하	120	6
100 A 초과 225 A 이하	120	8
이하 생략		

46. 사람이 쉽게 접촉하는 장소에 설치하는 누전 차단기의 사용 전압 기준은 몇 V 초과인가?

① 60   ② 110   ③ 150   ④ 220

해설 누전차단기 설치(내선규정 1475-1 참조) : 사람이 쉽게 접촉될 우려가 있는 장소에 시설하는 사용 전압이 60 V를 초과하는 저압의 금속제 외함을 가지는 기계 기구에 전기를 공급하는 전로에 지락이 발생했을 때 자동적으로 전로를 차단하는 누전차단기 등을 설치하여야 한다.

47. 전기 난방 기구인 전기담요나 전기장판의 보호용으로 사용되는 퓨즈는?

① 플러그 퓨즈   ② 온도 퓨즈
③ 절연 퓨즈   ④ 유리관 퓨즈

해설 온도 퓨즈(thermal fuse) : 전열 기구가 어느 한계점 이상의 온도에 도달하면 자동적으로 끊어져서 과열을 방지하는 역할을 한다.
※ 온도 퓨즈는 어떤 특정한 온도에서 변형, 혹은 용융하여 전기회로를 여는 일종의 과열 보호용 스위치로서, 전기 기기의 과열 방지를 목적으로 사용되고 있다.

48. 합성수지관 공사의 설명 중 틀린 것은?

① 관의 지지점 간의 거리는 1.5 m 이하로 할 것
② 합성수지관 안에는 전선에 접속점이 없도록 할 것
③ 전선은 절연전선(옥외용 비닐 절연절선을 제외한다.)일 것
④ 관 상호 간 및 박스와는 관을 삽입하는 깊이를 관의 바깥지름의 1.5배 이상으로 할 것

해설 합성수지관 상호 및 관과 박스는 접속 시에 삽입하는 깊이를 관 바깥지름의 1.2배 이상으로 한다.

49 금속관 공사에 관하여 설명한 것으로 옳은 것은?

① 저압 옥내배선의 사용 전압이 400 V 미만인 경우에는 제1종 접지를 사용한다.
② 저압 옥내배선의 사용 전압이 400 V 이상인 경우에는 제2종 접지를 사용한다.
③ 콘크리트에 매설하는 것은 전선관의 두께를 1.2 mm 이상으로 한다.
④ 전선은 옥외용 비닐 절연전선을 사용한다.

해설 ㉠ 금속관 및 부속품의 선정(내선규정 2225-4) : 관의 두께는 콘크리트에 매입할 경우 1.2 mm 이상, 기타의 경우는 1 mm 이상일 것
㉡ 금속관 배선은 절연전선을 사용하여야 한다(옥외용 비닐 절연전선은 제외).
㉢ 금속관 공사-접지(내선규정 2225-6)
• 사용 전압 400 V 미만인 경우는 제3종 접지 공사
• 사용 전압 400 V 이상인 경우는 특별 제3종 접지 공사

50. 가공전선로의 지지물에서 다른 지지물을 거치지 아니하고 수용 장소의 인입선 접속점에 이르는 가공전선을 무엇이라 하는가?

① 연접인입선   ② 가공인입선
③ 구내 전선로   ④ 구내 인입선

해설 가공인입선과 연접인입선

51. 다음 중 버스 덕트가 아닌 것은?

① 플로어 버스 덕트
② 피더 버스 덕트
③ 트롤리 버스 덕트
④ 플러그인 버스 덕트

2015

해설 버스 덕트 (bus duct) 배선 공사 (내선규정 제2245절 참조) : 피터 버스 덕트, 플러그인 버스 덕트, 익스팬션 버스 덕트, 탭붙이 버스 덕트, 트랜스포지션 버스 덕트

52. 저압 연접인입선의 시설 규정으로 적합한 것은?

① 분기점으로부터 90 m 지점에 시설
② 6 m 도로를 횡단하여 시설
③ 수용가 옥내를 관통하여 시설
④ 지름 1.5 mm 인입용 비닐절연전선을 사용

해설 저압 연접인입선의 시설 규정
㉠ 인입선에서 분기하는 점에서 100 m를 넘는 지역에 이르지 않아야 한다.
㉡ 너비 5 m를 넘는 도로를 횡단하지 않아야 한다.
㉢ 연접인입선은 옥내를 통과하면 안 된다.

53. 지중 전선로를 직접 매설식에 의하여 시설하는 경우 차량, 기타 중량물의 압력을 받을 우려가 있는 장소의 매설 깊이 (m)는?

① 0.6 m 이상
② 1.2 m 이상
③ 1.5 m 이상
④ 2.0 m 이상

해설 지중 선로의 직접 매설식 : 대지 중에 케이블을 직접 매설하는 방식으로, 매설 깊이는 보도 등 차량이 통과하지 않는 장소에서는 0.6 m, 차도에서는 1.2 m 이상으로 한다.

54. 연피 없는 케이블을 배선할 때 직각 구부리기 (L형)는 대략 굴곡 반지름을 케이블의 바깥지름의 몇 배 이상으로 하는가?

① 3
② 4
③ 6
④ 10

해설 연피가 없는 케이블 공사 : 케이블을 구부리는 경우 피복이 손상되지 않도록 하고, 그 굴곡부의 곡률반지름은 원칙적으로 케이블 완성품 지름의 6배 (단심인 것은 8배) 이상으로 해야 한다.

55. 화학류 저장소에서 백열전등이나 형광등 또는 이들에 전기를 공급하기 위한 전기 설비를 시설하는 경우 전로의 대지 전압 V은?

① 100 V 이하
② 150 V 이하
③ 220 V 이하
④ 300 V 이하

해설 화약고 등의 위험 장소 (내선규정 4220−1 참조)
㉠ 전로의 대지 전압은 300 V 이하로 할 것
㉡ 전기기계 기구는 전폐형을 사용할 것

56. 특별 제3종 접지 공사의 접지저항은 몇 Ω 이하여야 하는가?

① 10
② 20
③ 50
④ 100

해설 접지 공사의 종류 (내선규정 144−1 참조)
㉠ 제1종 : $R_1 = 10\ \Omega$
㉡ 제3종 : $R_3 = 100\ \Omega$
㉢ 특별 제3종 : $R_3' = 100\ \Omega$
㉣ 제2종 : $R_2 = 150/$ [변압기의 고압 측 또는 특별 고압 측의 1선 지락전류 (A)]

57. 특고압 계기용 변성기 2차 측에는 어떤 접지 공사를 하는가?

① 제1종
② 제2종
③ 제3종
④ 특별 제3종

해설 계기용 변성기의 2차 측 전로의 접지 (판단기준 제26조)
㉠ 특고압 : 제1종 접지 공사
㉡ 고압 : 제3종 접지 공사

58. 접지저항 측정 방법으로 가장 적당한 것은?

① 절연저항계
② 전력계
③ 교류의 전압, 전류계
④ 코올라우시 브리지

해설 ㉠ 코올라우시 브리지 (Kohlrausch bridge) : 저저항 측정용 계기로 접지저항, 전해액의

저항 측정에 사용된다.
ⓛ 절연저항계 : 절연저항 측정용

59. 배선 설계를 위한 전등 및 소형 전기기계 기구의 부하 용량 산정 시 건축물의 종류에 대응한 표준 부하에서 원칙적으로 표준 부하를 20 VA/m²으로 적용하여야 하는 건축물은 어느 것인가?

① 교회, 극장　　② 호텔, 병원
③ 은행, 상점　　④ 아파트, 미용원

해설 건축물의 종류에 대응한 표준 부하

건축물의 종류	표준 부하 (VA/m²)
공장, 공회당, 사원, 교회, 극장, 영화관 등	10
기숙사, 여관, 호텔, 병원, 학교, 음식점, 다방, 대중목욕탕	20
주택, 아파트, 사무실, 은행, 상점, 이발소, 미장원	30

60. 전자 접촉기 2개를 이용하여 유도전동기 1대를 정·역운전하고 있는 시설에서 전자 접촉기 2개가 동시에 여자되어 상간 단락되는 것을 방지하기 위해 구성하는 회로는?

① 자기 유지 회로
② 순차 제어 회로
③ $Y-\Delta$ 기동 회로
④ 인터로크 회로

해설 인터로크(interlock) 회로 : 우선도가 높은 측의 회로를 ON 조작하며 다른 회로가 열려서 작동하지 않도록 하는 회로

전기기능사
Craftsman Electricity

2016년 1월 24월

기출문제 해설

제1과목	제2과목	제3과목
전기 이론 : 20문항	전기 기기 : 20문항	전기 설비 : 20문항

제1과목 : 전기 이론

1. $C_1 = 5\,\mu\text{F}$, $C_2 = 10\,\mu\text{F}$의 콘덴서를 직렬로 접속하고 직류 30 V를 가했을 때 C_1의 양단의 전압(V)은?

① 5

② 10

③ 20

④ 30

해설 전압의 분배 : 각 콘덴서에 분배되는 전압은 정전용량의 크기에 반비례한다.

$$V_1 = \frac{C_2}{C_1 + C_2}\,V = \frac{10}{5+10} \times 30 = 20\,\text{V}$$

2. 공기 중에 $10\,\mu\text{C}$ 과 $20\,\mu\text{C}$을 1 m 간격으로 놓을 때 발생되는 정전력 (N)은?

① 1.8 ② 2.2 ③ 4.4 ④ 6.3

해설 정전력 – 쿨롱의 법칙 (Coulomb's law)

$$F = 9 \times 10^9 \times \frac{Q_1 \cdot Q_2}{r^2}$$
$$= 9 \times 10^9 \times \frac{10 \times 10^{-6} \times 20 \times 10^{-6}}{1^2}$$
$$= 18 \times 10^{-1} = 1.8\,\text{N}$$

3. 자극 가까이에 물체를 두었을 때 자화되는 물체와 자석이 그림과 같은 방향으로 자화되는 자성체는?

자화되는 물체

① 상자성체 ② 반자성체

③ 강자성체 ④ 비자성체

해설 반자성체 : 그림과 같이 자석에 반발하는 방향으로 자화되는 물체로, 금, 은, 구리, 아연 등이 있다.

4. 권수 300회의 코일에 6 A의 전류가 흘러서 0.05 Wb의 자속이 코일을 지난다고 하면, 이 코일의 자체 인덕턴스는 몇 H인가?

① 0.25 ② 0.35

③ 2.5 ④ 3.5

해설 $L = N \cdot \dfrac{\phi}{I} = 300 \times \dfrac{0.05}{6} = 300 \times 0.0083$
$\fallingdotseq 2.5\,\text{H}$

5. 전류에 의한 자기장과 직접적으로 관련이 없는 것은?

① 줄의 법칙

② 플레밍의 왼손 법칙

③ 비오 – 사바르의 법칙

④ 앙페르의 오른나사의 법칙

해설 ① 줄의 법칙 : 전류에 의한 발열 작용을 정의하는 법칙이다.
③ 비오 – 사바르의 법칙 : 도체의 미소 부분 전류에 의해 발생되는 자기장의 크기를 알아내는 법칙이다.

6. 자체 인덕턴스가 1 H인 코일에 200 V, 60 Hz의 사인파 교류전압을 가했을 때 전류와 전압의 위상차는? (단, 저항 성분은 무시한다.)

정답 1. ③ 2. ① 3. ② 4. ③ 5. ① 6. ①

① 전류는 전압보다 위상이 $\frac{\pi}{2}$ [rad]만큼 뒤진다.

② 전류는 전압보다 위상이 π [rad]만큼 뒤진다.

③ 전류는 전압보다 위상이 $\frac{\pi}{2}$ [rad]만큼 앞선다.

④ 전류는 전압보다 위상이 π [rad]만큼 앞선다.

해설 전압과 전류의 위상차
㉠ 인덕턴스 (코일)만의 회로 : 전류는 전압보다 위상이 $\frac{\pi}{2}$ [rad]만큼 뒤진다.
㉡ 정전용량 (콘덴서)만의 회로 : 전류는 전압보다 위상이 $\frac{\pi}{2}$ [rad]만큼 앞선다.
㉢ 저항만의 회로 : 전류와 전압의 위상은 동상이다.

7. 자기 인덕턴스에 축적되는 에너지에 대한 설명으로 가장 옳은 것은?

① 자기 인덕턴스 및 전류에 비례한다.

② 자기 인덕턴스 및 전류에 반비례한다.

③ 자기 인덕턴스와 전류의 제곱에 반비례한다.

④ 자기 인덕턴스에 비례하고 전류의 제곱에 비례한다.

해설 자기 인덕턴스 L [H]에 I[A]의 전류가 흐를 때, 저축되는 에너지 $W = \frac{1}{2}LI^2$ [J]이다.

8. $1\,\Omega \cdot m$은 몇 $\Omega \cdot cm$ 인가?

① 10^2　② 10^{-2}　③ 10^6　④ 10^{-6}

해설 고유저항 (specific resistance)
㉠ 단면적 $1\,m^2$, 길이 $1\,m$의 임의의 도체 양면 사이의 저항값을 그 물체의 고유저항이라 한다.
㉡ 기호는 ρ, 단위는 $[\Omega \cdot m]$를 사용한다.
$1\,\Omega \cdot m = 10^2\,\Omega \cdot cm = 10^6\,\Omega \cdot mm^2/m$

9. 기전력 120 V, 내부저항 (r)이 15 Ω인 전원이

있다. 여기에 부하저항 (R)을 연결하여 얻을 수 있는 최대 전력 (W)은? (단, 최대 전력 전달 조건은 $r = R$이다.)

① 100　② 140　③ 200　④ 240

해설 최대 전력 전달 조건
내부저항 (r)＝부하저항 (R)

$P_m = I^2 \cdot R$
$= \left(\frac{E}{r+R}\right)^2 \cdot R$
$= \left(\frac{120}{15+15}\right)^2 \times 15$
$= \frac{14400}{900} \times 15 = 240\,W$

※ $P_m = \frac{E}{4R} = \frac{120^2}{4 \times 15} = 240\,W$

10. "회로의 접속점에서 볼 때, 접속점에 흘러들어 오는 전류의 합은 흘러 나가는 전류의 합과 같다."라고 정의되는 법칙은?

① 키르히호프의 제1법칙

② 키르히호프의 제2법칙

③ 플레밍의 오른손 법칙

④ 앙페르의 오른나사 법칙

해설 키르히호프의 법칙 (Kirchhoff's law)
㉠ 제1법칙 (전류 법칙)
Σ 유입 전류 ＝ Σ 유출 전류
㉡ 제2법칙 (전압강하의 법칙)
$\Sigma V = \Sigma IR$

11. 동일한 저항 4개를 접속하여 얻을 수 있는 최대 저항값은 최소 저항값의 몇 배인가?

① 2　② 4　③ 8　④ 16

해설 ㉠ 최대 저항 : $R_m = 4R$
㉡ 최소 저항 : $R_S = \frac{R}{4}$
∴ $\frac{R_m}{R_s} = \frac{4R}{\frac{R}{4}} = 16$

12. 200 V, 2 kW의 전열선 2개를 같은 전압에서 직렬로 접속한 경우의 전력은 병렬로 접속한 경우의 전력보다 어떻게 되는가?

① $\dfrac{1}{2}$ 로 줄어든다. ② $\dfrac{1}{4}$ 로 줄어든다.

③ 2배로 증가된다. ④ 4배로 증가된다.

해설 ㉠ 전열선의 저항이 R일 때
• 직렬접속 시 $R_s = 2R$
• 병렬접속 시 $R_p = \dfrac{1}{2}R$

$$\therefore \ \frac{R_s}{R_p} = \frac{2R}{\dfrac{R}{2}} = 4$$

㉡ $P = \dfrac{V^2}{R}$ [W]에서, 전력은 저항(R)에 반비례하므로 직렬접속 시 전력은 $\dfrac{1}{4}$ 로 줄어든다.

13. 그림과 같은 회로에서 저항 R_1에 흐르는 전류는?

① $(R_1 + R_2)I$

② $\dfrac{R_2}{R_1 + R_2}I$

③ $\dfrac{R_1}{R_1 + R_2}I$

④ $\dfrac{R_1 R_2}{R_1 + R_2}I$

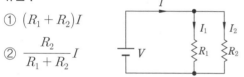

해설 병렬회로의 전류 분배는 각 저항에 반비례한다.

$$I_1 = \frac{R_2}{R_1 + R_2} \cdot I, \qquad I_2 = \frac{R_1}{R_1 + R_2} \cdot I$$

14. RL 직렬회로에서 서셉턴스는?

① $\dfrac{R}{R^2 + X_L{}^2}$

② $\dfrac{X_L}{R^2 + X_L{}^2}$

③ $\dfrac{-R}{R^2 + X_L{}^2}$

④ $\dfrac{-X_L}{R^2 + X_L{}^2}$

해설 어드미턴스와 임피던스의 관계

$$\dot{Y} = \frac{1}{\dot{Z}} = \frac{1}{R + jX} = \frac{R - jX}{(R + jX)(R - jX)}$$

$$= \frac{R}{R^2 + X^2} + j\frac{-X}{R^2 + X^2} = G + jB \ [\mho]$$

㉠ 실수부 : 컨덕턴스 (conductance)

$$G = \frac{R}{R^2 + X^2}$$

㉡ 허수부 : 서셉턴스 (susceptance)

$$B = \frac{-X}{R^2 + X^2}$$

15. 파고율, 파형률이 모두 1인 파형은?

① 사인파 ② 고조파
③ 구형파 ④ 삼각파

해설 구형파는 실횻값=평균값= 최댓값이므로 모두 1이다.

㉠ 파형률 = $\dfrac{실횻값}{평균값} = 1$

㉡ 파고율 = $\dfrac{최댓값}{실횻값} = 1$

16. 3상 교류회로의 선간전압이 13200 V, 선전류가 800 A, 역률 80 % 부하의 소비 전력은 약 몇 MW인가?

① 4.88 ② 8.45 ③ 14.63 ④ 25.34

해설 $P = \sqrt{3}\, VI\cos\theta$
$= \sqrt{3} \times 13200 \times 800 \times 0.8$
$\fallingdotseq 14.632 \times 10^6$ [W]
$\therefore$ 약 14.63 MW

17. 황산구리 (CuSO₄) 전해액에 2개의 구리판을 넣고 전원을 연결하였을 때 음극에서 나타나는 현상으로 옳은 것은?

① 변화가 없다.
② 구리판이 두터워진다.
③ 구리판이 얇아진다.

④ 수소 가스가 발생한다.

해설 황산구리의 전해액에 2개의 구리판을 넣어 전극으로 하고 전기분해하면 점차로 양극 (anode) A의 구리판은 얇아지고, 반대로 음극 (cathode) K의 구리판은 새롭게 구리가 되어 두터워진다.

18. 알칼리축전지의 대표적인 축전지로 널리 사용되고 있는 2차 전지는?

① 망간 전지　　② 산화은전지
③ 페이퍼전지　　④ 니켈·카드뮴 전지

해설 니켈·카드뮴축전지
㉠ 알칼리성 전해액을 사용하는 알칼리축전지의 대표적인 축전지이다.
㉡ 소형의 것은 휴대용 통신기, 전기면도기, AV 기기 등의 전원으로 널리 사용된다.

19. 두 종류의 금속 접합부에 전류를 흘리면 전류의 방향에 따라 줄열 이외의 열의 흡수 또는 발생 현상이 생긴다. 이러한 현상을 무엇이라 하는가?

① 제베크 효과　　② 페란티 효과
③ 펠티에 효과　　④ 초전도 효과

해설 펠티에 (Peltier) 효과 : 제베크 (Seebeck) 효과와 반대로 두 종류의 금속의 접합부에 전류를 흘리면 전류의 방향에 따라 열의 발생 또는 흡수 현상이 생긴다. 이것이 전자 냉동기의 원리이다.

20. 어느 가정집이 40 W LED등 10개, 1 kW 전자레인지 1개, 100 W 컴퓨터 세트 2대, 1 kW 세탁기 1대를 사용하고, 하루 평균 사용 시간이 LED등은 5시간, 전자레인지 30분, 컴퓨터 5시간, 세탁기 1시간이라면 1개월(30일)간의 사용 전력량 (kWh)은?

① 115　　② 135　　③ 155　　④ 175

해설 사용 전력량

㉠ LED = 40 W × 10개 × 5시간 × 30일 × 10^{-3}
　　 = 60 kWh
㉡ 전자레인지 = 1 kW × 1개 × 0.5시간 × 30일
　　 = 15 kWh
㉢ 컴퓨터 = 100 W × 2대 × 5시간 × 30일 × 10^{-3}
　　 = 30 kWh
㉣ 세탁기 = 1 kW × 1대 × 1시간 × 30일 = 30 kWh
∴ W = 60 + 15 + 30 + 30 = 135 kWh

제2과목 : **전기 기기**

21. 직류발전기의 병렬 운전 중 한쪽 발전기의 여자를 늘리면 그 발전기는?

① 부하 전류는 불변, 전압은 증가
② 부하 전류는 줄고, 전압은 증가
③ 부하 전류는 늘고, 전압은 증가
④ 부하 전류는 늘고, 전압은 불변

해설 직류발전기의 병렬 운전
㉠ 여자를 늘린다는 것은 계자 전류의 증가를 말한다.
㉡ 여자 자속이 늘면 유기 기전력이 증가하게 되어, 전류는 증가하고 전압도 약간 오른다.

22. 회전변류기의 직류 측 전압을 조정하려는 방법이 아닌 것은?

① 직렬 리액턴스의 의한 방법
② 여자전류를 조정하는 방법
③ 동기 승압기를 사용하는 방법
④ 부하 시 전압 조정 변압기를 사용하는 방법

해설 회전변류기 (rotary converter)
㉠ 동기 변류기라고도 부르며, 교류전력을 직류전력으로 변환하는 회전기이다.
㉡ 구조는 직류발전기와 닮은 점이 많으며, 전철, 전기화학용 전원으로 사용되었다.
㉢ 직류 측 전압을 조정하는 방법으로는 ①, ③, ④ 가 있다.

23. 1차 전압 6300 V, 2차 전압 210 V, 주파수 60 Hz의 변압기가 있다. 이 변압기의 권수비는?

① 30   ② 40   ③ 50   ④ 60

해설 권수비 : $a = \dfrac{V_1}{V_2} = \dfrac{6300}{210} = 30$

ㄴ $s = \dfrac{N_s - N}{N_s} \times 100 = \dfrac{1800 - 1700}{1800} \times 100$

  $\fallingdotseq 5.56\,\%$

24. 변압기 중성점에 제2종 접지 공사를 하는 이유는?

① 전류 변동의 방지   ② 전압 변동의 방지
③ 전력 변동의 방지   ④ 고저압 혼촉 방지

해설 제2종 접지 공사의 적용 : 고압 또는 특별 고압 전로와 저압 전로를 결합하는 변압기의 저압 측을 접지하는 경우에 적용된다.
• 저·고압이 혼촉한 경우에 저압 전로에 고압이 침입할 경우 기기의 소손이나 사람의 감전을 방지하기 위한 것

25. 퍼센트 저항 강하 3 %, 리액턴스 강하 4 %인 변압기의 최대 전압변동률 (%)은?

① 1   ② 5   ③ 7   ④ 12

해설 최대 전압변동률
$\epsilon_m = z = \sqrt{p^2 + q^2} = \sqrt{3^2 + 4^2} = 5\,\%$

26. 변압기의 규약 효율은?

① $\dfrac{출력}{입력}$ ② $\dfrac{출력}{입력 - 손실}$

③ $\dfrac{출력}{출력 + 손실}$ ④ $\dfrac{입력 + 손실}{입력}$

해설 규약 효율
$\eta = \dfrac{출력}{출력 + 전체\ 손실} \times 100\,\%$

27. 60 Hz, 4극 유도전동기가 1700 rpm으로 회전하고 있다. 이 전동기의 슬립은 약 얼마인가?

① 3.42 %   ② 4.56 %
③ 5.56 %   ④ 6.64 %

해설 ㄱ $N_s = \dfrac{120f}{p} = \dfrac{120 \times 60}{4} = 1800$ rpm

28. 3상 유도전동기의 속도 제어 방법 중 인버터 (inverter)를 이용한 속도 제어법은?

① 극수 변환법   ② 전압 제어법
③ 초퍼 제어법   ④ 주파수 제어법

해설 유도전동기의 속도 제어 방법
$N = N_s(1 - s) = 120\dfrac{f}{p}(1 - s)$ [rpm]

ㄱ $f,\ p,\ s$를 변환시키는 것에는 주파수 변환법, 극수 변환법, 2차 저항법, 2차 여자법, 전압 제어법 등이 있다.
ㄴ 특히 3상 농형 유도전동기의 주파수 제어는 3상 인버터를 사용하여 원활한 속도를 제어하고 있다.

29. 역률과 효율이 좋아서 가정용 선풍기, 전기세탁기, 냉장고 등에 주로 사용되는 것은?

① 분상 기동형 전동기
② 반발 기동형 전동기
③ 콘덴서 기동형 전동기
④ 셰이딩 코일형 전동기

해설 콘덴서 (condenser) 기동형 전동기 : 단상 유도전동기로서 역률 (90 % 이상)과 효율이 좋아서 가전제품에 주로 사용된다.

30. 동기기를 병렬 운전할 때 순환(동기화) 전류가 흐르는 원인은?

① 기전력의 저항이 다른 경우
② 기전력의 위상이 다른 경우
③ 기전력의 전류가 다른 경우
④ 기전력의 역률이 다른 경우

해설 동기발전기의 병렬 운전에서,
• 기전력의 위상이 같지 않을 경우의 현상 : 동기화 전류가 흐른다 (유효 횡류가 흐른다).

31. 3상 동기발전기의 상간 접속을 Y 결선으로 하는 이유 중 틀린 것은?

① 중성점을 이용할 수 있다.
② 선간전압이 상전압의 $\sqrt{3}$ 배가 된다.
③ 선간전압에 제3고조파가 나타나지 않는다.
④ 같은 선간전압의 결선에 비하여 절연이 어렵다.

해설 상간 접속은 주로 성형(Y 결선) 또는 2중 성형으로 하며, 다음과 같은 장점이 있다.
㉠ 중성점 이용이 가능하며, 선간전압이 $\sqrt{3}$ 배가 된다.
㉡ 절연이 용이하며, 제3고조파가 발생하지 않는다.

32. 3상 교류발전기의 기전력에 대하여 $90°$ 늦은 전류가 통할 때의 반작용 기자력은?

① 자극축과 일치하고 감자작용
② 자극축보다 $90°$ 빠른 증자 작용
③ 자극축보다 $90°$ 늦은 감자작용
④ 자극축과 직교하는 교차 자화 작용

해설 동기발전기의 전기자반작용

반작용	작용	위상	부하
가로축	교차 자화 작용	동상	저항
직축	감자작용	지상 (전류 뒤짐)	유도성
	증자 작용	진상 (전류 앞섬)	용량성

∴ $90°$ 늦은 전류가 통할 때의 반작용은 직축 (자극축과 일치) 반작용으로 감자작용이 된다.

33. 동기기의 손실에서 고정 손에 해당되는 것은?

① 계자 철심의 철손
② 브러시의 전기 손
③ 계자권선의 저항손
④ 전기자권선의 저항손

해설 ㉠ 고정 손(무부하 손)
• 기계 손(마찰 손+풍손)
• 철손(히스테리시스 손+맴돌이전류 손)
㉡ 가변 손(부하 손)
• 브러시의 전기 손
• 계자권선의 저항손
• 전기자권선의 저항손

34. 동기전동기를 송전선의 전압 조정 및 역률개선에 사용한 것을 무엇이라 하는가?

① 댐퍼
② 동기 이탈
③ 제동 권선
④ 동기조상기

해설 동기조상기(synchronous phase modifier)
동기전동기는 위상 특성곡선의 성질을 이용하여 부하의 역률을 개선할 수 있는, 즉 동기 조상설비로 사용한다.

35. 다이오드의 정특성이란 무엇을 말하는가?

① PN 접합면에서의 반송자 이동 특성
② 소신호로 동작할 때의 전압과 전류의 관계
③ 다이오드를 움직이지 않고 저항률을 측정한 것
④ 직류전압을 걸었을 때 다이오드에 걸리는 전압과 전류의 관계

해설 다이오드 정특성
㉠ 직류전압을 걸었을 때 다이오드에 걸리는 전압과 전류의 관계, 즉 전압−전류 특성이다.
㉡ 외부에서 가하는 전압의 방향에 따라 정류 특성을 가진다.

36. 반파정류 회로에서 변압기 2차 전압의 실효치를 E (V)라 하면 직류전류 평균치는? (단, 정류기의 전압강하는 무시한다.)

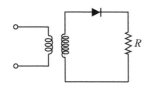

① $\dfrac{E}{R}$ ② $\dfrac{1}{2} \cdot \dfrac{E}{R}$

③ $\dfrac{2\sqrt{2}}{\pi} \cdot \dfrac{E}{R}$ ④ $\dfrac{\sqrt{2}}{\pi} \cdot \dfrac{E}{R}$

해설 전류 평균값 $I_{d0} = \dfrac{E_{d0}}{R} = \dfrac{\sqrt{2}}{\pi} \cdot \dfrac{E}{R}$

$$= 0.45 \dfrac{E}{R}$$

37. 다음 중 자기 소호 기능이 가장 좋은 소자는?

① SCR   ② GTO
③ TRIAC   ④ LASCR

해설 GTO (Gate Turn-Off thyristor) : 게이트 (gate)에 역방향으로 전류를 흘리면 자기 소호 하는 사이리스터이다.

38. 직류전압을 직접 제어하는 것은?

① 브리지형 인버터   ② 단상 인터버
③ 3상 인버터   ④ 초퍼형 인버터

해설 직류-전류 전력 변환기
　㉠ 전원이 교류가 아닌 전류로 주어져 있을 때, 어떤 직류전압을 입력으로 하여 크기가 다른 직류를 얻기 위한 회로가 직류 초퍼 (DC chopper) 회로이다.
　㉡ 초퍼는 전동차, 트롤리카 (trolley car), 선박 용 호이스퍼, 지게차, 광산용 견인 전차의 전 동 제어 등에 사용한다.

39. 발전기 권선의 층간 단락 보호에 가장 적합한 계전기는?

① 차동계전기   ② 방향계전기
③ 온도 계전기   ④ 접지 계전기

해설 차동계전기 (differential relay)

　㉠ 피보호 구간에 유입하는 전류와 유출하는 전 류의 벡터차, 혹은 피보호 기기의 단자 사이의 전압 벡터차 등을 판별하여 동작하는 단일량 형 계전기이다.
　㉡ 변압기, 동기기 등의 층간 단락 등의 내부 고장 보호에 사용된다.

40. 다음 중 권선 저항 측정 방법으로 적합하지 않은 것은?

① 메거
② 전압 전류계법
③ 켈빈 더블 브리지법
④ 휘트스톤 브리지법

해설 ㉠ 권선 저항 측정 (저저항 측정) : 저저항의 정밀 측정에는 켈빈 더블 브리지 (Kelvin double bridge)가 적합하다.
　㉡ 메거 (megger)는 절연저항 측정기이다.

제3과목 : 전기 설비

41. 옥내배선 공사할 때 연동선을 사용할 경우 전 선의 최소 굵기 (mm²)는?

① 1.5   ② 2.5
③ 4   ④ 6

해설 옥내배선의 사용 전선의 굵기 (내선규정 2210-4 참조) : 배선에 사용하는 전선은 단면 적 $2.5\,mm^2$ 이상의 연동선 또는 도체의 단면 적이 $1\,mm^2$ 이상의 MI 케이블이어야 한다.

42. 연선 결정에 있어서 중심 소선을 뺀 층수가 3 층이다. 전체 소선 수는?

① 91   ② 61
③ 37   ④ 19

해설 동심 연선의 구성 : 중심선 위에 6의 층수 배수만큼 증가하는 구조로 되어 있다.
　• 총 소선 수 ($n=3$일 때)
　　$N = 3n(n+1) + 1$
　　　$= 3 \times 3(3+1) + 1 = 37$가닥

43. 금속관 절단구에 대한 다듬기에 쓰이는 공구는?

① 리머   ② 홀 소
③ 프레셔 툴   ④ 파이프 렌치

해설 리머 (reamer) : 금속관을 쇠톱이나 커터로 끊은 다음, 관 안의 날카로운 것을 다듬는 공구이다.

44. 동전선의 종단 접속 방법이 아닌 것은?

① 동선 압착단자에 의한 접속
② 종단 겹침용 슬리브에 의한 접속
③ C형 전선 접속기 등에 의한 접속
④ 비틀어 꽂는 형의 전선 접속기에 의한 접속

해설 동전선의 종단 접속 방법
C형 전선 접속기에 의한 접속은 알루미늄 전선의 종단 접속에 적용된다.

45. 전선을 종단 겹침용 슬리브에 의해 종단 접속할 경우 소정의 압축 공구를 사용하여 보통 몇 개소를 압착하는가?

① 1   ② 2
③ 3   ④ 4

해설 알루미늄 전선의 종단 겹침용 슬리브에 의한 접속 : 그림은 주로 가는 전선을 박스 안 등에서 접속할 때 사용하는 것으로, 압축 공구를 사용하여 보통 2개소를 압착한다.

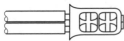

46. 합성수지관 상호 접속 시에 관을 삽입하는 깊이는 관 바깥지름의 몇 배 이상으로 하여야 하는가?

① 0.6   ② 0.8
③ 1.0   ④ 1.2

해설 합성수지관 공사에서 관과 관의 접속 방법 (내선규정 2220 − 6 참조)
㉠ 커플링에 들어가는 관의 길이는 관 바깥지

름의 1.2배 이상으로 한다.
㉡ 접착제를 사용하는 경우에는 0.8배 이상으로 할 수 있다.

47. 합성수지관을 새들 등으로 지지하는 경우 지지점 간의 거리는 몇 m 이하인가?

① 1.5   ② 2.0
③ 2.5   ④ 3.0

해설 배관의 지지점 사이의 거리는 1.5 m 이하로 하고, 또한 그 지지점은 관의 끝, 관과 박스의 접속점 및 관 상호 간의 접속점 등에 가까운 것에 시설하여야 한다.

48. 가요 전선관 공사에서 접지 공사 방법으로 틀린 것은?

① 사람이 접촉될 우려가 없도록 시설한 사용 전압 400 V 이상인 경우의 가요 전선관 및 부속품에는 제3종 접지 공사를 할 수 있다.
② 강전류 회로의 전선과 약전류 회로의 약전류 전선을 동일 박스 내에 넣는 경우에는 격벽을 시설하고 제3종 접지 공사를 하여야 한다.
③ 사용 전압 400 V 미만인 경우의 가요 전선관 및 부속품에는 제3종 접지 공사를 하여야 한다.
④ 1종 가요 전선관은 단면적 2.5 mm^2 이상의 나연동선을 접지선으로 하여 배관의 전체의 길이에 삽입 또는 첨가한다.

해설 가요 전선관 공사(내선규정 2235 −7 참조) : 강전류, 약전류 전선을 동일 박스 내에 넣은 경우
㉠ 격벽을 시설한다.
㉡ 특별 제3종 접지 공사를 하여야 한다.

49. 금속관 구부리기에 있어서 관의 굴곡이 3개소가 넘거나 관의 길이가 30 m를 초과하는 경우

적용하는 것은?

① 커플링　　　　　② 풀 박스
③ 로크너트　　　　④ 링 리듀서

해설 금속관의 굴곡 (내선규정 2225 – 8 참조)
　ⓐ 아웃렛 박스 사이 또는 전선 인입구가 있는
　기구 사이의 금속관은 3개소를 초과하는 직
　각 또는 직각에 가까운 굴곡 개소를 만들어서
　는 안 된다.
　ⓑ 굴곡 개소가 많은 경우 또는 관의 길이가 30
　m 를 초과하는 경우는 풀 박스를 설치하는
　것이 바람직하다.

50. 금속관 공사를 할 경우 케이블 손상 방지용으
로 사용하는 부품은?

① 부싱　　　　　　② 엘보
③ 커플링　　　　　④ 로크 너트

해설 금속 전선관용 부품
　ⓐ 부싱 : 전선의 절연 피복을 보호하기 위하여
　금속관의 관 끝에 취부한다.
　ⓑ C형 엘보 : 노출 배관 공사에서 관을 직각으
　로 굽히는 곳에 사용한다.

51. 플로어 덕트 배선의 사용 전압은 몇 V 미만으
로 제한되는가?

① 220　　　　　　② 400
③ 600　　　　　　④ 700

해설 플로어 덕트 공사 (내선규정 2255 참조) :
　사용 전압은 400 V 미만이어야 한다.

52. 전동기에 접지 공사를 하는 주된 이유는?

① 보안상　　　　　② 미관상
③ 역률 증가　　　　④ 감전 사고 방지

해설 전동기의 외함 및 철대는 감전 사고 방지를
　위하여 접지 공사를 하여야 한다.

53. 접지 전극의 매설 깊이는 몇 m 이상인가?

① 0.6　　　　　　② 0.65
③ 0.7　　　　　　④ 0.75

해설 접지 공사 방법 (내선규정 1445 – 6 참조) :
　접지 전극은 지하 0.75 m 이상으로 하되 동결
　깊이를 감안하여 매설할 것

54. 셀룰로이드, 성냥, 석유류 등 기타 가연성 위
험 물질을 제조 또는 저장하는 장소의 배선으로
틀린 것은?

① 금속관 배선
② 케이블 배선
③ 플로어 덕트 배선
④ 합성수지관 (CD관 제외) 배선

해설 위험물 등이 존재하는 장소의 배선 (내선규
　정 4230 참조) : 배선은 금속관 배선, 합성수지
　관 배선 또는 케이블 배선 등에 의할 것

55. 사람이 상시 통행하는 터널 내 배선의 사용 전
압이 저압일 때 배선 방법으로 틀린 것은?

① 금속관 배선
② 금속 덕트 배선
③ 합성수지관 배선
④ 금속제 가요 전선관 배선

해설 사람이 상시 통행하는 터널의 배선 방법
　ⓐ 애자 사용 배선
　ⓑ 금속관 배선
　ⓒ 합성수지관 배선
　ⓓ 금속제 가요 전선관 배선
　ⓔ 케이블 배선

56. 자동화재탐지설비의 구성 요소가 아닌 것은
어느 것인가?

① 비상 콘센트　　　② 발신기
③ 수신기　　　　　④ 감지기

해설 ⓐ 자동화재탐지설비
　• 발신기 및 수신기
　• 감지기

ⓒ 비상 콘센트 설비 : 소방 활동 시에 사용하는 조명, 연기 배출기 등에 전원을 공급하는 설비로 3상, 단상 콘센트를 설비한다.

57. 부하의 역률이 규정값 이하인 경우 역률개선을 위하여 설치하는 것은?

① 저항
② 리액터
③ 컨덕턴스
④ 진상용 콘덴서

해설 조상설비
ㄱ 설치 목적 : 무효전력을 조정하여 역률개선에 의한 전력손실 경감
ㄴ 조상설비의 종류
• 전력용 콘덴서(진상용 콘덴서)
• 리액터
• 동기조상기

58. 3상 4선식 380/220 V 전로에서 전원의 중성극에 접속된 전선을 무엇이라 하는가?

① 접지선
② 중성선
③ 전원선
④ 접지측선

해설 중성선이란 다선식 전로에서 전원의 중성극에 접속된 전선을 말한다(내선규정 1300-9 참조).

59. 고압 가공전선로의 지지물로 철탑을 사용하는 경우 경간은 몇 m 이하로 제한하는가?

① 150 ② 300 ③ 500 ④ 600

해설 고압 가공전선로 경간의 제한(판단기준 제76조)

지지물의 종류	경간
철탑	600 m 이하
B종 철주 또는 B종 철근 콘트리트주	250 m 이하
A종 철주 또는 A종 철근 콘크리트주	150 m 이하

60. 다음 중 (   ) 안에 들어갈 내용은?

유입변압기에 많이 사용되는 목면, 명주, 종이 등의 절연재료는 내열등급 (   )으로 분류되고, 장시간 지속하여 최고 허용온도 (   )℃를 넘어서는 안 된다.

① Y종, 90
② A종, 105
③ E종, 120
④ B종, 130

해설 ㄱ 절연 종별과 최고 허용 온도

종별	Y	A	E	B	F	H	C
℃	90	105	120	130	155	180	180 초과

ㄴ 최고 허용 온도에 의한 절연재료의 분류
• A종
- 절연물의 종류 : 면, 명주, 종이 등으로 구성된 것을 니스로 함침하고, 또는 기름에 묻힌 것
- 용도 : 보통의 회전기, 변압기의 절연

전기기능사
Craftsman Electricity

2016년 4월 2일

기출문제 해설

제1과목	제2과목	제3과목
전기 이론 : 20문항	전기 기기 : 20문항	전기 설비 : 20문항

제1과목 : 전기 이론

1. $+Q_1$[C]과 $-Q_2$[C]의 전하가 진공 중에서 r [m]의 거리에 있을 때 이들 사이에 작용하는 정전기력 F[N]는?

① $F = 9 \times 10^{-7} \times \dfrac{Q_1 Q_2}{r^2}$

② $F = 9 \times 10^{-9} \times \dfrac{Q_1 Q_2}{r^2}$

③ $F = 9 \times 10^9 \times \dfrac{Q_1 Q_2}{r^2}$

④ $F = 9 \times 10^{10} \times \dfrac{Q_1 Q_2}{r^2}$

해설 쿨롱의 법칙(Coulomb's law) : 두 전하 사이에 작용하는 정전력의 크기는 두 전하의 곱에 비례하고, 두 전하 사이의 거리의 제곱에 반비례한다.

$$F = 9 \times 10^9 \times \dfrac{Q_1 Q_2}{r^2} \text{ [N]}$$

2. 3 V의 기전력으로 300 C의 전기량이 이동할 때 몇 J의 일을 하게 되는가?

① 1200 ② 900 ③ 600 ④ 100

해설 $W = V \cdot Q = 3 \times 300 = 900 \text{ J}$

3. $2\mu F$, $3\mu F$, $5\mu F$인 3개의 콘덴서가 병렬로 접속되었을 때의 합성 정전용량(μF)은?

① 0.97 ② 3 ③ 5 ④ 10

해설 $C = C_1 + C_2 + C_3 = 2 + 3 + 5 = 10 \ \mu F$

4. 충전된 대전체를 대지(大地)에 연결하면 대전체는 어떻게 되는가?

① 방전한다.
② 반발한다.
③ 충전이 계속된다.
④ 반발과 흡인을 반복한다.

해설 대지전위(大地電位 : earth potential) : 대지가 가지고 있는 전위는 보통은 0전위로 간주되고 있으므로 충전된 대전체를 대지에 연결하면 방전하게 되며, 그 대전체의 전위는 대지와 같게 된다.

5. 반자성체 물질의 특색을 나타낸 것은?(단, μ_s는 비투자율이다.)

① $\mu_s > 1$ ② $\mu_s \gg 1$
③ $\mu_s = 1$ ④ $\mu_s < 1$

해설 ㉠ 반자성체 : $\mu_s < 1$인 물체로서 금(Au), 은(Ag), 구리(Cu), 아연(Zn), 안티몬(Sb) 등
㉡ 상자성체 : $\mu_s > 1$인 물체
㉢ 강자성체 : $\mu_s \gg 1$인 물체

6. 자속밀도가 2 Wb/m^2인 평등 자기장 중에 자기장과 30°의 방향으로 길이 0.5 m인 도체에 8 A의 전류가 흐르는 경우 전자력 N은?

① 8   ② 4   ③ 2   ④ 1

해설 전자력 $F = Bl I \sin\theta$

정답 1. ③ 2. ② 3. ④ 4. ① 5. ④ 6. ②

$$= 2 \times 0.5 \times 8 \times 0.5 = 4\,\mathrm{N}$$

여기서, $\sin\theta = \sin 30° = \dfrac{1}{2} = 0.5$

7. 평균 반지름이 10 cm이고 감은 횟수 10회의 원형 코일에 5 A의 전류를 흐르게 하면 코일 중심의 자장의 세기(AT/m)는?

① 250 ② 500 ③ 750 ④ 1000

해설 $H = \dfrac{NI}{2r} = \dfrac{10 \times 5}{2 \times 10 \times 10^{-2}} = \dfrac{50}{20} \times 10^2$

$\quad = 250\,\mathrm{AT/m}$

8. 환상 솔레노이드에 감겨진 코일의 권회수를 3배로 늘리면 자체 인덕턴스는 몇 배로 되는가?

① 3 ② 9 ③ $\dfrac{1}{3}$ ④ $\dfrac{1}{9}$

해설 환상 솔레노이드의 자기 인덕턴스

㉠ $L_s = \dfrac{\mu A}{l} \cdot N^2\,[\mathrm{H}]$

㉡ $L_s \propto N^2$

∴ 권회수 N을 3배로 늘리면 자체 인덕턴스 L_s는 9배가 된다.

9. 다음에서 나타내는 법칙은?

> 유도기전력은 자신이 발생 원인이 되는 자속의 변화를 방해하려는 방향으로 발생한다.

① 줄의 법칙 ② 렌츠의 법칙
③ 플레밍의 법칙 ④ 패러데이의 법칙

해설 렌츠의 법칙(Lenz's law) : 전자유도에 의하여 생긴 기전력의 방향은 그 유도전류가 만드는 자속이 항상 원래 자속의 증가 또는 감소를 방해하는 방향이다.

10. 최대 눈금 1 A, 내부저항 10 Ω의 전류계로 최대 101 A까지 측정하려면 몇 Ω의 분류기가 필

요한가?

① 0.01 ② 0.02 ③ 0.05 ④ 0.1

해설 배율 $m = \dfrac{\text{최대 측정 전류}}{\text{최대 눈금}} = \dfrac{101}{1} = 101$

∴ $R_s = \dfrac{r_a}{(m-1)} = \dfrac{10}{(101-1)} = 0.1\,\Omega$

11. 다음 (   ) 안에 알맞은 내용으로 옳은 것은?

> 회로에 흐르는 전류의 크기는 저항에 (㉮)하고, 가해진 전압에 (㉯)한다.

① ㉮ : 비례 ㉯ : 비례
② ㉮ : 비례 ㉯ : 반비례
③ ㉮ : 반비례 ㉯ : 비례
④ ㉮ : 반비례 ㉯ : 반비례

해설 옴의 법칙(Ohm's law) : 회로에 흐르는 전류의 크기는 저항에 반비례하고, 가해진 전압에 비례한다.

$I = \dfrac{V}{R}\,[\Omega]$

12. 임피던스 $Z = 6 + j8\,\Omega$에서 서셉턴스 (℧)는?

① 0.06 ② 0.08
③ 0.6 ④ 0.8

해설 서셉턴스(susceptance)

$B = \dfrac{X}{R^2 + X^2} = \dfrac{8}{6^2 + 8^2} = 0.08$

※ 컨덕턴스(conductance)

$G = \dfrac{R}{R^2 + X^2}$

13. $R = 2\,\Omega$, $L = 10\,\mathrm{mH}$, $C = 4\,\mu\mathrm{F}$으로 구성되는 직렬 공진회로의 L과 C에서의 전압 확대율은?

① 3 ② 6 ③ 16 ④ 25

해설 전압 확대율 : 첨예도(sharpness)

정답 7. ① 8. ② 9. ② 10. ④ 11. ③ 12. ② 13. ④

$$Q = \frac{1}{R}\sqrt{\frac{L}{C}} = \frac{1}{2}\sqrt{\frac{10 \times 10^{-3}}{4 \times 10^{-6}}}$$
$$= 0.5 \times \sqrt{2.5 \times 10^{-3} \times 10^{6}}$$
$$= 0.5 \times \sqrt{2500} = 25$$

14. 어떤 3상 회로에서 선간전압이 200 V, 선전류 25 A, 3상 전력이 7 kW이었다. 이때의 역률은 약 얼마인가?

① 0.65 ② 0.73 ③ 0.81 ④ 0.97

해설 $\cos\theta = \dfrac{P}{\sqrt{3}\, VI} = \dfrac{7 \times 10^{3}}{\sqrt{3} \times 200 \times 25} \fallingdotseq 0.81$

15. 3상 220 V, Δ 결선에서 1상의 부하가 $Z = 8 + j6\,[\Omega]$이면 선전류 (A)는?

① 11 ② $22\sqrt{3}$ ③ 22 ④ $\dfrac{22}{\sqrt{3}}$

해설 $|Z| = \sqrt{R^2 + X^2} = \sqrt{8^2 + 6^2} = 10\,\Omega$

$\therefore I_l = \sqrt{3} \cdot I_p = \sqrt{3} \times \dfrac{V}{Z} = \sqrt{3} \times \dfrac{220}{10}$
$\qquad = 22\sqrt{3}\,[\mathrm{A}]$

16. 비사인파 교류회로의 전력에 대한 설명으로 옳은 것은?

① 전압의 제3고조파와 전류의 제3고조파 성분 사이에서 소비 전력이 발생한다.
② 전압의 제2고조파와 전류의 제3고조파 성분 사이에서 소비 전력이 발생한다.
③ 전압의 제3고조파와 전류의 제5고조파 성분 사이에서 소비 전력이 발생한다.
④ 전압의 제5고조파와 전류의 제7고조파 성분 사이에서 소비 전력이 발생한다.

해설 비사인파 교류회로의 소비 전력 발생
㉠ 회로의 소비 전력은 순시 전력의 1주기에 대한 평균으로 구해진다.
㉡ 주파수가 다른 전압, 전류의 곱으로 표시되는 순시전력, 그 평균값은 '0'이 된다.

$\therefore$ 전압과 전류의 고조파 차수가 같을 때 발생한다.

17. 전력과 전력량에 관한 설명으로 틀린 것은?

① 전력은 전력량과 다르다.
② 전력량은 와트로 환산된다.
③ 전력량은 칼로리 단위로 환산된다.
④ 전력은 칼로리 단위로 환산할 수 없다.

해설 ㉠ 전력은 와트로 환산되지만 전력량은 환산되지 않는다.
㉡ 전력은 전력량과 다르며, 전력량은 칼로리 단위로 환산되지만 전력은 환산되지 않는다.

18. 전자 냉동기는 어떤 효과를 응용한 것인가?

① 제베크 효과 ② 톰슨 효과
③ 펠티에 효과 ④ 줄 효과

해설 열전기 현상 – 펠티에 (Peltier) 효과 : 제베크 (Seebeck) 효과와 반대로 두 종류의 금속의 접합부에 전류를 흘리면 전류의 방향에 따라 열의 발생 또는 흡수 현상이 생긴다. 이것이 전자 냉동기의 원리이다.

19. 초산은 ($AgNO_3$) 용액에 1 A의 전류를 2시간 동안 흘렸다. 이때 은의 석출량 (g)은? (단, 은의 전기 화학당량은 1.1×10^{-3} g/C이다.)

① 5.44 ② 6.08 ③ 7.92 ④ 9.84

해설 $W = KIt$
$\quad = 1.1 \times 10^{-3} \times 1 \times 2 \times 60 \times 60$
$\quad = 7.92\,\mathrm{g}$

20. PN 접합 다이오드의 대표적인 작용으로 옳은 것은?

① 정류작용 ② 변조 작용
③ 증폭작용 ④ 발진작용

해설 P–N 접합 정류기 : P–N 접합 다이오드 (diode)는 외부에서 가하는 전압의 방향에 따라 정류특성을 가진다. 즉, (+) 반주 기간에만 통전 (순방향 전압)하여 반파정류를 한다.

$$A \boxed{\; P \;|\; N \;} K \qquad A \rightarrow\!\!\!\!\!\vdash\!\!\!\!\!- K$$

제2과목 : 전기 기기

21. 6극 직렬권 발전기의 전기자 도체 수 300, 매극 자속 0.02 Wb, 회전수 900 rpm일 때 유도기전력 (V)은?

① 90 　　　　　 ② 110
③ 220 　　　　　 ④ 270

해설 $E = P\phi \dfrac{N}{60} \cdot \dfrac{Z}{a}$

$$= 6 \times 0.02 \times \frac{900}{60} \times \frac{300}{2} = 270\,\text{V}$$

여기서, 직렬권이므로 $a = 2$

22. 직류 분권전동기의 기동 방법 중 가장 적당한 것은?

① 기동 토크를 작게 한다.
② 계자 저항기의 저항값을 크게 한다.
③ 계자 저항기의 저항값을 0으로 한다.
④ 기동저항기를 전기자와 병렬접속한다.

해설 분권전동기의 기동

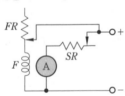

㉠ 기동 토크를 크게 하기 위하여 계자 저항 FR을 최솟값으로 한다. 즉, 저항값을 0으로 한다.
㉡ 기동전류를 줄이기 위하여 기동저항기 SR를 최댓값으로 한다.
㉢ 기동저항기 SR를 전기자 ④ 와 직렬접속한다.

23. 직류전동기의 제어에 널리 응용되는 직류전압 제어장치는?

① 초퍼 　　　　　 ② 인버터
③ 전파 정류회로 　　④ 사이크로 컨버터

해설 초퍼 (chopper)
㉠ 어떤 직류전압을 입력으로 하여 크기가 다른 직류를 얻기 위한 회로가 직류 초퍼(DC chopper) 회로이다.
㉡ 지하철, 전철의 견인용 직류전동기의 속도 제어 등 널리 응용된다.

24. 동기 와트 P_2, 출력 P_0, 슬립 s, 동기속도 N_s, 회전속도 N, 2차 동손 P_{2c}일 때 2차 효율 표기로 틀린 것은?

① $1 - s$ 　② $\dfrac{P_{2c}}{P_2}$ 　③ $\dfrac{P_0}{P_2}$ 　④ $\dfrac{N}{N_s}$

해설 2차 효율
$$\eta_2 = \frac{P_0}{P_2} \times 100 = (1-s) \times 100 = \frac{N}{N_s} \times 100\,\%$$

$$\therefore \frac{P_0}{P_2} = (1-s) = \frac{N}{N_s}$$

25. 슬립 4 %인 유도전동기의 등가 부하저항은 2차 저항의 몇 배인가?

① 5 　　② 19 　　③ 20 　　④ 24

해설 등가 부하저항 : R
$$R = \frac{1-s}{s} \cdot r_2 = \frac{1-0.04}{0.04} \times r_2 = 24r_2$$
$$\therefore 24배$$

26. 3상 유도전동기의 회전 방향을 바꾸기 위한 방법으로 옳은 것은?

① 전원의 전압과 주파수를 바꾸어 준다.
② $\Delta - Y$ 결선으로 결선법을 바꾸어 준다.
③ 기동보상기를 사용하여 권선을 바꾸어 준다.

---

④ 전동기의 1차 권선에 있는 3개의 단자 중 어느 2개의 단자를 서로 바꾸어 준다.

해설 3상 유도전동기의 역회전 : 1차 권선에 있는 3개의 단자 중 어느 2개의 단자를 서로 바꾸어 주면 회전자장의 방향이 반대가 되므로 전동기는 역회전이 된다.

27. 3상 유도전동기의 운전 중 급속 정지가 필요할 때 사용하는 제동 방식은?

① 단상제동   ② 회생제동
③ 발전 제동   ④ 역상 제동

해설 전동기의 제동 방법 중 역상 제동(plugging)은 전동기를 급정지시키기 위해 회전자에 작용하는 토크의 방향을 반대로 작용하도록 3상 전원선을 바꾸는 방법으로 제지공장의 압연기용 전동기 등에 채용한다.

28. 전기 기기의 철심 재료로 규소강판을 많이 사용하는 이유로 가장 적당한 것은?

① 와류손을 줄이기 위해
② 구리 손을 줄이기 위해
③ 맴돌이전류를 없애기 위해
④ 히스테리시스 손을 줄이기 위해

해설 ㉠ 히스테리시스 손(hysteresis loss)을 감소시키기 위하여 철심에 규소를 함유시켜 투자율을 크게 한다.
㉡ 와류손(eddy current loss)은 철심의 두께의 제곱에 비례하므로 두께를 얇게 하고 절연 피막 처리한다. 그러므로 와류손을 적게 하기 위하여 성층 철심을 사용하는 것이다.

29. 부흐홀츠 계전기의 설치 위치로 가장 적당한 곳은?

① 콘서베이터 내부
② 변압기 고압 측 부싱
③ 변압기 주 탱크 내부
④ 변압기 주 탱크와 콘서베이터 사이

해설 부흐홀츠 계전기(BHR) : 변압기의 주 탱크와 콘서베이터의 연결관 도중에 설치한다.

30. 변압기유의 구비 조건으로 틀린 것은?

① 냉각 효과가 클 것
② 응고점이 높을 것
③ 절연내력이 클 것
④ 고온에서 화학반응이 없을 것

해설 변압기유의 구비 조건
㉠ 점도가 낮을 것
㉡ 인화점이 높을 것
㉢ 응고점이 낮을 것
㉣ 절연내력이 클 것
㉤ 고온에서 화학반응이 없을 것
㉥ 냉각 작용이 좋고, 비열과 열전도도가 클 것

31. 20 kVA의 단상변압기 2대를 사용하여 $V-V$ 결선으로 하고 3상 전원을 얻고자 한다. 이때 여기에 접속시킬 수 있는 3상 부하의 용량은 약 몇 kVA인가?

① 34.6   ② 44.6
③ 54.6   ④ 66.6

해설 $P_v = \sqrt{3}\,P = \sqrt{3} \times 20 ≒ 34.64\,\text{kVA}$

32. 변압기의 결선에서 제3고조파를 발생시켜 통신선에 유도 장해를 일으키는 3상 결선은?

① $Y-Y$ ② $\Delta-\Delta$
③ $Y-\Delta$ ④ $\Delta-Y$

해설 ㉠ $Y-Y$ 결선의 단점 : 제3고조파를 주로 하는 고조파 충전전류가 흘러 통신선에 장해를 준다.
㉡ $\Delta-\Delta$ 결선의 단점 : 중성점을 접지할 수 없다.
㉢ $\Delta-Y$, $Y-\Delta$ 결선 : 어느 한쪽이 Δ 결선이어서 여자전류가 제3고조파 통로가 있으므로, 제3고조파에 의한 장해가 적다.

33. 극수 10, 동기속도 600 rpm인 동기발전기에서 나오는 전압의 주파수는 몇 Hz인가?

① 50 ② 60 ③ 80 ④ 120

해설 $N_s = \dfrac{120}{p} \cdot f\,[\text{rpm}]$ 에서

$$f = \dfrac{N_s}{120} \cdot p = \dfrac{600}{120} \times 10 = 50\,\text{Hz}$$

34. 3상 교류발전기의 기전력에 대하여 $\dfrac{\pi}{2}\,[\text{rad}]$ 뒤진 전기자 전류가 흐르면 전기자반작용은?

① 횡축 반작용으로 기전력을 증가시킨다.
② 증자 작용을 하여 기전력을 증가시킨다.
③ 감자작용을 하여 기전력을 감소시킨다.
④ 교차 자화 작용으로 기전력을 감소시킨다.

해설 동기발전기의 전기자반작용

반작용	작용	위상	부하
가로축	교차 자화 작용	동상	저항
직축	감자작용	지상 (전압 앞섬)	유도성
	증자 작용	진상 (전류 앞섬)	용량성

∴ 뒤진 전류(지상)가 흐르면 감자작용을 하여 기전력을 감소시킨다.

35. 동기기 손실 중 무부하 손(no load loss)이 아닌 것은?

① 풍손 ② 와류손
③ 전기자 동손 ④ 베어링 마찰 손

해설 손실(loss)
 ㉠ 고정 손 (무부하 손)
  • 기계 손 (마찰 손 + 풍손)
  • 철손 (히스테리시스 손 + 맴돌이전류 손)
 ㉡ 가변 손 (부하 손)
  • 브러시의 전기 손
  • 계자권선의 저항손
  • 전기자권선의 저항손 (동손)

36. 전기기계의 효율 중 발전기의 규약 효율 η_G는 몇 %인가? (단, P는 입력, Q는 출력, L은 손실이다.)

① $\eta_G = \dfrac{P-L}{P} \times 100$

② $\eta_G = \dfrac{P-L}{P+L} \times 100$

③ $\eta_G = \dfrac{Q}{P} \times 100$

④ $\eta_G = \dfrac{Q}{Q+L} \times 100$

해설 규약 효율
 ㉠ 발전기의 효율 $\eta_G = \dfrac{\text{출력}}{\text{출력}+\text{손실}} \times 100$
  $= \dfrac{Q}{Q+L} \times 100\,[\%]$
 ㉡ 전동기의 효율 $\eta_M = \dfrac{\text{입력}-\text{손실}}{\text{입력}} \times 100$
  $= \dfrac{P-L}{P} \times 100\,[\%]$

37. 발전기를 정격전압 220 V로 전부하 운전하다가 무부하로 운전하였더니 단자전압이 242 V가 되었다. 이 발전기의 전압변동률(%)은?

① 10 ② 14 ③ 20 ④ 25

해설 전압변동률(voltage regulation)
$$\epsilon = \dfrac{V_o - V_n}{V_n} \times 100$$
$$= \dfrac{242-220}{220} \times 100 = 10\,\%$$

38. 동기발전기의 병렬 운전 조건이 아닌 것은?

① 유도기전력의 크기가 같을 것
② 동기발전기의 용량이 같을 것
③ 유도기전력의 위상이 같을 것
④ 유도기전력의 주파수가 같을 것

해설 동기발전기의 병렬 운전 조건
 ㉠ 기전력의 크기가 같을 것

ⓒ 상회전이 일치하고, 기전력이 동 위상일 것

ⓒ 기전력의 주파수가 같을 것

ⓒ 기전력의 파형이 같을 것

∴ 병렬 운전 조건과 용량은 관계가 없다.

39. 동기조상기의 계자를 부족 여자로 하여 운전하면?

① 콘덴서로 작용 ② 뒤진 역률 보상

③ 리액터로 작용 ④ 저항손의 보상

【해설】 동기조상기의 운전

ⓒ 부족 여자 : 유도성 부하로 동작 → 리액터로 작용

ⓒ 과여자 : 용량성 부하로 동작 → 콘덴서로 작용

40. 역병렬 결합의 SCR의 특성과 같은 반도체소자는?

① PUT ② UJT ③ Diac ④ Triac

【해설】 트라이액(TRIAC : TRIode AC switch)

ⓒ 2개의 SCR을 역병렬로 접속하고 게이트를 1개로 한 구조로 3단자 소자이다.

ⓒ 양방향성이므로 교류전력 제어에 사용된다.

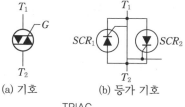

(a) 기호   (b) 등가 기호

TRIAC

제3과목 : **전기 설비**

41. 전선 접속 방법 중 트위스트 직선 접속의 설명으로 옳은 것은?

① 연선의 직선 접속에 적용된다.

② 연선의 분기 접속에 적용된다.

③ $6\,mm^2$ 이하의 가는 단선인 경우에 적용된다.

④ $6\,mm^2$ 초과의 굵은 단선인 경우에 적용된다.

【해설】 전선 접속 방법 : 동 (구리) 전선의 트위스트 (twist) 접속은 $6\,mm^2$ 이하의 가는 단선 접속 시 적용된다.

※ 브리타니아 (britannia) 접속은 $10\,mm^2$ 이상에 적용된다.

42. 전선의 접속법에서 두 개 이상의 전선을 병렬로 사용하는 경우의 시설 기준으로 틀린 것은?

① 각 전선의 굵기는 구리인 경우 $50\,mm^2$ 이상이어야 한다.

② 각 전선의 굵기는 알루미늄인 경우 $70\,mm^2$ 이상이어야 한다.

③ 병렬로 사용하는 전선은 각각에 퓨즈를 설치해야 한다.

④ 동극의 각 전선은 동일한 터미널 러그에 완전히 접속해야 한다.

【해설】 옥내에서 전선을 병렬로 사용하는 경우 (판단기준 제1조 참조)

ⓒ 병렬로 사용하는 각 전선의 굵기는 동 $50\,mm^2$ 이상 또는 알루미늄 $70\,mm^2$ 이상이고 동일한 도체, 동일한 굵기, 동일한 길이이어야 한다.

ⓒ 병렬로 사용하는 전선은 각각에 퓨즈를 장치하지 말아야 한다 (공용 퓨즈는 지장이 없다).

43. 진동이 심한 전기기계 · 기구의 단자에 전선을 접속할 때 사용되는 것은?

① 커플링 ② 압착단자

③ 링 슬리브 ④ 스프링 와셔

【해설】 전선과 기구 단자와의 접속

ⓒ 전선을 나사로 고정할 경우에 진동 등으로 헐거워질 우려가 있는 장소는 2중 너트, 스프링 와셔 및 나사 풀림 방지 기구가 있는 것을 사용한다.

ⓒ 전선을 1본만 접속할 수 있는 구조의 단자는 2본 이상의 전선을 접속하지 않는다.

정답 39. ③ 40. ④ 41. ③ 42. ③ 43. ④

44. 옥내배선 공사에서 절연전선의 피복을 벗길 때 사용하면 편리한 공구는?

① 드라이버　　② 플라이어
③ 압착 펜치　　④ 와이어 스트리퍼

해설 와이어 스트리퍼(wire striper): 절연전선의 피복 절연물을 벗기는 자동 공구로, 도체의 손상 없이 정확한 길이의 피복 절연물을 쉽게 처리할 수 있다.

45. 금속 전선관 공사에서 금속관에 나사를 내기 위해 사용하는 공구는?

① 리머　　② 오스터
③ 프레서 툴　　④ 파이프 벤더

해설 오스터(oster): 금속관 끝에 나사를 내는 공구로, 손잡이가 달린 래칫(ratchet)과 나사날의 다이스(dies)로 구성된다.

46. 콘크리트 조영재에 볼트를 시설할 때 필요한 공구는?

① 파이프 렌치　　② 볼트 클리퍼
③ 노크아웃 펀치　　④ 드라이브이트

해설 드라이브이트 툴(driveit tool)
㉠ 큰 건물의 공사에서 드라이브 핀을 콘크리트에 경제적으로 박는 공구이다.
㉡ 화약의 폭발력을 이용하기 때문에 취급자는 보안상 훈련을 받아야 한다.

47. 플로어 덕트 공사의 설명 중 틀린 것은?

① 덕트의 끝부분은 막는다.
② 플로어 덕트는 특별 제3종 접지 공사로 하여야 한다.
③ 덕트 상호 간 접속은 견고하고 전기적으로 완전하게 접속하여야 한다.
④ 덕트 및 박스 기타 부속품은 물이 고이는 부분이 없도록 시설하여야 한다.

해설 플로어 덕트 공사(내선규정 2255): 사용

전압은 400 V 미만이어야 하며, 덕트는 제3종 접지 공사를 하여야 한다.

48. 라이팅 덕트 공사에 의한 저압 옥내배선의 시설 기준으로 틀린 것은?

① 덕트의 끝부분은 막을 것
② 덕트는 조영재에 견고하게 붙일 것
③ 덕트의 개구부는 위로 향하여 시설할 것
④ 덕트는 조영재를 관통하여 시설하지 아니할 것

해설 라이팅 덕트(lighting duct) 공사(내선규정 2250): 덕트는 조영재를 관통하여 시설하여서는 안 되며, 개구부는 아래로 향하여 시설하여야 한다.

49. 서로 다른 굵기의 절연전선을 동일 관 내에 넣는 경우 금속관의 굵기는 전선의 피복 절연물을 포함한 단면적의 총합계가 관의 내 단면적의 몇 % 이하가 되도록 선정하여야 하는가?

① 32　　② 38
③ 45　　④ 48

해설 금속 전선관의 굵기 선정
㉠ 동일 굵기의 절연전선을 동일 관에 넣을 경우: 48 % 이하
㉡ 굵기가 다른 절연전선을 동일 관에 넣을 경우: 32 % 이하

50. 건축물에 고정되는 본체부와 제거할 수 있거나 개폐할 수 있는 커버로 이루어지며 절연전선, 케이블 및 코드를 완전하게 수용할 수 있는 구조의 배선 설비의 명칭은?

① 케이블 래더　　② 케이블 트레이
③ 케이블 트렁킹　　④ 케이블 브래킷

해설 ㉠ 케이블 트렁킹 방식(cable trunking system)(내선규정 511-11 참조): 건축물에 고정된 본체부와 벗겨 내기가 가능한 커버(cover)로 이루어진 것으로 절연전선, 케이블

또는 코드를 완전히 수용할 수 있는 크기의 것을 말한다.

ⓛ 케이블 트레이 (cable tray) : 전선들을 연속적으로 포설하여, 전선들이 떨어지지 않도록 하는 사이드 레일이 있고 커버가 없는 것을 말한다.

51. 전기설비기술기준의 판단기준에 의하여 애자 사용 공사를 건조한 장소에 시설하고자 한다. 사용 전압이 400 V 미만인 경우 전선과 조영재 사이의 이격 거리는 최소 몇 cm 이상이어야 하는가?

① 2.5   ② 4.5   ③ 6.0   ④ 12

해설 애자 사용 공사 – 전선의 이격 거리

거리＼사용 전압	400 V 미만의 경우	400 V 이상의 경우
전선 상호 간의 거리	6 cm 이상	6 cm 이상
전선과 조영재와의 거리	2.5 cm 이상	4.5 cm 이상*

* 건조한 장소에서는 2.5 cm 이상으로 할 수 있다.

52. 정격전류가 50 A인 저압 전로의 과전류 차단기를 배선용 차단기로 사용하는 경우 정격전류의 2배의 전류가 통과하였을 경우 몇 분 이내에 자동적으로 동작하여야 하는가?

① 2분   ② 4분   ③ 6분   ④ 8분

해설 배선용 차단기의 규격 (내선규정 1470 – 3 참조)

정격전류의 구분	시간	
	정격전류의 1.25배의 전류가 흐를 때(分)	정격전류의 2배의 전류가 흐를 때(分)
30 A 이하	60	2
30 A 초과 50 A 이하	60	4
이하 생략		

53. 교류 배전반에서 전류가 많이 흘러 전류계를 직접 주 회로에 연결할 수 없을 때 사용하는 기기는?

① 전류 제한기
② 계기용 변압기
③ 계기용 변류기
④ 전류계용 절환 개폐기

해설 ⓐ 계기용 변류기
• 대전류를 소전류로 변성
• 배전반의 전류계·전력계, 차단기의 트립 코일의 전원으로 사용
ⓑ 계기용 변압기
• 고전압을 저전압으로 변성
• 배전반의 전압계, 전력계, 주파수계, 역률계 표시등 및 부족 전압 트립 코일의 전원으로 사용

54. A종 철근 콘크리트주의 길이가 9 m이고, 설계 하중이 6.8 kN인 경우 땅에 묻히는 깊이는 최소 몇 m 이상이어야 하는가?

① 1.2   ② 1.5   ③ 1.8   ④ 2.0

해설 땅에 묻히는 깊이 (판단기준 제63조 참조)
ⓐ 15 m 이하 : $\frac{1}{6}$ 이상
∴ 최소 깊이 : $h = 9 \times \frac{1}{6} = 1.5$ m 이상
ⓑ 15 m 이상 : 2.5 m 이상

55 전기설비기술기준의 판단기준에 의하여 가공전선에 케이블을 사용하는 경우 케이블은 조가용선에 행거로 시설하여야 한다. 이 경우 사용 전압이 고압인 때에는 그 행거의 간격은 몇 cm 이하로 시설하여야 하는가?

① 50   ② 60   ③ 70   ④ 80

해설 가공케이블의 시설 (판단기준 제69조 참조)
ⓐ 케이블은 조가용선에 행거를 사용하여 조가한다.
ⓑ 사용 전압이 고압 및 특고압인 경우는 그 행거

의 간격을 50 cm 이하로 하여 시설한다.

56. 전기설비기술기준의 판단기준에 의한 고압 가공전선로 철탑의 경간은 몇 m 이하로 제한하고 있는가?

① 150 ② 250 ③ 500 ④ 600

해설 고압 가공전선로 경간의 제한
(판단기준 제76조)

지지물의 종류	경간
철탑	600 m 이하
B종 철주 또는 B종 철근 콘크리트주	250 m 이하
A종 철주 또는 A종 철근 콘크리트주	150 m 이하

57. 성냥을 제조하는 공장의 공사 방법으로 틀린 것은?

① 금속관 공사
② 케이블 공사
③ 금속 몰드 공사
④ 합성수지관 공사 (두께 2 mm 미만 및 난연성이 없는 것은 제외)

해설 위험물 등이 존재하는 장소의 배선 (내선규정 4230 참조) : 배선은 금속관 배선, 합성수지관 배선 또는 케이블 배선 등에 의할 것

58. 저압 옥내용 기기에 제3종 접지 공사를 시설하는 주된 목적은?

① 기기의 효율을 좋게 한다.
② 기기의 절연을 좋게 한다.
③ 기기의 누전에 의한 감전을 방지한다.
④ 기기의 누전에 의한 역률을 좋게 한다.

해설 ㉠ 저압 옥내용 기기의 외함 및 철대에는 사용 전압이 400 V 미만일 때, 제3종 접지 공사를 실시하여야 한다.
㉡ 접지의 주된 목적은 누전에 의한 감전 사고로부터 인체를 보호하는 데 있다.

59. 역률개선의 효과로 볼 수 없는 것은?

① 전력손실 감소
② 전압강하 감소
③ 감전 사고 감소
④ 설비용량의 이용률 증가

해설 부하의 역률개선의 효과
㉠ 전력손실의 감소
㉡ 전압강하 감소
㉢ 설비용량의 이용률 증가
㉣ 전력 요금의 경감

60. 실내 면적 100 m²인 교실에 전광속이 2500 lm인 40 W 형광등을 설치하여 평균 조도를 150 lx로 하려면 몇 개의 등을 설치하면 되겠는가? (단, 조명률은 50 %, 감광보상률은 1.25로 한다.)

① 15개 ② 20개
③ 25개 ④ 30개

해설 조명 계산
$$N = \frac{AED}{FU}$$
$$= \frac{100 \times 150 \times 1.25}{2500 \times 0.5} = \frac{18750}{1250} = 15 \text{개}$$
여기서, F_0 : 총 광속 (lm)
   A : 실내의 면적 (m²)
   U : 조명률
   N : 광원의 등수
   E : 평균 조도 (lx)
   D : 감광보상률
   F : 등 1개의 광속 (lm)

전기기능사
Craftsman Electricity

2016년 **7**월 **10**일

기출문제 해설

제1과목	제2과목	제3과목
전기 이론 : 20문항	전기 기기 : 20문항	전기 설비 : 20문항

제1과목 : 전기 이론

1. 정상상태에서의 원자를 설명한 것으로 틀린 것은?

① 양성자와 전자의 극성은 같다.

② 원자는 전체적으로 보면 전기적으로 중성이다.

③ 원자를 이루고 있는 양성자의 수는 전자의 수와 같다.

④ 양성자 1개가 지니는 전기량은 전자 1개가 지니는 전기량과 크기가 같다.

해설 양성자 (+), 전자 (−)

2. 진공 중에 10 μC과 20 μC의 점전하를 1 m의 거리로 놓았을 때 작용하는 힘(N)은?

① 18×10^{-1} ② 2×10^{-2}

③ 9.8×10^{-9} ④ 98×10^{-9}

해설 정전력 – 쿨롱의 법칙 (Coulomb's law)

$$F = 9 \times 10^9 \times \frac{Q_1 \cdot Q_2}{r^2}$$

$$= 9 \times 10^9 \times \frac{10 \times 10^{-6} \times 20 \times 10^{-6}}{1^2}$$

$$= 9 \times 10^9 \times \frac{2 \times 10^{-10}}{1} = 18 \times 10^{-1} = 1.8 \text{ N}$$

3. 비유전율 2.5의 유전체 내부의 전속밀도가 2×10^{-6} C/m²되는 점의 전기장의 세기는 약 몇 V/m인가?

① 18×10^4 ② 9×10^4

③ 6×10^4 ④ 3.6×10^4

해설 전속밀도 $D = \varepsilon E$ [C/m²]에서,

$$E = \frac{D}{\varepsilon_0 \cdot \varepsilon_s} = \frac{2 \times 10^{-6}}{8.855 \times 10^{-12} \times 2.5}$$

$$= 9 \times 10^4 \text{ V/m}$$

4. 다음 설명 중 틀린 것은?

① 같은 부호의 전하끼리는 반발력이 생긴다.

② 정전유도에 의하여 작용하는 힘은 반발력이다.

③ 정전용량이란 콘덴서가 전하를 축적하는 능력을 말한다.

④ 콘덴서에 전압을 가하는 순간은 콘덴서는 단락 상태가 된다.

해설 정전유도 현상 : 정전유도에 의하여 작용하는 힘은 흡인력이다.

5. 전기력선에 대한 설명으로 틀린 것은?

① 같은 전기력선은 흡입한다.

② 전기력선은 서로 교차하지 않는다.

③ 전기력선은 도체의 표면에 수직으로 출입한다.

④ 전기력선은 양전하의 표면에서 나와서 음전하의 표면으로 끝난다.

해설 전기력선의 성질 : 같은 전기력선은 반발한다.

6. 공기 중에서 m [Wb]의 자극으로부터 나오는 자속 수는?

① m ② $\mu_0 m$ ③ $\dfrac{1}{m}$ ④ $\dfrac{m}{\mu_0}$

해설 $N = H \times 4\pi r^2 = \dfrac{1}{4\pi\mu_0} \cdot \dfrac{m}{r^2} \times 4\pi r^2 = \dfrac{m}{\mu_0}$

※ $\dfrac{m}{\mu_0} = \dfrac{m}{4\pi \times 10^{-7}} \fallingdotseq 7.958 \times 10^5 \times m$

7. 영구자석의 재료로서 적당한 것은?

① 잔류자기가 작고 보자력이 큰 것
② 잔류자기와 보자력이 모두 큰 것
③ 잔류자기와 보자력이 모두 작은 것
④ 잔류자기가 크고 보자력이 작은 것

해설 영구자석 재료의 구비 조건
  ㉠ 잔류자속밀도와 보자력이 클 것
  ㉡ 재료가 안정할 것
  ㉢ 전기적·기계적 성질이 양호할 것
  ㉣ 열처리가 용이할 것
  ㉤ 가격이 쌀 것

8. 플레밍의 왼손 법칙에서 전류의 방향을 나타내는 손가락은?

① 엄지   ② 검지   ③ 중지   ④ 약지

해설 플레밍(Fleming)의 왼손 법칙
  ㉠ 엄지 : 전자력 (힘)의 방향
  ㉡ 검지 : 자장의 방향
  ㉢ 중지 : 전류의 방향

9. 다음은 어떤 법칙을 설명한 것인가?

> 전류가 흐르려고 하면 코일은 전류의 흐름을 방해한다. 또, 전류가 감소하면 이를 계속 유지하려고 하는 성질이 있다.

① 쿨롱의 법칙   ② 렌츠의 법칙
③ 패러데이의 법칙   ④ 플레밍의 왼손 법칙

해설 렌츠의 법칙 (Lenz's law) : 1834년 독일의 물리학자 렌츠가 정의한 전자기유도의 방향에 관한 법칙이다.

10. $R_1 [\Omega]$, $R_2 [\Omega]$, $R_3 [\Omega]$의 저항 3개를 직렬접속했을 때의 합성저항(Ω)은?

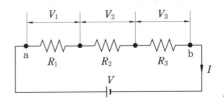

① $R = \dfrac{R_1 \cdot R_2 \cdot R_3}{R_1 + R_2 + R_3}$

② $R = \dfrac{R_1 + R_2 + R_3}{R_1 \cdot R_2 \cdot R_3}$

③ $R = R_1 \cdot R_2 \cdot R_3$

④ $R = R_1 + R_2 + R_3$

해설 저항의 직렬접속 $R = R_1 + R_2 + R_3$

11. 그림과 같은 회로에서 a-b 간에 $E [\text{V}]$의 전압을 가하여 일정하게 하고, 스위치 S를 닫았을 때의 전전류 $I[\text{A}]$가 닫기 전 전류의 3배가 되었다면 저항 R_x의 값은 약 몇 Ω인가?

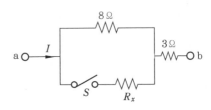

① 0.73   ② 1.44
③ 2.16   ④ 2.88

해설 ㉠ 전류비가 3 : 1이 되기 위해서는 저항비가 1 : 3이 되어야 한다.
  ㉡ S를 닫을 때의 저항 : S를 닫기 전 저항
    $R_S : R_0 = 1 : 3$
    여기서, $R_0 = r_1 + r_2 = 8 + 3 = 11\ \Omega$

$$R_S = \dfrac{R_0}{3} = \dfrac{11}{3} \fallingdotseq 3.67\ \Omega$$

  ㉢ $R_S = 3.67\ \Omega$이 되기 위한 R_x의 값을 구하면 되므로, 다음 식을 만족시키면 된다.

$$R_x = r_2 + \frac{r_1 \times R_x}{r_1 + R_x} \text{에서,}$$

$$3.67 = 3 + \frac{8R_x}{8 + R_x}$$

$$\therefore R_x \fallingdotseq 0.73 \, \Omega$$

12. 0.2 ℧의 컨덕턴스 2개를 직렬로 접속하여 3 A의 전류를 흘리려면 몇 V의 전압을 공급하면 되는가?

① 12　　② 15　　③ 30　　④ 45

해설 컨덕턴스(conductance) G는 저항의 역수이므로,

㉠ $R = \dfrac{1}{G} = \dfrac{1}{0.2} = 5 \, \Omega$

㉡ $R_0 = 2 \times 5 = 10 \, \Omega$

$\therefore E = I \cdot R_0 = 3 \times 10 = 30 \, V$

※ $G_0 = \dfrac{G}{2} = \dfrac{0.2}{2} = 0.1 \, ℧$

$\therefore E = \dfrac{I}{G_0} = \dfrac{3}{0.1} = 30 \, V$

13. 그림과 같은 RC 병렬회로의 위상각 θ는?

① $\tan^{-1} \dfrac{\omega C}{R}$

② $\tan^{-1} \omega C R$

③ $\tan^{-1} \dfrac{R}{\omega C}$

④ $\tan^{-1} \dfrac{1}{\omega C R}$

해설 $\theta = \tan^{-1} \dfrac{I_C}{I_R} = \tan^{-1} \dfrac{\omega C V}{V/R}$

$= \tan^{-1} \omega C R$

14. 평형 3상 회로에서 1상의 소비 전력이 P [W]라면, 3상 회로 전체 소비 전력(W)은?

① $2P$　　② $\sqrt{2}\,P$　　③ $3P$　　④ $\sqrt{3}\,P$

해설 평형 3상 회로의 전력

각 상에서 소비되는 전력을 P_a, P_b, P_c라 하

면, 3상의 전 소비 전력 P_0은

$$P_0 = P_a + P_b + P_c = 3P \, [W]$$

여기서, 평형 회로이므로 $P_a = P_b = P_c$

15. 2전력계법으로 3상 전력을 측정할 때 지시값이 $P_1 = 200$ W, $P_2 = 200$ W이었다. 부하 전력 (W)은?

① 600　　② 500　　③ 400　　④ 300

해설 3상 전력 측정 – 2전력계법

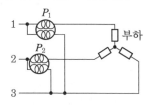

㉠ 2전력계법은 전력계 2개를 그림과 같이 접속하고, 3상 부하의 전력을 측정하는 방법이다.

㉡ $P = P_1 + P_2 = 200 + 200 = 400 \, W$

16. 어느 회로의 전류가 다음과 같을 때, 이 회로에 대한 전류의 실횻값(A)은?

$$i = 3 + 10\sqrt{2}\sin\left(\omega t - \frac{\pi}{6}\right)$$
$$+ 5\sqrt{2}\sin\left(3\omega t - \frac{\pi}{3}\right) \, [A]$$

① 11.6　　② 23.2　　③ 32.2　　④ 48.3

해설 비정현파의 실횻값

각 파의 실횻값 제곱의 합의 제곱근으로 표시한다.

$\therefore I = \sqrt{3^2 + 10^2 + 5^2} = \sqrt{134} \fallingdotseq 11.6 \, A$

17. 어떤 교류회로의 순시값이 $v = \sqrt{2}\,V\sin\omega t$ [V]인 전압에서 $\omega t = \dfrac{\pi}{6}$ [rad]일 때 $100\sqrt{2}$ [V]이면 이 전압의 실횻값(V)은?

① 100　　　　② $100\sqrt{2}$

③ 200   ④ $200\sqrt{2}$

해설 ㉠ $v = \sqrt{2}\,V\sin\omega t = \sqrt{2}\,V\sin\dfrac{\pi}{6}$

$\qquad\quad = \sqrt{2}\,V \times \dfrac{1}{2}\,[\mathrm{V}]$

㉡ $\sqrt{2}\,V \times \dfrac{1}{2} = 100\sqrt{2}$ 에서, $V = 200[\mathrm{V}]$

∴ 순시값 $v = 100\sqrt{2}\,[\mathrm{V}]$ 가 되려면 실횻값
$V = 200[\mathrm{V}]$가 되어야 한다.

18. 3 kW의 전열기를 1시간 동안 사용할 때 발생하는 열량(kcal)은?

① 3   ② 180   ③ 860   ④ 2590

해설 $H = 0.24Pt$
$\qquad = 0.24 \times 3 \times 60 \times 60 = 2592\ \mathrm{kcal}$

19. 전력량 1 Wh와 그 의미가 같은 것은?

① 1 C   ② 1 J

③ 3600 C   ④ 3600 J

해설 1 W·S = 1 J이므로,
$\qquad$ 1 Wh = 1 × 60 × 60 = 3600 J

20. 1차 전지로 가장 많이 사용되는 것은?

① 니켈·카드뮴전지   ② 연료전지

③ 망간건전지   ④ 납축전지

해설 망간건전지 : 1차 전지로 가장 많이 보급되어 있는 것은 망간건전지이다.
$\qquad$ ※ ①, ②, ④는 2차 전지이다.

제2과목 : 전기 기기

21. 계자권선이 전기자와 접속되어 있지 않은 직류기는?

① 직권기   ② 분권기

③ 복권기   ④ 타여자기

해설 타여자기의 접속도

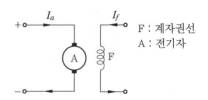

F : 계자권선
A : 전기자

22. 직류기의 파권에서 극수에 관계없이 병렬회로수 a는 얼마인가?

① 1   ② 2   ③ 4   ④ 6

해설 중권과 파권의 비교

비교 항목	중권(병렬권)	파권(직렬권)
전기자 병렬회로 수	극수 p와 같다.	항상 2
브러시 수	극수와 같다.	2개 또는 극수만큼 둘 수 있다.

23. 직류전동기의 최저 절연저항값(MΩ)은 어느 것인가?

① $\dfrac{\text{정격전압 (V)}}{1000 + \text{정격출력 (kW)}}$

② $\dfrac{\text{정격출력 (kW)}}{1000 + \text{정격입력 (kW)}}$

③ $\dfrac{\text{정격입력 (kW)}}{1000 + \text{정격출력 (kW)}}$

④ $\dfrac{\text{정격전압 (V)}}{1000 + \text{정격입력 (kW)}}$

해설 절연저항의 최소 한도
$$R_t = \frac{\text{정격전압(V)}}{1000 + \text{정격출력(kW)}}\,[\mathrm{M\Omega}]$$

24. 1차 권수 6000, 2차 권수 200인 변압기의 전압비는?

① 10   ② 30   ③ 60   ④ 90

해설 전압비 $a = \dfrac{N_1}{N_2} = \dfrac{6000}{200} = 30$

정답   18. ④   19. ④   20. ③   21. ④   22. ②   23. ①   24. ②

25. 변압기의 권수비가 60일 때 2차 측 저항이 0.1 Ω이다. 이것을 1차로 환산하면 몇 Ω인가?

① 310   ② 360

③ 390   ④ 410

해설 $R_1' = a^2 \cdot R_2 = 60^2 \times 0.1 = 360\ \Omega$

26. 변압기의 철심에서 실제 철의 단면적과 철심의 유효면적과의 비를 무엇이라고 하는가?

① 권수비   ② 변류비

③ 변동률   ④ 점적률

해설 점적률 (space factor) : 이용할 수 있는 공간 중 실제로 쓰이고 있는 부분의 백분율

$$점적률(s.f) = \frac{유효\ 단면적}{실제\ 단면적} \times 100\ \%$$

27. 변압기의 무부하 시험, 단락시험에서 구할 수 없는 것은?

① 동손   ② 철손

③ 절연내력   ④ 전압변동률

해설 ㉠ 무부하 시험 – 철손
㉡ 단락시험 – 동손, 전압변동률, % 전압강하
㉢ 무부하 시험 · 단락시험 – 변압기 효율

28. 주파수 60 Hz의 회로에 접속되어 슬립 3 %, 회전수 1164 rpm으로 회전하고 있는 유도전동기의 극수는?

① 4   ② 6   ③ 8   ④ 10

해설 $N_s = \dfrac{N}{1-s} = \dfrac{1164}{1-0.03} = 1200$ rpm

∴ 극수 $p = \dfrac{120f}{N_s} = \dfrac{120 \times 60}{1200} = 6$극

29. 3상 유도전동기의 정격전압을 V_n [V], 출력을 P [kW], 1차 전류를 I_1 [A], 역률을 $\cos\theta$ 라 하면 효율을 나타내는 식은?

① $\dfrac{P \times 10^3}{3\ V_n I_1 \cos\theta} \times 100\ \%$

② $\dfrac{P \times 10^3}{\sqrt{3}\ V_n I_1 \cos\theta} \times 100\ \%$

③ $\dfrac{3\ V_n I_1 \cos\theta}{P \times 10^3} \times 100\ \%$

④ $\dfrac{\sqrt{3}\ V_n I_1 \cos\theta}{P \times 10^3} \times 100\ \%$

해설 $\eta = \dfrac{출력\ \ P}{1차\ 입력\ \ P_1} \times 100$

$= \dfrac{P \times 10^3}{\sqrt{3}\ V_n I_1 \cos\theta} \times 100\ \%$

30. 단상 유도전동기의 기동 방법 중 기동 토크가 가장 큰 것은?

① 반발 기동형   ② 분상 기동형

③ 반발 유도형   ④ 콘덴서 기동형

해설 기동 토크가 큰 순서 : ①→③→④→②

31. 다음 중 교류전동기를 기동할 때 그림과 같은 기동 특성을 가지는 전동기는? (단, 곡선 ㉠~㉥은 기동 단계에 대한 토크 특성 곡선이다.)

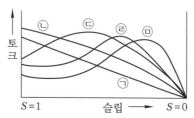

① 반발 유도전동기

② 2중 농형 유도전동기

③ 3상 분권 정류자전동기

④ 3상 권선형 유도전동기

해설 3상 권선형 유도전동기의 기동 특성
㉠ 그림은 기동저항을 5단으로 조정한 경우의 예로서, 기동 중의 토크 전류의 변화를 나타낸 것이다 (2차 저항법).

ⓒ 권선형 유도전동기는 이와 같이 우수한 기동 특성을 가지고 있으므로 대형 유도전동기에서는 이 방식을 많이 사용하고 있다.

32. 6극 36슬롯 3상 동기발전기의 매극 매상당 슬롯 수는?

① 2   ② 3   ③ 4   ④ 5

해설 1극 1상당의 홈(slot) 수

$$q = \frac{\dot{\mathbb{S}}\ \mathsf{\dot{A}}\ \mathsf{\dot{c}}}{\mathsf{\neg}\mathsf{\dot{c}} \times \mathsf{\dot{A}}\mathsf{\dot{c}}} = \frac{36}{6 \times 3} = 2\mathsf{\dot{A}}$$

33. 주파수 60 Hz를 내는 발전용 원동기인 터빈 발전기의 최고 속도(rpm)는?

① 1800   ② 2400   ③ 3600   ④ 4800

해설 $N_s = \frac{120}{p} \cdot f = \frac{120}{2} \times 60 = 3600\ \mathrm{rpm}$

여기서, 극수가 2극일 때 최고 속도가 된다.

34. 단락비가 큰 동기발전기에 대한 설명으로 틀린 것은?

① 단락 전류가 크다.
② 동기 임피던스가 작다.
③ 전기자반작용이 크다.
④ 공극이 크고 전압변동률이 작다.

해설 동기기의 단락비에 따른 특성 비교

단락비가 작은 동기기	단락비가 큰 동기기
공극이 좁고 계자 기자력이 작은 동기계이다.	공극이 넓고 계자 기자력이 큰 철기계이다.
동기 임피던스가 크며, 전기자반작용이 크다.	동기 임피던스가 작으며, 전기자반작용이 작다.
전압변동률이 크고, 안정도가 낮다.	전압변동률이 작고, 안정도가 높다.
기계의 중량이 가볍고 부피가 작으며, 고정 손이 작아 효율이 좋다.	기계의 중량과 부피가 크며, 고정 손(철, 기계 손)이 커서 효율이 나쁘다.

35. 동기발전기의 병렬 운전 중 기전력의 크기가 다를 경우 나타나는 현상이 아닌 것은?

① 권선이 가열된다.
② 동기화 전력이 생긴다.
③ 무효 순환 전류가 흐른다.
④ 고압 측에 감자작용이 생긴다.

해설 ㉠ 기전력의 크기가 다를 경우 무효 순환 전류가 흐르며, 고압 측에 감자작용이 생긴다.
ⓒ 무효 순환 전류에 의해 전기자권선에 저항 손이 발생, 권선이 가열된다.
※ 동기화 전력은 기전력의 위상이 다를 때 발생한다.

36. 전압변동률 ε의 식은? (단, 정격전압 V_n [V], 무부하 전압 V_0 [V]이다.)

① $\varepsilon = \frac{V_0 - V_n}{V_n} \times 100\ \%$

② $\varepsilon = \frac{V_n - V_0}{V_n} \times 100\ \%$

③ $\varepsilon = \frac{V_n - V_0}{V_0} \times 100\ \%$

④ $\varepsilon = \frac{V_0 - V_n}{V_0} \times 100\ \%$

해설 동기발전기의 전압변동률의 표시

$$\varepsilon = \frac{V_0 - V_n}{V_n} \times 100$$
$$= \left(\frac{V_0}{V_n} - \frac{V_n}{V_n}\right) \times 100 = \left(\frac{V_0}{V_n} - 1\right) \times 100\ \%$$

37. 고장 시의 불평형 차전류가 평형 전류의 어떤 비율 이상으로 되었을 때 동작하는 계전기는?

① 과전압계전기   ② 과전류계전기
③ 전압 차동계전기   ④ 비율차동계전기

해설 비율차동계전기 : 고장에 의하여 생긴 불평형 전류차가 평형 전류차의 몇 % 이상으로 되었을 때 이를 검출하여 동작하는 계전기로 변압기 등, 내부 고장의 보호에 사용된다.

38. 전압을 일정하게 유지하기 위해서 이용되는 다이오드는?

① 발광다이오드
② 포토다이오드
③ 제너다이오드
④ 바리스터 다이오드

해설 제너다이오드 (Zener diode) : 정전압 다이오드, 제너 효과를 이용하여 전압을 일정하게 유지하는 작용을 하는 다이오드를 말한다.

39. 대전류·고전압의 전기량을 제어할 수 있는 자기 소호형 소자는?

① FET ② diode ③ triac ④ IGBT

해설 IGBT (Insulated Gate Bipolar Transistor) : 절연 게이트 양극성 트랜지스터
㉠ 전압 제어 전력용 반도체이기 때문에, 고속, 고효율의 전력 시스템에서 요구되는 300 V 이상의 전압 영역에서 널리 사용되고 있다.
㉡ 게이트−이미터 간의 전압이 구동되어 입력신호에 의해서 온/오프가 생기는 자기 소호형이므로, 대전력의 고속 스위칭이 가능한 반도체소자이다.

40. 그림은 트랜지스터의 스위치 작용에 의한 직류 전동기의 속도제어 회로이다. 전동기의 속도가 $N = K\dfrac{V - I_a R_a}{\Phi}$ [rpm]이라고 할 때, 이 회로에서 사용한 전동기의 속도제어법은?

① 전압 제어법
② 계자제어법
③ 저항제어법
④ 주파수 제어법

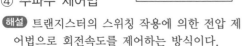

해설 트랜지스터의 스위칭 작용에 의한 전압 제어법으로 회전속도를 제어하는 방식이다.

41. 450/750 V 일반용 단심 비닐 절연전선의 약호는?

① NRI ② NF ③ NFI ④ NR

해설 단심 비닐 절연전선의 약호
① NRI : 300/500 V 기기 배선용
② NF : 450/750 V 일반용 유연성
③ NFI : 300/500 V 기기 배선용 유연성
④ NR : 450/750 V 일반용

42. 구리 전선과 전기기계 기구 단자를 접속하는 경우에 진동 등으로 인하여 헐거워질 염려가 있는 곳에는 어떤 것을 사용하여 접속하여야 하는가?

① 정 슬리브를 끼운다.
② 코드 패스너를 끼운다.
③ 평와셔 2개를 기운다.
④ 스프링 와셔를 끼운다.

해설 진동 등의 영향으로 헐거워질 우려가 있는 경우에는 스프링 와셔 또는 더블 너트를 사용하여야 한다.

43. 절연물 중에서 가교폴리에틸렌 (XLPE)과 에틸렌프로필렌고무혼합물 (EPR)의 허용 온도(℃)는?

① 70(전선) ② 90(전선)
③ 95(전선) ④ 105(전선)

해설 절연물의 종류에 대한 허용 온도 (내선규정 표 1435−1 참조)
㉠ XLPE와 EPR → 90℃ (전선)
㉡ PVC (염화비닐) → 70℃ (전선)

44. 케이블 공사에서 비닐 외장케이블을 조영재의 옆면에 따라 붙이는 경우 전선의 지지점 간의 거리는 최대 몇 m인가?

① 1.0 ② 1.5 ③ 2.0 ④ 2.5

해설 케이블을 조영재의 옆면 또는 아랫면에 따라서 시설할 경우의 지지점 간 거리는 2 m 이하로 하여야 한다.

45. 옥내배선을 합성수지관 공사에 의하여 실시할 때 사용할 수 있는 단선의 최대 굵기(mm²)는?

① 4　　② 6　　③ 10　　④ 16

해설 사용 전선
㉠ 절연전선을 사용한다 (단, 옥외용 비닐 절연 전선 제외).
㉡ 전선은 단면적 10 mm²(알루미늄 전선은 16 mm²)를 초과하는 것은 연선이어야 한다.

46. 금속 전선관 공사에서 사용되는 후강 전선관의 규격이 아닌 것은?

① 16　　② 28　　③ 36　　④ 50

해설 후강 전선관 규격 (관의 호칭) : 16, 22, 28, 36, 42, 54, 70, 82, 92, 104

47. 금속관을 구부릴 때 그 안쪽의 반지름은 관 안지름의 최소 몇 배 이상이 되어야 하는가?

① 4　　② 6　　③ 8　　④ 10

해설 금속 전선관 구부리기 : 구부러진 금속관의 안쪽 반지름은 금속관 안지름의 6배 이상으로 해야 한다.

48. 금속 덕트를 조영재에 붙이는 경우에는 지지점 간의 거리는 최대 몇 m 이하로 하여야 하는가?

① 1.5　　② 2.0　　③ 3.0　　④ 3.5

해설 금속 덕트의 지지 (내선규정 2240-4 참조)
㉠ 금속 덕트는 3 m 이하의 간격을 견고하게 지지할 것 (취급자만이 출입 가능하고, 수직으로 설치 시는 6 m 이하)
㉡ 금속 덕트의 종단부는 막을 것

49. 합성수지 전선관 공사에서 관 상호 간 접속에 필요한 부속품은?

① 커플링　　② 커넥터
③ 리머　　④ 노멀 밴드

해설 합성수지관의 부속품
㉠ 커플링 (coupling) : 관 상호 간 접속
㉡ 커넥터 (connecter) : 관과 박스와의 접속 기구

50. 흥행장의 저압 옥내배선, 전구선 또는 이동 전선의 사용 전압은 최대 몇 V 미만인가?

① 400　　② 440　　③ 450　　④ 750

해설 흥행장(내선규정 4250-1) : 저압 옥내배선, 전구선 또는 이동 전선은 사용 전압이 400 V 미만이어야 한다.

51. 누전차단기의 설치 목적은 무엇인가?

① 단락　　② 단선　　③ 지락　　④ 과부하

해설 누전차단기 설치 (내선규정 1475-1 참조) 사용 전압이 60 V를 초과하는 저압의 금속제 외함을 가지는 기계·기구에 전기를 공급하는 전로에 지락이 발생했을 때 자동적으로 전로를 차단하는 누전차단기 등을 설치하여야 한다.

52. 피뢰기의 약호는?

① LA　　② PF　　③ SA　　④ COS

해설
① LA (Lightning Arrester) : 피뢰기
② PF (Power Fuse) : 파워 퓨즈
③ SA (Surge Absorber) : 서지 흡수기
④ COS (Cut-Out Switch) : 컷아웃 스위치

53. 차단기 문자 기호 중 'OCB'는?

① 진공차단기　　② 기중 차단기
③ 자기차단기　　④ 유입 차단기

해설 차단기의 종류
① 진공차단기 (VCB)
② 기중 차단기 (ACB)

③ 자기차단기 (MBB)
④ 유입 차단기 (OCB)

54. 다음 중 배선 기구가 아닌 것은?

① 배전반　　　　② 개폐기
③ 접속기　　　　④ 배선용 차단기

해설 배전반 (switchboard) : 빌딩이나 공장에서는 송전선으로부터 고압의 전력을 받아 변압기로 저압으로 변환하여 각종 전기 설비 계통으로 배전하는데, 배전을 하기 위한 장치가 배전반이다.

55. 배전반을 나타내는 그림 기호는?

① ◪　　　　② ⊠
③ ◼◻　　　　④ Ⓢ

해설 ① 분전반　② 배전반
③ 제어반　④ 개폐기

56. 전기설비기술기준의 판단기준에서 교통 신호등 회로의 사용 전압이 몇 V를 초과하는 경우에는 지락 발생 시 자동적으로 전로를 차단하는 장치를 시설하여야 하는가?

① 50　② 100　③ 150　④ 200

해설 교통 신호등의 시설(판단기준 제234조 참조) 교통 신호등 회로의 사용 전압이 150 V를 초과하는 경우에는 전로에 지락이 생겼을 때에 자동적으로 전로를 차단하는 장치를 시설해야 한다.

57. 전기설비기술기준의 판단기준에서 가공전선로의 지지물에 하중이 가하여지는 경우에 그 하중을 받는 지지물의 기초의 안전율은 얼마 이상인가?

① 0.5　② 1　③ 1.5　④ 2

해설 가공전선로 지지물의 기초의 안전율 (판단기준 제63조 참조) : 지지물의 기초 안전율은 2

이상이어야 한다.

58. 최대 사용 전압이 220 V인 3상 유도전동기가 있다. 이것의 절연내력 시험 전압은 몇 V로 하여야 하는가?

① 330　　　　② 500
③ 750　　　　④ 1050

해설 회전기의 절연내력 시험 (판단기준 제14조 참조) : 최대 사용 전압의 1.5배 전압을 시험 전압으로 한다. 단, 550 V 미만으로 되는 경우는 500 V로 한다.

59. 조명공학에서 사용되는 칸델라 (cd)는 무엇의 단위인가?

① 광도　　　　② 조도
③ 광속　　　　④ 휘도

해설 칸델라 (candela) : 광도의 단위로서 기호는 [cd]이다.

※ 밝기의 정의와 단위

표시	정의	단위와 약호
조도	장소의 밝기	럭스 (lx)
광도	광원에서 어떤 방향에 대한 밝기	칸델라 (cd)
광속	광원 전체의 밝기	루멘 (lm)
휘도	광원의 외관상 단위 면적당의 밝기	스틸브 (sb)
광속 발산도	물건의 밝기 (조도, 반사율)	래드럭스 (rlx)

60. 완전 확산면은 어느 방향에서 보아도 무엇이 동일한가?

① 광속　　　　② 휘도
③ 조도　　　　④ 광도

해설 완전 확산면 (perfect diffusing surface)
㉠ 반사면이 거칠면 난반사하여 빛이 확산한다.
㉡ 이 확산 반사 중 면의 휘도가 어느 방향에서 보더라도 같은 표면을 완전 확산면이라 한다.

2017년 1회(CBT)

기출문제 해설

제1과목	제2과목	제3과목
전기 이론 : 20문항	전기 기기 : 20문항	전기 설비 : 20문항

CBT(Computer Based Testing) 방식
1. CBT 방식은 문제은행에서 문제를 랜덤 (무작위) 또는 일정한 패턴을 이용해서 출제하는 방식으로, 각 개인별로 서로 다른 문제가 출제될 수 있습니다.
2. CBT 방식은 문제와 해답을 공개하지 않습니다.
※ 본 문제는 응시자에 의하여 일부 수집·복원된 것임을 밝혀 둡니다.

제1과목 : 전기 이론

1. 유전율의 단위는?

① C/m^2 ② J/m^3 ③ F/m^2 ④ F/m

해설 유전율은 $[C^2/Nm^2]$, $[F/m]$의 단위를 가지는 정수이다.

2. 4 F, 6 F의 콘덴서 2개를 병렬로 접속했을 때의 합성 정전용량은 몇 F인가?

① 2.4 ② 5 ③ 10 ④ 24

해설 $C_p = C_1 + C_2 = 4+6 = 10$ F

3. 비유전율이 큰 산화티탄 등을 유전체로 사용한 것으로 극성이 없으며, 가격에 비해 성능이 우수하여 널리 사용되고 있는 콘덴서의 종류는?

① 전해콘덴서 ② 세라믹 콘덴서
③ 마일러 콘덴서 ④ 마이카콘덴서

해설 세라믹 콘덴서 (ceramic condenser)
㉠ 세라믹 콘덴서는 전극 간의 유전체로, 티탄산바륨과 같은 유전율이 큰 재료를 사용하며 극성은 없다.
㉡ 이 콘덴서는 인덕턴스 (코일의 성질)가 적어 고주파 특성이 양호하여 바이패스에 흔히 사용된다.

4. 자석의 성질로 옳은 것은?

① 자석은 고온이 되면 자력이 증가한다.
② 자기력선에는 고무줄과 같은 장력이 존재한다.
③ 자력선은 자석 내부에서도 N극에서 S극으로 이동한다.
④ 자력선은 자성체는 투과하고, 비자성체는 투과하지 못한다.

해설 자기력선에는 그 자신이 줄어들려고 하는 장력이 존재한다.

5. 히스테리시스곡선이 종축과 만나는 점의 값은 무엇을 나타내는가?

① 자화력 ② 잔류자기
③ 자속밀도 ④ 보자력

해설 히스테리시스곡선에서 세로축 (종축)과 만나는 점은 잔류자기이고, 가로축 (횡축)과 만나는 점은 보자력이다.

6. 다음 중 자기장의 크기를 나타내는 단위는 어느 것인가?

① A/Wb ② Wb/A
③ A/C ④ AT/m

정답 1. ④ 2. ③ 3. ② 4. ② 5. ② 6. ④

해설 자기장의 세기 : H [AT/m]

※ 1 AT/m의 자기장 크기는 1 Wb의 자하에 1 N
의 자력이 작용하는 자기장의 크기를 나타낸다.

7. 다음 중 자기작용에 관한 설명으로 틀린 것은
어느 것인가?

① 기자력의 단위는 AT를 사용한다.

② 자기회로의 자기저항이 작은 경우는 누설
자속이 거의 발생되지 않는다.

③ 자기장 내에 있는 도체에 전류를 흘리면
힘이 작용하는데, 이 힘을 기전력이라 한다.

④ 평행한 두 도체 사이에 전류가 동일한 방
향으로 흐르면 흡인력이 작용한다.

해설 전자력 : 자기장 내에 있는 도체에 전류를
흘리면 도체에는 플레밍의 왼손 법칙에서 정의
하는 엄지손가락 방향으로 힘, 즉 전자력이 발
생한다.

8. 어떤 저항(R)에 전압(V)을 가하니 전류(I)
가 흘렀다. 이 회로의 저항(R)을 20 % 줄이면
전류(I)는 처음의 몇 배가 되는가?

① 0.8　　　　② 0.88

③ 1.25　　　　④ 2.04

해설 $I' = \dfrac{V}{R'} = \dfrac{V}{0.8R} = 1.25I$ ∴ 1.25배

9. 어떤 도체의 길이를 n배로 하고 단면적을 $\dfrac{1}{n}$로
하였을 때 저항은 원래 저항보다 어떻게 되는가?

① n배로 된다.

② n^2배로 된다.

③ $\sqrt{n}$ 배로 된다.

④ $\dfrac{1}{n}$로 된다.

해설 $R = \rho\dfrac{l}{A}$ 에서, $R' = \rho\dfrac{nl}{\dfrac{A}{n}} = n^2 \cdot \rho\dfrac{l}{A} = n^2R$

∴ n^2 배로 된다.

10. 100 V, 100 W 가정용 백열전구의 전압 평균
값은 몇 V인가?

① 약 90　　　　② 약 100

③ 약 110　　　　④ 약 141

해설 $V_a = \dfrac{V}{1.11} = \dfrac{100}{1.11} ≒ 90.09\,\mathrm{V}$

11. 어떤 회로의 부하 전류가 100 A이고 역률이
0.8일 때 부하의 유효 전류는 몇 A인가?

① 60　　　　② 75

③ 80　　　　④ 85

해설 유효 전류 = 부하 전류×역률 = 100×0.8
= 80 A

※ 무효전류 = 부하 전류×무효율 = 100×0.6
= 60 A

12. 저항 8 Ω과 유도 리액턴스 6 Ω이 직렬로 접
속된 회로에 100 V의 교류전압을 가하면 몇 A의
전류가 흐르며, 역률은 얼마인가?

① 10 A, 80 %　　　　② 9 A, 75 %

③ 8 A, 70 %　　　　④ 7 A, 60 %

해설 $Z = \sqrt{R^2 + X^2} = \sqrt{8^2 + 6^2} = 10\,\mathrm{Ω}$

㉠ $I = \dfrac{V}{Z} = \dfrac{100}{10} = 10\,\mathrm{A}$

㉡ $\cos\theta = \dfrac{R}{Z} = \dfrac{8}{10} = 0.8 \rightarrow 80\,\%$

13. RL 직렬회로에서 서셉턴스는?

① $\dfrac{R}{R^2 + X^2}$　　　　② $\dfrac{X}{R^2 + X^2}$

③ $\dfrac{-R}{R^2 + X^2}$　　　　④ $\dfrac{-X}{R^2 + X^2}$

해설 ㉠ 컨덕턴스 $G = \dfrac{R}{R^2 + X^2}$

㉡ 서셉턴스 $B = \dfrac{-X}{R^2 + X^2}$

정답 7. ③　8. ③　9. ②　10. ①　11. ③　12. ①　13. ④

14. 교류회로에서 무효전력 P_r [Var]은?

① VI ② $VI\cos\theta$

③ $VI\sin\theta$ ④ $VI\tan\theta$

[해설] 무효전력 : $P_r = VI\sin\theta$ [Var]

여기서, $\sin\theta$: 무효율

※ 유효전력 : $P = VI\cos\theta$ [W]

15. R [Ω]인 저항 3개가 $\triangle$ 결선으로 되어 있는 것을 Y 결선으로 환산하면 1상의 저항(Ω)은?

① $\dfrac{1}{3}R$ ② R ③ $3R$ ④ $\dfrac{1}{R}$

[해설] $\triangle$ 회로와 Y 회로의 임피던스 변환(평형 부하인 경우)

㉠ $\triangle$ 회로를 Y 회로로 변환 : 각 상의 임피던스를 1/3배로 해야 한다. $\therefore \dfrac{1}{3}R$

㉡ Y 회로를 $\triangle$ 회로로 변환 : 각 상의 임피던스를 3배로 해야 한다. $\therefore 3R$

16. $\triangle$ 결선 시 V_l (선간전압), V_p (상전압), I_l (선전류), I_p (상전류)의 관계식으로 옳은 것은?

① $V_l = \sqrt{3}\,V_p$, $I_l = I_p$

② $V_l = V_p$, $I_l = \sqrt{3}\,I_p$

③ $V_l = \dfrac{1}{\sqrt{3}}V_p$, $I_l = I_p$

④ $V_l = V_p$, $I_l = \dfrac{1}{\sqrt{3}}I_p$

[해설] 3상 교류 $\triangle$ 결선의 전압·전류 표시

㉠ 선간전압 (V_l) = 상전압 (V_p)

㉡ 선전류 (I_l)= $\sqrt{3}$×상전류 (I_p)

17. 비사인파 교류회로의 전력에 대한 설명으로 옳은 것은?

① 전압의 제3고조파와 전류의 제3고조파 성분 사이에서 소비 전력이 발생한다.

② 전압의 제2고조파와 전류의 제3고조파 성분 사이에서 소비 전력이 발생한다.

③ 전압의 제3고조파와 전류의 제5고조파 성분 사이에서 소비 전력이 발생한다.

④ 전압의 제5고조파와 전류의 제7고조파 성분 사이에서 소비 전력이 발생한다.

[해설] 비사인파 교류회로의 소비 전력 발생
전압과 전류의 고조파 차수가 같을 때 발생한다.

18. 10℃, 5000 g의 물을 40℃로 올리기 위하여 1 kW의 전열기를 쓰면 몇 분이 걸리게 되는가? (단, 여기서 효율은 80 %라고 한다.)

① 약 13분   ② 약 15분

③ 약 25분   ④ 약 50분

[해설] ㉠ 필요한 열량 : $H = m(T_2 - T_1)$
$= 5(40-10) = 150$ kcal

㉡ 걸리는 시간 : $t = \dfrac{H}{0.24P} \cdot \dfrac{1}{\eta}$

$= \dfrac{150}{0.24 \times 1} \times \dfrac{1}{0.8} = 781$ s

$\Rightarrow$ T $= 781/60 \fallingdotseq 13$ 분

19. 기전력이 1.5 V, 내부저항 0.1 Ω인 전지 10개를 직렬로 연결하고 2 Ω의 저항을 가진 전구에 연결할 때, 전구에 흐르는 전류(A)는?

① 2   ② 3   ③ 4   ④ 5

[해설] $I = \dfrac{nE}{nr + R} = \dfrac{10 \times 1.5}{(10 \times 0.1) + 2}$

$= \dfrac{15}{3} = 5$ A

20. 전기분해를 통하여 석출된 물질의 양은 통과한 전기량 및 화학당량과 어떤 관계인가?

① 전기량과 화학당량에 비례한다.

② 전기량과 화학당량에 반비례한다.

③ 전기량에 비례하고 화학당량에 반비례한다.

④ 전기량에 반비례하고 화학당량에 비례한다.

[정답] 14. ③   15. ①   16. ②   17. ①   18. ①   19. ④   20. ①

해설 패러데이의 법칙 (Faraday's law)
㉠ 전기분해 시 전극에 석출되는 물질의 양은 전해액을 통한 전기량에 비례한다.
㉡ 전기량이 같을 때 석출되는 물질의 양은 그 물질의 화학당량에 비례한다.

제2과목 : 전기 기기

21. 전기용접기용 발전기로 가장 적합한 것은?

① 분권형 발전기
② 차동 복권형 발전기
③ 가동 복권형 발전기
④ 타여자식 발전기

해설 차동 복권 발전기 : 수하 특성을 가지므로, 용접기용 전원으로 사용된다.

22. 직류 분권 발전기가 있다. 전기자 총 도체 수 440, 매극의 자속 수 0.01 Wb, 극수 6, 회전수 1500 rmp일 때 유기 기전력은 몇 V인가? (단, 전기자권선은 중권이다.)

① 35
② 55
③ 110
④ 220

해설 $E = p\phi \dfrac{N}{60} \cdot \dfrac{Z}{a}$

$= 6 \times 0.01 \times \dfrac{1500}{60} \times \dfrac{440}{6} = 110 \text{ V}$

23. 직류전동기는 무슨 법칙에 의하여 회전 방향이 정의되는가?

① 오른나사 법칙
② 렌츠의 법칙
③ 플레밍의 오른손 법칙
④ 플레밍의 왼손 법칙

24. 직류 분권전동기의 기동 방법 중 가장 적당한 것은?

① 기동 토크를 작게 한다.
② 계자 저항기의 저항값을 크게 한다.
③ 계자 저항기의 저항값을 '0'으로 한다.
④ 기동저항기를 전기자와 병렬접속한다.

해설 분권전동기의 기동
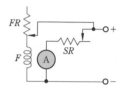
㉠ 기동 토크를 크게 하기 위하여 계자 저항 FR을 최솟값으로 한다. 즉, 저항값을 '0'으로 한다.
㉡ 기동전류를 줄이기 위하여 기동저항기 SR를 최댓값으로 한다.
㉢ 기동저항기 SR를 전기자 Ⓐ와 직렬접속한다.

25. 직류전동기의 제어에 널리 응용되는 직류-직류전압 제어장치는?

① 인버터
② 컨버터
③ 초퍼
④ 전파정류

해설 초퍼 (chopper)
㉠ 어떤 직류전압을 입력으로 하여 크기가 다른 직류를 얻기 위한 회로가 직류 초퍼 (DC chopper) 회로이다.
㉡ 지하철, 전철의 견인용 직류전동기의 속도 제어 등 널리 응용된다.

26. 동기발전기의 기전력 파형을 정현파로 하기 위한 방법으로 틀린 것은?

① 매극 매상의 슬롯 수를 많게 한다.
② 전절권 및 분포권으로 한다.
③ 공극의 길이를 작게 한다.
④ 전기자철심을 사 (斜)슬롯으로 한다.

해설 기전력 파형을 정현파로 하기 위한 방법 : 공극의 길이를 크게 한다.
※ 사 (斜)슬롯 (skewed slot)

---

27. 전압변동률 ε의 식은? (단, 정격전압 V_n [V], 무부하 전압 V_0 [V]이다.)

① $\varepsilon = \dfrac{V_0 - V_n}{V_n} \times 100\,\%$

② $\varepsilon = \dfrac{V_n - V_0}{V_n} \times 100\,\%$

③ $\varepsilon = \dfrac{V_n - V_0}{V_0} \times 100\,\%$

④ $\varepsilon = \dfrac{V_0 - V_n}{V_0} \times 100\,\%$

해설 전압변동률 : $\epsilon = \dfrac{V_0 - V_n}{V_n} \times 100\,\%$ (정격

단자전압이 V_n이고, 무부하 단자전압이 V_0일 때)

28. 2대의 동기발전기가 병렬 운전하고 있을 때 동기화 전류가 흐르는 경우는?

① 기전력의 크기에 차가 있을 때
② 기전력의 위상에 차가 있을 때
③ 부하 분담에 차가 있을 때
④ 기전력의 파형에 차가 있을 때

해설 병렬 운전 조건

병렬 운전의 필요 조건	운전 조건이 같지 않을 경우의 현상
유도 기전력의 크기가 같을 것	무효 순환 전류가 흐른다(권선에 열 발생).
상회전이 일치하고, 기전력의 위상이 같을 것	동기화 전류가 흐른다 (유효 횡류가 흐른다).
기전력의 주파수가 같을 것	단자전압이 진동하고 출력이 주기적으로 요동하며 권선이 가열한다 (난조의 원인이 된다).
기전력의 파형이 같을 것	고조파 무효 순환 전류가 흘러 과열 원인이 된다.

29. 동기조상기가 전력용 콘덴서보다 우수한 점은 어느 것인가?

① 손실이 적다.
② 보수가 쉽다.
③ 지상 역률을 얻는다.
④ 가격이 싸다.

해설 동기조상기의 운전-위상 특성곡선
  ㉠ 부족 여자 : 유도성 부하로 동작 → 리액터로 작용
  ㉡ 과여자 : 용량성 부하로 동작 → 콘덴서로 작용
  ∴ 전력용 콘덴서는 진상 역률만을 얻지만, 동기조상기는 진상 및 지상 역률도 얻는다.

30. 출력 10 kW, 효율 90 %인 기계의 손실(kW)은 얼마인가?

① 0.9 　　　 ② 1.1
③ 2 　　　 ④ 2.5

해설 입력 = $\dfrac{출력}{효율} = \dfrac{10}{0.9} = 11.1$ kW
  ∴ 손실 = 입력 - 출력 = 11.1 - 10 = 1.1 kW

31. 변압기 V 결선의 특징으로 틀린 것은?

① 고장 시 응급처치 방법으로도 쓰인다.
② 단상변압기 2대로 3상 전력을 공급한다.
③ 부하 증가가 예상되는 지역에 시설한다.
④ V 결선 시 출력은 Δ 결선 시 출력과 그 크기가 같다.

해설 ㉠ V 결선 시 : $P_v = \sqrt{3}\,P$[kVA]
  ㉡ Δ 결선 시 : $P_\Delta = 3P$[kVA]
  ∴ 출력비 = 57.7%

32. 3상 변압기의 병렬 운전이 불가능한 결선 방식으로 짝지어진 것은?

① $\Delta - \Delta$와 $Y - Y$
② $\Delta - Y$와 $\Delta - Y$

③ $Y-Y$와 $Y-Y$
④ $\varDelta-\varDelta$와 $\varDelta-Y$

해설 변압기군의 병렬 운전 조합

병렬 운전 가능		병렬 운전 불가능
$\varDelta-\varDelta$와 $\varDelta-\varDelta$	$Y-Y$와 $Y-Y$	$\varDelta-\varDelta$와 $\varDelta-Y$
$Y-\varDelta$와 $Y-\varDelta$	$\varDelta-Y$와 $\varDelta-Y$	
$\varDelta-\varDelta$와 $Y-Y$	$\varDelta-Y$와 $Y-\varDelta$	$Y-Y$와 $\varDelta-Y$

33. 변압기유로 쓰이는 절연유에 요구되는 특성이 아닌 것은?

① 점도가 클 것
② 비열이 커 냉각 효과가 클 것
③ 절연재료 및 금속재료에 화학작용을 일으키지 않을 것
④ 인화점이 높고 응고점이 낮을 것

해설 변압기 기름의 구비 조건 : 점성도가 작고 유동성이 풍부해야 한다.

34. 다음 중 3상 유도전동기의 슬립이 "0"이라는 것은?

① 정지 상태이다.
② 동기속도로 회전하고 있다.
③ 전 부하로 운전하고 있다.
④ 유도 제동기로 동작하고 있다.

해설 3상 유도전동기의 슬립(slip : s)값
㉠ 정지 상태 : $N=0 \rightarrow s=1$
㉡ 동기속도로 회전 상태 : $N=N_s \rightarrow s=0$

35. 4극의 3상 유도전동기가 60 Hz의 전원에 접속되어 4 %의 슬립으로 회전할 때 회전수(rpm)는?

① 1900   ② 1828
③ 1800   ④ 1728

해설 ㉠ $N_s = \dfrac{120f}{p} = \dfrac{120 \times 60}{4} = 1800 \text{ rpm}$
㉡ $N = (1-s)N_s = (1-0.04) \times 1800$
　　$= 1728 \text{ rpm}$

36. 3상 유도전동기의 토크는?

① 2차 유도기전력의 2승에 비례한다.
② 2차 유도기전력에 비례한다.
③ 2차 유도기전력과 무관하다.
④ 2차 유도기전력의 0.5승에 비례한다.

해설 $T \propto V_1^2$

37. 기계적 출력 P_0, 2차 입력 P_2, 슬립을 s라 할 때 유도전동기의 2차 효율을 나타낸 식은? (단, N은 회전속도, N_s는 동기속도이다.)

① $\eta_2 = \dfrac{P_0}{P_2} = 1-s = \dfrac{N}{N_s}$

② $\eta_2 = \dfrac{P_0}{P_2} = 1-s = \dfrac{N_s}{N}$

③ $\eta_2 = \dfrac{P_2}{P_0} = 1-s = \dfrac{N}{N_s}$

④ $\eta_2 = \dfrac{P_0}{P_2} = 1-s^2 = \dfrac{N}{N_s}$

해설 2차 효율 : $\eta_2 = \dfrac{P_0}{P_2} \times 100$
$= (1-s) \times 100 = \dfrac{N}{N_s} \times 100 \text{ \%}$

38. 전압을 일정하게 유지하기 위해서 이용되는 다이오드는?

① 발광다이오드
② 포토다이오드
③ 제너다이오드
④ 바리스터 다이오드

해설 제너다이오드(Zener diode) : 정전압 다이오드

39. 단상 반파정류 회로의 전원전압 200 V, 부하 저항이 10 Ω이면 부하 전류는 약 몇 A인가?

① 4   ② 9   ③ 13   ④ 18

해설 $I_{d0} = \dfrac{E_{d0}}{R} = \dfrac{\sqrt{2}}{\pi} \cdot \dfrac{V}{R}$

$= 0.45 \times \dfrac{200}{10} \fallingdotseq 9 \, \text{A}$

40. 그림과 같은 전동기 제어회로에서 전동기 M 의 전류 방향으로 올바른 것은 ? (단, 전동기의 역률은 100 %이고, 사이리스터의 점호각은 0° 라고 본다.)

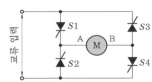

① 항상 "A"에서 "B"의 방향
② 항상 "B"에서 "A"의 방향
③ 입력의 반주기마다 "A"에서 "B"의 방향, "B"에서 "A"의 방향
④ $S1$과 $S4$, $S2$와 $S3$의 동작 상태에 따라 "A"에서 "B"의 방향, "B"에서 "A"의 방향

해설 전동기 M의 전류 방향
㉠ 교류 입력이 정 (+) 반파일 때 : $S1$, $S4$ 턴 온
㉡ 교류 입력이 부 (−) 반파일 때 : $S2$, $S3$ 턴 온
∴ 항상 "A"에서 "B"의 방향으로 흐르게 된다.

제3과목 : 전기 설비

41. 전로 이외를 흐르는 전류로서 전로의 절연체 내부 및 표면과 공간을 통하여 선간 또는 대지 사이를 흐르는 전류를 무엇이라 하는가 ?

① 지락전류   ② 누설전류
③ 정격전류   ④ 영상전류

해설 누설전류 (leakage current) : 절연시켜 놓은 곳에서 새어 흐르는 전류를 말한다.

42. 전선의 재료로서 구비해야 할 조건이 아닌 것은 ?

① 기계적 강도 및 가요성이 풍부할 것
② 도전율이 크고 고유저항이 작을 것
③ 내구성이 크고 비중이 클 것
④ 시공 및 접속이 용이할 것

해설 ㉠ 비중이 작을 것 → 가벼울 것
㉡ 내구성이 있을 것

43. 다음 중 0.6/1 kV 비닐 절연 비닐시스 케이블 의 약호는 ?

① PV   ② PN
③ CV 1   ④ VV

해설 ① PV : 0.6/1 kV EP 고무 절연 비닐시스 케이블
② PN : 0.6/1 kV EP 고무 절연 클로로프렌시 스 케이블
③ CV 1 : 0.6/1 kV 가교 폴리에틸렌 절연 비닐 시스 케이블
④ VV : 0.6/1 kV 비닐 절연 비닐시스 케이블

44. 굵은 전선을 절단할 때 주로 쓰이는 공구의 이 름은 ?

① 파이프 커터   ② 토크 렌치
③ 녹아웃 펀치   ④ 클리퍼

해설 클리퍼 (clipper, cable cutter) : 굵은 전선을 절단할 때 사용하는 가위이다.

45. 옥내배선에서 주로 사용하는 직선 접속 및 분 기 접속 방법은 어떤 것을 사용하여 접속하는가 ?

① 동선 압착단자
② 슬리브
③ 와이어 커넥터
④ 꽂음형 커넥터

해설 슬리브 (sleeve)에 의한 접속
㉠ S형 슬리브에 의한 직선 접속 및 분기 접속
㉡ 매킨타이어 슬리브에 의한 직선 접속

46. 다음 그림의 접속 방법은?

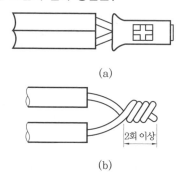

(a)

2회 이상

(b)

① 직선 접속　　　② 종단 접속
③ 슬리브 직선 접속 ④ 분기 접속

해설 종단 접속
(a) 종단 겹침용 슬리브
(b) 가는 단선 종단 접속

47. 사용 전압 400 V 이상, 건조한 장소로 점검할 수 있는 은폐된 곳에 저압 옥내배선 시 공사할 수 있는 방법은?

① 합성수지 몰드 공사
② 금속 몰드 공사
③ 버스 덕트 공사
④ 라이팅 덕트 공사

해설 버스 덕트(bus duct) 공사 : 사용 전압 400 V 이상, 건조한 장소로 점검할 수 있는 은폐된 곳에 저압 옥내배선 시 공사할 수 있다.

48. 금속관과 비교하여 합성수지관의 장점으로 볼 수 없는 것은?

① 누전의 우려가 없다.
② 온도 변화에 따른 신축 작용이 크다.
③ 내식성이 있어 부식성 가스 등을 사용하는 사업장에 적당하다.
④ 관 자체를 접지할 필요가 없고 무게가 가벼우며 시공하기 쉽다.

해설 온도 변화에 따른 신축 작용이 큰 것은 합성수지관의 단점이다.

49. 가공전선에 케이블을 사용하는 경우에는 조가용선에 행어를 사용하여 조가한다. 사용 전압이 고압일 경우 그 행어의 간격은?

① 50 cm 이하　　② 50 cm 이상
③ 75 cm 이하　　④ 75 cm 이상

해설 사용 전압이 고압 및 특고압인 경우는 그 행어의 간격을 50 cm 이하로 하여 시설할 것 (내선규정 2140-21 참조)

50. 금속 전선관의 종류에서 후강 전선관 규격 (mm)이 아닌 것은?

① 16　　　　　② 19
③ 28　　　　　④ 36

해설 후강 전선관 규격(관의 호칭) : 16, 22, 28, 36, 42, 54, 70, 82, 92, 104

51. 유니언 커플링의 사용 목적은?

① 안지름이 틀린 금속관 상호의 접속
② 돌려 끼울 수 없는 금속관 상호의 접속
③ 금속관의 박스와 접속
④ 금속관 상호를 나사로 연결하는 접속

해설 유니언 커플링(union coupling) : 금속 전선관을 돌릴 수 없을 때 사용하여 접속한다.

52. 저압 옥내 간선에서 전동기의 정격전류가 40 A 일 때 전선의 허용전류는 몇 A인가?

① 44　　　　　② 50
③ 60　　　　　④ 100

해설 ㉠ 전동기의 정격전류가 50 A 이하인 경우
$I_a = 1.25 \times I_M = 1.25 \times 40 = 50$ A
㉡ 50 A를 넘는 경우 : $I_a = 1.1 \times I_M$

53. 다음 중 접지의 목적으로 알맞지 않은 것은 어느 것인가?

① 감전의 방지

② 전로의 대지 전압 상승

③ 보호계전기의 동작 확보

④ 이상전압의 억제

해설 접지의 목적
① 감전 방지
② 전로의 대지 전압 저하
③ 보호계전기 등의 동작 확보
④ 기기 전로의 영전위 확보(이상전압의 억제)

54. 다음 중 접지 공사에 대한 설명 중 옳지 않은 것은?

① 특별 고압 계기용 변성기의 2차 측 전로에 제1종 접지 공사

② 고·저압 혼촉에 의한 위험 방지 시설로 저압 측의 중성점에 제2종 접지 공사

③ 특별 고압에서 고압으로 변성하는 변압기의 고압 측 1단자에 시설하는 정전 방지기에 특별 제3종 접지 공사

④ 380V 전동기의 외함에 제3종 접지 공사

해설 특별 고압에서 고압으로 변성하는 변압기의 고압 측 1단자에 시설하는 정전 방지기에 제1종 접지 공사

※ 정전 방지기(static arrester) : 비전도성 액체의 유동으로 발생하는 정전하의 충격을 방지한다.

55. 저압 연접인입선의 시설 방법으로 틀린 것은?

① 인입선에서 분기되는 점에서 150 m를 넘지 않도록 할 것

② 일반적으로 인입선 접속점에서 인입구 장치까지의 배선은 중도에 접속점을 두지 않도록 할 것

③ 폭 5 m를 넘는 도로를 횡단하지 않도록 할 것

④ 옥내를 통과하지 않도록 할 것

해설 인입선에서 분기되는 점에서 100 m를 넘지 않도록 할 것

56. 설계하중 6.8 kN 이하인 철근 콘크리트 전주의 길이가 7 m인 지지물을 건주하는 경우 땅에 묻히는 깊이로 가장 옳은 것은?

① 1.2 m

② 1.0 m

③ 0.8 m

④ 0.6 m

해설 묻히는 깊이 $h \geqq 7 \times \dfrac{1}{6} \geqq 1.167 \text{ m} \rightarrow 1.2 \text{ m}$

57. 셀룰로이드, 성냥, 석유류 등 기타 가연성 위험 물질을 제조 또는 저장하는 장소의 배선 방법이 아닌 것은?

① 배선은 금속관 배선, 합성수지관 배선 또는 케이블 배선에 의할 것

② 금속관은 박강 전선관 또는 이와 동등 이상의 강도가 있는 것을 사용할 것

③ 두께가 2 mm 미만의 합성수지제 전선관을 사용할 것

④ 합성수지관 배선에 사용하는 합성수지관 및 박스 기타 부속품은 손상될 우려가 없도록 시설할 것

해설 금속 전선관 배선, 합성수지 전선관 배선(두께 2 mm 미만의 합성수지관 제외) 또는 케이블 배선으로 시공한다.

58. 조명 기구를 반간접조명 방식으로 설치하였을 때 위(상방향)로 향하는 광속의 양(%)은?

① 0~10

② 10~40

③ 40~60

④ 60~90

해설 기구의 배치에 의한 조명방식의 분류

조명 방식	직접 조명	반 직접 조명	전반 확산 조명	반 간접 조명	간접 조명
상향 광속	0~10 %	10~ 40 %	40~ 60 %	60~ 90 %	90~ 100 %
하향 광속	100~ 90 %	90~ 60 %	60~ 40 %	40~ 10 %	10~ 0 %

59. 교통 신호등의 제어장치로부터 신호등의 전구까지의 전로에 사용하는 전압은 몇 V 이하인가?

① 60

② 100

③ 300

④ 440

해설 교통 신호등 (내선규정 3370-1 참조)
교통 신호등 제어장치의 2차 측 배선의 최대 사용 전압은 300 V 이하일 것
※ 2차 측 배선 : 제어장치에서 교통 신호등의 전구에 이르는 배선

60. 전기설비기술기준의 판단기준에서 교통 신호등 회로의 사용 전압이 몇 V를 초과하는 경우에는 지락 발생 시 자동적으로 전로를 차단하는 장치를 시설하여야 하는가?

① 50

② 100

③ 150

④ 200

해설 교통 신호등의 시설 (판단기준 제234조) :
교통 신호등 회로의 사용 전압이 150 V를 초과하는 경우에는 전로에 지락이 생겼을 때에 자동적으로 전로를 차단하는 장치를 시설해야 한다.

2017

기출문제 해설

제1과목	제2과목	제3과목
전기 이론 : 20문항	전기 기기 : 20문항	전기 설비 : 20문항

제1과목 : 전기 이론

1. 일반적으로 절연체를 서로 마찰시키면 이들 물체는 전기를 띠게 된다. 이와 같은 현상은?

① 분극 ② 정전 ③ 대전 ④ 코로나

해설 대전 (electrification) : 일반적으로 절연체를 서로 마찰시키면 정상상태보다 전자의 수가 많거나 적어졌을 때 양전기나 음전기를 가지게 되어 전기를 띠게 된다.

2. 공기 중에 $10\,\mu C$과 $20\,\mu C$를 $1\,m$ 간격으로 놓을 때 발생되는 정전력 (N)은?

① 1.8 ② 2.2 ③ 4.4 ④ 6.3

해설 $F = 9 \times 10^9 \times \dfrac{Q_1 \cdot Q_2}{r^2}$

$= 9 \times 10^9 \times \dfrac{10 \times 10^{-6} \times 20 \times 10^{-6}}{1^2} = 1.8 \text{ N}$

3. 그림에서 a, b 간의 합성 정전용량 C는 얼마인가?

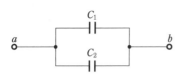

① $C = \dfrac{C_1 C_2}{C_1 + C_2}$

② $C = \dfrac{C_1 + C_2}{C_1 C_2}$

③ $C = C_1 + C_2$

④ $C = \dfrac{C_1 + C_2}{C_1}$

해설 병렬연결 : $C_p = C_1 + C_2$

직렬연결 : $C_S = \dfrac{C_1 C_2}{C_1 + C_2}$ [F]

4. 용량을 변화시킬 수 있는 콘덴서는?

① 바리콘 ② 마일러 콘덴서
③ 전해콘덴서 ④ 세라믹 콘덴서

해설 바리콘 (varicon) : variable condenser (가변콘덴서)의 줄임말이다.

5. 물질에 따라 자석에 반발하는 물체를 무엇이라 하는가?

① 비자성체 ② 상자성체
③ 반자성체 ④ 가역성체

해설 반자성체 : 자석에 반발하는 방향으로 자화되는 물체로, 금, 은, 구리, 아연 등이 있다.

6. 그림과 같이 I[A]의 전류가 흐르고 있는 도체의 미소 부분 Δl의 전류에 의해 이 부분이 r[m] 떨어진 점 P의 자기장 ΔH는?

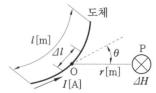

① $\Delta H = \dfrac{I^2 \Delta l \sin\theta}{4\pi r^2}$ ② $\Delta H = \dfrac{I \Delta l^2 \sin\theta}{4\pi r}$

정답 1. ③ 2. ① 3. ③ 4. ① 5. ③ 6. ④

③ $\Delta H = \dfrac{I^2 \Delta l \sin\theta}{4\pi r}$ ④ $\Delta H = \dfrac{I\Delta l \sin\theta}{4\pi r^2}$

해설 비오 – 사바르의 법칙(Biot – Savart's law) :
$$\Delta H = \frac{I\Delta l}{4\pi r^2}\sin\theta\,[\text{AT/m}]$$

7. 평균 반지름이 10 cm이고 감은 횟수 10회의 원형 코일에 5 A의 전류를 흐르게 하면 코일 중심의 자장의 세기 (AT/m)는?

① 250 ② 500
③ 750 ④ 1000

해설 $H = \dfrac{NI}{2r} = \dfrac{10\times 5}{2\times 10\times 10^{-2}} = \dfrac{50}{20}\times 10^2$
$\qquad = 250\,\text{AT/m}$

8. 플레밍의 왼손 법칙에서 엄지손가락이 나타내는 것은?

① 자장 ② 전류 ③ 힘 ④ 기전력

해설 플레밍의 왼손 법칙 : 전동기의 회전 방향을 결정한다.
• 엄지손가락 : 전자력 (힘)의 방향
• 집게손가락 : 자장의 방향
• 가운뎃손가락 : 전류의 방향

9. 자기 인덕턴스가 각각 L_1과 L_2인 2개의 코일이 직렬로 가동 접속되었을 때, 합성 인덕턴스는?(단, 자기력선에 의한 영향을 서로 받는 경우이다.)

① $L = L_1 + L_2 - M$
② $L = L_1 + L_2 - 2M$
③ $L = L_1 + L_2 + M$
④ $L = L_1 + L_2 + 2M$

해설 인덕턴스의 접속
㉠ 차동 접속 : $L = L_1 + L_2 - 2M$ [H]
㉡ 가동 접속 : $L = L_1 + L_2 + 2M$ [H]
∴ $L = L_1 + L_2 + 2M$

10. 어떤 도체의 길이를 2배로 하고 단면적을 $\dfrac{1}{3}$로 했을 때의 저항은 원래 저항의 몇 배가 되는가?

① 3배 ② 4배
③ 6배 ④ 9배

해설 $R = \rho\dfrac{l}{A}$에서, $R' = \rho\dfrac{2l}{\frac{A}{3}} = 6\cdot\rho\dfrac{l}{A} = 6R$
∴ 저항은 처음의 6배가 된다.

11. 1 Ah는 몇 C인가?

① 1200 ② 2400
③ 3600 ④ 4800

해설 $Q = I\cdot t = 1\times 60\times 60 = 3600$ C

12. 어떤 사인파 교류전압의 평균값이 150 V이면 최댓값은 약 몇 V인가?

① 108 ② 216
③ 236 ④ 248

해설 $V_m = \dfrac{\pi}{2}V_a ≒ 1.57 V_a = 1.57\times 150 = 236$ V

13. 200 V의 교류 전원에 선풍기를 접속하고 전력과 전류를 측정하였더니 600 W, 5 A이었다. 이 선풍기의 역률은?

① 0.5 ② 0.6 ③ 0.7 ④ 0.8

해설 $\cos\theta = \dfrac{P}{VI} = \dfrac{600}{200\times 5} = 0.6$

14. 그림과 같은 회로에서 전류 I와 유효 전류 I_a는 각각 몇 [A]인가?

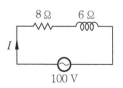

① 4, 6   ② 6, 8
③ 8, 10   ④ 10, 8

해설 ㉠ $Z = \sqrt{R^2 + X^2} = \sqrt{8^2 + 6^2} = 10\ \Omega$

㉡ $I = \dfrac{V}{Z} = \dfrac{100}{10} = 10\text{A}$

㉢ $I_a = \dfrac{R}{Z} \times I = \dfrac{8}{10} \times 10 = 8\ \text{A}$

15. 대칭 3상 Δ 결선에서 선전류와 상전류와의 위상 관계는?

① 상전류가 $\dfrac{\pi}{6}$ [rad] 앞선다.

② 상전류가 $\dfrac{\pi}{6}$ [rad] 뒤진다.

③ 상전류가 $\dfrac{\pi}{3}$ [rad] 앞선다.

④ 상전류가 $\dfrac{\pi}{3}$ [rad] 앞선다.

해설 대칭 3상 Δ 결선에서 상전류 I_p는 선전류 I_l보다 위상이 $\dfrac{\pi}{6}$ [rad]만큼 앞선다.

→ $\dfrac{\pi}{6}$ [rad] $= 30°$

※ 대칭 3상 Y 결선의 경우 : 선간전압은 상전압보다 위상이 $\dfrac{\pi}{6}$ [rad] 앞선다.

16. 출력 P [kVA]의 단상변압기 2대를 V 결선한 때의 3상 출력(kVA)은?

① P ② $\sqrt{3}\ P$
③ $2P$ ④ $3P$

해설 $P_v = \sqrt{3}\ P\ [\text{kVA}]$

17. 평형 3상 교류회로에서, Y 회로로부터 Δ 회로로 등가 변환하기 위해서는 어떻게 하여야 하는가?

① 각 상의 임피던스를 3배로 한다.
② 각 상의 임피던스를 1/3배로 한다.

③ 각 상의 임피던스를 $\sqrt{3}$ 배로 한다.
④ 각 상의 임피던스를 1/$\sqrt{3}$ 배로 한다.

해설 Y 회로와 Δ 회로의 임피던스 변환 (평형 부하인 경우)
㉠ Y 회로를 Δ 회로로 변환 : 각 상의 임피던스를 3배로 해야 한다.
㉡ Δ 회로를 Y 회로로 변환 : 각 상의 임피던스를 1/3배로 해야 한다.

18. 다음 중 파형률을 나타낸 것은?

① $\dfrac{실횻값}{평균값}$ ② $\dfrac{최댓값}{실횻값}$

③ $\dfrac{평균값}{실횻값}$ ④ $\dfrac{실횻값}{최댓값}$

해설 ① 파형률$=\dfrac{실횻값}{평균값}$ ② 파고율$=\dfrac{최댓값}{실횻값}$

19. 1.5 kW의 전열기를 정격 상태에서 30분간 사용할 때의 발열량은 몇 kcal인가?

① 648   ② 1290   ③ 1500   ④ 2700

해설 열량 $H = 0.24Pt = 0.24 \times 1.5 \times 30 \times 60$
$= 648\ \text{kcal}$

20. 패러데이 법칙과 관계없는 것은?

① 전극에서 석출되는 물질의 양은 통과한 전기량에 비례한다.
② 전해질이나 전극이 어떤 것이라도 같은 전기량이면 항상 같은 화학당량의 물질을 석출한다.
③ 화학당량이란 $\dfrac{원자량}{원자가}$ 을 말한다.
④ 석출되는 물질의 양은 전류의 세기와 전기량의 곱으로 나타낸다.

해설 석출되는 물질의 양은 전류의 세기 I [A]와 시간 t [s]의 곱으로 나타낸다.
→ $W = keQ = KIt$ [g]

제2과목 : 전기 기기

21. 직류발전기의 정격전압 100 V, 무부하 전압 109 V이다. 이 발전기의 전압변동률 ϵ[%]은?

① 1   ② 3   ③ 6   ④ 9

해설 $\epsilon = \dfrac{V_0 - V_n}{V_n} \times 100$

$= \dfrac{109 - 100}{100} \times 100 = 9\,\%$

22. 직권 및 과복권 발전기의 병렬 운전을 안전하게 하기 위해서 두 발전기의 전기자와 직권 권선의 접촉점에 연결하여야 하는 것은?

① 집전환   ② 균압선
③ 안정 저항   ④ 브러시

해설 균압 모선(equalizer) : 직권 및 복권 발전기에서는 직권 계자 코일에 흐르는 전류에 의하여 병렬 운전이 불안정하게 되므로, 균압선을 설치하여 직권 계자 코일에 흐르는 전류를 분류(등분)하게 하여 병렬 운전이 안전하도록 한다.

23. 직류전동기를 전원에 접속한 채로 전기자의 접속을 반대로 바꾸어 회전 방향과 반대 토크를 발생시켜 갑자기 정지 또는 역전시키는 방법을 무엇이라 하는가?

① 발전 제동   ② 회생제동
③ 플러깅   ④ 마찰 제동

해설 플러깅(plugging) : 역전 제동

24. 직류전동기의 규약 효율을 표시하는 식은 어느 것인가?

① $\dfrac{출력}{입력} \times 100\,\%$

② $\dfrac{출력}{출력 + 손실} \times 100\,\%$

③ $\dfrac{입력 - 손실}{입력} \times 100\,\%$

④ $\dfrac{입력}{출력 + 손실} \times 100\,\%$

해설 규약 효율

• 전동기의 효율 $= \dfrac{입력 - 손실}{입력} \times 100\,\%$

• 발전기의 효율 $= \dfrac{출력}{출력 + 손실} \times 100\,\%$

25. 직류전동기의 속도 제어법 중에서, 워드 레오나드 속도 제어 방식은?

① 계자제어   ② 병렬 저항제어
③ 직렬 저항제어   ④ 전압 제어

해설 직류 전동기의 속도 제어법

전압 제어	효율 좋다.	광범위 속도 제어
		일그너 방식 (부하가 급변하는 곳)
		워드-레오나드 방식
계자제어	효율 좋다.	세밀하고 안정된 속도 제어
		속도 조정 범위 좁다.
저항제어	효율 나쁘다.	속도 조정 범위 좁다.

26. 동기발전기를 회전 계자형으로 하는 이유가 아닌 것은?

① 고전압에 견딜 수 있게 전기자권선을 절연하기가 쉽다.
② 전기자 단자에 발생한 고전압을 슬립링 없이 간단하게 외부 회로에 인가할 수 있다.
③ 기계적으로 튼튼하게 만드는 데 용이하다.
④ 전기자가 고정되어 있지 않아 제작 비용이 저렴하다.

해설 회전 계자형 : 전기자가 고정자이므로, 고압 대전류용에 좋고 절연이 쉽다.

27. 3상 교류발전기의 기전력에 대하여 90° 늦은 전류가 통할 때의 반작용 기자력은?

① 자극축과 일치하고 감자작용
② 자극축보다 90° 빠른 증자 작용
③ 자극축보다 90° 늦은 감자작용
④ 자극축과 직교하는 교차 자화 작용

해설 동기발전기의 전기자반작용

반작용	작용	위상	역률	부하
가로축 (횡축)	교차 자화 작용	동상	1	저항 (R)
직축 (자극축과 일치)	감자 작용	지상 (90° 늦음– 전류 뒤짐)	0	유도성 (X_L)
	증자 작용	진상 (90° 빠름 –전류 앞섬)	0	용량성 (X_C)

28. 단락비가 1.25인 동기발전기의 % 동기 임피던스는?

① 70 % ② 80 % ③ 90 % ④ 125 %

해설 $Z_s' = \dfrac{1}{K_s} \times 100 = \dfrac{1}{1.25} \times 100 = 80\ \%$

29. 3상 동기전동기의 단자전압과 부하를 일정하게 유지하고, 회전자 여자전류의 크기를 변화시킬 때 옳은 것은?

① 전기자 전류의 크기와 위상이 바뀐다.
② 전기자권선의 역기전력은 변하지 않는다.
③ 동기전동기의 기계적 출력은 일정하다.
④ 회전속도가 바뀐다.

해설 위상 특성곡선(V 곡선)
 ㉠ 일정 출력에서 유기 기전력 E(또는 계자 전류 I_f)와 전기자 전류 I의 관계를 나타내는 곡선이다.
 ㉡ 동기전동기는 계자 전류를 가감하여 전기자 전류의 크기와 위상을 조정할 수 있다.

30. 다음 중 변압기의 원리와 관계있는 것은?

① 전기자반작용
② 전자유도 작용
③ 플레밍의 오른손 법칙
④ 플레밍의 왼손 법칙

해설 변압기의 원리 – 전자유도(electromagnetic induction) 작용

31. 변압기의 1차 권회수 80회, 2차 권회수 320회일 때 2차 측의 전압이 100 V이면 1차 전압(V)은?

① 15 ② 25 ③ 50 ④ 100

해설 $a = \dfrac{N_1}{N_2} = \dfrac{80}{320} = 0.25$
 $\therefore V_1 = a \cdot V_2 = 0.25 \times 100 = 25\ \mathrm{V}$

32. 변압기유가 구비해야 할 조건 중 맞는 것은?

① 절연내력이 작고 산화하지 않을 것
② 비열이 작아서 냉각 효과가 클 것
③ 인화점이 높고 응고점이 낮을 것
④ 절연재료나 금속에 접촉할 때 화학작용을 일으킬 것

해설 변압기 기름의 구비 조건
 ㉠ 절연내력이 높아야 한다.
 ㉡ 인화의 위험성이 없고 인화점이 높으며, 사용 중의 온도로 발화하지 않아야 한다.
 ㉢ 화학적으로 안정하여야 하며, 고온에서 침전물이 생기거나 산화하지 않아야 한다.
 ㉣ 응고점이 낮아야 하며, 점성도가 적고 유동성이 풍부해야 한다.
 ㉤ 냉각 작용이 좋고 비열과 열전도도가 크며, 중량이 적어야 한다.

33. 변압기의 절연내력 시험법이 아닌 것은?

① 유도 시험   ② 가압 시험
③ 단락시험   ④ 충격전압 시험

정답 27. ① 28. ② 29. ① 30. ② 31. ② 32. ③ 33. ③

해설 변압기의 절연내력 시험법
- 유도 시험
- 가압 시험
- 충격전압 시험
※ 단락시험은 온도시험에 적용된다.

34. 유도전동기의 고정자 홈 수 36개, 고정자 권선은 2층 중권으로 감은 경우 3상 4극으로 권선하려면 1극 1상의 홈수는 몇 개인가?

① 1   ② 2
③ 3   ④ 7

해설 1극 1상의 홈 수

$$S_{sp} = \frac{홈\ 수}{극수 \times 상수} = \frac{36}{4 \times 3} = 3$$

35. 60 Hz, 4극 유도전동기가 1700 rpm으로 회전하고 있다. 이 전동기의 슬립은 약 얼마인가?

① 3.42 %   ② 4.56 %
③ 5.56 %   ④ 6.64 %

해설 ㉠ $N_s = \dfrac{120f}{p} = \dfrac{120 \times 60}{4} = 1800$ rpm

㉡ $s = \dfrac{N_s - N}{N_s} \times 100 = \dfrac{1800 - 1700}{1800} \times 100$

$\qquad \fallingdotseq 5.56\ \%$

36. 회전자 입력 10 kW, 슬립 3 %인 3상 유도전동기의 2차 동손 W은?

① 300   ② 400
③ 500   ④ 700

해설 2차 동손 : $P_{c_2} = s\,P_2 = 0.03 \times 10 \times 10^3$
$\qquad\qquad\qquad = 300$ W

37. 다음 중 농형 유도전동기의 기동법이 아닌 것은?

① 기동보상기법
② 2차 저항 기동법
③ 리액터 기동법
④ $Y - \Delta$ 기동법

해설 유도전동기의 기동법 중에서, 2차 저항 기동법은 권선형 유도전동기에 적용된다.

38. 단상 전파정류 회로에서 직류전압의 평균값으로 가장 적당한 것은?

① $1.35\ V$ [V]
② $1.25\ V$ [V]
③ $0.9\ V$ [V]
④ $0.45\ V$ [V]

해설 단상 전파정류 : 직류의 평균값은 사인파의 평균값과 같다.

$$E_{d0} = \frac{2}{\pi} V_m = \frac{2\sqrt{2}}{\pi} V = 0.9\,V\,[\text{V}]$$

39. 다음 중 자기 소호 제어용 소자는 어느 것인가?

① SCR   ② TRIAC
③ DIAC   ④ GTO

해설 GTO (Gate Turn−Off thyristor) : 게이트 신호가 양 (+)이면, 턴 온(on), 음 (−)이면 턴 오프 (off) 되며, 과전류 내량이 크며 자기 소호성이 좋다.

40. 인견 공업에 사용되는 포트 전동기의 속도 제어는?

① 극수 변환에 의한 제어
② 1차 회전에 의한 제어
③ 주파수 변환에 의한 제어
④ 저항에 의한 제어

해설 포트 전동기 (pot motor)
㉠ 6000~10000 rpm의 고속도 수직축형 유도전동기로 인견 공업 (섬유 공장)에 사용되고 있다.
㉡ 독립된 주파수 변환기 전원으로 사용, 즉 주파수 변환에 의한 속도 제어를 한다.

2017

제3과목 : 전기 설비

41. 전압의 구분에서 고압에 대한 설명으로 가장 옳은 것은?

① 직류는 750 V를, 교류는 600 V 이하인 것

② 직류는 750 V를, 교류는 600 V 이상인 것

③ 직류는 750 V를, 교류는 600 V를 초과하고, 7 kV 이하인 것

④ 7 kV를 초과하는 것

해설 전압의 구분에 따른 기준

전압의 구분	기준
저압	직류 750 V 이하, 교류 600 V 이하
고압	• 직류 750 V를 넘고, 7000 V 이하 • 교류 600 V를 넘고, 7000 V 이하
특별 고압	7000 V를 넘는 것

42. 전선의 공칭 단면적에 대한 설명으로 옳지 않은 것은?

① 소선 수와 소선의 지름으로 나타낸다.

② 단위는 mm^2로 표시한다.

③ 전선의 실제 단면적과 같다.

④ 연선의 굵기를 나타내는 것이다.

해설 전선의 공칭 단면적
㉠ 단위는 mm^2로 표시한다.
㉡ 전선의 실제 단면적과는 다르다.
㉢ (소선 수/소선 지름) → (7/0.85)로 구성된 연선의 공칭 단면적은 4 mm^2이며, 계산 단면적은 3.97 mm^2이다.

43. 배전반, 분전반 등의 배관을 변경하거나 이미 설치되어 있는 캐비닛에 구멍을 뚫을 때 필요한 공구는?

① 오스터   ② 클리퍼

③ 파이어 포트   ④ 녹아웃 펀치

해설 녹아웃 펀치(knockout punch) : 배전반, 분전반 등의 배관을 변경하거나 이미 설치되어 있는 캐비닛에 구멍을 뚫을 때 필요한 공구이다.

44. 연피 케이블을 접속할 때 반드시 사용하는 테이프는?

① 리노 테이프   ② 면 테이프

③ 비닐 테이프   ④ 자기 융착 테이프

해설 리노 테이프(lino tape)
㉠ 바이어스 테이프(bias tape)에 절연성 바니시를 몇 차례 바르고, 다시 건조시킨 것으로 노란색 반투명의 것과 검은색의 것이 있다.
㉡ 리노 테이프는 점착성이 없으나 절연성, 내온성 및 내유성이 있으므로 연피 케이블 접속에는 반드시 사용된다.

45. 절연전선을 동일 플로어 덕트 내에 넣을 경우 플로어 덕트 크기는 전선의 피복 절연물을 포함한 단면적의 총합계가 플로어 덕트 내 단면적의 몇 % 이하가 되도록 선정하여야 하는가?

① 12 %   ② 22 %

③ 32 %   ④ 42 %

해설 전선의 피복 절연물을 포함한 단면적의 총합계가 플로어 덕트 내 단면적의 32 % 이하가 되도록 선정하여야 한다.

46. 합성수지관 공사에서 접착제를 사용하여 관과 관의 커플링 접속 시, 비닐 커플링에 들어가는 관의 최소 길이는?

① 관 안지름의 1.2배 이상

② 관 안지름의 0.8배 이상

③ 관 바깥지름의 1.2배 이상

④ 관 바깥지름의 0.8배 이상

해설 관과 관의 접속 방법
㉠ 커플링에 들어가는 관의 길이는 관 바깥지

름의 1.2배 이상으로 되어 있다.

ⓛ 접착제를 사용하는 경우에는 0.8배 이상으로 할 수 있다.

47. 사용 전압이 400 V를 초과하는 경우의 금속관 및 부속품 등은 사람이 접촉될 우려가 없는 경우 몇 종 접지 공사를 하는가?

① 제1종　　　② 제2종
③ 제3종　　　④ 특별 제3종

해설 금속관 및 부속품 접지 공사 – 특별 제3종 접지 공사 : 사용 전압이 400 V를 넘고 저압일 때 적용된다. 여기서, 사람이 접촉할 우려가 없는 경우에는 제3종 접지 공사를 할 수 있다.

48. 제1종 또는 제2종 접지 공사에 사용하는 접지선을 사람이 접촉할 우려가 있는 곳에 시설하는 경우 접지극은 지하 몇 cm 이상의 깊이에 매설하여야 하는가?

① 30 cm　② 60 cm　③ 75 cm　④ 90 cm

해설 사람이 접촉할 우려가 있는 장소(제1종 접지 공사 또는 제2종 접지 공사에 사용하는 접지선) : 접지극은 지하 75 cm 이상으로 하되 동결 깊이를 감안하여 매설할 것

49. 연접인입선 시설 제한 규정에 대한 설명으로 잘못된 것은?

① 분기하는 점에서 100 m를 넘지 않아야 한다.
② 폭 5 m를 넘는 도로를 횡단하지 않아야 한다.
③ 옥내를 통과해서는 안 된다.
④ 직경 2.5mm 이하의 경동선을 사용하지 않는다.

해설 ※ 인입선의 굵기
㉠ OW 전선, DV 전선 : 2.0 mm 이상
㉡ 50/750 V 일반용 단심 비닐 절연전선 : 4 mm^2 이상

50. 가공전선로의 지지물에서 다른 지지물을 거치지 아니하고 수용 장소의 인입선 접속점에 이르는 가공전선을 무엇이라 하는가?

① 연접인입선　　② 가공인입선
③ 구내 전선로　　④ 구내 인입선

해설 가공인입선 : 가공전선로의 지지물에서 분기하여 다른 지지물을 거치지 않고 수용 장소의 지지점에 이르는 가공전선

51. 가공전선로의 지선에 사용되는 애자는?

① 노브 애자　　② 인류 애자
③ 현수애자　　　④ 구형 애자

해설 구형 애자 : 인류용과 지선용이 있으며, 지선용은 지선의 중간에 넣어 양측 지선을 절연한다.

52. 고압 가공전선로의 지지물로 철탑을 사용하는 경우 경간은 몇 m 이하로 제한하는가?

① 150　② 300　③ 500　④ 600

해설 고압 가공전선로의 경간의 제한

지지물의 종류	경간
철탑	600 m 이하
B종 철주 또는 B종 철근 콘트리트주	250 m 이하
A종 철주 또는 A종 철근 콘크리트주	150 m 이하

53. 고압 이상에서 기기의 점검, 수리 시 무전압, 무전류 상태로 전로에서 단독으로 전로의 접속 또는 분리하는 것을 주목적으로 사용되는 수변전 기기는?

① 기중 부하 개폐기　② 단로기
③ 전력 퓨즈　　　　④ 컷아웃 스위치

해설 단로기(Disconnecting Switch : DS) : 송전선이나 변전소 등에서 차단기를 연 무부하 상태에서 주 회로의 접속을 변경하기 위해 회로를 개폐하는 기기

54. 분전반 및 배전반의 설치 장소로 적합하지 않은 곳은?

① 안정된 장소
② 밀폐된 장소
③ 개폐기를 쉽게 개폐할 수 있는 장소
④ 전기회로를 쉽게 조작할 수 있는 장소

해설 분전반 및 배전반의 설치 장소
㉠ 전기회로를 쉽게 조작할 수 있는 장소
㉡ 개폐기를 쉽게 조작할 수 있는 장소
㉢ 노출된 장소
㉣ 안정된 장소

55. 화약고 등의 위험 장소의 배선 공사에서 전로의 대지 전압은 몇 V 이하이어야 하는가?

① 300   ② 400
③ 500   ④ 600

해설 화약고에 시설하는 전기 설비 (내선규정 4220-1 참조) : 전로의 대지 전압은 300 V 이하로 할 것

56. 작업면에서 천장까지의 높이가 3 m일 때 직접 조명일 경우의 광원의 높이는 몇 m인가?

① 1   ② 2
③ 3   ④ 4

해설 직접조명의 경우 광원의 높이는 작업면에서 $\frac{2}{3}H_0$ [m]로 한다.

∴ 광원 높이 $= \frac{2}{3}H_0 = \frac{2}{3}\times 3 = 2\,\mathrm{m}$

57. 간선에서 분기하여 분기 과전류 차단기를 거쳐서 부하에 이르는 사이에 배선을 무엇이라 하는가?

① 간선   ② 인입선
③ 중성선   ④ 분기회로

해설 분기회로 (branch circuit)

㉠ 간선에서 분기하여 부하에 이르는 배선 회로이다.
㉡ 분전반 내의 주 개폐기에 간선을 접속하고 각 회로에 분기하여 분기 개폐기 (과전류 차단기)에 의해 전등·콘센트 등의 말단 부하에 전력을 공급하는 회로이다.

58. 급·배수 회로 공사에서 탱크의 유량을 자동 제어하는 데 사용되는 스위치는?

① 리밋 스위치
② 플로트리스 스위치
③ 텀블러 스위치
④ 타임 스위치

해설 플로트리스 (float less) 스위치 : 플로트를 쓰지 않고 액체 내에 전류가 흘러 그 변화로 제어하는 것으로, 전극 간에 흐르는 전류의 변화를 증폭하여 전자계전기를 동작시키는 것이다.

59. 부하의 역률이 규정값 이하인 경우 역률개선을 위하여 설치하는 것은?

① 전력 퓨즈   ② 진상용 콘덴서
③ MOF   ④ 지락계전기

해설 역률개선을 위한 조상설비의 종류
㉠ 전력용 (진상용)콘덴서
㉡ 리액터
㉢ 동기조상기
※ MOF (Metering Out Fit) : 계기용 변성기함

60. 전자개폐기에 부착하여 전동기의 과부하 보호에 사용되는 자동 장치는?

① 온도 퓨즈   ② 열동 계전기
③ 서모스탯   ④ 선택 접지 계전기

해설 바이메탈 (bimetal)은 열 온도 팽창계수가 판이하게 다른 2매의 금속면을 맞붙여서 온도가 높아지면 굽어지는 성질을 이용한 것으로, 열동형이다.

전기기능사
Craftsman Electricity

2017년 3회(CBT)

기출문제 해설

제1과목	제2과목	제3과목
전기 이론 : 20문항	전기 기기 : 20문항	전기 설비 : 20문항

제1과목 : 전기 이론

1. 전하의 성질에 대한 설명 중 옳지 않은 것은?

① 같은 종류의 전하는 흡인하고 다른 종류의 전하끼리는 반발한다.

② 대전체에 들어 있는 전하를 없애려면 접지시킨다.

③ 대전체의 영향으로 비대전체에 전기가 유도된다.

④ 전하는 가장 안정한 상태를 유지하려는 성질이 있다.

해설 전하의 성질에서, 같은 종류의 전하는 반발하고 다른 종류의 전하끼리는 흡인한다.

2. 두 콘덴서 C_1, C_2를 직렬접속하고 양단에 V[V]의 전압을 가할 때 C_1에 걸리는 전압은 얼마인가?

① $\dfrac{C_1}{C_1 + C_2} V$ [V] ② $\dfrac{C_2}{C_1 + C_2} V$ [V]

③ $\dfrac{C_1 + C_2}{C_1} V$ [V] ④ $\dfrac{C_1 + C_2}{C_2} V$ [V]

해설 전압의 분배 : 각 콘덴서에 분배되는 전압은 정전용량의 크기에 반비례한다.

$$V_1 = \frac{C_2}{C_1 + C_2} V \qquad V_2 = \frac{C_1}{C_1 + C_2} V$$

3. 전기장의 세기 50 V/m, 전속밀도 100 C/m²인 유전체의 단위 체적에 축적되는 에너지는 얼마인가?

① 2 J/m³ ② 250 J/m³

③ 2500 J/m³ ④ 5000 J/m³

해설 $W_0 = \dfrac{1}{2} DE = \dfrac{1}{2} \times 100 \times 50 = 2500$ J/m³

4. 비오-사바르의 법칙은 무엇과 관계가 있는가?

① 전류와 자장의 세기

② 기자력과 자속밀도

③ 전위와 자장의 세기

④ 자속과 자장의 세기

해설 비오-사바르의 법칙 (Biot-Savart's law) 도체의 미소 부분 전류에 의해 발생되는 자기장의 크기를 알아내는 법칙이다.

5. 다음 중 히스테리시스곡선에서 가로축과 만나는 점과 관계있는 것은?

① 기자력 ② 잔류자기

③ 자속밀도 ④ 보자력

해설 히스테리시스곡선에서 세로축 (종축)과 만나는 점은 잔류자기이고, 가로축 (횡축)과 만나는 점은 보자력이다.

6. 권수 N회, 전류 I[A]이고 반지름 r [m]인 원형 코일에서 자장의 세기 (AT/m) 식은?

① $H = \dfrac{I}{2r}$ ② $H = \dfrac{NI}{2r}$

③ $H = \dfrac{N}{2r}$ ④ $H = \dfrac{NI}{r}$

해설 원형 코일의 자기장 세기 : $H = \dfrac{NI}{2r}$ [AT/m]

정답 1. ① 2. ② 3. ③ 4. ① 5. ④ 6. ②

7. 다음 중 전동기의 원리에 적용되는 법칙은?

① 렌츠의 법칙
② 플레밍의 오른손 법칙
③ 플레밍의 왼손 법칙
④ 옴의 법칙

해설 플레밍의 왼손 법칙 (Fleming's left – hand rule)

ㄱ 자기장 내의 도선에 전류가 흐를 때 도선이 받는 힘의 방향을 나타낸다.

ㄴ 전동기의 회전 방향을 결정한다.
  • 엄지손가락 : 전자력 (힘)의 방향
  • 집게손가락 : 자장의 방향
  • 가운뎃손가락 : 전류의 방향

8. 배율기는 ( )의 측정 범위를 넓히기 위한 목적으로 사용되는 것으로, 회로에 ( )로 접속하는 저항기이다. ( )에 들어갈 내용은?

① 전압, 직렬
② 전류, 직렬
③ 전류, 병렬
④ 전압, 병렬

해설 ㄱ 배율기 : 전압계의 측정 범위 확대–직렬접속

ㄴ 분류기 : 전류계의 측정 범위 확대–병렬접속

9. 다음의 그림에서 2 Ω 의 저항에 흐르는 전류는?

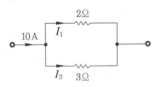

① 6 A
② 4 A
③ 5 A
④ 3 A

해설 ㄱ $I_1 = \dfrac{R_2}{R_1 + R_2} \cdot I = \dfrac{3}{2+3} \times 10 = 6\,A$

ㄴ $I_2 = \dfrac{R_1}{R_1 + R_2} \cdot I = \dfrac{2}{2+3} \times 10 = 4\,A$

10. 교류는 시간에 따라 그 크기가 변하므로 교류의 크기를 일반적으로 나타내는 값은?

① 순시값
② 최솟값
③ 실횻값
④ 평균값

해설 실횻값 (effective value)

ㄱ 직류의 크기와 같은 일을 하는 교류의 크기 값이다.

ㄴ 1주기에서 순시값의 제곱의 평균을 평방근으로 표시한다.

11. 200 V, 40 W의 형광등에 정격전압이 가해졌을 때 흐르는 전류가 0.42 A이였다. 이 형광등의 역률 (%)은?

① 25.7
② 32.6
③ 40.7
④ 47.6

해설 $\cos\theta = \dfrac{P}{VI} = \dfrac{40}{200 \times 0.42} = 0.476$

∴ 47.6 %

12. RL 직렬회로에 교류전압 $v = V_m \sin\theta$ [V] 를 가했을 때 회로의 위상각 θ를 나타낸 것은?

① $\theta = \tan^{-1} \dfrac{R}{\omega L}$

② $\theta = \tan^{-1} \dfrac{\omega L}{R}$

③ $\theta = \tan^{-1} \dfrac{1}{R\omega L}$

④ $\theta = \tan^{-1} \dfrac{R}{\sqrt{R^2 + (\omega L)^2}}$

해설 $\tan\theta = \dfrac{\omega L}{R}$ ∴ $\theta = \tan^{-1} \dfrac{\omega L}{R}$

13. 평형 3상 Y 결선의 상전압 V_p 와 선간전압 V_l 과의 관계는?

① $V_p = V_l$
② $V_l = 3 V_p$
③ $V_l = \sqrt{3}\, V_p$
④ $V_p = \sqrt{3}\, V_l$

해설 ㄱ Y 결선의 경우 : $V_l = \sqrt{3}\, V_p$

ㄴ Δ 결선의 경우 : $V_l = V_p$

14. 세 변의 저항 $R_a = R_b = R_c = 15\ \Omega$인 Y 결선 회로가 있다. 이것과 등가인 △ 결선 회로의 각 변의 저항은?

① $\dfrac{15}{\sqrt{3}}\ \Omega$ ② $\dfrac{15}{3}\ \Omega$

③ $15\sqrt{3}\ \Omega$ ④ $45\ \Omega$

해설 Y 회로를 △ 회로로 변환 : 각 상의 임피던스를 3배로 해야 한다.
∴ $R_a = R_b = R_c = 3 \times 15 = 45\ \Omega$

15. 평형 3상 회로에서 1상의 소비 전력이 P [W] 라면, 3상 회로 전체 소비 전력(W)은?

① $2P$ ② $\sqrt{2}\,P$

③ $3P$ ④ $\sqrt{3}\,P$

해설 각 상에서 소비되는 전력은 평형 회로이므로 $P_a = P_b = P_c$
∴ 3상의 전 소비 전력
$P_0 = P_a + P_b + P_c = 3P$ [W]

16. 파고율, 파형률이 모두 1인 파형은?

① 사인파   ② 고조파
③ 구형파   ④ 삼각파

해설 구형파는 실횻값=평균값=최댓값이므로 모두 1이다.

17. 비사인파의 일반적인 구성이 아닌 것은?

① 순시파   ② 고조파
③ 기본파   ④ 직류분

해설 비사인파 = 직류분 + 기본파 + 고조파

18. 220 V용 100 W 전구와 200 W 전구를 직렬로 연결하여 220 V의 전원에 연결하면?

① 두 전구의 밝기가 같다.

② 100 W의 전구가 더 밝다.
③ 200 W의 전구가 더 밝다.
④ 두 전구 모두 안 켜진다.

해설 등가회로에서, 두 전구에 흐르는 전류가 같으므로 내부저항이 큰 100 W의 전구가 더 밝다.

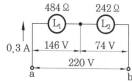

㉠ L₁ : 100 W 전구의 저항
$R_1 = \dfrac{V^2}{P_1} = \dfrac{220^2}{100} = 484\ \Omega$
㉡ L₂ : 200 W 전구의 저항
$R_2 = \dfrac{V^2}{P_2} = \dfrac{220^2}{200} = 242\ \Omega$

19. 두 개의 서로 다른 금속의 접속점에 온도차를 주면 열기전력이 생기는 현상은?

① 홀 효과
② 줄 효과
③ 압전기 효과
④ 제베크 효과

해설 제베크 효과(Seebeck effect)
㉠ 두 종류의 금속을 접속하여 폐회로를 만들고, 두 접속점에 온도의 차이를 주면 기전력이 발생하여 전류가 흐른다.
㉡ 열전온도계, 열전 계기 등에 응용된다.

20. 다음 중 1차 전지에 해당하는 것은?

① 망간건전지
② 납축전지
③ 니켈·카드뮴 전지
④ 리튬 이온 전지

해설 1차 전지로 가장 많이 보급되어 있는 것은 망간건전지이다.
※ ②, ③, ④ 는 2차 전지이다.

2017

21. 직류발전기를 구성하는 부분 중 정류자란?

① 전기자와 쇄교하는 자속을 만들어 주는 부분

② 자속을 끊어서 기전력을 유기하는 부분

③ 전기자권선에서 생긴 교류를 직류로 바꾸어 주는 부분

④ 계자권선과 외부 회로를 연결시켜 주는 부분

해설 정류자 (commutator)는 직류기에서 가장 중요한 부분이며, 브러시와 접촉하여 유도기전력을 정류, 즉 교류를 직류로 바꾸어 브러시를 통하여 외부 회로와 연결시켜 주는 역할을 한다.

22. 직류발전기에서 유기 기전력 E 를 바르게 나타낸 것은? (단, 자속은 ϕ, 회전속도는 n 이다.)

① $E \propto \phi n$

② $E \propto \phi n^2$

③ $E \propto \dfrac{\phi}{n}$

④ $E \propto \dfrac{n}{\phi}$

해설 유기 기전력 $E = \dfrac{pz}{60a}\phi n = K_1 \phi n$ [V]

※ 직류발전기의 유도기전력은 회전수와 자속의 곱에 비례한다.

(z : 전기자 도선의 수, p : 극수, a : 전기자권선의 병렬회로 수, ϕ : 1극당 자속 (wb))

23. 다음 그림의 직류전동기는 어떤 전동기인가?

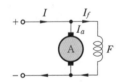

① 직권전동기

② 타여자 전동기

③ 분권전동기

④ 복권전동기

해설 분권기 : 전기자 A와 계자권선 F 를 병렬로 접속한다.

24. 속도를 광범위하게 조정할 수 있으므로 압연기나 엘리베이터 등에 사용되는 직류전동기는?

① 직권

② 분권

③ 타여자

④ 가동 복권

해설 직류전동기의 용도

종류	용도
타여자	압연기, 권상기, 크레인, 엘리베이터 • 광범위 속도 조정
분권	직류전원 선박의 펌프, 환기용 송풍기 • 정속도
직권	전차, 권상기, 크레인 • 가동 횟수가 빈번하고 토크의 변동도 심한 부하
가동 복권	크레인, 엘리베이터, 공작기계, 공기압축기

25. 직류전동기에서 무부하가 되면 속도가 대단히 높아져서 위험하기 때문에 무부하 운전이나 벨트를 연결한 운전을 해서는 안 되는 전동기는?

① 직권전동기

② 복권전동기

③ 타여자 전동기

④ 분권전동기

해설 직권전동기 벨트 운전 금지

㉠ 벨트 (belt)가 벗겨지면 무부하 상태가 되어 부하 전류 $I = 0$이 된다.

㉡ 속도 특성 $n = \dfrac{V - R_a I_a}{k_E \phi} = \dfrac{V - R_a I}{k_E k I}$

∴ 무부하 시 분모가 '0'이 되어 위험 속도로 회전하게 된다.

26. 동기기의 전기자권선법이 아닌 것은?

① 분포권

② 2층권

③ 전절권

④ 중권

해설 동기기의 전기자권선법 중 2층 분포권, 단절권 및 중권이 주로 쓰이고 결선은 Y 결선으로 한다.

① 집중권과 분포권 중에서 분포권을,

② 단층권과 2층권 중에서 2층권을,

③ 전절권과 단절권 중에서 단절권을,

④ 중권, 파권, 쇄권 중에서 중권을 주로 사용한다.

※ 전절권은 단절권에 비하여 단점이 많아 사용하지 않는다.

27. 3상 동기발전기에서 전기자 전류가 무부하 유도기전력보다 $\frac{\pi}{2}$ [rad] 앞서 있는 경우에 나타나는 전기자반작용은?

① 증자 작용
② 감자작용
③ 교차 자화 작용
④ 편자 작용

해설 ① 증자 작용 : 역률이 '0'인 커패시턴스 부하, 즉 역률 각이 $\frac{\pi}{2}$ [rad] 앞설 때에는 회전 자속과 자극축이 일치하여 증자 작용을 한다.

② 감자작용 : 역률이 '0'인 인덕턴스 부하, 즉 역률 각이 $\frac{\pi}{2}$ [rad] 늦을 때에는 회전 자속이 역방향으로 되어 감자작용을 한다.

28. 동기발전기의 병렬 운전 조건이 아닌 것은?

① 기전력의 주파수가 같을 것
② 기전력의 크기가 같을 것
③ 기전력의 위상이 같을 것
④ 발전기의 회전수가 같을 것

해설 병렬 운전의 필요조건
㉠ 유도기전력의 크기가 같을 것
㉡ 상회전이 일치하고, 기전력의 위상이 같을 것
㉢ 기전력의 주파수가 같을 것
㉣ 기전력의 파형이 같을 것

29. 동기조상기의 계자를 부족 여자로 하여 운전하면?

① 콘덴서로 작용
② 뒤진 역률 보상
③ 리액터로 작용
④ 저항손의 보상

해설 동기조상기의 운전 – 위상 특성곡선

㉠ 부족 여자 : 유도성 부하로 동작 → 리액터로 작용

㉡ 과여자 : 용량성 부하로 동작 → 콘덴서로 작용

30. 변압기의 철심으로 규소강판을 포개서 성층하여 사용하는 이유는?

① 무게를 줄이기 위하여
② 냉각을 좋게 하기 위하여
③ 철손을 줄이기 위하여
④ 수명을 늘리기 위하여

해설 변압기의 철심과 철손 : 변압기의 철심은 철손을 적게 하기 위하여 약 3.5 %의 규소를 포함한 연강판을 쓰는데, 이것을 포개어 성층 철심으로 한다.

31. 변압기에서 2차 측이란?

① 부하 측
② 고압 측
③ 전원 측
④ 저압 측

해설 ㉠ 변압기의 1차 측 : 전원 측
㉡ 변압기의 2차 측 : 부하 측

32. 다음 중 변압기의 권수비 a에 대한 식이 바르게 설명된 것은?

① $a = \frac{N_2}{N_1}$
② $a = \sqrt{\frac{Z_1}{Z_2}}$
③ $a = \frac{I_1}{I_2}$
④ $a = \sqrt{\frac{Z_2}{Z_1}}$

해설 권수비 (turn ratio)
$$a = \frac{E_1}{E_2} = \frac{N_1}{N_2} = \frac{I_2}{I_1} = \sqrt{\frac{Z_1}{Z_2}}$$

33. 100 kVA의 단상변압기 2대를 사용하여 $V-V$ 결선으로 하고 3상 전원을 얻고자 한다. 이때 여기에 접속시킬 수 있는 3상 부하의 용량은 약 몇 kVA인가?

2017

① $100\sqrt{3}$ ② 200

③ 100 ④ $200\sqrt{3}$

해설 $P_v = \sqrt{3}\,P = \sqrt{3} \times 100 = 100\sqrt{3}\,[kVA]$

34. 변압기의 규약 효율은?

① $\dfrac{출력}{입력} \times 100\,\%$

② $\dfrac{출력}{출력+손실} \times 100\,\%$

③ $\dfrac{출력}{입력-손실} \times 100\,\%$

④ $\dfrac{입력+손실}{입력} \times 100\,\%$

해설 변압기의 규약 효율 $= \dfrac{출력}{출력+손실} \times 100\,\%$

※ 전동기의 규약 효율 $= \dfrac{입력-손실}{입력} \times 100\,\%$

35. 슬립 링(slip ring)이 있는 유도전동기는?

① 농형 ② 권선형

③ 심홈형 ④ 2중 농형

해설 권선형 회전자(wound type rotor) : 내부 권선의 결선은 일반적으로 Y 결선하고, 3상 권선의 세 단자 각각 3개의 슬립 링(slip ring)에 접속하고 브러시(brush)를 통해서 바깥에 있는 기동저항기와 연결한다.

36. 주파수 50 Hz용의 3상 유도전동기를 60 Hz 전원에 접속하여 사용하면 그 회전속도는 어떻게 되는가?

① 20 % 늦어진다. ② 변치 않는다.

③ 10 % 빠르다. ④ 20 % 빠르다.

해설 $N_s = \dfrac{120}{p} \cdot f$ [rpm]에서, 회전수 N_s는 주파수 f 에 비례한다.

∴ $\dfrac{60}{50} = 1.2$배로 주파수가 증가했으므로, 회전속도는 20 % 빠르다.

37. 유도전동기에서 회전자장의 속도가 1200 rpm 이고, 전동기의 회전수가 1176 rpm일 때 슬립(%)은 얼마인가?

① 2 ② 4

③ 4.5 ④ 5

해설 $s = \dfrac{N_s - N}{N_s} \times 100 = \dfrac{1200-1176}{1200} \times 100$

$= 2\,\%$

※ $s = 1 - \dfrac{N}{N_s} = 1 - \dfrac{1176}{1200}$

$= 1 - 0.98 = 0.02$

38. 믹서기, 전기 대패기, 전기드릴, 재봉틀, 전기 청소기 등에 많이 사용되는 전동기는?

① 단상 분상형

② 만능전동기

③ 반발전동기

④ 동기전동기

해설 직 · 교류 양용 전동기

㉠ 직류 직권전동기 구조에서 교류를 가한 전동기를 말하며, 단상 직권 정류자전동기로 만능전동기(universal motor)라고도 한다.

㉡ 전철용은 보상 권선을 설치하고, 소형은 믹서기, 전기 대패기, 전기드릴, 재봉틀, 전기 청소기 등에 많이 사용된다.

39. $e = \sqrt{2}\,E\sin\omega t$ (V)의 정현파 전압을 가했을 때 직류 평균값 $E_{do} = 0.45\,E$ (V) 회로는?

① 단상 반파정류 회로

② 단상 전파정류 회로

③ 3상 반파정류 회로

④ 3상 전파정류 회로

해설 단상 반파정류 회로

㉠ 입력 $e = \sqrt{2}\,E\sin\omega t$ (V)의 정현파 전압

㉡ 출력 $E_{d0} = \dfrac{\sqrt{2}\,E}{\pi} = 0.45E$ (V)의 직류 평균값

정답 34. ② 35. ② 36. ④ 37. ① 38. ② 39. ①

40. 지락 보호용으로 사용하는 계전기는?

① 과전류계전기 ② 거리계전기
③ 지락계전기 ④ 차동계전기

해설 지락 보호계전기
㉠ 지락 과전류계전기 (over-current ground relay) : 과전류계전기의 동작 전류를 특별히 작게 한 것으로, 지락 보호용으로 사용한다.
㉡ 지락 방향계전기 (directional ground relay) : 지락 과전류계전기에 방향성을 준 계전기이다.

제3과목 : 전기 설비

41. 전압을 저압, 고압 및 특고압으로 구분할 때 교류에서 "저압"이란?

① 110 V 이하의 것
② 220 V 이하의 것
③ 600 V 이하의 것
④ 750 V 이하의 것

해설 전압의 구분에 따른 기준

전압의 구분	기 준
저압	직류 750 V 이하, 교류 600 V 이하
고압	• 직류 750 V를 넘고, 7000 V 이하 • 교류 600 V를 넘고, 7000 V 이하
특별 고압	7000 V를 넘는 것

42. 인입용 비닐 절연전선의 약호는?

① VV ② CV1
③ DV ④ MI

해설 ① VV : 0.6/1 kV 비닐 절연 비닐시스 케이블
② CV1 : 0.6/1 kV 가교 폴리에틸렌 절연 비닐시스 케이블
③ DV : 인입용 비닐 절연전선
④ MI : 미네랄 인슐레이션 케이블

43. 다음 중 전선에 압착단자를 접속시키는 공구는?

① 와이어 스트리퍼
② 프레셔 툴
③ 볼트 클리퍼
④ 드라이브이트

해설 프레셔 툴(pressure tool) : 솔더리스(solder-less) 커넥터 또는 솔더리스 터미널을 압착하는 공구이다.

44. 기구 단자에 전선 접속 시 진동 등으로 헐거워질 염려가 있는 곳에 사용되는 것은?

① 스프링 와셔 ② 2중 볼트
③ 삼각 볼트 ④ 접속기

해설 전선과 기구 단자와의 접속 : 전선을 나사로 고정할 경우에 진동 등으로 헐거워질 우려가 있는 장소는 2중 너트, 스프링 와셔 및 나사풀림 방지 기구가 있는 것을 사용한다.

45. 금속 덕트 배선에 사용하는 금속 덕트의 철판 두께는 몇 mm 이상이어야 하는가?

① 0.8 ② 1.2
③ 1.5 ④ 1.8

해설 금속 덕트는 폭이 5 cm를 넘고, 두께가 1.2 mm 이상의 철판으로 견고하게 제작된 것이어야 한다.

46. 합성수지제 전선관의 호칭은 관 굵기의 무엇으로 표시하는가?

① 홀수인 안지름
② 짝수인 바깥지름
③ 짝수인 안지름
④ 홀수인 바깥지름

해설 합성수지관의 호칭과 규격 : 1본의 길이는 4 m가 표준이고, 굵기는 관 안지름의 크기에 가까운 짝수의 mm로 나타낸다.

47. 케이블을 구부리는 경우는 피복이 손상되지 않도록 하고 그 굴곡부의 곡률반경은 원칙적으로 케이블이 단심인 경우 완성품 외경의 몇 배 이상이어야 하는가?

① 4
② 6
③ 8
④ 10

해설 케이블을 구부리는 경우는 피복을 손상시키지 않도록 그 굴곡부의 내측 반경은 원칙적으로 케이블의 외경의 6배 (단심에 있어서 8배) 이상으로 시설하여야 한다.

48. 전류 차단기로 저압 전로에 사용하는 배선용 차단기는 정격전류 30 A 이하일 때 정격전류의 1.25배 전류를 통한 경우 몇 분 안에 자동으로 동작되어야 하는가?

① 2
② 10
③ 20
④ 60

해설 배선용 차단기의 규격
(내선규정 1470 – 3 참조)

정격전류의 구분	시간 (분)	
	정격전류의 1.25배	정격전류의 2배
30 A 이하	60	2
30 A 초과 50 A 이하	60	4
50 A 초과 100 A 이하	120	6
이하 생략		

49. 굵기가 다른 절연전선을 동일 금속관 내에 넣어 시설하는 경우에 전선의 절연 피복물을 포함한 단면적이 관 내 단면적의 몇 % 이하가 되어야 하는가?

① 25
② 32
③ 45
④ 70

해설 관의 굵기 선정 (내선규정 2225–5)

㉠ 동일 굵기 : 48 % 이하
㉡ 굵기가 다른 경우 : 32 % 이하

50. 사람이 쉽게 접촉하는 장소에 설치하는 누전차단기의 사용 전압 기준은 몇 V 초과인가?

① 60
② 110
③ 150
④ 220

해설 누전차단기의 시설 (내선규정 1475 참조)
사람이 쉽게 접촉될 우려가 있는 장소에 시설하는 사용 전압이 60 V를 초과하는 저압의 금속제 외함을 가지는 기계기구에 전기를 공급하는 전로에 지락이 발생했을 때에 자동적으로 전로를 차단하는 누전차단기 등을 설치하여야 한다.

51. 고압 수전 설비의 인입구에 낙뢰나 혼촉 사고에 의한 이상전압으로부터 선로와 기기를 보호할 목적으로 시설하는 것은?

① 단로기 (DS)
② 배선용 차단기 (MCCB)
③ 피뢰기 (LA)
④ 누전차단기 (ELB)

해설 피뢰 장치 설치 장소 : 고압 및 특고압 가공 전선로로부터 공급을 받는 수용 장소의 인입구

52. 제3종 접지 공사의 접지선을 동선으로 사용할 때 접지선의 최소 굵기는?

① 1.5 mm^2
② 2.5 mm^2
③ 4 mm^2
④ 6 mm^2

해설 접지 공사의 접지선의 최소 굵기
㉠ 제3종 또는 특별 제3종 : 동선 2.5 mm^2
㉡ 제2종 또는 제1종 : 동선 6 mm^2

53. 저압 인입선 공사 시 저압 가공인입선이 철도 또는 궤도를 횡단하는 경우 레일면상에서 몇 m 이상 시설하여야 하는가?

① 3   ② 4   ③ 5.5   ④ 6.5

해설 저압 가공인입선의 접속점의 높이

구분	이격 거리
도로	도로를 횡단하는 경우는 5 m 이상
철도 또는 궤도를 횡단	레일면상 6.5 m 이상
횡단보도교의 위쪽	횡단보도교의 노면상 3 m 이상
상기 이외의 경우	지표상 4 m 이상 (기술상 부득이한 경우로 교통에 지장이 없을 때는 2.5 m 이상)

54. 연접인입선 시설 제한 규정에 대한 설명이다. 틀린 것은?

① 분기하는 점에서 100 m를 넘지 않아야 한다.

② 폭 5 m를 넘는 도로를 횡단하지 않아야 한다.

③ 옥내를 통과해서는 아니 된다.

④ 분기하는 점에서 고압의 경우에는 200 m를 넘지 않아야 한다.

해설 고압 연접인입선은 시설할 수 없다.

55. 전용 기구인 COS(컷아웃 스위치)의 용도로 알맞은 것은?

① 배전용 변압기의 1차 측에 시설하여 변압기의 단락 보호용으로 쓰인다.

② 배전용 변압기의 2차 측에 시설하여 변압기의 단락 보호용으로 쓰인다.

③ 배전용 변압기의 1차 측에 시설하여 배전 구역 전환용으로 쓰인다.

④ 배전용 변압기의 2차 측에 시설하여 배전 구역 전환용으로 쓰인다.

해설 변압기를 보호하기 위한 기구 설치
1차 측 : 애자형 개폐기 또는 프라이머리 컷아웃(PC : Primary Cutout)을 설치하며 과부하

에 대한 보호, 변압기 고장 시의 위험 방지 및 구분 개폐를 위한 것이다.
※ 컷아웃 스위치 (COS : Cut Out Switch)

56. 철탑의 사용 목적에 의한 분류에서 서로 인접하는 경간의 길이가 크게 달라 지나친 불평형 장력이 가해지는 경우 어떤 형의 철탑을 사용하여야 하는가?

① 각도형   ② 인류형
③ 보강형   ④ 내장형

해설 ① 각도형 : 전선로 중, 수평 각도가 3°를 넘은 장소에 사용
② 인류형 : 송·수전단에 사용
③ 보강형 : 전선로의 직선 부분을 보강하는 데 사용
④ 내장형 : 전선로의 지지물 양쪽의 경간차가 큰 장소에 사용

57. 전주의 길이가 15 m 이하인 경우 땅에 묻히는 깊이는 전주 길이의 얼마 이상으로 하여야 하는가? (단, 설계하중은 6.8 kN 이하이다.)

① 1/2   ② 1/3
③ 1/5   ④ 1/6

해설 ㉠ 전체의 길이가 15 m 이하인 경우는 땅에 묻히는 깊이를 전장의 1/6 이상으로 할 것
㉡ 전체의 길이가 15 m를 초과하는 경우는 땅에 묻히는 깊이를 2.5 m 이상으로 할 것

58. 전주 외등 설치 시 백열전등 및 형광등의 조명 기구를 전주에 부착하는 경우 부착한 점으로부터 돌출되는 수평거리는 몇 m 이내로 하여야 하는가?

① 0.5   ② 0.8
③ 1.0   ④ 1.2

해설 전주 외등 조명 기구 및 부착 금구 (내선규정 3330-2 참조) : 돌출되는 수평거리는 1 m 이내로 하여야 한다.

2017

59. 낙뢰, 수목 접촉, 일시적인 섬락 등 순간적인 사고로 계통에서 분리된 구간을 신속히 계통에 투입시킴으로써 계통의 안정도를 향상시키고 정전 시간을 단축시키기 위해 사용되는 계전기는?

① 차동계전기   ② 과전류계전기
③ 거리계전기   ④ 재폐로계전기

[해설] ㉠ 전력 계통에 주는 충격의 경감 대책의 하나로 재폐로 방식(reclosing method)이 채용된다.
ㄴ 재폐로 방식(재폐로계전기)의 효과
• 계통의 안정도 향상
• 정전 시간 단축

60. 전등 한 개를 2개소에서 점멸하고자 할 때 옳은 배선은?

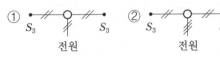

[해설] 실체 배선도

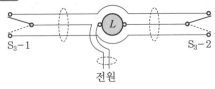

전기기능사
Craftsman Electricity

2017년 4회(CBT)

기출문제 해설

제1과목	제2과목	제3과목
전기 이론 : 20문항	전기 기기 : 20문항	전기 설비 : 20문항

제1과목 : 전기 이론

1. 다음 중 가장 무거운 것은?

① 양성자의 질량과 중성자의 질량의 합
② 양성자의 질량과 전자의 질량의 합
③ 원자핵의 질량과 전자의 질량의 합
④ 중성자의 질량과 전자의 질량의 합

해설 원자핵 = 양성자+중성자
　㉠ 양성자의 질량 = 중성자의 질량
　　　　　　　 $= 1.67261 \times 10^{-27}$ kg
　㉡ 전자의 질량 $= 9.10956 \times 10^{-31}$ kg

2. 4×10^{-5} C과 6×10^{-5} C의 두 전하가 자유공간에 2 m의 거리에 있을 때 그 사이에 작용하는 힘은?

① 5.4 N, 흡인력이 작용한다.
② 5.4 N, 반발력이 작용한다.
③ $\frac{7}{9}$ N, 흡인력이 작용한다.
④ $\frac{7}{9}$ N, 반발력이 작용한다.

해설 $F = 9 \times 10^9 \times \dfrac{Q_1 \cdot Q_2}{r^2}$

　　$= 9 \times 10^9 \times \dfrac{4 \times 10^{-5} \times 6 \times 10^{-5}}{2^2}$

　　$= \dfrac{21.6}{4} = 5.4 \, \text{N} \rightarrow$ 반발력 작용

3. 콘덴서 중 극성을 가지고 있는 콘덴서로서 교류 회로에 사용할 수 없는 것은?

① 마일러 콘덴서

② 마이카 콘덴서
③ 세라믹 콘덴서
④ 전해 콘덴서

해설 전해 콘덴서(electrolytic condenser)
　㉠ 극성을 가지므로 직류 회로에 사용된다.
　㉡ 전원의 평활 회로, 저주파 바이패스 등에 주로 사용된다.

4. 전기력선의 성질 중 맞지 않는 것은?

① 양전하에서 나와 음전하에서 끝난다.
② 전기력선의 접선 방향이 전장의 방향이다.
③ 전기력선에 수직한 단면적 $1 \, m^2$ 당 전기력선의 수가 그곳의 전장의 세기와 같다.
④ 등전위면과 전기력선은 교차하지 않는다.

해설 전기력선은 등전위면과 수직으로 교차한다.

5. 전기장의 세기 단위로 옳은 것은?

① H/m　　　　　② F/m
③ AT/m　　　　④ V/m

해설 ① : 투자율　　　② : 유전율
　③ : 자기장의 세기　④ : 전기장의 세기

6. 진공 중에서 $+m$[Wb]의 자극으로부터 나오는 자력선의 총수를 나타낸 것은?

① m　　　　　　② $\dfrac{\mu_0}{m}$

③ $\mu_0 m$　　　　④ $\dfrac{m}{\mu_0}$

해설 $N = H \times 4\pi r^2$

정답 　1. ③　2. ②　3. ④　4. ④　5. ④　6. ④

$$= \frac{1}{4\pi\mu_0} \cdot \frac{m}{r^2} \times 4\pi r^2 = \frac{m}{\mu_0} \, [\text{개}]$$

7. 평균길이가 10 cm, 권수 10회인 환상 솔레노이드에 3 A의 전류가 흐르면 그 내부의 자장세기(AT/m)는?

① 300   ② 30

③ 3   ④ 0.3

해설 $H = \dfrac{NI}{2\pi r} = \dfrac{NI}{l} = \dfrac{10 \times 3}{10 \times 10^{-2}} = 300 \, \text{AT/m}$

8. 자기저항은 자기회로의 길이에 ( )하고 단면적과 투자율의 곱에 ( )한다. ( ) 안에 알맞은 것은?

① 비례, 반비례   ② 반비례, 비례

③ 비례, 비례   ④ 반비례, 반비례

해설 자기저항 (reluctance) : $R = \dfrac{l}{\mu A} \, [\text{AT/Wb}]$

9. 패러데이의 전자 유도 법칙에서 유도 기전력의 크기는 코일을 지나는 (ⓐ)의 매초 변화량과 코일의 (ⓑ)에 비례한다. ( ) 안에 알맞은 것은?

① ⓐ 자속, ⓑ 굵기

② ⓐ 자속, ⓑ 권수

③ ⓐ 전류, ⓑ 권수

④ ⓐ 전류, ⓑ 굵기

해설 패러데이 법칙(Faraday's law) : 유도 기전력의 크기 $v \, [\text{V}]$는 코일을 지나는 자속의 매초 변화량과 코일의 권수에 비례한다.

$$v = -N\frac{\Delta\phi}{\Delta t} \, [\text{V}]$$

여기서, $\dfrac{\Delta\phi}{\Delta t}$: 자속의 변화율

10. 50회 감은 코일과 쇄교하는 자속이 0.5 s 동안 0.1 Wb에서 0.2 Wb로 변화하였다면 기전력의 크기는 몇 V인가?

① 5   ② 10

③ 12   ④ 15

해설 $\Delta\phi = 0.2 - 0.1 = 0.1 \, \text{Wb}$

$$\therefore \; v = N \cdot \frac{\Delta\phi}{\Delta t} = 50 \times \frac{0.1}{0.5} = 10 \, \text{V}$$

11. 전류를 계속 흐르게 하려면 전압을 연속적으로 만들어 주는 어떤 힘이 필요하게 되는데, 이 힘은?

① 자기력   ② 전자력

③ 전기장   ④ 기전력

해설 기전력 (electromotive force, e.m.f.) : 전류를 계속 흐르게 하려면 전압을 연속적으로 만들어 주는 어떤 힘이 필요하게 되는데, 이 힘을 기전력이라 하며, 단위는 전압과 마찬가지로 [V]를 사용한다.

12. 전선의 길이가 1 m, 단면적 1 mm²을 기준으로 고유 저항은 어떻게 나타내는가?

① Ω   ② Ω · m²

③ Ω · mm²/m   ④ Ω/m

해설 고유 저항

㉠ 단면적 1 m², 길이 1 m의 임의의 도체 양면 사이의 저항값을 그 물체의 고유 저항이라 한다.

㉡ 기호는 ρ, 단위는 Ω · m를 사용한다.

1 Ω · m = 10^2 Ω · cm = 10^6 Ω · mm²/m

연동선 : 1/58 Ω · mm²/m

경동선 : 1/55 Ω · mm²/m

13. 주파수 100 Hz의 주기는?

① 0.01 s   ② 0.6 s

③ 1.7 s   ④ 6000 s

해설 주기(period) $T \, [\text{s}]$와 주파수(frequency) $f \, [\text{Hz}]$의 관계

$$T = \frac{1}{f} = \frac{1}{100} = 0.01 \, \text{s}$$

정답   7. ①   8. ①   9. ②   10. ②   11. ④   12. ③   13. ①

14. 다음 중 전기각 $\dfrac{\pi}{6}$ [rad]는 몇 도인가?

① 30°   ② 45°

③ 60°   ④ 90°

해설 라디안 각(전기각, electrical angle)

$\pi[\text{rad}] = 180°$

$\therefore \dfrac{\pi}{6} = \dfrac{180°}{6} = 30°$

※ 라디안[rad] = 각도$\times \dfrac{2\pi}{360}$ = 각도$\times \dfrac{\pi}{180}$

15. $R = 3\,\Omega$, $\omega L = 8\,\Omega$, $\dfrac{1}{\omega C} = 4\,\Omega$의 RLC직렬

회로의 임피던스 Ω는?

① 5   ② 8.5

③ 12.4   ④ 15

해설 $Z = \sqrt{R^2 + (X_L - X_C)^2}$

$= \sqrt{R^2 + \left(\omega L - \dfrac{1}{\omega C}\right)^2}$

$= \sqrt{3^2 + (8-4)^2} = 5\,\Omega$

16. 저항 R, 리액턴스 X의 직렬 회로에 전압 V를 가할 때 전력(W)은?

① $\dfrac{V^2 R}{R^2 + X^2}$ ② $\dfrac{V^2 X}{R^2 + X^2}$

③ $\dfrac{V^2 R}{R + X}$ ④ $\dfrac{V^2 X}{R + X}$

해설 $P = I^2 \cdot R = \dfrac{V^2}{Z^2} \cdot R$

$= \dfrac{V^2}{(\sqrt{R^2 + X^2})^2} \cdot R = \dfrac{V^2 \cdot R}{R^2 + X^2}$ [W]

17. Y−Y 결선 회로에서 선간 전압이 220 V일 때 상전압은 얼마인가?

① 60 V   ② 100 V

③ 115 V   ④ 127 V

해설 $V_p = \dfrac{V_l}{\sqrt{3}} = \dfrac{220}{1.732} \fallingdotseq 127\,\text{V}$

18. $\triangle$ 결선인 3상 유도 전동기의 상전압(V_p)과 상전류(I_p)를 측정하였더니 각각 200 V, 30 A였다. 이 3상 유도 전동기의 선간 전압(V_L)과 선전류(I_L)의 크기는 각각 얼마인가?

① $V_L = 200$ V, $I_L = 30$ A

② $V_L = 200\sqrt{3}$ V, $I_L = 30$ A

③ $V_L = 200\sqrt{3}$ V, $I_L = 30\sqrt{3}$ A

④ $V_L = 200$ V, $I_L = 30\sqrt{3}$ A

해설 ㉠ 선간 전압 : $V_L = 200\,\text{V}$

㉡ 선전류 : $I_L = \sqrt{3}\, I_p = \sqrt{3} \times 30 = 30\sqrt{3}$ A

19. 같은 정전 용량의 콘덴서 3개를 $\triangle$ 결선으로 하면 Y 결선으로 한 경우의 몇 배 3상 용량으로 되는가?

① $\dfrac{1}{\sqrt{3}}$ ② $\dfrac{1}{3}$

③ 3   ④ $\sqrt{3}$

해설 $\triangle - $Y 결선의 합성 용량 비교 : 같은 정전 용량의 콘덴서이므로 3개를 $\triangle$ 결선으로 하면, Y 결선으로 하는 경우보다 그 3상 합성 정전 용량이 3배가 된다.

※ 저항의 결선일 때는 반대로 Y 결선의 합성 용량이 3배가 된다.

20. 동일 규격의 축전지 2개를 병렬로 접속하면 어떻게 되는가?

① 전압과 용량이 같이 2배가 된다.

② 전압과 용량이 같이 $\dfrac{1}{2}$이 된다.

③ 전압은 2배가 되고 용량은 변하지 않는다.

④ 전압은 변하지 않고 용량은 2배가 된다.

해설 동일 규격의 축전지 n개를 병렬로 접속하

는 경우
㉠ 병렬 연결 시 : 기전력은 변함이 없고, 용량은 n 배가 된다.
㉡ 직렬 연결 시 : 기전력은 n배가 되고, 용량은 변하지 않는다.

제2과목 : 전기 기기

21. 직류 발전기의 철심을 규소 강판으로 성층하여 사용하는 주된 이유는 ?

① 브러시에서의 불꽃방지 및 정류 개선
② 맴돌이 전류손과 히스테리시스손의 감소
③ 전기자 반작용의 감소
④ 기계적 강도 개선

해설 철심은 철손을 줄이기 위하여 규소를 함유한 연강판을 성층으로 하여 사용한다.
※ 철손 = 히스테리시스손 + 맴돌이 전류손
㉠ 히스테리시스손(histeresis loss)을 감소시키기 위하여 철심에 약 3~4 %의 규소를 함유시켜 투자율을 크게 한다.
㉡ 맴돌이 전류손(eddy current loss)을 감소시키기 위하여 철심을 얇게, 표면을 절연 처리하여 성층으로 사용한다.

22. 정격속도로 회전하는 분권발전기가 있다. 단자 전압 100 V, 계자 권선의 저항은 50 Ω, 계자 전류가 2 A, 부하 전류 50 A, 전기자 저항 0.1 Ω라 하면 유도 기전력은 약 몇 V인가 ?

① 100.2   ② 104.8
③ 105.2   ④ 125.4

해설 분권발전기의 유도 기전력
$E = V + I_a R_a = 100 + 52 \times 0.1 = 105.2 \text{V}$
※ $I_a = I_f + I = 2 + 50 = 52 \text{ A}$

23. 다음 그림에서 직류 분권전동기의 속도 특성 곡선은 ?

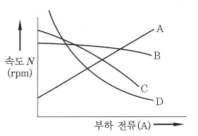

① A   ② B   ③ C   ④ D

해설 속도 특성 곡선
A : 차동 복권
B : 분권
C : 가동 복권
D : 직권

24. 직류 직권전동기의 벨트 운전을 금지하는 이유는 ?

① 벨트가 벗겨지면 위험속도에 도달한다.
② 손실이 많아진다.
③ 벨트가 마모하여 보수가 곤란하다.
④ 직결하지 않으면 속도제어가 곤란하다.

해설 직류 직권전동기 벨트 운전 금지
㉠ 벨트(belt)가 벗겨지면 무부하 상태가 되어 부하 전류 $I = 0$이 된다.
㉡ 속도 특성 $n = \dfrac{V - R_a I_a}{k_E \phi} = \dfrac{V - R_a I}{k_E k I}$
∴ 무부하 시 분모가 "0"이 되어 위험속도에 도달하게 된다.

25. 직류 전동기에서 전부하 속도가 1500 rpm, 속도변동률이 3 %일 때 무부하 회전속도는 몇 rpm 인가 ?

① 1455   ② 1410
③ 1545   ④ 1590

해설 속도변동률 $\epsilon = \dfrac{N_0 - N_n}{N_n} \times 100 \%$에서,
$N_0 = N_n \left(1 + \dfrac{\epsilon}{100} \right) = 1500 \left(1 + \dfrac{3}{100} \right)$
$= 1545 \text{ rpm}$

26. 동기기의 과도 안정도를 증가시키는 방법이
아닌 것은?

① 회전자의 플라이휠 효과를 작게 할 것
② 동기 리액턴스를 작게 할 것
③ 속응 여자 방식을 채용할 것
④ 발전기의 조속기 동작을 신속하게 할 것

해설 회전자의 플라이휠 효과를 크게 할 것
※ 안정도 증진법
ⓐ 속응 여자 방식을 채용할 것
ⓑ 조속기의 동작을 신속히 할 것
ⓒ 동기 리액턴스를 작게 할 것
ⓓ 플라이휠 효과를 크게 할 것
ⓔ 회전자의 관성을 크게 할 것
ⓕ 단락비를 크게 할 것

27. 3상 동기 발전기의 병렬 운전에 필요한 조건
이 아닌 것은?

① 발생 전압이 같을 것
② 전압 파형이 같을 것
③ 회전수가 같을 것
④ 상회전이 같을 것

해설 병렬 운전의 필요 조건
ⓐ 유도 기전력의 크기가 같을 것
ⓑ 상회전이 일치하고, 기전력의 위상이 같을 것
ⓒ 기전력의 주파수가 같을 것
ⓓ 기전력의 파형이 같을 것

28. 다음 그림은 동기기의 위상 특성 곡선을 나타낸
것이다. 전기자 전류가 가장 작게 흐를 때의 역률
은?

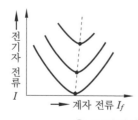

① 1
② 0.9(지상)
③ 0.9(진상)
④ 0

해설 위상 특성 곡선(V 곡선)
ⓐ 일정 출력에서 계자 전류 I_f(또는 유기 기전
력 E)와 전기자 전류 I의 관계를 나타내는
곡선이다.
ⓑ 이들 곡선의 최저점은 역률 1에 해당하는 점
이며, 이 점보다 오른쪽은 앞선 역률이고 왼
쪽은 뒤진 역률의 범위가 된다.

29. 1차 전압 6300 V, 2차 전압 210 V, 주파수 60
Hz의 변압기가 있다. 이 변압기의 권수비는?

① 30   ② 40   ③ 50   ④ 6

해설 $a = \dfrac{V_1}{V_2} = \dfrac{6300}{210} = 30$

30. 변압기에 대한 설명 중 틀린 것은?

① 전압을 변성한다.
② 전력을 발생하지 않는다.
③ 정격출력은 1차측 단자를 기준으로 한다.
④ 변압기의 정격용량은 피상전력으로 표시
한다.

해설 변압기의 정격출력은 2차측 단자를 기준한다.
※ 정격출력(용량)
= 정격 2차 전압 V_{2n}×정격 2차 전류 I_{2n}

31. 변압기유가 구비해야 할 조건으로 틀린 것은?

① 점도가 낮을 것   ② 인화점이 높을 것
③ 응고점이 높을 것   ④ 절연내력이 클 것

해설 변압기 기름의 구비 조건
ⓐ 절연내력이 높아야 한다.
ⓑ 인화의 위험성이 없고 인화점이 높으며, 사
용 중의 온도로 발화하지 않아야 한다.
ⓒ 화학적으로 안정할 것.
ⓓ 고온에서 침전물이 생기거나 산화하지 않아
야 한다.
ⓔ 응고점이 낮아야 한다.
ⓕ 냉각 작용이 좋고 비열과 열전도도가 크며,
점성도가 적고 유동성이 풍부해야 한다.
ⓖ 중량이 적어야 한다.

32. 다음 중 변압기를 병렬 운전하기 위한 조건이 아닌 것은?

① 각 변압기의 극성이 같을 것
② 각 변압기의 권수비가 같을 것
③ 각 변압기의 출력이 반드시 같을 것
④ 각 변압기의 임피던스 전압이 같을 것

> **해설** 병렬 운전하기 위한 조건
> ㉠ 각 변압기의 극성이 같을 것(같은 극성의 단자를 접속할 것)
> ㉡ 각 변압기의 1차 및 2차 전압, 즉 권수비가 같을 것
> ㉢ 각 변압기의 임피던스 전압이 같을 것
> ㉣ 각 변압기의 내부 저항과 리액턴스 비가 같을 것

33. 다음 중 Y−△ 변압기 결선의 특징으로 옳은 사항은?

① 1, 2차간 전류, 전압의 위상 변화가 없다.
② 1상에 고장이 일어나도 송전을 계속할 수 있다.
③ 저압에서 고압으로 송전하는 전력용 변압기에 주로 사용된다.
④ 3상과 단상 부하를 공급하는 강압용 배전용 변압기에 주로 사용된다.

> **해설** Y−△ 결선의 특징
> ㉠ 1, 2차에 각 변위 30°가 생긴다.
> ㉡ 1상 고장 시 송전을 계속할 수 없다.
> ㉢ 2차 변전소에서 강압용에 사용한다.

34. 다음 중 3상 유도 전동기의 슬립이 0이라는 것은?

① 정지 상태이다.
② 동기속도로 회전하고 있다.
③ 전부하로 운전하고 있다.
④ 유도 제동기로 동작하고 있다.

> **해설** 슬립(slip) : s
> ㉠ 무부하 시 → $N=N_s$
> $\therefore s=0$(동기속도로 회전)
> ㉡ 기동 시 → $N=0$
> $\therefore s=1$(정지 상태)

35. 동기 와트 P_2, 출력 P_0, 슬립 s, 등기속도 N_s, 회전속도 N, 2차 동손 P_{2c}일 때, 유도 전동기의 2차 효율 표기로 틀린 것은?

① $1-s$ ② $\dfrac{P_{2c}}{P_2}$ ③ $\dfrac{P_0}{P_2}$ ④ $\dfrac{N}{N_s}$

> **해설** 2차 효율 : $n_2 = \dfrac{P_0}{P_2} = (1-s) = \dfrac{N}{N_s}$
> ※ 기계적인 출력
> $P_0 = P_2 - P_{2c} = P_2 - sP_2$
> $\qquad = (1-s)P_2 = \dfrac{N}{N_s}P_2[\text{W}]$

36. 5~15 kW 범위 유도 전동기의 기동법은 주로 어느 것을 사용하는가?

① Y−△ 기동 ② 기동 보상기
③ 전전압 기동 ④ 2차 저항법

> **해설** Y−△ 기동 방법
> ㉠ 10~15 kW 정도의 전동기에 쓰이는 방법이다.
> ㉡ 이 방법은 기동할 때 1차 각상의 권선에는 정격전압의 $\dfrac{1}{\sqrt{3}}$의 전압이 가해져 기동 전류가 전전압 기동에 의하여 $\dfrac{1}{3}$이 되므로, 기동 전류는 전부하 전류의 200~250 % 정도로 제한된다.

37. 단상 유도 전동기 중 ㉠ 반발 기동형, ㉡ 콘덴서 기동형, ㉢ 분상 기동형, ㉣ 셰이딩 코일형이라 할 때, 기동 토크가 큰 것부터 옳게 나열한 것은?

① ㉠ > ㉡ > ㉢ > ㉣
② ㉠ > ㉣ > ㉡ > ㉢
③ ㉠ > ㉢ > ㉣ > ㉡

④ ㉠ > ㉡ > ㉣ > ㉢

해설 단상 유도 전동기의 기동 토크가 큰 순서(정격 토크의 배수)
반발 기동형(4~5배) → 콘덴서 기동형(3배) → 분상 기동형(1.25~1.5배) → 셰이딩 코일형(0.4~0.9배)

38. 낙뢰, 수목 접촉, 일시적인 섬락 등 순간적인 사고로 계통에서 분리된 구간을 신속히 계통에 투입시킴으로써 계통의 안정도를 향상시키고 정전 시간을 단축시키기 위해 사용되는 계전기는?

① 차동 계전기
② 과전류 계전기
③ 거리 계전기
④ 재폐로 계전기

해설 ㉠ 전력 계통에 주는 충격의 경감대책의 하나로 재폐로 방식(reclosing method)이 채용된다.
㉡ 재폐로 방식(재폐로 계전기)의 효과
• 계통의 안정도 향상
• 정전시간 단축

39. 인버터(inverter)란?

① 교류를 직류로 변환
② 직류를 교류로 변환
③ 교류를 교류로 변환
④ 직류를 직류로 변환

해설 ㉠ 인버터(inverter) : 직류 전원을 교류 전원으로 바꾸어 주는 장치
㉡ 컨버터(converter) : 교류 전원을 직류 전원으로 바꾸어 주는 장치

40. 단상 전파 정류회로에서 전원이 220 V이면 부하에 나타나는 전압의 평균값은 약 몇 V인가?

① 99
② 198
③ 257.4
④ 297

해설 $E_{do} = 0.9V = 0.9 \times 220 = 198$ V

41. 전선에 일정량 이상의 전류가 흘러서 온도가 높아지면 절연물을 열화하여 절연성을 극도로 악화시킨다. 그러므로 도체에는 안전하게 흘릴 수 있는 최대 전류가 있다. 이 전류는?

① 줄 전류
② 허용 전류
③ 평형 전류
④ 상 전류

해설 허용 전류(allowable current) : 전선의 단면적에 대응하여 안전하게 흘릴 수 있는 전류의 한도
㉠ 이 한도 이내의 전류를 안전 전류라고 한다.
㉡ 전선에 전류를 흐르게 하면 전기저항 때문에 발열해서 전선재료가 약화되거나, 전선의 피복 재료가 변질되어 절연 성능이 열화(劣化)할 우려가 있으므로, 그 전선에 따른 안전 전류를 지켜야 한다.

42. 다음 중 0.6/1 kV 비닐 절연 비닐 시스 케이블의 약호는?

① CV ② PV ③ VV ④ CE

해설 ① CV : 0.6/1 kV 가교 폴리에틸렌 절연 비닐 시스 케이블
② PV : 0.6/1 kV EP 고무 절연 비닐 시스 케이블
③ VV : 0.6/1 kV 비닐 절연 비닐 시스 케이블
④ CE : 0.6/1 kV 가교 폴리에틸렌 절연 폴리에틸렌 시스 케이블

43. 절연 전선의 피복 절연물을 벗기는 공구로서 도체의 손상없이 정확한 길이의 피복 절연물을 쉽게 처리할 수 있는 것은?

① 와이어 스트리퍼 ② 클리퍼
③ 프레셔 툴 ④ 리머

해설 와이어 스트리퍼(wire striper)
㉠ 절연 전선의 피복 절연물을 벗기는 자동 공구이다.
㉡ 도체의 손상 없이 정확한 길이의 피복 절연물을 쉽게 처리할 수 있다.

44. 전선을 접속하는 경우 전선의 강도는 몇 % 이상 감소시키지 않아야 하는가?

① 10 　　　　　② 20
③ 40 　　　　　④ 80

해설 전선 접속법
　㉠ 접속 부분의 전기 저항을 증가시켜서는 안 된다.
　㉡ 전선의 강도를 20 % 이상 감소시키지 아니할 것
　㉢ 접속 슬리브나 전선 접속 기구를 사용하여 접속하거나 또는 납땜을 할 것

45. 애자 사용 공사에서 전선의 지지점 간의 거리는 전선을 조영재의 윗면 또는 옆면에 따라 붙이는 경우에는 몇 m 이하인가?

① 1 　　　　　② 1.5
③ 2 　　　　　④ 3

해설 애자 사용 공사(전기설비 판단기준 제181조) : 전선의 지지점 간의 거리는 전선을 조영재의 윗면 또는 옆면에 따라 붙일 경우에는 2 m 이하일 것

46. 합성수지 몰드 공사는 사용 전압이 몇 V 미만의 배선에 사용되는가?

① 200 V 　　　　② 400 V
③ 600 V 　　　　④ 800 V

해설 합성수지 몰드 배선 공사(내선규정 2215 참조)
　㉠ 옥내의 건조한 전개된 장소와 점검할 수 있는 은폐 장소에 한하여 시공할 수 있다.
　㉡ 사용 전압은 400 V 미만이고, 전선은 절연 전선을 사용하며 몰드 내에서는 접속점을 만들어서는 안 된다.

47. 절연 전선을 동일 금속 덕트 내에 넣을 경우 금속 덕트의 크기는 전선의 피복 절연물을 포함한 단면적의 총 합계가 금속 덕트 내 단면적의 몇 % 이하가 되도록 선정하여야 하는가?(단, 제어회로

등의 배선에 사용하는 전선만을 넣는 경우이다.)

① 30 % 　　　　② 40 %
③ 50 % 　　　　④ 60 %

해설 금속 덕트의 크기
　㉠ 전선의 피복 절연물을 포함한 단면적의 총 합계가 금속 덕트 내 단면적의 20 % 이하가 되도록 선정하여야 한다(제어 회로 등의 배선에 사용하는 전선만을 넣는 경우에는 50 %).
　㉡ 동일 금속 덕트 내에 넣는 전선은 30가닥 이하로 하는 것이 바람직하다.

48. 합성수지관 공사에 대한 설명 중 옳지 않은 것은?

① 습기가 많은 장소 또는 물기가 있는 장소에 시설하는 경우에는 방습 장치를 한다.
② 관 상호 간 및 박스와는 관을 삽입하는 깊이를 바깥지름의 1.2배 이상으로 한다.
③ 관의 지지점 간의 거리는 3 m 이상으로 한다.
④ 합성수지관 안에는 전선에 접속점이 없도록 한다.

해설 관의 지지점 간의 거리는 1.5 m 이하로 한다.

49. 금속전선관 공사에서 금속관과 접속함을 접속하는 경우 녹아웃 구멍이 금속관보다 클 때 사용하는 부품은?

① 로크 너트 　　　② 부싱
③ 새들 　　　　　④ 링 리듀서

해설 링 리듀서(ring reducer) : 금속관을 아웃렛 박스 등의 녹아웃에 취부할 때 관보다 지름이 큰 관계로 로크 너트만으로는 고정할 수 없을 때 보조적으로 사용한다.

50. 분기 회로의 개폐기 및 과전류 차단기는 저압 옥내 간선과의 분기점에서 전선의 길이가 몇 m 이하의 곳에 시설하여야 하는가?

① 3 　　② 4 　　③ 5 　　④ 8

정답 44. ② 　45. ③ 　46. ② 　47. ③ 　48. ③ 　49. ④ 　50. ①

해설 개폐기 및 과전류 차단기 시설 : 저압 옥내 간선에서 분기하여 전기 기계·기구에 이르는 분기 회로 전선에는 분기점에서 전선의 길이가 3 m 이하인 곳에 개폐기 및 과전류 차단기를 시설하여야 한다.

51. 제3종 접지공사 및 특별 제3종 접지 공사의 접지선은 공칭단면적 몇 mm² 이상의 연동선을 사용하여야 하는가?

① 2.5   ② 4
③ 6   ④ 10

해설 제3종 또는 특별 제3종 접지 공사 접지선 굵기(내선규정 1445-1 참조)
㉠ 연동선의 경우 : 2.5 mm² 이상
㉡ 알루미늄선의 경우 : 4 mm² 이상

52. 네온 변압기를 넣는 외함의 접지 공사는?

① 제1종   ② 제2종
③ 특별 제3종   ④ 제3종

해설 제3종 접지 공사의 적용
㉠ 네온 변압기 외함의 접지 공사
㉡ 고압 계기용 변압기의 2차측 전로
㉢ 400 V 미만의 저압용 기계·기구의 철대 또는 금속제 외함
㉣ 교통신호등 제어 장치의 금속제 외함

53. 토지의 상황이나 기타 사유로 인하여 보통 지선을 시설할 수 없을 때 전주와 전주 간 또는 전주와 지주 간에 시설할 수 있는 지선은 어느 것인가?

① 보통 지선   ② 수평 지선
③ Y 지선   ④ 궁 지선

해설 지선의 종류 (사용목적에 따른 형태별 분류)
① 보통 지선 : 전주 근원으로부터 전주 길이의 약 1/2 거리에 지선용 근가를 매설하여 설치하는 것으로 일반적인 경우에 사용한다.
② 수평 지선 : 지형의 상황 등으로 보통 지선을 시설할 수 없는 경우에 적용한다.

③ Y 지선 : 다단의 완철이 설치되고 또한 장력이 클 때 또는 H주일 때 보통 지선을 2단으로 시설하는 것이다.
④ 궁 지선 : 장력이 비교적 적고 다른 종류의 지선을 시설할 수 없을 경우에 적용하며, 시공 방법에 따라 A형, R형 지선으로 구분한다.

54. 철근 콘크리트주로서 전체의 길이가 15 m이고, 설계하중이 7.8 kN이다. 이 지지물을 논이나 지반이 연약한 곳 이외에 기초 안전율의 고려 없이 시설하는 경우에 그 묻히는 깊이는 기준보다 몇 cm를 가산하여 시설하여야 하는가?

① 20   ② 30
③ 50   ④ 70

해설 철근 콘크리트주로서 전체의 길이가 14 m 이상 20 m 이하이고, 설계하중이 6.8 kN 초과 9.8 kN 이하의 것을 논이나 지반이 연약한 곳 이외에 시설하는 경우 최저 깊이에 30 cm를 가산하여 할 것

55. 저압 가공전선과 고압 가공전선을 동일 지지물에 시설하는 경우 상호 이격거리는 몇 cm 이상이어야 하는가?

① 20 cm   ② 30 cm
③ 40 cm   ④ 50 cm

해설 저고압 가공전선 등의 병가(판단기준 제75조 참조)
㉠ 저압 가공전선을 고압 가공전선의 아래로 하고 별개의 완금류에 시설할 것
㉡ 저압 가공전선과 고압 가공전선 사이의 이격거리는 50 cm 이상일 것

56. 수변전 설비 중에서 동력 설비 회로의 역률을 개선할 목적으로 사용되는 것은?

① 전력 퓨즈   ② MOF
③ 지락계전기   ④ 진상용 콘덴서

해설 ① 전력 퓨즈(PF) : 전로나 기기를 단락 전류로부터 보호

② MOF(metering out fit) : 계기용 변성기함
③ 지락계전기(ground relay) : 주로 계통의 지락 고장에 응답할 수 있는 계전기
④ 진상용 콘덴서(SC) : 부하 역률 개선

57. 고압 전로에 지락사고가 생겼을 때 지락전류를 검출하는 데 사용하는 것은?

① CT   ② ZCT
③ MOF   ④ PT

해설 영상변류기(ZCT : zero-phase current transformer) : 지락사고가 생겼을 때 흐르는 지락(영상)전류를 검출하여 접지계전기에 의하여 차단기를 동작시켜 사고의 파급을 방지한다.

58. 주택, 아파트, 사무실, 은행, 상점, 이발소, 미장원에서 사용하는 표준부하(VA/m²)는?

① 5   ② 10
③ 20   ④ 30

해설 건물의 종류에 대응한 표준부하(내선규정 3315 참조)

건물의 종류	표준부하(VA/m²)
공장, 공회당, 사원, 교회, 극장, 연회장 등	10
기숙사, 여관, 호텔, 병원, 학교, 음식점, 다방, 대중 목욕탕 등	20
주택, 아파트, 사무실, 은행, 상점, 이용소, 미장원	30

59. 교통신호등의 인하선은 지표상 몇 m 이상이어야 하는가?(단, 금속관, 케이블 공사에 의하여 시설하는 경우는 예외이다.)

① 1.8   ② 2.5
③ 2.8   ④ 3.5

해설 교통신호등의 인하선
㉠ 전선의 지표상 높이 : 2.5 m 이상
㉡ 전선은 케이블인 경우 이외에는 단면적 2.5 mm² 이상의 450/750 V 일반용 단심 비닐 절연 전선 또는 450/750 V 내열성 에틸렌 아세테이트 고무 절연 전선일 것

60. 전동기의 정·역 운전을 제어하는 회로에서 2개의 전자 개폐기의 작동이 동시에 일어나지 않도록 하는 회로는?

① Y-△ 회로   ② 자기유지 회로
③ 촌동 회로   ④ 인터로크 회로

해설 인터로크 (interlock) 회로 : 우선도 높은 측의 회로를 ON 조작하면 다른 회로가 열려서 작동하지 않도록 하는 회로

전기기능사
Craftsman Electricity

2018년 **1**회(CBT)

기출문제 해설

제1과목	제2과목	제3과목
전기 이론 : 20문항	전기 기기 : 20문항	전기 설비 : 20문항

제1과목 : 전기 이론

1. 0.02 μF의 콘덴서에 12 μC의 전하를 공급하면 몇 V의 전위차를 나타내는가?

① 600   ② 900
③ 1200   ④ 2400

해설 $V = \dfrac{Q}{C} = \dfrac{12}{0.02} = 600 \text{ V}$

2. 다음 중 1 V와 같은 값을 갖는 것은?

① 1 J/C   ② 1 Wb/m
③ 1 Ω/m   ④ 1 A · s

해설 1 V란, 1 C의 전하가 이동하여 한 일이 1 J 일 때의 전위차이다.
    $\therefore$ 1 J/C
    ※ 전위의 단위 : V, J/C

3. 다음 중 콘덴서의 정전 용량에 대한 설명으로 틀린 것은?

① 전압에 반비례한다.
② 이동 전하량에 비례한다.
③ 극판의 넓이에 비례한다.
④ 극판의 간격에 비례한다.

해설 콘덴서의 정전 용량
   ① $C = \dfrac{Q}{V}$ [F] : 전압(V)에 반비례한다.
     → 이동 전하량(Q)에 비례한다.
   ② $C = \epsilon \dfrac{A}{l}$ [F] : 극판의 넓이(A)에 비례한다.
     → 극판의 간격(l)에 반비례한다.

4. 정전 용량 C[F]의 콘덴서에 W[J]의 에너지를 축적하려면 이 콘덴서에 가해 줄 전압(V)은 얼마인가?

① $\dfrac{2W}{C}$ ② $\sqrt{\dfrac{2W}{C}}$
③ $\dfrac{2C}{W}$ ④ $\sqrt{\dfrac{2C}{W}}$

해설 $W = \dfrac{1}{2} CV^2$[J]에서,

$V^2 = \dfrac{2W}{C}$

$\therefore$ $V = \sqrt{\dfrac{2W}{C}}$ [V]

5. 정전 흡인력에 대한 설명 중 옳은 것은?

① 정전 흡인력은 전압의 제곱에 비례한다.
② 정전 흡인력은 극판 간격에 비례한다.
③ 정전 흡인력은 극판 면적의 제곱에 비례한다.
④ 정전 흡인력은 쿨롱의 법칙으로 직접 계산한다.

해설 정전 흡인력(평행판 전극의 단위 면적당)
$F = \dfrac{1}{2} DE = \dfrac{1}{2} \cdot \dfrac{\epsilon V^2}{l^2} \left(D = \epsilon E = \epsilon \dfrac{V}{l} \right)$
① 극판간에 가한 전압의 제곱에 비례한다.
② 극판 간격의 제곱에 반비례한다.
③ 극판 면적에 비례한다.

6. 다음 설명 중 옳은 것은?

① 상자성체는 자화율이 0보다 크고, 반자성체에서는 자화율이 0보다 작다.

정답   1. ①   2. ①   3. ④   4. ②   5. ①   6. ①

② 상자성체는 투자율이 1보다 작고, 반자성체에서는 투자율이 1보다 크다.

③ 반자성체는 자화율이 0보다 크고, 투자율이 1보다 크다.

④ 상자성체는 자화율이 0보다 작고, 투자율이 1보다 크다.

해설 자성체(투자율 μ_s, 자화율 χ)
- 상자성체 : $\mu_s > 1$인 물체로서, 자화율 $\chi > 0$
- 강자성체 : $\mu_s \gg 1$인 물체로서, 자화율 $\chi \gg 0$
- 반자성체 : $\mu_s < 1$인 물체로서, 자화율 $\chi < 0$
∴ 1. 상자성체는 자화율이 0보다 크고, 반자성체에서는 자화율이 0보다 작다.
   2. 반자성체는 자화율이 0보다 작고, 투자율이 1보다 작다.
※ 자화 M, 자기장 H, 자속밀도 B일 때
$$\chi = \frac{M}{H}, \quad \mu = \frac{B}{H}$$

7. 공기 중에서 자기장의 세기가 100 A/m인 점에 8×10^{-2}Wb의 자극을 놓을 때 이 자극에 작용하는 기자력(N)은?

① 8×10^{-4}N   ② 8 N

③ 125 N   ④ 1250 N

해설 기자력 $F = mH = 8 \times 10^{-2} \times 100 = 8\,\mathrm{N}$

8. 전기와 자기의 요소를 서로 대칭되게 나타내지 않는 것은?

① 전계–자계

② 전속–자속

③ 유전율–투자율

④ 전속밀도–자기량

해설 전속밀도 $D[\mathrm{C/m^2}]$–자속밀도 $B[\mathrm{Wb/m^2}]$

9. 자기회로의 길이 100 cm, 단면적 6.4×10^{-4} m², 투자율 50인 철심을 이용하여 자기저항을 구성하면, 자기저항은 몇 AT/Wb인가?

(단, $\mu_0 = 4\pi \times 10^{-7}$ [H/m])

① 7.9×10^7 ② 5.5×10^7

③ 4.7×10^7 ④ 2.5×10^7

해설 자기저항 (reluctance)
$$R = \frac{l}{\mu_0 \mu_s A} = \frac{100 \times 10^{-2}}{4\pi \times 10^{-7} \times 50 \times 6.4 \times 10^{-4}}$$
$$\fallingdotseq 2.5 \times 10^7\,\mathrm{AT/Wb}$$

10. 평행한 두 도체에 같은 방향의 전류가 흘렀을 때 두 도체 사이에 작용하는 힘은 어떻게 되는가?

① 반발력이 작용한다.

② 힘은 0이다.

③ 흡인력이 작용한다.

④ $1/(2\pi r)$의 힘이 작용한다.

해설 평행 도체 사이에 작용하는 전자력
㉠ 같은 방향일 때 : 흡인력
㉡ 반대 방향일 때 : 반발력

11. 1 AH는 몇 C인가?

① 7200   ② 3600

③ 120   ④ 60

해설 $Q = I \cdot t = 1 \times 60 \times 60 = 3600\,\mathrm{C}$

12. 2 Ω과 3 Ω의 저항을 병렬로 접속했을 때 흐르는 전류는 직렬로 접속했을 때의 약 몇 배인가?

① 1/2배   ② 2배

③ 2.08배   ④ 4.17배

해설 ㉠ 병렬접속 시 합성저항
$$R_p = \frac{R_1 R_2}{R_1 + R_2} = \frac{2 \times 3}{2 + 3} = \frac{6}{5} = 1.2\,\Omega$$
㉡ 직렬접속 시 합성저항
$$R_s = R_1 + R_2 = 2 + 3 = 5\,\Omega$$
㉢ 합성저항의 비
$$\frac{R_p}{R_s} = \frac{1.2}{5} = 0.24$$

정답   7. ②   8. ④   9. ④   10. ③   11. ②   12. ④

∴ 전류의 비는 저항의 비에 반비례하므로 병렬로 접속했을 때 흐르는 전류가 4.17배가 된다.

$$I_p = \frac{1}{0.24} I_s \fallingdotseq 4.17 I_s$$

13. 다음 그림에서 B점의 전위가 100 V이고 C점의 전위가 60 V이다. 이 때 AB 사이의 저항 3Ω에 흐르는 전류는 몇 A인가?

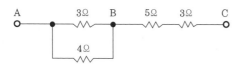

① 2.14
② 2.86
③ 4.27
④ 5

해설 ㉠ 점 B, C 사이의 전압

$$V_{BC} = V_B - V_{C_2} = 100 - 60 = 40 \text{ V}$$

㉡ 전 전류 $I = \dfrac{V_{BC}}{R_{BC}} = \dfrac{40}{5+3} = 5 \text{ A}$

∴ 저항 3Ω에 흐르는 전류

$$I_3 = \frac{R_2}{R_1 + R_2} \times I = \frac{4}{3+4} \times 5 = 2.86 \text{ A}$$

14. 어떤 정현파 전압의 평균값이 200 V이면 실횻값은 약 몇 V인가?

① 180
② 222
③ 282
④ 380

해설 실횻값

$$V = 1.11 \times V_a = 1.11 \times 200 \fallingdotseq 222 \text{ V}$$

※ $\dfrac{\text{실횻값 } V}{\text{평균값 } V_a} = \dfrac{0.707 V_m}{0.637 V_m} \fallingdotseq 1.11$

→ $V = 1.11 \times V_a$

15. 다음 중 RLC 직렬회로에서 임피던스 Z의 크기를 나타내는 식은?

① $R^2 + X_L^2 - X_C^2$
② $R^2 + X_L^2 + X_C^2$
③ $\sqrt{R^2 + (X_L - X_C)^2}$
④ $\sqrt{R^2 + (X_L^2 + X_C^2)}$

해설 $Z = \sqrt{R^2 + X^2} = \sqrt{R^2 + (X_L - X_C)^2} \, [\Omega]$

16. 다음 그림과 같이 전원과 부하가 다같이 $\triangle$ 결선된 3상 평형회로가 있다. 상전압이 200 V 부하 임피던스가 $Z = 6 + j8$ Ω인 경우 선전류는 몇 A인가?

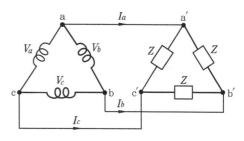

① 20
② $\dfrac{20}{\sqrt{3}}$
③ $20\sqrt{3}$
④ $10\sqrt{3}$

해설 ㉠ $|Z| = \sqrt{R^2 + X^2} = \sqrt{6^2 + 8^2} = 10 \ \Omega$

㉡ $I_p = \dfrac{V}{Z} = \dfrac{200}{10} = 20 \text{ A}$

∴ $I_l = \sqrt{3} \cdot I_p = \sqrt{3} \times 20 \text{ A}$

17. 다음 중 파형률을 나타낸 것은?

① $\dfrac{\text{실횻값}}{\text{최댓값}}$
② $\dfrac{\text{최댓값}}{\text{실횻값}}$
③ $\dfrac{\text{실횻값}}{\text{평균값}}$
④ $\dfrac{\text{평균값}}{\text{실횻값}}$

해설 ㉠ 파형률 $= \dfrac{\text{실횻값}}{\text{평균값}}$

㉡ 파고율 $= \dfrac{\text{최댓값}}{\text{실횻값}}$

18. 패러데이 법칙에서 화학당량과 무엇을 나타내는가?

① $\dfrac{\text{원자가}}{\text{원자량}}$
② $\dfrac{\text{원자량}}{\text{원자가}}$
③ $\dfrac{\text{석출량}}{\text{원자가}}$
④ $\dfrac{\text{원자량}}{\text{석출량}}$

2018

해설 패러데이의 법칙 (Faraday's law)
ⓐ 전기 분해 시 전극에 석출되는 물질의 양은 전해액을 통한 전기량에 비례한다.
ⓑ 전기량이 같을 때 석출되는 물질의 양은 그 물질의 화학당량에 비례한다.

※ 화학당량 = $\dfrac{원자량}{원자가}$

19. 묽은 황산(H_2SO_4) 용액에 구리(Cu)와 아연(Zn) 판을 넣으면 전지가 된다. 이때 양극(+)에 대한 설명으로 옳은 것은?

① 구리판이며 수소 기체가 발생한다.
② 구리판이며 산소 기체가 발생한다.
③ 아연판이며 산소 기체가 발생한다.
④ 아연판이며 수소 기체가 발생한다.

해설 볼타 전지 (voltaic cell)(본문 그림 1-5-2 참조)
ⓐ 묽은 황산 용액에 구리(Cu)와 아연(Zn) 전극을 넣으면, 두 전극 사이에 기전력이 생겨 약 1 V의 전압이 나타난다.
ⓑ 분극 작용(polarization effect) 전류를 얻게 되면 구리판(양극)의 표면이 수소 기체에 의해 둘러싸이게 되는 현상으로, 전지의 기전력을 저하시키는 요인이 된다.

20. 다음 중 납축전지의 양극재료는?

① $2H_2SO_4$ ② Pb
③ $PbSO_4$ ④ PbO_2

해설 납축전지
ⓐ 납축전지는 2차 전지의 대표적인 것이다.
ⓑ 양극 : 이산화납(PbO_2)
ⓒ 음극 : 납(Pb)
ⓓ 전해액 : 묽은 황산(비중 1.23~1.26)으로 사용한 것이다.

제2과목 : 전기 기기

21. 다음 중 직류 발전기의 정류를 개선하는 방법

중 틀린 것은?

① 코일의 자기 인덕턴스가 원인이므로 접촉 저항이 작은 브러시를 사용한다.
② 보극을 설치하여 리액턴스 전압을 감소시킨다.
③ 보극 권선은 전기자 권선과 직렬로 접속한다.
④ 브러시를 전기적 중성축을 지나서 회전방향으로 약간 이동시킨다.

해설 브러시의 접촉 저항이 큰 것을 사용하여 정류 코일의 단락 전류를 억제하여 양호한 정류를 얻는다(탄소질 및 금속 흑연질의 브러시 사용).

22. 10극의 직류 파권 발전기의 전기자 도체 수 400, 매 극의 자속 수 0.02 Wb, 회전수 600 rpm일 때 기전력은 몇 V인가?

① 200 ② 220 ③ 380 ④ 400

해설 $E = p\phi \dfrac{N}{60} \cdot \dfrac{Z}{a}$

$= 10 \times 0.02 \times \dfrac{600}{60} \times \dfrac{400}{2} = 400\,V$

여기서, 파권이므로 $a = 2$

23. 직류 분권전동기의 계자 저항을 운전 중에 증가시키는 경우 일어나는 현상으로 옳은 것은?

① 자속 증가 ② 속도 감소
③ 부하 증가 ④ 속도 증가

해설 계자 저항 증가→계자 전류 감소→자속 감소→회전속도 증가

$N = K \dfrac{E}{\phi}$[rpm]

24. 다음 중 동기 발전기 단절권의 특징이 아닌 것은?

① 고조파를 제거해서 기전력의 파형이 좋아진다.
② 코일 단이 짧게 되므로 재료가 절약된다.

③ 전절권에 비해 합성 유기기전력이 증가한다.

④ 코일 간격이 극 간격보다 작다.

해설 단절권(short pitch winding)

㉠ 코일 피치 $\beta\pi$가 자극 피치 π보다 작은 권선법이다($\beta = \frac{5}{6}$ 정도).

㉡ 전절권에 비하여 파형(고조파 제거) 개선, 코일 단부 단축, 동량 감소 및 기계 길이가 단축되지만, 유도 기전력이 감소한다.

25. 동기 발전기의 병렬운전 중에 기전력의 위상차가 생기면 어떻게 되는가?

① 위상이 일치하는 경우보다 출력이 감소한다.

② 부하 분담이 변한다.

③ 무효 순환전류가 흘러 전기자 권선이 과열된다.

④ 동기화력이 생겨 두 기전력의 위상이 동상이 되도록 작용한다.

해설 기전력의 위상차에 의한 발생 현상

㉠ 동기 발전기 A, B가 병렬운전 중 A기의 유도 기전력 위상이 B기보다 δ_s만큼 앞선 경우, 전압 $\dot{E}_s = \dot{E}_a - \dot{E}_b$에 의하여 두 발전기 사이에 횡류 $\dot{I}_s = \frac{\dot{E}_s}{2Z_s}$[A]가 흐르게 된다.

㉡ 횡류 I_s는 유효 전류 또는 동기화 전류라고 하며, 상차각 δ_s의 변화를 원상태로 돌아가려고 하는 I_s에 의한 전력은 동기화 전력이라고 한다.

26. 다음 중 동기 전동기에 관한 설명에서 잘못된 것은?

① 기동 권선이 필요하다.

② 난조가 발생하기 쉽다.

③ 여자기가 필요하다.

④ 역률을 조정할 수 없다.

해설 동기 전동기 → 동기 조상기

㉠ 동기 전동기는 V곡선(위상 특성 곡선)을 이용하여 역률을 임의로 조정하고, 진상 및 지상 전류를 흘릴 수 있다.

㉡ 이 전동기를 동기 조상기라 하며, 앞선 무효전력은 물론 뒤진 무효 전력도 변화시킬 수 있다.

27. 50 Hz용 변압기에 60 Hz의 같은 전압을 가하면 자속 밀도는 50 Hz 때의 몇 배인가?

① $\frac{6}{5}$ ② $\frac{5}{6}$

③ $\left(\frac{5}{6}\right)^{1.6}$ ④ $\left(\frac{6}{5}\right)^2$

해설 변압기의 주파수와 자속 밀도 관계

㉠ $E = 4.44 f N \phi_m$에서, 전압이 같으면 자속 밀도는 주파수에 반비례한다.

㉡ 주파수가 $\frac{6}{5}$ 배로 증가하면, 자속 밀도는 $\frac{5}{6}$ 배로 감소한다.

28. 변압기의 권선법 중 형권은 주로 어디에 사용되는가?

① 소형 변압기   ② 중형 변압기
③ 특수 변압기   ④ 가정용 변압기

해설 변압기의 권선법

㉠ 형권: 목제권형이나 절연통에 코일을 감은 것을 조립하는 것으로 중형(대형기)에 내철형, 외철형에 모두 쓰인다.

㉡ 직권: 철심에 직접 저압 권선을 감고 절연후 고압 권선을 감는 법으로 소형 내철형에 쓰인다.

29. 일정 전압 및 일정 파형에서 주파수가 상승하면 변압기 철손은 어떻게 변하는가?

① 증가한다.

② 감소한다.

③ 불변이다.

④ 어떤 기간 동안 증가한다.

해설 $E=4.44fN\phi_m[\text{V}]$에서,

전압이 일정하고 주파수 f 만 높아지면 자속 ϕ_m 이 감소, 즉 여자 전류가 감소하므로 철손이 감소하게 된다.

30. 절연유를 충만시킨 외함 내에 변압기를 수용하고, 오일의 대류작용에 의하여 철심 및 권선에 발생한 열을 외함에 전달하며, 외함의 방산이나 대류에 의하여 열을 대기로 방산시키는 변압기의 냉각방식은?

① 유입 송유식　　② 유입 수랭식
③ 유입 풍랭식　　④ 유입 자랭식

해설 변압기의 냉각방식
　㉠ 건식 자랭식(AN) : 공기에 의하여 자연적으로 냉각
　㉡ 건식 풍랭식(AF) : 강제로 통풍시켜 냉각 효과를 크게 한 것
　㉢ 유입 자랭식(ONAN) : 절연 기름을 채운 외함에 변압기 본체를 넣고, 기름의 대류 작용으로 열을 외기 중에 발산시키는 방법
　㉣ 유입 풍랭식(ONAF) : 방열기가 붙은 유입 변압기에 송풍기를 붙여서 강제로 통풍시켜 냉각 효과를 높인 것
　㉤ 송유 풍랭식(OFAF) : 외함 위쪽에 있는 가열된 기름을 펌프로 외부에 있는 냉각기를 통하여 나오도록 한 다음, 냉각된 기름을 외함의 밑으로 돌려보내는 방법

31. 다음 그림의 변압기 등가회로는 어떤 회로인가?

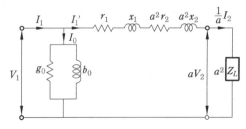

① 1차를 1차로 환산한 등가회로
② 1차를 2차로 환산한 등가회로
③ 2차를 1차로 환산한 등가회로
④ 2차를 2차로 환산한 등가회로

해설 2차를 1차로 환산한 등가회로
　㉠ 전압 : $V_2 \rightarrow aV_2$
　㉡ 전류 : $I_2 \rightarrow \dfrac{1}{a}I_2$
　㉢ 저항 : $r_2 \rightarrow a^2 r_2$
　㉣ 리액턴스 : $x_2 \rightarrow a^2 x_2$
　㉤ 임피던스 : $Z \rightarrow a^2 Z$

32. 용량 $P[\text{kVA}]$인 동일 정격의 단상 변압기 4대로 낼 수 있는 3상 최대 출력 용량 P_m은?

① $3P$　　　　　　② $\sqrt{3}\,P$
③ $4P$　　　　　　④ $2\sqrt{3}\,P$

해설 V 결선의 출력 $P_v = \sqrt{3}\,P[\text{kVA}]$
∴ 3상 최대 용량 $P_m = 2 \times P_v$
　　　　　　　　$= 2\sqrt{3}\,P[\text{kVA}]$

33. 다음 중 농형 회전자에 비뚤어진 홈을 쓰는 이유는?

① 출력을 높인다.
② 회전수를 증가시킨다.
③ 소음을 줄인다.
④ 미관상 좋다.

해설 농형 회전자(squirrel-cage rotor)
　㉠ 구리 또는 알루미늄 도체를 사용한 것으로, 단락 고리와 냉각용의 날개가 한 덩어리의 주물로 되어 있다.
　㉡ 비뚤어진 홈(skewed slot)
　　• 회전자가 고정자의 자속을 끊을 때 발생하는 소음을 억제하는 효과가 있다.
　　• 기동 특성, 파형을 개선하는 효과가 있다.

34. 슬립 4 %인 유도 전동기의 등가 부하 저항(R)은 2차 저항(r)의 몇 배인가?

① 5　　　② 19　　　③ 20　　　④ 24

해설 등가 부하 저항

$$R = \frac{1-s}{s} \cdot r_2 = \frac{1-0.04}{0.04} \times r_2 = 24\,r_2$$

$$\therefore \quad 24배$$

(참고) 유도 전동기의 2차 저항 r_2, 슬립 s일 때 기계적 출력에 상당한 등가 저항 R을 나타내는 식은

$$R = \frac{r_2}{s} - r_2 = \frac{r_2}{s} - \frac{sr_2}{s} = \frac{r_2 - sr_2}{s} = \frac{1-s}{s} \cdot r_2$$

35. 3상 유도 전동기에서 회전자가 슬립 s로 회전하고 있을 때 2차 유기 전압 E_{2s} 및 2차 주파수 f_{2s}와 s와의 관계는? (단, E_2는 회전자가 정지하고 있을 때 2차 유기 기전력이며, f_1은 1차 주파수이다.)

① $E_{2s} = sE_2$, $f_{2s} = sf_1$

② $E_{2s} = sE_2$, $f_{2s} = \frac{1}{s}f_1$

③ $E_{2s} = \frac{1}{s}E_2$, $f_{2s} = \frac{1}{s}f_1$

④ $E_{2s} = (1-s)E_2$, $f_{2s} = (1-s)f_1$

(해설) 슬립 s에서의 2차 권선 회전자에 유도되는 기전력의 실횻값 E_{2s}과 주파수 f_{2s}는
ㄱ 회전자 유도 기전력 : $E_{2s} = s\,E_2 [\mathrm{V}]$
ㄴ 슬립 주파수 : $f_{2s} = s\,f_1 [\mathrm{Hz}]$

36. 농형 유도 전동기의 기동법과 가장 거리가 먼 것은?

① 기동 보상기법
② 2차 저항 기동법
③ 전전압 기동법
④ Y–Δ 기동법

(해설) 2차 저항 기동법은 권선형 유도 전동기에 적용된다.

37. 다음 중 [보기]의 설명에서 빈칸 ㉠~㉢에 알맞은 말은?

— 보 기 —

권선형 유도 전동기에서 2차 저항을 증가시키면 기동 전류는 (㉠)하고 기동 토크는 (㉡)하며, 2차 회로의 역률이 (㉢)되고 최대 토크는 일정하다.

① ㉠ 감소, ㉡ 증가, ㉢ 좋아지게
② ㉠ 감소, ㉡ 감소, ㉢ 좋아지게
③ ㉠ 감소, ㉡ 증가, ㉢ 나빠지게
④ ㉠ 증가, ㉡ 감소, ㉢ 나빠지게

(해설) 권선형 유도 전동기에서는 비례추이 원리에 의해 2차 저항을 증가시키면 기동 전류는 감소하고, 기동 토크는 증가한다. 2차 회로의 역률이 좋아지게 되고 최대 토크는 일정하다.
※ 비례 추이 (proportional shift) : 토크 속도 곡선이 2차 합성 저항의 변화에 비례하여 이동하는 것을 토크 속도 곡선이 비례 추이한다고 한다.

38. 다음 그림과 같은 분상 기동형 단상 유도 전동기를 역회전시키기 위한 방법이 아닌 것은?

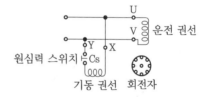

① 원심력 스위치를 개로 또는 폐로 한다.
② 기동 권선이나 운전 권선의 어느 한 권선의 단자 접속을 반대로 한다.
③ 기동 권선의 단자 접속을 반대로 한다.
④ 운전 권선의 단자 접속을 반대로 한다.

(해설) 분산 기동형 단상 유도 전동기는 기동 권선이나 운전 권선의 어느 한 권선의 단자 접속을 반대로 하면 역회전된다.
※ 기동 시 C_s는 폐로(ON) 상태에서 일단 기동이 되면 원심력이 작용하여 C_s는 자동적으로 개로(OFF)가 된다.

39. 다음 중 트라이액(TRIAC)의 기호는?

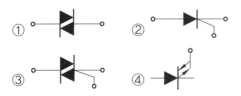

해설 ① DIAC, ② SCR, ③ TRIAC, ④ GTO

40. 다음 그림은 유도 전동기 속도 제어 회로 및 트랜지스터의 컬렉터 전류 그래프이다. ⓐ와 ⓑ 에 해당하는 트랜지스터는?

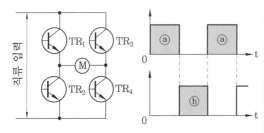

① ⓐ는 TR₁과 TR₂, ⓑ는 TR₃과 TR₄
② ⓐ는 TR₁과 TR₃, ⓑ는 TR₂와 TR₄
③ ⓐ는 TR₂과 TR₄, ⓑ는 TR₁과 TR₃
④ ⓐ는 TR₁과 TR₄, ⓑ는 TR₂와 TR₃

해설 ⓐ : 대각선 방향의 TR 두 개 → TR₁과 TR₄
ⓑ : 반대쪽 대각선 방향의 TR 두 개 → TR₂와 TR₃

제3과목 : 전기 설비

41. 전압의 구분에서 저압 직류 전압은 몇 V 이하 인가?

① 400   ② 600   ③ 750   ④ 900

해설 전압의 구분

전압의 구분	기 준
저압	직류 750 V 이하, 교류 600 V 이하
고압	직류 750 V를 넘고, 7000 V 이하 교류 600 V를 넘고, 7000 V 이하
특별 고압	7000 V를 넘는 것

42. 절연 전선의 피복에 "154kV NRV"라고 표기 되어 있다. 여기서 "NRV"는 무엇을 나타내는 약 호인가?

① 형광등 전선
② 고무 절연 폴리에틸렌 시스 네온 전선
③ 고무절연 비닐 시스 네온 전선
④ 폴리에틸렌 절연 비닐 시스 네온 전선

해설 154 kV 고무 절연 비닐 시스 네온 전선(N : 네온, R : 고무, V : 비닐)
※ E : 폴리에틸렌, C : 클로로프렌

43. 다음 중 소형 분전반이나 배전반을 고정시키 기 위하여 콘크리트에 구멍을 뚫어 드라이브 핀 을 박는 공구는?

① 드라이베이트   ② 익스팬션
③ 스크루 앵커   ④ 코킹 앵커

해설 드라이베이트 툴(driveit tool)
㉠ 큰 건물의 공사에서 드라이브 핀을 콘크리 트에 경제적으로 박는 공구이다.
㉡ 화약의 폭발력을 이용하기 때문에 취급자는 보안상 훈련을 받아야 한다.

44. 굵기가 같은 두 단선의 쥐꼬리 접속에서 와이 어 커넥터를 사용하는 경우에는 심선을 몇 회 정도 꼰 다음 끝을 잘라내야 하는가?

① 2~3회   ② 4~5회
③ 6~7회   ④ 8~9회

해설 쥐꼬리 접속(rat tail joint)
㉠ 박스 안에서 가는 전선을 접속할 때 적용한다.
㉡ 심선을 2~3회 정도 꼰 다음 끝을 잘라내야 한다.

45. 애자 사용 공사에 의한 저압 옥내배선에서 일 반적으로 전선 상호간의 간격은 몇 cm 이상이 어야 하는가?

① 2.5 cm   ② 6 cm

③ 25 cm ④ 60 cm

해설 전선의 이격 거리

거리 \ 사용 전압	400 V 미만의 경우	400 V 이상의 경우
전선 상호간의 거리	6 cm 이상	6 cm 이상
전선과 조영재와의 거리	2.5 cm 이상	4.5 cm 이상

46. 다음 중 버스 덕트가 아닌 것은?

① 플로어 버스 덕트

② 피더 버스 덕트

③ 트랜스포지션 버스 덕트

④ 플러그인 버스 덕트

해설 버스 덕트(bus duct) 종류(내선규정 제 2245절 참조)

㉠ 피더 버스 덕트

㉡ 플러그인 버스 덕트

㉢ 익스팬션 버스 덕트

㉣ 탭붙이 버스 덕트

㉤ 트랜스포지션 버스 덕트

※ 플로어 덕트(floor duct) : 주로 콘크리트 건조물 밑에 가로 세로 십자로 매설하여 밑에 아웃트렛을 설치하는 배선에 사용되는 덕트이다.

47. 합성수지관 상호 및 관과 박스는 접속 시에 삽입하는 깊이를 관 바깥지름의 몇 배 이상으로 하여야 하는가? (단, 접착제를 사용하는 경우이다.)

① 0.6배 ② 0.8배

③ 1.2배 ④ 1.6배

해설 관과 관의 접속 방법

㉠ 커플링에 들어가는 관의 길이는 관 바깥지름의 1.2배 이상으로 되어 있다.

㉡ 접착제를 사용하는 경우에는 0.8배 이상으로 할 수 있다.

48. 다음 중 배전 선로에 사용되는 개폐기의 종류와 그 특성의 연결이 바르지 못한 것은?

① 컷아웃 스위치 – 주된 용도로는 주상변압기의 고장이 배전 선로에 파급되는 것을 방지하고 변압기의 과부하 소손을 예방하고자 사용한다.

② 부하 개폐기 – 고장 전류와 같은 대 전류는 차단할 수 없지만 평상 운전시의 부하 전류는 개폐할 수 있다.

③ 리클로저 – 선로에 고장이 발생하였을 때, 고장 전류를 검출하여 지정된 시간 내에 고속 차단하고 자동 재폐로 동작을 수행하여 고장 구간을 분리하거나 재송전하는 장치이다.

④ 섹셔널라이저 – 고장 발생 시 신속히 고장 전류를 차단하여 사고를 국부적으로 분리시키는 것으로 후비보호 장치와 직렬로 설치하여야 한다.

해설 섹셔널라이저(sectionalizer) : 고압배전선에서 사용되는 차단 능력이 없는 유입 개폐기로 리클로저의 부하쪽에 설치되고, 리클로저의 개방 동작 횟수보다 1~2회 적은 횟수로 리클로저의 개방 중에 자동적으로 개방 동작된다.

49. 접지선의 절연 전선 색상은 특별한 경우를 제외하고는 어느 색으로 표시를 하여야 하는가?

① 적색 ② 황색

③ 녹색 ④ 흑색

해설 접지선의 표시

㉠ 접지선은 원칙적으로 녹색으로 표시한다.

㉡ 다심 케이블, 다심 캡타이어 케이블 또는 다심 코드의 한 심선을 접지선으로 사용하는 경우에는 녹색 또는 황록색 및 얼룩무늬 모양의 것 이외에 심선을 접지선으로 사용해서는 안 된다.

50. 접지전극의 매설 깊이는 몇 m 이상인가?

① 0.6 ② 0.65

③ 0.7 ④ 0.75

해설 사람이 접촉할 우려가 있는 장소의 접지전

2018

극 매설

㉠ 접지극은 지하 75 cm 이상으로 하되 동결 깊이를 감안하여 매설할 것

㉡ 접지선을 철주와 같은 금속체에 따라서 시설하는 경우에는 전항의 규정에 따르고 접지극 중에서 그 금속체와 1 m 이상 이격하여 매설할 것

51. 다음 중 전선로의 직선 부분을 지지하는 애자는?

① 핀 애자　　　② 지지 애자

③ 가지 애자　　　④ 구형 애자

해설 ① 핀 애자 : 전선의 직선 부분에 사용

② 지지 애자 : 전선의 지지부에 사용

③ 가지 애자 : 전선을 다른 방향으로 돌리는 부분에 사용

④ 구형 애자 : 인류용과 지선용

52. 고압 가공전선로의 지지물로 철탑을 사용하는 경우 최대 경간은 몇 m인가?

① 150　　　② 200

③ 250　　　④ 600

해설 고압 가공전선로 경간의 제한(판단기준 제76조)

지지물의 종류	경간
철탑	600 m 이하
B종 철주 또는 B종 철근 콘트리트주	250 m 이하
A종 철주 또는 A종 철근 콘크리트주	150 m 이하

※ 고압 보안 공사 시 : 400 m

53. 우리나라 특고압 배전방식으로 가장 많이 사용되고 있으며, 220/380 V의 전원을 얻을 수 있는 배전방식은?

① 단상 2선식　　　② 3상 3선식

③ 3상 4선식　　　④ 2상 4선식

해설 중성선을 가진 3상 4선식 배전방식은 상전압 220 V와 선간 전압 380 V의 전원을 얻을 수 있다.

※ 중성선이란 다선식 전로에서 전원의 중성극에 접속된 전선을 말한다(내선규정 1300 참조).

54. 대전류를 소전류로 변성하여 계전기나 측정계기에 전류를 공급하는 기기를 무엇이라 하는가?

① 계기용 변류기(CT)

② 계기용 변압기(PT)

③ 단로기(DS)

④ 컷아웃 스위치(COS)

해설 ㉠ 계기용 변류기(CT : current transfomer)

• 높은 전류를 낮은 전류로 변성

• 배전반의 전류계·전력계, 차단기의 트립 코일의 전원으로 사용

㉡ 계기용 변압기(PT : potential transformer)

• 고전압을 저전압으로 변성

• 배전반의 전압계, 전력계, 주파수계, 역률계 표시등 및 부족 전압 트립 코일의 전원으로 사용

55. 다음 중 최소 동작 전류값 이상이면 일정한 시간에 동작하는 한시 특성을 갖는 계전기는?

① 정한시 계전기

② 반한시 계전기

③ 순한시 계전기

④ 반한시성 정한시 계전기

해설 ① 정한시 계전기 : 최소 동작값 이상의 구동 전기량이 주어지면, 일정 시한으로 동작하는 것이다.

② 반한시 계전기 : 동작 전류가 작을수록 시한이 길어지는 계전기이다.

③ 순한시 계전기 : 동작 시간이 0.3초 이내인 계전기를 말한다.

④ 반한시성 정한시 계전기 : 어느 한도까지의 구동 전기량에서는 반한시성이나, 그 이상의 전기량에서는 정한시성의 특성을 가진 계전기이다.

56. 차단기 문자 기호 중 "OCB"는?

① 진공 차단기   ② 기중 차단기
③ 자기 차단기   ④ 유입 차단기

해설 ① 진공 차단기(VCB : vacuum circuit breaker)
② 기중 차단기(ACB : air circuit breaker)
③ 자기 차단기(MBCB : magnetic-blast circuit breaker)
④ 유입 차단기(OCB : oil circuit breaker)

57. 셀룰로이드, 성냥, 석유류 등 기타 가연성 위험물질을 제조 또는 저장하는 장소의 배선으로 잘못된 배선은?

① 금속관 배선   ② 가요전선관 배선
③ 합성수지관 배선   ④ 케이블 배선

해설 위험물(셀룰로이드, 성냥, 석유류) 등이 존재하는 장소(내선 4230 참조)
㉠ 배선은 금속판 배선, 합성수지관 배선 또는 케이블 배선 등에 의할 것
㉡ 이동 전선은 접속점이 없는 1종 캡타이어 케이블 이외의 캡타이어 케이블을 사용한다.

58. 완전 확산면은 어느 방향에서 보아도 무엇이 동일한가?

① 광속   ② 휘도
③ 조도   ④ 광도

해설 완전 확산면(perfect diffusing surface)
㉠ 반사면이 거칠면 난반사하여 빛이 확산한다.

㉡ 이 확산 반사 중 면의 휘도가 어느 방향에서 보더라도 같은 표면을 완전 확산면이라 한다.
※ 휘도(luminance) : 어느 면을 어느 방향에서 보았을 때의 발산 광속으로 단위는 [sb] ; stilb, [nt] ; nit을 사용한다.

59. 저압 옥내 간선에서 분기하는 분기회로에서 전선의 허용전류가 간선보호용 과전류 차단기 정격전류의 55 %가 넘을 경우 분기점에서 몇 m 이하의 곳에 차단기를 설치하여야 하는가?

① 3   ② 8
③ 16   ④ 임의의 길이

해설 분기 회로의 보안
㉠ 간선에서 분기하여 3 m 이하의 곳에 분기 개폐기 및 과전류 차단기를 시설한다.
㉡ 전선의 허용 전류가 과전류 차단기의 정격 전류의 35 % 이상, 55 % 미만인 경우에는 8 m 이하로 할 수 있다.
㉢ 55 % 이상의 경우에는 거리에 제한을 받지 아니한다.

60. UPS는 무엇을 의미하는가?

① 구간자동개폐기
② 단로기
③ 무정전 전원장치
④ 계기용 변성기

해설 UPS : 무정전 전원장치(uninterruptible power supply)
※ 구간자동개폐기(S/E ; 섹셔널라이저 (sectionalizer) : 고압배전선에서 사용되는 차단 능력이 없는 유입 개폐기

기출문제 해설

제1과목	제2과목	제3과목
전기 이론 : 20문항	전기 기기 : 20문항	전기 설비 : 20문항

제1과목 : 전기 이론

1. 다음 그림과 같이 박 검전기의 원판 위에 금속철망을 씌우고 양(+)의 대전체를 가까이 했을 경우 알루미늄박은 움직이지 않는데 그 작용은 금속철망의 어떤 현상 때문인가?

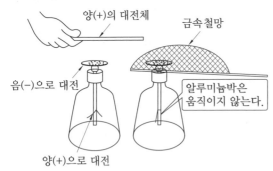

양(+)의 대전체
금속철망
음(-)으로 대전
알루미늄박은 움직이지 않는다.
양(+)으로 대전

① 정전 유도   ② 정전 차폐
③ 자기 유도   ④ 대전

해설 정전 차폐(electrostatic shielding)
ⓐ 정전 방해 작용을 방지하기 위한 목적의 장치나 시설을 적당한 도전성(導電性) 울(enclosure), 즉 금속철망으로 외부 정전기장으로부터 일부 또는 전부를 차폐하는 것을 말한다.
ⓑ 완전히 둘러싸인 폐공간 내에는 외부의 정전계는 아무런 영향도 미치지 않는다.

2. 다음 중 정전 용량(electrostatic capacity) 1 pF과 같은 것은?

① 10^{-3}F   ② 10^{-6}F
③ 10^{-9}F   ④ 10^{-12}F

해설 정전 용량의 단위 : $1\,\text{F} = 10^3\text{mF} = 10^6\mu\text{F}$
$= 10^9\text{nF} = 10^{12}\text{pF}$

$\therefore 1\,\text{pF} = 10^{-12}\text{F}$

3. 일정 전압을 가하고 있는 평행판 전극에 극판 간격을 1/3로 줄이면 전장의 세기는 몇 배로 되는가?

① 1/3배   ② $1/\sqrt{3}$ 배
③ 3배   ④ 9배

해설 평행판 도체의 전장의 세기 : $E = k\dfrac{V}{l}$[V/m]
ⓐ 전장의 세기는 전압에 비례하고, 극판의 간격에 반비례한다.
ⓑ 극판의 간격을 1/3로 줄이면, 전장의 세기는 3배로 증가한다.

4. 정전 용량이 5 μF인 콘덴서 양단에 100 V의 전압을 가했을 때 콘덴서에 축적되는 에너지(J)는 얼마인가?

① 2.5   ② 2.0×10^2
③ 25   ④ 2.5×10^{-2}

해설 $W = \dfrac{1}{2}CV^2 = \dfrac{1}{2} \times 5 \times 10^{-6} \times 100^2$
$= 2.5 \times 10^{-2}\,\text{J}$

5. 비투자율이 1인 환상철심 중의 자장의 세기가 H[AT/m]이었다. 이때 비투자율이 10인 물질로 바꾸면 철심의 자속밀도(Wb/m²)는?

① 1/10로 줄어든다.   ② 10배 커진다.
③ 50배 커진다.   ④ 100배 커진다.

해설 $B = \mu H = \mu_0\mu_s H$ [Wb/m²]에서, μ_0와 H가

일정하면 자속밀도는 비투자율에 비례한다.
∴ 비투자율이 10배가 되면 자속밀도도 10배가 된다.

6. 도면과 같이 공기 중에 놓인 $2×10^{-8}$C의 전하에서 4 m 떨어진 점 P와 2 m 떨어진 점 Q와의 전위차는 몇 V인가?

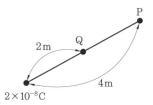

① 45 V   ② 90 V
③ 125 V   ④ 150 V

해설 전위는 거리에 반비례한다.

∴ 전위차 $V = 9×10^9 × Q\left(\dfrac{1}{\gamma_1} - \dfrac{1}{\gamma_2}\right)$

$= 9×10^9 × 2×10^{-8}\left(\dfrac{1}{2} - \dfrac{1}{4}\right)$

$= 90 - 45 = 45 \text{ V}$

7. 자기장 내의 도선에 전류가 흐를 때 도선이 받는 힘의 방향을 나타내는 법칙은?

① 렌츠의 법칙
② 플레밍의 오른손 법칙
③ 플레밍의 왼손 법칙
④ 옴의 법칙

해설 플레밍의 왼손 법칙(Fleming's left – hand rule)
㉠ 자기장 내의 도선에 전류가 흐를 때 도선이 받는 힘의 방향을 나타낸다.
㉡ 전동기의 회전 방향을 결정한다.
※ 엄지손가락 : 전자력(힘)의 방향
집게손가락 : 자장의 방향
가운뎃손가락 : 전류의 방향

8. 공기 중에 자속밀도가 0.3 Wb/m²인 평등자계 내에 5 A의 전류가 흐르고 있는 길이 2 m의 직선 도체를 자계의 방향에 대하여 60°의 각도로 놓

았을 때 이 도체가 받는 힘은 약 몇 N인가?

① 1.3   ② 2.6   ③ 4.7   ④ 5.2

해설 도체가 받는 힘

$F = BlI\sin\theta = 0.3 × 2 × 5 × \dfrac{\sqrt{3}}{2} ≒ 2.6 \text{ N}$

여기서, $\sin\theta = \sin 60° = \dfrac{\sqrt{3}}{2}$

9. 4 Ω의 저항과 6 Ω의 저항을 직렬로 접속할 때 합성 컨덕턴스는 몇 ℧인가?

① 0.1   ② 0.2   ③ 0.5   ④ 2.4

해설 합성 컨덕턴스

$G = \dfrac{1}{R_s} = \dfrac{1}{R_1 + R_2} = \dfrac{1}{4+6} = \dfrac{1}{10} = 0.1 \text{ ℧}$

10. 다음 중 저항 R_1, R_2를 병렬로 접속하면 합성 저항 R_0은?

① $R_1 + R_2$ ② $\dfrac{1}{R_1 + R_2}$

③ $\dfrac{R_1 R_2}{R_1 + R_2}$ ④ $\dfrac{R_1 + R_2}{R_1 R_2}$

해설 서로 다른 두 개의 저항이 병렬로 접속된 경우

$R_0 = \dfrac{\text{두 저항의 곱}}{\text{두 저항의 합}} = \dfrac{R_1 \cdot R_2}{R_1 + R_2}$

11. 다음과 같은 그림에서 4 Ω의 저항에 흐르는 전류는 몇 A인가?

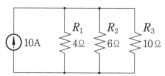

① 3.25   ② 4.85   ③ 5.62   ④ 8.42

해설 R_2와 R_3의 합성저항

$R_{23} = \dfrac{6 × 10}{6 + 10} = 3.75 \text{ Ω}$

∴ R_1에 흐르는 전류

$$I_1 = \frac{R_{23}}{R_1 + R_{23}} \times I_0 = \frac{3.75}{4 + 3.75} \times 10 \fallingdotseq 4.84\,\text{A}$$

12. 교류 220 V의 평균값은 약 몇 V인가?

① 148 　② 155 　③ 198 　④ 380

해설 평균값 : $V_a = \dfrac{1}{1.11} \times V = \dfrac{1}{1.11} \times 220$

$\qquad\qquad\qquad \fallingdotseq 198\,\text{V}$

※ $\dfrac{\text{평균값}\ V_a}{\text{실효값}\ V} = \dfrac{0.637\,V_m}{0.707\,V_m} \fallingdotseq \dfrac{1}{1.11}$

$\qquad \to V_a = \dfrac{1}{1.11} \times V$

13. 역률 0.8, 유효전력 4000 kW인 부하의 역률을 100 %로 하기 위한 콘덴서의 용량(kVA)은 얼마인가?

① 3200 　② 3000 　③ 2800 　④ 2400

해설 $Q_c = P \sqrt{\dfrac{1}{\cos^2\theta_1} - 1} = 4000 \times \sqrt{\dfrac{1}{0.8^2} - 1}$

$\qquad = 4000 \times 0.75 = 3000\,\text{kVA}$

※ $Q_c = P\left(\sqrt{\dfrac{1}{\cos^2\theta_1} - 1} - \sqrt{\dfrac{1}{\cos^2\theta_2} - 1}\right)$ 에서,

$\cos\theta_2 = 1$ 일 때, $Q_c = P \cdot \sqrt{\dfrac{1}{\cos^2\theta_1} - 1}\,\text{kVA}$

14. 다음 중 $\triangle$ 결선 시 V_l(선간 전압), V_p(상전압), I_l(선전류), I_p(상전류)의 관계식으로 옳은 것은?

① $V_l = \sqrt{3}\,V_p,\ I_l = I_p$

② $V_l = V_p,\ I_l = \sqrt{3}\,I_p$

③ $V_l = \dfrac{1}{\sqrt{3}}\,V_p,\ I_l = I_p$

④ $V_l = V_p,\ I_l = \dfrac{1}{\sqrt{3}}\,I_p$

해설 $\triangle$ 결선의 상전류와 선전류의 관계

㉠ 선간 전압 : $V_l = V_p$

㉡ 선전류 : $I_l = \sqrt{3}\,I_p$

15. 다음 중 $\triangle$ 결선에서 상전류와 선전류의 위상차 관계를 설명한 것 중 옳은 것은?

① 선전류가 상전류보다 30° 뒤진다.

② 선전류가 상전류보다 60° 뒤진다.

③ 선전류가 상전류보다 30° 앞선다.

④ 선전류가 상전류보다 60° 앞선다.

해설 대칭 3상 $\triangle$ 결선에서 선전류 I_l 가 상전류 I_p 보다 30° 뒤진다.

16. $i = 100 + 50\sqrt{2}\sin\omega t + 20\sqrt{2}\sin\left(3\omega t + \dfrac{\pi}{6}\right)$ 로 표시되는 비정현파 전류의 실횻값은 약 얼마인가?

① 20 　② 50 　③ 114 　④ 150

해설 $V = \sqrt{V_0^{\,2} + V_1^{\,2} + V_3} = \sqrt{100^2 + 50^2 + 20^2}$

$\qquad = \sqrt{12900} \fallingdotseq 114\,\text{V}$

17. 어떤 단상 전압 220 V에 소형 전동기를 접속하였더니 15 A의 전류가 흘렀다. 이때의 45도 뒤진 전류가 흘렀다면, 이 전동기의 소비전력(W)은 약 얼마인가?

① 1224 　　② 1485

③ 2333 　　④ 3300

해설 $P = VI\cos\theta = 220 \times 15 \times \cos 45°$

$\qquad = 220 \times 15 \times \dfrac{1}{\sqrt{2}} \fallingdotseq 2333\,\text{W}$

18. 200 V, 40 W의 형광등에 정격 전압이 가해졌을 때 형광등 회로에 흐르는 전류는 0.42 A이다. 이 형광등의 역률(%)은?

① 37.5 　　② 47.6

③ 57.5 　　④ 67.5

해설 $\cos\theta = \dfrac{P}{VI} \times 100 = \dfrac{40}{200 \times 0.42} \times 100$

$\qquad \fallingdotseq 47.6$

19. 황산구리($CuSO_4$) 전해액에 2개의 구리판을 넣고 전원을 연결하였을 때 음극에서 나타나는 현상으로 옳은 것은?

① 변화가 없다.
② 구리판이 두터워진다.
③ 구리판이 얇아진다.
④ 수소 가스가 발생한다.

해설 전기분해(본문 그림 1-5-1 참조)
황산구리의 전해액에 2개의 구리판을 넣어 전극으로 하고 전기 분해하면 점차로 양극 A의 구리판은 엷어지고, 반대로 음극 K의 구리판은 새롭게 구리가 되어 두터워진다.

(음극 측) Cu^{++} ⇨ 음극판에서 전자를 받아들여 Cu로 된다.
(양극 측) SO_4^{--} ⇨ 양극판에 전자를 내주고 SO_4로 된다.

20. 기전력 1.5 V, 내부저항 0.1 Ω인 전지 5개를 직렬로 접속하여 단락시켰을 때의 전류(A)는?

① 7.5 A
② 15 A
③ 17.5 A
④ 22.5 A

해설 단락 시 전류
$$I_s = \frac{nE}{nr} = \frac{5 \times 1.5}{5 \times 0.1} = 15 \text{ A}$$

제2과목 : 전기 기기

21. 다음 중 직류기에서 브러시의 역할은?

① 기전력 유도
② 자속 생성
③ 정류 작용
④ 전기자 권선과 외부 회로 접속

해설 브러시(brush) : 회전자(전기자 권선)와 외부 회로를 접속하는 역할을 한다.

22. 정격속도로 회전하고 있는 무부하의 분권발

전기가 있다. 계자 저항 40 Ω, 계자 전류 3 A, 전기자 저항이 2 Ω일 때 유도 기전력은 약 몇 V 인가?

① 126
② 132
③ 156
④ 185

해설 분권발전기의 유도 기전력(무부하 시)
㉠ 단자 전압 : $V = I_f R_f = 3 \times 40 = 120$ V
㉡ 유도 기전력 : $E = V + I_f R_a$
  $= 120 + 3 \times 2 = 126$ V
※ $I_a = I_f + I$에서 무부하일 때 : $I_a = I_f$

23. 부하의 저항을 어느 정도 감소시켜도 전류는 일정하게 되는 수하 특성을 이용하여 정전류를 만드는 곳이나 아크 용접 등에 사용되는 직류 발전기는?

① 직권 발전기
② 분권 발전기
③ 가동 복권 발전기
④ 차동 복권 발전기

해설 차동 복권 발전기 : 수하 특성을 가지므로, 용접기용 전원으로 사용된다.
※ 수하 특성 : 외부 특성 곡선에서와 같이 단자 전압이 부하 전류가 늘어남에 따라 심하게 떨어지는 현상을 말하며, 아크 용접기는 이러한 특성을 가진 전원을 필요로 한다.

24. 6극 36슬롯 3상 동기 발전기의 매극 매 상당 슬롯 수는?

① 2
② 3
③ 4
④ 5

해설 1극 1상당의 홈(slot) 수
$$q = \frac{총 홈 수}{극수 \times 상수} = \frac{36}{6 \times 3} = 2개$$

25. 60 Hz의 동기 전동기가 2극일 때 동기속도는 몇 rpm인가?

① 7200
② 4800
③ 3600
④ 2400

해설 $$N_s = \frac{120f}{p} = \frac{120 \times 50}{2} = 3600 \text{ rpm}$$
∴ 60 Hz일 때, 최고속도는 3600 rpm이 된다.
※ 발전기의 최소 극수는 2극이다.

2018

26. 병렬운전을 하고 있는 3상 동기 발전기에 동기화 전류가 흐르는 경우는 어느 때인가?

① 부하가 증가할 때
② 여자 전류를 변화시킬 때
③ 부하가 감소할 때
④ 원동기의 출력이 변화할 때

해설 원동기의 출력이 변화할 때 기전력의 위상차가 발생하게 되면 동기화 전력에 의한 동기화 전류가 흐르게 된다.

27. 다음 중 동기 전동기에 설치된 제동권선의 효과로 맞지 않는 것은?

① 송전선 불평형 단락 시 이상 전압 방지
② 과부하 내량의 증대
③ 기동 토크의 발생
④ 난조 방지

해설 제동권선의 효과
㉠ 난조 방지 및 기동 토크의 발생
㉡ 송전선의 불평형 부하 시 이상 전압 방지 및 불평형 부하 시의 전류와 전압 파형 개선

28. 변압기의 성층 철심 강판 재료의 규소 함유량은 대략 몇 %인가?

① 8   ② 6   ③ 4   ④ 2

해설 변압기의 철심 특성
㉠ 철손을 적게 하기 위하여 약 3∼4%의 규소를 포함한 연강판을 쓰는 데, 이것을 포개어 성층 철심으로 한다.
㉡ 두께 0.35 mm의 것이 표준이며, 주파수 60 Hz, 자속 밀도 1 Wb/m²일 때 철손은 2.0 W/kg 정도이다.

29. 1차 권수 3000, 2차 권수 100인 변압기에서 이 변압기의 전압비는 얼마인가?

① 20   ② 30   ③ 40   ④ 50

해설 전압비 : $a = \dfrac{V_1}{V_2} = \dfrac{3000}{100} = 30$

여기서, 권수비(= 전압비) $a = \dfrac{N_1}{N_2} = \dfrac{V_1}{V_2}$

30. 다음 중 변압기유로 쓰이는 절연유에 요구되는 성질이 아닌 것은?

① 점도가 클 것
② 비열이 커 냉각 효과가 클 것
③ 절연 재료 및 금속 재료에 화학 작용을 일으키지 않을 것
④ 인화점이 높고 응고점이 낮을 것

해설 변압기 유(기름)의 구비 조건(②, ③, ④ 이외에)
㉠ 점도가 적고 유동성이 풍부할 것
㉡ 비열과 열전도도가 크며, 절연 내력이 높아야 한다.
㉢ 고온에서 침전물이 생기거나 산화하지 않아야 한다.
㉣ 중량이 적어야 한다.

31. 정격 2차 전압 및 정격 주파수에 대한 출력(kW)과 전체 손실(kW)이 주어졌을 때 변압기의 규약효율을 나타내는 식은?

① $\eta = \dfrac{\text{입력}(kW)}{\text{입력}(kW) - \text{전체 손실}(kW)} \times 100\,\%$

② $\eta = \dfrac{\text{출력}(kW)}{\text{출력}(kW) + \text{전체 손실}(kW)} \times 100\,\%$

③ $\eta = \dfrac{\text{출력}(kW)}{\text{입력}(kW) - \text{철손}(kW) - \text{동손}(kW)} \times 100\,\%$

④ $\eta = \dfrac{\text{출력}(kW) - \text{철손}(kW) - \text{동손}(kW)}{\text{입력}(kW)} \times 100\,\%$

해설 규약 효율(conventional efficiency) : 변압기의 효율은 정격 2차 전압 및 정격 주파수에 대한 출력(kW)과 전체 손실(kW)이 주어진다.
$\eta = \dfrac{\text{출력}(kW)}{\text{출력}(kW) + \text{전체 손실}(kW)} \times 100\,\%$

32. 어느 변압기의 백분율 저항 강하가 2 %, 백분율 리액턴스 강하가 3 %일 때 부하 역률이 80 %인 변압기의 전압변동률(%)은?

① 1.2   ② 2.4

③ 3.4   ④ 3.6

해설 $\epsilon = p\cos\theta + q\sin\theta$
$$= 2 \times 0.8 + 3 \times 0.6 = 3.4\,\%$$
※ $\sin\theta = \sqrt{1 - \cos\theta^2} = \sqrt{1 - 0.8^2} = 0.6$

33. 다음 중 유도 전동기 권선법 중 맞지 않는 것은?

① 고정자 권선은 단층 파권이다.
② 고정자 권선은 3상 권선이 쓰인다.
③ 소형 전동기는 보통 4극이다.
④ 홈 수는 24개 또는 36개이다.

해설 유도 전동기 권선법
 ① 고정자 권선은 2층 중권이다.
 ② 고정자 권선은 3상 권선이 Y결선(Δ결선도 있음)이 쓰인다.

34. 다음 중 4극 24홈 표준 농형 3상 유도 전동기의 매극 매 상당의 홈 수는?

① 6   ② 3
③ 2   ④ 1

해설 매극 상당의 홈 수
$$S_{sp} = \frac{\text{홈 수}}{\text{극수} \times \text{상수}} = \frac{24}{4 \times 3} = 2$$
참고 4극 36홈의 3상 유도 전동기의 홈 간격을 전기각으로 나타내면
전기각 $\theta = \frac{4극 \times 180°}{36홈} = 20°$
(전기각은 1극당 π [rad] $= 180°$)

35. 다음 중 60 Hz, 220 V, 7.5 kW인 3상 유도 전동기의 전부하 시 회전자 동손이 0.485 kW, 기계손이 0.404 kW일 때 슬립은 몇 %인가?

① 6.2   ② 5.8   ③ 5.5   ④ 4.9

해설 $s = \dfrac{P_{c_2}}{P_2} \times 100 = \dfrac{P_{c2}}{P_0 + P_m + P_{c_2}} \times 100$
$$= \frac{0.485}{7.5 + 0.404 + 0.485} \times 100 = 5.8\,\%$$
※ 2차 입력 P_2 = 기계적 출력 P_0 + 기계손 P_m + 회전자 동손 P_{c2}

36. 3상 유도 전동기의 기동법 중 전전압 기동에 대한 설명으로 옳지 않은 것은?

① 소용량 농형 전동기의 기동법이다.
② 소용량의 농형 전동기에서는 일반적으로 기동 시간이 길다.
③ 기동시에는 역률이 좋지 않다.
④ 전동기 단자에 직접 정격 전압을 가한다.

해설 전전압 기동 (line starting)
 ㉠ 기동 장치를 따로 쓰지 않고, 직접 정격 전압을 가하여 기동하는 방법으로, 일반적으로 기동 시간이 짧고 기동이 잘 된다.
 ㉡ 보통 3.7 kW(5 Hp) 이하의 소형 유도 전동기에 적용되는 직입 기동 방식이다.
 ㉢ 기동 전류가 4~6배로 커서, 권선이 탈 염려가 있다.
 ㉣ 기동시에는 역률이 좋지 않다.

37. 다음 중 3상 전원을 이용하여 2상 전압을 얻고자 할 때 사용하는 결선 방법은?

① Scott 결선   ② Fork 결선
③ 환상 결선   ④ 2중 3각 결선

해설 ㉠ 3상-2상 사이의 상수 변환 : Scott 결선
 ㉡ 3상-6상 사이의 상수 변환 : 환상 결선, 대각 결선, 2중 성형(Y) 결선, 2중 Δ결선, Fork 결선

38. 다이오드를 사용한 정류회로에서 다이오드를 여러 개 직렬로 연결하여 사용하는 경우의 설명으로 가장 옳은 것은?

정답 32. ③ 33. ① 34. ③ 35. ② 36. ② 37. ① 38. ③

① 고조파 전류를 감소시킬 수 있다.
② 출력 전압의 맥동률을 감소시킬 수 있다.
③ 입력 전압을 증가시킬 수 있다.
④ 부하 전류를 증가시킬 수 있다.

해설 ㉠ 직렬로 연결 : 분압에 의하여 입력 전압을 증가시킬 수 있으며, 과전압으로부터 보호
㉡ 병렬로 연결 : 분류에 의하여 부하 전류를 증가시킬 수 있으며, 과전류로부터 보호

39. 다음 중 SCR에서 Gate 단자의 반도체는 어떤 형태인가?

① N형   ② P형   ③ NP형   ④ PN형

해설 SCR(silicon controlled rectifier) : 실리콘 제어 정류 소자

Anode-P형 Gate-P형 Cathode-N형

40. 전력 변환 기기가 아닌 것은?

① 변압기   ② 정류기
③ 유도전동기   ④ 인버터

해설 ① 변압기 : 교류 전압 변환
② 정류기 : 교류를 직류로 변환
③ 유도 전동기 : 전기 에너지를 기계 에너지(회전력)로 변환
④ 인버터(inverter) : 직류를 교류로 변환

제3과목 : **전기 설비**

---

41. 22.9 kV 3상 4선식 다중 접지방식의 지중 전선로의 절연내력시험을 직류로 할 경우 시험 전압은 몇 V인가?

① 16448   ② 21068
③ 32796   ④ 42136

해설 전로의 절연내력시험 전압 (판단기준 제13조 참조)
전로에 케이블을 사용하는 경우 직류로 시험할

수 있으며 시험 전압은 교류의 2배로 한다.
∴ 시험 전압 = 0.92 × 22900 × 2 = 42136 V

전로의 종류	시험 전압
1. 최대 사용 전압이 7 kV 이하인 전로	최대 사용 전압의 1.5배의 전압
2. 최대 사용 전압이 7 kV 초과 25 kV 이하인 중성점 직접 접지식 전로(중성점 다중 접지식에 한함)	최대 사용 전압의 0.92배의 전압
이하 생략	

42. 다음 중 옥외용 비닐 절연 전선의 약호(기호)는?

① VV   ② DV
③ OW   ④ NR

해설 ① VV : 0.6/1 kV 비닐 절연 비닐 시스 케이블
② DV : 인입용 비닐 절연 전선
③ OW : 옥외용 비닐 절연 전선
④ NR : 450/750 V 일반용 단심 비닐 절연 전선

43. 일반적으로 인장강도가 커서 가공전선로에 주로 사용하는 구리선은?

① 경동선   ② 연동선
③ 합성 연선   ④ 합성 단선

해설 ① 경동선 : 가공전선로에 주로 사용
② 연동선 : 옥내배선에 주로 사용
③ 합성 연선, 합성 단선(쌍금속선) : 가공 송전선로에 사용

44. 정선 박스 내에서 전선을 접속할 수 있는 것은?

① S형 슬리브   ② 꽂음형 커넥터
③ 와이어 커넥터   ④ 매킹타이어

해설 와이어 커넥터(wire connector)
㉠ 정선 박스 내에서 절연 전선을 쥐꼬리 접속한 후 접속과 절연을 위해 사용한다.
㉡ 커넥터의 나선 스프링이 도체를 압착하여 완전한 접속이 된다.

---

45. 애자 사용 공사에서 전선의 지지점 간의 거리는 전선을 조영재의 윗면 또는 옆면에 따라 붙이는 경우에는 몇 m 이하인가?

① 1　　② 1.5　　③ 2　　④ 3

해설 애자 사용 공사(전기설비 판단기준 제181조) : 전선의 지지점 간의 거리는 전선을 조영재의 윗면 또는 옆면에 따라 붙일 경우에는 2 m 이하일 것

46. 금속 덕트, 버스 덕트, 플로어 덕트에는 어떤 접지를 하여야 하는가?(단, 사람이 접촉할 우려가 없도록 시설하는 경우)

① 금속 덕트는 제1종, 버스 덕트는 제3종, 플로어 덕트는 안 해도 관계없다.
② 덕트 공사는 모두 제2종 접지 공사를 하여야 한다.
③ 덕트 공사는 모두 제3종 접지 공사를 하여야 한다.
④ 덕트 공사는 접지 공사를 할 필요가 없다.

해설 덕트(duct)의 접지 공사
㉠ 400 V 이하일 때 : 제3종 접지 공사를 하여야 한다.
㉡ 400 V가 넘는 저압일 때 : 특별 제3종 접지 공사를 하여야 하며, 사람이 접촉할 우려가 없도록 시설하는 경우에는 제3종 접지 공사로 할 수 있다.

47. 다음 중 합성수지제 가요전선관(PF관 및 CD관)의 호칭에 포함되지 않는 것은?

① 16　　② 28　　③ 38　　④ 42

해설 합성수지제 가요전선관의 호칭 : 4, 16, 22, 28, 36, 42

48. 욕실 등 인체가 물에 젖어 있는 상태에서 물을 사용하는 장소에 콘센트를 시설하는 경우 적합한 누전차단기는?

① 정격감도전류 15 mA 이하, 동작시간 0.03초 이하의 전압 동작형 누전차단기
② 정격감도전류 15 mA 이하, 동작시간 0.03초 이하의 전류 동작형 누전차단기
③ 정격감도전류 15 mA 이하, 동작시간 0.3초 이하의 전압 동작형 누전차단기
④ 정격감도전류 15 mA 이하, 동작시간 0.3초 이하의 전류 동작형 누전차단기

해설 욕실 등의 장소에 콘센트를 시설하는 경우(판단기준 제170조 참조)
※ 인체 감전보호용 누전차단기는 정격감도전류 15 mA 이하, 동작시간 0.03초 이하의 전류 동작형의 것

49. 제1종 접지 공사의 접지 저항 값은 몇 Ω 이하이어야 하는가?

① 10　　② 15　　③ 20　　④ 100

해설 접지 공사의 접지 저항 값
㉠ 제1종 접지 공사 및 특별 제3종 접지 공사 : 10 Ω
㉡ 제3종 접지 공사 : 100 Ω

50. 다음 중 네온 변압기 외함의 접지 공사는?

① 제1종　　　　② 제2종
③ 특별 제3종　　④ 제3종

해설 제3종 접지 공사의 적용
㉠ 네온 변압기 외함의 접지 공사
㉡ 고압 계기용 변압기의 2차측 전로
㉢ 400 V 미만의 저압용 기계·기구의 철대, 또는 금속제 외함
㉣ 교통신호등 제어 장치의 금속제 외함

51. 가공전선로의 지지물에 하중이 가하여지는 경우 그 하중을 받는 지지물의 기초 안전율은 일반적으로 얼마 이상이어야 하는가?

① 1.5　　② 2.0　　③ 2.5　　④ 4.0

해설 지지물의 기초 안전율(판단기준 제63조 참조) : 지지물의 기초 안전율은 2 이상이어야 한다.

52. 저압 배전선로에서 전선을 수직으로 지지하는 데 사용되는 장주용 자재명은?

① 경완철　　　② LP 애자
③ 현수 애자　　④ 래크

해설 래크 (rack) : 링(ring)형 찻대 애자를 수직으로 배열하기 위한 기구로서 저압 배전선로를 수직으로 지지하는 데 사용된다.

53. 지중선로를 직접 매설식에 의하여 시설하는 경우 차량 등 중량물의 압력을 받을 우려가 있는 장소에는 매설 깊이를 몇 m 이상으로 하여야 하는가?

① 0.6　　　② 0.8
③ 1.0　　　④ 1.2

해설 직접 매설식의 매설 깊이
㉠ 차량, 기타 중량물의 압력을 받을 우려가 있는 장소 : 1.2 m 이상
㉡ 기타 장소 : 0.6 m 이상

54. 지락사고가 생겼을 때 흐르는 영상전류(지락 전류)를 검출하여 지락 계전기(GR)에 의하여 차단기를 차단시켜 사고 범위를 작게 하는 기기의 기호는?

① GR

② OCR

③ ZCT

④ CT

해설 ① GR : 접지 계전기(Ground Relay)
② OCR : 과전류 계전기(Over Current Relay)
③ ZCT : 영상 변류기
　　(Zero phase Current Transformer)
④ CT : 계기용 변류기(Current Transformer)

55. 수변전 배전반에 설치된 고압 계기용 변성기의 2차측 전로의 접지 공사는?

① 제1종 접지 공사
② 제2종 접지 공사
③ 제3종 접지 공사
④ 특별 제3종 접지 공사

해설 계기용 변성기의 2차측 전로의 접지(판단 기준 제26조 참조)
㉠ 고압용 : 제3종 접지 공사
㉡ 특고압용 : 제1종 접지 공사

56. 수·변전 설비의 고압회로에 걸리는 전압을 표시하기 위해 전압계를 시설할 때 고압회로와 전압계 사이에 시설하는 것은?

① 수전용 변압기　　② 계기용 변류기
③ 계기용 변압기　　④ 권선형 변류기

해설 계기용 변압기(PT : Potential Transformer)
㉠ 고전압을 저전압으로 변성
㉡ 배전반의 전압계, 전력계, 주파수계, 역률계 표시등 및 부족 전압 트립 코일의 전원으로 사용

57. 화약고 등의 위험장소의 배선 공사에서 전로의 대지 전압은 몇 V 이하로 하도록 되어 있는가?

① 300　② 400　③ 500　④ 600

해설 화약고에 시설하는 전기설비(내선규정 4220 -1 참조)
㉠ 화약고는 전기설비를 시설하여서는 안 된다.
㉡ 백열전등, 형광등에 전기를 공급 시 다음 각 호에 의하여 시설하는 경우는 적용하지 않는다.
1. 전로의 대지전압은 300 V 이하로 할 것
2. 전기 기계기구는 전폐형을 사용할 것
3. 금속 전선관 또는 케이블에 의하여 시설할 것

58. 흥행장의 저압 옥내배선, 전구선 또는 이동 전선의 사용 전압은 최대 몇 V 미만인가?

① 400   ② 440

③ 450   ④ 750

해설 흥행 장소의 전기시설(내선규정 4250 참조)
저압 옥내배선, 전구선 또는 이동 전선은 사용
전압이 400 V 미만이어야 한다.

59. 조명기구의 용량 표시에 관한 사항이다. 다음
중 F40의 설명으로 알맞은 것은?

① 수은등 40 W

② 나트륨등 40 W

③ 메탈 헬라이드등 40 W

④ 형광등 40 W

해설 ① 수은등 : H

② 나트륨등 : N

③ 메탈 헬라이드등 : M

④ 형광등 : F

※ 형광등(fluorescent lamp)

60. 간선에 접속하는 전동기 3대의 정격전류가 각
각 10 A, 20 A, 50 A인 경우에 간선의 허용전류
가 몇 A인 전선의 굵기를 선정하여야 하는가?

① 80   ② 88

③ 110   ④ 125

해설 전동기용 분기회로의 전선 굵기(내선 3115-4
참조)

ⓐ 정격전류가 50 A 이하일 경우 : 1.25배 이상
의 허용전류를 가지는 것

ⓑ 정격전류가 50 A를 초과하는 경우 : 1.1배
이상의 허용전류를 가지는 것

∴ 허용전류 = 1.1×(10+20+50) = 88 A

2018

전기기능사
Craftsman Electricity

2018년 **3**회(CBT)

기출문제 해설

제1과목	제2과목	제3과목
전기 이론 : 20문항	전기 기기 : 20문항	전기 설비 : 20문항

제1과목 : 전기 이론

1. 전기력선 밀도를 이용하여 주로 대칭 정전계의 세기를 구하기 위하여 이용되는 법칙은?

① 패러데이의 법칙 ② 가우스의 법칙
③ 쿨롱의 법칙 ④ 톰슨의 법칙

해설 1. 전기력선에 수직한 단면적 $1\,m^2$당 전기력선의 수, 즉 밀도가 그곳의 전장의 세기와 같다.
2. 가우스의 법칙(Gauss's law) 전기력선의 밀도를 이용하여 정전계의 세기를 구할 수 있다.

2. 전기량 $10\,\mu C$을 1000 V로 콘덴서에 충전하 축적되는 에너지는 몇 J인가?

① 2.5×10^{-3} ② 5×10^{-2}
③ 5×10^{-3} ④ 5

해설 $W = \dfrac{1}{2}QV = \dfrac{1}{2} \times 10 \times 10^{-6} \times 1000$
$= 5 \times 10^{-3}\,J$

3. 다음 중 극성이 있는 콘덴서는?

① 바리콘 ② 탄탈 콘덴서
③ 마일러 콘덴서 ④ 세라믹 콘덴서

해설 탄탈 콘덴서 (tantal condenser)
㉠ 전극에 탄탈륨이라는 재료를 사용하는 전해 콘덴서의 일종이다.
㉡ 극성이 있으며, 콘덴서 자체에 (+)의 기호로 전극을 표시한다.

4. 액체류가 파이프 등 내부에서 유동할 때 액체와 관벽 사이에 정전기가 발생하는 현상을 무엇이

라 하는가?

① 마찰에 의한 대전
② 박리에 의한 대전
③ 유동에 의한 대전
④ 기타 대전

해설 정전기 현상
① 마찰에 의한 대전(摩擦帶電) : 두 물체 사이의 마찰이나 접촉 위치의 이동으로 전하의 분리 및 재배열이 일어나서 정전기가 발생하는 현상
② 박리에 의한 대전(剝離帶電) : 서로 밀착되어 있는 물체가 떨어질 때 전하의 분리가 일어나 정전기가 발생하는 현상
③ 유동에 의한 대전(流動帶電) : 액체류가 파이프 등 내부에서 유동할 때 액체와 관벽 사이에 정전기가 발생하는 현상
④ 기타 대전 : 기타의 대전으로는 액체류·기체류·고체류 등이 작은 분출구를 통해 공기 중으로 분출될 때 발생하는 분출대전, 이들의 충돌에 의한 충돌대전, 액체류가 이송이나 교반될 때 발생하는 진동(교반)대전, 유도대전 등

5. 자기 히스테리시스 곡선의 횡축과 종축은 어느 것을 나타내는가?

① 자기장의 크기와 자속밀도
② 투자율과 자속밀도
③ 투자율과 잔류자기
④ 자기장의 크기와 보자력

해설 히스테리시스 곡선 (hysteresis loop)
㉠ 횡축 : 자기장의 크기(H)
㉡ 종축 : 자속밀도(B)
※ 1. 잔류 자기 : 자기장의 세기 H가 0인 경우에도 남아 있는 자속

정답 ◁ 1. ② 2. ③ 3. ② 4. ③ 5. ①

2. 보자력 : 잔류 자기를 없애는 데 필요
한 $-H$ 방향의 자기장 세기

6. 다음 중 진공의 투자율 μ_0[H/m]는?

① 6.33×10^4 　　② 8.85×10^{-12}

③ $4\pi \times 10^{-7}$ 　　④ 9×10^9

해설 진공의 투자율

$\mu_0 = 4\pi \times 10^{-7} = 1.257 \times 10^{-6}$ [H/m]

※ 진공의 유전율 : $\epsilon_0 = 8.85 \times 10^{-12}$ [F/m]

7. 자체 인덕턴스가 각각 160 mH, 250 mH의 두 코일이 있다. 두 코일 사이의 상호 인덕턴스가 150 mH이고, 가동 접속을 하면 합성 인덕턴스는?

① 410 mH 　　② 260 mH

③ 560 mH 　　④ 710 mH

해설 합성 인덕턴스 : $L = L_1 + L_2 \pm 2M$ [H]

㉠ 가동 접속 : $L_p = L_1 + L_2 + 2M$
$= 160 + 250 + 2 \times 150$
$= 710$ mH

㉡ 차동 접속 : $L_s = L_1 + L_2 - 2M$
$= 160 + 250 - 2 \times 150$
$= 110$ mH

8. 자기 인덕턴스 L_1, L_2이고 상호 인덕턴스 M인 두 코일의 결합계수가 1일 때 성립하는 식은?

① $L_1 \cdot L_2 = M$ 　　② $L_1 \cdot L_2 < M^2$

③ $L_1 \cdot L_2 > M^2$ 　　④ $L_1 \cdot L_2 = M^2$

해설 결합계수 $k = \dfrac{M}{\sqrt{L_1 \times L_2}}$ 에서,

$k = 1$일 때 $\sqrt{L_1 \times L_2} = M$

∴ $L_1 \cdot L_2 = M^2$

9. 자체 인덕턴스가 2 H인 코일에 전류가 흘러 25 J의 에너지가 축적되었다. 이때 흐르는 전류 (A)는?

① 2 　　② 5 　　③ 10 　　④ 12

해설 $W = \dfrac{1}{2} LI^2$ [J]

∴ $I = \sqrt{\dfrac{2W}{L}} = \sqrt{\dfrac{2 \times 25}{2}} = \sqrt{25} = 5$ A

10. 서로 다른 세 개의 저항 R_1, R_2, R_3를 병렬 연결하였을 때 합성 저항은?

① $R_{ab} = \dfrac{R_1 R_2 R_3}{R_1 R_2 + R_1 R_3 + R_2 R_3}$

② $R_{ab} = \dfrac{R_1 R_2 + R_1 R_3 + R_2 R_3}{R_1 R_2 R_3}$

③ $R_{ab} = \dfrac{R_1 R_2 R_3}{R_1 + R_2 + R_3}$

④ $R_{ab} = \dfrac{R_1 + R_2 + R_3}{R_1 R_2 R_3}$

해설 서로 다른 세 개의 저항이 병렬로 접속된 경우

$R_p = \dfrac{\text{세 저항의 곱}}{\text{두 저항 들의 곱의 합}}$

$= \dfrac{R_1 R_2 R_3}{R_1 R_2 + R_2 R_3 + R_3 R_1}$

11. 다음 중 2 Ω, 4 Ω, 6 Ω의 세 개의 저항을 병렬로 연결하였을 때 전 전류가 10 A이면, 2 Ω에 흐르는 전류는 몇 A인가?

① 1.81 　② 2.72 　③ 5.45 　④ 7.64

해설 ㉠ R_2와 R_3의 합성저항

$R_{23} = \dfrac{R_2 R_3}{R_2 + R_3} = \dfrac{4 \times 6}{4 + 6} = 2.4$ Ω

∴ R_1에 흐르는 전류

$I_1 = \dfrac{R_{23}}{R_1 + R_{23}} \times I_0 = \dfrac{2.4}{2 + 2.4} \times 10 ≒ 5.45$ A

㉡ 1. 합성저항

$R_0 = \dfrac{R_1 R_2 R_3}{R_1 R_2 + R_2 R_3 + R_3 R_1}$

$= \dfrac{2 \times 4 \times 6}{2 \times 4 + 4 \times 6 + 6 \times 2} = \dfrac{48}{44} ≒ 1.09$ Ω

정답　6. ③　7. ④　8. ④　9. ②　10. ①　11. ③

2. 전압 $V = IR_0 = 10 \times 1.09 = 10.9 \text{ V}$

$\therefore$ 2 Ω에 흐르는 전류 $I = \dfrac{V}{R_2} = \dfrac{10.9}{2} = 54.5 \text{ A}$

12. 다음 중 저항 값이 클수록 좋은 것은?

① 접지 저항　　② 절연 저항
③ 도체 저항　　④ 접촉 저항

해설 절연 저항(insulation resistance)은 도체 저항과는 반대로 그 저항 값이 클수록 좋다.

13. 각속도 $\omega = 300 \text{ rad/s}$인 사인파 교류의 주파수(Hz)는 얼마인가?

① $\dfrac{70}{\pi}$　② $\dfrac{150}{\pi}$　③ $\dfrac{180}{\pi}$　④ $\dfrac{360}{\pi}$

해설 각속도 $\omega = 2\pi f [\text{rad/s}]$에서,

주파수 $f = \dfrac{\omega}{2\pi} = \dfrac{300}{2\pi} = \dfrac{150}{\pi} [\text{Hz}]$

14. 교류 순시 전류 $i = 10\sin\left(314t - \dfrac{\pi}{6}\right)$가 흐른다. 이를 복소수로 표시하면?

① $6.12 - j3.5$　　② $17.32 - j5$
③ $3.54 - j6.12$　　④ $5 - j17.32$

해설 ㉠ 순시값 $i = 10\sin\left(314t - \dfrac{\pi}{6}\right)$

$= \sqrt{2} \times \dfrac{10}{\sqrt{2}} \sin\left(314t - \dfrac{\pi}{6}\right)$

$\fallingdotseq 7.07\sqrt{2}\sin\left(314t - \dfrac{\pi}{6}\right)[\text{A}]$

㉡ 벡터 표시 $\dot{I} = 7.07\left(\cos\dfrac{\pi}{6} - j\sin\dfrac{\pi}{6}\right)[\text{A}]$

• 실수축 $a \rightarrow 7.07\cos\dfrac{\pi}{6} = 7.07 \times \dfrac{\sqrt{3}}{2}$

$\fallingdotseq 6.12$

• 허수축 $b \rightarrow 7.07\sin\dfrac{\pi}{6} = 7.07 \times \dfrac{1}{2} \fallingdotseq 3.53$

$\therefore \dot{I} = a - jb = 6.12 - j3.53[\text{A}]$

15. 단자 a-b에 30 V의 전압을 가했을 때 전류 I는

3 A가 흘렀다고 한다. 저항 $r[\Omega]$은 얼마인가?

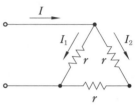

① 5　　　　② 10
③ 15　　　　④ 20

해설 ㉠ $R_{ab} = \dfrac{V}{I} = \dfrac{30}{3} = 10 \ \Omega$

㉡ $R_{ab} = \dfrac{r \times 2r}{r + 2r} = \dfrac{2r^2}{3r} = \dfrac{2r}{3} = 10$

$\therefore r = 10 \times \dfrac{3}{2} = 15 \ \Omega$

16. 다음 중 교류의 파고율을 나타낸 것은?

① $\dfrac{\text{실횻값}}{\text{평균값}}$　　② $\dfrac{\text{최댓값}}{\text{실횻값}}$
③ $\dfrac{\text{평균값}}{\text{실횻값}}$　　④ $\dfrac{\text{실횻값}}{\text{최댓값}}$

해설 ㉠ 파고율 $= \dfrac{\text{최댓값}}{\text{실횻값}}$

㉡ 파형률 $= \dfrac{\text{실횻값}}{\text{평균값}}$

17. 전압 100 V, 전류 15 A로서 1.2 kW의 전력을 소비하는 회로의 리액턴스는 약 몇 Ω인가?

① 4　　② 6　　③ 8　　④ 10

해설 ㉠ 피상전력
$P_0 = VI = 100 \times 15 = 1500 \text{ VA} \rightarrow 1.5 \text{ kVA}$

㉡ 무효전력
$P_r = \sqrt{P_0^2 - P^2} = \sqrt{1.5^2 - 1.2^2} = \sqrt{0.81}$

$= 0.9 \text{ kVar} \rightarrow 900 \text{ Var}$

$\therefore P_r = I^2 X = 900 \text{ Var}$에서,

$X = \dfrac{P_r}{I^2} = \dfrac{900}{15^2} = 4 \ \Omega$

18. 다음 중 줄의 법칙에서 발생하는 열량의 계산식이 옳은 것은?

① $H = 0.24 I^2 Rt [\text{cal}]$

② $H = 0.024 I^2 Rt [\text{cal}]$

③ $H = 0.24 I^2 R [\text{cal}]$

④ $H = 0.024 I^2 R [\text{cal}]$

해설 줄의 법칙(Joule's law)

① 저항 $R[\Omega]$에 전류 $I[\text{A}]$가 $t[\text{s}]$ 동안 흘렀을 때 발생한 열에너지 H는

$$H = I^2 Rt [\text{J}] \rightarrow H = 0.24 I^2 Rt [\text{cal}]$$

(1J = 0.24 cal)

② 열량은 전류 세기의 제곱에 비례한다.

19. 기전력 1.5 V, 내부저항 0.5 Ω의 전지 10개를 직렬로 접속한 전원에 저항 25 Ω의 저항을 접속하면 저항에 흐르는 전류는 몇 A가 되는가?

① 0.25   ② 0.5

③ 2.5   ④ 7.5

해설 $I = \dfrac{nE}{nr + R} = \dfrac{10 \times 1.5}{10 \times 0.5 + 25} = 0.5 \text{ A}$

20. 두 개의 서로 다른 금속의 접속점에 온도차를 주면 열기전력이 생기는 현상은?

① 홀 효과   ② 줄 효과

③ 압전기 효과   ④ 제베크 효과

해설 열전 효과

㉠ 제베크 효과(Seebeck effect)

• 두 종류의 금속을 접속하여 폐회로를 만들고, 두 접속점에 온도의 차이를 주면 기전력이 발생하여 전류가 흐른다.

• 열전 온도계, 열전 계기 등에 응용된다.

㉡ 펠티에 효과 (Peltier effect)

• 두 종류의 금속 접속점에 전류를 흘리면 전류의 방향에 따라 줄열 (Joule heat) 이외의 열의 흡수 또는 발생 현상이 생기는 것이다.

• 전자 냉동기, 전자 온풍기 등에 응용된다.

제2과목 : **전기 기기**

21. 다음 권선법 중 직류기에서 주로 사용되는 것은?

① 폐로권, 환상권, 이층권

② 폐로권, 고상권, 이층권

③ 개로권, 환상권, 단층권

④ 개로권, 고상권, 이층권

해설 직류기 전기자 권선법은 고상권, 폐로권, 2층권이고 중권과 파권이 있다.

㉠ 고상권 : 원통 철심 외부에만 코일을 배치하고 내부에는 감지 않는다.

㉡ 폐로권 : 코일 전체가 폐회로를 이루며, 브러시 사이에 의하여 몇 개의 병렬로 만들어진다.

㉢ 2층권 : 1개의 홈에 2개의 코일군을 상하로 넣는다.

22. 다음 중 직류 발전기의 무부하 특성 곡선은?

① 부하 전류와 무부하 단자 전압과의 관계이다.

② 계자 전류와 부하 전류와의 관계이다.

③ 계자 전류와 무부하 단자 전압과의 관계이다.

④ 계자 전류와 회전력과의 관계이다.

해설 무부하 특성 곡선 : 정격 속도, 무부하로 운전하였을 때 계자 전류(X축)와 단자 전압(Y축)과의 관계를 나타내는 곡선이다.

23. 속도를 광범위하게 조절할 수 있어 압연기나 엘리베이터 등에 사용되고 일그너 방식 또는 워드 레오나드 방식의 속도 제어 장치를 사용하는 경우에 주 전동기로 사용하는 전동기는?

① 타여자 전동기

② 분권 전동기

③ 직권 전동기

④ 가동 복권 전동기

2018

해설 직류 전동기의 용도

종류	용도
타 여자	압연기, 엘리베이터, 권상기, 크레인
분권	직류 전원 선박의 펌프, 환기용 송풍기, 공작 기계
직권	전차, 권상기, 크레인
가동 복권	크레인, 엘리베이터, 공작 기계, 공기 압축기

24. 직류 전동기에 있어 무부하일 때의 회전수 N_o은 1200 rpm, 정격부하일 때의 회전수 N_n은 1150 rpm이라 한다. 속도 변동률은?

① 약 3.45 % ② 약 4.16 %
③ 약 4.35 % ④ 약 5.0 %

해설 속도 변동률
$$\epsilon = \frac{N_o - N_n}{N_n} \times 100 = \frac{1200-1150}{1150} \times 100$$
$$\fallingdotseq 4.35\%$$

25. 단락비 1.2인 발전기의 퍼센트 동기 임피던스 (%)는 약 얼마인가?

① 100 ② 83
③ 60 ④ 45

해설 $Z_s' = \frac{1}{K_s} \times 100 = \frac{1}{1.2} \times 100 \fallingdotseq 83\%$

26. 3상 동기 발전기에 무부하 전압보다 90도 뒤진 전기자 전류가 흐를 때 전기자 반작용은?

① 감자 작용을 한다.
② 증자 작용을 한다.
③ 교차 자화 작용을 한다.
④ 자기 여자 작용을 한다.

해설 ㉠ 90도 뒤진 전기자 전류가 흐를 때 : 감자 작용으로 기전력을 감소시킨다.

㉡ 90도 앞선 전기자 전류가 흐를 때 : 증가 작용을 하여 기전력을 증가시킨다.

27. 2대의 동기발전기 A, B가 병렬운전하고 있을 때 A기의 여자 전류를 증가시키면 어떻게 되는가?

① A기의 역률은 낮아지고 B기의 역률은 높아진다.
② A기의 역률은 높아지고 B기의 역률은 낮아진다.
③ A, B 양 발전기의 역률이 높아진다.
④ A, B 양 발전기의 역률이 낮아진다.

해설 A기의 여자 전류를 증가시키면 A기의 무효 전력이 증가하여 역률이 낮아지고, B기의 무효분은 감소되어 역률이 높아진다.

참고 A, B 2대의 동기 발전기의 병렬 운전 중 A기의 역률을 좋게 하기 위한 역률 조정
• 역률이 좋으려면 무효 전력이 감소해야 하므로 여자를 줄여야 한다.
• A기의 역률을 좋게 하려면 A기의 여자를 줄이든가, B기의 여자를 증가시키면 된다.
※ 이때 전력과 전압의 변동은 없다.

28. 동기 전동기의 기동법 중 자기동법에서 계자 권선을 단락하는 이유는?

① 고전압의 유도를 방지한다.
② 전기자 반작용을 방지한다.
③ 기동 권선으로 이용한다.
④ 기동이 쉽다.

해설 동기 전동기의 자기 기동법
㉠ 계자의 자극면에 감은 기동(제동) 권선이 마치 3상 유도 전동기의 농형 회전자와 비슷한 작용을 하므로, 이것에 의한 토크로 기동시키는 기동법이다.
㉡ 기동 시에는 회전 자기장에 의하여 계자 권선에 높은 고전압을 유도하여 절연을 파괴할 염려가 있기 때문에 계자 권선은 저항을 통하여 단락해 놓고 기동시켜야 한다.

정답 24. ③ 25. ② 26. ① 27. ① 28. ①

29. 변압기의 원리는 어느 작용을 이용한 것인가?

① 전자 유도 작용   ② 정류 작용

③ 발열 작용   ④ 화학 작용

해설 변압기 : 일정 크기의 교류 전압을 받아 전자 유도 작용(electromagnetic induction)에 의하여 다른 크기의 교류 전압으로 바꾸어, 이 전압을 부하에 공급하는 역할을 하며, 전류, 임피던스를 변환시킬 수 있다

30. 다음 중 변압기의 내부 고장 보호에 쓰이는 계전기는?

① 비율 차동 계전기 ② OCR

③ 역상 계전기   ④ 접지 계전기

해설 비율 차동 계전기(RDFR) : 변압기 보호용 계전기로 보호구간에 유입되는 전류와 유출되는 전류의 벡터차, 출입하는 전류의 비율로 작동하는 계전기이다.

31. 측정이나 계산으로 구할 수 없는 손실로 부하 전류가 흐를 때 도체 또는 철심 내부에서 생기는 손실을 무엇이라 하는가?

① 구리손   ② 히스테리시스손

③ 맴돌이 전류손   ④ 표유 부하손

해설 표유 부하손 (stray load loss) : 누설 자속이 권선과 철심, 외함, 볼트 등에 통하게 되므로, 발생하는 맴돌이 전류에 의한 손실로 계산하여 구하기 어려운 부하손이다.

32. 변압기 평판에 표시된 정격에 대한 설명으로 틀린 것은?

① 변압기의 정격출력 단위는 kW이다.

② 변압기 정격은 2차측을 기준으로 한다.

③ 변압기의 정격은 용량, 전류, 전압, 주파수 등으로 결정된다.

④ 정격이란 정해진 규정에 적합한 범위 내에서 사용할 수 있는 한도이다.

해설 변압기의 정격출력 단위는 피상전력 kVA로 표시한다.

33. 1대의 출력이 100 kVA인 단상 변압기 2대로 V결선하여 3상 전력을 공급할 수 있는 최대 전력은 몇 kVA인가?

① 100   ② 141.4

③ 173.2   ④ 200

해설 $P_v = \sqrt{3}\,P = \sqrt{3} \times 100 = 173.2\,\text{kVA}$

34. 4극 60 Hz 3상 유도 전동기의 동기속도는 몇 rpm인가?

① 200   ② 750

③ 1200   ④ 1800

해설 $N_s = \dfrac{120f}{p} = \dfrac{120 \times 60}{4} = 1800\,\text{rpm}$

35. 회전자 입력을 P_2, 슬립을 s라 할 때 3상 유도 전동기의 기계적 출력의 관계식은?

① sP_2 ② $(1-s)P_2$

③ $s^2 P_2$ ④ $\dfrac{P_2}{s}$

해설 $P_0 = P_2 - P_{c2} = P_2 - sP_2 = (1-s)P_2$

 ※ P_{c2} : 2차 저항손

36. 3상 유도 전동기의 2차 저항을 2배로 하면 그 값이 2배로 되는 것은?

① 슬립   ② 토크

③ 전류   ④ 역률

해설 비례 추이 (proportional shift)

 ㉠ 토크 속도 곡선이 2차 합성 저항의 변화에 비례하여 이동하는 것을 토크 속도 곡선이 비례 추이한다고 한다.

 ㉡ 저항을 2배, 3배 … 로 할 때, 같은 토크에서 슬립이 2배, 3배 … 로 됨을 알 수 있다.

정답 29. ① 30. ① 31. ④ 32. ① 33. ③ 34. ④ 35. ② 36. ①

37. 역률과 효율이 좋아서 가정용 선풍기, 전기세탁기, 냉장고 등에 주로 사용되는 것은?

① 분상 기동형 전동기
② 콘덴서 기동형 전동기
③ 반발 기동형 전동기
④ 셰이딩 코일형 전동기

해설 콘덴서(condenser) 기동형 : 단상 유도 전동기로서 역률(90 % 이상)과 효율이 좋아서 가전제품에 주로 사용된다.

38. 단상 유도 전동기의 기동 토크가 큰 순서로 되어 있는 것은?

① 반발 기동, 분상 기동, 콘덴서 기동
② 분상 기동, 반발 기동, 콘덴서 기동
③ 반발 기동, 콘덴서 기동, 분상 기동
④ 콘덴서 기동, 분상 기동, 반발 기동

해설 기동 토크가 큰 순서(정격 토크의 배수)
반발 기동형(4~5배) → 콘덴서 기동형(3배) → 분상 기동형(1.25~1.5배) → 셰이딩 코일형(0.4 ~0.9배)

39. 단상 반파 정류 회로의 전원 전압이 200 V, 부하 저항이 10 Ω이면 부하 전류는 약 몇 A인가?

① 4
② 9
③ 13
④ 18

해설 $E_{do} = \dfrac{\sqrt{2}}{\pi} V \fallingdotseq 0.45 \times 200 = 90 \text{ V}$

$\therefore I_{do} = \dfrac{V}{R} = \dfrac{90}{10} = 9 \text{ A}$

※ $I_{d0} = \dfrac{E_{d0}}{R} = \dfrac{\sqrt{2}}{\pi} \cdot \dfrac{V}{R} = 0.45 \times \dfrac{200}{10} \fallingdotseq 9 \text{ A}$

40. 그림은 전력제어 소자를 이용한 위상제어회로이다. 전동기의 속도를 제어하기 위해서 '가' 부분에 사용되는 소자는?

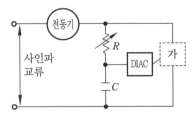

① 전력용 트랜지스터
② 제너다이오드
③ 트라이액
④ 레귤레이터 78XX 시리즈

해설 위상제어에 의한 전동기의 속도제어회로 (DIAC을 이용한 TRIAC 제어)
① 저항 R을 최대로 하면 시정수 $T=RC$ [s]에 의해서 TRIAC 트리거가 지연되어 적은 전류가 흐르게 되므로 낮은 속도로 기동한다.
② 저항 R을 최소로 하면 트리거가 빨라지므로 많은 전류가 흐르게 되어 정상 운전이 된다.

제3과목 : 전기 설비

41. 연선 결정에 있어서 중심 소선을 뺀 층수가 3층이다. 소선의 총수 N은 얼마인가?

① 61
② 37
③ 19
④ 7

해설 $N = 3n(n+1)+1$
$= 3 \times 3(3+1)+1 = 37$ 가닥

42. 절연 전선의 피복에 "RB"라고 표기되어 있다. 여기서 "RB"는 무엇을 나타내는 약호인가?

① 형광등 전선
② 고무 절연 폴리에틸렌 시스 네온 전선
③ 고무 절연 전선
④ 폴리에틸렌 절연 비닐 시스 네온 전선

해설 ① : FL, ② : NRV, ③ : RB, ④ : NEV

43. 인입용 비닐 절연 전선을 나타내는 약호는?

① OW
② EV
③ DV
④ NV

정답 37. ② 38. ③ 39. ② 40. ③ 41. ② 42. ③ 43. ③

해설 ① OW : 옥외용 비닐 절연 전선
② EV : 폴리에틸렌 절연 비닐 시스 케이블
③ DV : 인입용 비닐 절연 전선
④ NV : 비닐 절연 네온 전선

44. 전환 스위치의 종류로 한 개의 전등을 두 곳에서 전등을 자유롭게 점멸할 수 있는 스위치는?

① 펜던트 스위치 ② 3로 스위치
③ 코드 스위치   ④ 단로 스위치

해설 3로 또는 4로 스위치(내선규정 33-14 참조) : 3로 또는 4로 점멸기를 사용하여 2개소 이상의 장소에 전등을 점멸할 경우는 전로의 전압 측에 각각의 점멸기를 설치하는 것을 원칙으로 한다.

45. 금속 덕트의 크기는 전선의 피복 절연물을 포함한 단면적의 총 합계가 금속 덕트 내 단면적의 몇 % 이하가 되도록 선정하여야 하는가?

① 20 % ② 30 %
③ 40 % ④ 50 %

해설 금속 덕트의 크기
㉠ 전선의 피복 절연물을 포함한 단면적의 총 합계가 금속 덕트 내 단면적의 20 % 이하가 되도록 선정하여야 한다.
㉡ 제어 회로 등의 배선에 사용하는 전선만을 넣는 경우에는 50 % 이하

46. 저압 크레인 또는 호이스트 등의 트롤리선을 애자 사용 공사에 의하여 옥내의 노출 장소에 시설하는 경우 트롤리선의 바닥에서의 최소 높이는 몇 m 이상으로 설치하는가?

① 2 ② 2.5
③ 3.5 ④ 4

해설 트롤리선(trolley wire)의 바닥에서의 최소 높이 : 3.5 m 이상

47. 제1종 금속제 가요전선관의 두께는 최소 몇 mm 이상이어야 하는가?

① 0.8 ② 1.2
③ 1.6 ④ 2.0

해설 가요전선관 1종은 두께 0.8 mm 이상의 연강대에 아연 도금을 하고, 이것을 약 반폭씩 겹쳐서 나선 모양으로 만들어 자유롭게 구부릴 수 있는 전선관이다.

48. 주상 변압기의 고·저압 혼촉 방지를 위해 실시하는 2차측 접지 공사는?

① 제1종 ② 제2종
③ 제3종 ④ 특별 제3종

해설 제2종 접지 공사의 적용 장소
㉠ 저·고압이 혼촉한 경우에 저압 전로에 고압이 침입할 경우 기기의 소손이나 사람의 감전을 방지하기 위한 것
㉡ 비접지 계통의 주상 변압기의 저압측 중성점 또는 저압측 일단과 변압기 외함

49. 다음 중 가공 전선로의 지지물이 아닌 것은?

① 목주   ② 지선
③ 철근 콘크리트주 ④ 철탑

해설 지지물 : 목주와 철근 콘크리트주가 주로 사용되며, 필요에 따라 철주·철탑이 사용된다.

50. 절연 전선으로 가선된 배전 선로에서 활선상태인 경우 전선의 피복을 벗기는 것은 매우 곤란한 작업이다. 이런 경우 활선 상태에서 전선의 피복을 벗기는 공구는?

① 전선 피박기 ② 애자 커버
③ 와이어 통   ④ 데드 엔드 커버

해설 ① 전선 피박기 : 활선 상태에서 전선의 피복을 벗기는 공구이다.
② 애자 커버 : 안전 사고가 발생하지 않도록 사용되는 절연 덮개
③ 와이어 통(wire tong) : 애자의 장주에서 활선을 작업권 밖으로 밀어낼 때 사용하는 절연봉
④ 데드 엔드 커버 (dead end cover) : 데드 엔

2018

정답 44. ② 45. ① 46. ③ 47. ① 48. ② 49. ② 50. ①

드 클램프에 접촉되는 것을 방지하기 위하여 사용되는 절연 장구

※ 활선작업(hotline work) : 고압 전선로에서 충전 상태, 즉 송전을 계속하면서 애자, 완목, 전주 및 주상 변압기 등을 교체하는 작업이다.

51. 금속관 공사에 의한 저압 옥내 배선의 방법으로 틀린 것은?

① 전선은 연선을 사용하였다.
② 옥외용 비닐 절연 전선을 사용하였다.
③ 콘크리트에 매설하는 금속관의 두께는 1.2 mm를 사용하였다.
④ 사람이 접촉할 우려가 없어 관에는 제3종 접지를 하였다.

해설 금속관 공사에 의한 저압 옥내배선
㉠ 사용 전선 : 절연 전선을 사용하여야 한다. 단면적 6 mm^2(알루미늄선은 16 mm^2)을 초과할 경우는 연선을 사용하여야 한다 (옥외용 비닐 절연 전선 제외).
㉡ 금속관 안에는 전선의 접속점이 없도록 하여야 한다.
㉢ 금속관의 두께는 콘크리트에 매입할 경우 1.2 mm 이상, 기타의 경우 1 mm 이상이어야 한다.
㉣ 사용 전압이 400 V 미만인 경우 제3종 접지 공사를, 400 V 이상인 경우 특별 제3종 (단, 사람이 접촉할 우려가 없는 경우에는 제3종) 접지 공사를 하여야 한다.

52. 다음 중 차단기와 차단기의 소호매질이 틀리게 연결된 것은?

① 공기차단기 – 압축 공기
② 가스차단기 – SF$_6$ 가스
③ 자기차단기 – 진공
④ 유입차단기 – 절연유

해설 ㉠ 자기차단기(MBCB) 아크와 직각으로 자기장을 주어 소호실 안에 아크를 밀어 넣고 아크 전압을 증대시키며, 또한 냉각하여 소호한다.

㉡ 진공차단기(VCB) : 고진공의 유리관 등 속에 전로의 전류 차단을 하는 차단기

53. 폭연성 분진이 존재하는 곳의 저압 옥내배선 공사 시 공사 방법으로 짝지어진 것은?

① 금속관 공사, MI 케이블 공사, 개장된 케이블 공사
② CD 케이블 공사, MI 케이블 공사, 금속관 공사
③ CD 케이블 공사, MI 케이블 공사, 제1종 캡타이어 케이블 공사
④ 개장된 케이블 공사, CD 케이블 공사, 제1종 캡타이어 케이블 공사

해설 폭연성 분진이 존재하는 곳
㉠ 옥내배선은 금속 전선관 배선 또는 케이블 배선에 의할 것
㉡ 케이블 배선에 의하는 경우 : 케이블은 강관, 강대 및 활동대를 개장으로 한 케이블 또는 MI 케이블을 사용하는 경우를 제외하고 보호관에 넣어서 시설할 것
※ 캡타이어 케이블의 종류

1종	고무 절연체 위에 캡타이어 차폐를 실시한 것
2종	1종과 동일한 구조이며 캡타이어 고무질이 좋은 것
3종	2종과 동일 구조이며 차폐 중에 보강층이 있는 것
4종	3종과 동일 구조에서 선심 사이에 고무 좌상(座床)이 있는 대단히 견고한 것

54. 가연성 가스가 존재하는 장소의 저압시설 공사 방법으로 옳은 것은?

① 가요전선관 공사   ② 합성수지관 공사
③ 금속관 공사   ④ 금속 몰드 공사

해설 가연성 가스가 존재하는 장소 : 옥내배선은 금속전선관 또는 케이블 배선에 의할 것

55. 실내 전반 조명을 하고자 한다. 작업대로부터

광원의 높이가 2.4m인 위치에 조명기구를 배치할 때 벽에서 한 기구 이상 떨어진 기구에서 기구간의 거리는 일반적인 경우 최대 몇 m로 배치하여 설치하는가? (단, $S \leq 1.5H$를 사용하여 구하도록 한다.)

① 1.8　　　　　　② 2.4
③ 3.2　　　　　　④ 3.6

해설 $L \leq 1.5H[\mathrm{m}]$
∴ $L = 1.5 \times 2.4 = 3.6\,\mathrm{m}$

56. 간선에 접속하는 전동기의 정격전류의 합계가 50 A 이하인 경우에는 그 정격전류의 합계의 몇 배에 견디는 전선을 선정하여야 하는가?

① 0.8　　　　　　② 1.1
③ 1.25　　　　　　④ 3

해설 전동기용 분기회로의 전선 굵기(내선 3115-4 참조)

ㄱ 정격전류가 50 A 이하일 경우 : 1.25배 이상의 허용전류를 가지는 것
ㄴ 정격전류가 50 A를 초과하는 경우 : 1.1배 이상의 허용전류를 가지는 것

57. 위치 검출용 스위치로서 물체가 접촉하면 내장 스위치가 동작하는 구조로 되어 있는 것은?

① 리밋 스위치　　② 플로트 스위치
③ 텀블러 스위치　④ 타임 스위치

해설 ㄱ 리밋(limit) 스위치 : 보통 한계점 스위치라고도 하며, 물체의 위치 검출에 주로 사용한다.
ㄴ 플로트(float) 스위치 : 부동 스위치로 물탱크 물의 양에 따라 동작하는 자동 스위치이다.

58. 일반적으로 학교 건물이나 은행 건물 등의 간선의 수용률은 얼마인가?

① 50 %　　　　　② 60 %
③ 70 %　　　　　④ 80 %

해설 간선의 수용률
ㄱ 학교, 사무실, 은행 : 70 %
ㄴ 주택, 기숙사, 여관, 호텔, 병원, 창고 : 50 %

59. 일반 주택의 저압 옥내배선을 점검하였더니 다음과 같이 시공되어 있었다. 잘못 시공된 것은?

① 욕실의 전등으로 방습 형광등이 시설되어 있다.
② 단상 3선식 인입개폐기의 중성선에 동판이 접속되어 있었다.
③ 합성수지관 공사의 관 지지점간의 거리가 2 m로 되어 있었다.
④ 금속관 공사로 시공하였고 절연전선을 사용하였다.

해설 합성수지관 공사의 관 지지점간의 거리 : 배관의 지지점 사이의 거리는 1.5 m 이하로 하고, 또한 그 지지점은 관의 끝, 관과 박스의 접속점 및 관 상호간의 접속점 등에 가까운 곳(0.3 m 정도)에 시설할 것

60. 물탱크의 물의 양에 따라 동작하는 스위치로서 공장, 빌딩 등의 옥상에 있는 물탱크의 급수펌프에 설치된 전동기 운전용 마그넷 스위치와 조합하여 사용하는 스위치는?

① 수은 스위치　　② 타임 스위치
③ 압력 스위치　　④ 플로트레스 스위치

해설 ① 수은 스위치(mercury switch) : 생산 공장 작업의 자동화, 바이메탈과 조합하여 실내 난방 장치의 자동 온도 조절에도 사용된다.
② 타임 스위치(time switch) : 시계 장치와 조합하여 자동 개폐하는 스위치로 외등, 가로등, 전기사인 등의 점멸에 사용하면 정확하고 편리하다.
③ 압력 스위치(pressure switch) : 공기압축기, 가스 탱크, 기름 탱크 등의 펌프용 전동기에 쓰인다.
④ 플로트레스 스위치(floatless switch) : 물탱크 물의 양에 따라 동작하는 자동 스위치이다.

정답 ▶　56. ③　57. ①　58. ③　59. ③　60. ④

전기기능사
Craftsman Electricity

2018년 4회(CBT)

기출문제 해설

제1과목	제2과목	제3과목
전기 이론 : 20문항	전기 기기 : 20문항	전기 설비 : 20문항

제1과목 : 전기 이론

1. 10 eV는 몇 J인가?

① 1
② 1×10^{-10}
③ 1.16×10^4
④ 1.602×10^{-18}

해설 전자의 전하 $e = 1.60219 \times 10^{-19}$[C]

∴ $10 \, eV = 1.60219 \times 10^{-19} \times 10$
    $\fallingdotseq 1.602 \times 10^{-18}$ J

※ 전자의 운동 에너지 : e[C]의 전하가 V[V]
의 전위차를 가진 두 점 사이를 이동할 때,
전자가 얻는 에너지 $W = eV$[J]
여기서, 전위차의 값 V만으로 표시한 에너
지를 V전자 볼트(electron volt, eV)의 에
너지라 한다.

2. 진공 중에 10 μC과 20 μC의 점전하를 1 m의
거리로 놓았을 때 작용하는 힘(N)은?

① 18×10^{-1}
② 2×10^{-2}
③ 9.8×10^{-9}
④ 98×10^{-9}

해설 $F = 9 \times 10^9 \times \dfrac{Q_1 \cdot Q_2}{r^2}$

$= 9 \times 10^9 \times \dfrac{10 \times 10^{-6} \times 20 \times 10^{-6}}{1^2}$

$= 9 \times 10^9 \times \dfrac{2 \times 10^{-10}}{1} = 18 \times 10^{-1}$[N]

3. 다음 그림과 같이 박 검전기의 원판 위에 양(+)
의 대전체를 가까이 했을 경우 박 검전기는 양
으로 대전되어 벌어진다. 이와 같은 현상을 무
엇이라고 하는가?

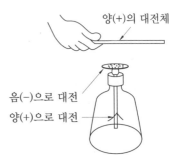

양(+)의 대전체
음(-)으로 대전
양(+)으로 대전

① 정전 유도
② 정전 차폐
③ 자기 유도
④ 대전

해설 정전 유도(electrostatic induction) 현상 :
양(+)의 대전체 근처에 대전되지 않은 도체를
가져오면 대전체 가까운 쪽에는 음(-)으로, 먼
쪽에는 양(+)으로 대전되는 현상으로, 전기량은
대전체의 전기량과 같고 유도된 양 전하와 음 전
하의 양은 같다.

4. 정전 용량이 같은 콘덴서 2개가 있다. 이것을 직
렬 접속할 때의 값은 병렬 접속할 때의 값보다
어떻게 되는가?

① 1/2로 감소한다.
② 1/4로 감소한다.
③ 2배로 증가한다.
④ 4배로 증가한다.

해설 콘덴서 직·병렬 접속의 합성 정전 용량 비교

㉠ 직렬 접속 시 : $C_s = \dfrac{C_1 \cdot C_2}{C_1 + C_2} = \dfrac{C^2}{2C} = \dfrac{C}{2}$

㉡ 병렬 접속 시 : $C_p = C_1 + C_2 = 2C$

㉢ $\dfrac{C_s}{C_p} = \dfrac{\frac{C}{2}}{2C} = \dfrac{C}{4C} = \dfrac{1}{4}$

∴ $C_s = \dfrac{1}{4} C_p$

5. 히스테리시스 곡선이 종축과 만나는 점의 값은

무엇을 나타내는가?

① 자화력　　　　② 잔류 자기

③ 자속 밀도　　　④ 보자력

해설 히스테리시스 곡선(hysteresis loop)

　㉠ 잔류 자기 : 자기장의 세기 H가 0인 경우에도 남아 있는 자속의 크기로, 종축과 만나는 점이다.

　㉡ 보자력 : 잔류 자기를 없애는 데 필요한 $-H$ 방향의 자기장 세기로, 횡축과 만나는 점이다.

6. 공심 솔레노이드 내부 자계의 세기가 800 AT/m일 때, 자속 밀도(Wb/m²)는 약 얼마인가?

① 1×10^{-3}　　　　② 1×10^{-4}

③ 1×10^{-5}　　　　④ 1×10^{-6}

해설 자속 밀도(magnetic flux density)

$$B = \mu_0 H = 4\pi \times 10^{-7} \times 800 = 1 \times 10^{-3} \, \text{Wb/m}^2$$

7. 공기 중에서 자속 밀도 2 Wb/m²인 평등 자기장 중에 자기장과 30°의 방향으로 길이 0.5 m인 도체에 8 A의 전류가 흐르는 경우 전자력(N)은?

① 8　　　② 4　　　③ 2　　　④ 1

해설 $F = BlI\sin\theta = 2 \times 0.5 \times 8 \times \dfrac{1}{2} = 4 \, \text{N}$

여기서, $\sin 30 = \dfrac{1}{2}$

8. 자체 인덕턴스 20 mH의 코일에 20 A의 전류를 흘릴 때 저장 에너지는 몇 J인가?

① 2　　　② 4　　　③ 6　　　④ 8

해설 $W = \dfrac{1}{2}LI^2 = \dfrac{1}{2} \times 20 \times 10^{-3} \times 20^2 = 4 \, \text{J}$

9. 다음 중 자기 저항의 단위에 해당되는 것은?

① Ω　　　　　　② Wb/AT

③ H/m　　　　　④ AT/Wb

해설 자기 저항(reluctance) : 자속의 발생을 방해하는 성질의 정도로, 자로의 길이 l[m]에 비

례하고 단면적 A[m²]에 반비례한다.

$$R = \frac{l}{\mu A} = \frac{NI}{\phi} \, [\text{AT/Wb}]$$

10. 일반적으로 연동선의 고유 저항은 몇 Ω · mm²/m인가?

① $\dfrac{1}{48}$　② $\dfrac{1}{55}$　③ $\dfrac{1}{58}$　④ $\dfrac{1}{65}$

해설 연동선의 고유저항 : $\rho = \dfrac{1}{58} \, [\Omega \cdot \text{mm}^2/\text{m}]$

※ 경동선의 고유저항 : $\rho = \dfrac{1}{55} \, [\Omega \cdot \text{mm}^2/\text{m}]$

11. 1 m에 저항이 20 Ω인 전선의 길이를 2배로 늘리면 저항은 몇 Ω이 되는가? (단, 동선의 체적은 일정하다.)

① 10　　② 20　　③ 40　　④ 80

해설 $R = \rho \dfrac{l}{A} = \rho \dfrac{2l}{\dfrac{1}{2}A} = 4\rho \dfrac{l}{A} \, [\Omega]$

→ 길이는 2배, 단면적은 $\dfrac{1}{2}$배가 되므로 저항은 4배가 된다.

$\therefore \ R' = 4 \times 20 = 80 \, \Omega$

12. 다음과 같은 회로에서 폐회로에 흐르는 전류는 몇 A인가?

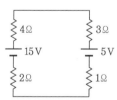

① 0.5 A　② 1 A　③ 1.5 A　④ 2 A

해설 키르히호프의 제2법칙 : $\sum V = \sum IR$

$\therefore \ I = \dfrac{\sum V}{\sum R} = \dfrac{15 - 5}{4 + 3 + 1 + 2} = 1 \, \text{A}$

13. 그림과 같은 RC 병렬회로의 위상각 θ는?

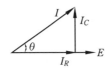

① $\tan^{-1}\dfrac{\omega C}{R}$ ② $\tan^{-1}\omega CR$

③ $\tan^{-1}\dfrac{R}{\omega C}$ ④ $\tan^{-1}\dfrac{1}{\omega CR}$

해설 $\theta = \tan^{-1}\dfrac{I_C}{I_R} = \tan^{-1}\dfrac{\omega CE}{\dfrac{E}{R}}$

$\qquad = \tan^{-1}\omega CR$

14. 다음 중 어드미턴스에 대한 설명으로 옳은 것은?

① 교류에서 저항 이외에 전류를 방해하는 저항 성분
② 전기회로에서 회로 저항의 역수
③ 전기회로에서 임피던스 역수의 허수부
④ 교류회로에서 전류의 흐르기 쉬운 정도를 나타낸 것으로서 임피던스의 역수

해설 어드미턴스(admittance) : $\dot{Y} = G + jB$
　　 ㉠ 교류회로에서 전류의 흐르기 쉬운 정도를 나타낸 것
　　 ㉡ 임피던스의 역수로 기호는 Y, 단위는 ℧을 사용한다.
　※ 1. 리액턴스(reactance) : 저항 이외에 전류를 방해하는 저항 성분 : X
　　 2. 컨덕턴스(conductance) : 저항의 역수(어드미턴스의 실수부 : G)
　　 3. 서셉턴스(susceptance) : 임피던스 역수의 허수부 : jB

15. 2전력계법으로 평형 3상 전력을 측정하였더니 각각의 전력계가 500 W, 300 W를 지시하였다면 전 전력(W)은?

① 200   ② 300
③ 500   ④ 800

해설 2전력계법
　　 $P = P_1 + P_2 = 500 + 300 = 800\text{ W}$

16. 그림과 같은 평형 3상 △회로를 등가 Y결선으로 환산하면 각상의 임피던스는 몇 Ω이 되는가? (단, Z는 12 Ω이다.)

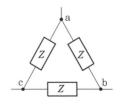

① 48 Ω   ② 36 Ω
③ 4 Ω   ④ 3 Ω

해설 $Z_Y = \dfrac{1}{3}Z_\Delta = \dfrac{12}{3} = 4\,\Omega$

　※ 평형 3상 △회로를 등가 Y결선으로 환산하려면 각상의 임피던스를 1/3배로 한다.

17. 다음 중 무효전력의 단위는 어느 것인가?

① W   ② Var
③ kW   ④ VA

해설 전력의 표시
　　 ㉠ 피상 전력 : $P_a = VI\text{[VA]}$; [kVA]
　　 ㉡ 유효 전력 : $P = VI\cos\theta\text{[W]}$; [kW]
　　 ㉢ 무효 전력 : $P_r = VI\sin\theta\text{[Var]}$; [kVar]

18. 기전력 120 V, 내부 저항(r)이 15 Ω인 전원이 있다. 여기에 부하 저항(R)을 연결하여 얻을 수 있는 최대 전력(W)은? (단, 최대 전력 전달조건은 $r = R$이다.)

① 100   ② 140
③ 200   ④ 240

해설 최대 전력 전달조건
　　 내부 저항(r) = 부하 저항(R)
　　 $P_m = \dfrac{E^2}{4R} = \dfrac{120^2}{4 \times 15} = 240\text{ W}$

$$※ P_m = I^2 R = \left(\frac{E}{2R}\right)^2 R$$
$$= \frac{E^2}{4R^2} R = \frac{E^2}{4R}$$

참고 기전력 50 V, 내부 저항 5 Ω인 전원이 있다. 이 전원에 부하를 연결하여 얻을 수 있는 최대 전력은 $P_m = \dfrac{E^2}{4R} = \dfrac{50^2}{4 \times 5} = 125\,\mathrm{W}$

19. 초산은(AgNO₃) 용액에 1 A의 전류를 2시간 동안 흘렸다. 이때 은의 석출량(g)은? (단, 은의 전기 화학당량은 1.1×10⁻³ g/C이다.)

① 5.44   ② 6.08
③ 7.92   ④ 9.84

해설 $W = KIt = 1.1 \times 10^{-3} \times 1 \times 2 \times 60 \times 60$
$= 7.92\,\mathrm{g}$

20. 서로 다른 종류의 안티몬과 비스무트의 두 금속을 접속하여 여기에 전류를 통하면, 그 접점에서 열의 발생 또는 흡수가 일어난다. 줄열과 달리 전류의 방향에 따라 열의 흡수와 발생이 다르게 나타나는 이 현상을 무엇이라 하는가?

① 펠티에 효과   ② 제베크 효과
③ 제3금속의 법칙   ④ 열전 효과

해설 열전 효과
㉠ 펠티에 효과(Peltier effect)
• 두 종류의 금속 접속점에 전류를 흘리면 전류의 방향에 따라 줄열(Joule heat) 이외의 열의 흡수 또는 발생 현상이 생기는 것이다.
• 전자 냉동기, 전자 온풍기 등에 응용된다.
㉡ 제베크 효과(Seebeck effect)
• 두 종류의 금속을 접속하여 폐회로를 만들고, 두 접속점에 온도의 차이를 주면 기

전력이 발생하여 전류가 흐른다.
• 열전 온도계, 열전 계기 등에 응용된다.

제2과목 : 전기 기기

21. 정격속도로 회전하고 있는 분권 발전기가 있다. 단자 전압 100 V, 계자권선의 저항은 50 Ω, 계자 전류 2 A, 부하 전류 50 A, 전기자 저항 0.1 Ω이다. 이때 발전기의 유기 기전력은 몇 V인가? (단, 전기자 반작용은 무시한다.)

① 100.2   ② 104.8
③ 105.2   ④ 125.4

해설 전기자 전류 : $I_a = I_f + I = 2 + 50 = 52\,\mathrm{A}$
∴ 유도 기전력 : $E = V + I_a R_a = 100 + 52 \times 0.1$
$= 105.2\,\mathrm{V}$

22. 직류 발전기의 특성 곡선 중 상호 관계가 옳지 않은 것은?

① 무부하 포화 곡선 : 계자 전류와 단자 전압
② 외부 특성 곡선 : 부하 전류와 단자 전압
③ 부하 특성 곡선 : 계자 전류와 단자 전압
④ 내부 특성 곡선 : 부하 전류와 단자 전압

해설 직류 발전기의 특성 곡선
㉠ 무부하 특성 곡선 : 무부하로 운전하였을 때 계자 전류와 단자 전압과의 관계를 나타내는 곡선
㉡ 외부 특성 곡선 : 단자 전압과 부하 전류와의 관계를 나타내는 곡선
㉢ 부하 특성 곡선 : 계자 전류와 단자 전압의 관계를 나타내는 곡선
㉣ 내부 특성 곡선 : 부하 전류와 유기 기전력과의 관계를 나타내는 곡선

23. 전동기의 회전 방향을 바꾸는 역회전의 원리를 이용한 제동 방법은?

① 역상 제동   ② 유도 제동
③ 발전 제동   ④ 회생 제동

2018

해설 역상 제동(plugging) : 역회전의 원리를 이용하여 전동기를 매우 빨리 정지시킬 때 사용한다.

24. 다음 중 동기 속도 3600 rpm, 주파수 60 Hz 의 유도 전동기의 극수는?

① 2 　　　　　② 4
③ 6 　　　　　④ 8

해설 $p = \dfrac{120 \cdot f}{N_s} = \dfrac{120 \times 60}{3600} = 2$ 극

25. 동기 발전기의 돌발 단락 전류를 주로 제한하는 것은?

① 누설 리액턴스 　② 동기 임피던스
③ 권선 저항 　　　④ 동기 리액턴스

해설 ㉠ 누설 리액턴스
 • 누설 자속에 의한 권선의 유도성 리액턴스 $x_l = \omega L$을 누설 리액턴스라 한다.
 • 돌발(순간) 단락 전류를 제한한다.
 ㉡ 동기 리액턴스 : $x_s = x_a + x_l$
 • 영구(지속) 단락 전류를 제한한다.
 ㉢ 동기 임피던스 : $\dot{Z}_s = r_a + j x_s$
 　　　　　　　　　$= r_a + j(x_l + x_a)$

26. 다음 중 난조 방지와 관계가 없는 것은?

① 제동 권선을 설치한다.
② 전기자 권선의 저항을 작게 한다.
③ 축 세륜을 붙인다.
④ 조속기의 감도를 예민하게 한다.

해설 조속기 감도가 예민하든가 전기자 저항 등이 크면 난조가 일어나기 쉽다.

27. 동기 전동기에서 전기자 반작용을 설명한 것 중 옳은 것은?

① 공급 전압보다 앞선 전류는 감자작용을 한다.
② 공급 전압보다 뒤진 전류는 감자작용을

한다.
③ 공급 전압보다 앞선 전류는 교차 자화작용을 한다.
④ 공급 전압보다 뒤진 전류는 교차 자화작용을 한다.

해설 동기 전동기의 전기자 반작용

반작용	위상
교차 자화작용	동상
증자작용	지상(뒤진 전류)
감자작용	진상(앞선 전류)

※ 동기 전동기는 동기 발전기의 경우에 비해 반대가 된다.

28. 변압기의 성층 철심 강판 재료로서 철의 함유량은 대략 몇 %인가?

① 99 　② 96 　③ 92 　④ 89

해설 변압기 철심 : 철손을 적게 하기 위하여 약 3~4 %의 규소를 포함한 연강판을 성층하여 사용한다.
 ∴ 철의 %는 약 96~97 % 정도이다.

29. 부흐홀츠 계전기의 설치 위치로 가장 적당한 것은?

① 변압기 주 탱크 내부
② 콘서베이터 내부
③ 변압기 고압측 부싱
④ 변압기 주 탱크와 콘서베이터 사이

해설 부흐홀츠 계전기(Buchholtz relay ; BHR)
 ㉠ 변압기 내부 고장으로 2차적으로 발생하는 기름의 분해 가스 증기 또는 유류를 이용하여 부자(뜨는 물건)를 움직여 계전기의 접점을 닫는 것이다.
 ㉡ 변압기의 주탱크와 콘서베이터의 연결관 도중에 설비한다.

30. 수전단 발전소용 변압기 결선에 주로 사용하고 있으며 한쪽은 중성점을 접지할 수 있고 다른 한쪽은 제3고조파에 의한 영향을 없애주는 장점을

가지고 있는 3상 결선 방식은?

① Y-Y   ② $\Delta-\Delta$

③ Y-Δ ④ V

해설 $\Delta-Y$, $Y-\Delta$결선
   ⊙ $\Delta-Y$결선은 낮은 전압을 높은 전압으로 올릴 때 사용한다.
   ⓛ $Y-\Delta$결선은 높은 전압을 낮은 전압으로 낮추는 데 사용한다.
   ⓒ 어느 한쪽이 Δ결선이어서 여자 전류가 제3고조파 통로가 있으므로, 제3고조파에 의한 장애가 적다.

31. 3상 변압기의 병렬운전 시 병렬운전이 불가능한 결선 조합은?

① $\Delta-\Delta$와 Y-Y   ② $\Delta-\Delta$와 $\Delta-Y$

③ $\Delta-Y$와 $\Delta-Y$ ④ $\Delta-\Delta$와 $\Delta-\Delta$

해설 불가능한 결선 조합
   ⊙ $\Delta-\Delta$와 $\Delta-Y$
   ⓛ Y-Y와 $\Delta-Y$

32. 어떤 단상 변압기의 2차 무부하 전압이 240 V이고, 정격부하 시의 2차 단자 전압이 230 V이다. 전압변동률은 약 몇 %인가?

① 4.35   ② 5.15

③ 6.65   ④ 7.35

해설 $\epsilon = \dfrac{V_{20} - V_{2n}}{V_{2n}} \times 100$

    $= \dfrac{240 - 230}{230} \times 100 = \dfrac{10}{230} \times 100 ≒ 4.35\,\%$

33. 변압기에서 퍼센트 저항 강하 3 %, 리액턴스 강하 4 %일 때 역률 0.8(지상)에서의 전압변동률은?

① 2.4 %   ② 3.6 %

③ 4.8 %   ④ 6 %

해설 $\epsilon = p\cos\theta + q\sin\theta$
      $= 3 \times 0.8 + 4 \times 0.6 = 4.8\,\%$

※ $\sin\theta = \sqrt{1 - \cos\theta^2} = \sqrt{1 - 0.8^2} = 0.6$

34. 다음 중 유도 전동기의 동작원리로 옳은 것은?

① 전자 유도와 플레밍의 왼손 법칙

② 전자 유도와 플레밍의 오른손 법칙

③ 정전 유도와 플레밍의 왼손 법칙

④ 정전 유도와 플레밍의 오른손 법칙

해설 동작원리(본문 그림 2-4-1 참조)
   ⊙ 영구 자석을 화살표 방향으로 움직이면, 알루미늄 원판은 이것과 같은 방향으로 조금 늦은 속도로 회전한다.
   ⓛ 이것은 자석의 이동에 의해 발생하는 맴돌이 전류와 자속 사이에 생기는 전자 유도에 의한 전자력에 의해 회전력이 발생한 것으로, 회전 방향은 플레밍의 왼손 법칙에 의하여 정의된다.

35. 유도 전동기의 2차 동손 (P_c), 2차 입력(P_2), 슬립(s)일 때의 관계식으로 옳은 것은?

① $P_2 P_c s = 1$ ② $s = P_2 P_c$

③ $s = P_c P_2$ ④ $P_c = s P_2$

해설 2차 동손 : $P_c = s P_2$

   ※ 슬립 : $s = \dfrac{P_c}{P_2} = \dfrac{\text{2차 전체 동손}}{\text{2차 전체 입력}}$

36. 유도 전동기 원선도 작성에 필요한 시험과 원선도에서 구할 수 있는 것이 옳게 배열된 것은?

① 무부하 시험, 1차 입력

② 부하 시험, 기동 전류

③ 슬립 측정 시험, 기동 토크

④ 구속 시험, 고정자 권선의 저항

해설 원선도 작성에 필요한 시험
   ⊙ 저항 측정 : 1차 권선 각 단자간의 직류 저항 측정
   ⓛ 무부하 시험-1차 입력(무부하 입력 = 철손), 여자 전류를 구한다.
   ⓒ 구속 시험·입력(임피던스 와트)을 측정

2018

37. 3상 유도 전동기의 회전 방향을 바꾸기 위한 방법은?

① 3상의 3선 접속을 모두 바꾼다.
② 3상의 3선 중 2선의 접속을 바꾼다.
③ 3상의 3선 중 1선에 리액턴스를 연결한다.
④ 3상의 3선 중 2선에 같은 값의 리액턴스를 연결한다.

해설 회전 방향을 바꾸는 방법
㉠ 회전 자장의 회전 방향을 바꾸면 된다.
㉡ 전원에 접속된 3개의 단자 중에서 어느 2개를 바꾸어 접속하면 된다.

38. 다음 중 정역 운전을 할 수 없는 단상 유도 전동기는?

① 분상 기동형   ② 셰이딩 코일형
③ 반발 기동형   ④ 콘덴서 기동형

해설 셰이딩 코일(shading coil)형의 특징
㉠ 구조는 간단하나 기동 토크가 매우 작고, 운전 중에도 셰이딩 코일에 전류가 흐르므로 효율, 역률 등이 모두 좋지 않다.
㉡ 정역 운전을 할 수 없다.

39. 60 Hz 3상 반파 정류 회로의 맥동 주파수(Hz)는?

① 360   ② 180   ③ 120   ④ 60

해설 맥동 주파수 : $f_r = 3f = 3 \times 60 = 180\,\mathrm{Hz}$

※ 맥동률 (ripple factor) : 정류된 직류 속에 포함되어 있는 교류 성분의 정도를 말한다.

정류방식에 따른 특성 비교

정류방식	단상 반파	단상 전파	3상 반파	3상 전파
맥동 주파수	f	$2f$	$3f$	$6f$

40. 빛을 발하는 반도체 소자로서 각종 전자 제품류와 자동차 계기판 등의 전자 표시에 활용되는 것은?

① 제너 다이오드   ② 발광 다이오드

③ PN접합 다이오드   ④ 포토다이오드

해설 ① 제너다이오드(zener diode) : 정전압 다이오드
② 발광 다이오드(light emitting diode ; LED) : 다이오드의 특성을 가지고 있으며, 전류를 흐르게 하면 붉은색, 녹색, 노란색으로 빛을 발한다.
③ PN접합 다이오드 : 정류용 다이오드
④ 포토다이오드(photodiode) : 빛에너지를 전기에너지로 변환하는 다이오드

제3과목 : **전기 설비**

41. 연선 결정에 있어서 중심 소선을 뺀 층수가 2층이다. 소선의 총수 N은 얼마인가?

① 61   ② 37   ③ 19   ④ 7

해설 총 소선 수 : $N = 3n(n+1)+1$
$= 2 \times 2(2+1)+1 = 19$가닥

42. 나전선 상호간을 접속하는 경우 인장하중에 대한 내용으로 옳은 것은?

① 20 % 이상 감소시키지 않을 것
② 40 % 이상 감소시키지 않을 것
③ 60 % 이상 감소시키지 않을 것
④ 80 % 이상 감소시키지 않을 것

해설 나전선 상호 또는 나전선과 절연 전선 캡타이어 케이블 또는 케이블과 접속하는 경우
㉠ 전선의 강도(인장하중)를 20 % 이상 감소시키지 않는다.
㉡ 접속 슬리브, 전선 접속기를 사용하여 접속한다.

43. 연피 케이블의 접속에 반드시 사용되는 테이프는?

① 고무 테이프   ② 비닐 테이프
③ 리노 테이프   ④ 자기융착 테이프

해설 리노 테이프(lino tape)는 점착성이 없으나

절연성, 내온성 및 내유성이 있으므로 연피 케이블 접속에는 반드시 사용된다.

44. 다음 중 옥내에 시설하는 저압 전로와 대지 사이의 절연 저항 측정에 사용되는 계기는?

① 코올라시 브리지   ② 메거
③ 어스 테스터   ④ 마그넷 벨

해설 ① 코올라시 브리지(kohlrausch bridge) : 저저항 측정용 계기로 접지 저항, 전해액의 저항 측정
② 메거(megger) : 절연 저항 측정
③ 어스 테스터(earth tester) : 접지 저항 측정
④ 마그넷 벨 : 도통시험용

45. 다음 중 금속 덕트 공사 방법과 거리가 가장 먼 것은?

① 금속 덕트의 말단은 열어 놓을 것
② 금속 덕트는 3 m 이하의 간격으로 견고하게 지지할 것
③ 금속 덕트의 뚜껑은 쉽게 열리지 않도록 시설할 것
④ 금속 덕트 상호는 견고하고 또한 전기적으로 완전하게 접속할 것

해설 금속 덕트의 말단은 막을 것

46. 다음 중 플로어 덕트 공사의 설명으로 틀린 것은?

① 덕트 상호 및 덕트와 박스 또는 인출구와 접속은 견고하고 전기적으로 완전하게 접속하여야 한다.
② 덕트의 끝 부분은 막을 것
③ 덕트 및 박스 기타 부속품은 물이 고이는 부분이 없도록 시설하여야 한다.
④ 플로어 덕트는 특별 제3종 접지 공사로 하여야 한다.

해설 플로어 덕트는 제3종 접지 공사로 하여야 한다.

47. 합성수지관 공사에서 옥외 등 온도 차가 큰 장소에 노출 배관을 할 때 사용하는 커플링은?

① 신축 커플링(0C)   ② 신축 커플링(1C)
③ 신축 커플링(2C)   ④ 신축 커플링(3C)

해설 온도 차가 큰 장소에 노출 배관에서는 신축 정도가 크므로 신축 커플링(3C)이 적당하다.

48. 연피가 없는 케이블을 배선할 때 직각 구부리기(L형)는 대략 굴곡 반지름을 케이블 바깥지름의 몇 배 이상으로 하는가?

① 3   ② 4   ③ 6   ④ 10

해설 연피가 없는 케이블 공사 : 케이블을 구부리는 경우 피복이 손상되지 않도록 하고, 그 굴곡부의 곡률 반지름은 원칙적으로 케이블 완성품 지름의 6배(단심인 것은 8배) 이상으로 하여야 한다.
※ 연피가 있는 케이블 공사 : 연피 케이블이 구부러지는 곳은 케이블 바깥지름의 12배 이상의 반지름으로 구부릴 것(단, 금속관에 넣는 것은 15배 이상으로 하여야 한다.)

49. 다음 중 배선용 차단기를 나타내는 그림 기호는?

① B   ② E
③ BE   ④ S

해설 ① 배선용 차단기
② 누전차단기
③ 과전류 붙이 누전차단기
④ 개폐기

50. 제1종 접지 공사 접지선의 굵기는 공칭단면적 몇 mm^2 이상의 연동선이어야 하는가?

① 2.5   ② 4.0   ③ 6.0   ④ 8.0

해설 제1종 접지 공사의 접지선의 굵기
㉠ 연동선 : 6 mm^2 이상
㉡ 알루미늄선 : 10 mm^2 이상

2018

51. 고압 가공인입선이 케이블 이외의 것으로서 그 아래에 위험표시를 하였다면 전선의 지표상 높이는 몇 m까지로 감할 수 있는가?

① 2.5 ② 3.5
③ 4.5 ④ 5.5

해설 고압 구내 가공인입선의 높이(내선규정 2115 −2 참조)
⊙ 도로 : 지표상 6.0 m 이상
ⓒ 철도 : 레일면상 6.5 m 이상
ⓒ 횡단보도교의 위쪽 : 노면상 3.5 m 이상
ⓒ 상기 이외의 경우 : 지표상 5.0 m 이상(다만, 문제 내용과 같은 경우에는 지표상 높이를 3.5 m까지 감할 수 있다.)

52. A종 철근 콘크리트주의 길이가 9 m이고, 설계하중이 6.8 kN인 경우 땅에 묻히는 깊이는 최소 몇 m 이상이어야 하는가?

① 1.2 ② 1.5
③ 1.8 ④ 2.0

해설 전체의 길이가 15 m 이하인 경우는 땅에 묻히는 깊이를 전장의 1/6 이상으로 할 것
$$\therefore \text{묻히는 깊이 } h \geqq 9 \times \frac{1}{6} \geqq 1.5\,\text{m}$$

53. 점유 면적이 좁고 운전·보수에 안전하며 공장, 빌딩 등의 전기실에 많이 사용되는 배전반은 어느 것인가?

① 데드 프런트형
② 수직형
③ 큐비클형
④ 라이브 프런트형

해설 큐비클형(cubicle type) : 점유 면적이 좁고 운전·보수에 안전하므로 공장, 빌딩 등의 전기실에 많이 사용된다.
⊙ 데드 프런트형 : 고압 수전반, 고압 전동기 운전반 등에 사용된다.
ⓒ 라이브 프런트형 : 보통 수직형(vertical panel)으로, 주로 저압 간선용으로 사용된다.

54. 다음의 심벌 명칭은 무엇인가?

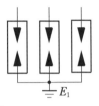

① 파워 퓨즈
② 단로기
③ 피뢰기
④ 고압 컷아웃 스위치

해설 E_1 표기는 피뢰기의 제1종 접지 공사를 의미한다.

55. 폭연성 분진이 존재하는 곳의 금속관 공사에 있어서 관 상호간 및 관과 박스 기타의 부속품, 풀박스 또는 전기기계 기구와의 접속은 몇 턱 이상의 나사 조임으로 접속하여야 하는가?

① 2턱 ② 3턱 ③ 4턱 ④ 5턱

해설 금속 전선관 배선에 의하는 경우
⊙ 관 상호 및 관과 박스는 5턱 이상의 나사 조임으로 견고하게 접속할 것
ⓒ 패킹을 사용하여 분진이 내부로 침입하지 않도록 시설할 것

56. 터널·갱도 기타 이와 유사한 장소에서 사람이 상시 통행하는 터널 내의 배선방법으로 적절하지 않은 것은?(단, 사용 전압은 저압이다.)

① 라이팅 덕트 배선
② 금속제 가요전선관 배선
③ 합성수지관 배선
④ 애자 사용 배선

해설 사람이 상시 통행하는 터널 내의 배선방법 (내선규정 4255−1 참조) : 애자 사용, 금속관, 합성수지관, 금속제 가요전선관, 케이블 배선
※ 라이팅 덕트(lighting duct) 배선 : 옥내에 있어서 건조한 노출 장소나 점검할 수 있는 은폐 장소에 한하여 시설할 수 있다.

57. 전등 한 개를 2개소에서 점멸하고자 할 때 옳은 배선은?

① S_3 •──╫──○──╫──• S_3
전원

② •──╫──○──╫──• S_3
S_3 전원

③ •──╫──○──╫──• S_3
S_3 전원

④ •──╫──○──╫──• S_3
S_3 전원

해설 전선 가닥 수
㉠ S_3 : 3로 스위치 3가닥
㉡ 전원 : 2가닥

58. 1개의 전등을 3곳에서 자유롭게 점등하기 위해서는 3로 스위치와 4로 스위치가 각각 몇 개씩 필요한가?

① 3로 스위치 1개, 4로 스위치 2개
② 3로 스위치 2개, 4로 스위치 1개
③ 3로 스위치 3개
④ 4로 스위치 3개

해설 N개소 점멸을 위한 스위치의 소요
N = (2개의 3로 스위치) + [($N-2$)개의 4로 스위치)]
$= 2S_3 + (N-2)S_4 = 2S_3 + (3-2)S_4$
$= 2S_3 + 1S_4$
∴ 3로 스위치 2개, 4로 스위치 1개
※ N = 2일 때 : 2개의 3로 스위치
N = 3일 때 : 2개의 3로 스위치 + 1개의 4로 스위치
N = 4일 때 : 2개의 3로 스위치 + 2개의 4로 스위치

59. 욕실 내에 콘센트를 시설할 경우 콘센트의 시설 위치는 바닥면상 몇 cm 이상 설치하여야 하는가?

① 30 cm   ② 50 cm
③ 80 cm   ④ 100 cm

해설 욕실 내에 콘센트를 시설할 경우 : 바닥면상 80 cm 이상
※ 욕실 내에는 콘센트를 시설하지 말 것. 다만, 양식 욕실 내에는 다음 각 호에 의하여 시설할 수 있다.
1. 인체 감전 보호용 누전차단기 또는 절연 변압기로 보호된 회로에 접속한 것
2. 콘센트는 접지극이 있는 방적형 콘센트를 사용하여 접지하여야 한다.
3. 콘센트의 시설 위치는 바닥면상 80 cm 이상으로 한다.

60. 저압 단상 3선식 회로의 중성선에는 어떻게 하는가?

① 다른 선의 퓨즈와 같은 용량의 퓨즈를 넣는다.
② 다른 선 퓨즈의 2배 용량의 퓨즈를 넣는다.
③ 다른 선 퓨즈의 1/2배 용량의 퓨즈를 넣는다.
④ 퓨즈를 넣지 않고 동선으로 직결한다.

해설 단상 3선식 회로에서는 다음 그림과 같이 동선으로 연결한다.
※ 중성선이 단선되면 부하의 불평형 시 양쪽 부하에 전압 불평형이 커지기 때문에 퓨즈(fuse)를 넣지 않고 동선으로 직결한다.

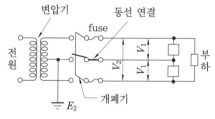

제2종 접지 공사

2018

전기기능사
Craftsman Electricity

2019년 **1**회(CBT)

기출문제 해설

제1과목	제2과목	제3과목
전기 이론 : 20문항	전기 기기 : 20문항	전기 설비 : 20문항

제1과목 : 전기 이론

1. 전하의 성질에 대한 설명 중 옳지 않은 것은?

① 전하는 가장 안정한 상태를 유지하려는 성질이 있다.

② 같은 종류의 전하끼리는 흡인하고 다른 종류 전하끼리는 반발한다.

③ 낙뢰는 구름과 지면 사이에 모인 전기가 한꺼번에 방전되는 현상이다.

④ 대전체의 영향으로 비대전체에 전기가 유도된다.

해설 전하의 성질 : 같은 종류의 전하는 서로 반발하고, 다른 종류의 전하는 서로 흡인한다.

2. 다음 회로의 합성 정전용량(μF)은?

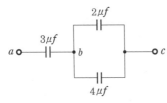

① 5 　　② 4 　　③ 3 　　④ 2

해설 ① $C_{bc} = 2 + 4 = 6\mu F$

② $C_{ac} = \dfrac{C_{ab} \times C_{bc}}{C_{ab} + C_{bc}} = \dfrac{3 \times 6}{3 + 6} = 2\mu F$

3. 평행판 콘덴서에서 극판 사이의 거리를 1/2로 했을 때 정전용량은 몇 배가 되는가?

① 1/2배 　　② 1배

③ 2배 　　④ 4배

해설 평행판 콘덴서 : $C = \epsilon \dfrac{A}{l}$[F]에서, 극판 사이의 거리에 반비례하므로 2배가 된다.

4. 콘덴서에 V[V]의 전압을 가해서 Q[C]의 전하를 충전할 때 저장되는 에너지는 몇 J인가?

① $2QV$ 　　② $2QV^2$

③ $\dfrac{1}{2}QV$ 　　④ $\dfrac{1}{2}QV^2$

해설 $W = \dfrac{1}{2}CV^2 = \dfrac{1}{2}QV$[J]

여기서, $Q = CV$

5. 정전 흡인력에 대한 설명 중 옳은 것은?

① 정전 흡인력은 전압의 제곱에 비례한다.

② 정전 흡인력은 극판 간격에 비례한다.

③ 정전 흡인력은 극판 면적의 제곱에 비례한다.

④ 정전 흡인력은 쿨롱의 법칙으로 직접 계산한다.

해설 정전 흡인력 : $F = \dfrac{1}{2}\epsilon V^2$[N/m^2]

6. 진공의 투자율 μ_0 [H/m]는?

① 6.33×10^4 　　② 8.85×10^{-12}

③ $4\pi \times 10^{-7}$ 　　④ 9×10^9

해설 진공의 투자율
$\mu_0 = 4\pi \times 10^{-7} = 1.257 \times 10^{-6}$ H/m

7. 자극의 세기 m, 자극 간의 거리 l 일 때 자기 모멘트는?

정답 1. ② 　 2. ④ 　 3. ③ 　 4. ③ 　 5. ① 　 6. ③ 　 7. ③

① $\dfrac{l}{m}$ ② $\dfrac{m}{l}$ ③ ml ④ $\dfrac{m}{l^2}$

해설 자기 모멘트 (magnetic moment) : 자극의 세기 m[Wb], 자극 간의 거리 l[m]일 때
$$M = ml\,[\text{Wb} \cdot \text{m}]$$

8. 자기 히스테리시스 곡선의 횡축과 종축은 어느 것을 나타내는가?

① 자기장의 크기와 자속밀도
② 투자율과 자속밀도
③ 투자율과 잔류자기
④ 자기장의 크기와 보자력

해설 히스테리시스 곡선(hysteresis loop)
1. 횡축은 자기장의 크기(H), 종축은 자속 밀도(B)를 나타내는 것으로 $B-H$ 곡선이다.
2. 히스테리시스 곡선에서 종축과 만나는 점은 잔류자기이고, 횡축과 만나는 점은 보자력이다

9. 다음에서 나타내는 법칙은?

"유도 기전력은 자신이 발생 원인이 되는 자속의 변화를 방해하려는 방향으로 발생한다."

① 줄의 법칙 ② 렌츠의 법칙
③ 플레밍의 법칙 ④ 패러데이의 법칙

해설 렌츠의 법칙(Lenz's law) : 전자 유도에 의하여 생긴 기전력의 방향은 그 유도 전류가 만드는 자속이 항상 원래 자속의 증가 또는 감소를 방해하는 방향이다.

10. 무한히 긴 두 개의 도체를 진공 중에서 1 m의 간격으로 놓고 전류를 흘렸을 때, 그 길이 1 m 마다 2×10^{-7}[N]의 힘을 생기게 하는 전류를 몇 A라 하는가?

① 5 ② 4 ③ 3 ④ 1

해설 1A의 정의 : 무한히 긴 두 개의 도체를 진공 중에서 1 m의 간격으로 놓고 전류를 흘렸을 때, 그 길이 1 m 마다 2×10^{-7}[N]의 힘을

생기게 하는 전류를 1A라 한다.

참고 전선 1 m당 작용하는 힘
$$F = \frac{2 I_1 I_2}{r} \times 10^{-7}[\text{N}] \text{에서,}$$
$$I^2 = \frac{Fr}{2} \times 10^7 = \frac{2 \times 10^{-7} \times 1}{2} \times 10^7 = 1\text{A}$$
$$\therefore \ 1\,\text{A}$$

11. 다음 중 도체의 전기저항을 결정하는 요인과 관련이 없는 것은?

① 고유저항 ② 길이
③ 색깔 ④ 단면적

해설 전기 저항(electric resistance)
$$R = \rho \frac{l}{A}\,[\Omega]$$
저항은 그 도체의 길이에 비례하고 단면적에 반비례한다.
여기서, ρ : 도체의 고유 저항 ($\Omega \cdot$m)
A : 도체의 단면적 (m^2)
l : 길이 (m)

12. 2Ω의 저항과 8Ω의 저항을 직렬로 접속할 때 합성 컨덕턴스는 몇 ℧인가?

① 0.1 ② 1 ③ 5 ④ 10

해설 컨덕턴스 (conductance)
$$G = \frac{1}{R_1 + R_2} = \frac{1}{2+8} = 0.1\,℧$$

13. 다음 그림과 같은 회로에서 합성저항은 몇 Ω 인가?

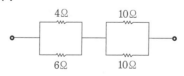

① 30 ② 15.5 ③ 8.6 ④ 7.4

해설 $R_{ab} = \dfrac{R_1 R_2}{R_1 + R_2} + \dfrac{R_3 R_4}{R_3 + R_4}$
$$= \frac{4 \times 6}{4+6} + \frac{10 \times 10}{10+10} = 2.4 + 5 = 7.4\,\Omega$$

정답 8. ① 9. ② 10. ④ 11. ③ 12. ① 13. ④

14. 전구를 점등하기 전의 저항과 점등한 후의 저항을 비교하면 어떻게 되는가?

① 점등 후의 저항이 크다.
② 점등 전의 저항이 크다.
③ 변동 없다.
④ 경우에 따라 다르다.

해설 (+) 저항온도 계수 : 전구를 점등하면 온도가 상승하므로 저항이 비례하여 상승하게 된다.
∴ 점등 후의 저항이 크다.

15. 자체 인덕턴스가 1H인 코일에 200V, 60Hz의 사인파 교류 전압을 가했을 때 전류와 전압의 위상차는? (단, 저항성분은 모두 무시한다.)

① 전류는 전압보다 위상이 $\frac{\pi}{2}$[rad] 만큼 뒤진다.
② 전류는 전압보다 위상이 π[rad] 만큼 뒤진다.
③ 전류는 전압보다 위상이 $\frac{\pi}{2}$[rad] 만큼 앞선다.
④ 전류는 전압보다 위상이 π[rad] 만큼 앞선다.

해설 • 자체 인덕턴스만의 회로 : 전류의 위상을 전압보다 $\frac{\pi}{2}$[rad] 만큼 뒤진다.
• 정전용량만의 회로 : 전류의 위상을 전압보다 $\frac{\pi}{2}$[rad] 만큼 앞선다.

16. 비정현파의 일그러짐의 정도를 표시하는 양으로서 왜형률이란?

① $\frac{실횻값}{평균값}$
② $\frac{최댓값}{실횻값}$
③ $\frac{기본파의 실횻값}{고조파의 실횻값}$
④ $\frac{고조파의 실횻값}{기본파의 실횻값}$

해설 왜형률 (distortion factor) : 비사인파에서 기본파에 의해 고조파 성분이 어느 정도 포함되어 있는가는 다음 식으로 정의할 수 있다.
$$R = \frac{고조파의\ 실횻값}{기본파의\ 실횻값} = \frac{\sqrt{V_2^2 + V_3^3 + \cdots}}{V_1}$$

17. 다음 중 비선형 소자는?

① 저항
② 인덕턴스
③ 다이오드
④ 캐패시턴스

해설 다이오드(diode)는 정류회로 소자로서 비선형 소자이다.

18. 어느 회로에 피상전력 60 kVA이고, 무효전력이 36 kVAR일 때 유효전력 kW는?

① 24 ② 48 ③ 70 ④ 96

해설 유효 전력 $P = \sqrt{P_a^2 - P_r^2}$
$= \sqrt{60^2 - 36^2}$
$= \sqrt{2304} = 48\,kW$

19. 교류의 파고율이란?

① $\frac{최댓값}{실횻값}$
② $\frac{실횻값}{최댓값}$
③ $\frac{평균값}{실횻값}$
④ $\frac{실횻값}{평균값}$

해설 • 파고율 = $\frac{최댓값}{실횻값}$
• 파형률 = $\frac{실횻값}{평균값}$

20. 500Ω 의 저항에 1A의 전류가 1분 동안 흐를 때 발생하는 열량은 몇 cal인가?

① 3600 ② 5000 ③ 6200 ④ 7200

해설 $H = 0.24I^2 Rt$
$= 0.24 \times 1^2 \times 500 \times 1 \times 60 = 7200\,cal$

제2과목 : **전기 기기**

21. 직류발전기의 정류를 개선하는 방법 중 틀린 것은?

① 코일의 자기 인덕턴스가 원인이므로 접촉 저항이 작은 브러시를 사용한다.
② 보극을 설치하여 리액턴스 전압을 감소시 킨다.
③ 보극 권선은 전기자 권선과 직렬로 접속 한다.
④ 브러시를 전기적 중성 축을 지나서 회전 방향으로 약간 이동시킨다.

해설 정류 개선 방법 중에서 브러시의 접촉 저항 이 큰 것을 사용하여, 정류 코일의 단락 전류를 억제하여 양호한 정류를 얻는다(탄소질 및 금 속 흑연질의 브러시).

22. 보극이 없는 직류기의 운전 중 중성점의 위치 가 변하지 않는 경우는?

① 무부하일 때 ② 전부하일 때
③ 중부하일 때 ④ 과부하일 때

해설 보극(inter pole) : 보극이 없는 직류기는 무부하 운전일 때만 전기자 전류가 흐르지 않 아 전기자 반작용이 발생하지 않으므로 중성점 의 위치가 변하지 않는다.

23. 다음은 직권전동기의 특징이다. 틀린 것은?

① 부하 전류가 증가할 때 속도가 크게 감소 한다.
② 전동기 기동 시 기동 토크가 작다.
③ 무부하 운전이나 벨트를 연결한 운전은 위험하다.
④ 계자권선과 전기자 권선이 직렬로 접속되 어 있다.

해설 직류 직권전동기는 기동 토크가 크고 입력 이 작으므로 전차, 권상기, 크레인 등에 사용 된다.

24. 직류직권전동기의 회전수를 1/3로 줄이면 토 크는 어떻게 되는가?

① 변화가 없다. ② 1/3배 작아진다.
③ 3배 커진다. ④ 9배 커진다.

해설 직권전동기의 속도
토크 특성 : $T \propto \dfrac{1}{N^2}$
∴ 토크 T는 9배로 커진다.

25. 다음 중 직류전동기의 속도제어 방법이 아닌 것은?

① 저항 제어 ② 계자 제어
③ 전압 제어 ④ 주파수 제어

해설 직류전동기의 속도 제어 방법 3가지
㉠ 계자 자속 ϕ를 변화
㉡ 단자 전압 V를 변화
㉢ 전기자 회로의 저항 R_a를 변화
$N = K_1 \dfrac{V - I_a R_a}{\phi}$ [rpm]

26. 동기속도 1800rpm, 주파수 60Hz인 동기발 전기의 극수는 몇 극인가?

① 2 ② 4 ③ 8 ④ 10

해설 $N_s = \dfrac{120f}{p}$ [rpm]에서,
$p = \dfrac{120 \cdot f}{N_s} = \dfrac{120 \times 60}{1800} = 4$극

27. 다음 중 단락비가 큰 동기 발전기를 설명하는 것으로 옳은 것은?

① 동기 임피던스가 작다.
② 단락 전류가 작다.
③ 전기자 반작용이 크다.
④ 전압변동률이 크다.

해설 단락비가 큰 동기기
㉠ 공극이 넓고 계자기자력이 큰 철기계이다.

ⓛ 동기 임피던스가 작으며, 전기자 반작용이 작다
ⓒ 전압변동률이 작고, 안정도가 높다.
ⓔ 기계의 중량과 부피가 크다(값이 비싸다).
ⓜ 고정손(철, 기계손)이 커서 효율이 나쁘다.

28. 변압기의 2차 저항이 0.1Ω 일 때 1차로 환산하면 360Ω 이 된다. 이 변압기의 권수비는?

① 30　　② 40　　③ 50　　④ 60

해설 $r_1' = a^2 r_2$ 에서,

권수비 $a = \sqrt{\dfrac{r_1'}{r_2}} = \sqrt{\dfrac{360}{0.1}} = 60$

29. 변압기의 규약 효율은?

① $\dfrac{출력}{입력} \times 100\%$

② $\dfrac{출력}{출력 + 손실} \times 100\%$

③ $\dfrac{출력}{입력 - 손실} \times 100\%$

④ $\dfrac{입력 + 손실}{입력} \times 100\%$

해설 규약 효율(conventional efficiency) : 변압기의 효율은 정격 2차 전압 및 정격 주파수에 대한 출력(kW)과 전체 손실(kW)이 주어진다.

$\eta = \dfrac{출력(kW)}{출력(kW) + 전체\ 손실(kW)} \times 100\%$

30. 변압기의 전압변동률 ϵ 의 식은? (단, 정격 전압 V_{2n}, 무부하 전압 V_{20} 이다.)

① $\epsilon = \dfrac{V_{20} - V_{2n}}{V_{2n}} \times 100\%$

② $\epsilon = \dfrac{V_{2n} - V_{20}}{V_{2n}} \times 100\%$

③ $\epsilon = \dfrac{V_{20}}{V_{20} - V_{2n}} \times 100\%$

④ $\epsilon = \dfrac{V_{20} - V_{2n}}{V_{20}} \times 100\%$

해설 변압기의 전압변동률의 정의(2차쪽 정격 전압 V_{2n}, 무부하 전압 V_{20} 일 때)

$\epsilon = \dfrac{V_{20} - V_{2n}}{V_{2n}} \times 100\%$

31. 변압기 온도시험을 하는 데 가장 좋은 방법은 어느 것인가?

① 반환 부하법　　② 실 부하법
③ 단락 시험법　　④ 내전압 시험법

해설 반환 부하법 : 전력을 소비하지 않고, 온도가 올라가는 원인이 되는 철손과 구리손만을 공급하여 시험하는 방법으로 가장 좋은 방법이다.

32. 변압기유의 열화방지와 관계가 가장 먼 것은 어느 것인가?

① 브리더　　　② 컨서베이터
③ 불활성 질소　　④ 부싱

해설 변압기유의 열화 방지
ⓛ 브리더(breather) : 변압기 내함과 외부 기압의 차이로 인한 공기의 출입을 호흡 작용이라 하고, 탈수제(실리카 겔)를 넣어 습기를 흡수하는 장치이다.
ⓒ 컨서베이터(conservator) : 기름과 공기의 접촉을 끊어 열화를 방지하도록 변압기 위에 설치한 기름통이다.
ⓔ 질소 봉입 : 컨서베이터 유면 위에 불활성 질소를 넣어 공기의 접촉을 막는다.

33. 변압기의 내부고장 발생 시 고·저압측에 설치한 CT 2차측의 억제 코일에 흐르는 전류차가 일정 비율 이상이 되었을 때 동작하는 보호계전기는?

① 과전류 계전기　　② 비율 차동 계전기
③ 방향 단락 계전기　④ 거리 계전기

해설 비율 차동 계전기(ratio differential relay)
ⓛ 피보호 구간에 유입하는 전류와 유출하는 전류의 벡터 차, 혹은 피보호 기기의 단자 사이의 전압 벡터차 등을 판별하여 동작하는 단

일량형 계전기이다.

ⓒ 고장에 의하여 생긴 불평형의 전류차가 평형 전류의 몇 % 이상으로 되었을 때 동작하는 계전기로 변압기, 동기기 등의 층간 단락 등의 내부고장 보호에 사용된다.

34. 유도전동기의 동작원리로 옳은 것은?

① 전자유도와 플레밍의 왼손 법칙
② 전자유도와 플레밍의 오른손 법칙
③ 정전유도와 플레밍의 왼손 법칙
④ 정전유도와 플레밍의 오른손 법칙

해설 동작 원리

ⓐ 전자유도에 의한 맴돌이 전류와 자속 사이에 생기는 전자력에 의해 회전력이 발생한다.
ⓑ 회전 방향은 플레밍의 왼손 법칙에 의하여 정의된다.

35. 슬립 4%인 유도전동기의 등가 부하 저항은 2차 저항의 몇 배인가?

① 5   ② 19   ③ 20   ④ 24

해설 $R = \dfrac{1-s}{s} \cdot r_2 = \dfrac{1-0.04}{0.04} \times r_2 = 24 r_2$

∴ 24배

36. 유도전동기의 슬립을 측정하는 방법으로 옳은 것은?

① 전압계법   ② 전류계법
③ 평형 브리지법   ④ 스트로보법

해설 슬립의 측정

ⓐ 직류 밀리볼트계법 : 권선형 유도전동기에만 쓰이는 방법이다.
ⓑ 스트로보코프법 (stroboscopic method) : 원판의 흑백 부채꼴의 겉보기의 회전수 n_2를 계산하면, 슬립 s 는

$s = \dfrac{n_2}{N_s} \times 100 = \dfrac{n_2 P}{120 f} \times 100\,\%$

여기서, P : 극수, f : 주파수

37. 반도체 내에서 정공은 어떻게 생성되는가?

① 결합전자의 이탈   ② 자유전자의 이동
③ 접합 불량   ④ 확산용량

해설 P형 반도체 : 결합전자의 이탈로 정공 (hole)에 의해서 전기 전도가 이루어진다.

38. 다음 그림과 같이 사이리스터를 이용한 전파 정류회로에서 입력전압이 100V이고, 점호각이 60°일 때 출력전압은 몇 V인가? (단, 부하는 저항만의 부하이다.)

① 32.5
② 45
③ 67.5
④ 90

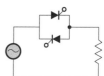

해설 단상 전파 정류회로 – 저항 부하의 경우

$E_d = 0.45\,V\,(1+\cos\alpha)$
   $= 0.45 \times 100\,(1+\cos 60°)$
   $= 45 + 45 \times 0.5 = 67.5\text{V}$

※ 유도성 부하의 경우
   $E_d = 0.9\,V\cos\alpha = 0.9 \times 100 \times 0.5 = 45\text{V}$

39. 전압계 및 전류계의 측정 범위를 넓히기 위하여 사용하는 배율기와 분류기의 접속 방법은?

① 배율기는 전압계와 병렬접속, 분류기는 전류계와 직렬접속
② 배율기는 전압계와 직렬접속, 분류기는 전류계와 병렬접속
③ 배율기 및 분류기 모두 전압계와 전류계에 직렬접속
④ 배율기 및 분류기 모두 전압계와 전류계에 병렬접속

해설 ① 배율기 (multiplier) : 전압계의 측정 범위를 넓히기 위한 목적으로, 전압계에 직렬로 접속한다.
② 분류기 (shunt) : 전류계의 측정 범위를 넓히기 위한 목적으로, 전류계에 병렬로 접속한다.

2019

40. 단상 전파 정류회로에서 전원이 220 V이면 부하에 나타나는 전압의 평균값은 약 몇 V인가?

① 99   ② 198

③ 257.4   ④ 297

해설 $E_{do} = 0.9 V = 0.9 \times 220 = 198 V$

제3과목 : 전기 설비

41. 저압으로 수전하는 3상 4선식에서는 단상 접속 부하로 계산하여 설비 불평형률을 몇 % 이하로 하는 것을 원칙으로 하는가?

① 10   ② 20   ③ 30   ④ 40

해설 불평형 부하의 제한

㉠ 단상 3선식 : 40 % 이하

㉡ 3상 3선식 또는 3상 4선식 : 30 % 이하

42. 전선 및 케이블의 구비조건으로 맞지 않는 것은?

① 고유저항이 클 것

② 기계적 강도 및 가요성이 풍부할 것

③ 내구성이 크고 비중이 작을 것

④ 시공 및 접속이 쉬울 것

해설 전선의 재료로서 구비해야 할 조건

㉠ 도전율이 클 것 → 고유 저항이 작을 것

㉡ 기계적 강도가 클 것

㉢ 비중이 작을 것 → 가벼울 것

㉣ 내구성이 있을 것

㉤ 공사가 쉬울 것

㉥ 값이 싸고 쉽게 구할 수 있을 것

43. 전력케이블 중 CV케이블은 무엇인가?

① 비닐절연 비닐시스 케이블

② 고무절연 클로로프렌시스 케이블

③ 가교 폴리에틸렌 절연 비닐시스 케이블

④ 미네랄 인슐레이션 케이블

해설 ㉠ CV : 가교 폴리에틸렌 절연 비닐시스 케이블

㉡ VV : 비닐절연 비닐시스 케이블

㉢ PN : 고무절연 클로로프렌시스 케이블

㉣ MI : 미네랄 인슐레이션 케이블

44. 다음 중 옥외용 가교 폴리에틸렌 절연전선을 나타내는 약호는?

① OC   ② OE   ③ CV   ④ VV

해설 ㉠ OC : 옥외용 가교 폴리에틸렌 절연전선

㉡ OE : 옥외용 폴리에틸렌 절연전선

㉢ CV : 가교 폴리에틸렌 절연 비닐시스 케이블

㉣ VV : 비닐절연 비닐시스 케이블

45. 전선을 접속하는 경우 전선의 강도는 몇 % 이상 감소시키지 않아야 하는가?

① 10   ② 20   ③ 40   ④ 8

해설 전선을 접속하는 경우 : 전선의 강도(인장 하중)를 20 % 이상 감소시키지 않아야 한다.

46. 플로어 덕트 배선에서 사용할 수 있는 단선의 최대 규격은 몇 mm^2인가?

① 2.5   ② 4   ③ 6   ④ 10

해설 플로어 덕트 공사 시 사용 전선 : 절연 전선은 $10 \ mm^2$를 초과하는 것은 연선이어야 한다.

47. 합성수지관 공사에서 옥외 등 온도 차가 큰 장소에 노출 배관을 할 때 사용하는 커플링은?

① 신축 커플링(0C)   ② 신축 커플링(1C)

③ 신축 커플링(2C)   ④ 신축 커플링(3C)

해설 • 온도 차가 큰 장소에 노출 배관 : 신축 커플링(3C)

• 관과 관을 접속하는 일반 용도 : 신축 커플링(1C)

48. 캡타이어 케이블을 조영재에 시설하는 경우 그 지지점의 거리는 얼마로 하여야 하는가?

① 1m 이하　② 1.5m 이하
③ 2.0m 이하　④ 2.5m 이하

해설 캡타이어 케이블을 조영재에 따라 시설하는 경우는 그 지지점 간의 거리는 1m 이하로 하고 조영재에 따라 캡타이어 케이블이 손상될 우려가 없는 새들, 스테이플 등으로 고정하여야 한다.

49. 금속전선관을 직각 구부리기를 할 때 굽힘 반지름은 몇 mm인가? (단, 내경은 18mm, 외경은 22mm이다.)

① 113　② 115　③ 119　④ 121

해설 굽힘 반지름 내경은 전선관 안지름의 6배 이상이 되어야 한다.

$$r = 6d + \frac{D}{2} = 6 \times 18 + \frac{22}{2} = 119\,mm$$

50. 다음 중 금속전선관의 호칭을 맞게 기술한 것은?

① 박강, 후강 모두 내경으로 mm로 나타낸다.
② 박강은 내경, 후강은 외경으로 mm로 나타낸다.
③ 박강은 외경, 후강은 내경으로 mm로 나타낸다.
④ 박강, 후강 모두 외경으로 mm로 나타낸다.

해설 박강은 외경(바깥지름), 후강은 내경(안지름)으로 mm 단위로 표시한다.

51. 다음 중 과전류차단기를 설치하는 곳은?

① 간선의 전원 측 전선
② 접지 공사의 접지선
③ 접지 공사를 한 저압 가공 전선의 접지측 전선
④ 다선식 전로의 중성선

해설 과전류 차단기의 시설 금지 장소
㉠ 접지 공사의 접지선
㉡ 다선식 전로의 중성
㉢ 제2종 접지 공사를 한 저압 가공 전로의 접지측 전선

52. 사람의 전기감전을 방지하기 위하여 설치하는 주택용 누전차단기는 정격감도전류와 동작시간이 얼마 이하이어야 하는가?

① 3mA, 0.03초　② 30mA, 0.03초
③ 300mA, 0.3초　④ 300mA, 0.03초

해설 누전차단기 정격감도전류와 동작시간
㉠ 고감도형 정격감도전류(mA) 4종 : 5, 10, 15, 30
㉡ 고속형 인체감전 보호용 : 0.03초 이내

53. 특고압 계기용 변성기 2차측에는 어떤 접지공사를 하는가?

① 제1종　② 제2종
③ 제3종　④ 특별 제3종

해설 계기용 변성기 2차측 전로의 접지(판단기준 제26조)
• 고압용 : 제3종 접지공사
• 특고압용 : 제1종 접지공사

54. 고압 가공 전선로의 전선의 조수가 3조일 때 완금의 길이는?

① 1200mm　② 1400mm
③ 1800mm　④ 2400mm

해설 3조 가선 시
1. 저압 : 14000mm
2. 고압 : 1800mm
3. 특고압 : 2400mm

55. 전주에 가로등을 설치 시 부착 높이는 지표상 몇 m 이상으로 하여야 하는가? (단, 교통에 지장이 없는 경우이다.)

① 2.5m ② 3m ③ 4m ④ 4.5m

해설 전주 외등

1. 기구 부착 높이는 하단에서 지표상 4.5m 이상으로 할 것
2. 단, 교통에 지장이 없는 경우에는 지표상 3m 이상으로 할 것

56. 단로기에 대한 설명으로 옳지 않은 것은?

① 소호장치가 있어서 아크를 소멸시킨다.
② 회로를 분리하거나, 계통의 접속을 바꿀 때 사용한다.
③ 고장 전류는 물론 부하전류의 개폐에도 사용할 수 없다.
④ 배전용의 단로기는 보통 디스커넥팅 바로 개폐한다.

해설 단로기(DS : disconnecting switch) : 소호장치가 없어서 아크를 소멸시키지 못하므로 고장 전류는 물론 부하전류의 개폐에도 사용할 수 없다.

57. 소맥분, 전분 기타 가연성의 분진이 존재하는 곳의 저압 옥내 배선 공사 방법에 해당되는 것으로 짝지어진 것은?

① 케이블 공사, 애자 사용 공사
② 금속관 공사, 콤바인 덕트관, 애자 사용 공사
③ 케이블 공사, 금속관 공사, 애자 사용 공사
④ 케이블 공사, 금속관 공사, 합성수지관 공사

해설 가연성 분진이 있는 경우 : 옥내 배선은 금속전선관, 합성수지전선관, 케이블 또는 캡타이어케이블 배선으로 시공하여야 한다.

58. 가로 20m, 세로 18m, 천장의 높이 3.85m, 작업면의 높이 0.85m, 간접조명 방식인 호텔연회장의 실지수는 약 얼마인가?

① 1.16 ② 2.16
③ 3.16 ④ 4.16

해설 $H = 3.85 - 0.85 = 3 \text{m}$

$$\therefore \text{ 실지수 } K = \frac{XY}{H(X+Y)}$$
$$= \frac{20 \times 18}{3(20+18)} = \frac{360}{114} \fallingdotseq 3.16$$

59. 다음 그림기호의 배선 명칭은?

① 천장 은폐 배선
② 바닥 은폐 배선 ——————
③ 노출 배선
④ 바닥면 노출 배선

해설 바닥 은폐 배선 : ------

노출 배선 : ----------

바닥면 노출 배선 : —— ·· ——

60. 일반적으로 학교 건물이나 은행 건물 등의 간선의 수용률은 얼마인가?

① 50% ② 60%
③ 70% ④ 80%

해설 간선의 수용률

1. 주택, 기숙사, 여관, 호텔, 병원, 창고 : 50%
2. 학교, 사무실, 은행 : 70%

전기기능사
Craftsman Electricity

2019년 2회(CBT)

기출문제 해설

제1과목	제2과목	제3과목
전기 이론 : 20문항	전기 기기 : 20문항	전기 설비 : 20문항

제1과목 : 전기 이론

1. 다음 그림과 같이 절연물 위에 +로 대전된 대전체를 놓았을 때 도체의 음전기와 양전기가 분리되는 것은 어떤 현상 때문인가?

 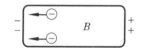

① 정전 유도 ② 정전 차폐
③ 자기 유도 ④ 대전

해설 정전 유도 (electrostatic induction) 현상 : 대전체 A 근처에 대전되지 않은 도체 B 를 가져오면 대전체 가까운 쪽에는 다른 종류의 전하가, 먼 쪽에는 같은 종류의 전하가 나타나는 현상으로, 전기량은 대전체의 전기량과 같고 유도된 양전하와 음전하의 양은 같다.

2. $+Q_1[C]$ 와 $-Q_2[C]$ 의 전하가 진공 중에서 r [m]의 거리에 있을 때 이들 사이에 작용하는 정전기력 $F[N]$ 는?

① $F = 9 \times 10^{-7} \times \dfrac{Q_1 Q_2}{r^2}$

② $F = 9 \times 10^{-9} \times \dfrac{Q_1 Q_2}{r^2}$

③ $F = 9 \times 10^{9} \times \dfrac{Q_1 Q_2}{r^2}$

④ $F = 9 \times 10^{10} \times \dfrac{Q_1 Q_2}{r^2}$

해설 쿨롱의 법칙 (Coulomb's law) : 두 전하 사이에 작용하는 정전력(전기력)은 두 전하의 곱에 비례하고, 두 전하 사이의 거리의 제곱에 반비례한다.

$$F = 9 \times 10^9 \times \dfrac{Q_1 \cdot Q_2}{r^2} \text{ [N] (진공 중에서)}$$

3. 공기 중에서 4×10^{-6} [C]과 8×10^{-6} [C]의 두 전하 사이에 작용하는 정전력이 7.2 N일 때 전하 사이의 거리(m)는?

① 1m ② 2m ③ 0.1m ④ 0.2m

해설 $F = 9 \times 10^9 \times \dfrac{Q_1 \cdot Q_2}{\mu_s r^2} [N]$ 에서,

$r^2 = 9 \times 10^9 \times \dfrac{Q_1 \cdot Q_2}{\mu_s F}$

$= 9 \times 10^9 \times \dfrac{4 \times 10^{-6} \times 8 \times 10^{-6}}{1 \times 7.2} = 0.04$

$\therefore r = \sqrt{0.04} = 0.2\,\text{m}$

4. 비유전율이 큰 산화티탄 등을 유전체로 사용한 것으로 극성이 없으며 가격에 비해 성능이 우수하여 널리 사용되고 있는 콘덴서의 종류는?

① 전해 콘덴서 ② 세라믹 콘덴서
③ 마일러 콘덴서 ④ 마이카 콘덴서

해설 세라믹 콘덴서 (ceramic condenser)
㉠ 세라믹 콘덴서는 전극간의 유전체로, 티탄산바륨과 같은 유전율이 큰 재료를 사용하며 극성은 없다.
㉡ 이 콘덴서는 인덕턴스 (코일의 성질)가 적어 고주파 특성이 양호하여 바이패스에 흔히 사용된다.

5. 다음 중 전위 단위가 아닌 것은?

① V/m　　　　② J/C

③ N·m/C　　　④ V

해설 전위 (electric potential) : 전기장 속에 놓인 전하는 전기적인 위치 에너지를 가지게 되는데, 한 점에서 단위 전하가 가지는 전기적인 위치 에너지를 전위라 하며, 단위는 볼트 (volt, [V])를 사용한다.

- 전위차 : 단위로는 전하가 한 일의 의미로 [J/C] 또는 [V]를 사용한다.

$$V = \frac{F \cdot L}{Q} \, [\text{N} \cdot \text{m} \, /\text{C}]$$

- 전기장의 세기 단위 : V/m

6. 반자성체에 속하는 물질은?

① Ni　　② Co　　③ Ag　　④ Pt

해설 반자성체 (자석에 반발하는 물체) : 금 (Au), 은 (Ag), 구리(Cu), 아연(Zn), 안티몬 (Sb)

- 상자성체 : 알루미늄 (Al), 백금 (Pt), 산소 (O), 공기
- 강자성체 : 철(Fe), 니켈(Ni), 코발트 (Co), 망간 (Mn)

7. 비오사바르의 법칙은 어느 관계를 나타내는가?

① 기자력과 자장

② 전위와 자장

③ 전류와 자장의 세기

④ 기자력과 자속밀도

해설 비오 – 사바르의 법칙 (Biot – Savart's law) : 도체의 미소 부분 전류에 의해 발생되는 자기장의 크기를 알아내는 법칙이다.

8. 자기 인덕턴스가 L_1, L_2인 두 코일을 직렬로 접속하였을 때 합성 인덕턴스를 나타내는 식은? (단, 두 코일 간의 상호 인덕턴스는 0이라고 한다.)

① $L_1 + L_2$　　　② $L_1 - L_2$

③ $2L_1 + 2L_2$　　④ $L_1 - L_2 \pm 2L_1L_2$

해설 합성 인덕턴스 : $L = L_1 + L_2 \pm 2M \, [\text{H}]$에서, 인덕턴스 $M = 0$이므로 $L = L_1 + L_2$

9. 전기와 자기의 요소를 서로 대칭되게 나타내지 않은 것은?

① 자속–전속

② 기전력–기자력

③ 전류밀도–자속밀도

④ 전기저항–자기저항

해설 자속–전류

10. $L = 40$ mH의 코일에 흐르는 전류가 0.2초 동안에 10 A가 변화했다. 코일에 유기되는 기전력 (V)은?

① 1　　② 2　　③ 3　　④ 4

해설 $v = L\frac{\Delta I}{\Delta t} = 40 \times 10^{-3} \times \frac{10}{0.2} = 2 \, \text{V}$

11. 금속도체의 전기저항에 대한 설명으로 옳은 것은?

① 도체의 저항은 고유저항과 길이에 반비례한다.

② 도체의 저항은 길이와 단면적에 반비례한다.

③ 도체의 저항은 단면적에 비례하고 길이에 반비례한다.

④ 도체의 저항은 고유저항에 비례하고 단면적에 반비례한다.

해설 금속도체의 전기 저항

$$R = \rho\frac{l}{A} \, [\Omega]$$

여기서, ρ : 도체의 고유저항 $(\Omega \cdot \text{m})$

A : 도체의 단면적 (m^2)

l : 길이 (m)

저항은 그 도체의 고유저항에 비례하고 단면적에 반비례한다 (길이에도 비례).

정답 6. ③　7. ③　8. ①　9. ③　10. ②　11. ④

12. 15V의 전압에 3A의 전류가 흐르는 회로의 컨덕턴스 ℧는 얼마인가?

① 0.1   ② 0.2   ③ 5   ④ 30

해설 $G = \dfrac{I}{V} = \dfrac{3}{15} = 0.2\,℧$

※ 컨덕턴스 (conductance) : $G = \dfrac{1}{R}\,[℧]$

13. $1\,[\Omega \cdot m]$와 같은 것은?

① $1\,[\mu\Omega \cdot cm]$ ② $10^6\,[\Omega \cdot mm^2/m]$
③ $10^2\,[\Omega \cdot mm]$ ④ $10^4\,[\Omega \cdot cm]$

해설 고유저항 : 저항률 (resistivity)

  ㉠ 단면적 $1\,m^2$, 길이 $1\,m$의 임의의 도체 양면 사이의 저항값을 그 물체의 고유저항이라 한다.

  ㉡ 기호는 ρ, 단위는 $[\Omega \cdot m]$를 사용한다.

    • $1\,\Omega \cdot m = 10^2\,\Omega \cdot cm = 10^6\,\Omega \cdot mm^2/m$

14. 각주파수 $\omega = 120\pi\,[rad/s]$일 때 주파수 f [Hz]는 얼마인가?

① 50   ② 60   ③ 300   ④ 360

해설 $\omega = 2\pi f = 120\pi\,[rad/s]$

$\therefore f = \dfrac{120\pi}{2\pi} = 60\,Hz$

15. 다음 중 틀린 것은?

① 실횻값 = 최댓값 ÷ $\sqrt{2}$
② 최댓값 = 실횻값 ÷ 2
③ 평균값 = 최댓값 × $\dfrac{2}{\pi}$
④ 최댓값 = 실횻값 × $\sqrt{2}$

해설 정현파 교류의 표시
    최댓값 = 실횻값 × $\sqrt{2}$
    (예) $V_m = \sqrt{2} \times V$

16. 저항 9Ω, 용량 리액턴스 12Ω의 직렬회로의 임피던스는 몇 Ω인가?

① 2   ② 15   ③ 21   ④ 32

해설 $Z = \sqrt{R^2 + X_L^2}$
    $= \sqrt{9^2 + 12^2} = \sqrt{225} = 15\,\Omega$

17. RLC 직렬공진회로에서 최대가 되는 것은?

① 전류   ② 임피던스
③ 리액턴스   ④ 저항

해설 직렬공진 시 임피던스가 최소가 되므로, 전류는 최대가 된다.

18. RC 병렬 회로의 임피던스는?

① $\sqrt{R^2 + \left(\dfrac{1}{\omega C}\right)}$ ② $\sqrt{\left(\dfrac{1}{R}\right) + (\omega C)^2}$

③ $\dfrac{1}{\sqrt{R^2 + \left(\dfrac{1}{\omega C}\right)}}$ ④ $\dfrac{1}{\sqrt{\left(\dfrac{1}{R}\right)^2 + (\omega C)^2}}$

해설 RC 병렬 회로 $Z = \dfrac{1}{\sqrt{\left(\dfrac{1}{R}\right)^2 + \left(\dfrac{1}{X_C}\right)^2}}$

    $= \dfrac{1}{\sqrt{\left(\dfrac{1}{R}\right)^2 + (\omega C)^2}}\,[\Omega]$

19. 다음 중 전력량 1Wh와 그 의미가 같은 것은?

① 1C   ② 1J   ③ 3600C   ④ 3600J

해설 $1\,Wh = 3600\,W \cdot s = 3600\,J$

20. 2kW의 전열기를 정격 상태에서 20분간 사용할 때의 발열량은 몇 kcal인가?

① 9.6   ② 576   ③ 864   ④ 1730

해설 $H = 0.24 P \cdot t$
    $= 0.24 \times 2 \times 10^3 \times 20 \times 60 = 576 \times 10^3\,cal$
    $\therefore 576\,kcal$

제2과목 : 전기 기기

21. 영구자석 또는 전자석 끝부분에 설치한 자성 재료편으로서, 전기자에 대응하여 계자 자속을

공극 부분에 적당히 분포시키는 역할을 하는 것은 무엇인가?

① 자극편 ② 정류자 ③ 공극 ④ 브러시

해설 자극편 : 직류발전기의 구조에서 계자자속을 전기자 표면에 널리 분포시키는 역할을 한다.

22. 다음 그림은 직류발전기의 분류 중 어느 것에 해당되는가?

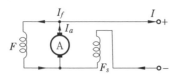

① 분권발전기 ② 직권발전기
③ 자석발전기 ④ 복권발전기

해설 ㉠ 분권 : 전기자 A와 계자권선 F를 병렬로 접속한다.
ㄴ 직권 : 전기와 A와 계자권선 F_s를 직렬로 접속한다.

23. 직류 분권발전기가 있다. 전기자 총 도체 수 220, 극수 6, 회전수 1500rpm일 때 유기기전력이 165V이면 매 극의 자속 수는 몇 Wb인가? (단, 전기자 권선은 파권이다.)

① 0.01 ② 0.1 ③ 0.2 ④ 10

해설 $E = p\phi\,\dfrac{N}{60}\cdot\dfrac{Z}{a}[\text{V}]$에서,

$\phi = 60 \times \dfrac{aE}{pNZ} = 60 \times \dfrac{2\times165}{6\times1500\times220} = 0.01\,\text{Wb}$

24. 다음 그림에서 직류 분권전동기의 속도특성곡선은?

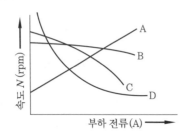

① A ② B ③ C ④ D

해설 속도 특성 곡선

A : 차동 복권   B : 분권
C : 가동 복권   D : 직권

25. 직류 분권전동기의 운전 중 계자저항기의 저항을 증가하면 속도는 어떻게 되는가?

① 변하지 않는다. ② 증가한다.
③ 감소한다. ④ 정지한다.

해설 분권전동기의 속도 특성 : $N = K\dfrac{E}{\phi}$

∴ 계자저항기의 저항을 증가하면 자속이 감소하므로 속도는 증가한다.

26. 직류전동기의 규약 효율은 어떤 식으로 표현되는가?

① $\dfrac{출력}{입력}\times100\%$

② $\dfrac{출력}{출력+손실}\times100\%$

③ $\dfrac{입력-손실}{입력}\times100\%$

④ $\dfrac{입력-손실}{입력}\times100\%$

해설 ㉠ 실측 효율 $\eta = \dfrac{출력}{입력}\times100\%$

ㄴ 규약 효율
• 전동기의 효율 $= \dfrac{입력-손실}{입력}\times100\%$
• 발전기의 효율 $= \dfrac{출력}{출력+손실}\times100\%$

27. 34극 60MVA, 역률 0.8, 60Hz, 22.9kV 수차발전기의 전부하 손실이 1600kW이면 전부하 효율(%)은?

① 90 ② 95 ③ 97 ④ 99

해설 $\eta = \dfrac{출력}{출력+손실}\times100$

$= \dfrac{60\times10^3}{60\times10^3+1600}\times100 ≒ 97.4\%$

28. 동기전동기를 자기기동법으로 기동시킬 때 계자 회로는 어떻게 하여야 하는가?

① 단락시킨다.
② 개방시킨다.
③ 직류를 공급한다.
④ 단상교류를 공급한다.

해설 동기전동기의 자기기동법
① 계자의 자극면에 감은 기동(제동) 권선이 마치 3상 유도전동기의 농형 회전자와 비슷한 작용을 하므로, 이것에 의한 토크로 기동시키는 기동법이다.
② 기동 시에는 회전 자기장에 의하여 계자 권선에 높은 고전압을 유도하여 절연을 파괴할 염려가 있기 때문에 계자 권선을 저항을 통하여 단락해 놓고 기동시켜야 한다.

29. 변압기의 성층 철심 강판 재료로서 철의 함유량은 대략 몇 %인가?

① 99　　② 96　　③ 92　　④ 89

해설 변압기 철심 : 철손을 적게 하기 위하여 약 3~4%의 규소를 포함한 연강판을 성층하여 사용한다.
∴ 철의 %는 약 96~97%

30. 변압기의 1차에 6600V를 가할 때 2차 전압이 220V라면 이 변압기의 권수비는 몇인가?

① 0.3　　② 30　　③ 300　　④ 6600

해설 $a = \dfrac{V_1}{V_2} = \dfrac{6300}{210} = 30$

31. 다음 중 1차 변전소의 승압용으로 주로 사용하는 결선법은?

① Y-Δ　　　　② Y-Y
③ Δ-Y　　　　④ Δ-Δ

해설 Δ-Y 결선은 낮은 전압을 높은 전압으로 올리는 승압용으로 사용하는 결선법이다.

32. V결선을 이용한 변압기의 결선은 Δ결선한

때보다 출력비가 몇 %인가?

① 57.7%　② 86.6%　③ 95.4%　④ 96.2%

해설 출력비 $= \dfrac{\text{V 결선의 출력}}{\text{변압기 3대의 정격 출력}}$
$= \dfrac{\sqrt{3}\,P}{3P} = \dfrac{\sqrt{3}}{3} = 0.577$
∴ 57.7%

33. 코일 주위에 전기적 특성이 큰 에폭시 수지를 고진공으로 침투시키고, 다시 그 주위를 기계적 강도가 큰 에폭시 수지로 몰딩한 변압기는?

① 건식 변압기　　　② 유입 변압기
③ 몰드 변압기　　　④ 타이 변압기

해설 몰드 변압기
㉠ 고압 및 저압권선을 모두 에폭시로 몰드(mold)한 고체 절연방식 채용
㉡ 난연성, 절연의 신뢰성, 보수 및 점검이 용이, 에너지 절약 등의 특징이 있다.

34. 다음은 3상 유도전동기 고정자 권선의 결선도를 나타낸 것이다. 맞는 것은 어느 것인가?

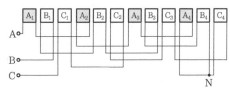

① 3상 2극, Y결선　② 3상 4극, Y결선
③ 3상 2극, Δ결선　④ 3상 4극, Δ결선

해설 ㉠ 3상 : A상, B상, C상
㉡ 4극 → 극 번호 1, 2, 3, 4
㉢ Y 결선 → 독립된 인출선 A, B, C와 성형점 N이 존재

35. 4극의 3상 유도전동기가 60Hz의 전원에 연결되어 4%의 슬립으로 회전할 때 회전수는 몇 rpm인가?

① 1656　　　　② 1700
③ 1728　　　　④ 1880

2019

해설 $N_s = \dfrac{120f}{p} = \dfrac{120 \times 60}{4} = 1800\,\text{rpm}$

$\therefore N = (1-s)N_s = (1-0.04) \times 1800$
$\qquad = 1728\,\text{rpm}$

36. 200V, 50Hz, 4극, 15kW의 3상 유도전동기가 있다. 전부하일 때의 회전수가 1320rpm이면 2차 효율(%)은?

① 78   ② 88   ③ 96   ④ 98

해설 $N_s = 120 \times \dfrac{f}{p} = 120 \times \dfrac{50}{4} = 1500\,\text{rpm}$

$\therefore \eta_2 = \dfrac{N}{N_s} \times 100 = \dfrac{1320}{1500} \times 100 = 88\%$

37. 다음 중 권선형 유도전동기의 기동법은?

① 분상 기동법   ② 2차 저항 기동법
③ 콘덴서 기동법   ④ 반발 기동법

해설 권선형 유도전동기의 기동법 – 2차 저항법
㉠ 2차 권선 자체는 저항이 작은 재료로 쓰고, 슬립 링을 통하여 외부에서 조절할 수 있는 기동 저항기를 접속한다.
㉡ 기동할 때에는 2차 회로의 저항을 적당히 조절, 비례 추이를 이용하여 기동 전류는 감소시키고, 기동 토크를 증가시킨다.
※ ①, ③, ④번은 단상 유도전동기의 기동법에 속한다.

38. 다음 괄호 안에 들어갈 알맞은 말은?

> (㉮)는 고압 회로의 전압을 이에 비례하는 낮은 전압으로 변성해 주는 기기로서, 회로에 (㉯) 접속하여 사용된다.

① ㉮ CT, ㉯ 직렬   ② ㉮ PT, ㉯ 직렬
③ ㉮ CT, ㉯ 병렬   ④ ㉮ PT, ㉯ 병렬

해설 계기용 변압기(potential transformer, PT)
㉠ 고압 회로의 전압을 이에 비례하는 낮은 전압으로 변성해 주는 특수 변압기로 회로에 병렬접속하여 사용된다.
㉡ 2차 정격 전압은 110V이며, 2차측에는 전압

계나 전력계의 전압 코일을 접속하게 된다.
※ 계기용 변류기(current transformer, CT)

39. PN 접합 정류소자의 설명 중 틀린 것은? (단, 실리콘 정류소자인 경우이다.)

① 온도가 높아지면 순방향 및 역방향 전류가 모두 감소한다.
② 순방향 전압은 P형에 (+), N형에 (−) 전압을 가함을 말한다.
③ 정류비가 클수록 정류 특성은 좋다.
④ 역방향 전압에서는 극히 작은 전류만이 흐른다.

해설 PN 접합 정류소자(실리콘 정류소자)
㉠ 사이리스터의 온도가 높아지면 전자−전공 쌍의 수도 증가하게 되고, 누설 전류도 증가하게 된다.
㉡ 온도가 높아지면 순방향 및 역방향 전류가 모두 증가한다.

40. E종 절연물의 최고 허용온도는 몇 ℃인가?

① 40   ② 60   ③ 120   ④ 125

해설 절연 종별과 최고 허용온도

종별	Y	A	E	B	F	H	C
℃	90	105	120	130	155	180	180 초과

제3과목 : 전기 설비

41. 해안 지방의 송전용 나전선에 가장 적당한 것은?

① 철선   ② 강심알루미늄선
③ 동선   ④ 알루미늄합금선

해설 해안 지방의 송전용 나전선에는 염해에 강한 동선이 적당하다.

42. 일반적인 연동선의 고유저항은 몇 $\Omega \cdot \text{mm}^2/\text{m}$

인가?

① $\dfrac{1}{55}$ ② $\dfrac{1}{58}$ ③ $\dfrac{1}{35}$ ④ $\dfrac{1}{28}$

해설 • 연동선의 고유저항 : $\rho = \dfrac{1}{58}$ [$\Omega\text{mm}^2/\text{m}$]

• 경동선의 고유저항 : $\rho = \dfrac{1}{55}$ [$\Omega\text{mm}^2/\text{m}$]

43. 일반적으로 가정용, 옥내용으로 자주 사용되는 절연전선은?

① 경동선　　　② 연동선
③ 합성연선　　④ 합성단선

해설 옥내용 : 연동선, 옥외용 : 경동선

44. 옥내배선 공사에서 절연전선의 피복을 벗길 때 사용하면 편리한 공구는?

① 드라이버　　② 플라이어
③ 압착펜치　　④ 와이어 스트리퍼

해설 와이어 스트리퍼(wire striper)
㉠ 절연전선의 피복 절연물을 벗기는 자동 공구이다.
㉡ 도체의 손상 없이 정확한 길이의 피복 절연물을 쉽게 처리할 수 있다.

45. 기구 단자에 전선 접속 시 진동 등으로 헐거워지는 염려가 있는 곳에 사용되는 것은?

① 스프링 와셔　　② 2중 볼트
③ 삼각 볼트　　　④ 접속기

해설 전선과 기구 단자와의 접속 : 전선을 나사로 고정할 경우에 진동 등으로 헐거워질 우려가 있는 장소는 2중 너트, 스프링 와셔 및 나사 풀림 방지 기구가 있는 것을 사용한다.

46. 다음 (　) 안에 들어갈 내용으로 알맞은 것은 어느 것인가?

사람의 접촉 우려가 있는 합성수지제 몰드는 홈의 폭 및 깊이가 (㉮)cm 이하로, 두께는 (㉯)mm 이상의 것이어야 한다.

① ㉮ 3.5, ㉯ 1　　② ㉮ 5, ㉯ 1
③ ㉮ 3.5, ㉯ 2　　④ ㉮ 5, ㉯ 2

해설 합성수지 몰드 배선공사 : 두께는 2 mm 이상의 것으로, 홈의 폭과 깊이가 3.5 cm 이하이어야 한다. 단, 사람이 쉽게 접촉될 우려가 없도록 시설한 경우에는 폭 5 cm 이하, 두께 1 mm 이상인 것을 사용할 수 있다.

47. 다음 설명 중 합성수지 전선관의 특징으로 틀린 것은?

① 누전의 우려가 없다.
② 무게가 가볍고 시공이 쉽다.
③ 관 자체를 접지할 필요가 없다.
④ 비자성체이므로 교류의 왕복선을 반드시 같이 넣어야 한다.

해설 비자성체이므로 금속관처럼 전자 유도 작용이 발생하지 못한다. 따라서 왕복선을 같이 넣지 않아도 된다.

48. 다음 중 금속관 공사의 특징에 대한 설명이 아닌 것은?

① 전선이 기계적으로 완전히 보호된다.
② 접지 공사를 완전히 하면 감전의 우려가 없다.
③ 단락 사고, 접지 사고 등에 있어서 화재의 우려가 적다.
④ 중량이 가볍고 시공이 용이하다.

해설 금속 전선관 배선의 특징
① 전선이 기계적으로 보호된다.
② 단락 사고, 접지 사고 등에 있어서 화재의 우려가 적다.
③ 접지 공사를 완전하게 하면 감전의 우려가 없다.
④ 방습 장치를 할 수 있으므로, 전선을 방수할 수 있다.
⑤ 전선의 노후나 배선 방법의 변경이 필요한 경우 전선의 교환이 쉽다.

49. 금속 전선관의 종류에서 후강 전선관 규격

(mm)이 아닌 것은?

① 16　　② 19　　③ 28　　④ 36

해설 후강 전선관 규격(관의 호칭) : 16, 22, 28, 36, 42, 54, 70, 82, 92, 104

50. 정격전류 20A인 전동기 1대와 정격전류 5A인 전열기 3대가 연결된 분기회로에 시설하는 과전류 차단기의 정격전류는?

① 35　　② 50　　③ 75　　④ 100

해설 과전류 차단기의 정격전류 계산
㉠ 전동기의 정격전류 합계의 3배
㉡ 다른 전기 사용 기계 기구의 정격전류의 합계
∴ ㉠＋㉡＝3×20＋5×3＝75A

51. 제3종 접지 공사 및 특별 제3종 접지 공사의 접지선은 공칭 단면적 몇 mm^2 이상의 연동선을 사용하여야 하는가?

① 2.5　　② 4　　③ 6　　④ 10

해설 접지선의 최소 굵기

접지공사 종류	동선 (mm^2)	알루미늄선 (mm^2)
제1종, 제2종	6 이상	10 이상
제3종, 특별 제3종	2.5 이상	4 이상

52. 지선의 중간에 넣는 애자는?

① 저압 핀 애자　　② 구형 애자
③ 인류 애자　　④ 내장 애자

해설 구형 애자 : 인류용과 지선용이 있으며, 지선용은 지선의 중간에 넣어 양측 지선을 절연한다.

53. 가공전선로의 지지물에 지선을 사용해서는 안되는 곳은?

① 목주
② A종 철근콘크리트주
③ A종 철주
④ 철탑

해설 가공전선로의 지지물로 사용하는 철탑은 지선을 사용하여 그 강도를 분담시켜서는 안된다.

54. 가스 절연 개폐기나 가스차단기에 사용되는 가스인 SF6의 성질이 아닌 것은?

① 같은 압력에서 공기의 2.5~3.5배의 절연내력이 있다.
② 무색, 무취, 무해 가스이다.
③ 가스압력 3~4 kg/cm^2에서는 절연내력은 절연유 이상이다.
④ 소호능력은 공기보다 2.5배 정도 낮다.

해설 SF_6 가스의 성질

구 분	특 성
일반 특성	불활성, 무색, 무취, 무독성
열전도율	공기의 1.6배
비중	공기의 약 5배
소호력	공기의 100배
절연내력	공기의 2.5~3.5배
아크 시상수	공기나 질소에 비해 1/100
전기저항 특성	부저항 특성

55. 수·변전 설비의 고압회로에 걸리는 전압을 표시하기 위해 전압계를 시설할 때 고압회로와 전압계 사이에 시설하는 것은?

① 수전용 변압기　　② 계기용 변류기
③ 계기용 변압기　　④ 권선형 변류기

해설 계기용 변압기(PT)
㉠ 고전압을 저전압으로 변성하며, 고압회로와 전압계 사이에 시설한다.
㉡ 배전반의 전압계, 전력계, 주파수계, 역률계 표시등 및 부족 전압 트립 코일의 전원으로 사용한다.

56. 폭연성 분진이 존재하는 곳의 저압 옥내배선 공사 시 공사 방법으로 짝지어진 것은?

① 금속관 공사, MI 케이블 공사, 개장된 케이블 공사

② CD 케이블 공사, MI 케이블 공사, 금속관 공사

③ CD 케이블 공사, MI 케이블 공사, 제1종 캡타이어 케이블 공사

④ 개장된 케이블 공사, CD 케이블 공사, 제1종 캡타이어 케이블 공사

해설 폭연성 분진이 있는 경우
㉠ 옥내배선은 금속 전선관 배선 또는 케이블 배선에 의할 것
㉡ 케이블 배선에 의하는 경우
※ 케이블은 강관, 강대 및 활동대를 개장으로 한 케이블 또는 MI 케이블을 사용하는 경우를 제외하고 보호관에 넣어서 시설할 것

57. 다음 중 가연성 분진에 전기설비가 발화원이 되어 폭발할 우려가 있는 곳에 시공할 수 있는 저압 옥내배선 공사는?

① 버스 덕트 공사 ② 라이팅 덕트 공사
③ 가요전선관 공사 ④ 금속관 공사

해설 문제 56 해설 참조
※ 폭연성 분진 이외의 분진이 있는 경우 : 옥내배선은 금속 전선관, 합성수지 전선관, 케이블 또는 캡타이어 케이블 배선으로 시공하여야 한다.

58. 1개의 전등을 3곳에서 자유롭게 점등하기 위해서는 3로 스위치와 4로 스위치가 각각 몇 개씩 필요한가?

① 3로 스위치 1개, 4로 스위치 2개
② 3로 스위치 2개, 4로 스위치 1개
③ 3로 스위치 3개
④ 4로 스위치 3개

해설 N개소 점멸을 위한 스위치의 소요
N = (2개의 3로 스위치) + [$(N-2)$개의 4로 스위치] = $2S_3 + (N-2)S_4$
- $N=2$일 때 : 2개의 3로 스위치
- $N=3$일 때 : 2개의 3로 스위치 + 1개의 4로 스위치
- $N=4$일 때 : 2개의 3로 스위치 + 2개의 4로 스위치

59. 건축물의 종류에서 표준부하를 20VA/m²으로 하여야 하는 건축물은 다음 중 어느 것인가?

① 교회, 극장
② 학교, 음식점
③ 은행, 상점
④ 아파트, 미용원

해설 건물의 표준부하 (VA/m²)

건물 종류	표준부하
공장, 공회당, 사원, 교회, 극장, 연회장 등	10
기숙사, 여관, 호텔, 병원, 학교, 음식점, 다방, 대중목욕탕 등	20
주택, 아파트, 사무실, 은행, 상점, 이용소, 미장원	30

60. 다음 그림 기호는?

① 리셉터클
② 비상용 콘센트
③ 점검구
④ 방수형 콘센트

2019

기출문제 해설

제1과목	제2과목	제3과목
전기 이론 : 20문항	전기 기기 : 20문항	전기 설비 : 20문항

제1과목 : 전기 이론

1. 다음은 전기력선의 성질이다. 틀린 것은?

① 전기력선은 서로 교차하지 않는다.
② 전기력선은 도체의 표면에 수직이다.
③ 전기력선의 밀도는 전기장의 크기를 나타낸다.
④ 같은 전기력선은 서로 끌어당긴다.

해설 전기력선의 성질 중에서 같은 전기력선은 서로 반발한다.

2. $C = 5\mu F$인 평행판 콘덴서에 5V인 전압을 걸어줄 때 콘덴서에 축적되는 에너지는 몇 J인가?

① 6.25×10^{-5}
② 6.25×10^{-3}
③ 1.25×10^{-5}
④ 1.25×10^{-3}

해설 $W = \dfrac{1}{2} CV^2$
$= \dfrac{1}{2} \times 5 \times 10^{-6} \times 5^2 = 6.25 \times 10^{-5} [\text{J}]$

3. 온도 변화에 의한 용량 변화가 작고 절연 저항이 높은 우수한 특성을 갖고 있어 표준 콘덴서로도 이용하는 콘덴서는?

① 전해 콘덴서
② 마이카 콘덴서
③ 세라믹 콘덴서
④ 마일러 콘덴서

해설 마이카 콘덴서(mica condenser)
1. 운모(mica)와 금속 박막으로 되어 있거나 운모 위에 은을 발라서 전극으로 만든다.
2. 온도 변화에 의한 용량 변화가 작고 절연 저항이 높은 우수한 특성을 가지므로, 표준 콘덴서로도 이용된다.

4. 자력선은 다음과 같은 성질을 가지고 있다. 잘못된 것은?

① N극에서 나와서 S극에서 끝난다.
② 자력선에 그은 접선은 그 접점에서의 자장 방향을 나타낸다.
③ 자력선은 상호간에 서로 교차한다.
④ 한 점의 자력선 밀도는 그 점의 자장 세기를 나타낸다.

해설 자력선의 성질 : 자력선은 서로 교차하지 않는다.

5. 다음 ( ) 안에 들어갈 알맞은 말은?

> 코일의 자체 인덕턴스는 권수에 (㉮)하고 전류에 (㉯)한다.

① ㉮ 비례 ㉯ 반비례
② ㉮ 반비례 ㉯ 비례
③ ㉮ 비례 ㉯ 비례
④ ㉮ 반비례 ㉯ 반비례

해설 자체 인덕턴스(self-inductance) : 코일의 자체 인덕턴스는 권수 N에 (비례)하고 전류에 (반비례)한다.
$$L = \frac{N\phi}{I} [\text{H}]$$

6. 두 개의 자체 인덕턴스를 직렬로 접속하여 합성 인덕턴스를 측정하였더니 95 mH이었다. 한 쪽 인덕턴스를 반대로 접속하여 측정하였더니 합성 인덕턴스가 15 mH로 되었다. 두 코일의 상호 인덕턴스는?

정답 1. ④ 2. ① 3. ② 4. ③ 5. ① 6. ①

① 20 mH   ② 40 mH
③ 80 mH   ④ 160 mH

해설 합성 인덕턴스의 차이

$$4M = 95 - 15 = 80 \text{ mH}$$

$$\therefore M = \frac{80}{4} = 20 \text{ mH}$$

※ ㉠ 가동 접속 : $L_1 + L_2 + 2M$
   ㉡ 차동 접속 : $L_1 + L_2 - 2M$
   $\therefore$ ㉠ - ㉡ → $4M$

7. $L = 0.05\text{H}$의 코일에 흐르는 전류가 0.05 s 동안에 2 A가 변했다. 코일에 유도되는 기전력(V)은?

① 0.5   ② 2   ③ 10   ④ 25

해설 $v = L\dfrac{\Delta I}{\Delta t} = 0.05 \times \dfrac{2}{0.05} = 2 \text{ V}$

8. 어떤 도체에 5초간 4C의 전하가 이동했다면 이 도체에 흐르는 전류는?

① 0.12×10^3 mA   ② 0.8×10^3 mA
③ 1.25×10^3 mA   ④ 8×10^3 mA

해설 $I = \dfrac{Q}{t} = \dfrac{4}{5} = 0.8\text{A} \rightarrow 0.8 \times 10^3$ mA

9. 권선저항과 온도와의 관계는?

① 온도와는 무관하다.
② 온도가 상승함에 따라 권선저항은 감소한다.
③ 온도가 상승함에 따라 권선저항은 상승한다.
④ 온도가 상승함에 따라 권선의 저항은 증가와 감소를 반복한다.

해설 (+) 저항온도 계수 : 권선저항은 온도가 상승하므로 저항이 비례하여 상승하게 된다.

10. 1Ω, 2Ω, 3Ω의 저항 3개를 이용하여 합성저항을 2.2Ω으로 만들고자 할 때 접속 방법을 옳게 설명한 것은?

① 저항 3개를 직렬로 접속한다.
② 저항 3개를 병렬로 접속한다.
③ 2Ω과 3Ω의 저항을 병렬로 연결한 다음 1Ω의 저항을 직렬로 접속한다.
④ 1Ω과 2Ω의 저항을 병렬로 연결한 다음 3Ω의 저항을 직렬로 접속한다.

해설 ㉠ $R_{ab} = R_1 + R_2 + R_3 = 1 + 2 + 3 = 6\,\Omega$

㉡ $R_{ab} = \dfrac{R_1 R_2 R_3}{R_1 R_2 + R_2 R_3 + R_3 R_1}$

$= \dfrac{1 \times 2 \times 3}{1 \times 2 + 2 \times 3 + 3 \times 1} \fallingdotseq 0.545\,\Omega$

㉢ $R_{ab} = \dfrac{R_2 R_3}{R_2 + R_3} + R_1 = \dfrac{2 \times 3}{2 + 3} + 1 = 2.2\,\Omega$

㉣ $R_{ab} = \dfrac{R_1 R_2}{R_1 + R_2} + R_3 = \dfrac{1 \times 2}{1 + 2} + 3 \fallingdotseq 3.67\,\Omega$

11. 10 mA의 전류계가 있다. 이 전류계를 써서 최대 100 mA의 전류를 측정하려고 한다. 분류기 값은? (단, 전류계의 내부 저항은 2Ω이다.)

① 0.22 Ω   ② 2.2 Ω
③ 0.44 Ω   ④ 4.4 Ω

해설 분류기 : $R_s = \dfrac{R_a}{m-1}$

$= \dfrac{2}{10-1} = \dfrac{2}{9} = 0.22\,\Omega$

12. 어떤 사인파 교류가 0.05 s 동안에 3 Hz였다. 이 교류의 주파수[Hz]는 얼마인가?

① 3   ② 6   ③ 30   ④ 60

해설 $f = \dfrac{1}{T} = \dfrac{1}{\dfrac{0.05}{3}} = 60\,\text{Hz}$

13. 저항과 코일이 직렬 연결된 회로에서 직류 220V를 인가하면 20A의 전류가 흐르고, 교류 220V를 인가하면 10A의 전류가 흐른다. 이 코일의 리액턴스 Ω은?

① 약 19.05Ω   ② 약 16.06Ω
③ 약 13.06Ω   ④ 약 11.04Ω

정답 7. ②   8. ②   9. ③   10. ③   11. ①   12. ④   13. ①

2019

해설 1. 직류 220V 인가 시
$$R = \frac{E}{I} = \frac{220}{20} = 11\,\Omega$$
2. 교류 220V 인가 시
$$Z = \frac{V}{I} = \frac{220}{10} = 22\,\Omega$$
$$\therefore X_L = \sqrt{Z^2 - R^2}$$
$$= \sqrt{22^2 - 11^2} = \sqrt{484 - 121}$$
$$= \sqrt{363} \fallingdotseq 19.05\,\Omega$$

14. RLC 직렬 회로에서 전압과 전류가 동상이 되기 위한 조건은?

① $L = C$ ② $\omega LC = 1$
③ $\omega^2 LC = 1$ ④ $(\omega LC)^2 = 1$

해설 동상의 조건(공진 조건) : $X_L = X_C$에서,
$$\omega L = \frac{1}{\omega C} \qquad \therefore \omega^2 LC = 1$$

15. $\dot{Z} = 2 + j11\,[\Omega]$, $\dot{Z} = 4 - j3\,[\Omega]$의 직렬 회로에서 교류전압 100 V를 가할 때 합성 임피던스는 얼마인가?

① 6 Ω   ② 8 Ω   ③ 10 Ω   ④ 14 Ω

해설

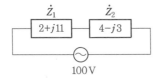

$$\dot{Z} = \dot{Z_1} + \dot{Z_2} = 2 + j11 + 4 - j3 = 6 + j8$$
$$\therefore |Z| = \sqrt{6^2 + 8^2} = 10\,\Omega$$

16. 단상 전압 220V에 소형 전동기를 접속하였더니 2.5A의 전류가 흘렀다. 이때의 역률이 75% 이었다면 이 전동기의 소비전력(W)은?

① 187.5 W   ② 412.5 W
③ 545.5 W   ④ 714.5 W

해설 $P = VI\cos\theta = 220 \times 2.5 \times 0.75 = 412.5\,\mathrm{W}$

17. $e = 10\sin\omega t + 20\sin(3\omega t + 60)$인 교류

전압의 실횻값(V)은 얼마인가?

① 약 21.2   ② 약 15.8
③ 약 22.4   ④ 약 11.2

해설 ① 실횻값 $V_1 = \frac{10}{\sqrt{2}} = 7$

② 실횻값 $V_3 = \frac{20}{\sqrt{2}} = 14$

$$\therefore V = \sqrt{V_1^2 + V_3^2} = \sqrt{7^2 + 14^2}$$
$$= \sqrt{254} \fallingdotseq 15.8\,\mathrm{V}$$

18. 전기 분해에서 패러데이의 법칙은 어느 것이 적합한가? (단, $Q\,[C]$: 통과한 전기량, K : 물질의 전기화학당량, $W\,[g]$: 석출된 물질의 양, t : 통과시간, I : 전류, $E\,[V]$: 전압을 각각 나타낸다.)

① $W = K\dfrac{Q}{E}$ ② $W = \dfrac{Q}{R}$
③ $W = KQ = KIt$ ④ $W = KEt$

해설 패러데이의 법칙(Faraday's law) : 화학당량 e의 물질에 $Q\,[C]$의 전기량을 흐르게 했을 때 석출되는 물질의 양은 다음과 같다.
$$W = kQ = KIt\,[g]$$
여기서, K : 전기화학당량

19. 기전력 1.5V, 내부저항 0.2Ω 인 전지 10개를 직렬로 연결하여 이것에 외부저항 4.5Ω 을 직렬 연결하였을 때 흐르는 전류 I[A]는?

① 1.2   ② 1.8   ③ 2.3   ④ 4.2

해설 $I = \dfrac{nE}{nr + R}$
$$= \frac{10 \times 1.5}{(10 \times 0.2) + 4.5} = \frac{15}{6.5} \fallingdotseq 2.3\,\mathrm{A}$$

20. 리액턴스가 10 Ω 인 코일에 직류 전압 100 V 를 가하였더니 전력 500 W를 소비하였다. 이 코일의 저항은?

① 10 Ω   ② 5 Ω   ③ 20 Ω   ④ 2 Ω

정답   14. ③   15. ③   16. ②   17. ②   18. ③   19. ③   20. ③

해설 코일에 직류를 가할 때의 소비 전력

$$P = \frac{V^2}{R} \text{ [W]}$$

$$\therefore R = \frac{V^2}{P} = \frac{100^2}{500} = 20 \ \Omega$$

제2과목 : **전기 기기**

21. 다음 중 직류 발전기의 계자에 대하여 옳게 설명한 것은?

① 자기력선속을 발생한다.
② 자속을 끊어 기자력을 발생한다.
③ 기전력을 외부로 인출한다.
④ 유도된 교류 기전력을 직류로 바꾸어 준다.

해설 직류 발전기의 3요소
  1. 자속을 만드는 계자 (field), 즉 자기력선속을 발생
  2. 기전력을 발생(유도)하는 전기자(armature)
  3. 교류를 직류로 변환하는 정류자 (commutator)

22. 속도를 광범위하게 조절할 수 있어 압연기나 엘리베이터 등에 사용되고 일그너 방식 또는 워드 레오나드 방식의 속도 제어 장치를 사용하는 경우에 주 전동기로 사용하는 전동기는?

① 타여자 전동기 ② 분권 전동기
③ 직권 전동기 ④ 가동 복권 전동기

해설 직류 전동기의 용도

종류	용도
타여자	압연기, 권상기, 크레인, 엘리베이터
분권	직류전원 선박의 펌프, 환기용 송풍기, 공작 기계
직권	전차, 권상기, 크레인
가동 복권	크레인, 엘리베이터, 공작 기계, 공기 압축기

23. 출력 15kW, 1500rpm으로 회전하는 전동기의

토크는 약 몇 kg · m인가?

① 6.54 ② 9.75 ③ 47.78 ④ 95.55

해설 $T = 975\dfrac{P}{N} = 975 \times \dfrac{15}{1500} \fallingdotseq 9.75 \text{ kg} \cdot \text{m}$

24. 직류기에서 전압 변동률이 (+) 값으로 표시되는 발전기는?

① 과복권 발전기 ② 직권 발전기
③ 평복권 발전기 ④ 분권 발전기

해설 전압 변동률
  ① (+) 값 : 타여자, 분권 및 차동 복권 발전기
  ② (−) 값 : 직권, 평복권, 과복권 발전기

25. 4극인 동기전동기가 1800rpm으로 회전할 때 전원 주파수는 몇 Hz인가?

① 50Hz ② 60Hz
③ 70Hz ④ 80Hz

해설 $f = \dfrac{N_s}{120} \cdot p = \dfrac{1800}{120} \times 4 = 60 \text{ Hz}$

26. 동기기의 전기자 권선법이 아닌 것은?

① 2층권/단절권 ② 단층권/분포권
③ 2층권/분포권 ④ 단층권/전절권

해설 동기기의 전기자 권선법 중 2층 분포권, 단절권 및 중권이 주로 쓰이고 결선은 Y 결선으로 한다.
  ㉠ 집중권과 분포권 중에서 분포권을,
  ㉡ 전절권과 단절권 중에서 단절권을,
  ㉢ 단층권과 2층권 중에서 2층권을,
  ㉣ 중권, 파권, 쇄권 중에서 중권을 주로 사용한다.
  ※ 전절권은 단절권에 비하여 단점이 많아 사용하지 않는다.

27. 동기조상기가 전력용 콘덴서보다 우수한 점은 어느 것인가?

① 손실이 적다.
② 보수가 쉽다.

③ 지상 역률을 얻는다.

④ 가격이 싸다.

해설 ① 동기 조상기는 위상 특성 곡선을 이용하여 역률을 임의로 조정하고, 앞선 무효전력은 물론 뒤진 무효 전력도 변화시킬 수 있다.
② 전력용 콘덴서는 진상 역률만을 얻지만 동기 조상기는 지상 역률도 얻을 수 있다.

28. 변압기의 1차 및 2차의 전압, 권선수, 전류를 각각 V_1, N_1, I_1 및 V_2, N_2, I_2 라 할 때 다음 중 어느 식이 성립되는가?

① $\dfrac{V_1}{V_2} = \dfrac{N_1}{N_2} = \dfrac{I_2}{I_1}$ ② $\dfrac{V_1}{V_2} \fallingdotseq \dfrac{N_2}{N_1} \fallingdotseq \dfrac{I_2}{I_1}$

③ $\dfrac{V_1}{V_2} \fallingdotseq \dfrac{N_2}{N_1} \fallingdotseq \dfrac{I_1}{I_2}$ ④ $\dfrac{V_1}{V_2} \fallingdotseq \dfrac{N_1}{N_2} \fallingdotseq \dfrac{I_1}{I_2}$

해설 권수비(turn ratio) $a = \dfrac{V_1}{V_2} = \dfrac{N_1}{N_2} = \dfrac{I_2}{I_1}$

29. 변압기의 권선법 중 형권은 주로 어디에 사용되는가?

① 소형 변압기 ② 중형 변압기

③ 특수 변압기 ④ 가정용 변압기

해설 형권은 목제 권형이나 절연통에 코일을 감는 것을 조립하는 것으로 중형 변압기에 사용된다.

30. 변압기에 철심의 두께를 2배로 하면 와류손은 약 몇 배가 되는가?

① 2배로 증가한다.

② 1/2배로 증가한다.

③ 1/4배로 증가한다.

④ 4배로 증가한다.

해설 와류손(맴돌이 전류손) : $P_e = kt^2$ [W/kg]
∴ 4배로 증가한다.
※ $P_e = \sigma_e (t f k_f B_m)^2$ [W/kg]

31. 퍼센트 저항 강하 1.8 % 및 퍼센트 리액턴스

강하 2 %인 변압기가 있다. 부하의 역률이 1일 때의 전압 변동률은?

① 1.8 % ② 2.0 % ③ 2.7 % ④ 3.8 %

해설 $\epsilon = p\cos\theta + q\sin\theta = 1.8 \times 1 + 2 \times 0 = 1.8\%$
여기서, $\cos\theta = 1$일 때 $\sin\theta = 0$

32. 계기용 변류기(CT)는 어떤 역할을 하는가?

① 대전류를 소전류로 변성하여 계전기나 측정계기에 전류를 공급한다.

② 고전압을 소전압으로 변성하여 계전기나 측정계기에 전압을 공급한다.

③ 지락사고가 발생하면 영상전류가 흘러 이를 검출하여, 지락 계전기에 영상전류를 공급한다.

④ 선로에 고장이 발생하였을 때, 고장 전류를 검출하여 지정된 시간 내에 고속 차단한다.

해설 계기용 변류기(CT)

1. 대전류를 소전류로 변성
2. 배전반의 전류계·전력계, 계전기, 차단기의 트립 코일의 전원으로 사용

33. 6극 60Hz 3상 유도 전동기의 동기속도는 몇 rpm인가?

① 200 ② 750 ③ 1200 ④ 1800

해설 $N_s = \dfrac{120f}{p} = \dfrac{120 \times 60}{6} = 1200$rpm

34. 다음 설명에서 빈칸 ㉮~㉰에 알맞은 말은?

> 권선형 유도전동기에서 2차 저항을 증가시키면 기동 전류는 (㉮)하고 기동 토크는 (㉯)하며, 2차 회로의 역률이 (㉰)되고 최대 토크는 일정하다.

① ㉮ 감소, ㉯ 증가, ㉰ 좋아지게

② ㉮ 감소, ㉯ 감소, ㉰ 좋아지게

③ ㉮ 감소, ㉯ 증가, ㉰ 나빠지게

④ ㉮ 증가, ㉯ 감소, ㉰ 나빠지게

해설 권선형 유도전동기에서 2차 저항을 증가시키면 기동 전류는 (㉮ 감소)하고 기동 토크는 (㉯ 증가)하며, 2차 회로의 역률이 (㉰ 좋아지게)되고 최대 토크는 일정하다.

※ 권선형 유도전동기의 비례 추이(proportional shift)
1. 토크 속도 곡선이 2차 합성 저항의 변화에 비례하여 이동하는 것을 토크 속도 곡선이 비례 추이한다고 한다
2. 2차 회로의 합성 저항 $(r_2' + R)$을 가변 저항기로 조정할 수 있는 권선형 유도 전동기는 비례 추이의 성질을 이용하여 기동 토크를 크게 한다든지 속도 제어를 할 수도 있다.
3. 최대 토크 T_m는 항상 일정하다.

35. 3상 유도전동기의 1차 입력 60 kW, 1차 손실 1 kW, 슬립 3 %일 때 기계적 출력 kW는?

① 62 ② 60 ③ 59 ④ 57

해설 ① 2차 입력 : P_2=1차 압력-1차 손실
$$=60-1=59\,kW$$
② 기계적 출력 : $P_0=(1-s)P_2$
$$=(1-0.03)\times 59 ≒ 57\,kW$$

36. 출력 3kW, 1500rpm 유도 전동기의 N·m는 약 얼마인가?

① 1.91 N·m ② 19.1 N·m
③ 29.1 N·m ④ 114.6 N·m

해설 $T=975\dfrac{P}{N}=975\times\dfrac{3}{1500}=1.95\,kg\cdot m$
∴ $T'=9.8\times T=9.8\times 1.95 ≒ 19.1\,N\cdot m$

37. 가정용 선풍기나 세탁기 등에 많이 사용되는 단상 유도 전동기는?

① 분상 기동형
② 콘덴서 기동형
③ 영구 콘덴서 전동기
④ 반발 기동형

해설 영구 콘덴서(condenser) 기동형 : 기동 전류와 전부하 전류가 적고 운전 특성이 좋으며,

기동 토크가 적은 용도에 적합하여, 가전제품에 주로 사용된다.

38. 다음 중 턴오프(소호)가 가능한 소자는?

① GTO ② TRIAC
③ SCR ④ LASCR

해설 GTO (gate turn-off thyristor) : 게이트 신호가 양(+)이면, 턴 온(on), 음(-)이면 턴 오프(off) 된다. 즉, 턴 오프 (소호)하는 사이리스터이다.

39. 상전압 300 V의 3상 반파 정류 회로의 직류 전압은 약 몇 V인가?

① 520 V ② 350 V ③ 260 V ④ 50 V

해설 $E_{d0}=1.17\times$상전압$=1.17\times 300 ≒ 350V$

40. ON, OFF를 고속도로 변환할 수 있는 스위치이고 직류 변압기 등에 사용되는 회로는 무엇인가?

① 초퍼 회로 ② 인버터 회로
③ 컨버터 회로 ④ 정류기 회로

해설 초퍼 회로(chopper circuit) : 반도체 스위칭 소자에 의해 주 전류의 ON-OFF 동작을 고속·고빈도로 반복 수행하는 회로로 직류 변압기 등에 사용된다.
※ 초퍼의 이용 : 전동차, 트롤리 카(trolley car), 선박용 호이스퍼, 지게차, 광산용 견인 전차의 전동 제어 등에 사용한다.

제3과목 : 전기 설비

41. 다음 중 450/700 일반용 단심 비닐절연전선의 알맞은 약호는?

① NR ② CV ③ MI ④ OC

해설 ① NR : 450/750 V 일반용 단심 비닐 절연 전선
② CV : 0.6/1 kV 가교 폴리에틸렌 절연 비닐 시스 케이블

602 부록 최근 기출문제

③ MI : 미네랄 인슐레이션 케이블

④ OC : 옥외용 가교 폴리에틸렌 절연 전선

42. 동전선의 접속방법에서 종단접속 방법이 아닌 것은?

① 비틀어 꽂는 형의 전선접속기에 의한 접속

② 종단 겹침용 슬리브(E형)에 의한 접속

③ 직선 맞대기용 슬리브(B)형에 의한 압착 접속

④ 직선 겹침용 슬리브(P형)에 의한 접속

해설 직선 맞대기용 슬리브 (B형)에 의한 압착 접속 : 단선 및 연선의 직선 접속에 적용한다.

43. 전선관 가공 작업 시 작업 내용에 따른 사용 공구가 아닌 것은?

① PVC 전선관의 굽힘 작업은 토치 램프를 사용한다.

② 전선관을 절단 후에는 단구에 리머 작업을 실시한다.

③ 금속관 굽힘 작업은 파이프 벤더를 사용한다.

④ 금속관 나사 내는 공구는 녹아웃 펀치를 사용한다.

해설 녹아웃 펀치(knock out punch) : 배전반, 분전반 등의 배관을 변경하거나 이미 설치되어 있는 캐비닛에 구멍을 뚫을 때 필요한 공구이다.

44. 금속 전선관을 직각 구부리기를 할 때 굽힘 반지름 mm은? (단, 내경은 18mm, 외경은 22mm이다.)

① 113　　② 115　　③ 119　　④ 121

해설 굽힘 반지름

$$r = 6d + \frac{D}{2} = 6 \times 18 + \frac{22}{2} = 119\,mm$$

※ 금속관을 구부릴 때 금속관의 단면이 심하게 변형되지 않도록 구부려야 하며, 그 안측의 반지름은 관 안지름의 6 배 이상이 되어야 한다. (내선규정 2225-8 참조)

45. 금속 덕트는 폭이 5cm를 초과하고 두께는 몇 mm 이상의 철판 또는 동등 이상의 세기를 가지는 금속제로 제작된 것이어야 하는가?

① 0.8　　② 1.0　　③ 1.2　　④ 1.4

해설 금속 덕트는 폭이 5 cm를 초과하고, 두께가 1.2 mm 이상의 철판으로 견고하게 제작된 것이어야 한다.

46. 캡타이어 케이블을 조영재에 따라 시설하는 경우 케이블 상호, 케이블과 박스, 기구와의 접속 개소와 지지점 간의 거리는 접속 개소에서 0.15m 이하로 하는 것이 바람직하지만 조영재에 따라 시설하는 경우에는 그 지지점 간의 거리가 몇 m 이내이어야 하는가?

① 1　　② 1.5　　③ 2　　④ 3

해설 캡타이어 케이블을 조영재에 따라 시설하는 경우는 그 지지점 간의 거리는 1 m 이하로 하고, 조영재에 따라 캡타이어 케이블이 손상될 우려가 없는 새들, 스테이플 등으로 고정하여야 한다.

47. 경질 비닐 전선관의 설명으로 틀린 것은?

① 1본의 길이는 3.6m가 표준이다.

② 굵기는 관 안지름의 크기에 가까운 짝수의 mm로 나타낸다.

③ 금속관에 비해 절연성이 우수하다.

④ 금속관에 비해 내식성이 우수하다.

해설 합성수지관의 호칭과 규격 : 1본의 길이는 4 m 가 표준이고, 굵기는 관 안지름의 크기에 가까운 짝수의 mm로 나타낸다.

48. 케이블 트레이(cable tray) 내에서 전선을 접속하는 경우이다. 잘못된 것은?

① 전선 접속 부분에 사람이 접근할 수 있다.

② 전선 접속 부분이 옆면 레일 위로 나오지 않도록 한다.

③ 전선 접속 부분을 절연처리 한다.

④ 전선 접속 부분에 경고표시를 한다.

해설 케이블 트레이 내에서 전선을 접속하는 경우는 전선 접속 부분에 사람이 접근할 수 있고 또한 그 부분이 옆면 레일 위로 나오지 않도록 하고 그 부분을 절연처리 하여야 한다. (내선규정 2289-3 참조)

49. 사람이 접촉될 우려가 있는 곳에 시설하는 경우 접지극은 지하 몇 cm 이상의 깊이에 매설하여야 하는가?

① 30　　② 45　　③ 50　　④ 75

해설 접지극은 지하 75 cm 이상으로 하되 동결 깊이를 감안하여 매설해야 한다.

50. 전기 기기에 설치하는 접지 공사로서 바른 것은?

① 피뢰기 접지는 제3종
② 저압 전동기 철대는 제1종
③ 고압 회로의 유입 차단기 외함은 제3종
④ 변압기 2차 저압측의 중성점 또는 그 한 단자는 제2종

해설 ① 피뢰기 접지는 제1종
② 저압 전동기 철대는 제3종
③ 고압 회로의 유입 차단기 외함은 특별 제3종
※ 제2종 접지 공사의 적용 : 저·고압이 혼촉한 경우에 저압 전로에 고압이 침입할 경우 기기의 소손이나 사람의 감전을 방지하기 위한 것

51. 설치면적과 설치비용이 많이 들지만 가장 이상적이고 효과적인 진상용 콘덴서 설치 방법은?

① 수전단 모선에 설치
② 수전단 모선과 부하 측에 분산하여 설치
③ 부하 측에 분산하여 설치
④ 가장 큰 부하 측에만 설치

해설 진상용 콘덴서 (SC) 설치 방법 : 설치 방법 중에서 각 부하 측에 분산 설치하는 방법이 가장 효과적으로 역률이 개선되나 설치면적과 설치비용이 많이 든다.

52. 다음 개폐기 중에서 옥내 배선의 분기 회로 보호용에 사용되는 배선용 차단기의 약호는 어느 것인가?

① OCB　　② ACB　　③ NFB　　④ DS

해설 배선용 차단기 (circuit breaker) : 전류가 비정상적으로 흐를 때 자동적으로 회로를 끊어서 전선 및 기계·기구를 보호하는 것으로, 노 퓨즈 브레이커 (NFB : No-Fuse Breaker)라 한다.

53. 성냥을 제조하는 공장의 공사 방법으로 적당하지 않은 것은?

① 금속관 공사　　② 케이블 공사
③ 합성수지관 공사　④ 금속 몰드 공사

해설 셀룰로이드, 성냥, 석유류 및 기타 타기 쉬운 위험한 물질이 존재하여 화재가 발생할 경우 위험이 큰 장소에는 금속관 배선, 합성수지관 배선 또는 케이블 배선 등에 의할 것(내선 4230 참조)

54. 한 수용 장소의 인입선에서 분기하여 지지물을 거치지 아니하고 다른 수용 장소의 인입구에 이르는 부분의 전선을 무엇이라 하는가?

① 가공전선　　　② 가공지선
③ 가공 인입선　　④ 연접 인입선

해설 연접 인입선 : 연접 인입선은 수용 장소의 인입선에서 분기하여 지지물을 거치지 않고 다른 수용 장소의 인입구에 이르는 부분의 전선로이다.

55. 다음 ( ) 안에 알맞은 내용은?

> 고압 및 특고압용 기계기구의 시설에 있어 고압은 지표상 (㉮) 이상 (시가지에 시설하는 경우), 특고압은 지표상 (㉯) 이상의 높이에 설치하고 사람이 접촉될 우려가 없도록 시설하여야 한다.

2019

① ㉮ 3.5 m, ㉯ 4 m

② ㉮ 4.5 m, ㉯ 5 m

③ ㉮ 5.5 m, ㉯ 6 m

④ ㉮ 5.5 m, ㉯ 7 m

해설 고압 및 특고압용 기계기구 시설(내선규정 3210-2 참조)

1. 시가지에 시설하는 고압 : 4.5 m 이상 (시가지 이외는 4 m)

2. 특고압은 5 m 이상

56. 배선설계를 위한 전등 및 소형 전기기계기구의 부하용량 산정 시 건축물의 종류에 대응한 표준 부하에서 원칙적으로 표준부하를 20 VA/m² 으로 적용하여야 하는 건축물은?

① 교회, 극장

② 호텔, 병원

③ 은행, 상점

④ 아파트, 미용원

해설 건물의 표준 부하

건물의 종류	표준 부하 (VA/m²)
공장, 공회당, 사원, 교회, 극장, 연회장 등	10
기숙사, 여관, 호텔, 병원, 학교, 음식점, 다방, 대중목욕탕 등	20
주택, 아파트, 사무실, 은행, 상점, 이용소, 미장원	30

57. 조명기구의 배광에 의한 분류 중 40~60 % 정도의 빛이 위쪽과 아래쪽으로 고루 향하고 가장 일반적인 용도를 가지고 있으며, 상하 좌우로 빛이 모두 나오므로 부드러운 조명이 되는 방식은?

① 직접 조명방식

② 반직접 조명방식

③ 전반확산 조명방식

④ 반간접 조명방식

해설 전반확산 조명방식

1. 상향 광속 : 40~60 %

2. 하향 광속 : 60~40 %

3. 가장 일반적으로 부드러운 조명이 되는 방식으로 사무실, 상점, 주택 등에 사용된다.

58. 4개소에서 1개의 전등을 자유롭게 점등, 점멸할 수 있도록 하기 위해 배선하고자 할 때 필요한 스위치의 수는? (단, SW_3은 3로 스위치, SW_4는 4로 스위치이다.)

① SW_3 4개

② SW_3 1개, SW_4 3개

③ SW_3 2개, SW_4 2개

④ SW_4 4개

해설 $N = 2SW_3 + (N-2)SW_4$

$4 = 2SW_3 + (4-2)SW_4$

$4 = 2SW_3 + 2SW_4$

∴ 4개소일 때는 SW_3 2개와 SW_4 2개가 필요하게 된다.

59. 엘리베이터장치를 시설할 때 승강기 내부에서 사용하는 전등 및 전기 기계기구에 사용할 수 있는 최대전압은?

① 110V 미만

② 220V 미만

③ 400V 미만

④ 440V 미만

해설 엘리베이터 등의 승강로 안의 저압 옥내 배선 등의 시설 (판단기준 제207조 참조) : 최대 전압은 400 V 미만이다.

60. 물탱크의 물의 양에 따라 동작하는 자동 스위치는?

① 부동 스위치

② 압력 스위치

③ 타임 스위치

④ 3로 스위치

해설 부동 스위치는 보통 플로트 스위치라고도 하며 물탱크 또는 집수정의 물의 양에 따라 수위가 올라가거나 내려가면 자동으로 동작하는 스위치이다.

※ 자동제어 스위치의 종류에는 부동 스위치, 압력 스위치, 수은 스위치, 타임 스위치 등이 있다.

정답 56. ② 57. ③ 58. ③ 59. ③ 60. ①

전기기능사
Craftsman Electricity

2019년 4회(CBT)

기출문제 해설

제1과목	제2과목	제3과목
전기 이론 : 20문항	전기 기기 : 20문항	전기 설비 : 20문항

제1과목 : 전기 이론

1. 두 전하 사이에 작용하는 힘의 크기를 결정하는 법칙은?

① 비오-사바르의 법칙
② 쿨롱의 법칙
③ 패러데이의 법칙
④ 암페어의 오른손 법칙

해설 쿨롱의 법칙(Coulomb's law) : 두 전하 사이에 작용하는 정전력(전기력)은 두 전하의 곱에 비례하고, 두 전하 사이의 거리의 제곱에 반비례한다.

2. 다음 그림과 같은 콘덴서를 접속한 회로의 합성 정전 용량은?

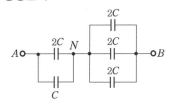

① $6C$ ② $9C$ ③ $1C$ ④ $2C$

해설 ㉠ $C_{AN} = 2C + C = 3C$
ㄴ $C_{NB} = 3 \times 2C = 6C$
∴ $C_{AB} = \dfrac{3C \times 6C}{3C + 6C} = \dfrac{18C^2}{9C} = 2C$

3. 극판의 면적이 4cm², 정전 용량이 10pF인 종이 콘덴서를 만들려고 한다. 비유전율 2.5, 두께 0.01mm의 종이를 사용하면 약 몇 장을 겹쳐야 되겠는가?

① 89장   ② 100장
③ 885장   ④ 8850장

해설 평행판 콘덴서에 있어서 전극의 면적을 $A[\mathrm{m}^2]$, 극판 사이의 거리를 $l[\mathrm{m}]$, 극판 사이에 채워진 절연체의 유전율을 ϵ 이라고 하면, 콘덴서의 용량 $C[\mathrm{F}]$는

$C = \epsilon_0 \epsilon_s \dfrac{A}{l}[\mathrm{F}]$에서,

$l = \epsilon_0 \epsilon_s \dfrac{A}{C}$

$= 8.85 \times 10^{-12} \times 2.5 \times \dfrac{4 \times 10^{-2}}{10 \times 10^{-12}} \times 10^{-2}$

$= 8.85 \times 10^{-4}[\mathrm{m}]$

∴ 장수 $N = \dfrac{8.85 \times 10^{-4}}{0.01 \times 10^{-3}} = 89$장

4. 다음 그림과 같이 $I[\mathrm{A}]$의 전류가 흐르고 있는 도체의 미소부분 Δl의 전류에 의해 이 부분이 r [m] 떨어진 점 P의 자기장 ΔH는?

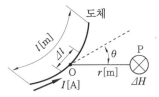

① $\Delta H = \dfrac{I^2 \Delta l \sin\theta}{4\pi r^2}$

② $\Delta H = \dfrac{I \Delta l^2 \sin\theta}{4\pi r}$

③ $\Delta H = \dfrac{I^2 \Delta l \sin\theta}{4\pi r}$

④ $\Delta H = \dfrac{I \Delta l \sin\theta}{4\pi r^2}$

2019

해설 비오 – 사바르의 법칙(Biot – Savart's law) : I[A]의 전류가 흐르고 있는 도체의 미소 부분 Δl 의 전류에 의해 이 부분에서 r[m] 떨어진 P점의 자기장 세기는 $\Delta H = \dfrac{I\Delta l}{4\pi r^2}\sin\theta$[AT/m]

5. 다음 중 Wb 단위가 의미하는 것으로 알맞은 것은?

① 전기량　　　　② 유전율
③ 투자율　　　　④ 자기력선

해설 자기력선 속 = 자속(magnetic flux) : $+m$[Wb]의 자극에서는 매질에 관계없이 항상 m 개의 자력선 묶음이 나온다고 가정하여 이것을 자속이라 하며, 단위는 [Wb], 기호는 ϕ 를 사용한다.

6. 코일의 자기 인덕턴스는 어느 것에 따라 변하는가?

① 투자율　　　　② 유전율
③ 도전율　　　　④ 저항률

해설 ① $L = \dfrac{N}{I} \cdot \phi = \dfrac{N}{I} \cdot BA = \dfrac{N}{I}\mu HA$
　　　　$= \dfrac{NHA}{I} \cdot \mu$ [H]
② 자기 인덕턴스 L 은 투자율 μ 에 비례한다.

7. 1000 AT/m의 자계 중에 어떤 자극을 놓았을 때 3×10^2 [N]의 힘을 받는다고 한다. 자극의 세기(Wb)는?

① 0.1　② 0.2　③ 0.3　④ 0.4

해설 $m = \dfrac{F}{H} = \dfrac{3\times 10^2}{1000} ≒ 0.3\text{Wb}$

8. 어떤 도체에 1 A의 전류가 1분간 흐를 때 도체를 통과하는 전기량은?

① 1 C　② 60 C　③ 1000 C　④ 3600 C

해설 $Q = I \cdot t = 1\times 60 = 60\,\text{C}$

9. 다음 회로에서 10Ω 에 걸리는 전압은 몇 V인가?

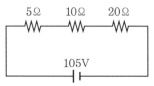

① 2　　② 10　　③ 20　　④ 30

해설 저항 직렬 회로의 전압 분배
$I = \dfrac{V}{R_1 + R_2 + R_3} = \dfrac{105}{5+10+20} = 3\,\text{A}$
$\therefore V_3 = I \times R_2 = 3\times 10 = 30\,\text{V}$

10. 서로 같은 저항 n 개를 직렬로 연결한 회로의 한 저항에 나타나는 전압은?

① nV　　② $\dfrac{V}{n}$　　③ $\dfrac{1}{nV}$　　④ $n + V$

해설 전압 분배 : 서로 같은 저항이므로 동일한 전압, 즉 $\dfrac{V}{n}$[V] 가 나타난다.

11. 다음 그림의 브리지 회로에서 평형이 되었을 때의 C_x 는?

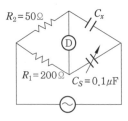

① $0.1\,\mu\text{F}$　　　② $0.2\,\mu\text{F}$
③ $0.3\,\mu\text{F}$　　　④ $0.4\,\mu\text{F}$

해설 $C_x = \dfrac{R_1}{R_2} \cdot C_s = \dfrac{200}{50}\times 0.1 = 0.4\,\mu\text{F}$

12. 최댓값이 V_m[V]인 사인파 교류에서 평균값 V_e[V] 값은?

① $0.557\,V_m$　　　② $0.637\,V_m$

③ $0.707\,V_m$ ④ $0.866\,V_m$

해설 $V_a = \dfrac{2}{\pi}V_m \fallingdotseq 0.637\,V_m$

13. $e = 141\sin\left(120\pi t - \dfrac{\pi}{3}\right)$인 파형의 주파수는 몇 Hz인가?

① 10   ② 15   ③ 30   ④ 60

해설 $f = \dfrac{\omega}{2\pi} = \dfrac{120\pi}{2\pi} = 60\,\text{Hz}$

14. 콘덴서 용량이 커질수록 용량 리액턴스는 어떻게 되는가?

① 무한대로 접근한다.
② 커진다.
③ 작아진다.
④ 변하지 않는다.

해설 $X_C = \dfrac{1}{2\pi f C} = k\dfrac{1}{C}\,[\Omega]$

∴ 콘덴서 용량이 커질수록 반비례하여 리액턴스는 작아진다.

15. 그림과 같은 회로에 교류전압 $E = 100\angle 0°$ [V]를 인가할 때 전 전류는 몇 A인가?

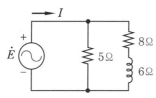

① $6 + j\,28$ ② $6 - j\,28$
③ $28 + j\,6$ ④ $28 - j\,6$

해설 $Z = \dfrac{5\times(8+j\,6)}{5+(8+j\,6)} = 3.41 + j\,0.73\,[\Omega]$

$I = \dfrac{E}{Z} = \dfrac{100}{3.14 + j\,0.73} = 28 - j\,6\,[\text{A}]$

16. 저항 3Ω, 유도 리액턴스 4Ω의 직렬회로에 교류 100V를 가할 때 흐르는 전류와 위상각은 얼마인가?

① 14.3A, 37°   ② 14.3A, 53°
③ 20A, 37°   ④ 20A, 53°

해설 ㉠ $Z = \sqrt{R^2 + X^2} = \sqrt{3^2 + 4^2} = 5\,\Omega$

∴ $I = \dfrac{V}{Z} = \dfrac{100}{5} = 20\,\text{A}$

㉡ $\theta = \tan^{-1}\dfrac{\omega L}{R} = \tan^{-1}\dfrac{4}{3} \fallingdotseq 53°$

17. 용량 P[kVA]인 동일 정격의 단상 변압기 4대로 낼 수 있는 3상 최대 출력 용량은?

① $3P$ ② $\sqrt{3}\,P$
③ $4P$ ④ $2\sqrt{3}\,P$

해설 4대로 V결선 : $P_v = 2\times\sqrt{3}\,P\,[\text{kVA}]$

18. 1 W·s와 같은 것은 어느 것인가?

① 1J   ② 1F
③ 1kcal   ④ 860kWh

해설 전기적 에너지 W[J]를 t[s] 동안에 전기가 한 일 또는 t[s] 동안의 전력량이라고도 하며, 단위는 [W·s], [Wh], [kWh]로 표시한다.
- $1\,\text{W·s} = 1\,\text{J}$
- $1\,\text{Wh} = 3600\,\text{W·s} = 3600\,\text{J}$
- $1\,\text{kWh} = 10^3\,\text{Wh} = 3.6\times10^6\,\text{J} = 860\,\text{kcal}$

19. 기전력 4V, 내부 저항 0.2Ω의 전지 10개를 직렬로 접속하고 두 극 사이에 부하저항을 접속하였더니 4A의 전류가 흘렀다. 이때 외부저항은 몇 Ω이 되겠는가?

① 6   ② 7   ③ 8   ④ 9

해설 $I = \dfrac{nE}{nr+R} = \dfrac{10\times4}{(10\times0.2)+R} = 4\,\text{A}$에서,

$4 = \dfrac{40}{2+R}$ ∴ $R = 8\,\Omega$

※ $I = \dfrac{nE}{nr+R}\,[\text{A}]$에서,

$R = \dfrac{nE}{I} - nr = \dfrac{10\times4}{4} - 10\times0.2 = 8\,\Omega$

2019

20. 다음 (㉮), (㉯)에 들어갈 내용으로 알맞은 것은 어느 것인가?

> 2차 전지의 대표적인 것으로 납축전지가 있다. 전해액으로 비중 약 (㉮) 정도의 (㉯)을 사용한다.

① ㉮ 1.15~1.21   ㉯ 묽은 황산
② ㉮ 1.25~1.36   ㉯ 질산
③ ㉮ 1.01~1.15   ㉯ 질산
④ ㉮ 1.23~1.26   ㉯ 묽은 황산

해설 납축전지의 전해액 :
    묽은 황산(비중 1.23~1.26)
    ※ 양극 : 이산화납(PbO_2), 음극 : 납(Pb)

제2과목 : 전기 기기

21. 전압 변동률이 적고, 계자 저항기를 사용한 전압조정이 가능하여 전기화학용 전원, 전지의 충전용, 동기기의 여자용 등에 사용되는 발전기는?

① 타여자 발전기   ② 분권 발전기
③ 직권 발전기   ④ 가동 복권 발전기

해설 분권 발전기의 용도 : 계자 저항기를 사용하여 어느 범위의 전압 조정도 안정하게 할 수 있으므로 전기 화학 공업용 전원, 축전지의 충전용, 동기기의 여자용 및 일반 직류 전원용에 적당하다.

22. 직류기에서 보극을 두는 가장 주된 목적은?

① 기동 특성을 좋게 한다.
② 전기자 반작용을 크게 한다.
③ 정류 작용을 돕고 전기자 반작용을 약화시킨다.
④ 전기자 자속을 증가시킨다.

해설 보극(inter pole) : 정류 작용을 돕고 전기자 반작용을 약화시킨다.

※ 보극과 보상 권선은 전기자 반작용을 약화시켜 주는 작용과 정류를 양호하게 하는 작용을 한다.

23. 직류 직권 전동기를 사용하려고 할 때 벨트(belt)를 걸고 운전하면 안 되는 가장 타당한 이유는?

① 벨트가 기동할 때나 또는 갑자기 중 부하를 걸 때 미끄러지기 때문에
② 벨트가 벗겨지면 전동기가 갑자기 고속으로 회전하기 때문에
③ 벨트가 끊어졌을 때 전동기의 급정지 때문에
④ 부하에 대한 손실을 최대로 줄이기 위해서

해설 직류 직권 전동기 벨트 운전 금지
  ① 벨트(belt)가 벗겨지면 무부하 상태가 되어 $I = I_f = 0$ 이 된다.
  ② 속도 특성 $N = k \dfrac{1}{\phi}$
  ∴ 무부하 시 분모가 "0"이 되어 위험속도로 회전하게 된다.

24. 직류 전동기의 속도 제어 방법 중 속도 제어가 원활하고 정토크 제어가 되며 운전 효율이 좋은 것은?

① 계자 제어   ② 병렬 저항 제어
③ 직렬 저항 제어   ④ 전압 제어

해설 전압 제어 : 전기자에 가한 전압을 변화시켜서 회전 속도를 조정하는 방법으로, 가장 광범위하고 효율이 좋으며 원활하게 속도 제어가 되는 방식이다.

25. 정격이 10000V, 500A, 역률 90%의 3상 동기 발전기의 단락 전류 I_s[A]는? (단, 단락비는 1.3으로 하고, 전기자 저항은 무시한다.)

① 450   ② 550   ③ 650   ④ 750

해설 $I_s = I_n \times k_s = 500 \times 1.3 = 650A$

정답   **20.** ④   **21.** ②   **22.** ③   **23.** ②   **24.** ④   **25.** ③

26. 8극 900 rpm의 교류 발전기로 병렬 운전하는 극수 6의 동기발전기 회전수 (rpm)는?

① 675   ② 900   ③ 1200   ④ 1800

해설 $N_s = \dfrac{120}{p} \cdot f\,[\text{rpm}]$에서,

$f = \dfrac{p \cdot N_s}{120} = \dfrac{8 \times 900}{120} = 60\,\text{Hz}$

$\therefore N' = \dfrac{120}{p'} \cdot f = \dfrac{120}{6} \times 60 = 1200\,\text{rpm}$

27. 동기 전동기의 계자 전류를 가로축에, 전기자 전류를 세로축으로 하여 나타낸 V곡선에 관한 설명으로 옳지 않은 것은?

① 위상 특성 곡선이라 한다.
② 부하가 클수록 V곡선은 아래쪽으로 이동한다.
③ 곡선의 최저점은 역률 1에 해당한다.
④ 계자 전류를 조정하여 역률을 조정할 수 있다.

해설 위상 특성 곡선(V곡선)
  ㉠ 일정 출력에서 계자 전류 I_f(또는 유기 기전력 E)와 전기자 전류 I의 관계를 나타내는 곡선이다.
  ㉡ 동기 전동기는 계자 전류를 가감하여 전기자 전류의 크기와 위상을 조정할 수 있다.
  ㉢ 부하가 클수록 V곡선은 위로 이동한다.
  ㉣ 곡선의 최저점은 역률 1에 해당하는 점이며, 이 점보다 오른쪽은 앞선 역률이고 왼쪽은 뒤진 역률의 범위가 된다.

28. 변압기의 2차 저항이 0.1Ω일 때 1차로 환산하면 360Ω이 된다. 이 변압기의 권수비는?

① 30   ② 40   ③ 50   ④ 60

해설 $r_1' = a^2 r_2$에서,

권수비 $a = \sqrt{\dfrac{r_1'}{r_2}} = \sqrt{\dfrac{360}{0.1}} = 60$

29. 변압기의 전부하 동손과 철손의 비가 2:1인 경우 효율이 최대가 되는 부하는 전부하의 몇 %인 경우인가?

① 50   ② 70   ③ 90   ④ 100

해설 최대 효율은 $P_i = P_c$일 때이므로, 부하가 m배가 되면 $m^2 P_c = P_i$일 때이다.

$m = \sqrt{\dfrac{P_i}{P_c}} = \sqrt{\dfrac{1}{2}} \fallingdotseq 0.70$ $\therefore 70\%$

30. 권수비 30인 변압기의 저압측 전압이 8V인 경우 극성시험에서 가극성과 감극성의 전압 차이는 몇 V인가?

① 24   ② 16   ③ 8   ④ 4

해설 전압 차이
  $V - V' = V_1 + V_2 - (V_1 - V_2)$
  $\quad\quad = 2V_2 = 2 \times 8 = 16\,\text{V}$

※ ㉠ 권수비 $a = \dfrac{V_1}{V_2} = 30$에서,

  $V_1 = a \cdot V_2 = 30 \times 8 = 240\,\text{V}$
  ㉡ 감극성 $V_1 - V_2 = 240 - 8 = 232\,\text{V}$
  ㉢ 가극성 $V_1 + V_2 = 240 + 8 = 248\,\text{V}$
  ∴ 전압 차이 $248 - 232 = 16\,\text{V}$

31. 유입 변압기에 기름을 사용하는 목적이 아닌 것은?

① 열 방산을 좋게 하기 위하여
② 냉각을 좋게 하기 위하여
③ 절연을 좋게 하기 위하여
④ 효율을 좋게 하기 위하여

해설 변압기 기름은 변압기 내부의 철심이나 권선 또는 절연물의 온도 상승을 막아주며, 절연을 좋게 하기 위하여 사용된다.

32. 절연유를 충만시킨 외함 내에 변압기를 수용하고, 오일의 대류작용에 의하여 철심 및 권선에 발생한 열을 외함에 전달하며, 외함의 방산이나 대류에 의하여 열을 대기로 방산시키는 변압기의 냉각방식은?

① 유입 송유식　② 유입 수랭식
③ 유입 풍랭식　④ 유입 자랭식

해설 1. 유입 자랭식 (ONAN)
　㉠ 절연 기름을 채운 외함에 변압기 본체를 넣고, 기름의 대류 작용으로 열을 외기 중에 발산시키는 방법이다.
　㉡ 설비가 간단하고 다루기나 보수가 쉬우므로, 소형의 배전용 변압기로부터 대형의 전력용 변압기에 이르기까지 널리 쓰인다.
　㉢ 일반적으로 주상 변압기도 유입 자랭식 냉각 방식이다.
2. 유입 풍랭식 (ONAF)
　㉠ 방열기가 붙은 유입 변압기에 송풍기를 붙여서 강제로 통풍시켜 냉각 효과를 높인 것이다.
　㉡ 유입 자랭식보다 용량을 20~30 % 정도 증가시킬 수 있으므로, 대형 변압기에 많이 사용되고 있다.

33. 3상 유도전동기의 최고 속도는 우리나라에서 몇 rpm인가?

① 3600　② 3000　③ 1800　④ 1500

해설 우리나라의 상용 주파수는 60 Hz이며, 최소 극수는 ‘2’이다.
$$\therefore N_s = \frac{120f}{p} = \frac{120 \times 60}{2} = 3600\,\text{rpm}$$

34. 슬립이 0.05이고 전원 주파수가 60Hz인 유도 전동기의 회전자 회로의 주파수(Hz)는?

① 1　　② 2　　③ 3　　④ 4
해설 $f' = s \cdot f = 0.05 \times 60 = 3\,\text{Hz}$

35. 회전자 입력 10kW, 슬립 4%인 3상 유도 전동기의 2차 동손은 몇 kW인가?

① 0.4kW　　② 1.8kW
③ 4.0kW　　④ 9.6kW
해설 2차 동손 : $P_{c_2} = sP_2 = 0.04 \times 10 = 0.4\,\text{kW}$

36. 교류 전동기를 기동할 때 다음 그림과 같은 기동 특성을 가지는 전동기는? (단, 곡선 ①~⑤

는 기동 단계에 대한 토크 특성 곡선이다.)

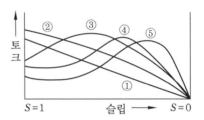

① 반발 유도 전동기
② 2중 농형 유도 전동기
③ 3상 분권 정류자 전동기
④ 3상 권선형 유도 전동기

해설 3상 권선형 유도 전동기의 비례 추이 : 최대 토크 T_m는 항상 일정하다.

37. 다음 그림과 같은 분상 기동형 단상 유도 전동기를 역회전시키기 위한 방법이 아닌 것은?

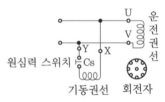

① 원심력 스위치를 개로 또는 폐로 한다.
② 기동권선이나 운전권선의 어느 한 권선의 단자 접속을 반대로 한다.
③ 기동권선의 단자 접속을 반대로 한다.
④ 운전권선의 단자 접속을 반대로 한다.

해설 역회전시키기 위한 방법 : 기동권선이나 운전권선의 어느 한 권선의 단자 접속을 반대로 한다.

38. 양방향성 3단자 사이리스터의 대표적인 것은 어느 것인가?

① SCR　　② SSS
③ DIAC　　④ TRIAC

해설 트라이액 (TRIAC : triode AC switch)
　㉠ 2개의 SCR을 병렬로 접속하고 게이트를 1개로 한 구조로 3단자 소자이다.
　㉡ 쌍방향성이므로 교류 전력 제어에 사용된다.

39. 단상 반파 정류 회로의 전원 전압 200V, 부하 저항이 10Ω 이면 부하 전류는 약 몇 A인가?

① 4　　　② 9　　　③ 13　　　④ 18

해설 $I_{d0} = 0.45 \cdot \dfrac{V}{R} = 0.45 \times \dfrac{200}{10} ≒ 9A$

40. UPS는 무엇을 의미하는가?

① 구간 자동 개폐기　② 단로기
③ 무정전 전원장치　④ 계기용 변성기

해설 무정전 전원장치(UPS : uninterruptible power supply) : 정전이 되었을 때 전원이 끊기지 않고 계속해서 전원이 공급되도록 하는 장치

제3과목 : **전기 설비**

41. 다음 중 450/750V 전기기기용 비닐절연전선의 공칭 규격(mm²)으로 맞는 것은?

① 1.5　　② 2.0　　③ 2.6　　④ 3.2

해설 공칭 단면적(mm²) : 1.5, 2.5, 4, 6, 10, 16 등

42. 다음 (　) 안에 들어갈 알맞은 말은?

> 전선의 접속에서 트위스트 접속은 (　㉮　) mm² 이하의 가는 전선, 브리타니어 접속은 (　㉯　)mm² 이상의 굵은 단선을 접속할 때 적합하다.

① ㉮ 4, ㉯ 10　　　② ㉮ 6, ㉯ 10
③ ㉮ 8, ㉯ 12　　　④ ㉮ 10, ㉯ 14

해설 단선의 직선 접속 방법
㉠ 트위스트 접속 : 단면적 6 mm² 이하
㉡ 브리타니아 접속 : 단면적 10 mm² 이상

43. 배전반 및 분전반과 연결된 배관을 변경하거나 이미 설치되어 있는 캐비닛에 구멍을 뚫을 때 필요한 공구는?

① 오스터　　　　② 클리퍼
③ 토치 램프　　　④ 녹아웃 펀치

해설 녹아웃 펀치(knock out punch)
㉠ 배전반, 분전반 등의 배관을 변경하거나 이미 설치되어 있는 캐비닛에 구멍을 뚫을 때 필요한 공구이다.
㉡ 수동식과 유압식이 있으며, 크기는 15, 19, 25 mm 등으로 각 금속관에 맞는 것을 사용한다.

44. 옥내 배선의 지름을 결정하는 가장 중요한 요소는?

① 허용 전류　　　② 전압 강하
③ 기계적 강도　　④ 공사 방법

해설 전선의 지름을 결정하는 데 고려하여야 할 사항
1. 허용 전류　　　　2. 전압 강하
3. 기계적 강도　　　4. 사용 주파수
여기서, 가장 중요한 요소는 허용 전류이다.

45. 교류 전등 공사에서 금속관 내에 전선을 넣어 연결한 방법 중 옳은 것은?

해설 금속관 내에 전선을 넣을 때는 ③과 같이, 교류회로의 1회선을 모두 동일관 안에 넣어야 한다.
※ 내선규정(2225-2) 전자적 평형 참조

46. 다음 중 2종 가요전선관의 호칭에 해당하지 않는 것은?

① 12　　② 16　　③ 24　　④ 30

해설 2종 가요전선관의 호칭 : 10, 12, 15, 17, 24, 30, 38, 50, 63, 76, 83, 101

47. PVC 전선관의 표준 규격품의 길이는?

정답 **39.** ②　**40.** ③　**41.** ①　**42.** ②　**43.** ④　**44.** ①　**45.** ③　**46.** ②　**47.** ③

2019

① 3m　② 3.6m　③ 4m　④ 4.5m

해설 합성수지관의 호칭과 규격 : 1본의 길이는 4 m가 표준이고, 굵기는 관 안지름의 크기에 가까운 짝수의 mm로 나타낸다.

48. 연피 케이블이 구부러지는 곳은 케이블 바깥 지름의 최소 몇 배 이상의 반지름으로 구부려야 하는가?

① 8　② 12　③ 15　④ 20

해설 연피 케이블이 구부러지는 곳은 케이블 바깥지름의 12배 이상의 반지름으로 구부릴 것. 단, 금속관에 넣는 것은 15배 이상으로 하여야 한다.

49. 380 V 전기세탁기의 금속제 외함에 시공한 접지공사의 접지 저항 값 기준으로 옳은 것은?

① 10 Ω 이하　② 75 Ω 이하
③ 100 Ω 이하　④ 150 Ω 이하

해설 기계·기구의 철대 및 외함 접지(내선규정 1445-2 참조)

기계·기구의 구분	접지 공사
400 V 미만의 저압용	제3종, 100Ω 이하
400 V 이상의 저압용	특별 제3종, 10Ω 이하
고압용 또는 특별 고압용	제1종, 10Ω 이하

50. 2종 접지 공사의 저항 값을 결정하는 가장 큰 요인은?

① 변압기의 용량
② 고압 가공 전선로의 전선 연장
③ 변압기 1차측에 넣는 퓨즈 용량
④ 변압기 고압 또는 특고압측 전로의 1선 지락전류의 암페어 수

해설 제 2 종 접지 공사의 접지 저항값 : 변압기의 고압측 또는 특별 고압측 전로의 1선 지락전류의 암페어 수로 150을 나눈 값과 같은 Ω 수

51. 수변전 설비 중에서 동력설비 회로의 역률을 개선할 목적으로 사용되는 것은?

① 전력 퓨즈　② MOF
③ 지락 계전기　④ 진상용 콘덴서

해설 전력용 콘덴서(SC) : 무효전력을 조정하여 역률 개선에 의한 전력손실 경감시키는 조상설비이다.

52. 220V 전선로에 사용하는 과전류 차단기용 퓨즈를 수평으로 붙인 경우 견디어야 할 전류는 정격전류의 몇 배로 정하고 있는가?

① 1.5　② 1.25　③ 1.2　④ 1.1

해설 저압용 전선로에 사용되는 퓨즈는 정격전류의 1.1배의 전류에는 견디어야 하며 1.35배, 2배의 정격전류에는 규정시한 이내에 용단되어야 한다. (내선규정 1470-2 참조)

53. 폭연성 분진이 존재하는 곳의 금속관 공사 시 전동기에 접속하는 부분에서 가요성을 필요로 하는 부분의 배선에는 방폭형의 부속품 중 어떤 것을 사용하여야 하는가?

① 블렉시블 피팅
② 분진 플렉시블 피팅
③ 분진 방폭형 플렉시블 피팅
④ 안전 증가 플렉시블 피팅

해설 폭연성 분진이 있는 경우의 금속전선관 배선
1. 금속관은 박강전선관 또는 이와 동등 이상의 강도를 가지는 것을 사용할 것
2. 전동기에 접속하는 짧은 부분에서 가요성을 필요로 부분의 배선은 분진 방폭형 플렉시블 피팅(flexible fitting)을 사용할 것

54. 가공전선의 지지물에 승탑 또는 승강용으로 사용하는 발판 볼트 등은 지표상 몇 m 미만에 시설하여서는 안 되는가?

① 1.2m　② 1.5m　③ 1.6m　④ 1.8m

해설 지지물에 발판 볼트 설치 (판단기준 제60조 참조)
1. 기기(개폐기, 변압기 등) 설치 전주와 저압

이 가선된 전주에서는 지표상 1.8 m로부터 완철 하부 약 0.9 m까지 설치하며, 그 밖의 전주는 지표상 3.6 m로부터 완철 하부 약 0.9 m까지 설치한다.

2. 180° 방향에 0.45 m씩 양쪽으로 설치하여야 한다.

55. 배전선로 공사에서 충전되어 있는 활선을 움직이거나 작업권 밖으로 밀어낼 때, 또는 활선을 다른 장소로 옮길 때 사용하는 활선 공구는?

① 피박기 　　　　② 활선 커버
③ 데드 앤드 커버 　④ 와이어 통

해설 와이어 통(wire tong) : 핀 애자나 현수 애자의 장주에서 활선을 작업권 밖으로 밀어낼 때 사용하는 활선 공구(절연봉)이다.

56. 다음 중 거리 계전기에 대하여 올바르게 설명한 것은?

① 보호설비에 유입되는 총전류와 유출되는 총전류 간의 차이가 일정값 이상으로 되면 동작하는 계전기
② 전류의 크기가 일정값 이상으로 되었을 때 동작하는 계전기
③ 전압과 전류를 입력량으로 하여 전압과 전류의 비가 일정값 이하로 되면 동작하는 계전기
④ 지락사고(1선 지락, 2선 지락 등) 검출을 주목적으로 하여 제작된 계전기

해설 ① 차동 계전기 　　② 과전류 계전기
③ 거리 계전기 　　④ 지락 보호 계전기
※ 거리 계전기(distance relay) : 계전기가 설치된 위치로부터 고장점까지의 전기적 거리(임피던스)에 비례하여 한시로 동작하는 계전기이다.

57. 실내 전반 조명을 하고자 한다. 작업대로부터 광원의 높이가 2.4m인 위치에 조명기구를 배치할 때 벽에서 한 기구 이상 떨어진 기구에서 기구 간의 거리는 일반적으로 최대 몇 m로 배치하

여 설치하는가? (단, $S \le 1.5H$ 를 사용하여 구하도록 한다.)

① 1.8 　② 2.4 　③ 3.2 　④ 3.6

해설 $L \le 1.5H$ [m] 　 ∴ $L = 1.5 \times 2.4 = 3.6$ m

58. 다음 심벌의 명칭은 무엇인가?

① 지진감지기
② 실링라이트
③ 전열기
④ 발전기

(H)

해설 ① 지진감지기 : (EQ)

② 실링라이트 : (CL)

④ 발전기 : (G)

59. 자동화재 탐지설비는 화재의 발생을 초기에 자동적으로 탐지하여 소방대상물의 관계자에게 화재의 발생을 통보해 주는 설비이다. 이러한 자동화재 탐지설비의 구성요소가 아닌 것은?

① 수신기 　　　　② 비상경보기
③ 발신기 　　　　④ 중계기

해설 자동화재 탐지설비의 구성요소

1. 감지기 　　　2. 수신기
3. 발신기 　　　4. 중계기
5. 표시등 　　　6. 음향 장치 및 배선

※ 비상경보설비는 비상벨 또는 자동식 사이렌이므로 탐지설비의 구성요소에 속하지 않는다.

60. 교통신호등의 제어장치로부터 신호등의 전구까지의 전로에 사용하는 전압은 몇 V 이하인가?

① 60 　　② 100 　　③ 300 　　④ 440

해설 교통신호등(내선규정 3370-1 참조)
1. 제어 장치의 2차측 배선의 최대 사용 전압은 300 V 이하일 것
2. 2차측 배선 : 제어장치에서 교통신호등의 전구에 이르는 배선이다.

2019

전기기능사 필기 특강

2018년 1월 15일 1판1쇄
2020년 3월 15일 2판1쇄

저 자 : 김평식 · 박왕서
펴낸이 : 이정일

펴낸곳 : 도서출판 **일진사**
www.iljinsa.com
(우) 04317 서울시 용산구 효창원로 64길 6
전화 : 704-1616 / 팩스 : 715-3536
등록 : 제1979-000009호 (1979.4.2)

값 26,000원

ISBN : 978-89-429-1620-7